LEHRBUCH DER
PHYSIOLOGIE

IN ZUSAMMENHÄNGENDEN EINZELDARSTELLUNGEN

UNTER MITARBEIT EINER
REIHE VON FACHMÄNNERN

HERAUSGEGEBEN VON

WILHELM TRENDELENBURG †
UND
ERICH SCHÜTZ

KONRAD LANG

DER INTERMEDIÄRE STOFFWECHSEL

SPRINGER-VERLAG BERLIN HEIDELBERG GMBH

DER INTERMEDIÄRE STOFFWECHSEL

VON

Dr. Dr. KONRAD LANG
O.Ö. PROFESSOR DER PHYSIOLOGISCHEN CHEMIE,
DIREKTOR DES PHYSIOLOG.-CHEM. INSTITUTS DER UNIVERSITÄT MAINZ

MIT 29 ABBILDUNGEN

SPRINGER-VERLAG BERLIN HEIDELBERG GMBH

ISBN 978-3-642-92576-4 ISBN 978-3-642-92575-7 (eBook)
DOI 10.1007/978-3-642-92575-7

URSPRÜNGLICH ERSCHIENEN BEI SPRINGER-VERLAG OHG. IN BERLIN, GÖTTINGEN AND HEIDELBERG 1952
SOFTCOVER REPRINT OF THE HARDCOVER 1ST EDITION 1952

Vorwort.

Es ist ein Wagnis, gegenwärtig ein Lehrbuch des intermediären Stoffwechsels zu verfassen, da das Gebiet außerordentlich stark im Fluß ist und tagtäglich neue wesentliche Befunde mitgeteilt werden. Die Möglichkeit, mit Isotopen zu arbeiten, die Verfeinerung der analytischen Methoden, die Lokalisierbarkeit der Stoffwechselprozesse an den morphologischen Elementen der Zelle haben der Stoffwechselforschung mächtige Impulse gegeben. Wenn ich mich trotz aller Schwierigkeiten dazu entschlossen habe, ein Lehrbuch über den intermediären Stoffwechsel zu schreiben, so bewegt mich in erster Linie hierzu der Umstand, daß es im deutschen Sprachgebiet keine neuere Monographie über den intermediären Stoffwechsel gibt, was sich nicht nur störend im Unterricht auswirkt, sondern auch vielen Bearbeitern medizinischer und biologischer Fragen das Arbeiten außerordentlich erschwert. Zur Abfassung des vorliegenden Buches wurde ich außerdem noch dadurch ermutigt, daß sich trotz der ständig anwachsenden Zahl der einzelnen Befunde doch deutlich größere Linien abzuzeichnen beginnen, die es erlauben, die Einzeltatsachen in übergeordnete Zusammenhänge einzugliedern.

Nicht das unwichtigste Ergebnis der Stoffwechselforschung ist die Feststellung, daß die Grundprinzipien des Stoffwechsels bei allen Lebewesen dieselben sind. Wenn Unterschiede in Einzelprozessen des intermediären Stoffwechsels zwischen verschiedenen Lebewesen auftreten, so ergeben sie sich als Folge einer Differenzierung und Spezialisierung der Zelleistung, Ausbildung besonderer Organe und dergleichen. Das vorliegende Buch soll in erster Linie den Stoffwechsel des Menschen bzw. der höheren Tiere schildern. Die Verhältnisse bei niedereren Organismen sind nur dann berücksichtigt, wenn sie als einfache Modelle das kompliziertere Geschehen im höheren Organismus beleuchten. Weiterhin ist in diesem Buch auch die Bedeutung der einzelnen Stoffwechselprozesse für den Betrieb des Organismus behandelt. Ich habe mich bemüht, sowohl der Biochemie als auch der Physiologie des Stoffwechsels gerecht zu werden.

Ich habe großen Wert darauf gelegt, mich bei der Schilderung des Stoffwechsels allgemeiner Redewendungen zu enthalten und die Darstellung durch Maß und Zahl zu fundieren. Daher hoffe ich, daß das Buch nicht nur als Lehrbuch gewertet wird, sondern auch als Nachschlagewerk von Nutzen ist. Denn in ihm sind weit in der Literatur verstreute Zahlenangaben zusammengefaßt und verwertet. Wo Vollständigkeit aus Gründen der Umfangsbeschränkung nicht möglich war, ist auf die entsprechende Literatur verwiesen. Ich habe mich überhaupt bemüht, alle Angaben nach Möglichkeit durch reichliche Literaturangaben zu belegen, so daß es dem Interessierten leicht ist, sich tiefer in alle Fragen einzuarbeiten. Bezüglich der älteren Literatur wird auf gute Zusammenfassungen verwiesen. Die neuere Literatur ist in großem Umfange berücksichtigt.

Meinem Mitarbeiter Priv.-Doz. Dr. G. Siebert danke ich für seine Hilfe bei der Überarbeitung des Manuskriptes. Weiterhin gilt mein Dank dem Verlag, der allen meinen Wünschen bezüglich Ausstattung in der großzügigsten Weise entgegengekommen ist.

Die Literatur ist bis zum 1. 6. 1952 berücksichtigt.

Mainz, Juni 1952 K. Lang.

Inhaltsverzeichnis.

I. Allgemeines über den intermediären Stoffwechsel und die Methoden seiner Erforschung.

Unter dem intermediären Stoffwechsel versteht man alle Stoffwechselvorgänge, welche sich in den Zellen und Geweben des Organismus abspielen: Er umfaßt also die Umsetzungen der körpereigenen Substanzen und die Veränderungen, welche die aufgenommenen Nährstoffe nach ihrer Resorption aus dem Magen-Darmkanal erleiden. In einem höheren Organismus sind die Stoffwechselprozesse aller Organe und Zellen in einer sinnvollen Art und Weise aufeinander abgestimmt, um einen reibungslosen Ablauf aller Lebensvorgänge des Gesamtorganismus zu gewährleisten. Der Stoffwechsel unterliegt daher einer Regulation. Die beiden wichtigsten Regulationssysteme sind Nervensystem und hormonales System. Die Hauptleistungen des intermediären Stoffwechsels sind: Gewinnung von Energie durch den Abbau energiereicher Substanzen, Neubildung von Körpersubstanz, Bildung von Stoffen mit spezifischer Wirkung (Fermente, Hormone, Immunkörper und anderweitige „Hilfsstoffe" für eine Körperfunktion), Aufbau von Stapelstoffen (Glykogen, Depotfett), Entgiftung etwa entstehender differenter Stoffwechselprodukte oder von außen in den Körper eingeführter giftiger Substanzen.

Zur Aufklärung der sich im intermediären Stoffwechsel abspielenden Vorgänge kann man verschiedene Arbeitsmethoden heranziehen. Zur Entscheidung der Frage, ob der Organismus eine gegebene Substanz aufbauen (bzw. in genügender Menge aufbauen) kann, pflegt man den Wachstumstest anzuwenden. Man verfüttert jungen, wachsenden Tieren eine Nahrung, die alle notwendigen Stoffe außer der betreffenden Substanz enthält, und beobachtet, ob die fehlende Zufuhr zu Ausfallserscheinungen und Wachstumsstillstand führt. Man kann als Testobjekt auch erwachsene Tiere verwenden. Bei ihnen bedingt das Fehlen eines wesentlichen Nahrungsfaktors, also einer Substanz, die der Körper nicht zu synthetisieren vermag, Gewichtsabnahmen und negative Eiweißbilanzen.

Über das Schicksal einer Substanz im Organismus erhält man nicht in allen Fällen durch Verfütterung oder parenterale Einverleibung eine befriedigende Auskunft. Die Nährstoffe und ihre physiologischen Zwischenprodukte werden normalerweise praktisch quantitativ bis zu den Stoffwechselendprodukten Wasser und Kohlendioxyd abgebaut. Es gibt jedoch Stoffwechselkrankheiten, bei denen Zwischenprodukte des Abbaus ausgeschieden werden. Daher hat die Untersuchung von Stoffwechselkrankheiten (z. B. Diabetes mellitus, Alkaptonurie u. a. m.) die Stoffwechselforschung stark gefördert. Verfütterung körperfremder Stoffe und Aufklärung ihrer Stoffwechselprodukte geben häufig wertvolle Hinweise auf das Verhalten physiologischer Substrate im Organismus. Es gibt aber auch physiologische Substanzen, welche vom Organismus nicht zu H_2O und CO_2 oxydiert werden, wie z. B. Steroide, Pyrrolfarbstoffe und andere cyclische Substanzen. In diesen Fällen ergibt die Untersuchung von Blut, anderen Körperflüssigkeiten und den Exkreten Unterlagen.

Zum Studium der chemischen Leistungen eines Organs benutzte man früher zumeist die künstliche Durchströmung, die funktionelle Ausschaltung durch Verlegung der Gefäßversorgung oder die Exstirpation. In der neueren Zeit wird das technisch einfachere Arbeiten mit überlebenden Organschnitten, Homogenaten oder Organextrakten vorgezogen.

Die Umsetzung einer Substanz im Organismus besteht im allgemeinen aus einer langen Kette von Reaktionen. Ein wichtiges Hilfsmittel zur Aufklärung der Einzelreaktionen besteht in der Anwendung von Enzymgiften, welche die Reaktionskette an einer bestimmten Stelle unterbrechen, deren Lage sich dann leicht durch die sich anhäufenden Stoffwechselprodukte festlegen läßt. Ein weiteres wertvolles Hilfsmittel zur Aufklärung längerer Reaktionsketten besteht in der Abtrennung oder gar Isolierung einzelner Fermente. Mitunter gelingt es, durch bestimmte Zusätze Zwischenprodukte festzulegen, sie „abzufangen", so daß sie nicht weiter zu reagieren vermögen. Bekannte Beispiele sind Abfangen von Aldehyden oder Ketonen durch Zusatz von Carbonylreagentien.

Bei nahezu allen Untersuchungen über den intermediären Stoffwechsel ergibt sich die Schwierigkeit, daß der Organismus aus denselben Substanzen aufgebaut ist, deren Schicksal verfolgt werden soll. Es ist daher nicht ohne weiteres zu entscheiden, ob ein isoliertes Produkt der zugeführten Substanz oder dem Bestand des Organismus entstammt. Man hat sich daher bemüht, das zu untersuchende Molekül irgendwie zu markieren, um es von allen anderen gleichartigen unterscheiden zu können. So markierte Knoop bei seinen grundlegenden Arbeiten über den Abbau der Fettsäuren diese durch Einbau des im Organismus schwer verbrennlichen Phenylrestes. Derartige Versuche erwiesen sich aber zumeist als recht mangelhaft, weil man durch solche Markierungen unphysiologische Substanzen erzeugt, die sich im Stoffwechsel häufig anders verhalten als der Stoff, dessen Stoffwechselverhalten aufgeklärt werden soll. In der neueren Zeit gelang es, durch Verwendung von Isotopen einwandfreie Markierungen von Substanzen ohne Veränderungen der biochemischen Eigenschaften zu bewirken. Die Isotopentechnik hat die Erforschung des intermediären Stoffwechsels in einem ungeheuren Ausmaße gefördert.

Die Markierung einer Substanz kann durch Einbau von stabilen oder radioaktiven Isotopen erfolgen. Von den stabilen Isotopen haben D, C^{13} und N^{15} am meisten Verwendung gefunden. Die Bestimmung von D erfolgt durch Messung der Dichte des D_2O enthaltenden Wassers, C^{13} und N^{15} werden durch das Massenspektrometer ermittelt. C^{14}, P^{32} und S^{35} sind die wichtigsten radioaktiven Isotopen zur Markierung physiologischer Substanzen. Ihre Analyse erfolgt durch Messung ihrer Strahlung im Geiger-Müller-Zählrohr. Für viele Zwecke hat es sich als erforderlich erwiesen, ein und dieselbe Substanz durch Einbau mehrerer Isotopen zu markieren.

Die Verwendung von Isotopen zur Erforschung des intermediären Stoffwechsels wurde mit Erfolg zur Klärung folgender Problemstellungen verwandt:

1. Anatomische Lokalisation von Stoffwechselprozessen, etwa Wege der Fettsäuren bei ihrer Resorption aus dem Darm oder Umfang der Beteiligung der einzelnen Organe am Stoffwechsel irgendwelcher Substanzen.

2. Erforschung der Stoffwechselwege durch Fassung von Stoffwechselprodukten oder durch Isolierung und Identifizierung von Zwischenprodukten bei der Biosynthese oder beim Abbau. Man läßt das markierte, nach Möglichkeit an bekannter Stelle markierte, Substrat auf ein Stoffwechselsystem (ganzer Körper, isolierte Organe, Organschnitte, Homogenate, isolierte Zellen, gereinigte Enzymsysteme usw.) einwirken, arbeitet dann die Ausscheidungen, Gewebe oder Ansätze nach den allgemeinen Prinzipien der chemischen Analyse auf und untersucht die einzelnen Fraktionen bzw. isolierten Reinsubstanzen auf ihren Gehalt an Isotopen. Als besonders wertvoll hat sich die gleichzeitige Markierung mit mehreren Isotopen an bekannten Stellen (etwa mit C^{13}, C^{14} und N^{15}) erwiesen.

Das isolierte Reaktionsprodukt wird dann einem Abbau nach den Regeln der chemischen Konstitutionsermittlung unterworfen, um die Stellung jedes der isotopen Elemente im Molekül festzustellen. Diese Arbeitsrichtung verlangt eine vollkommene Beherrschung der klassischen organischen Chemie (Synthese und Konstitutionsermittlung).

3. Bestimmung der Verweildauer bzw. Lebensdauer von Verbindungen im Organismus und die Feststellung, ob sie sich dort in einem dynamischen Gleichgewicht befinden oder den Umsetzungen entzogen sind. Man verfüttert oder injiziert eine markierte Substanz und verfolgt ihren Einbau (etwa Einbau einer Aminosäure in Proteine) oder ihren Abbau in Abhängigkeit von der Zeit. Als Halbwertszeit oder halbe Lebensdauer ($t/2$) bezeichnet man die Zeit für Synthese oder Abbau der Hälfte einer Substanzmenge, als „turnover time" ($\bar{T}$) die mittlere Lebensdauer eines Moleküls. Zwischen Halbwertszeit und turnover time besteht die folgende Beziehung:

$$\bar{T} = \frac{t/2}{\ln 2} = t/2 \cdot 1{,}44\,.$$

Ist die Gesamtmenge einer Substanz im Organismus bekannt, so läßt sich die in der Zeiteinheit umgesetzte (synthetisierte oder abgebaute) Substanzmenge („turnover rate") nach der folgenden Formel errechnen:

$$\bar{T} = \frac{M}{m}$$

M = gesamte Substanzmenge; m = die täglich umgesetzte Menge.

4. Bestimmung der Größe des „Stoffwechsel-Pool". Unter Stoffwechsel-Pool versteht man das Gemisch einer Substanz, das aus den exogen zugeführten und den endogen entstandenen Molekülen besteht, und aus dem der Organismus seine Stoffwechselbedürfnisse zu Zwecken der Synthese, des Umbaus oder Abbaus bestreitet. Man injiziert eine genau bekannte Menge der markierten Substanz mit bekanntem Isotopengehalt und entnimmt nach einiger Zeit, wenn sich das Gleichgewicht mit dem Stoffwechsel-Pool eingestellt hat, Blut, isoliert daraus die zu untersuchende Substanz und bestimmt ihren Isotopengehalt. Aus der festgestellten Isotopenverdünnung läßt sich dann die Gesamtmenge der betreffenden Substanz im Organismus berechnen:

$$x = \left(\frac{C_0}{C} - 1\right) y$$

x = gesuchte Substanzmenge;
y = injizierte Substanzmenge;
C_0 = Isotopenkonzentration in der injizierten Substanz;
C = Isotopenkonzentration in der isolierten Substanz.

Der lebende Organismus erscheint uns normalerweise stabil und wenig veränderlich zu sein. Dies rührt aber nicht davon her, daß die Bausteine der lebenden Substanz inaktiv oder nicht in den Stoffwechsel einbezogen sind. Sie nehmen im Gegenteil rege an den Stoffwechselprozessen teil. Dies trifft auch für Gewebe wie Knochen und Zähne zu, die auf den ersten Blick als besonders stoffwechselinaktiv erscheinen. Der Organismus erscheint uns nur deswegen so konstant in seiner Struktur zu sein, weil normalerweise Aufbauprozesse und Abbauprozesse genau gegenseitig aufeinander abgestimmt und ausbalanciert sind. Die Körperbausteine befinden sich in einem dynamischen Gleichgewicht.

Der größte Teil des Organismus besteht aus Substanzen, die ein großes und kompliziertes Molekül besitzen (Proteine, Polynucleotide, Lipoide, Polysaccharide). Niedermolekulare Stoffe steuern nur wenig zum Stoffbestand des Organismus

Tabelle 1. *Halbwertszeiten von Körperbestandteilen.*

Substanz	Organismus	Verwendete Substanz	$t/2$
Leber, gesättigte Fettsäuren	Maus	D_2O	1 Tag[1]
	Ratte	C^{14}-Acetat	1 Tag[2]
Leber, ungesättigte Fettsäuren	Ratte	C^{14}-Acetat	2 Tage[2]
Depotfett, gesättigte Fettsäuren	Ratte	C^{14}-Acetat	16—17 Tage[2]
Depotfett, ungesättigte Fettsäuren	Ratte	C^{14}-Acetat	19—20 Tage[2]
Depotfett, gesamte Fettsäuren	Maus	D_2O	5—6 Tage[3]
Serum, Cholesterin	Mensch	D_2O	8 Tage[4]
Leber, Cholesterin	Ratte	C^{14}-Acetat	6 Tage[2]
Carcass, Cholesterin	Ratte	C^{14}-Acetat	31—32 Tage[2]
Gesamtcholesterin	Maus	D_2O	15—22 Tage[5]
Plasma, Phosphatide	Hund	P^{32}	6—8 Std[6]
	Hund	C^{14}-Fettsäuren	6—9 Std[6]
Leber, Glykogen	Ratte	D_2O	1 Tag[7]
Muskel, Glykogen	Ratte	D_2O	3,6 Tage[7]
Blutzucker	Ratte	C^{14}-Glucose	0,85 Std[8]
	Hund	C^{14}-Glucose	0,9—1,2 Std[9]
Leber, Glutathion	Kaninchen	N^{15}—NH_3	
		N^{15}-Glutaminsäure	2—4 Std[10]
Kreatin	Mensch	N^{15}	29 Tage[11]
Gesamteiweiß	Mensch	N^{15}-Glykokoll	80 Tage[12]
	Ratte		17 Tage[12]
Lebereiweiß und Plasmaeiweiß	Mensch	N^{15}-Glykokoll	10 Tage[12]
	Ratte		6 Tage[12]
Eiweiß von Muskulatur, Haut, Skelet usw.	Mensch	N^{15}-Glykokoll	158 Tage[12]
	Ratte		21 Tage[12]

bei. Die komplexen Körperbausteine unterliegen ständig einer Aufspaltung in ihre kleinen, niedermolekularen Bausteine. Umgekehrt werden aus den Bausteinen wieder neue Makromoleküle zum Ersatz der aufgespaltenen aufgebaut. Da Synthese und Aufspaltung sich normalerweise genau die Waage halten, bleibt der Stoffbestand des Organismus unverändert. Es findet lediglich ein Austausch der einzelnen Moleküle statt. Jedes Molekül eines Körperbausteins hat also im Organismus nur eine beschränkte Lebensdauer und wird dann durch ein neues ersetzt. Beispiele für die Lebensdauer verschiedener Substanzen sind in der Tabelle 1 zusammengestellt.

Bei der Aufspaltung der komplizierten Moleküle entstehen durch Sprengung von Esterbindungen, Peptidbindungen, Acetalbindungen u. dgl. relativ einfache niedermolekulare Stoffe, wie z. B. Aminosäuren, Monosaccharide, Fettsäuren. Dieselben Substanzen entstehen aber auch bei der Verdauung der Nahrungsstoffe

[1] Bernhard, K., u. R. Schoenheimer: J. of Biol. Chem. **133**, 730 (1940).
[2] Piehl, A., K. Bloch u. H. S. Anker: J. of Biol. Chem. **183**, 441 (1950).
[3] Stetten jr., D. W., u. G. F. Grall: J. of Biol. Chem. **148**, 509 (1943).
[4] London, I. M., u. D. Rittenberg: J. of Biol. Chem. **184**, 687 (1950).
[5] Rittenberg, D., u. R. Schoenheimer: J. of Biol. Chem. **121**, 235 (1937).
[6] Weinman, E. O., I. L. Chaikoff, C. Entenman u. W. G. Dauben: J. of Biol. Chem. **187**, 643 (1950).
[7] Stetten jr., D. W., u. G. B. Brown: J. of Biol. Chem. **155**, 231 (1944).
[8] Feller, D. D., E. H. Strisower u. I. L. Chaikoff: J. of Biol. Chem. **187**, 571 (1950).
[9] Feller, D. D., I. L. Chaikoff, E. H. Strisower u. G. L. Searle: J. of Biol. Chem. **188**, 865 (1951).
[10] Waelsch, H., u. D. Rittenberg: J. of Biol. Chem. **144**, 53 (1942).
[11] Bloch, K., u. R. Schoenheimer: J. of Biol. Chem. **138**, 155 (1941).
[12] Sprinson, D. B., u. D. Rittenberg: J. of Biol. Chem. **184**, 405 (1950).

und gelangen durch Resorptionsvorgänge in den Organismus. Im Organismus mischen sich also die endogen entstandenen Substanzen mit den exogen eingeführten zu einem ,,Stoffwechsel-Pool". Dieser Stoffwechsel-Pool ist das Substanzreservoir, aus welchem der Organismus wirtschaftet. Er entnimmt aus ihm das zu Synthesen benötigte Material, stellt aus ihm nach Maßgabe der energetischen Bedürfnisse das Material zur Oxydation bereit oder verwendet aus ihm Material zu Umbauzwecken. Beispielsweise können Glucosemoleküle aus dem Glucose-Pool entweder zum Aufbau von Glykogen oder zur Oxydation zu CO_2 und H_2O oder zur Umwandlung in Fettsäuren verwendet werden. Da nun die einzelnen Glucosemoleküle des Glucose-Pool teils aus dem Organismus (z. B. durch Abbbau von Leberglykogen oder Umwandlung einer Aminosäure in Glucose), teils aus der Nahrung stammen, läßt sich eine scharfe Trennung der Stoffwechselprozesse in einen endogenen und exogenen Stoffwechsel nicht durchführen bzw. aufrechterhalten.

R. Schoenheimer, dem wir die geniale Konzeption des dynamischen Gleichgewichts der Körperbestandteile verdanken, wählte zur Veranschaulichung der Verhältnisse einen treffenden Vergleich. Er vergleicht den Organismus mit einer militärischen Einheit, etwa einem Regiment, das einen konkreten Mannschaftsbestand hat. Von den einzelnen Soldaten fallen einige, andere werden krank oder zu einem anderen Truppenteil versetzt. Die Lücken werden sofort durch Zugang neuer Soldaten ersetzt. So bleibt das Regiment als solches bezüglich seines Mannschaftsbestandes unverändert. Aber nach einiger Zeit setzt es sich aus anderen Individuen zusammen als heute.

Manche Substanzen können im intermediären Stoffwechsel zu vielen verschiedenen Reaktionen verwendet werden. Man denke etwa an Brenztraubensäure, Glykokoll oder Essigsäure. In welchem Umfang die einzelnen Wege jeweils eingeschlagen werden, hängt von vielen Faktoren ab. In manchen Fällen sind die einzelnen Reaktionen in verschiedenen Organen oder an verschiedenen Orten desselben Organs lokalisiert. Dann sind Fragen der Durchblutung oder der Permeabilität entscheidend. Für den Stoffwechselforscher sind jedoch die Fälle interessanter, in denen in ein und derselben Zelle verschiedene Reaktionen möglich sind, wenn also verschiedene Enzymsysteme um dasselbe Substrat konkurrieren. Hier sind von Einfluß auf die Richtung, in welche die Reaktion gedrängt wird, die relativen Aktivitäten der beteiligten Enzyme, die Konzentration an Co-Enzymen, Effektoren oder Hemmstoffen der Enzymwirkung, ferner die Umsatzmöglichkeiten für die primär entstandenen Reaktionsprodukte.

Im Interesse der Existenz des Organismus muß eine so wichtige Frage, in welche Richtung eine Reaktion bei Konkurrenz verschiedener Möglichkeiten gedrängt wird, einer zentralen Regulation unterliegen. Hier ist daher der Angriffspunkt der Hormone zu suchen. Über die biochemischen Wirkungen der Hormone ist noch wenig bekannt. Erst in der neueren Zeit wurden experimentelle Unterlagen für eine derartige Wirkung von Hormonen beigebracht. Das bekannteste Beispiel ist die Regulation des Zuckerstoffwechsels durch Hemmung oder Förderung der Hexokinase durch die Hormone des Pankreas und die an der Kohlenhydratstoffwechselregulation beteiligten Hormone der Hypophyse und der Nebenniere. Durch die Beeinflussung der Hexokinasereaktion wird der Umfang der Phosphorylierung der Glucose bestimmt und damit festgelegt, inwieweit weitere Umsetzungen möglich sind. Auch für viele Steroidhormone ließen sich konkrete Angriffspunkte an bestimmten Fermenten nachweisen. Thyroxin unterbricht die Kopplung zwischen Atmung und Phosphorylierung.

Im intermediären Stoffwechsel werden vielfach ganze Atomgruppen und Radikale in toto, d. h. ohne vorherige Aufspaltung, übertragen. Beispiele hierfür sind: Transphosphorylierung, Transmethylierung, Transacetylierung, Transaminierung, Transglucosidierung. Derartige Übertragungsreaktionen werden im Zusammenhang mit den jeweiligen Substraten abgehandelt werden.

Eine der auffallendsten Eigenschaften einer lebenden Zelle besteht in der Aufrechterhaltung von Konzentrationsunterschieden gegenüber der Umgebung. In einer lebenden Zelle finden sich viele Stoffe in einer höheren, andere in einer niedrigeren Konzentration als außerhalb der Zelle. Nach dem Absterben der Zelle erfolgt rasch ein Konzentrationsausgleich. Die Aufrechterhaltung von Konzentrationsunterschieden erfordert laufend das Aufbringen beträchtlicher Energiemengen. Ein großer Teil des den Grundumsatz bedingenden Energiebedarfs entfällt für diese Zwecke.

Ein einfach gelagertes und Messungen zugängliches Beispiel ist das Verhalten lebender Zellen gegenüber Kaliumionen und Natriumionen. Bekanntlich findet man Kalium in den Zellen gegenüber der Umgebung angereichert. Im menschlichen Körper enthalten die Zellen etwa 115 Milliäquivalente/Liter Kalium gegen 5 in der extracellulären Flüssigkeit. Beim Natrium liegen die Verhältnisse umgekehrt, es ist in der extracellulären Flüssigkeit in einer wesentlich höheren Konzentration als in den Zellen enthalten. Diese Konzentrationsunterschiede sind nicht etwa dadurch bedingt, daß die Zellwände leicht durchgängig für K^+, aber nur schwer permeabel für Na^+ sind. Durch Verwendung von radioaktivem Kalium und Natrium hat sich zeigen lassen, daß es sich bei beiden Mineralstoffen um die Aufrechterhaltung eines Gleichgewichtszustandes handelt. Die Zelle nimmt laufend Na^+ und K^+ auf, gibt aber in der Zeiteinheit dieselbe Menge wieder nach außen ab. Die Abgabe von Na^+ nach außen erfolgt gegen ein Konzentrationsgefälle, und ebenso erfolgt auch die Aufnahme des K^+ in die Zelle gegen ein Konzentrationsgefälle. Der für beide Prozesse benötigte Energiebetrag läßt sich aus den Austauschraten berechnen. Unter Verwendung von K^{42} haben H. A. Krebs, L. V. Eggleston und C. Terner gefunden, daß die vom Gehirn benötigte Energie zur Aufrechterhaltung der Kaliumkonzentration 365 cal je Kilogramm und Stunde beträgt. Auf Grund der Atmungsgröße ergibt sich, daß 1 kg Gehirngewebe in der Stunde 15000 cal durch die biologische Oxydation der Nährstoffe gewinnt. Die zur Aufrechterhaltung der Kaliumionenkonzentration erforderliche Energie macht demnach 2,5% des Energieumsatzes aus. Bei den roten Blutkörperchen entstammt die für denselben Zweck benötigte Energie der Glykolyse. A. Fleckenstein nimmt an, daß die primäre Energiequelle für die Muskelaktion in einer Abgabe von K^+ aus den Muskelzellen nach außen und einer äquivalenten Aufnahme von Na^+ aus der extracellulären Phase besteht. Beide Prozesse sind energieliefernd, da sie entsprechend einem Konzentrationsgefälle erfolgen. In der Erholungsphase wird dann der alte Zustand mit Hilfe der inzwischen einsetzenden energieliefernden chemischen Umsetzungen wieder hergestellt.

Jeder Transport einer Substanz durch die Zellmembran einer lebenden Zelle hat die Intaktheit der Stoffwechselprozesse zur Voraussetzung. Als einfaches Modell zum Studium derartiger Vorgänge hat sich das Durchwandern von Farbstoffen durch isolierte Nierentubuli oder durch Nierenschnitte bewährt. Farbstoffe (z. B. Phenolrot) werden nur dann durch die Zellen transportiert, wenn diese anatomisch intakt sind und atmen. Das Durchwandern wird durch Sauerstoffmangel, Kälte, Blockierung der Häminproteide des Warburg-Keilin-Systems mittels Blausäure, Hemmung von SH-Gruppen tragenden Fermenten durch die solche Gruppen vergiftenden Stoffe (Jodacetat, Chinone, Quecksilbersalze u. dgl.), Entkopplung zwischen Atmung und oxydativer Phosphorylierung durch Dinitrophenol, kurz durch alle die Energiegewinnung oder die Energieverwertung erschwerenden Maßnahmen gehemmt.

Chemische Genetik als Methode der Erforschung des intermediären Stoffwechsels.

Gene sind die kleinsten Einheiten des Erbguts, und zwar definierte Atomverbände (Desoxyribonucleotide). Sie haben nicht nur die Funktion der Weitergabe des Erbguts durch identische Reduplikation, sondern wirken auch auf den Zellstoffwechsel ein. Auf welche Weise sie auf den Zellstoffwechsel Einfluß nehmen, ist noch unbekannt. Man nahm früher an, daß jedes Gen für die Bildung eines Enzyms verantwortlich sei. Es ist jedoch wahrscheinlicher, daß ein Gen nur die Aktivität eines Enzyms in irgendeiner Art und Weise steuert.

Daß Gene determinierende Faktoren für die Biochemie der Zelle sind, geht im wesentlichen aus Versuchen mit mutierten Stämmen von Mikroorganismen hervor. Als besonders für solche Forschungen geeignet erwies sich der Pilz Neurospora crassa. Denn er ist ein sehr anspruchsloser Mikroorganismus, der auf einem einfachen, chemisch gut definierten Medium wächst und nur Zucker (als Quelle für Kohlenstoff und Energie), Salze, Nitrat (als N-Quelle) und Biotin benötigt. Außerdem sind seine genetischen Verhältnisse leicht übersehbar. Alle anderen Stoffe (Eiweiß, Nucleotide, die anderen Vitamine usw.) kann Neurospora aus den erwähnten Nährstoffen bilden. Nach der Einwirkung eines mutagenen Agens (z. B. Bestrahlung mit Röntgenstrahlen) erhält man mutierte Stämme, welche andere Ernährungsbedürfnisse als der wilde Stamm haben. Der mutierte Stamm ist nicht mehr in der Lage, auf dem einfachen Nährboden zu wachsen, sondern er braucht mehr, etwa außer dem Biotin noch ein anderes B-Vitamin, oder Aminosäuren, Purine u. dgl. Erst durch die Zugabe des benötigten Stoffes zu der ursprünglichen Nährlösung läßt sich ein Wachstum des mutierten Stammes erreichen. Infolge der Mutation ist eine bestimmte chemische Reaktion, zu welcher der wilde Stamm befähigt war, ausgefallen und dadurch eine synthetische Leistung unmöglich geworden. Durch Zugabe von Stoffen zu dem Nährmedium und Beobachtung, welche Substanz zugesetzt werden muß, um das Wachstum zu ermöglichen, läßt sich leicht eruieren, welche chemische Reaktion bzw. welche Synthese durch die Mutation ausgefallen ist. Mit Hilfe der klassischen genetischen Methoden wurde in jedem Falle sichergestellt, daß sich der mutierte Stamm von dem Ausgangsstamm nur durch die Mutation eines einzigen Gens unterscheidet. Auf diese Weise ließ sich ein Einblick gewinnen, welche spezielle chemische Reaktion durch ein bestimmtes Gen kontrolliert wird. Weiterhin konnte man durch die Erzeugung vieler mutierter Stämme Reaktionsketten festlegen, bei denen jede einzelne Reaktion durch die Mutation je eines Gens blockiert wurde. Die Mutation eines Gens hat zur Folge, daß die erzeugte Stoffwechselveränderung des mutierten Stammes weiter vererbt wird.

Diese Forschungsrichtung erwies sich als recht fruchtbar zur Aufklärung von Prozessen des intermediären Stoffwechsels. Denn viele biochemische Reaktionen sind allen Lebewesen, angefangen bei den einfachsten Mikroorganismen, wie etwa Neurospora bis hinauf zu dem höchstentwickelten, dem Menschen, gemeinsam oder doch zum mindesten ähnlich. Natürlich gibt es auch viele Unterschiede zwischen Mensch und Mikroorganismus. Sie sind zumeist durch die Entwicklung spezifischer Zellfunktionen bedingt. Eine befriedigende Darstellung des Stoffwechsels verlangt daher nicht nur Kenntnisse der Biochemie, sondern auch der Physiologie. Gegen diese selbstverständliche Forderung wird aber vielfach gesündigt.

Mit Hilfe mutierter Stämme kann man nicht nur Einblicke in das Stoffwechselgeschehen gewinnen und leicht Zahl und Art der Einzelstufen eines komplizierten Prozesses aufklären, sondern auch praktische Aufgaben lösen, z. B. auf dem Gebiet der mikrobiologischen Bestimmung von Vitaminen, Aminosäuren oder anderen Wuchsstoffen.

Wie schon erwähnt, wurde die Kontrolle einer chemischen Reaktion durch ein Gen (etwa die Synthese von Tryptophan aus Indol und Alanin) zuerst dahingehend gedeutet, daß das Gen die Bildung eines Enzyms bewirke. Eine nähere Analyse der Vorgänge zeigte jedoch, daß dies keineswegs in allen Fällen zutreffen kann, unter anderem nicht bei dem erwähnten Beispiel der Tryptophansynthese. Denn aus dem Stamm, welcher nicht mehr Indol und Alanin miteinander verknüpfen konnte und daher der Zufuhr von Tryptophan bedurfte, ließen sich Extrakte herstellen, welche nach Reinigung noch sehr wohl in der Lage waren, Tryptophan aus den beiden Komponenten aufzubauen. Der Stoffwechselblock kann daher unmöglich auf dem Fehlen des benötigten Enzyms beruhen. Man muß ihn vielmehr darauf zurückführen, daß die Reaktion auf irgendeine Weise, vielleicht durch einen spezifischen Hemmstoff für das Enzym, gehindert wird. Ähnliche Verhältnisse wurden auch in anderen Fällen angetroffen, so z. B. bei dem mutierten Stamm von Neurospora, welcher das Vermögen verloren hat, β-Alanin mit Pantoyllacton zu Pantothensäure zu verknüpfen.

Als gesicherter Befund bleibt jedoch nach wie vor, daß durch die Mutation eines Gens eine konkrete chemische Reaktion blockiert wird, sei es nun durch das Fehlen eines Enzyms oder durch die Beeinflussung der Aktivität des Enzyms.

Es ist nicht beabsichtigt, im folgenden eine zusammenhängende Darstellung der mit Hilfe von mutierten Stämmen erhaltenen Befunde über den Stoffwechsel von Mikroorganismen zu geben. Jedoch wird bei Besprechung des Stoffwechsels der einzelnen Substanzen häufig auch auf Beispiele dieser Art zurückgegriffen werden.

II. Antimetabolite.

Die Giftigkeit einer Substanz für den lebenden Organismus beruht darauf, daß sie sich mit irgendeinem wichtigen Zellbestandteil, insbesondere mit einem Enzym oder einem anderen Wirkprotein verbindet, so daß dieses nicht mehr katalytisch wirken bzw. seine sonstige Funktion ausüben kann, und eine lebensnotwendige Reaktion ausfällt. Es gibt zwei verschiedene Typen der Enzymhemmung, die *nicht kompetitive* (nicht konkurrierende) und die *kompetitive* (konkurrierende) Hemmung. Bei der ersteren erfolgt die Hemmung unabhängig von der Substratkonzentration. Der Hemmstoff verbindet sich mit einer Wirkgruppe des Enzyms, ohne daß das Substrat darauf irgendeinen Einfluß hat. Beispiele derartiger Hemmungen sind die Hemmung der Enolase durch HF (S. 91), der SH-Enzyme durch Jodacetat (S. 89) und die HCN-Hemmung von Häminproteiden (S. 43).

Bei der kompetitiven Hemmung besteht eine gesetzmäßige Beziehung zwischen der Reaktionsgeschwindigkeit und den relativen Konzentrationen von Substrat und Hemmstoff. Der Hemmstoff konkurriert mit dem Substrat um das Enzym bzw. dessen Wirkgruppe. Hierher gehören die Hemmungen einer enzymatischen Reaktion durch die sich anhäufenden Spaltprodukte, wenigstens in einigen Fällen, die nicht allein auf Grund des Massenwirkungsgesetzes erklärbar sind. Hier verbindet sich das entstandene Endprodukt mit dem Enzym und blockiert dadurch die Bindung des Substrats. Beispiele hierfür sind die Ornithinhemmung der Arginase, die Hemmung der Milchsäuredehydrierung durch Pyruvat und die Hemmung der Glycylglycinspaltung durch Glykokoll oder Alanin.

Wichtiger als diese Beispiele der kompetitiven Hemmung sind die Fälle, in denen die Hemmung auf Grund der ähnlichen Konstitution von Hemmstoff und Substrat erfolgt, wie z. B. in dem altbekannten Beispiel der Hemmung der

Bernsteinsäuredehydrase durch Malonsäure. Ein anderes Beispiel ist die Hemmung der Xanthinoxydase durch Guanin, Methylxanthine oder gewisse Pteridinderivate.

Im Jahre 1940 entdeckten D. D. WOODS und P. FILDES, daß sich die bakteriostatische Wirkung von Sulfanilamid durch p-Aminobenzoesäure aufheben läßt. Dieser Befund war die Grundlage der Theorie, daß die Wirkung antibakterieller Stoffe darauf beruht, daß sie mit einer für das Wachstum der Bakterien wichtigen Substanz eine Verbindung eingehen, wodurch eine lebenswichtige Reaktion kompetitiv gehemmt wird, z. B. ein Substrat von einem Enzym verdrängt oder der Hemmstoff in ein Enzym eingebaut wird, so daß eine katalytisch unwirksame Substanz entsteht, oder daß ein anderweitiges Protein seiner physiologischen Funktion auf dieselbe Weise entzogen wird. *Ein Antimetabolit ist also eine Substanz, welche auf Grund ihrer ähnlichen Struktur zu einem Metaboliten dessen Platz besetzt, ohne dessen physiologische Funktion zu übernehmen.*

In einer Mischung von einem Enzym (oder sonstigen Protein) mit seinem Substrat (Metabolit) und dem Hemmstoff (Antimetabolit) hängt die Vereinigung des Enzyms mit dem Substrat und dem Hemmstoff von den folgenden beiden Faktoren ab:

1. der relativen Affinität des Enzyms zu den beiden Substanzen,
2. von den relativen Konzentrationen der beiden Substanzen. Es spielen sich also folgende Reaktionen ab:

$$\text{Enzym (Protein)} + \text{Substrat (Metabolit)} \rightleftarrows \text{Enzymsubstrat (Proteinmetabolit)},$$

$$\text{Enzym (Protein)} + \text{Hemmstoff (Antimetabolit)} \rightleftarrows \text{Enzymhemmstoff (Proteinantimetabolit)}.$$

Die Verdrängung des Substrats durch den Hemmstoff erfolgt nach der Gleichung:

$$\text{Enzymsubstrat} + \text{Hemmstoff} \rightleftarrows \text{Enzymhemmstoff} + \text{Substrat}.$$

Wendet man auf diese Reaktionen das Massenwirkungsgesetz an, so erhält man

$$\frac{[\text{Enzym}] \times [\text{Substrat}]}{[\text{Enzymsubstrat}]} = k_s, \qquad \frac{[\text{Enzym}] \times [\text{Hemmstoff}]}{[\text{Enzymhemmstoff}]} = k_H.$$

Durch Division erhält man:

$$\frac{[\text{Hemmstoff}]}{[\text{Substrat}]} = \frac{k_s \times [\text{Enzymhemmstoff}]}{k_H \times [\text{Enzymsubstrat}]}.$$

Der Quotient Hemmstoff : Substrat (oder Antimetabolit : Metabolit) wird Hemmungsindex genannt. Er gibt an, wie viele Moleküle Hemmstoff benötigt werden, um ein Molekül Substrat von dem Enzym zu verdrängen (bzw. wie viele Moleküle Antimetabolit den Metabolit aus einem Wirkprotein verdrängen).

Der Hemmungsindex kann innerhalb weiter Grenzen schwanken. Es gibt Systeme, in denen wenige Moleküle Hemmstoff das Substrat vom Enzym verdrängen. In diesen Fällen hat das Enzym eine hohe Affinität zum Hemmstoff. In anderen Fällen sind tausende, ja hunderttausende Moleküle Hemmstoff zur Verdrängung des Substrates notwendig, nämlich dann, wenn das Enzym eine nur geringe Affinität zum Hemmstoff hat.

Ein altbekanntes Beispiel einer Verdrängung eines Metaboliten von einem Wirkprotein ist das System Hämoglobin, Sauerstoff, Kohlenoxyd. Hier entspricht der Sauerstoff dem Metaboliten (Substrat), das Kohlenoxyd dem Antimetaboliten (Hemmstoff). Bekanntlich hat das Hämoglobin zum Kohlenoxyd eine rund 250mal größere Affinität als zum Sauerstoff. Der Hemmungsindex wäre also in diesem Beispiel 1:250. Ein Molekül Kohlenoxyd vermag 250 Moleküle Sauerstoff zu verdrängen.

Häufig liegen jedoch die Verhältnisse komplizierter, so daß die ausgeführten Gesetzmäßigkeiten nicht rein in Erscheinung treten. Dies ist besonders dann der Fall, wenn als Objekt der Anwendung höhere Organismen dienen, bei denen auf Grund ihrer verwickelteren chemischen Struktur Komplikationen leichter eintreten können als bei Mikroorganismen. Aus diesem Grunde wurden auch die meisten Versuche über Metabolit-Antimetabolit-Systeme an Mikroorganismen angestellt. Außerdem lassen sich Wirkungen von Hemmstoffen, z. B. Wachstumsverzögerungen oder Beeinträchtigungen des Stoffwechsels, bei Mikroorganismen leichter messend verfolgen als bei höheren Organismen. Hinzu kommt, daß viele Versuche zu dem praktischen Zweck unternommen wurden, wirksame Chemotherapeutica zu erhalten. Ursachen für die erwähnten Komplikationen können sein:

1. Wachsen der Metabolitkonzentration während des Versuches, wenn dem Organismus Vorstufen zur Neubildung des Metaboliten im intermediären Stoffwechsel zur Verfügung stehen, oder wenn der Metabolit exogen zugeführt wird. Dann wird der Hemmungsindex größer, unter Umständen kann sogar der Antimetabolit unwirksam bleiben.

2. Zerstörung des Hemmstoffs durch irgendeinen (z. B. enzymatischen) Prozeß. Die Fähigkeit, den Hemmstoff zu zerstören, kann mitunter auch erst während eines länger andauernden Versuches erworben werden, wie das folgende Beispiel zeigt. Junge Hunde zeigen eine progressive Abnahme der Erythrocytenzahlen und der Hämoglobinwerte im Blute, wenn man ihnen das Antivitamin Desoxypyridoxin gibt. Die Anämie geht aber nach einiger Zeit spontan wieder zurück. Offensichtlich haben die Tiere die Fähigkeit erworben, das Antivitamin unschädlich zu machen oder an Stelle des Vitamins zu verwerten.

3. Vergrößerung der Enzymkonzentration (bzw. Konzentration an dem betreffenden Wirkprotein), z. B. durch Neubildung oder Zufuhr des Apoenzym, vielleicht auch des Co-Enzym, falls dessen Konzentration der die Fermentaktivität limitierende Faktor war. In diesem Falle wächst der Hemmungsindex, und zwar zumeist proportional zu der wirksamen Enzymkonzentration.

4. Zu hohe Toxicität des Hemmstoffs aus irgendwelchen anderen sekundären Ursachen, so daß er gar nicht in der ausreichenden Konzentration angewendet werden kann, um die Gesetzmäßigkeiten Metabolit-Antimetabolit erkennen zu lassen.

Die kompetitive Hemmung Metabolit-Antimetabolit läßt sich gut zur Aufklärung biochemischer Reaktionen verwenden („Hemmungsanalyse"). Als Test wird die Fähigkeit irgendeiner unbekannten Substanz (Naturstoff oder synthetisches Produkt) verwendet, den Hemmungseffekt eines Antimetaboliten auf einen Metaboliten in einem gut bekannten und übersehbaren System zu beeinflussen. Eine beliebige exogen beigebrachte Substanz, welche die Hemmung eines Systems Antimetabolit-Metabolit vermindert oder gar aufhebt, kann dies auf verschiedene Art und Weise bewirken:

1. Dadurch, daß sie die Konzentration des Metaboliten erhöht, weil sie Vorstufe desselben ist und dadurch dem Organismus eine umfangreichere Synthese des Metaboliten erlaubt. In diesem Falle muß die Menge des Antimetaboliten vergrößert werden, um wieder denselben Hemmeffekt wie früher hervorzurufen.

2. Dadurch, daß sie das bei der gehemmten Reaktion entstehende Produkt ist. In diesem Falle wird das gehemmte System belanglos für den Organismus, und der Hemmstoff bleibt selbst in den größten Konzentrationen (falls er nicht sekundär irgendwelche toxischen Effekte bewirkt) wirkungslos. Ein Beispiel hierfür ist die Biosynthese von Pantothensäure aus β-Alanin durch Escherichia coli.

Das β-Alanin läßt sich hierbei durch Asparaginsäure ersetzen. Gibt man in das Kulturmedium außer der Asparaginsäure noch Cysteinsäure, so wird das Wachstum wegen der Unmöglichkeit, Pantothensäure zu bilden, unterdrückt. Eine Zulage an β-Alanin bewirkt sofortiges Wachstum. Diese Befunde erweisen, daß in Escherichia coli Asparaginsäure die Muttersubstanz des β-Alanin ist. Ein anderes Beispiel ist der Ersatz der Pteroylglutaminsäure durch große Dosen Thymin bei Folinsäuremangelzuständen, woraus man schließt, daß das Vitamin bei der Biosynthese von Thymin- bzw. Nucleotidbausteinen beteiligt ist.

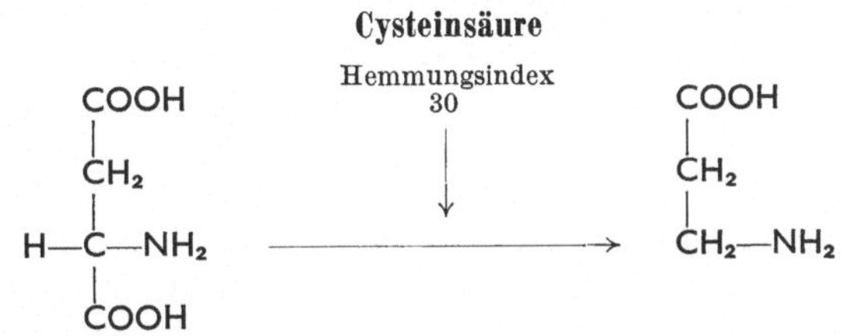

Cysteinsäure

Hemmungsindex 30

$$\underset{\text{Asparaginsäure}}{HOOC-CH_2-CH(NH_2)-COOH} \longrightarrow \underset{\beta\text{-Alanin}}{HOOC-CH_2-CH_2-NH_2}$$

Ein Hemmstoff kann daher nur einen solchen Organismus schädigen, welcher die durch den Antimetaboliten hemmbare Reaktion ausführt. Einige Beispiele mögen dies erläutern. Wie schon erwähnt, sind die Sulfonamide Antimetabolite der p-Aminobenzoesäure und wirken vermutlich in erster Linie dadurch, daß sie die Bildung von Folinsäure kompetitiv hemmen (D. W. WOOLLEY). Daher werden durch die Sulfonamide nur diejenigen Bakterien geschädigt, welche Folinsäure selber bilden und nicht diejenigen, welche auf die exogene Zufuhr der Folinsäure angewiesen sind, weil sie ja das durch die Sulfonamide blockierte Enzymsystem überhaupt nicht enthalten. Aus demselben Grunde sind die Sulfonamide auch für das Tier wirkungslos.

Manche Mikroorganismen können Biotin aus Pimelinsäure bilden, andere, wie z. B. Tuberkelbacillen, sind dazu nicht befähigt, ebensowenig Tiere. Strukturanaloge der Pimelinsäure hemmen daher nur diejenigen Lebewesen, welche Pimelinsäure in Biotin überführen (D. W. WOOLLEY).

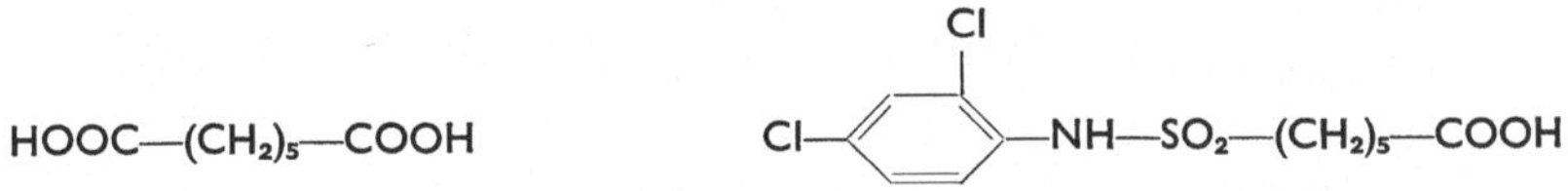

$$HOOC-(CH_2)_5-COOH$$

Pimelinsäure

$$Cl-C_6H_3(Cl)-NH-SO_2-(CH_2)_5-COOH$$

2,4-Dichlorsulfamidocapronsäure
(Strukturanaloges der Pimelinsäure)

Die wichtigsten Beispiele von Metabolit-Antimetabolit-Systemen sind die Beziehungen Vitamin-Antivitamin, Aminosäuren-Strukturanaloge von Aminosäuren und Purin-Purinanaloge. Die Gesetzmäßigkeiten, welche bestimmen, wann die Veränderung der chemischen Struktur eines Metaboliten zu einem Antimetaboliten führt, sind noch weitgehend unbekannt.

Die wichtigsten Maßnahmen, durch die man Antimetabolitwirkungen hat erzeugen können, sind:

1. Verwendung von optischen Antipoden. Hierfür finden sich Beispiele im Bereich der Aminosäuren.

2. Verwendung von homologen Substanzen.

3. Ersatz der Carboxylgruppe durch den Sulfosäurerest oder eine genügend negative Ketogruppe.

4. Veränderungen an Seitenketten bei cyclischen Substanzen wie z. B. Ersatz von Methylgruppen durch Cl, Einführung von Seitenketten an neuen Stellen, Verlängerungen oder Verkürzungen von Seitenketten.

5. Ersatz eines Ringatomes durch ein bzw. mehrere andere oder auch durch Öffnung des Ringes.

6. Verdoppelung des Moleküls.

1. Antivitamine.

Antivitamine kennt man in erster Linie im Bereich der B-Vitamine, da diese eine hohe Konstitutionsspezifität aufweisen und großenteils durch Einbau in Enzyme oder in einer sonstigen mit einer Enzymreaktion verknüpften Weise in den Stoffwechsel eingreifen. Aus dem ungeheuer großen vorliegenden Material können nur Beispiele herausgegriffen werden. In der deutschen Literatur findet man ein ausführlicheres Sammelreferat über Antivitamine bei H. KNOBLOCH.

Beispiele für die Erzeugung von Antivitaminen durch Ersatz einer Carboxylgruppe durch einen Sulfosäurerest bzw. eine negative Ketogruppe.

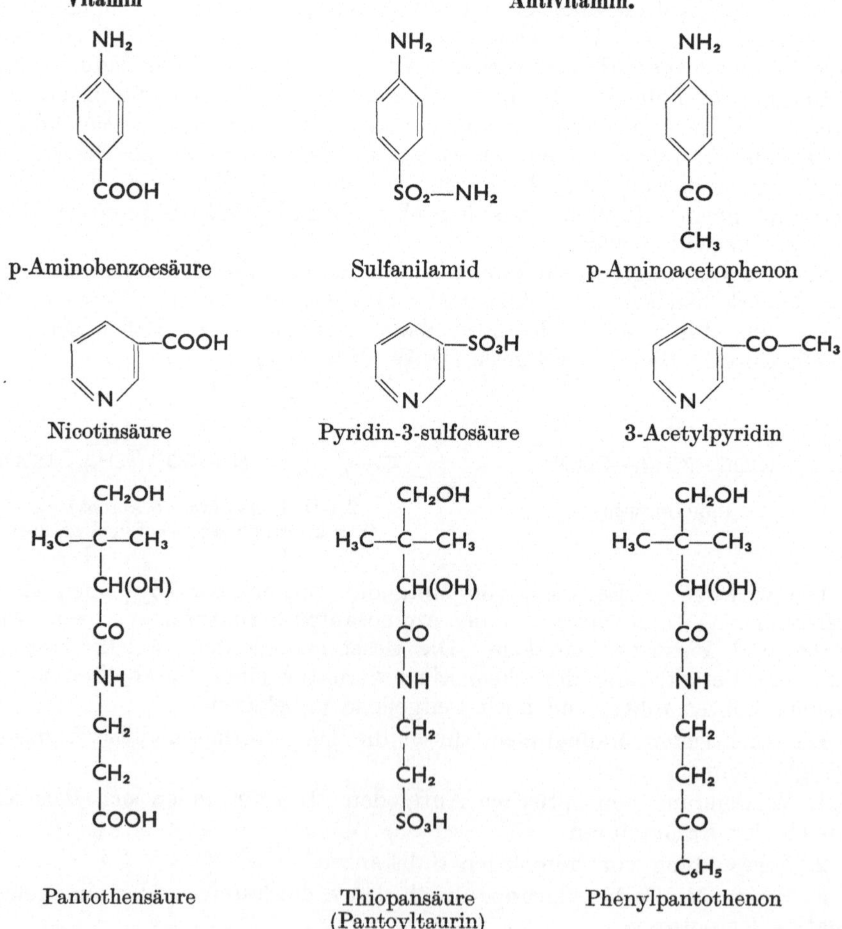

Beispiel für die Erzeugung von Antivitaminen durch Veränderungen in Ringsystemen.

Vitamin.	**Antivitamin.**
Aneurin	Pyrithiamin (Ersatz des Thiazolrings durch einen Pyridinring)
Nicotinsäureamid	5-Thiazolcarbonsäureamid (Ersatz des Pyridinrings durch einen Thiazolring)
Lactoflavin	2,4-Diamino-7,8-dimethyl-10-d-ribityl-5,10-dihydrophenazin
Biotin	Desthiobiotin

Beispiele für die Erzeugung von Antivitaminen durch Veränderung von Seitenketten.

Vitamin.	**Antivitamin.**
Aneurin (Thiamin)	Oxyaneurin (Oxythiamin)

Vitamin.	**Antivitamin.**
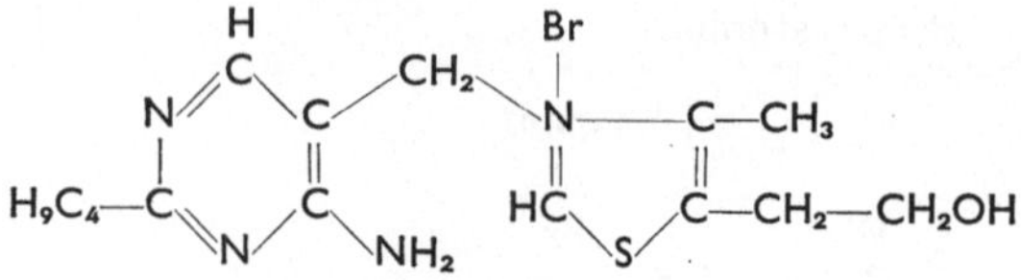	Butylaneurin (Butylthiamin)
Lactoflavin (Riboflavin)	Araboflavin
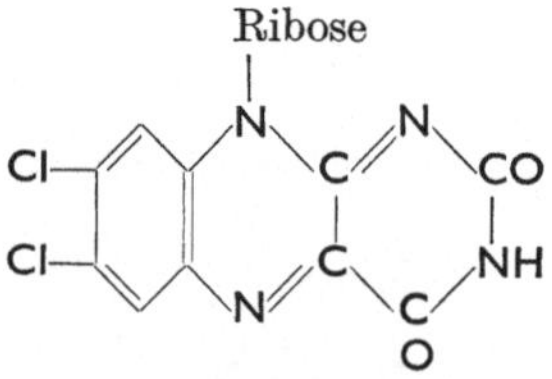	Dichlorflavin (6,7-Dichlor-9-d-ribityl-isoalloxazin)
Pyridoxin	Desoxypyridoxin

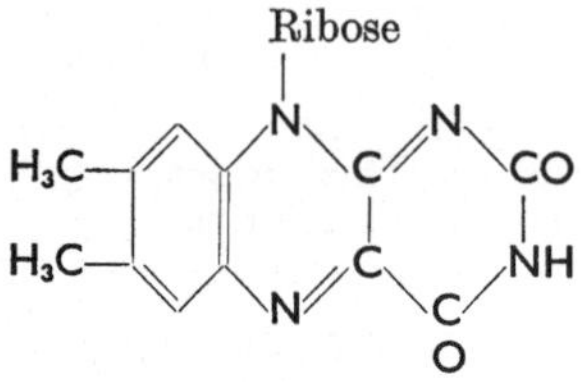

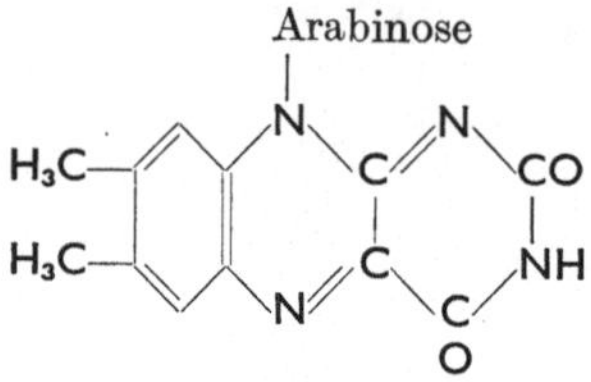

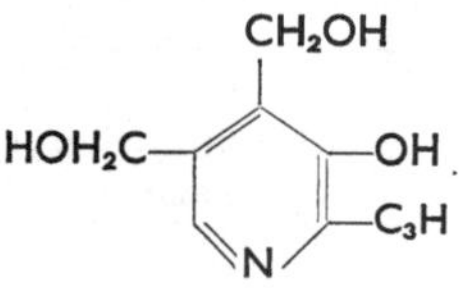

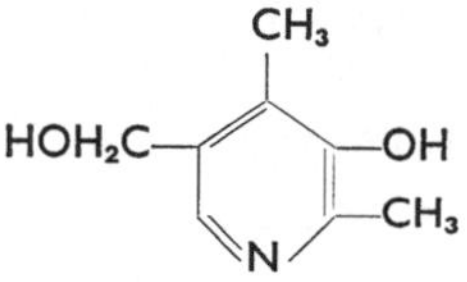

Vitamin.

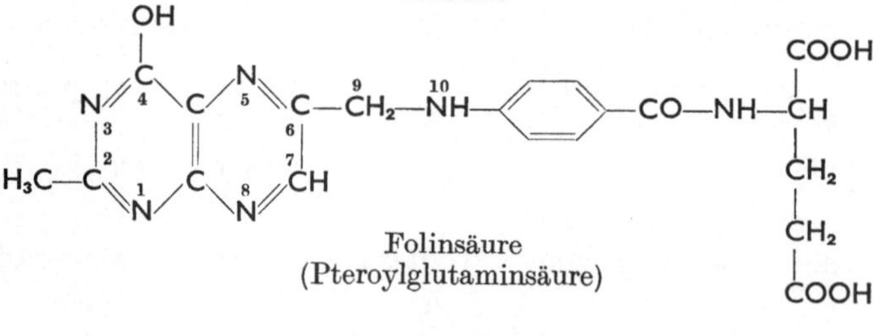

Folinsäure (Pteroylglutaminsäure)

Antivitamin.

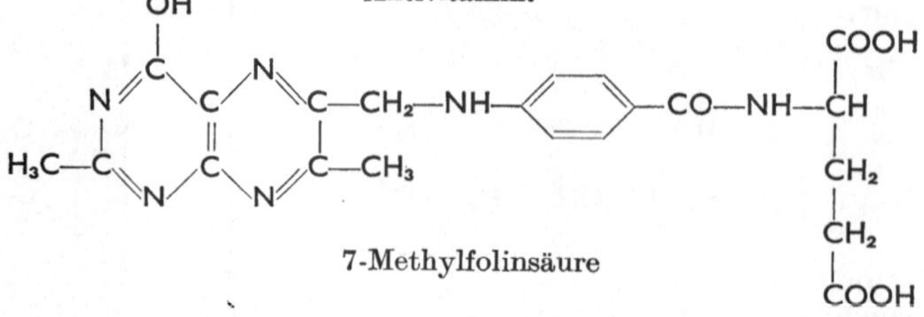

7-Methylfolinsäure

Weitere sich nach demselben Prinzip von der Folinsäure ableitende Antivitamine sind unter anderem 4-Aminopteroylglutaminsäure (Aminopterin), 9-Methylpteroylglutaminsäure, N^{10}-Methylpteroylglutaminsäure (über die Bezifferung des Pteridinringes vgl. S. 352).

Beispiele für die Antivitaminwirkung homologer Substanzen.

```
       Vitamin                               Antivitamin.

       CH2OH                   CH2OH                       CH2OH
       |                       |                           |
 H3C—C—CH3               H3C—C—CH3                   H3C—C—CH3
       |                       |                           |
       CH(OH)                  CH(OH)                      CH(OH)
       |                       |                           |
       CO                      CO                          CO
       |                       |                           |
       NH                      NH                          NH
       |                       |                           |
       CH2                     CH2                         CH2
       |                       |                           |
       CH2                     COOH                        CH2
       |                                                   |
       COOH                                                CH2
                                                           |
                                                           COOH

   Pantothensäure          Pantoylglycin          Pantoyl-γ-aminobuttersäure

      O                        O                        O
      C                        C                        C
  HN/   \NH                HN/   \NH                HN/   \NH
   |     |                  |     |                  |     |
  HC-----CH                HC-----CH                HC-----CH
   |     |                  |     |                  |     |
 H2C\   /CH—(CH2)4—COOH   H2C\   /CH—(CH2)5—COOH   H2C\   /CH—(CH2)3—COOH
      S                        S                        C

      Biotin                   Homobiotin               Norbiotin
```

Weiterhin ist z. B. Pteroylasparaginsäure ein Antivitamin der Pteroylglutaminsäure.

Der Hemmungsindex kann für ein gegebenes Antivitamin für verschiedene Mikroorganismen erheblich differieren. Dies ist durch eine unterschiedliche Empfindlichkeit gegenüber dem Hemmstoff bedingt. In der Tabelle 2 sind einige diesbezügliche Beispiele angeführt.

Tabelle 2. *Hemmwirkung des Pantoyltaurins gegenüber verschiedenen Mikroorganismen* (nach H. Knobloch).

Mikroorganismus	Hemmungsindex
Hämolytische Streptokokken	200
Diplococcus pneumoniae	1000
Lactobacillus arabinosus	1000—2000
Lactobacillus acidophilus Hadley	2500
Streptococcus lactis	8000
Propionibacter pentosaceum	8000
Corynebacter diphtheriae	500—10000
Streptococcus faecalis	15000
Lactobacillus pentosus	133000
Leuconostoc mesenteroides	133000
Proteus morgagnii	200000

Selbstverständlich kann ein Antivitamin nur dann einen Mikroorganismus hemmen, wenn dieser auf das betreffende Vitamin angewiesen ist. Die Tabelle 3 enthält einige diesbezügliche Beispiele. Es gibt Mikroorganismen, welche auf die Zufuhr des intakten Aneurinmoleküls angewiesen sind. Andere können die Pyrimidinkomponente und die Thiazolkomponente des Vitamins miteinander verknüpfen. Wieder andere vermögen die eine oder die andere Komponente selber

Tabelle 3. *Hemmungsindex des Pyrithiamins und Aneurinbedarf von Mikroorganismen.*

Mikroorganismus	Aneurinbedarf	Hemmungsindex
Ceratostomella fimbriata	Intaktes Aneurin	7
Endomyces vernalis	Pyrimidinkomponente	130
Mucor ramaianus	Thiazolkomponente	800
Saccharomyces	Pyrimidinkomponente und Thiazolkomponente	800
Lactobacillus casei	0	5 Millionen

zu synthetisieren. Endlich gibt es auch Mikroorganismen, welche das Vitamin in toto aufbauen können. Es ist leicht verständlich, daß der Hemmungsindex von Aneurinantagonisten für diese verschiedenen Typen von Mikroorganismen verschieden groß sein muß.

Beim Säugetier läßt sich Pyrithiamin zur Erzeugung eines Aneurinmangels verwenden (Tabelle 4).

Der Versuch zeigt deutlich, daß für den Effekt nicht die absolute Menge des Antivitamins, sondern das Verhältnis Antivitamin : Vitamin verantwortlich ist.

Tabelle 4. *Wirkung von Pyrithiamin auf Mäuse* (D. W. Woolley und A. G. C. White). Der Hemmungsindex des Pyrithiamins für Mäuse beträgt etwa 40.

γ Pyrithiamin je Tag	γ Aneurin je Tag	Tage bis zum Auftreten der Avitaminose	Gewichts-änderung Gramme/Woche
0	1,6	—	+3,0
20000	1,6	5	−3,0
2000	1,6	7	−2,7
1200	1,6	6	−2,1
600	1,6	8	−0,2
300	1,6	10	+1,9
100	1,6	11	+2,5
100	2,0	12	+2,4
50	2,0	—	+3,5
600	61,6	—	+3,1
2000	60,0	—	+3,6

Einen weiteren Beweis, daß auch beim höheren Tier eine Verdrängung des Vitamins durch das Antivitamin stattfindet, erbrachten C. E. Frohman und H. G. Day, die zeigten, daß die Verabreichung von Oxythiamin bei Ratten eine Steigerung der Ausscheidung von Aneurin zur Folge hat (z. B. von 12 γ im Tag auf 30 γ). Nach Einverleibung von Oxythiamin wird der Gehalt des Blutes an Brenztraubensäure gesteigert. Pyrithiamin hemmt die Phosphorylierung des Aneurins zu Co-Carboxylase. Dagegen ist das Antivitamin auf die Vereinigung des Co-Enzym mit dem Apo-Enzym ohne Wirkung (D. W. Woolley).

Mit am besten wurden die Antagonisten der Pteroylglutaminsäure (Folinsäure) in ihrer Wirkung auf den tierischen Organismus untersucht. Die bekanntesten dieser Substanzen sind in der Tabelle 5 aufgeführt. Als besonders wirksam haben sich 4-Aminofolinsäure (Aminopterin), N^{10}-Methylfolinsäure und 4-Amino-N^{10}-methylfolinsäure erwiesen. Die Folinsäureantagonisten erzeugen die Symptome des Folinsäuremangels, insbesondere Anämie und Leukopenie. Diese Wirkung läßt sich weitgehend durch Verabreichung von Pteroylglutaminsäure aufheben. Noch stärker als Folinsäure wirkt der Citrovorum Faktor (Formyltetrahydrofolinsäure) als Antagonist zu den Folinsäureanalogen. Neben der Beeinflussung des Blutbilds zeigen die letzteren Substanzen aber noch andere,

Tabelle 5. *Wirksamkeit von Antagonisten der Pteroylglutaminsäure beim Tier.*

Substanz	Wirkung auf das Tier	Hemmungsindex
Pteroylasparaginsäure	Kücken + Ratte –	500
7-Methylfolinsäure	Ratte, Maus, Kücken +	3000
9-Methylfolinsäure	Ratte, Maus, Kücken +	?
7-Oxy-9-oxofolinsäure	Ratte +	940
4-Aminofolinsäure (Aminopterin) . . .	Ratte, Meerschweinchen + Hunde, Affen +	
4-Amino-N^{10}-methylfolinsäure.	Ratte, Kücken +	30
2-Amino-4-oxy-6,7-diphenylpteridin . .	Kücken +	800—1500
2-Amino-4-oxy-6,7-dimethylpteridin . .	Ratte +	800—1500
2,4-Diamino-6,7-diphenylpteridin . . .	Ratte +	?

toxische Wirkungen wie z. B. Anorexie, Atonie des Magen-Darmtrakts, Durchfälle, Atrophie von Milz und Thymus, Erscheinungen, die nicht durch Gaben von Folinsäure aufhebbar zu sein pflegen. Weitere Folgen der Einverleibung von Folinsäureantagonisten sind Abnahme des Gehalts von Leber und Niere an Cholinoxydase. Aminopterin hemmt den Einbau von CO_2 und Formiat in Purine (H. E. SKIPPER, J. H. MITCHELL jr. und L. L. BENNETT jr.).

Die Antivitamine sind wertvolle Hilfsmittel zum Studium der Vitamine geworden, weil man mit ihrer Hilfe leicht Vitaminmangelzustände erzeugen kann, ohne die Schwierigkeit in Kauf nehmen zu müssen, vitaminfreie Diäten herzustellen.

Neben der Hemmung der Vitaminwirkungen durch die Strukturanalogen kennt man andere Möglichkeiten der Ausschaltung von Vitaminen. Im Interesse einer rationellen Nomenklatur (gegen welche nicht nur auf dem Vitamingebiet gesündigt zu werden pflegt) sollte man den Begriff *Antivitamin* nur auf die durch kompetitive Hemmung wirkenden Strukturanalogen beschränken und nicht wahllos jeden ein Vitamin paralysierenden Faktor als Antivitamin bezeichnen.

Aneurin wird durch ein Ferment Thiaminase zerstört. Thiaminase kommt in bestimmten Fischen vor, so daß man durch die Verfütterung roher Fische bei Versuchstieren schwerste Aneurinmangelzustände („Chastek-Paralyse") erzeugen kann. Die Thiaminase bewirkt eine hydrolytische Aufspaltung des Aneurin. Aneurin zerstörende Substanzen wurden auch in Pflanzen aufgefunden.

HO | H
H — Cl
CH_2 — N — C — CH_3
H_3C — C — N — C — NH_2 | HC — S — C — CH_2 — CH_2OH

Thiaminase

Biotin bietet ein anderes Beispiel einer Vitamin-Inaktivierung. Im rohen Eiereiweiß ist das Protein Avidin enthalten, welches sich mit Biotin unter stöchiometrischen Verhältnissen zu einem inaktiven, weil vom Organismus nicht aufspaltbaren Komplex vereinigt. Die Bindung Avidin-Biotin läßt sich mit der Hemmung von Trypsin durch den Trypsininhibitor der Sojabohne oder mit der Inaktivierung des Trypsin durch Bindung an ein Polypeptid bei der Sekretion des Trypsin in Form einer inaktiven Vorstufe vergleichen.

2. Aminosäureantagonisten.

Über die Einwirkung von Aminosäureantagonisten auf den tierischen Organismus liegt kein so großes Material vor wie über die Antivitamine. Die Befunde sind uneinheitlich, da die Verhältnisse hier offensichtlich wesentlich komplizierter liegen als bei den Antivitaminen. Über die wichtigsten mit Antiaminosäuren bei Tieren und Mikroorganismen erhobenen Befunde orientiert die Tabelle 6.

Etwas ausführlicher bezüglich ihrer Wirkung auf das Tier wurden einige Analoge des Phenylalanin untersucht wie z. B. β-2-Furylalanin, β-3-Furylalanin, β-2-Thenylalanin und β-3-Thenylalanin. Die in 3-Stellung substituierten Derivate erwiesen sich als die biologisch aktiveren.

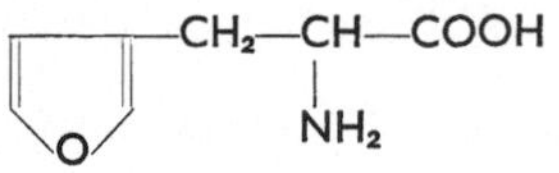

$CH_2—CH(NH_2)—COOH$

β-3-Furylalanin

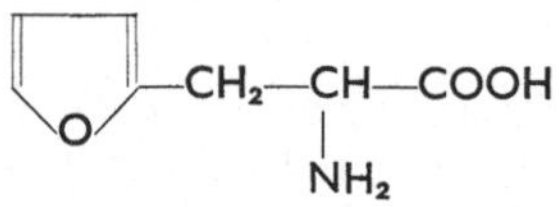

$CH_2—CH(NH_2)—COOH$

β-2-Furylalanin

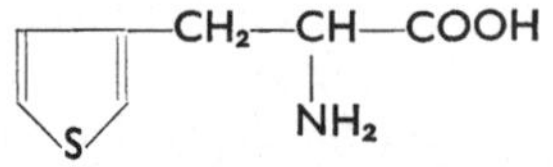

$CH_2—CH(NH_2)—COOH$

β-3-Thenylalanin

$CH_2—CH(NH_2)—COOH$

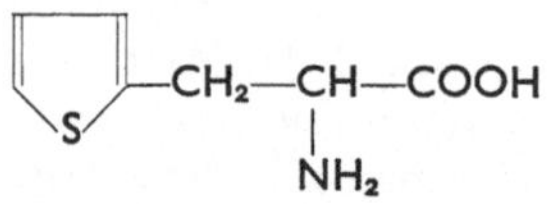

β-2-Thenylalanin

Zahlreichere Untersuchungen liegen über die Antagonisten des Methionin, Äthionin und Methoxinin vor. Äthionin hemmt bei Tier und Mikroorganismus den Einbau von Methionin in Proteine, was sich z. B. in Versuchen mit S^{35} enthaltendem Methionin nachweisen ließ (M. V. SIMPSON, E. FARBER und H. TARVER). Die Hemmung kann durch Verabreichung von viel Methionin wieder rückgängig gemacht werden. Durch die Blockierung der Eiweißsynthese wirkt

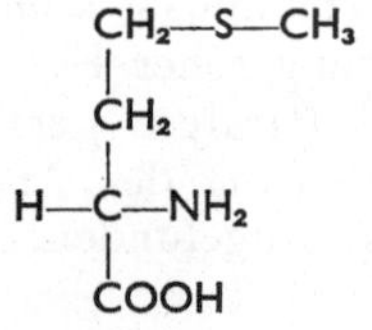

$CH_2—S—CH_3$ / CH_2 / $H—C—NH_2$ / $COOH$

Methionin

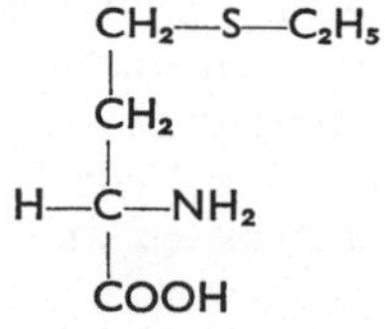

$CH_2—S—C_2H_5$ / CH_2 / $H—C—NH_2$ / $COOH$

Äthionin

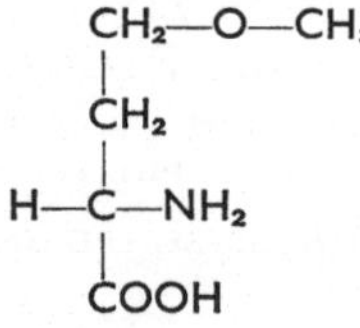

$CH_2—O—CH_3$ / CH_2 / $H—C—NH_2$ / $COOH$

Methoxinin

Äthionin wachstumshemmend. Außerdem beeinträchtigt Äthionin die Transmethylierungen und befördert daher die Erzeugung von Fettlebern. Versuche von A. STEKOL und K. WEISS machen es wahrscheinlich, daß der Organismus einen Teil des Äthionin deäthyliert. Die Autoren fanden unter anderem, daß mit S^{35} markiertes Äthionin in radioaktives Cystin übergeht und gemeinsam mit Brombenzol verfüttert Anlaß zur Bildung von p-Bromphenylmercaptursäure gibt. Ein Teil des Äthionin wird vom Organismus an Stelle von Methionin in Proteine eingebaut, wodurch abnorme Proteine entstehen (M. LEVINE und H. TARVER). Versuche mit Äthionin, dessen Äthylgruppen C^{14} enthielten, ergaben, daß die Äthylgruppen teilweise (2—3% des C^{14} innerhalb von 24 Std) zu CO_2 oxydiert werden. Der größte Teil von verfüttertem Äthionin wird rasch im Harn ausgeschieden (50% innerhalb der ersten 24 Std, über 80% im Verlaufe von 4 Tagen).

Tabelle 6. *Aminosäureantagonisten* (K. DITTMER).

Strukturveränderung und Aminosäure	Aminosäureantagonist	System, das gehemmt wird[1]
1. Ersatz von COOH durch SO_3H		
Glykokoll	α-Aminomethansulfosäure	+ Bakteriophagen + Bakterien — E. coli
Alanin	α-Aminoäthansulfosäure	+ Bakterien — E. coli — Mäusetumoren
Valin	α-Aminoisobutansulfosäure	+ Bakterien
Leucin	α-Aminoisoamylsulfosäure	+ Bakterien — Mäusetumoren
Asparaginsäure	Cysteinsäure	+ Bakterien — Bakterien
Phenylalanin	α-Amino-β-phenyläthan-sulfosäure	— Mäusetumoren
2. Ersatz von CH_3 durch H		
Alanin	Glykokoll	+ Bakterien
Valin	α-Aminobuttersäure	+ Bakterien
Leucin	Norvalin	+ Bakterien
Threonin	Serin	+ Bakterien
3. Ersatz von H durch CH_3		
Methionin	Äthionin	+ Tiere + Bakterien
Serin	α-Methylserin	— Bakterien
Tryptophan	Methyltryptophan	+ Bakterien + Bakteriophagen
Alanin	α-Aminoisobuttersäure	— Bakterien
4. Veränderungen der Stellung einer CH_3-Gruppe		
Valin	Norvalin	+ Bakterien
Leucin	Norleucin	+ Bakterien
Isoleucin	Leucin	+ Bakterien
5. Ersatz von CH_3 durch Cl		
Valin	α-Amino-β-chlorbuttersäure	+ Bakterien, Hefe
6. Verlängerung der C-Atomkette um eine CH_2-Gruppe		
Valin	Leucin bzw. Isoleucin	+ Bakterien
Serin	Homoserin	+ Bakterien
Tyrosin	α-Amino-p-oxyphenylbuttersäure	nicht bearbeitet
7. Ersatz von H durch OH		
Alanin	Serin	+ Bakterien
Asparaginsäure	Oxyasparaginsäure	+ Bakterien
Phenylalanin	Tyrosin β-Oxyphenylalanin	+ Bakterien + Bakterien
Prolin	Oxyprolin	+ Bakterien
8. Ersatz von H durch NH_2		
Asparaginsäure	Diaminobernsteinsäure	+ Bakterien
9. Ersatz von OH durch NH_2 oder von NH_2 durch OH		
Glutaminsäure	Glutamin	+ Bakterien
Tyrosin	p-Aminophenylalanin	+ Pilze
Lysin	α-Amino-ε-oxycapronsäure	+ Tiere
Ornithin	α-Amino-δ-oxyvaleriansäure	— Bakterien

[1] + = Hemmung, — = keine Hemmung.

Tabelle 6. (Fortsetzung.)

Strukturveränderung und Aminosäure	Aminosäureantagonist	System, das gehemmt wird[1]
10. Ersatz von H durch Halogen		
Phenylalanin	Fluorphenylalanine	+ Pilze, Ratte
		+ Papain
	Chlorphenylalanine	+ Pilze
	Bromphenylalanine	+ Pilze
Tyrosin	Fluorierte Tyrosine	+ Pilze
11. Veränderungen in Ringsystemen		
Phenylalanin	Thenylalanine	+ Bakterien, Hefe, Virus
		+ Tiere
	Furylalanine	+ Bakterien, Hefe
		+ Tiere
	β-2-Pyrrylalanin	+ Bakterien, Hefe
	β-4-Pyridylalanin	+ Bakterien
Tryptophan	Naphthylalanine	— Bakterien
		— Tiere
12. Ersatz von S durch —CH=CH—		
Cystein	Allylglycin	+ Bakterien, Hefe
		+ Tiere
Methionin	2-Amino-5-heptensäure	+ E. coli
13. Ersatz von S durch O		
Methionin	Methoxinin	+ Bakterien, Viren
		+ Tiere
14. Ersatz von gesättigten Bindungen durch ungesättigte		
Norleucin	Crotonylglykokoll	+ Bakterien
		+ Tiere
Isoleucin	Methallylglycin	+ Bakterien, Hefe
15. Ersatz von COOH durch —CO—C_6H_5		
Asparaginsäure	Aspartophenon	+ Bakterien, Hefe
16. Optische Inversion		
L-Leucin	D-Leucin	+ Bakterien
L-Histidin	D-Histidin	+ Histidase
17. Verschiedene Änderungen		
Methionin	Methioninsulfoxyd	+ Bakterien
		+ Enzyme
Arginin	Canavanin	+ Bakterien, Pilze
Ornithin	Canalin	— Bakterien

[1] + = Hemmung, — = keine Hemmung.

Methoxinin wirkt bei Ratten lipotrop, ist aber stark toxisch und erzeugt Nierenschäden. Dosen von 50 mg je Tag und Ratte wirken innerhalb von 12 bis 20 Tagen letal. Zugabe einer gleich großen Menge Methionin verlängert die Lebensdauer und mildert die Nierenschäden, kann aber den starken Gewichtsverlust der Versuchstiere nicht aufhalten (C. B. Shaffer und F. H. Critchfield). Nach J. J. Travers und L. R. Cerecedo bewirkt Methoxinin, an Mäuse verabreicht, Gewichtsverluste und Verminderung der Nahrungsaufnahme, Effekte, welche durch gleichzeitige Gaben von Methionin aufgehoben werden. Eine lipotrope Wirkung der Substanz wurde von den Autoren nicht beobachtet.

Ein interessanter Stoffwechselantagonist des Methionin entsteht bei der Bleichung des Mehls mit NCl_3, der bei Hunden zu zentralen Symptomen („Hundehysterie") Anlaß gibt. Die Substanz wurde als Derivat des Methioninsulfoxyd identifiziert (H. R. BENTLEY, E. E. McDERMOTT und J. K. WHITEHEAD). Methioninsulfoximin bewirkt als Aminosäureantagonist ganz allgemeine Stoffwechselstörungen, z. B. Verminderung des Gehalts der Leber an Xanthinoxydase (S. N. GERSHOFF und C. A. ELVEHJEM), die durch Methioningaben wieder rückgängig gemacht werden können. Manche toxischen Effekte der Substanz, wie z. B. die Wachstumshemmung von Leuconostoc mesenteroides lassen sich hohe Glutamindosen verhüten. J. PACE und E. E. McDERMOTT haben mit Enzympräparaten aus Gehirn gezeigt, daß Methioninsulfoximin in den Glutaminstoffwechsel eingreift. Es hemmt die enzymatische Bildung von Glutamin aus Glutaminsäure und die Entstehung von Glutaminylhydroxamsäure aus Glutamin und Hydroxylamin.

H_3C, R, $\overset{++}{S}$, NH^-, O^-

Hunde-Hysteriefaktor Methioninsulfoximin

Die meisten Aminosäureantagonisten werden durch die L-Aminosäureoxydase bzw. D-Aminosäureoxydase in großem Umfange oxydiert (Tabelle 7). Manche

Tabelle 7. *Oxydation von Aminosäureantagonisten durch* D-*Aminosäureoxydase und* L-*Aminosäureoxydase* (E. FRIEDEN, L. T. HSU und K. DITTMER). Relative Werte im Vergleich zu Phenylalanin = 100.

Substanz	L-Aminosäure-oxydase	D-Aminosäure-oxydase
Phenylalanin	100	100
β-2-Thenylalanin	64	23
β-3-Thenylalanin	93	50
5-Brom-β-2-thenylalanin	71	80
β-2-Furylalanin	92	32
4-Methylphenylalanin	83	90
4-Aminophenylalanin	88	63
2-Fluorphenylalanin	111	74
β-1-Naphthylalanin	76	19
β-2-Naphthylalanin	6	23
Allylglycin	104	25
Crotonylglycin	110	62
α-Methylserin	0	0
α-Amino-β-phenoxyisobuttersäure	0	0

werden auch durch Aminosäuredecarboxylasen decarboxyliert. In den Fällen, in denen die Substanzen durch die erwähnten Enzyme nicht angegriffen werden, läßt sich keine Hemmung der Enzyme beobachten. Die antagonistische Wirkung der Aminosäureanalogen beruht also nicht auf einer Konkurrenz um diese Fermente.

3. Pyrimidinantagonisten und Purinantagonisten.

Die Biosynthese von Pyrimidinen, Purinen und ihr Einbau in Nucleotide können durch die Einverleibung von Pyrimidinantagonisten und Purinantagonisten gestört werden. Da manche Mikroorganismen auf die Zufuhr von Pyrimidinen oder Purinen angewiesen sind, wurden die meisten Untersuchungen an solchen Lebewesen (z. B. Lactobacillus casei) angestellt. Die wirksamsten Antagonisten sind in der Tabelle 8 zusammengestellt.

Tabelle 8. *Pyrimidinantagonisten und Purinantagonisten.*

Pyrimidinantagonisten	Purinantagonisten
5-Aminouracil	2-Aminopurin
5-Oxyuracil	2,6-Diaminopurin
2,4,6-Triaminopurin	2,8-Dioxypurin
4,6-Diamino-2-oxypyrimidin	Benzimidazol
	8-Azaguanin
	Azaadenin

Derartige Verbindungen wirken auch beim Tier toxisch, bewirken Störungen der Erythrocytenbildung, rufen Embryonen appliziert Mißbildungen hervor, alles Symptome eines gehemmten Nucleotidstoffwechsels. Ein besonderes Interesse haben derartige Verbindungen im Zusammenhang mit der Möglichkeit gefunden, pathologisches Wachstum zu hemmen. In der Tat hat man auch mit

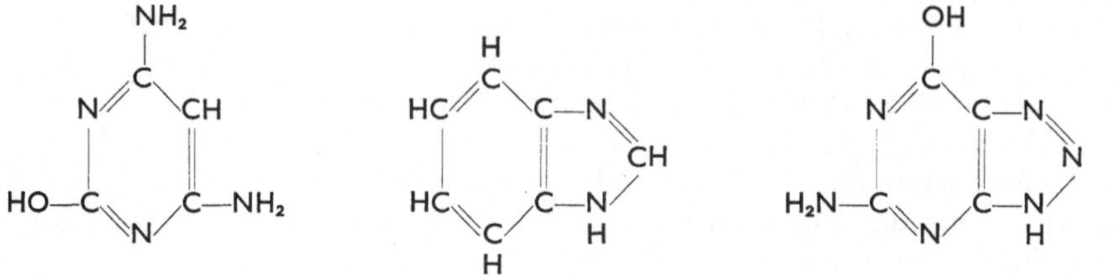

4,6-Diamino-2-oxypyrimidin | Benzimidazol | 8-Azaguanin (Guanazol)

Pyrimidinantagonisten und Purinantagonisten die Entwicklung von Tumoren hemmen können.

Der Wirkungsmechanismus der im Bereich des Nucleotidstoffwechsels wirksamen Antagonisten ist noch weitgehend ungeklärt. Azaguanin hemmt den Einbau von Formiat in Purine (Versuche mit C^{14}-Formiat von H. E. Skipper, J. Mitchell jr., L. Bennett jr., M. A. Newton, L. Simpson und M. Eiduson) und damit generell die Biosynthese von Purinen. 2,6-Diaminopurin wirkt bei Mikroorganismen als Antagonist der Pteroylglutaminsäure. Seine Wirkung auf Säugetiere läßt sich aber nicht auf diesen Nenner bringen (vgl. auch S. 336). 8-Azaguanin und 8-Azaxanthin werden von der Guanase desaminiert. 8-Azaguanin wird von der Xanthinoxydase zu 8-Azaxanthin oxydiert (S. Roush und E. R. Norris). 8-Azaguanin, welches das Wachstum von experimentellen Tumoren stark hemmt, wird von den Tumoren nicht bevorzugt gespeichert. Nach Verfütterung von C^{14}-Azaguanin wird die stärkste Aktivität in den Ribonucleotiden der Darmschleimhaut gefunden (J. H. Mitchell jr., H. E. Skipper und L. L. Bennett jr.). Praktisch nichts der Substanz wird zu CO_2 oxydiert.

III. Biologische Oxydation.

1. Allgemeines über energetische Fragen.

Das Leben einer Zelle ist an die ständige Zufuhr von Energie geknüpft. Die Energie wird benötigt zur Aufrechterhaltung der Heterogenität, d. h. von Konzentrationsunterschieden gegen die Umgebung und auch im Innern der Zelle, der Entwicklung von Oberflächen und Strukturen sowie der Ausbildung von elektrischen Potentialen. Weiterhin wird Energie zur Durchführung von Biosynthesen benötigt. Wird die Energiezufuhr unterbrochen, so tritt sofort ein Ausgleich aller Unterschiede und damit der Tod der Zelle ein. Ein hochentwickelter komplizierter Organismus hat noch weitere energetische Bedürfnisse z. B. zur Leistung mechanischer Arbeit und zur Aufrechterhaltung einer gegen die Umgebung erhöhten Körpertemperatur.

Der tierische Organismus gewinnt die Energie durch die Umwandlung von energiereichen organischen Stoffen, die er in Form der Nahrungsstoffe aufnimmt, in energiearme Stoffwechselprodukte. Reaktionen, bei denen Substanzen von hoher potentieller Energie in solche niederer potentieller Energie übergeführt werden, nennt man exergonische Reaktionen. Bei ihnen nimmt die freie Energie

(ΔF) ab und kann für Zwecke äußerer Arbeit (Muskelarbeit, osmotische Arbeit, elektrische Arbeit usw.) verwendet werden. Exergonische Reaktionen laufen freiwillig ab, also ohne daß man für sie irgendeine Arbeit aufwenden muß. Die allgemeine Richtung der Umsetzungen im tierischen Organismus ist im Gegensatz zu den Verhältnissen bei der Pflanze exergonisch. Trotzdem finden im tierischen Organismus auch endergonische Prozesse statt, bei denen also die potentielle Energie des Reaktionssystems zunimmt. Beispielsweise sind die Biosynthesen von Eiweiß, Polynucleotiden oder anderen biologisch wichtigen Makromolekülen aus den Bausteinen endergonische Reaktionen, die nicht freiwillig ablaufen, sondern einer Energiezufuhr bedürfen und nur dadurch ermöglicht werden, daß gleichzeitig eine exergonische Reaktion stattfindet. Im folgenden werden viele Beispiele für solche energetischen Koppelungen aufgezeigt werden.

Reaktionen, welche nur schwach endergonisch sind, pflegen meist auch noch spontan abzulaufen, weil die geringen benötigten Energiemengen der Umgebung in Form von Wärme entzogen werden können. Je größer die Energieabgabe durch ein Reaktionssystem ist, um so mehr liegt das Gleichgewicht der Reaktion in der Richtung auf die Energieabgabe. Die Veränderung der freien Energie bestimmt daher Richtung und Ausmaß einer Reaktion. Die freie Energie eines Prozesses steht in einer einfachen Beziehung zu der Gleichgewichtskonstante der Reaktion und läßt sich daher durch die Bestimmung derselben ermitteln.

$$\Delta F = -RT \ln K$$

R ist die Gaskonstante (1,98 cal);
T ist die absolute Temperatur;
K ist die Gleichgewichtskonstante.

Ein anderer Weg zur Berechnung der freien Energie führt über die Bestimmung der Differenzen der Redoxpotentiale des reagierenden Systems.

$$-\Delta F = nF\Delta E$$

E ist die Potentialdifferenz in Volt,
n ist die Zahl der beteiligten Elektronen;
F ist das Faraday (96500 Coulomb);
ΔF ist die Änderung der freien Energie in Joule (1 cal = 4,18 Joule).

Mensch und Tier gewinnen die Energie durch die biologische Oxydation der Nährstoffe. Beim Transport von 2 Wasserstoffelektronen von den hydrierten Codehydrasen bis zum Sauerstoff, d. h. durch die Verbrennung von 2 Wasserstoffatomen zu Wasser, gewinnt der Organismus rund 52 kcal freie Energie. Ein großer Teil dieser Energie wird in Form von energiereichem Phosphat gespeichert und steht dem Organismus so für jeden beliebigen Verwendungszweck zur Verfügung.

Zur Erforschung der Stoffwechselvorgänge ist die Ermittlung der Änderung der freien Energie (ΔF) eines Prozesses sehr viel wichtiger als die der Wärmetönung (ΔH). Die Wärmetönung einer Reaktion entspricht der gesamten umgesetzten Energie, also der Summe an freier Energie und derjenigen Energie, die nur Wärme liefert und sich nicht in eine beliebige andere Energieform transformieren läßt. Die Prozesse des Lebens verlangen aber in erster Linie eine Umwandlung der chemischen Energie in andere Energieformen als Wärme. Freie Energie und Wärmetönung einer Reaktion sind durch die folgende Beziehung miteinander verknüpft

$$\Delta F = \Delta H - T\Delta S$$

T ist die absolute Temperatur;
ΔS ist die Entropie, also die Energie, die sich nicht in Arbeit überführen läßt und daher minderwertig ist.

Nahezu alle Reaktionen, die sich in einem lebenden Organismus abspielen, sind enzymatischer Art. Unter den im Organismus herrschenden Bedingungen (ungefähr neutrale Reaktion, wäßrige Lösung, niedere Temperatur) würden praktisch alle Reaktionen nicht oder nur äußerst langsam ablaufen. Die Stoffwechselintensitäten, welche beim Ablauf der Lebensprozesse notwendig sind, müssen daher mit Hilfe von Katalysatoren erreicht werden. Die vom lebenden Organismus gebildeten Katalysatoren nennt man Enzyme oder Fermente. Enzyme sind einfache oder zusammengesetzte Eiweißstoffe und machen etwa 30—40% des Eiweißbestandes der Zellen aus (K. LANG).

Auch eine exergonische Reaktion z. B. des Typs

$$A + BC \rightleftarrows AB + C$$

kommt nicht ohne weiteres in Gang, sondern erst nach Zufuhr einer „Aktivierungsenergie", welche benötigt wird, um die bei der Annäherung der Moleküle aneinander zunächst wirksam werdenden Kräfte zu überwinden.

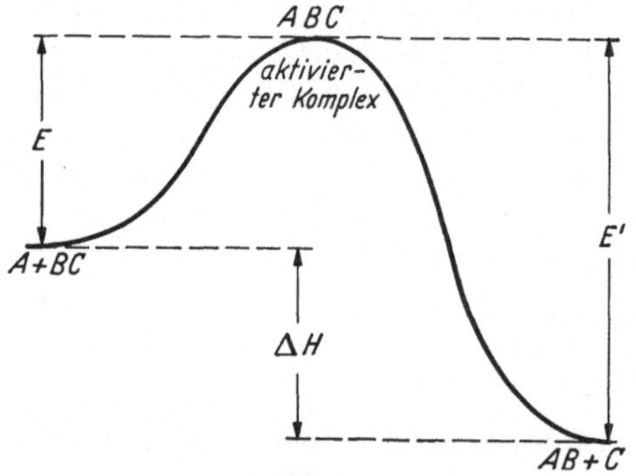

Abb. 1. Aktivierungsenergie einer chemischen Reaktion.

E ist die Aktivierungswärme der Reaktion $A + BC \rightleftarrows ABC$; E' ist die Aktivierungswärme der Reaktion $AB + C \rightleftarrows ABC$; ΔH ist die Änderung der Verbrennungswärme.

Fermente und andere Katalysatoren setzen die Aktivierungsenergie erheblich herab. Beispielsweise beträgt die Aktivierungsenergie für die Hydrolyse von Buttersäureäthylester durch Säure 13200 cal, für die Aufspaltung durch Pankreaslipase aber nur 4200 cal. Bezüglich Einzelheiten der Enzymwirkung sei auf die einschlägigen Spezialwerke verwiesen.

Enzyme sind wie gesagt Proteine (Wirkproteine) und somit selber dem Zellstoffwechsel unterworfen. Die Fermentkonzentrationen in den Geweben oder Körperflüssigkeiten sind daher nicht konstant, sondern veränderlich. So setzt z.B. Eiweißmangel durch die dadurch erforderlich gewordene Einschränkung der Eiweißsynthese auch den Gehalt der Gewebe an Fermenten herab. Unter normalen Verhältnissen ist der Fermentgehalt der Zellen in einem gewissen Umfange dem Bedarf angepaßt. Bei einer Nichtbeanspruchung von Fermenten wird die Bildung derselben vermindert, bei einer gesteigerten Beanspruchung vermehrt. Im allgemeinen ist der Fermentgehalt der Gewebe größer, als dem verlangten Umfange der Reaktionen entspricht. Er ist daher normalerweise nicht der den Zellstoffwechsel limitierende Faktor. Am bekanntesten sind die Verhältnisse bei den Verdauungsfermenten, welche zumeist in einem den Bedarf um das 100—1000fache übersteigenden Ausmaß gebildet und sezerniert werden.

2. Redoxsysteme und Redoxpotential.

Eine Oxydation kann man als Aufnahme von Sauerstoff oder als Abgabe von Wasserstoff auffassen. Noch allgemein gültiger ist die Definition als Abgabe von Elektronen. Es gibt nun keine Oxydation, ohne daß gleichzeitig eine Reduktion stattfindet. Das auf irgendein Substrat einwirkende Oxydationsmittel wird in derselben Reaktion selbst reduziert. Man spricht daher besser von einem Oxydoreduktionsprozeß

Bei einer Oxydoreduktion findet ein Übergang von Elektronen von dem einen Reaktionspartner auf den anderen statt. Das Oxydationsmittel, das bei der Oxydoreduktion selbst reduziert wird, nimmt Elektronen auf, wirkt also als Elektronenacceptor, die oxydierte Substanz gibt Elektronen ab, ist also ein Elektronendonator. Ein einfaches Beispiel ist die Oxydoreduktion zwischen dreiwertigem Eisen und dreiwertigem Titan. Das dreiwertige Eisen oxydiert das

$$Fe^{+++} + Ti^{+++} \rightleftarrows Fe^{++} + Ti^{++++}$$

dreiwertige Titan zum vierwertigen und wird selbst zum zweiwertigen Eisen reduziert. Das dreiwertige Titan gibt ein Elektron ab und das dreiwertige Eisen nimmt es auf. Ein Oxydationsmittel wirkt um so stärker oxydierend, je leichter es Elektronen aufnimmt, ein Reduktionsmittel um so stärker reduzierend, je leichter es Elektronen abgibt.

Da eine Oxydoreduktion mit einer Aufnahme und Abgabe von Elektronen verbunden ist, erteilen Oxydationsmittel und Reduktionsmittel, bzw. Mischungen beider einer in sie eingetauchten Platinelektrode ein Potential, das man als *Redoxpotential* bezeichnet. Es ist vom p_H der Lösung abhängig, da auch H^+ bzw. OH^- mit Elektronen reagieren. Als Bezugselektrode zur Messung des Redoxpotentials wählt man üblicherweise die Wasserstoffelektrode. Um leicht reproduzierbare Werte zu erhalten, pflegt man das Redoxpotential in einem Gemisch zu messen, das 50% der oxydierten und 50% der reduzierten Substanz enthält. Mit E_0 wird das Redoxpotential bezeichnet, das äquimolekulare Mengen der oxydierten und reduzierten Substanz bei p_H 0, einer Temperatur von 25° und einem Wasserstoffdruck von einer Atmosphäre ergeben. Das Redoxpotential ist positiv, wenn das System der Wasserstoffelektrode gegenüber oxydierend wirkt. Es ist negativ, wenn es ein stärkeres Reduktionsmittel ist als H_2. Jedes Redoxsystem, das positiver als ein anderes ist, oxydiert dasselbe bzw. wird von dem anderen reduziert. Das Redoxpotential ist demnach ein Maß der Affinität einer Substanz zu Elektronen und damit auch ein Maß der bei der Reaktion erfolgenden Änderung der freien Energie.

Nun sind die Nährstoffe und die Stoffwechselprodukte nicht elektroaktiv und erteilen einer Platinelektrode kein bestimmtes Potential, da sie nicht spontan miteinander reagieren. So gibt Milchsäure nicht ohne weiteres 2 Elektronen ab und geht in Brenztraubensäure über. Durch Zusatz geeigneter Substanzen (z. B. Methylenblau) kann man jedoch die Reaktion in Gang bringen und erhält dann

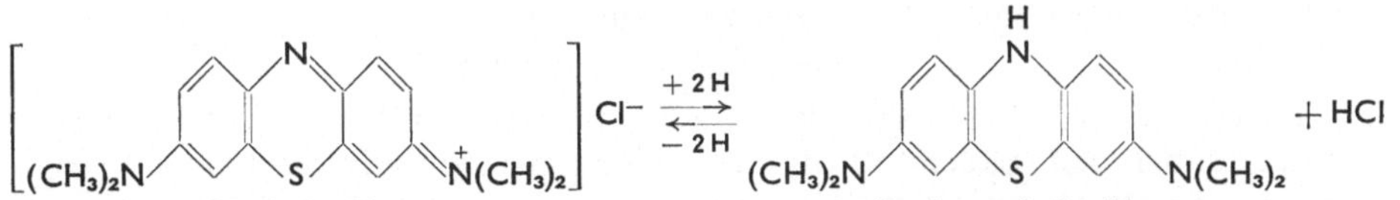

[$(CH_3)_2N$ – S – N – $\overset{+}{N}(CH_3)_2$] Cl^- $\underset{-2H}{\overset{+2H}{\rightleftarrows}}$ $(CH_3)_2N$ – S – NH – $N(CH_3)_2$ + HCl

Methylenblau — Leukomethylenblau

ein Redoxpotential. Solche Substanzen wirken wie Katalysatoren und werden als Redoxkatalysatoren bezeichnet. Sie nehmen Elektronen auf. Bei dem Methylenblau ist dies leicht zu erkennen, weil es dabei zu dem farblosen Leukomethylenblau reduziert wird. Der reduzierte Farbstoff transportiert dann die Elektronen zu der Elektrode.

Milchsäure + Methylenblau $\rightleftarrows$ Brenztraubensäure + Leukomethylenblau

Die lebenden Zellen verfügen über Enzyme, welche als Redoxkatalysatoren wirken und die man als Redoxasen zu bezeichnen pflegt. Diese Enzyme bilden reversible Redoxsysteme, die von Wasserstoffdonatoren reduziert und von Wasserstoffacceptoren oxydiert werden. Im Organismus sind im allgemeinen mehrere

Redoxasen hintereinander geschaltet, wobei das positivere System jeweils das negativere oxydiert, was mit einem Abfall an freier Energie verbunden ist.

Die Kenntnis des Redoxpotentials ermöglicht also Voraussagen über Möglichkeit, Richtung und Ausmaß von Redoxprozessen. Es kann aber nichts über die Reaktionsgeschwindigkeit der einzelnen Prozesse aussagen, weil diese eine spezifische chemische Eigenschaft der Reaktionspartner ist. Eine thermodynamisch mögliche Reaktion kann so langsam ablaufen, daß sie für den Zellstoffwechsel bedeutungslos wird.

Die wichtigsten Redoxasen sind die Pyridinproteide und anderen Dehydrasen, die Flavinproteide (gelbe Fermente), die Häminproteide und die Kupferproteide.

Tabelle 9. *Redoxpotentiale biologisch wichtiger Redoxsysteme* (F. G. Fischer).

System	E_0 bei p_H 7,0 Volt
Adrenalin/Chinon	+0,380
3,4-Dioxyphenylalanin/Chinon	+0,370
Homogentisinsäure/Benzochinonessigsäure	+0,265
Cytochrom a	+0,290
Cytochrom c	+0,270
Cytochrom b	+0,04
Bernsteinsäure/Fumarsäure	0,00
Leukomethylenblau/Methylenblau	+0,11
Äthanol/Acetaldehyd	−0,090
Äpfelsäure/Oxalessigsäure	−0,170
Milchsäure/Brenztraubensäure	−0,180
β-Oxybuttersäure/Acetessigsäure	−0,282
Ascorbinsäure/Dehydroascorbinsäure	−0,060
Glutathion red/Glutathion ox	−0,220
Dihydrocodehydrase/Codehydrase	−0,325
Cystein/Cystin	−0,340

3. Die Dehydrasen.

Die Erkenntnis, daß Dehydrierungsvorgänge von fundamentaler Bedeutung bei der biologischen Oxydation sind, verdanken wir in erster Linie H. Wieland (s. auch W. Franke [*1*]). Wieland wies im Jahre 1912 nach, daß man mit fein verteilten Platinmetallen aus zahlreichen organischen Substanzen Wasserstoff abspalten, sie dehydrieren kann. Die Dehydrierung eines Aldehyd zur Säure durch Palladium ist folgendermaßen zu formulieren:

$$R{-}CH(OH)_2 \rightarrow R{-}COOH + 2\,H\,.$$

Das Wesentliche bei diesem Prozeß ist die Fortnahme von Wasserstoff. Man kann nämlich dabei den Sauerstoff durch andere Wasserstoff aufnehmende Substanzen wie z. B. Chinon oder Methylenblau ersetzen, die dabei zu Hydrochinon bzw. Leukomethylenblau hydriert werden. „Oxydationen" lassen sich also auch dadurch bewirken, daß man an Stelle von Sauerstoff einen anderen geeigneten Wasserstoffacceptor verwendet. Ein Beispiel ist die Dehydrierung eines Alkohols durch Chinon zum Aldehyd, der sich dann noch weiter zur Säure dehydrieren läßt.

$$\text{Äthanol} + \text{Chinon} \rightarrow \text{Acetaldehyd} + \text{Hydrochinon}.$$

Diese zunächst im Modellversuch gewonnenen Ergebnisse ließen sich auch auf biologische Prozesse übertragen. So verläuft die dem gewählten Beispiel der Dehydrierung von Äthanol durch Chinon analoge Essigsäuregärung völlig gleichartig. Die Essigsäurebakterien überführen Äthanol genau so gut in Essigsäure, wenn man ihnen an Stelle des physiologischen Wasserstoffacceptors Sauerstoff, Chinon oder Methylenblau als Wasserstoffacceptoren anbietet.

Dient bei derartigen Reaktionen molekularer Sauerstoff als Wasserstoffacceptor, so wird er zu Hydroperoxyd hydriert. Bei

$$H_2 + O_2 \rightarrow H_2O_2$$

biologischen Systemen läßt sich die Bildung von Hydroperoxyd zumeist nicht ohne weiteres nachweisen, weil alle aerob lebenden Organismen über Hydroperoxyd zerlegende Fermente (Katalase, Peroxydase) verfügen, da Hydroperoxyd ein schweres Zellgift ist (s. auch S. 53).

Die Gedankengänge von WIELAND erwiesen sich als äußerst fruchtbar. Durch WIELAND und seine Mitarbeiter, ferner durch THUNBERG, HOPKINS, v. EULER und zahlreiche andere Forscher wurde in tierischen und pflanzlichen Geweben eine große Anzahl von Redoxasen aufgefunden, die aus den Substraten des Zellstoffwechsels Wasserstoff abspalten. Diese Enzyme werden als Dehydrogenasen (Dehydrasen) bezeichnet. Sie zeichnen sich durch eine hohe Substratspezifität aus. Das früher unerklärliche Geheimnis der außerordentlich feinen Spezifität der biologischen Oxydation fand durch die Entdeckung zahlreicher individueller Dehydrasen eine zwanglose Erklärung. „Die Zelle ist kein Ofen, in dem alles wahllos verbrannt wird" (H. WIELAND).

Die Dehydrasen sind die ersten Redoxasen, welche auf die Nährstoffe einwirken. Sie entziehen den Substraten Wasserstoff und bringen damit die ganze Lawine der bei der biologischen Oxydation beteiligten Prozesse ins Rollen, die mit einer Oxydation des Wasserstoff zu Wasser endet. Der zur Dehydrierung notwendige Energieaufwand wird durch Reaktionskopplung mit anderen Redoxsystemen gedeckt. Die meisten Dehydrierungen, insbesondere die von Alkoholgruppen zu Carbonylgruppen, sind endergonische Prozesse. Der Energiegewinn aus Dehydrierungen resultiert sekundär durch die nachfolgende Oxydation von Wasserstoff zu Wasser. Dagegen ist die Dehydrierung eines Aldehyd zu einer Säure exergonisch. Daher verwendet der Organismus auch Carboxylgruppen im allgemeinen nicht als Wasserstoffacceptoren.

Nach W. FRANKE[2] teilt man die Dehydrasen zweckmäßigerweise folgendermaßen ein:

1. *Anaerodehydrasen* (anoxytrope Dehydrogenasen nach THUNBERG). Sie übertragen den Wasserstoff nicht direkt auf den Sauerstoff. Je nachdem in den Wasserstofftransport ein Co-Ferment eingeschaltet ist oder nicht, kann man unterscheiden

a) einfache Anaerodehydrasen (ohne Co-Fermente),

b) komplexe Anaerodehydrasen (mit Co-Fermenten).

2. *Aerodehydrasen* (oxytrope Dehydrogenasen nach THUNBERG). Sie können Sauerstoff als Wasserstoffacceptor verwenden.

a) Die einfachen Anaerodehydrasen.

Die wichtigsten einfachen Dehydrasen des tierischen Organismus sind Bernsteinsäuredehydrase (Succinoxydase) und Cholinoxydase. Sie sind in der lebenden Zelle mit dem WARBURG-KEILIN-System gekoppelt. In vitro kann auch Methylenblau oder ein anderer passender Redoxindicator als Wasserstoffacceptor fungieren. Am besten untersucht ist das System Bernsteinsäure/Fumarsäure (E. C. SLATER). Nach E. C. SLATER vollzieht sich der Elektronentransport im Falle der Bernsteinsäuredehydrierung auf dem folgenden Wege:

Bernsteinsäuredehydrase → Cytochrom b ↗ Methylenblau
Cytochrom b ↘ Unbekannter Faktor → WARBURG-KEILIN-System

Der von manchen Autoren ausgesprochene Verdacht, die Bernsteinsäuredehydrase sei mit Cytochrom b identisch, hat sich nicht bewahrheitet. Es gibt Mikroorganismen, welche zwar Bernsteinsäuredehydrase, aber überhaupt kein Cytochrom enthalten. Der zwischen Cytochrom b und Cytochrom c eingeschaltete Faktor unbekannter Art wird durch Dimercaptopropanol (BAL) gehemmt. Bernsteinsäuredehydrase wird langsam durch HCN irreversibel inaktiviert. Vermutlich reagiert nur die oxydierte Form des Enzyms, da hohe Substratkonzentrationen vor der HCN-Wirkung schützen (C. L. Tsou). Die Schwierigkeiten, welche einer Aufklärung der Natur der Bernsteinsäuredehydrase entgegenstehen, ergeben sich aus der Unlöslichkeit des Enzymsystems, das fest an die Struktur der Mitochondrien gebunden ist.

b) Die Pyridinproteide.

Die Pyridinproteide bestehen aus einer Eiweißkomponente (Apoferment) und einer Nicotinsäureamid enthaltenden prosthetischen Gruppe. Den ersten Hinweis für die Existenz solcher Co-Fermente erbrachten Harden und Young, die im Jahre 1905 nachwiesen, daß sich aus dem Enzymkomplex der Gärung durch Dialyse oder Ultrafiltration ein niedermolekularer Bestandteil abspalten läßt. 1918 entdeckte Meyerhof, daß auch bei der Glykolyse des Muskels ein Co-Ferment beteiligt ist, und daß dieses mit dem der Gärung nahe verwandt sein mußte.

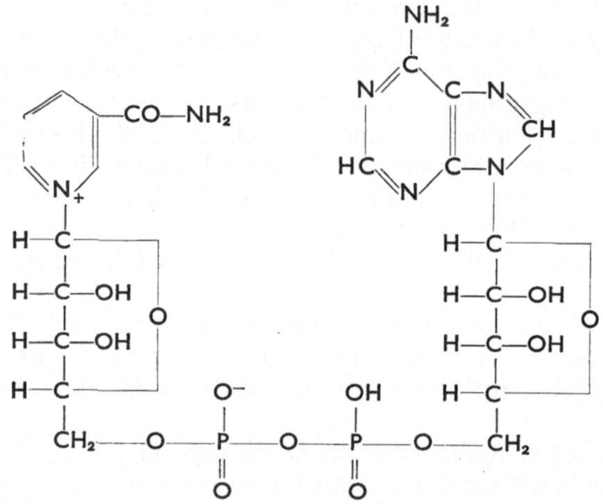

Co-Dehydrase I

$C_{21}H_{27}N_7O_{14}P_2$

H. v. Euler und R. Nilson stellten 1926 fest, daß die Co-Zymase, wie inzwischen das erwähnte Co-Ferment genannt worden war, bei Dehydrierungsprozessen mitwirkt. Schon früher hatten H. v. Euler und K. Myrbäck Adenylsäure als Baustein der Co-Zymase erkannt. Nachdem dann O. Warburg und Christian Nicotinsäureamid in ihrem aus roten Blutkörperchen dargestellten Co-Ferment aufgefunden hatten, gelang es innerhalb kurzer Zeit, die Konstitution der beiden Nicotinsäureamid enthaltenden Co-Fermente aufzuklären. Näheres findet man in den zusammenfassenden Darstellungen von H. v. Euler und F. Schlenk, ferner O. Warburg [*1, 2*] sowie F. Schlenk.

Man kennt heute zwei Nicotinsäureamid enthaltende Co-Fermente: Co-Dehydrase I (Co-Enzym I, Co-Dehydrase, Diphosphopyridinnucleotid, DPN) und Co-Dehydrase II (Co-Enzym II, Triphosphopyridinnucleotid, TPN). Co-Dehydrase I ist aus den folgenden Bausteinen aufgebaut: 1 Mol Adenin, 1 Mol Nicotinsäureamid, 2 Mole Phosphorsäure und 2 Mole Ribose. Co-Dehydrase II unterscheidet sich von der Co-Dehydrase I nur dadurch, daß sie an Stelle von 2 Molen Phosphorsäure deren 3 enthält. Ihre Struktur entspricht

Nicotinsäureamid–Ribose—Phosphorsäure—Phosphorsäure—Phosphorsäure—Ribose—Adenin.

Bei der Dehydrierung eines Substrates nehmen die Co-Dehydrasen den Wasserstoff auf und werden dadurch zu den entsprechenden Dihydro-Co-Dehydrasen hydriert. Hierbei wird das Nicotinsäureamid in ein Dihydropyridinderivat übergeführt. Die oxydierten Co-Dehydrasen liegen in der Pyridiniumform vor.

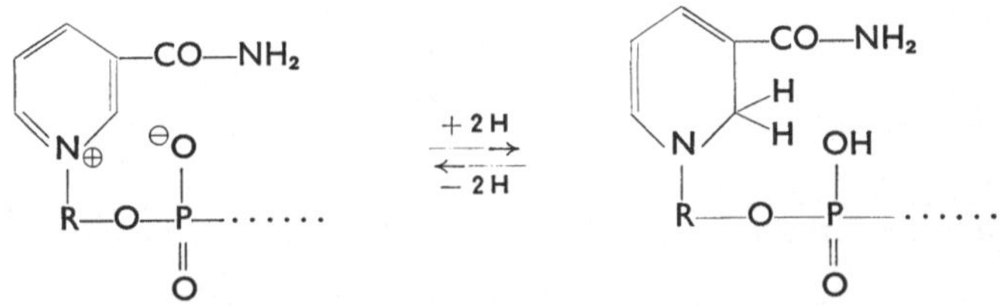

$$\text{Pyridinium-Form: } -CO-NH_2,\ N^{\oplus},\ {}^{\ominus}O,\ R-O-P(=O)-\cdots \quad \underset{-2H}{\overset{+2H}{\rightleftharpoons}} \quad \text{Dihydro-Form: } -CO-NH_2,\ H,\ H,\ N,\ OH,\ R-O-P(=O)-\cdots$$

Die Hydrierung geht mit einer Veränderung des Spektrums einher, und zwar tritt eine starke Bande bei 340 mμ auf. Die Beteiligung der Co-Dehydrasen läßt sich daher leicht auf optischem Wege nachweisen. Die Ausarbeitung dieses optischen Tests, der rasch und leicht durchzuführen ist, hat mit die Voraussetzung zur Isolierung und Kristallisierung der Enzyme der Gärung und Glykolyse geschaffen. Weiterhin ist der Übergang der Pyridiniumform in die Dihydropyridinform mit dem Auftreten einer Fluorescenz im UV-Licht verbunden.

Beide Co-Dehydrasen wirken nur in Verbindung mit einem spezifischen Protein (Apoferment). Einige dieser Apofermente sind schon in kristallisierter Form isoliert worden. Das Apoferment bedingt die Substratspezifität.

Der Gehalt der Zellen an den Co-Dehydrasen ist beträchtlich (Tabelle 12). Noch höhere Zahlen wurden von J. Robinson, N. Levitas, F. Rosen und W. A. Perlzweig mitgeteilt. Je kleiner ein Tier ist, um so höher ist sein Gehalt an den Co-Dehydrasen. Dies ist durch die größere Intensität der Stoffwechselprozesse bei kleinen Tieren bedingt. Alle Gewebe enthalten Co-Dehydrase I in höherer Konzentration als Co-Dehydrase II.

Tabelle 10. *Dehydrasen, die Co-Dehydrase I als prosthetische Gruppe haben.*

Enzym	Vorkommen
Ameisensäuredehydrase	Pflanzen
Milchsäuredehydrase	Tier
β-Oxybuttersäuredehydrase	Tier
Äpfelsäuredehydrase	Tier
Glutaminsäuredehydrase	Tier, Pflanze
Triosephosphatdehydrase	Tier, Hefe
Glucosedehydrase	Tier
Alkoholdehydrase	Tier, Pflanze, Hefe
α-Glycerophosphatdehydrase I	Tier

Tabelle 11. *Dehydrasen, die Co-Dehydrase II als prosthetische Gruppe haben.*

Enzym	Vorkommen
Äpfelsäuredehydrase	Pflanze
Isocitronensäuredehydrase	Tier, Pflanze
Glutaminsäuredehydrase	Hefe
Robisonesterdehydrase	Tier, Hefe
Phosphohexonsäuredehydrase	Hefe

In Pseudomonas fluorescens wurde ein Enzym nachgewiesen, das den Wasserstoff von der hydrierten Co-Dehydrase II auf Co-Dehydrase I überträgt:

$$\text{TPN-H}_2 + \text{DPN} \rightarrow \text{TPN} + \text{DPN-H}_2,$$

(S. P. Colowick, N. O. Kaplan, E. F. Neufeld und M. M. Ciotti; N. O. Kaplan, S. P. Colowick und E. F. Neufeld). Diese durch die Pyridinnucleotid-Transhydrogenase bewirkte Reaktion ist nicht umkehrbar. TPN hemmt die Reaktion

Tabelle 12. *Der Gehalt von Rattenorganen an Co-Dehydrasen* (H. v. Euler, F. Schlenk, H. Heiwinkel und H. Högberg).

Organ	γ Co-Dehydrase je Gramm Frischgewicht	
	Co-Dehydrase I	Co-Dehydrase II
Muskel	200	80
Herz	150	40
Leber	215	30
Niere	160	40
Blut	45	40
Körperdurchschnitt	100	50
Jensen-Sarkom	160	80

von TPN-H_2 mit DPN stark. Außer der erwähnten Reaktion katalysiert die Pyridinnucleotid-Transhydrogenase noch die folgende umkehrbare Reaktion:

$$\text{DPN-H}_2 + \text{Desamino-DPN} \rightleftarrows \text{DPN} + \text{Desamino-DPN-H}_2 .$$

Die Bedeutung des Enzyms ist darin gelegen, daß es die mit den beiden Co-Dehydrasen arbeitenden Dehydrasensysteme miteinander verknüpft.

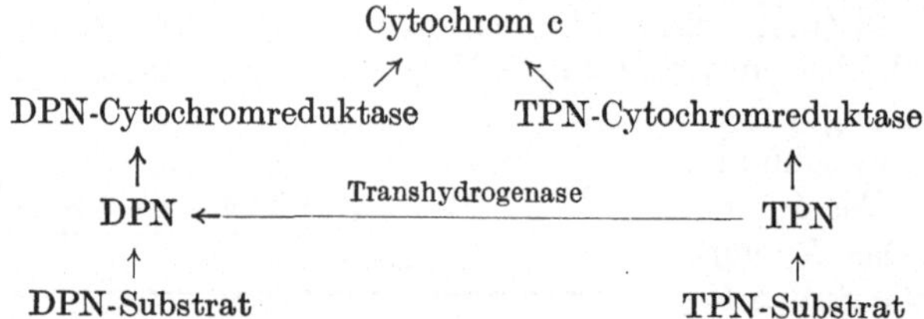

Die beiden Co-Dehydrasen können vom Organismus aus den Bausteinen aufgebaut werden. Die Organe enthalten Enzyme, welche die Co-Dehydrasen aufspalten. Bisher sind zwei derartige Enzyme näher charakterisiert worden. Im Gehirn wurde eine Nucleosidase nachgewiesen, welche die glucosidische Bindung zwischen Nicotinsäureamid und dem Rest des Moleküls löst, so daß also freies Nicotinsäureamid entsteht (A. Kornberg und O. Lindberg). Die DPN- (bzw. TPN-)Nucleosidase wird durch das anfallende Nicotinsäureamid stark gehemmt, was im Sinne einer Steuerung der Intensität der Stoffwechselprozesse von Bedeutung sein dürfte. Weiterhin wurde ein Enzym aufgefunden, welches die Pyrophosphatbindung in den Co-Dehydrasen sprengt, so daß auf der einen Seite Adenylsäure, auf der anderen Seite eine Nicotinsäureamid, Ribose und Phosphorsäure enthaltende Substanz (Nicotinsäureamidmononucleotid) entsteht.

Letzteres von A. Kornberg und W. E. Price jr. Nucleotidpyrophosphatase genanntes Enzym spaltet die Pyrophosphatbindungen nicht nur in den beiden Co-Dehydrasen, sondern auch in den Flavinadenindinucleotiden, ATP, ADP und Aneurinpyrophosphat. Umgekehrt ist das Enzym auch bei der Synthese der erwähnten Co-Fermente beteiligt. Bei den Reaktionen

$$\text{Nicotinsäureamidmononucleotid} + \text{ATP} \rightleftarrows \text{Co-Dehydrase I} + \text{Pyrophosphat},$$

$$\text{Flavinadeninmononucleotid} + \text{ATP} \rightleftarrows \text{Flavinadenindinucleotid} + \text{Pyrophosphat}$$

entsteht anorganisches Pyrophophat, das sich auch in jeder atmenden Zelle nachweisen läßt. Nicotinsäureribosid wird durch ein in Schweineleber entdecktes Enzym phosphorolytisch gespalten (J. W. ROWEN und A. KORNBERG).

$$\text{Nicotinsäureamidribosid} + H_3PO_4 \rightleftarrows \text{Nicotinsäureamid} + \text{Ribose-1-phosphat.}$$

Die Reaktion ist umkehrbar. H. M. KALCKAR hat eine ähnliche Spaltung von Purinnucleosiden beschrieben (S. 340). Es ist wahrscheinlich, daß beide Enzyme identisch sind.

Co-Dehydrase I kann zu Co-Dehydrase II enzymatisch phosphoryliert werden (A. KORNBERG). Hierbei handelt es sich um eine Transphosphorylierung auf der

$$\text{Diphosphopyridinnucleotid} + \text{ATP} \rightleftarrows \text{Triphosphopyridinnucleotid} + \text{ADP}$$

Ebene von energiereichem Phosphat. Ein TPN zu DPN und anorganischem Phosphat dephosphorylierendes Enzym wurde von D. R. SANADI aus Schweinenieren dargestellt. Auch die alkalischen Phosphatasen spalten TPN. Desaminiertes DPN ist wirksam, in einigen Dehydrasesystemen (Alkoholdehydrase der Pferdeleber, Cytochrom c-Reduktase des Kaninchenherzens) sogar so stark aktiv wie DPN. Bei der Milchsäuredehydrase ist die desaminierte Co-Zymase weniger aktiv als Co-Zymase bezüglich der Lactatdehydrierung, aber aktiver bezüglich der Pyruvathydrierung. Ein DPN desaminierendes Enzym wurde in der Takadiastase nachgewiesen (M. E. PULLMAN, S. P. COLOWICK und N. O. KAPLAN).

Tabelle 13. *Konzentration von Apodehydrasen in Organen und Hefe* (F. SCHLENK).

Apodehydrase	Material	Prozente des Reineiweiß
Triosephosphatdehydrase	Hefe	0,24
	Muskel	$>0,3$
Alkoholdehydrase	Hefe	0,25
Glucose-6-phosphatdehydrase	Hefe	0,1
Äpfelsäuredehydrase	Herz	0,4
Milchsäuredehydrase	Herz	0,36
Milchsäuredehydrase	Muskel	0,1
Milchsäuredehydrase	JENSEN-Sarkom	0,1

Die Wirkungsweise der Pyridinproteide läßt sich ganz allgemein durch folgende Formel wiedergeben:

$$AH_2 + \text{Co-Dehydrase} \xrightleftharpoons{\text{Apodehydrase}} A + \text{Co-Dehydrase-}H_2$$

$$(AH_2 = \text{Substrat; } A = \text{dehydriertes Substrat}).$$

Die Reaktion läuft nur ab, wenn die Co-Dehydrase an das Protein gebunden ist. Nach erfolgter Reaktion löst sich die hydrierte Co-Dehydrase von dem Protein ab. Die Pyridinproteide sind leicht dissoziierbar. Ihre Dissoziationskonstanten K

$$\frac{[\text{Apodehydrase}] \times [\text{Co-Dehydrase}]}{[\text{Dehydrase}]} = K.$$

liegen in der Größenordnung von 10^{-5} Mole/Liter. Es gibt Beispiele wie z. B. die Robisonesterdehydrase, in denen die hydrierte und die oxydierte Form der Co-Dehydrase gleich fest an das Protein gebunden sind. In anderen Fällen findet man Unterschiede. So bindet die Apodehydrase der Alkoholdehydrase das hydrierte Co-Enzym fester als das oxydierte.

Der Umstand, daß die Pyridinproteide stark dissoziierte Proteide sind, ist von einer großen biologischen Bedeutung, da auf diese Weise die Verknüpfung verschiedener in den Zellen räumlich getrennter Redoxsysteme möglich ist. Hierbei finden folgende Reaktionen statt:

$$AH_2 + \text{Co-Dehydrase} \xrightleftharpoons{\text{Apodehydrase A}} A + \text{Co-Dehydrase-}H_2,$$

$$B + \text{Co-Dehydrase-}H_2 \xrightleftharpoons{\text{Apodehydrase B}} BH_2 + \text{Co-Dehydrase}.$$

Die Co-Dehydrase pendelt hier zwischen den beiden Apodehydrasen hin und her. Das bekannteste Beispiel hierfür ist die Oxydoreduktion bei der Glykolyse, wo Triosephosphat dehydriert und Brenztraubensäure hydriert wird. Beispiele solcher Oxydoreduktionen durch die Dehydrasen sind in der Tabelle 14 zusammengestellt.

Die Pyridinproteide sind nicht immer stark dissoziert. In den Mitochondrien sind vermutlich Apoenzym und Co-Dehydrase an Strukturen gebunden und daher nur beschränkt beweglich.

Tabelle 14. *Durch die Co-Dehydrasen gekoppelte Redoxsysteme.*

Wasserstoffdonator	Wasserstoffacceptor	Co-Dehydrase
β-Oxybuttersäure	Brenztraubensäure	I
	Oxalessigsäure	
	Acetaldehyd	
	α-Ketoglutarsäure	
Triosephosphat	Brenztraubensäure	I
	Äthanol	
Glycerophosphat	Brenztraubensäure	I
Glutaminsäure	Brenztraubensäure	I
	Oxalessigsäure	
Isocitronensäure	α-Ketoglutarsäure	II

In den einzelnen durch die Pyridinproteide katalysierten Redoxsystemen kann das Gleichgewicht sehr verschieden liegen. Es gibt Systeme, in denen das Gleichgewicht weitgehend nach der Seite der Hydrierung des Substrates zu gelegen ist und die Konstante K der Reaktion

$$\frac{[AH_2] \times [\text{Co-Dehydrase}]}{[A] \times [\text{Co-Dehydrase-}H_2]} = K$$

groß ist. Zu diesem Typ gehören die Redoxsysteme Alkoholgruppe → Carbonylgruppe wie z. B.

$$\text{Lactat} + \text{Co} \xrightleftharpoons{\text{Lacticodehydrase}} \text{Pyruvat} + \text{CoH}_2\ (\Delta F = +4600\ \text{cal}),$$

$$\text{Malat} + \text{Co} \xrightleftharpoons{\text{Malicodehydrase}} \text{Oxalacetat} + \text{CoH}_2\ (\Delta F = +8300\ \text{cal}),$$

$$\text{Äthanol} + \text{Co} \xrightleftharpoons{\text{Alkoholdehydrase}} \text{Acetaldehyd} + \text{CoH}_2\ (\Delta F = +5000\ \text{cal}).$$

Diese Reaktionen verlaufen daher praktisch vorwiegend von rechts nach links.

Es gibt aber auch Systeme, in denen das Gleichgewicht ganz nach der Seite der Dehydrierung des Substrates zu gelegen ist. Diese Reaktionen sind weitgehend irreversibel. Diesen Typ repräsentiert das System Carbonylgruppe → Carboxylgruppe. Ein Beispiel ist die Dehydrierung von Hexosemonophosphat zu Phosphohexonsäure. Derartige Systeme können nur als Wasserstoffdonatoren, aber nicht als Wasserstoffacceptoren dienen. Daher kommt es auch, daß der Organismus Carboxylgruppen nur schwierig zu reduzieren vermag. Eine wichtige Ausnahme ist die Dehydrierung von Triosephosphat zu 1,3-Diphosphoglycerinsäure (S. 89), da hier durch Schaffung einer energiereichen Phosphatbindung andere Verhältnisse vorliegen.

Die Pyridinproteide vermögen den von ihnen den Substraten entzogenen Wasserstoff weder an den Sauerstoff noch an das WARBURG-KEILIN-System abzugeben. Bei der biologischen Oxydation ist daher zwischen ihnen und den Häminproteiden ein Flavinprotein als Redoxsystem eingeschaltet.

In manchen Geweben, z.B. Gehirn und roten Blutkörperchen, ist eine äußerst intensive enzymatische Zerstörung der Co-Dehydrasen zu beobachten (H. MCILWAIN). 1 mg Gehirngewebe (Trockensubstanz) spaltet in der Stunde 0,4—1,8 μMole Co-Cymase. Das ist eine Reaktionsgeschwindigkeit, die größer ist als die Gewebsatmung. Man muß daher annehmen, daß die Zerstörung der Co-Dehydrasen unter normalen Verhältnissen auf irgendeine Weise, z. B. durch spezifische Inhibitoren, Bindung an Zellstrukturen und dergleichen, gehemmt ist. Vielleicht ist diese Hemmung und Enthemmung der Co-Enzyminaktivierung ein wichtiges Prinzip der Stoffwechselregulation in den Zellen.

Manche Apodehydrasen können mit beiden Co-Dehydrasen arbeiten, bevorzugen jedoch die eine, so daß die Reaktionsgeschwindigkeit bei der Verwendung der anderen wesentlich geringer ist. Beispiele hierfür findet man in der Tabelle 15.

Tabelle 15.
Spezifität von Apodehydrasen für die Co-Dehydrasen.

Dehydrase	Verhältnis der Aktivitäten Co I : Co II
Äpfelsäure (Schweineherz)	34
Äpfelsäure (Taubenleber)	17
Milchsäure (Rinderherz)	220
Milchsäure (Kaninchenmuskel) . .	170

c) Die gelben Fermente.

Alle gelben Fermente enthalten als Wirkgruppe ein Isoalloxazinderivat, und zwar entweder Isoalloxazinmononucleotid (Lactoflavinphosphorsäure) oder Isoalloxazin-adenin-dinucleotid. Das Dinucleotid kann man sich als durch eine Vereinigung des Mononucleotid mit Adenylsäure entstanden denken. Zusammenfassende Darstellungen der chemischen Eigenschaften der Isoalloxazinderivate findet man bei H. THEORELL[1] und O. WARBURG[2]. Die gelben Fermente sind weniger stark dissoziert als die Pyridinproteide, jedenfalls wenn sie in Lösung vorliegen. In der lebenden Zelle sind sie jedoch vielfach an Strukturen gebunden.

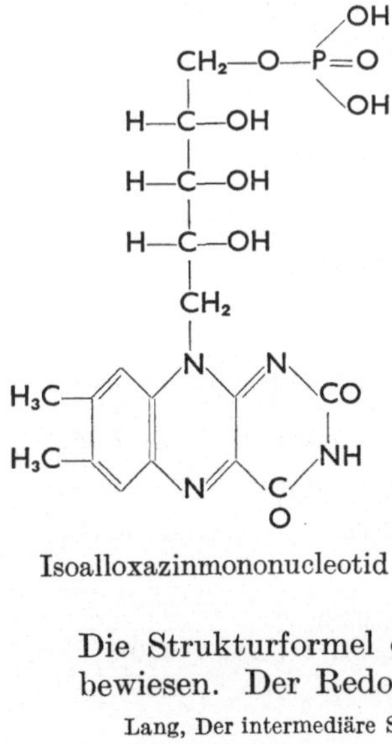

Isoalloxazinmononucleotid

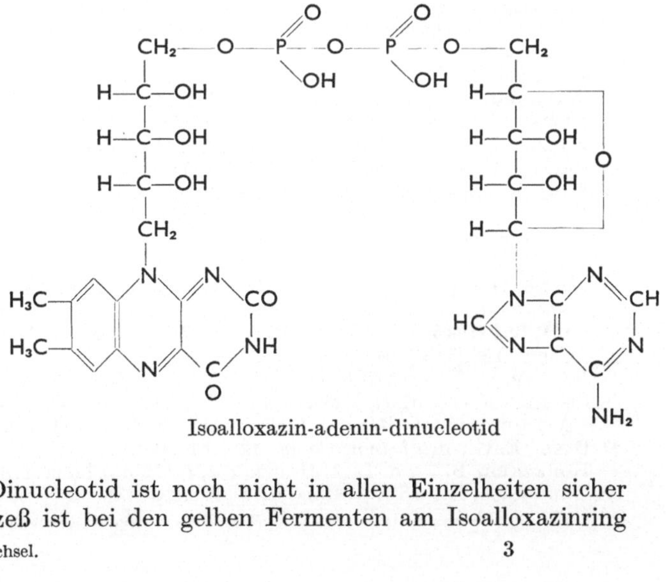

Isoalloxazin-adenin-dinucleotid

Die Strukturformel des Dinucleotid ist noch nicht in allen Einzelheiten sicher bewiesen. Der Redoxprozeß ist bei den gelben Fermenten am Isoalloxazinring lokalisiert. Das gelbgefärbte Flavin kann unter Aufnahme von 2 H in das farblose Leukoflavin übergehen. Über Spaltung und Aufbau der Flavinnucleotide siehe S. 30. Lactoflavin wird durch Flavokinase mittels ATP phosphoryliert.

Lactoflavin + ATP → Lactoflavin-5-phosphorsäure + ADP.

Das Enzym wurde bisher nur in der Hefe nachgewiesen (E. B. Kearney und S. Englard).

Man kennt heute eine größere Zahl von gelben Fermenten, deren jedes ein eigenes spezifisches Protein besitzt. Sie unterscheiden sich bezüglich ihrer Wasserstoffdonatoren und zum Teil auch hinsichtlich der Wasserstoffacceptoren (Tabelle 16). Man kann sie hinsichtlich ihres Substrates in zwei Gruppen einteilen: 1. in solche, welche den Wasserstoff von den hydrierten Co-Dehydrasen übernehmen und 2. in solche, welche mit Substraten nicht katalytischer Art reagieren.

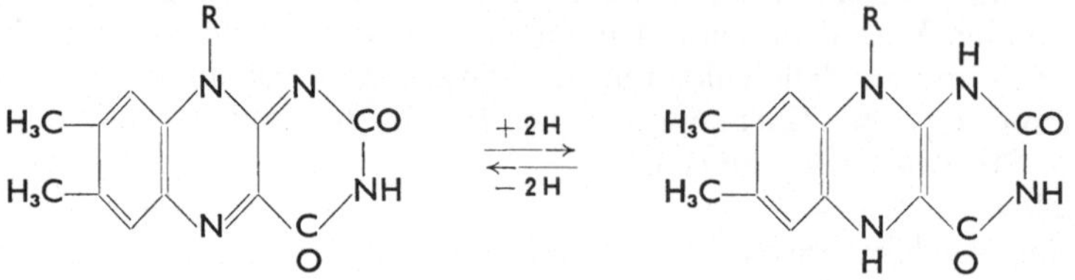

Tabelle 16. *Die gelben Fermente.*

Ferment	Substrat	Prosthetische Gruppe	Autor
Altes gelbes Ferment	CoH_2-II	Mononucleotid	1
Neues gelbes Ferment	CoH_2-II	Dinucleotid	2
Diaphorase	CoH_2-I	Dinucleotid	3, 4
Lösliche Diaphorase (Straub)	CoH_2-I	Dinucleotid	5
Gelbes Ferment aus Hefe (Haas)	CoH_2-II	Dinucleotid	6
Cytochrom c-Reduktase	CoH_2-II	Mononucleotid	7
D-Aminosäureoxydase	D-Aminosäuren	Dinucleotid	8
L-Aminosäureoxydase	L-Aminosäuren	Dinucleotid	9
Glykokolloxydase	Glykokoll	Dinucleotid	10
Fumarathydrase	Fumarsäure	Dinucleotid	11
Xanthinoxydase	Xanthin	Dinucleotid	12, 13
Aldehydoxydase der Leber	Aldehyde	Dinucleotid	14
Glucoseoxydase von Penicillin (Notatin)	Glucose	Dinucleotid	15

[1] Warburg, O., u. W. Christian: Biochem. Z. **266**, 377 (1933).
[2] Warburg, O., u. W. Christian: Biochem. Z. **298**, 368 (1938).
[3] Dewan, J. G., u. D. E. Green: Biochemic. J. **32**, 626 (1938).
[4] Euler, H. v., u. H. Hellström: Z. physiol. Chem. **252**, 31 (1938).
[5] Straub, F. B.: Biochemic. J. **33**, 787 (1939).
[6] Haas, E.: Biochem. Z. **298**, 378 (1938).
[7] Haas, E., u. T. R. Hogness: J. of Biol. Chem. **130**, 425 (1939); **143**, 344 (1942).
[8] Warburg, O., u. W. Christian: Biochem. Z. **298**, 150 (1938). — Negelein, E., u. W. Brömel: Biochem. Z. **300**, 225 (1939).
[9] Green, D. E., V. Nocito u. S. Ratner: J. of Biol. Chem. **148**, 461 (19433). — Blanchard, M., D. E. Green, V. Nocito u. S. Ratner: J. of Biol. Chem. **155**, 421 (1944); **161**, 583 (1945). — Green, D. E., D. H. Moore, V. Nocito u. S. Ratner: J. of Biol. Chem. **156**, 383 (1944).
[10] Ratner, S., V. Nocito u. D. E. Green: J. of Biol. Chem. **152**, 119 (1944).
[11] Fischer, F. G., u. H. Eysenbach: Liebigs Ann. **530**, 99 (1937). — Fischer, F. G., A. Roedig u. K. Rauch: Liebigs Ann. **552**, 203 (1942).
[12] Ball, E. G.: J. of Biol. Chem. **128**, 51 (1939).
[13] Horecker, B. L., u. L. A. Heppel: J. of Biol. Chem. **178**, 683 (1948).
[14] Gordon, A. H., D. E. Green u. V. Subrahmanyan: Biochemic. J. **34**, 764 (1940).
[15] Coulthard, C. E. u. Mitarb.: Biochemic. J. **39**, 24 (1945).

Viele gelbe Fermente weisen auffallend kleine Umsatzzahlen auf (Tabelle 17). Auf die meisten gelben Fermente soll in diesem Zusammenhang nicht eingegangen werden, nähere Einzelheiten über sie findet man bei den entsprechenden Substraten. Im Zusammenhang mit der biologischen Oxydation interessieren nur diejenigen gelben Fermente, welche den Wasserstoff der hydrierten Co-Dehydrasen übernehmen, da sie generell in den Prozeß der biologischen Oxydation eingeschaltet sind.

Das alte gelbe Ferment ist vermutlich ein Kunstprodukt ohne physiologische Bedeutung. Es ist zu vermuten, daß bei seiner Isolierung Adenylsäure aus der prosthethischen Gruppe abgespalten wurde. Durch Anlagerung von Isoalloxazin-adenin-dinucleotid an das Protein des alten gelben Ferments erhält man ein neues „synthetisches“ gelbes Ferment, das aber im wesentlichen dieselben Eigenschaften aufweist wie das alte.

Tabelle 17.

Ferment	Umgesetzte Mole Substrat je Mol Ferment und Minute
Altes gelbes Ferment	50
Diaphorase (STRAUB)	8500
D-Aminosäureoxydase	2000
L-Aminosäureoxydase	6—16
Xanthinoxydase	50
Cytochrom c-Reduktase (Leber)	1140

Die Diaphorase wurde gleichzeitig und unabhängig voneinander durch DEWAN und GREEN sowie H. v. EULER und HELLSTRÖM entdeckt. Diaphorase übernimmt den Wasserstoff von den hydrierten Co-Dehydrasen und wird vom WARBURG-KEILIN-System wieder reoxydiert. Sie ist daher als genereller Wasserstoffüberträger bei der biologischen Oxydation aufzufassen, der zwischen die Pyridinproteide und die Cytochrome eingeschaltet ist.

$$\mathrm{CoH_2} + \text{Flavin} \xrightleftharpoons{\text{Diaphorase}} \mathrm{Co} + \text{Leukoflavin},$$

$$\text{Leukoflavin} + \text{Cytochrom}_{\text{ox}} \rightleftharpoons \text{Flavin} + \text{Cytochrom}_{\text{red}}.$$

Diaphorase ließ sich nur schwer in Lösung bringen. Später stellte STRAUB aus Schweineherzen eine leicht lösliche Diaphorase dar. Da ein Mol dieses Enzym in der Minute 8500 Mole Dihydro-Co-Dehydrase dehydrieren kann, ist die Umsatzgeschwindigkeit ausreichend, um Bindeglied zwischen den Dehydrasen und dem WARBURG-KEILIN-System zu sein. Die prosthetische Gruppe der Diaphorase ist Isoalloxazin-adenin-dinucleotid, was sich schon allein dadurch beweisen ließ, daß sie die Wirkgruppe der D-Aminosäureoxydase ersetzen kann. Vermutlich gibt es zwei verschiedene Diaphorasen, von denen die eine mit der Co-Dehydrase I, die andere mit der Co-Dehydrase II reagiert.

Neuere Untersuchungen haben ergeben, daß die Reaktion der hydrierten Diaphorase mit dem WARBURG-KEILIN-System komplizierter ist, als man zunächst angenommen hatte. Die Diaphorasen reagieren nicht unmittelbar mit dem Cytochrom c. Zwischen beide ist ein bisher noch nicht identifizierter Faktor eingeschaltet, der sich durch seine Empfindlichkeit gegen Dimercaptopropanol (BAL) auszeichnet. Es handelt sich vermutlich um denselben Faktor, der auch in dem Bernsteinsäureoxydasesystem wirksam ist. E. C. SLATER nimmt folgende Zusammenhänge an:

$$\begin{array}{l} \mathrm{CoH_2} \rightarrow \text{Diaphorase} \searrow \\ \qquad\qquad\qquad\qquad\quad \text{Faktor} \rightarrow \text{Cytochrom c} \rightarrow \text{Cytochrome a} \rightarrow \mathrm{O_2}. \\ \text{Succinat} \rightarrow \text{Cytochrom b} \nearrow \end{array}$$

Man kann daher unter anaeroben Bedingungen die Dehydrierung von hydrierter Co-Dehydrase mit einer Hydrierung von Fumarat koppeln:

$$\mathrm{CoH_2} \rightarrow \text{Diaphorase} \rightarrow \text{Faktor} \rightarrow \text{Cytochrom b} \rightarrow \text{Fumarat} \rightarrow \text{Succinat}.$$

SLATER nennt das System CoH_2-I → Diaphorase → Faktor Dihydro-Co-Zymase-Cytochrom c-Reduktase.

E. HAAS hatte aus Hefe ein gelbes Ferment gewonnen, das dieselben biologischen Eigenschaften aufweist wie das alte gelbe Ferment von WARBURG und CHRISTIAN, also auf hydrierte Co-Dehydrase II einwirkt, sich aber deutlich von diesem dadurch unterscheidet, daß es ein anderes Apoferment besitzt. Es läßt sich in einem Test nachweisen, der aus Hexose-6-phosphat, dessen Dehydrase, Methylenblau und dem Ferment von HAAS besteht. Dabei laufen die folgenden Reaktionen ab:

$$\text{Hexose-6-phosphat} + \text{CoII} \rightleftarrows \text{Phosphohexonsäure} + \text{CoH}_2\text{-II}$$

$$\text{CoH}_2\text{-II} + \text{Flavin} \rightleftarrows \text{CoII} + \text{Leukoflavin}$$

$$\text{Leukoflavin} + \text{Methylenblau} \rightleftarrows \text{Flavin} + \text{Leukomethylenblau}$$

Später beschrieben HAAS und HOGNESS ein weiteres gelbes Ferment, das im Gegensatz zu dem erwähnten Isoalloxazinmononucleotid als prosthetische Gruppe hat. Es nimmt Wasserstoff von der hydrierten Co-Dehydrase II auf und reduziert oxydiertes Cytochrom c. Es wurde daher von den Entdeckern Cytochrom c-Reduktase genannt. B. L. HORECKER isolierte Cytochrom c-Reduktase aus tierischem Material (Leber), so daß man annehmen darf, daß dieses gelbe Ferment auch für den Wasserstofftransport im tierischen Stoffwechsel bedeutungsvoll ist, zumal es eine relativ hohe Umsatzzahl aufweist. Ein Mol Cytochrom c-Reduktase (68000 g) reduziert in der Minute 1140 Mole Cytochrom c. Überraschend ist der Befund, daß das tierische Enzym in gleicher Weise sowohl mit dem Mononucleotid als auch mit dem Dinucleotid als prosthetischer Gruppe wirksam ist.

Vermutlich ist auch eine nichtenzymatische Reduktion von Cytochrom c durch Flavine möglich. T. P. SINGER und E. R. KEARNEY haben in vitro in einem aus den gereinigten Komponenten bestehenden System eine Dehydrierung beider hydrierter Co-Dehydrasen und Reduktion von Cytochrom c durch verschiedene Flavine in Abwesenheit der spezifischen Proteine bewirken können (Tabelle 18).

$$\text{CoH}_2 + \text{Lactoflavin} \rightleftarrows \text{Co} + \text{Leukolactoflavin}$$

$$\text{Leukolactoflavin} + 2\ \text{Cytochrom}_{\text{ox}} \rightleftarrows \text{Lactoflavin} + 2\ \text{Cytochrom}_{\text{red}}.$$

Ob dem nichtenzymatischen Elektronentransport zwischen den hydrierten Co Dehydrasen und dem WARBURG-KEILIN-System eine biologische Bedeutung zukommt, läßt sich noch nicht übersehen. Im allgemeinen pflegt der Organismus

Tabelle 18. *Katalytische Wirksamkeit von Flavinen bei der nichtenzymatischen Reduktion von Cytochrom c* (SINGER und KEARNEY).

Flavin	Relative Wirksamkeit
Isolactoflavin	257
Lactoflavin	100
Isoalloxazinmononucleotid	59
Isoalloxazin-adenin-dinucleotid	34
Isoalloxazin	0

enzymatische Reaktionen vorzuziehen, weil die Bindung an ein spezifisches Protein eine bessere Spezifität und eine größere Umsatzgeschwindigkeit zur Folge hat.

In den tierischen Organen liegt der größte Teil der Flavine in Form von Isoalloxazin-adenin-dinucleotid vor. Das Dinucleotid läßt sich leicht neben dem Mononucleotid und den freien Flavinen bestimmen, da es eine wesentlich schwächere Fluorescenz als die letzteren ergibt. In der Tabelle 19 sind einige Daten über den Flavingehalt von Organen zusammengestellt.

Tabelle 19. *Flavingehalt von Organen* (O. A. BESSEY, O. H. LOWRY und R. H. LOVE).

Organ (Ratte)	γ je Gramm Frischgewicht	
	Gesamtflavin	Dinucleotid
Magenschleimhaut	10,9	9,2
Pankreas	8,1	6,8
Ovar	7,5	6,0
Thyreoidea	4,6	2,9
Milz	3,9	3,4
Hypophyse	3,7	2,6
Testes	3,4	2,5
Lymphknoten	2,9	2,2
Uterus	2,3	1,8
Cornea	1,1	1,0
Haut	1,0	0,2

Durch eine lactoflavinarme Ernährung kann man den Gehalt der Organe an Flavinen stark herabsetzen. Man findet dann wesentlich verringerte Aktivitäten der gelben Fermente (z. B. Xanthinoxydase und D-Aminosäureoxydase). Auch durch die Verfütterung einer eiweißarmen Diät läßt sich der Gehalt der Organe an gelben Fermenten vermindern (K. LANG). In diesem Falle beruht die Abnahme auf einer verringerten Bildung der Apofermente.

4. Das WARBURG-KEILIN-System.

a) Cytochrome.

Cytochrome sind eine Reihe nahe verwandter Häminproteide, die erstmalig von C. A. MCMUNN auf Grund ihres Spektrums in tierischen Geweben beobachtet worden waren. Ihre nähere Erforschung begann 1925 durch D. KEILIN. Das Absorptionsspektrum der Cytochrome ist durch vier Banden bei 605, 563, 550 und 522 mμ charakterisiert. KEILIN deutete es als durch drei verschiedene Substanzen verursacht, welche die Namen Cytochrom a, Cytochrom b und Cytochrom c erhielten. Die erwähnten Banden verschwinden bei der Oxydation, um bei der Reduktion wiederzukehren.

Über die Cytochrome a und b ist noch nicht viel Sicheres bekannt, da sie sehr empfindlich sind und sich nur schlecht bzw. überhaupt nicht von der Zellstruktur ablösen lassen. Cytochrom a hat sich als nicht einheitliche Substanz erwiesen. Von besonderem Interesse ist das Cytochrom a_3, das von D. KEILIN und E. F. HARTREE entdeckt wurde, autoxydabel ist und sich in vielerlei Hinsicht wie die Cytochromoxydase (Sauerstoff übertragendes Ferment von WARBURG) verhält. Da sich jedoch zwischen beiden Verbindungen einige Unterschiede z. B. bezüglich der Lichtempfindlichkeit der Hemmbarkeit durch CO ergeben haben, ist eine endgültige Entscheidung über die Identität noch nicht möglich. Die meisten Autoren sehen jedoch zur Zeit Cytochrom a_3 und Cytochromoxydase als identisch an. Auch beim Cytochrom b sind verschiedene Typen bekanntgeworden.

Cytochrom c ist leicht löslich und daher einer Untersuchung besser zugänglich. Es wurde in reiner krystallierter Form erhalten. Die Aufklärung seiner Konstitution und seiner chemischen Eigenschaften verdanken wir im wesentlichen H. THEORELL[*1*]. Cytochrom c ist ein Häminproteid mit einem Molekulargewicht von 13000, bei dem die prosthetische Gruppe durch Hauptvalenzen mit dem Protein verbunden ist, also nicht ohne weiteres abdissoziieren kann. Es enthält

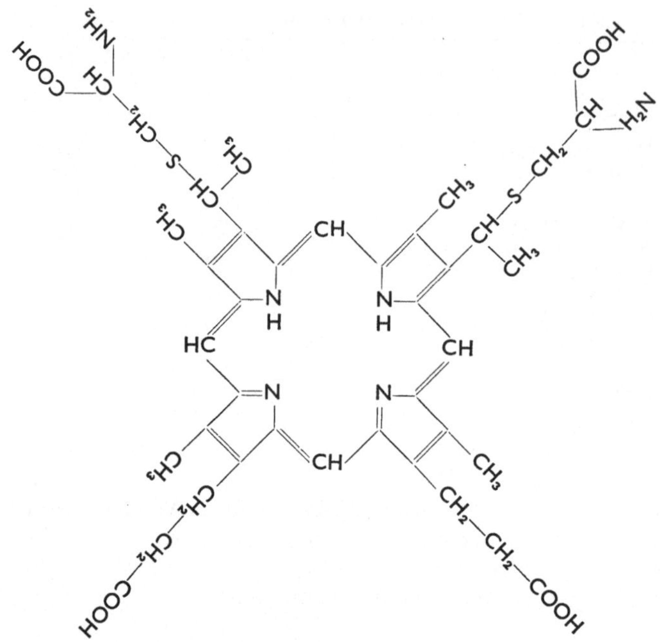

Porphyrin c.
(Das dem Cytochrom c zugrunde liegende Porphyrin.)

0,43% Fe und 96 Aminosäurereste, von denen allein 20 auf Lysin entfallen. Infolgedessen liegt der isoelektrische Punkt des Cytochrom c weit im alkalischen (p_H 10).

Zwischen dem Sauerstoffverbrauch der Organe und ihrem Gehalt an Cytochrom c besteht eine Proportionalität (Tabelle 20). Bei Feten findet man auch eine Proportionalität zwischen der Wachstumsintensität und dem Gehalt an Cytochrom c (E. Opitz und H. Sombert). So beträgt der Cytochrom c-Gehalt des Herzens von Feten von 24 cm Länge 16,1 mg-%, bei 26,8 cm Länge nur noch 9,8 mg-% und bei 29 cm Länge 6,3 mg-%. Der Gesamtbestand eines Menschen an Cytochrom c beträgt im Mittel 0,78 g (gegenüber 35 g Myoglobin und 900 g Hämoglobin). Nach D. L. Drabkin besteht bei Mensch und Tier eine enge Relation zwischen Körperoberfläche und Cytochrom c-Gehalt. Je $kg^{0,7}$ findet man 3 μm Cytochrom c. Beim Menschen steht unter Grundumsatzbedingungen für je 3 μm veratmeten Sauerstoff 1 μm Cytochrom c zur Verfügung. Diese Relation beweist, daß die Leistungsfähigkeit bei schwerster körperlicher Arbeit durch

Tabelle 20. *Sauerstoffverbrauch und Gehalt an Cytochrom c von Rattenorganen* (D. L. Drabkin).

Organ	Q_{O_2}	γ Cytochrom c in 1 g Frischgewicht
Erythrocyten	0,1	2,6
Haut	1—2	8
Skeletmuskel	6	98
Hirnrinde	10	82
Leber	10	223
Nierenrinde	20	352
Herz	20	447

Atmung und Kreislauf und nicht durch die Dimensionierung des Apparates der biologischen Oxydation begrenzt wird.

W. C. STADIE und J. B. MARSH haben auf Grund des Gehalts der Organe an Cytochrom c und seiner Reaktionsgeschwindigkeit mit Cytochromoxydase die maximal mögliche Sauerstoffaufnahme von Organen berechnet und sie mit der tatsächlich zu beobachtenden verglichen (Tabelle 21). Die Gegenüberstellung der Daten zeigt die großen Überschüsse an Cytochrom c gegenüber dem Bedarf.

Tabelle 21. *Auf Grund des Cytochrom c-Gehalts berechnete und tatsächliche Sauerstoffaufnahme von Organen* (STADIE und MARSH).

Organ	Cytochrom c-Gehalt (Prozente der Trockensubstanz)	Maximal möglicher Q_{O_2}	Physiologischer Bereich des Q_{O_2}
Nierenrinde	0,14	720	10—50
Leber	0,06	309	10—30
Hirnrinde	0,04	206	10—40
Skeletmuskel . . .	0,05	257	5—110
Herzmuskel	0,22	1133	3—60

Die Cytochrome wirken durch einen reversiblen Valenzwechsel $Fe^{+++} \rightleftarrows Fe^{++}$ katalytisch und übertragen Elektronen. Cytochrom c ist nicht autoxydabel und kann nur durch die Cytochromoxydase oxydiert werden. Es läßt sich nicht durch jedes beliebige Redoxsystem mit einem negativeren Redoxpotential reduzieren. Voraussetzung ist vielmehr eine bestimmte chemische Konstitution. Unmittelbar mit Cytochrom c vermögen z. B. zu reagieren Glutathion, Ascorbinsäure, Adrenochrom und p-Phenylendiamin. Die anderen Substrate benötigen einen Vermittler. Dieser besteht im allgemeinen aus dem System spezifische Dehydrase, Diaphorase, unbekannter Faktor; bei der Bernsteinsäure aus dem System Bernsteinsäuredehydrase, Cytochrom b, unbekannter Faktor. Auf Grund der Redoxpotentiale (Cytochrom a = + 0,29 V; Cytochrom c = + 0,26 V; Cytochrom b = + 0,04 V) nimmt man bei den Cytochromen die Reihenfolge a, c, b an. Durch das Hintereinanderschalten mehrerer Häminverbindungen wird erreicht, daß die Zellatmung innerhalb eines weiten Bereichs von dem Sauerstoffdruck und der Nährstoffkonzentration in den Zellen unabhängig wird (O. WARBURG [*4*]).

Injiziertes Cytochrom c wird vom Organismus nicht gespeichert und großenteils unverändert im Harn ausgeschieden. Es ist zweifelhaft, ob künstlich beigebrachtes Cytochrom überhaupt in die Zelle eindringt. Der größte Teil von injiziertem Cytochrom wird sehr rasch im Stoffwechsel verändert. H. BEINERT injizierte Tieren Cytochrom c, das mit dem radioaktiven Fe^{55} markiert war. Schon nach 24 Std war in den Versuchstieren kein radioaktives Cytochrom c mehr nachweisbar. Weitere Angaben über den Stoffwechsel der Cytochrome findet man S. 330.

b) Cytochromoxydase.

Die Cytochromoxydase ist die Eintrittspforte des Sauerstoffs in den Stoffwechsel, da sie allein (abgesehen von einigen anderen Fermenten geringerer Bedeutung für die Gewebsatmung) autoxydabel ist und mit dem molekularen Sauerstoff, welcher durch das Hämoglobin allen Zellen zugeführt wird, reagieren kann. Die Bedeutung der Eisenkatalyse für die Zellatmung wurde im wesentlichen durch O. WARBURG [*5*] und D. KEILIN aufgeklärt. 1926 machte WARBURG die

Beobachtung, daß die Zellatmung durch Kohlenoxyd gehemmt wird, und daß sich diese Hemmung durch Belichten wieder rückgängig machen läßt. Auf Grund dieses Phänomens ließ sich ein Spektrum des bei der Zellatmung beteiligten eisenhaltigen Katalysators aufnehmen und der Beweis führen, daß das von WARBURG schon immer postulierte „Atmungsferment" ein Häminproteid ist.

Die Einzelheiten der chemischen Konstitution dieses Fermenthämins sind noch nicht bekannt. Die Arbeiten über die Substanz werden dadurch außerordentlich erschwert, daß sie fest an die Struktur gebunden ist und sich nicht ohne weiteres aus dem Zellmaterial extrahieren läßt. In dem Spirographishämin, dem Hämin des Blutfarbstoffs von Borstenwürmern, wurde ein in der Natur vorkommendes Hämin aufgefunden, welches dem Atmungsferment von WARBURG nahe verwandt ist, z. B. ein außerordentlich ähnliches Spektrum besitzt. Die Konstitution des Spirographishämin wurde von H. FISCHER aufgeklärt. Es ist 1,3,5,8-Tetramethyl-2-formyl-4-vinylporphin-6,7-dipropionsäure.

Das Atmungsferment von WARBURG ist mit der Cytochromoxydase identisch, die zwischen dem Sauerstoff und die nicht autoxydablen Cytochrome eingeschaltet ist und die Aufgabe hat, die reduzierten Cytochrome wieder zu oxydieren. Auch die Cytochromoxydase wirkt durch den Valenzwechsel $Fe^{+++} \rightleftarrows Fe^{++}$ katalytisch. Die Gewebsatmung wird daher durch alle Stoffe, welche mit zweiwertigem oder dreiwertigem Eisen Komplexe bilden, gehemmt. CO reagiert mit dem zweiwertigen Eisen und hemmt dadurch die Reoxydation des reduzierten Ferments. Blausäure blockiert das dreiwertige Eisen und verhindert daher die Reduktion des Ferments.

Läßt man tierische Gewebe auf eine Mischung von α-Naphthol und p-Phenylendiamin einwirken, so entsteht das intensiv blau gefärbte Indophenolblau. Man nahm früher an, daß die Reaktion durch ein besonderes Ferment Indophenoloxydase bewirkt werde. Die Indophenoloxydase wird durch HCN und in einer lichtempfindlichen Reaktion auch durch CO gehemmt, reduziert Cytochrom c mit Leichtigkeit, verhält sich also in jeder Beziehung wie die Cytochromoxydase. Man nahm daher an, beide Enzyme seien identisch. Indophenolblau entsteht

$$HO-C_{10}H_7 + H_2N-C_6H_4-NH_2 \xrightarrow{+2O} O{=}C_{10}H_6{=}N-C_6H_4-NH_2$$

α-Naphthol p-Phenylendiamin Indophenolblau

aber nicht direkt durch die Wirkung der Cytochromoxydase. Das durch die Cytochromoxydase oxydierte Cytochrom c oxydiert seinerseits sekundär α-Naphthol und p-Phenylendiamin zu Indophenolblau. In gleicher Weise können auch andere Phenole oder Ascorbinsäure oxydiert werden. Die Bestimmung der Cytochromoxydase in den Geweben erfolgt mit Hilfe solcher Reaktionen.

Bei der Cytochromoxydasebestimmung mit Hilfe der Oxydation von p-Phenylendiamin oder Ascorbinsäure (oder der Oxydation von Glutathion) finden zwei Reaktionen statt. In der ersten wird die Substanz, auf welche das Cytochrom c einwirkt, nichtenzymatisch oxydiert und das Cytochrom c reduziert. Durch die zweite Reaktion wird dann das reduzierte Cytochrom c durch die Cytochromoxydase reoxydiert, so daß die Ausgangslage des Systems bezüglich Cytochrom c wieder erreicht ist.

$$Fe^{+++}_{Cy} + RH \rightarrow Fe^{++}_{Cy} + R + H^+,$$

$$Fe^{++}_{Cy} + \tfrac{1}{4} O_2 \xrightarrow{\text{Cytochromoxydase}} Fe^{+++}_{Cy} + \tfrac{1}{2} H_2O\,.$$

In der neueren Zeit gelang es, lösliche und hochaktive Präparate von Cytochromoxydase durch Extraktion von Herzmuskel mit 3—4%iger Desoxycholatlösung zu erhalten (W. W. WAINIO, S. J. COOPERSTEIN, S. KOLLEN und B. EICHEL). Reinste Präparate von Cytochromoxydase haben einen Q_{O_2} von 3400 bei 38° (E. C. SLATER). Über das Problem der Identität von Cytochromoxydase mit Cytochrom a_3 siehe S. 37.

Die Oxydationsgeschwindigkeit der Cytochromoxydase ist wesentlich größer als ihre Reduktionsgeschwindigkeit. Nach O. WARBURG betragen die Geschwindigkeitskonstanten

$$0{,}43 \times 10^8 \left[\frac{1}{\text{Minuten} \times \text{Atmosphären}}\right] \text{ für die Oxydation,}$$

$$1{,}3 \times 10^4 \left[\frac{1}{\text{Minuten} \times \text{Atmosphären}}\right] \text{ für die Reduktion.}$$

Die tierischen Gewebe enthalten eine den Cytochrom c-Gehalt bei weitem übersteigende Menge Cytochromoxydase (Tabelle 22).

Tabelle 22. *Gehalt der Organe von Ratten an Cytochromoxydase und Cytochrom c.* (E. STOTZ).

Organ	Cytochromoxydase[1]-Einheiten je Gramm Trockensubstanz	Milligramme Cytochrom c je Gramm Trockensubstanz
Herz	9,7	2,34
Niere	4,5	1,36
Gehirn	3,5	0,35
Muskel	2,3	0,68
Leber	1,7	0,24
Milz	1,6	0,21
Lunge	0,14	0,14
Tumor R-256	2,9	0,02
Spontaner Tumor	2,4	0,01

[1] Eine Cytochromoxydase-Einheit entspricht einer Aufnahme von 10 mm³ in der Stunde.

5. Die biologische Oxydation der Nährstoffe.

Seit der Entdeckung von LAVOISIER, daß der tierische Stoffwechsel im wesentlichen in einer Verbrennung der Nährstoffe besteht, hat die Frage nach dem näheren Mechanismus der biologischen Oxydation zahlreiche Forscher beschäftigt. Der Organismus oxydiert seine Nährstoffe zu den Endprodukten Wasser und Kohlendioxyd unter Bedingungen, unter denen sie außerhalb der lebenden Zelle nicht angegriffen werden: in wäßriger Lösung, bei niederer Temperatur und bei etwa neutraler Reaktion. Dank der intensiven Forschung, insbesondere der letzten drei Jahrzehnte, lassen sich heute die mit der Zellatmung verbundenen Prozesse in ihren Grundzügen übersehen.

Die Zellatmung ist das Ergebnis zahlreicher Oxydations-Reduktionsprozesse zumeist reversibler Art, die hintereinandergeschaltet sind, und durch die eine stufenweise Abnahme der freien Energie erfolgt. Die Verbrennung eines Substrats im Tierkörper wird also nicht durch eine direkte Reaktion mit Sauerstoff, sondern durch eine lange Kette von Reaktionen bewirkt. Die Reaktionskette beginnt mit dem Herausbrechen von Wasserstoff aus dem Substrat durch die Dehydrasen. Der Wasserstoff wird dann durch Wasserstoff übertragende Fermente dem Sauerstoff entgegentransportiert. Zuletzt wird dann das eigentlich wirksame Agens, das Elektron, über eine Kette von Elektronen übertragenden Fermenten dem Sauerstoff zugereicht.

Der Energietransport erfolgt also zunächst durch eine Energieüberführung (T. BÜCHER), bei welcher die Energie an einen materiellen Träger gebunden transportiert wird. Solche Träger sind die dissoziierenden Co-Fermente der Pyridinproteide oder Flavinproteide und die ATP. Durch sie wird die Energie an jeden Ort der Zelle transportiert. Später erfolgt dann der Transport der Energie im WARBURG-KEILIN-System durch Leitung, wobei die Materie als solche ruht und sich nur Teile der Moleküle als Träger der Energie bewegen (BÜCHER). Hier sind die beteiligten Enzyme fest an die Struktur gebunden.

Der Endeffekt der biologischen Oxydation besteht in der Oxydation von Wasserstoff zu Wasser. Das eigentliche Substrat der biochemischen Energiegewinnung ist also der Wasserstoff. Der in den organischen Substanzen ent-

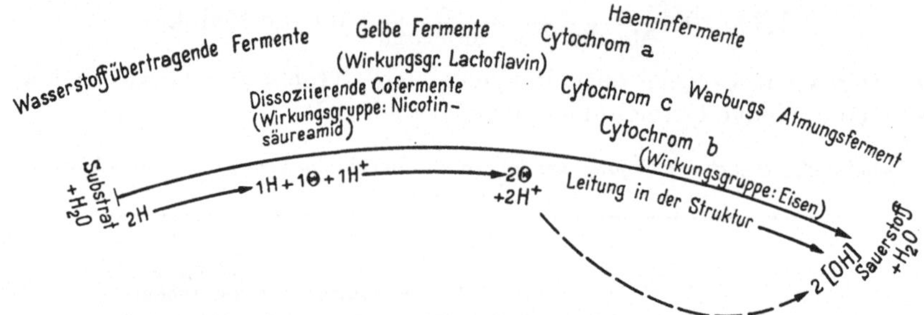

Abb. 2. Energietransport bei der biologischen Oxydation (T. BÜCHER).

haltene Kohlenstoff wird nicht verbrannt, sondern indirekt durch Anlagerung von Wasser in eine Form gebracht, daß durch Decarboxylierung CO_2 abgespalten werden kann.

Unsere gegenwärtigen Kenntnisse über die Wege des Elektronentransports bei der biologischen Oxydation werden durch folgendes Schema wiedergegeben:

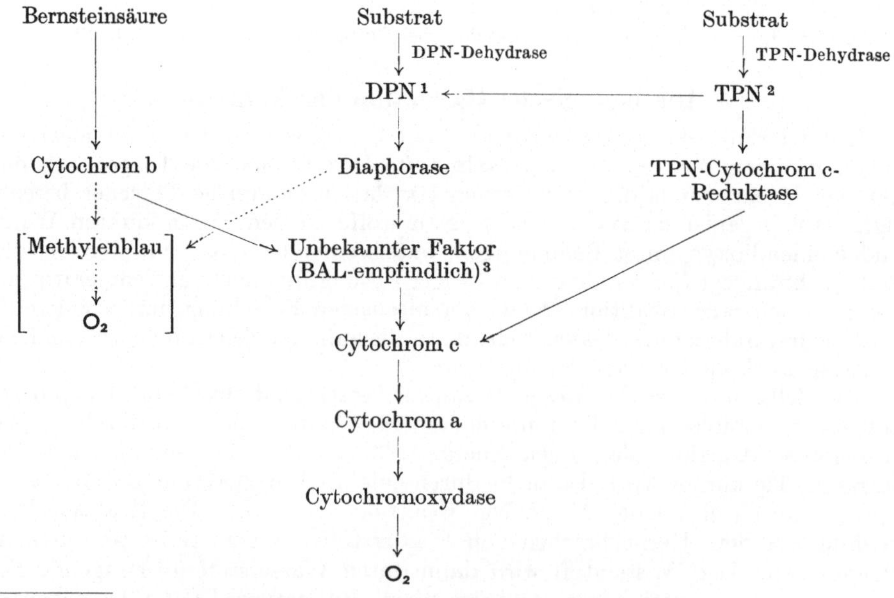

[1] DPN = Diphosphopyridinnucleotid = Co-Zymase = Co-Dehydrase I.
[2] TPN = Triphosphopyridinnucleotid = Co-Dehydrase II.
[3] BAL = Dimercaptopropanol.

Über die Potentialdifferenzen und Energiehübe bei den einzelnen Reaktionsstufen orientiert die Tabelle 23. Insgesamt werden also beim Transport eines

Tabelle 23. *Redoxpotentiale und Änderungen der freien Energie bei den einzelnen Stufen der Atmungskette* (N. O. KAPLAN).

	Redoxpotential Volt	Differenz Volt	ΔF cal je Elektronenpaar
O_2	+0,80		
		0,51	—24000
Cytochrom a	+0,29		
		0,02	— 920
Cytochrom c	+0,27		
		0,23	—10580
Cytochrom b	—0,04		
		0,04	— 1840
Gelbes Ferment	—0,08		
		0,20	— 9200
Pyridinnucleotid	—0,28		
		0,14	— 6450
H_2	—0,42		
Summe beim Transport eines Elektronenpaars von H_2 zum O_2		1,22	—52990

Elektronenpaars vom Wasserstoff zum Sauerstoff (entsprechend einer Oxydation von zwei durch eine Dehydrase einem Substrat entzogenen H-Atomen zu Wasser) 53000 cal verwertbarer Energie gewonnen.

Die in die biologische Oxydation eingeschalteten Häminproteide (Cytochrome + Cytochromoxydase, „WARBURG-KEILIN-System") werden durch Blausäure gehemmt. Eine Vergiftung der Zellen mit Blausäure bringt daher die Gewebsatmung zum Erlöschen. Ein kleiner Teil der Sauerstoffaufnahme, etwa 5%, bleibt jedoch bei der Blausäurevergiftung erhalten. Diese „cyanresistente" Atmung ist auf die Wirkung von gelben Fermenten zurückzuführen, welche wie z. B. Xanthinoxydase und die Aminosäurenoxydasen Sauerstoff als direkten Wasserstoffacceptor verwenden können.

Der ganze Apparat der biologischen Oxydation ist mit Ausnahme der DPN-Dehydrasen und der TPN-Dehydrasen in den Mitochondrien der Zellen lokalisiert. Grundsätzlich vollzieht sich der Abbau einer Substanz in der Zelle so, daß sie zunächst durch das Cytoplasma in eine Form gebracht wird, von der ausgehend die Endoxydation durch den Citronensäurecyclus in den Mitochondrien erfolgen kann. So werden die Kohlenhydrate im Cytoplasma in Brenztraubensäure übergeführt, die dann in den Mitochondrien verbrannt wird. Eiweiß wird den Mitochondrien in Form der freien Aminosäuren angeboten, Fett in Form der Fettsäuren.

6. Die energiereichen Phosphatverbindungen und die Transphosphorylierung.

Die unmittelbare Energiequelle für alle Zelleistungen ist die Aufspaltung von energiereichem Phosphat, das beim anaeroben und aeroben Abbau der Nährstoffe gebildet wird. Die Erkenntnis der Bedeutung des energiereichen Phosphats für die Lebensprozesse verdanken wir in erster Linie F. LIPMANN[*1*].

Die vielen beim intermediären Stoffwechsel beteiligten Phosphatverbindungen kann man bezüglich ihres Energiegehalts in zwei Gruppen einteilen: in solche, bei deren Spaltung nur geringe Energiebeträge (etwa 3000 cal) frei werden, und in solche, deren Spaltung mit einem erheblichen Gewinn an freier Energie (10000 cal und mehr) verknüpft ist. Die letzteren bezeichnet man als „energiereiche Phosphatverbindungen". Nach einem Vorschlag von LIPMANN kennzeichnet man energiereiche Phosphatbindungen mit dem Symbol $\sim$ Ph. In der

Tabelle 25 findet man eine Übersicht über die Energiegewinne, welche bei der Spaltung der wichtigsten Phosphorsäureverbindungen erhalten werden. Energiereich sind die folgenden Phosphatbindungen:

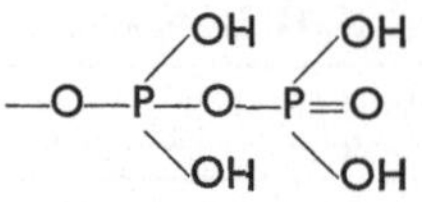

$-O-P(OH)_2-O-P(=O)(OH)_2$

Anhydrid

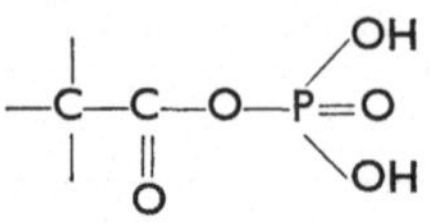

$-C-C(=O)-O-P(=O)(OH)_2$

Gemischtes Anhydrid

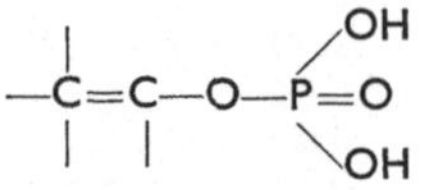

$-C=C-O-P(=O)(OH)_2$

Enolphosphat

$-C-NH-P(=O)(OH)_2$

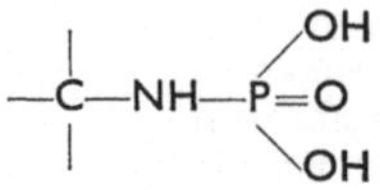

Amidphosphat

Bezüglich der Theorie der energiereichen Phosphatbindung sei auf P. Oesper verwiesen. Über den Gehalt der Gewebe an energiereichem Phosphat orientiert die Tabelle 24.

Tabelle 24. *Der Gehalt der Gewebe an energiereichem Phosphat* (F. Lipmann[*1*]).

Organ	Polyphosphat-P der ATP mg-%	Phosphagen-P mg-%
Muskel (Warmblüter) . . .	32	60
Muskel (Frosch)	24	54
Tumoren	8—14	1—3
Niere	6—10	
Milz	17	
Herz	9	4—7
Uterus	8	1—4
Gehirn	5	12

Energiereiches Phosphat entsteht im Stoffwechsel entweder durch Substratphosphorylierung oder durch Atmungskettenphosphorylierung. Eine Substratphosphorylierung findet bei der Glykolyse statt. Bei der anaeroben Aufspaltung

Tabelle 25. *Gewinn an freier Energie bei der Spaltung von Phosphorsäureverbindungen* (A. W. D. Avidson und J. D. Hawkins).

Verbindung	ΔF cal.	p_H	Temperatur °C
Glycerin-1-phosphat	—2200	8,5	38
Glucose-6-phosphat	—3000	8,5	38
Fructose-6-phosphat	—3500	8,5	38
Glucose-1-phosphat	—4750	8,5	38
ATP, terminale PO_4-Gruppe . . .	—11500	7,5	20
Phosphoarginin	—11800	7,7	20
Phosphokreatin.	—13000	7,7	20
Acetylphosphat.	—14500	6,3	37
Phosphoenolpyruvat	—15900	?	20
1,3-Diphosphoglycerinsäure . . .	—16250	6,9	25

von Glucose zu Milchsäure entstehen vier energiereiche Phosphatbindungen, und zwar zwei ∼ Ph. bei der Dehydrierung von Phosphoglycerinaldehyd zu 1,3-Diphosphoglycerinsäure und zwei ∼ Ph. bei der Bildung von Phosphoenolbrenztraubensäure. Nähere Einzelheiten dieser Reaktionen findet man auf den Seiten 89, 91. Da aber bei der Glykolyse auch zwei ~ Ph. aufgespalten werden (eine bei der Hexokinasereaktion, die andere bei der Phosphorylierung von Fructose-6-phosphat zu Hexosediphosphat), beträgt der Gewinn nur zwei ~ Ph. entsprechend rund 22000 cal. ΔF der Glykolyse beträgt nach D. BURK — 58000 cal. Rund 38% dieser Energie werden in Form von energiereichem Phosphat erhalten. Ist Glykogen Ausgangspunkt der Glykolyse, so ist die Ausbeute an energiereichem Phosphat günstiger, da nur 1 Mol ATP zu Zwecken der Phosphorylierung aufgespalten wird, so daß drei ~ Ph. gewonnen werden, die rund 60% der Änderung der freien Energie bei der Glykolyse ausmachen. Bei der Vergärung der Glucose zu Alkohol liegen die Verhältnisse grundsätzlich gleich. Auch hier werden je Mol Glucose zwei ~ Ph. gewonnen. ΔF der alkoholischen Gärung beträgt rund — 50000 cal.

Die Atmungskettenphosphorylierung findet bei der Endoxydation der Nährstoffe statt. Bei allen diesen Oxydationen läßt sich eine gleichzeitig ablaufende „oxydative" Phosphorylierung nachweisen, da der Transport von Elektronen von den hydrierten Co-Dehydrasen bis zum Sauerstoff über das WARBURG-KEILIN-System mit Phosphorylierungen verknüpft ist. Die experimentelle Bestimmung der maximal möglichen Ausbeute an energiereichem Phosphat ist schwierig, weil alle lebenden Zellen über zahlreiche Möglichkeiten zur Aufspaltung von energiereichem Phosphat verfügen. Nach einer Berechnung von F. LIPMANN können bei dem Transport von zwei Elektronen bis zum Sauerstoff 3,5 ~ Ph. gebildet werden. Der gesamte Energieabfall bei der biologischen Oxydation von 2 H würde 4,5 ~ Ph. ergeben. Die maximale Ausbeute an energiereichem Phosphat beträgt also rund 75%.

Tabelle 26. *Redoxpotentiale der Substanzen des Citronensäurecyclus* (entnommen N. O. KAPLAN [2]).
Die Redoxpotentiale sind auf die Wasserstoffelektrode bei p_H 0 bezogen. Das Sauerstoffpotential beträgt in diesem System + 0,8 V.

Wasserstoffdonator	Redoxpotential Volt	Absolute Potential-differenz gegen Sauerstoff	ΔF je Elektronenpaar	Maximal mögliche Bildung von ~ Ph
Brenztraubensäure	—0,78	1,58	—72500	4,5
Isocitronensäure	—0,30	1,10	—51000	3,2
Ketoglutarsäure	—0,78	1,58	—72500	4,5
Bernsteinsäure	0,00	0,80	—36000	2,3
Äpfelsäure	—0,18	0,98	—45000	2,8
Summe für die Totaloxydation der Brenztraubensäure		6,04	—277500	17,3
Mittel je Elektronenpaar		1,02	—55000	3,5

Die bisher vorliegenden experimentellen Daten (z. B. A. L. LEHNINGER und S. W. SMITH, ferner R. J. CROSS, J. V. TAGGART, G. A. COVO und D. E. GREEN) bewegen sich in der Tat auch in diesen Größenordnungen und liegen bei einem Gewinn von bis zu 3 ~ Ph. je auf Sauerstoff übertragenem Elektronenpaar.

Die Endoxydation der Brenztraubensäure über den Citronensäurecyclus verläuft nach der Summenformel

$$CH_3—CO—COOH + 5\,O \rightarrow 3\,CO_2 + 2\,H_2O.$$

Je Mol veratmeter Brenztraubensäure wäre demnach die Bildung von 17 ~ Ph. zu erwarten. Die Totaloxydation von Glucose zu CO_2 und H_2O ergibt also die folgenden Ausbeuten an energiereichem Phosphat:

	2 ~ Ph aus der Glykolyse (Substratphosphorylierung)	22000 cal
	34 ~ Ph aus oxydierter Brenztraubensäure (Atmungskettenphosphorylierung)	374000 cal
Summe:	36 ~ Ph	396000 cal

ΔF der Gesamtoxydation von einem Mol Glucose beträgt — 674000 cal. Rund 60% dieser Energie werden in Form von energiereichem Phosphat gewonnen und stehen dem Organismus für jeden beliebigen Zweck (mechanische Arbeit, osmotische Arbeit, elektrische Arbeit, Ablauf endergonischer Reaktionen) zur Verfügung.

Bei der Atmungskettenphosphorylierung entsteht primär eine äußerst labile energiereiche Phosphatverbindung unbekannter Natur, die dann unter Übertragung ihrer Phosphatgruppe auf ADP ATP liefert. ADP ist der wichtigste Phosphatacceptor, jedenfalls in einer arbeitenden Zelle, in der laufend Energie verbraucht wird, so daß durch die Spaltung der ATP ständig ADP als Phosphatacceptor zur Verfügung steht. Ist dies nicht der Fall, so treten Nebenreaktionen in den Vordergrund wie die Anhäufung von anorganischem Pyrophosphat, das wie S. 30 beschrieben durch die von KORNBERG entdeckte Reaktion

$$\text{DPN} + \text{ATP} \rightleftarrows \text{Pyrophosphat} + \text{Mononucleotid}$$

entsteht. Dies kann man z. B. beobachten, wenn man Mitochondrien kein Phosphat verbrauchendes System (etwa Glucose + Hexokinase) anbietet. Eine Erhaltung der Zellatmung setzt daher ein Gleichgewicht zwischen Bildung und Verbrauch von ATP voraus. Denn man kann sie in die drei Phasen zerlegen:

1. Gewinnung von energiereichem Phosphat,
2. Transphosphorylierung auf einen geeigneten Acceptor (normalerweise ADP),
3. Verwertung von energiereichem Phosphat unter Spaltung der ATP.

Die Phosphorylierung von Adenylsäure ist nur ein sekundärer Prozeß (A. L. LEHNINGER [*3*]). Die beiden wichtigsten Energiespeicher des Organismus, Adenosintriphosphorsäure und Phosphagen (Kreatinphosphorsäure), stehen miteinander in einem enzymatischen Gleichgewicht

$$\text{ATP} + \text{Kreatin} \rightleftarrows \text{Kreatinphosphorsäure} + \text{ADP}.$$

Diese durch das Enzym Kreatinphosphokinase bewirkte Reaktion wird nach B. A. ASKONAS durch Thyroxin gesteuert.

Begreiflicherweise ist die Umsatzgeschwindigkeit von energiereichem Phosphat in den Zellen außerordentlich groß (H. M. KALCKAR, J. DEHLINGER und A. MEHLER, ferner J. SACKS). Säugetiermuskulatur enthält je Gramm Muskel etwa 0,2—0,3 mg energiereiches Phosphat in Form der beiden labilen Phosphatgruppen der ATP. Rund die Hälfte dieses energiereichen ATP-P wird innerhalb von 20 min aus dem Zellvorrat an anorganischem P erneuert. Der Gehalt des Muskels an Phosphagen-P beträgt je Gramm 0,55—0,70 mg. Auch die Hälfte dieses P wird innerhalb von 20 min erneuert. Ein Muskel enthält daher je Gramm rund 1 mg energiereichen P und bildet in der Ruhe in der Minute etwa 25 γ energiereichen P. Ähnlich hohe Turnover-Geschwindigkeiten wurden auch in der Leber festgestellt, nach H. M. KALCKAR und Mitarbeitern 15 γ energiereicher P je Gramm Leber und Minute (0,9 mg in der Stunde). Es ist anzunehmen, daß die gemessenen Werte Minimalzahlen sind. Rechnet man mit einem Q_{O_2} der Leber von 6, so nimmt 1 g frischer Leber in der Stunde 1,5 cm³ O_2 auf. Nimmt man weiterhin an, daß das maximale Verhältnis O:P erreicht wird, d. h. je Atom

Sauerstoff 3 ~ Ph. gebildet werden, wäre eine Neubildung von 12 mg energiereichem P je Gramm Leber und Stunde zu erwarten. Eine sehr hohe Turnover-Geschwindigkeit des energiereichen Phosphats wurde auch im Gehirn festgestellt (J. Sacks und G. G. Cuberth).

Die Bestimmung der Turnover-Geschwindigkeit der energiereichen Phosphatverbindungen ist in manchen Organen schwierig, da die Aufnahme von anorga-

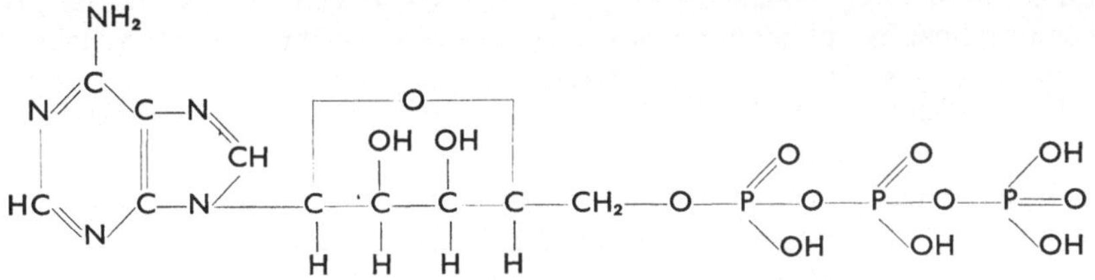

Adenosintriphosphorsäure (ATP)

nischem Phosphat in ihre Zellen nur sehr langsam erfolgt. 1 g Muskel nimmt beispielsweise in der Minute nur 1 γ Phosphat-P aus der extracellulären Flüssigkeit auf. Phosphat dringt auch in Erythrocyten äußerst langsam ein (etwa 0,5 γ P je Minute und Gramm). Dagegen ist die Membran der Leberzellen für Phosphat leicht durchlässig, so daß sich ein Gleichgewicht zwischen extracellulärem und intracellulärem Phosphat rasch einstellt. Auch zwischen dem Phosphat im Liquor und dem in den Gehirnzellen bildet sich innerhalb kurzer Zeit ein Gleichgewicht aus. Ob die Aufnahme von Phosphat in die Zellen ein reiner Diffusionsprozeß ist, oder ob sich bei dem Durchtritt durch die Zellwand chemische Reaktionen (etwa Bildung von Zuckerphosphorsäureestern) abspielen, vielleicht auch das System ATP $\rightleftarrows$ ADP beteiligt ist, läßt sich heute nicht entscheiden.

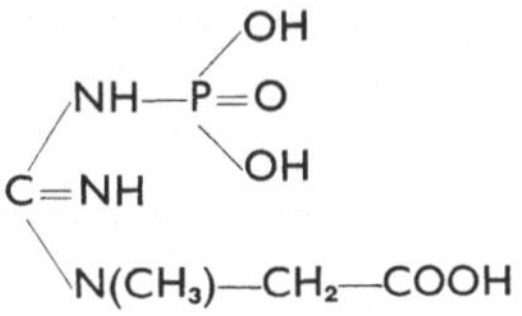

Kreatinphosphorsäure (Phosphagen)

Die dritte Phosphatgruppe der ATP (die an Ribose gebunden ist) wird wesentlich langsamer umgesetzt als die beiden energiereichen. Beim Muskel ist dies im

Vergleich zu der Leber und zum Gehirn in ganz besonderem Maße der Fall (R. Zetterström, L. Ernster und O. Lindberg). Spaltung und Resynthese der ATP vollziehen sich überhaupt im Muskel anders als in der Leber. H. A. Krebs, M. Johnson, L. V. Eggleston und R. Hems haben unter Verwendung von P^{32} gezeigt, daß die terminale und die mittlere PO_4-Gruppe der ATP in der Leber gleich reaktionsfähig sind, während im Muskel die Reaktionsfähigkeit der mittleren PO_4-Gruppe wesentlich geringer als die der terminalen ist. Dies hängt vermutlich damit zusammen, daß sich der Umsatz der Adenylsäure im Muskel anders vollzieht als in der Leber und im Gehirn. Adenylsäure wird im Muskel rasch zu Inosinsäure desaminiert, dagegen in Leber und Gehirn zu Adenosin dephosphoryliert.

Zur Spaltung der ATP verfügt der tierische Organismus über 2 Typen von Enzymen: Adenosintriphosphatase und Apyrase. Erstere spaltet nur eine PO_4-Gruppe ab. In der Muskulatur ist der größte Teil der ATP-ase-Aktivität an das

Myosin gebunden. Daneben existiert im Muskel noch eine zweite, leicht extrahierbare ATP-ase, die sich bezüglich Aktivierbarkeit und Hemmbarkeit (Aktivierung durch Mg, Hemmung durch Ca) deutlich von der an Myosin gebundenen ATP-ase unterscheidet und vermutlich ein Lipoproteid ist (W. W. KIELLEY und O. MEYERHOF). Apyrasen spalten aus der ATP beide labilen PO_4-Gruppen ab. Sie sind in den tierischen Zellen weit verbreitet und unterscheiden sich voneinander durch ihre verschiedenen p_H-Aktivitätskurven. Weiterhin ist noch die Adenosindiphosphat-phosphomutase (Myokinase) erwähnenswert, welche 2 Mole ADP zu ATP und Adenylsäure dismutiert. Sie überträgt also die energiereiche Phosphatbindung der ADP auf ein zweites Mol ADP. Über die Beteiligung der ATP am Aufbau der Co-Dehydrasen und Flavinadeninnucleotide siehe S. 30.

Energiereiches Phosphat ist, wie schon erwähnt, die unmittelbare Energiequelle für alle Zelleistungen. Daher finden Synthesen z. B. von Peptidbindungen, Aufnahme von Kalium in Zellen oder Transport von Stoffen durch die Nierentubuli (um nur einige Beispiele herauszugreifen) nicht mehr statt, wenn kein energiereiches Phosphat vorhanden ist oder seine Bildung inhibiert wird. Es gibt nun Gifte, wie z. B. 2,4-Dinitrophenol oder Azid, welche die Kopplung zwischen Zellatmung und Phosphorylierung aufheben, d. h. bei unveränderter Sauerstoffaufnahme die Bindung von Phosphat und damit die Atmungskettenphosphorylierung verhindern. Die Tabelle 27 bringt ein Beispiel hierfür. Solche Gifte

Tabelle 27. *Hemmung der Kopplung zwischen Oxydation und Phosphorylierung durch Dinitrophenol* (W. F. LOOMIS und F. LIPMANN).

Ansatz: Gewaschene Nierenhomogenat-Partikelchen + Hexokinase + Fructose + Glutaminat + Adenylsäure + Mg + PO_4.

	O_2-Aufnahme Mikroatome	P-Aufnahme Mikroatome	Quotient P:O
Ohne Dinitrophenol . . .	8,0	17,5	2,2
Mit Dinitrophenol ($1{,}8 \times 10^{-4}$ m)	7,9	1,3	0,2

stören daher zwar nicht die Produktion von Energie, wohl aber deren Verwertung, so daß die entstehende Energie in Form von Wärme dem Organismus unausnutzbar verlorengeht. Thyroxin wirkt wie Dinitrophenol (MARTIUS). Die Regulation des Stoffwechsels durch die Schilddrüse erfolgt demnach durch eine mehr oder minder intensive Kopplung zwischen Atmung und Atmungskettenphosphorylierung.

Die Phosphorsäure unterliegt also im Organismus einem Kreislauf, der durch die folgenden Stationen charakterisiert ist: 1. Bildung von energiereichem Phosphat, 2. Transphosphorylierung auf das Adenylsäuresystem und 3. Verwertung des energiereichen Phosphats durch Spaltung von ATP unter Freiwerden von anorganischem Phosphat. In der Tabelle 28 sind die bisher beobachteten Reaktionen zusammengestellt, die durch die Verwertung von energiereichem Phosphat ermöglicht werden.

Phosphatverschiebungen verlaufen im Organismus im allgemeinen nicht über die Stufe von freiem Phosphat. Zumeist wird die Phosphatgruppe einer Substanz auf eine andere Substanz übertragen. Man nennt diesen Prozeß Transphosphorylierung. Bei der Transphosphorylierung sind Zwischenprodukte zu erwarten. In manchen Fällen sind sie in der Tat auch nachgewiesen worden, z. B. bei der Überführung von Glucose-1-phosphat in Glucose-6-phosphat, bei der Glucose-1,6-diphosphat intermediär gebildet wird (S. 80).

Tabelle 28. *Reaktionen, die durch energiereiches Phosphat ermöglicht werden* (N. O. KAPLAN).

Reaktion	ΔF cal.	Beispiele
R—OH + R′—OH → R—O—R′ Bildung von Glykosidbindungen	+3000 +4000	Synthese von Rohrzucker Bildung von Glykogen
R—COOH + R′—OH → R—CO—OR′ Bildung von Esterbindungen	+3000	Bildung von Acetylcholin
R—COOH + H_2N—R′ → R—CO—NH—R′ Bildung von Peptidbindungen	+3000	Synthese von Hippursäure Synthese von Glutathion Acetylierung aromatischer Amine
R—COOH + NH_3 → R—CO—NH_2 Bildung von Amidbindungen	+3000	Synthese von Glutamin
R—CO—NH_2 + R′—NH_2 → R—C(NH)NH_2 Bildung von Amidinbindungen		Synthese von Arginin
R—COOH + R′—COOH → R—CO—R′—COOH Bildung von Ketosäuren	+16700 +17000	Synthese von Pyruvat Synthese von Acetessigsäure
CH_3—R—COOH + CO_2 → HOOC—CH_2—R—COOH β-Carboxylierung	+5280	Synthese von Oxalessigsäure
CH_3—COOH + CH_3—COOH + 4 H → CH_3—CH_2—CH_2—COOH Bildung von Fettsäuren	+10000	Synthese von Buttersäure
R—CO—R′ + R″—CH_3 → R—C(OH)(CH_2R″)—R′ Aldolkondensation	+4680	Synthese von Citrat
R—S—CH_3 + R′—NH_2 → R—SH + R′—NH—CH_3 Transmethylierung		Synthese von Kreatin Methylierung von Nicotinsäureamid
R—COOH + 2 H → R—CHO Reduktion einer Carboxylgruppe	+16000	Reduktion von Phosphoglycerinsäure zu Phosphoglycerinaldehyd

Aus thermodynamischen Gründen können Transphosphorylierungen nur dann stattfinden, wenn die Änderungen an freier Energie entweder nur gering sind oder ein beträchtlicher Energiegewinn besteht. Transphosphorylierungen spielen sich daher entweder auf der Ebene energiereicher Phosphatbindungen oder auf der Ebene energiearmer Phosphatbindungen oder durch Übergang einer energiereichen in eine energiearme Phosphatbindung ab.

Transphosphorylierungen unter Beteiligung energiereicher Phosphatbindungen sind z. B.:

ATP + Kreatin ⇄ ADP + Kreatinphosphorsäure,

Phosphoenolpyruvat + ADP ⇄ Pyruvat + ATP.

Beispiele für Transphosphorylierungen energiearmer Phosphatbindungen sind:

3-Phosphoglycerinsäure ⇄ 2-Phosphoglycerinsäure,

Glucose-1-phosphat ⇄ Glucose-6-phosphat.

In den erwähnten Fällen ist die Transphosphorylierung mit einer nur geringen Änderung an freier Energie verbunden. Bei der Transphosphorylierung von energiereichem Phosphat zu energiearmen, z. B. der im Kohlenhydratstoffwechsel so wichtigen Hexokinasereaktion, deren ΔF — 7000 cal beträgt, werden so

$$\text{Glucose} + \text{ATP} \rightarrow \text{Glucose-6-phosphat} + \text{ADP}.$$

große Energiemengen frei, daß die Reaktion nicht mehr umkehrbar ist.

Die Geschwindigkeit der Transphosphorylierungen wird um so größer, je stärker die Energiedifferenz zwischen Phosphatdonator und Phosphatacceptor ist. Beispielsweise stieg in einem Versuch von O. Meyerhof und H. Green die Geschwindigkeit der spontanen Bildung von Glycerophosphat in Ansätzen von gereinigter Darmphosphatase durch Zusatz von Glucose-1-phosphat (ΔF der Phosphatbindung — 4800 cal) auf das zweifache, durch Zusatz von Phosphagen oder Phosphoenolbrenztraubensäure (ΔF der Phosphatbindung etwa — 16000 cal) auf das siebenfache an. ΔF von Glycerophosphat beträgt — 2200 cal. Die Transphosphorylierungen verlaufen unter Beteiligung der gewöhnlichen alkalischen Phosphatase.

$$R{-}S{-}P(=O)(OH)_2$$

Vielleicht spielen auch Thiophosphate bei Transphosphorylierungen eine Rolle. Die Thiophosphatbindung dürfte energiereich sein.

7. Carboxylierung und Decarboxylierung.

Das bei der Zellatmung anfallende Kohlendioxyd entsteht durch Decarboxylierungen. Decarboxylierungen sind stark exergonische Reaktionen, deren Gleichgewicht daher praktisch vollkommen auf seiten der Decarboxylierung gelegen ist. Die wichtigsten Substrate von Decarboxylierungen sind α-Ketosäuren und Aminosäuren. Bei der Decarboxylierung von α-Ketosäuren ist die Co-Carboxylase als Co-Ferment beteiligt, bei der Decarboxylierung der Aminosäuren Pyridoxal-5-phosphat.

α-Ketosäuren können auf zweierlei Weise decarboxyliert werden: durch einfache Decarboxylierung und durch oxydative Decarboxylierung. Ein Beispiel für eine einfache Decarboxylierung ist die Abspaltung von CO_2 aus Brenztraubensäure unter Bildung von Acetaldehyd, eine Reaktion, die jedoch im tierischen Organismus nicht vorkommt. An einfachen Decarboxylierungen findet man im Tierreich Abspaltung von CO_2 aus Oxalbernsteinsäure und Oxalessigsäure. Eine viel größere Rolle als die einfache Decarboxylierung spielt für den tierischen Organismus die oxydative Decarboxylierung, weil sich mit ihrer Hilfe besser umkehrbare Systeme aufbauen lassen. Bei der oxydativen Decarboxylierung entsteht aus der α-Ketosäure neben Kohlendioxyd die um ein C-Atom ärmere Fettsäure:

$$R{-}CO{-}COOH + H_2O \rightarrow R{-}COOH + CO_2 + 2\,H^+ + 2\,e^- \; (\Delta F = -16000 \text{ cal}).$$

Bei manchen Mikroorganismen erfolgt die Reaktion unter Aufnahme von Phosphorsäure, wobei energiereiches Acylphosphat entsteht.

$$R{-}CO{-}COOH + H_3PO_4 \rightarrow R{-}CO{-}O{-}P(=O)(OH)_2 + CO_2 + 2\,H^+ + 2\,e^-.$$

Die bei der Decarboxylierung anfallende Energie kann in diesem Falle leicht nutzbar gemacht werden (z. B. zu Zwecken einer Transphosphorylierung) und die Decarboxylierung ist leicht umkehrbar. Diese Art der Decarboxylierung bleibt dem tierischen Organismus versagt, der eine stark wirksame Acetylphosphatase enthält, durch welche Acylphosphat sofort aufgespalten wird.

$$R{-}CO{-}O{-}P(=O)(OH)_2 + H_2O \xrightarrow{\text{Acetylphosphatase}} R{-}COOH + H_3PO_4.$$

Der bei der oxydativen Decarboxylierung frei werdende Wasserstoff muß an einen passenden Acceptor abgegeben werden. Normalerweise ist das WARBURG-

Tabelle 29. *Substanzen in tierischen Geweben, die C-Atome aus aufgenommenem CO_2 enthalten können.*

Brenztraubensäure	$\mathrm{CH_3{-}CO{-}\overset{*}{C}OOH}$
L-Milchsäure	$\mathrm{CH_3{-}CH(OH){-}\overset{*}{C}OOH}$
Oxalessigsäure	$\mathrm{HOOC{-}CO{-}CH_2{-}\overset{*}{C}OOH}$
L-Äpfelsäure	$\mathrm{HOO\overset{*}{C}{-}CH(OH){-}CH_2{-}\overset{*}{C}OOH}$
Fumarsäure	$\mathrm{HOO\overset{*}{C}{-}CH{=}\overset{*}{C}H{-}COOH}$
α-Ketoglutarsäure	$\mathrm{HOO\overset{*}{C}{-}CO{-}CH_2{-}CH_2{-}COOH}$
D-Glucose (Glykogen)	$\mathrm{HOC{-}CH(OH){-}\overset{*}{C}H(OH){-}\overset{*}{C}H(OH){-}CH(OH){-}CH_2OH}$
L-Glutaminsäure	$\mathrm{HOO\overset{*}{C}{-}CH(NH_2){-}CH_2{-}CH_2{-}COOH}$
L-Asparaginsäure	$\mathrm{HOO\overset{*}{C}{-}CH(NH_2){-}CH_2{-}COOH}$
L-Arginin	$\mathrm{HOOC{-}CH(NH_2){-}CH_2{-}CH_2{-}CH_2{-}NH{-}\overset{*}{C}(NH){-}NH_2}$
Oxalbernsteinsäure	$\mathrm{HOOC{-}CH_2{-}CH(\overset{*}{C}OOH){-}CO{-}COOH}$
Citronensäure	$\mathrm{HOOC{-}CH_2{-}COH(\overset{*}{C}OOH){-}CH_2{-}COOH}$
Isocitronensäure	$\mathrm{HOOC{-}CH_2{-}CH(\overset{*}{C}OOH){-}CH(OH){-}COOH}$
cis-Aconitsäure	$\mathrm{HOOC{-}CH{=}C(\overset{*}{C}OOH){-}CH_2{-}COOH}$
Harnsäure	$\overset{*}{C}O$ H HN C—N CO OC C—N NH H

KEILIN-System Wasserstoffacceptor. Die Einzelheiten des Wasserstofftransports (bzw. Elektronentransports) sind noch unbekannt. Es ist jedoch anzunehmen, daß die Co-Carboxylase, welche auch bei der oxydativen Decarboxylierung von α-Ketosäuren als Co-Ferment beteiligt ist, nicht mit dem Wasserstofftransport verknüpft ist.

Ein wichtiges Beispiel einer oxydativen Decarboxylierung ist die Überführung der α-Ketoglutarsäure in Bernsteinsäure und CO_2, eine Reaktion, welche als Teilprozeß des Citronensäurecyclus in nahezu allen Zellen in größtem Umfange vorkommt (S. 113). Diese oxydative Decarboxylierung ist auch unter anaeroben Bedingungen möglich, wenn man an Stelle des WARBURG-KEILIN-Systems einen anderen Wasserstoffacceptor zufügt, so daß eine Dismutation ablaufen kann. Nach den Untersuchungen von HUNTER und Mitarbeiter verlaufen alle diese Reaktionen unter Aufnahme von Phosphat. Die oxydative Decarboxylierung der Ketoglutarsäure läßt sich z. B. mit der Reduktion von Oxalessigsäure oder

α-Ketoglutarsäure + Oxalessigsäure + H_3PO_4 + ADP
→ Bernsteinsäure + CO_2 + Äpfelsäure + ATP,

α-Ketoglutarsäure + Acetessigsäure + H_3PO_4 + ADP
→ Bernsteinsäure + β-Oxybuttersäure + CO_2 + ATP,

α-Ketoglutarsäure + α-Ketoglutarsäure + NH_3 + H_3PO_4 + ADP
→ Bernsteinsäure + CO_2 + Glutaminsäure + ATP.

Acetessigsäure koppeln, oder aber auch mit der reduktiven Aminierung von Ketoglutarsäure zu Glutaminsäure. Der Reaktionsmechanismus legte den Verdacht nahe, daß Succinylphosphat als Zwischenprodukt entsteht, das dann sein energiereiches Phosphat an ADP unter Bildung von ATP abgibt. Succinylphosphat wurde jedoch bisher noch nie in tierischen Geweben nachgewiesen. Dagegen ließ sich zeigen, daß Succinyl-Co-Enzym A intermediär gebildet wird (D. R. SANADI und J. W. LITTLEFIELD). Über die Änderungen der freien Energie bei den verschiedenen Arten der oxydativen Decarboxylierung von α-Ketoglutarsäure orientiert die Tabelle 30. Die Zahlen lassen vermuten, daß nur die Dismutation umkehrbar sein dürfte.

Tabelle 30. *Änderungen der freien Energie bei oxydativen Decarboxylierungen der α-Ketoglutarsäure* (S. OCHOA [3]).

Reaktion	ΔF cal.
Dismutation mit Oxalessigsäure	—20000
Dismutation mit Ketoglutarsäure + Ammoniak	—23000
Ketoglutarsäure + 2 Cytochrom_{ox} + H_3PO_4 → Succinylphosphat + CO_2 + 2 Cytochrom_{red} + 2 H^+	—36000
Ketoglutarsäure + $\frac{1}{2}$ O_2 + H_3PO_4 → Succinylphosphat + CO_2 + H_2O	—61000

Ein anderes wichtiges Beispiel einer oxydativen Decarboxylierung ist die Umwandlung der Äpfelsäure in Brenztraubensäure und CO_2 durch das „malic encyme" (S. OCHOA, A. H. MEHLER und A. KORNBERG). Das Malic Enzyme ist verschieden von der Äpfelsäuredehydrase, welche Äpfelsäure zu Oxalessigsäure dehydriert. Die oxydative Decarboxylierung der Äpfelsäure läßt sich mit einem System koppeln, in welchem Co-Dehydrase II (TPN) mitwirkt, z. B. Glucose-6-phosphat → Phosphogluconsäure. Durch eine solche Kopplung läßt sich die Reaktion so leiten, daß sie im Sinne einer Carboxylierung der Brenztraubensäure abläuft. Das Malic Enzyme benötigt Mangan.

$$\text{Äpfelsäure} + \text{TPN} \rightleftarrows \text{Brenztraubensäure} + CO_2 + \text{TPN—}H_2,$$
$$\text{Glucose-6-phosphat} + \text{TPN} \rightleftarrows \text{6-Phosphogluconsäure} + \text{TPN—}H_2.$$

Nach dem oben Gesagten ist verständlich, daß eine Carboxylierung der Brenztraubensäure auf diesem Wege energetisch wesentlich günstiger ist als eine direkte CO_2-Anlagerung zu Oxalessigsäure. Der Weg über das Malic Encyme dürfte daher auch der Hauptweg der Carboxylierung von Brenztraubensäure im tierischen Organismus sein. Dies geht auch daraus hervor, daß bei der Aufnahme von CO_2 in Eiweiß der größte Teil in den Carboxylgruppen der Asparaginsäure und Glutaminsäure erscheint. Die Carboxylierung der Brenztraubensäure zu Äpfelsäure und die der Bernsteinsäure zu Ketoglutarsäure sind die wichtigsten Mechanismen der CO_2-Bindung durch das Tier.

Dagegen verläuft die oxydierende Decarboxylierung der Isocitronensäure anders. Sie kommt durch das Zusammenwirken von zwei verschiedenen Enzymen zustande: der Isocitronensäuredehydrase, welche die Isocitronensäure zu Oxalbernsteinsäure dehydriert und der Oxalbernsteinsäuredecarboxylase, welche dann die Oxalbernsteinsäure durch eine einfache Decarboxylierung in α-Ketoglutarsäure und CO_2 überführt. Näheres über diese Reaktion und die Möglichkeiten einer Kopplung zu Dismutationen, so daß auch diese Decarboxylierung umkehrbar wird, findet man S. 113. Neuerdings haben sich jedoch Anhaltspunkte dafür ergeben, daß die Decarboxylierung der Isocitronensäure auch durch ein dem Malic Encyme ähnliches Enzym bewirkt werden kann (J. B. V. SALLES und S. OCHOA).

Die Carboxylierungen und Decarboxylierungen im Organismus sind in einer heute noch undurchsichtigen Art und Weise mit Biotin verknüpft. Im Biotinmangel ist die Fähigkeit der Gewebe zu Carboxylierungen und zu Decarboxylierungen herabgesetzt. Biotin ist aber kein Co-Ferment der Decarboxylasen. Der Verdacht, daß sich der Ureido-Ring des Biotins durch Öffnen und Schließen unter Abspaltung bzw. Aufnahme von CO_2 am CO_2-Transport beteilige, ließ sich nicht bestätigen. In Versuchen, in denen Biotin mit C^{14} in der Ureidogruppe (Formel des Biotins S. 13) verwendet wurde, ergab sich kein Anhaltspunkt für einen Austausch dieses C-Atoms mit Stoffwechsel-CO_2.

Die biologische Bedeutung der Carboxylierungen im Organismus besteht in der Aufrechterhaltung einer hohen Konzentration der für den Endabbau der Nährstoffe durch den Citronensäurecyclus so wichtigen Dicarbonsäuren und Tricarbonsäuren. Die CO_2-Fixierung erfolgt in erster Linie in der Leber. Auch die Niere ist zu Carboxylierungen befähigt. Eviscerierte Tiere zeigen keinen Einbau von CO_2 in ihr Muskelglykogen, während beim intakten Tier ein solcher regelmäßig nachweisbar ist. In der Retina laufen Carboxylierungen in großem Umfange ab (R. K. Krane und E. G. Ball).

Bei einem normalen CO_2-Gehalt (0,03%) wird nur wenig CO_2 aus der Atemluft durch das Tier fixiert. Etwa 0,01% des gesamten C-Bestands einer Maus entstammen aus dem Kohlendioxyd der Atemluft (D. L. Buchanan). Bei Erhöhung des Partialdrucks des Kohlendioxyds in der Luft nimmt die Fixierung durch den Organismus proportional zu. Das aus der Luft aufgenommene Kohlendioxyd wird im Organismus praktisch gleichmäßig auf alle Organe verteilt. Die Hauptmenge des zu Carboxylierungen verwendeten Kohlendioxyds entstammt dem intermediären Stoffwechsel.

8. Hilfsfermente der biologischen Oxydation.

a) Hydroperoxydasen.

Unter Hydroperoxydasen versteht man die auf Wasserstoffperoxyd einwirkenden Enzyme. Die früheren Bezeichnungen Katalasen und Peroxydasen stammen aus einer Zeit, in welcher der Reaktionsmechanismus dieser Häminproteide noch unbekannt war. Heute besteht kein Grund, diese beiden Enzyme, die auf dasselbe Substrat wirken und mit ihm analoge Additionsverbindungen bilden, als grundsätzlich verschieden zu betrachten. Sie unterscheiden sich lediglich durch den Acceptor. In den tierischen Geweben überwiegen die Katalasen, in den pflanzlichen die Peroxydasen.

Katalase wurde erstmalig von J. B. Sumner und A. L. Dounce kristallisiert erhalten, und zwar aus Leber, welche die höchste katalatische Aktivität aller Organe aufweist. In der Zwischenzeit wurden von anderen Autoren auch aus anderen Organen (Niere, Erythrocyten) kristallisierte Katalasepräparate dargestellt. Der größte Beitrag zur Erforschung der Konstitution und Wirkungsweise der Katalasen und Peroxydasen wurde von H. Theorell geleistet.

In der prosthetischen Gruppe der Katalase war zuerst Biliverdin aufgefunden worden. Später stellte sich jedoch heraus, daß Biliverdin nur ein bei der Aufarbeitung entstandenes Kunstprodukt ist. In der neueren Zeit gelang es, biliverdinfreie Katalasepräparate darzustellen. Die prosthetische Gruppe der Katalasen besteht nur aus Protohämin. Leberkatalase hat ein Molekulargewicht von 225000 und enthält je Mol 4 Atome Eisen. Das Eisen liegt in der dreiwertigen Stufe vor und erleidet bei der Tätigkeit des Enzyms keinen Valenzwechsel. Die Katalasen der verschiedenen Organe haben eine identische Eiweißkomponente. Ihr Hämingehalt beträgt 0,85%. Bakterienkatalasen haben ein Molekulargewicht von 225000—250000 und enthalten 1,05—1,15% Hämin.

H. THEORELL wies nach, daß Katalasen in zweierlei Weise mit Hydroperoxyd reagieren können. Die eine Reaktion ist peroxydatischer Natur. Dabei wird ein Mol H_2O_2 von einem Mol Katalase gebunden. Die Geschwindigkeit dieser Reaktion ist außerordentlich groß. Die grün gefärbte Zwischenverbindung reagiert mit einem passenden Acceptor, z. B. einem Alkohol, unter Regenerierung der Katalase und Oxydation des Alkohols zum Aldehyd:

$$\boxed{\begin{matrix} HO{-}Fe & Fe{-}OH \\ HO{-}Fe & Fe{-}OH \end{matrix}} + H_2O_2 \longrightarrow \boxed{\begin{matrix} HO{-}Fe & Fe{-}OOH \\ HO{-}Fe & Fe{-}OH \end{matrix}} + H_2O,$$

Katalase Zwischenverbindung

$$\boxed{\begin{matrix} HO{-}Fe & Fe{-}OOH \\ HO{-}Fe & Fe{-}OH \end{matrix}} + R{-}CH_2OH \rightarrow \boxed{\begin{matrix} HO{-}Fe & Fe{-}OH \\ HO{-}Fe & Fe{-}OH \end{matrix}} + R{-}CHO + H_2O.$$

Zwischenverbindung Katalase

Neben dieser peroxydatischen Wirkung kann die Katalase auch „katalatisch" wirken. Voraussetzung hierfür ist, daß ein Überschuß an Hydroperoxyd vorhanden ist. Da nur die Verbindung von einem Mol Katalase mit einem Mol H_2O_2 (wobei 1 Mol H_2O_2 auf 4 Atome Eisen trifft) beständig ist, tritt bei Anwesenheit von weiterem H_2O_2 eine Zersetzung desselben auf, wobei Sauerstoff „explosionsartig" in Freiheit gesetzt wird.

$$\boxed{\begin{matrix} HO{-}Fe & Fe{-}OOH \\ HO{-}Fe & Fe{-}OH \end{matrix}} + H_2O_2 \longrightarrow \boxed{\begin{matrix} HO{-}Fe & Fe{-}OH \\ HO{-}Fe & Fe{-}OH \end{matrix}} + O_2 + H_2O.$$

Zwischenverbindung Katalase

Bei der katalatischen Wirkung ist also Hydroperoxyd gleichzeitig Substrat und Acceptor. Bei der peroxydatischen Wirkung wird der Sauerstoff auf einen passenden Acceptor übertragen. Die klassischen Peroxydasen übertragen den Sauerstoff auf Amine oder Polyphenole, wobei intensiv gefärbte Oxydationsprodukte entstehen.

Wie schon erwähnt, kommen die Peroxydasen im alten Sinne vorwiegend im Pflanzenreich vor. Sie wurden aber auch im tierischen Material aufgefunden. Aus Leukocyten (Eiter) wurde eine grünlich gefärbte Verdoperoxydase, aus Milch eine ebenfalls grün gefärbte Lactoperoxydase isoliert.

Am besten untersucht ist die Meerrettichperoxydase. H. THEORELL gelang es, sie in das Protein und die prosthetische Gruppe zu spalten sowie das Enzym aus den beiden Spaltstücken wieder zu resynthetisieren. Meerrettichperoxydase hat ein Molekulargewicht von 44000. In ihr ist das Protohämin mit einem Glykoproteid verbunden. Sie enthält 1,48% Hämin und 0,127% Fe. Das Eisen ist wie bei den Katalasen dreiwertig und zeigt bei der Tätigkeit des Enzyms keinen Valenzwechsel. Daher wird die Peroxydasereaktion, wie auch die der Katalasen, durch Substanzen gehemmt, welche mit dreiwertigem Eisen Komplexe bilden, wie z. B. HCN, nicht dagegen durch CO, das nur mit zweiwertigem Eisen reagiert.

Auch bei der Peroxydasereaktion entsteht zunächst mit H_2O_2 eine grüngefärbte Zwischenverbindung, durch die dann ein passender Sauerstoffacceptor unter Rückbildung der Peroxydase oxydiert wird. Ein Mol Enzym setzt in der Minute rund 1 Million Mole H_2O_2 um.

Die Peroxydase kann noch auf eine andere Art und Weise wirken, und zwar als Oxydationskatalysator für die Dioxymaleinsäure. Dabei wird Dioxymaleinsäure zu Diketomaleinsäure oxydiert. Diese Reaktion kommt nur in der Pflanze

$$\begin{array}{c} COOH \\ | \\ C{-}OH \\ \| \\ C{-}OH \\ | \\ COOH \end{array} \quad \underset{+2H}{\overset{-2H}{\rightleftarrows}} \quad \begin{array}{c} COOH \\ | \\ CO \\ | \\ CO \\ | \\ COOH \end{array}$$

Dioxymaleinsäure Diketomaleinsäure

vor. Bei ihr ist kein Hydroperoxyd beteiligt. Hydroperoxyd kommt indessen in kleinsten Mengen in dem System vor und seine Anwesenheit ist Voraussetzung für die Oxydation der Dioxymaleinsäure. Daher wird die Reaktion sofort unterbrochen, wenn man Katalase hinzufügt. Der Mechanismus der Dioxymaleinsäureoxydation ist von der gewöhnlichen Peroxydasereaktion verschieden und anscheinend mit einem Valenzwechsel des Eisens verbunden. Denn man kann die Reaktion durch CO hemmen und die Hemmung ist durch Belichtung aufhebbar. Nähere Einzelheiten über den Reaktionsmechanismus sind noch unbekannt. I. Banga und E. Szent-Györgyi hatten als erste gefunden, daß Dioxymaleinsäure rasch durch Pflanzensäfte oxydiert wird, und daß sich die entstandene Diketomaleinsäure durch die Pflanze leicht wieder zu Dioxymaleinsäure hydrieren läßt. Sie vermuteten daher, daß die Dioxymaleinsäure „die Pforte ist, durch welche der Sauerstoff in die Pflanzenatmung eintritt". Die Oxydation der Ascorbinsäure durch die pflanzlichen Peroxydasen ist eine ähnliche Reaktion.

A. M. Altschul, R. Abrams und T. R. Hogness haben in der Hefe eine Cytochromperoxydase nachgewiesen, welche Sauerstoff auf reduziertes Cytochrom c überträgt, aber nicht auf die Sauerstoffacceptoren der anderen Peroxydasen. Ihre physiologische Bedeutung ist noch unklar. Sie kann nur in katalasefreien bzw. katalasearmen Zellen zur Wirkung gelangen, weil Katalase die Peroxydasen durch Beseitigung des Hydroperoxyds hemmt. Cytochromperoxydase ist ebenfalls ein Häminproteid, dessen Konstitution im einzelnen aber noch nicht sicher gestellt ist.

Da Hydroperoxyd durch die Übertragung von Wasserstoff auf Sauerstoff bei manchen enzymatischen Reaktionen, z. B. bei gelben Fermenten entsteht, hat man schon immer die physiologische Bedeutung der Hydroperoxydasen in dem Schutz der Zellen gegen die Anhäufung des für sie äußerst toxischen Hydroperoxyd erblickt. Wie im vorstehenden gezeigt wurde, kann das Hydroperoxyd auf zweierlei Weise beseitigt werden: 1. durch die katalatische Reaktion, bei welcher die Energie des Hydroperoxyd nicht verwertet wird, und 2. durch die peroxydatische Reaktion unter Oxydation eines Substrats. Katalase findet sich besonders reichlich in solchen Zellen, welche eine beträchtliche cyanresistente Atmung haben, also eine Atmung, welche nicht über das Warburg-Keilin-System verläuft. Umgekehrt pflegt der Katalasegehalt von Zellen, die ausschließlich über das Warburg-Keilin-System atmen, gering zu sein. T. Thunberg hat wiederholt die Vermutung ausgesprochen, daß die Zellen durch die Zersetzung des Wasserstoffperoxyd einen direkten Nutzen ziehen könnten, da ihnen der abgespaltene Sauerstoff wieder unmittelbar zu Oxydationszwecken zur Verfügung stehe, so daß durch die Katalasen „eine ökonomischere Verwertung des vom Organismus aufgenommenen Sauerstoffs erreicht werde".

Nach H. Theorell ist es unwahrscheinlich, daß in den Zellen so viel Hydroperoxyd gebildet wird, daß mehr als 1 Mol H_2O_2 auf 1 Mol Katalase trifft.

Infolgedessen kann die Katalase in den Zellen praktisch ausschließlich peroxydatisch wirken und ist daher ein Oxydationsferment, das gewisse Substrate oxydiert. Hierdurch wird auch vermieden, daß die im Hydroperoxyd enthaltene Energie nutzlos verschwendet wird, was bei der katalatischen Zersetzung des H_2O_2 der Fall wäre. Da die peroxydatisch verlaufende Oxydation ein relativ langsamer Prozeß ist, wird es verständlich, daß manche Organe, wie z. B. die Leber, überraschend große Mengen Katalase enthalten. Die Natur hat es hier verstanden (wie auch bei noch vielen anderen Prozessen), durch einen und denselben Vorgang verschiedene Zwecke zu erreichen: Beseitigung des unerwünschten Hydroperoxyds und Ausnutzung desselben zu Oxydationsreaktionen. Die aus Leukocyten (Eiter) isolierte Peroxydase (Myeloperoxydase) entgiftet Toxine, wie z. B. Tetanustoxin und Diphtherietoxin (K. AGNER).

Viele andere Häminproteide, z. B. Cytochrom c, zeigen ebenfalls schwache katalatische oder peroxydatische Wirkungen.

Über den Stoffwechsel der Hydroperoxydasen siehe S. 330.

b) Die Kupfer enthaltenden Oxydasen.

Die Kupfer enthaltenden Oxydasen bewirken eine Oxydation ihrer Substrate durch den Luftsauerstoff ohne Entstehung von Hydroperoxyd. Der Sauerstoff

$$\text{Substrat} + \tfrac{1}{2}\,O_2 \xrightarrow{\text{Oxydase}} \text{Substrat}_{\text{ox}} + H_2O.$$

kann durch keinen anderen Wasserstoffacceptor ersetzt werden. Die Oxydasen werden durch Blausäure gehemmt.

Näher charakterisiert wurden bisher folgende Enzyme: Tyrosinase, Laccase, Ascorbinsäureoxydase. Die kupferhaltigen Oxydasen spielen im Pflanzenreich eine größere Rolle als im Tierreich. Von den aufgeführten Oxydasen kommt nur die Tyrosinase im tierischen Material vor. Sie wurde im Blut von Menschen, Säugetieren, Arthropoden, Crustaceen und Octopus sowie in der Leber, Haut und in Melanomen nachgewiesen.

Tyrosinase katalysiert zwei verschiedene Reaktionen: die Schaffung einer neuen Hydroxylgruppe in Orthostellung bei Monophenolen und die Oxydation von o-Diphenolen zu ihren Chinonen. Alle bisherigen Erfahrungen sprechen dafür, daß beide Enzymaktivitäten in einem einzigen Molekül vereinigt sind (M. F. MALETTE und C. R. DAWSON). Augenblicklich liegt auch kein zwingender Grund vor, im Tierkörper zwischen einer Tyrosinoxydase und einer Dopaoxydase zu unterscheiden, von denen die erstere die Oxydation des Tyrosins zu 3,4-Dioxyphenylalanin (Dopa) und das zweite die Oxydation des Dioxyphenylalanin über sein Chinon und eine Reihe von Zwischenverbindungen zu Melanin bewirkt. Näheres über die Melaninbildung siehe S. 234.

Bei der Oxydation eines Diphenols (z. B. Brenzcatechin) durch Tyrosinase werden zwei Atome Sauerstoff aufgenommen, wobei in einer komplizierteren Reaktion ein oxydiertes o-Chinon entsteht. Die Summenformel des Prozesses ist:

OH, OH (Brenzcatechin) $\xrightarrow{+O_2}$ O, O, OH (oxydiertes o-Chinon)

Noch komplizierter ist die Oxydation eines Monophenols durch das Enzym, wobei insgesamt 3 Atome Sauerstoff aufgenommen werden. Man kann die Reaktionskette in die folgenden Teilreaktionen zerlegen:

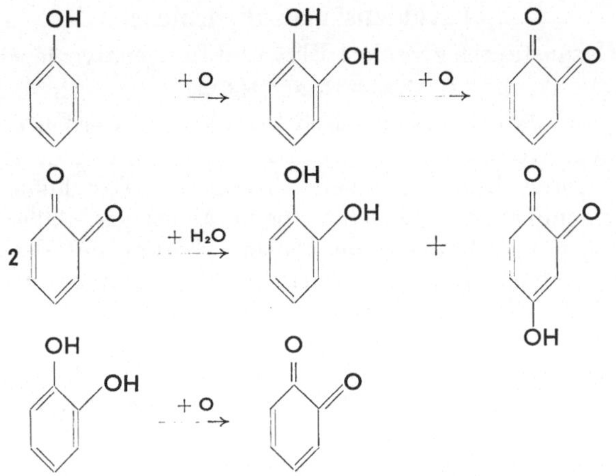

Bei der Oxydation von Monophenolen beobachtet man eine Induktionsperiode, die man durch Zugabe einer sehr kleinen, katalytisch wirkenden Menge Diphenol abkürzen kann. Vermutlich beruht dies darauf, daß zunächst in einer langsamen Reaktion aus dem Monophenol ein Diphenol entsteht, das dann durch die umkehrbare Reaktion Diphenol $\rightleftarrows$ o-Chinon katalytisch wirkt (siehe auch L. P. KENDALL).

Das erste reine Präparat einer kupferhaltigen Oxydase wurde von F. KUBOWITZ aus Kartoffeln dargestellt. Weitere grundlegende Untersuchungen über die Chemie und Eigenschaften kupferhaltiger Enzyme verdanken wir D. KEILIN und T. MANN. KUBOWITZ nimmt an, daß das Kupfer bei der Enzymwirkung zuerst von der zweiwertigen Stufe zur einwertigen reduziert wird, worauf die Reoxydation des einwertigen Kupfers zum zweiwertigen durch den Luftsauerstoff erfolgt:

$$4\,Cu^{++}\,(\text{Enzym}) + 2\,\text{Brenzcatechin} \rightarrow 4\,Cu^{+}\,(\text{Enzym}) + 2\,\text{o-Chinon} + 4\,H^{+},$$

$$4\,Cu^{+}\,(\text{Enzym}) + 4\,H^{+} + O_2 \rightarrow 4\,Cu^{++}\,(\text{Enzym}) + 2\,H_2O.$$

Die kupferhaltigen Enzyme werden außer durch HCN auch durch CO und alle Kupfer komplex bindende Substanzen (z. B. Pyrophosphat, Diäthyldithiocarbamat) gehemmt.

Die Bedeutung der Tyrosinase für den tierischen Organismus besteht in der Ortho-Oxydation des Tyrosins zu Dioxyphenylalanin, das als Ausgangsmaterial für die Bildung von Adrenalin und die Pigmentbildung dient. Über die Oxydation des Adrenalins durch die Tyrosinase zu Adrenochrom und die Bedeutung desselben als Oxydationskatalysator siehe S. 140.

Bei der Pflanze spielen die Tyrosinase und die anderen kupferhaltigen Oxydasen eine wichtige Rolle bei der biologischen Oxydation. Die durch die Tyrosinase bewirkte Oxydation des Dioxyphenylalanins zum Chinon läßt sich mit einer Oxydation der Ascorbinsäure oder einer anderen leicht oxydablen Substanz verbinden:

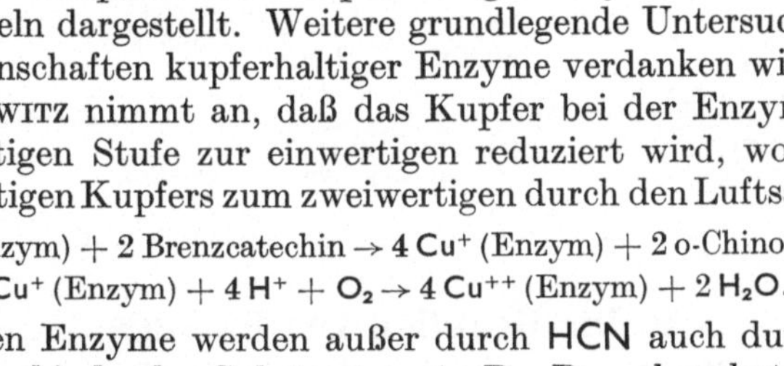

L-Tyrosin (Reservoir)
↓ Tyrosinase
Dehydroascorbinsäure ← Dopa — O_2
Ascorbinsäure → Dopachinon ← Tyrosinase → H_2O
↓ + H_2O
Melaninartige Pigmente

c) Kohlensäureanhydratase.

Die für den Gasaustausch zwischen Blut und Lungenalveole wichtige Reaktion

$$CO_2 + H_2O \rightleftarrows H_2CO_3$$

verläuft so langsam, daß sie enzymatisch beschleunigt werden muß. Das hierfür entwickelte Enzym Kohlensäureanhydratase ist ein Zinkproteid, das in großen Mengen in den roten Blutkörperchen vorkommt. Der hohe Zinkgehalt der Erythrocyten gegenüber dem Plasma (beim Menschen 1300 γ-% Zn in den Erythrocyten gegenüber 300 γ-% im Plasma) beruht auf der Gegenwart der Kohlensäureanhydratase. Das Enzym hat ein Molekulargewicht von 30000 und enthält 1 Atom Zink je Mol. Die Reaktion $H_2CO_3 \rightleftarrows HCO_3^- + H^+$ läuft so rasch ab, daß sich eine enzymatische Beschleunigung erübrigt.

Die Kohlensäureanhydratase ist weiterhin noch bei der Salzsäuresekretion durch die Magenschleimhaut beteiligt. Die derzeitige Auffassung über diesen Prozeß ist in der Abb. 3 wiedergegeben.

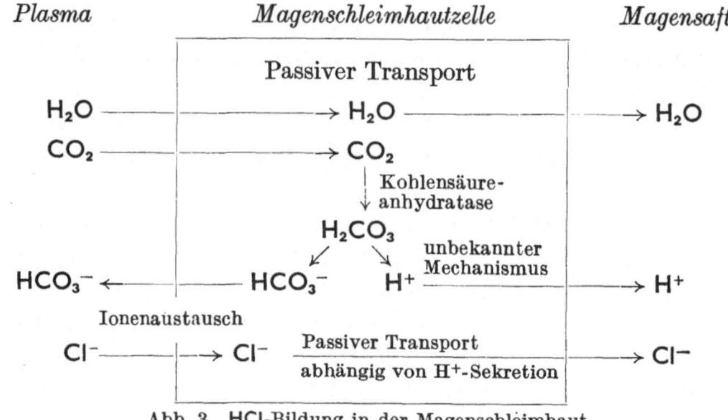

Abb. 3. HCl-Bildung in der Magenschleimhaut.

9. Die Reaktion von Pasteur und die Regulation des Gewebsstoffwechsels.

Pasteur hat die wichtige Beobachtung gemacht, daß es auch Lebewesen gibt, welche ohne Sauerstoff zu existieren vermögen. Energie kann grundsätzlich auf zwei Wegen durch den Abbau energiereicher organischer Verbindungen gewonnen werden: 1. aerob durch Oxydationsprozesse oder 2. anaerob durch sauerstofflos verlaufende Spaltungen. Durch die oxydativen Prozesse werden erhebliche Energiemengen gewonnen. Dagegen liefern die anaeroben Spaltungsreaktionen nur geringe Energieausbeuten, zumeist etwa 5% des durch Oxydation erzielbaren Betrags (Tabelle 31).

Tabelle 31. *Energieausbeuten beim aeroben und anaeroben Umsatz von Kohlenhydrat* (W. Franke).

Alle Werte in kcal je Mol Glucose.

Reaktion	$-\Delta F$	$-\Delta H$
Glucose + 6 O → 6 CO_2 + 6 H_2O	685,0	674,0
Glucose → 2 Milchsäure (Glykolyse)	32,8	29,0
Glucose → 2 Äthanol + 2 CO_2 (alkoholische Gärung)	55,3	20,6
Glucose → Acetaldehyd + Glycerin + CO_2	22,8	2,0
Glucose → Butanol + 2 CO_2 + H_2O	69,4	33,8
Glucose → Buttersäure + 2 CO_2 + 2 H_2	65,1	12,4
Glucose + H_2O → Aceton + 3 CO_2 + 4 H_2	45,1	—27,5

Die anaerob lebenden Zellen sind daher gezwungen, den geringen Energiegewinn aus den von ihnen zum Leben benützten Reaktionen durch hohe Stoffumsätze zu kompensieren. Sie leben deshalb in höchstem Maße unökonomisch. So vergärt Hefe innerhalb von 24 Std das 50—100fache ihres Eigengewichts an Glucose. B. acidi lactis setzt in der Stunde das 180—15000fache des Eigengewichts an Milchzucker um. Die Retina kann unter anaeroben Bedingungen 35% ihres Gewichts je Stunde an Milchsäure bilden.

Bringt man anaerob lebende Zellen in eine Sauerstoff enthaltende Atmosphäre, so bewirkt der Sauerstoff ein Zurücktreten, ja Verschwinden von Glykolyse oder Gärung. Diese Hemmung der anaeroben Spaltprozesse durch den Sauerstoff pflegt man als die Reaktion von PASTEUR zu bezeichnen. Sie trifft auch für die Zellen des tierischen Organismus zu.

Tierische Zellen spalten unter anaeroben Bedingungen Glucose zu Milchsäure auf, ein Prozeß, der Glykolyse genannt wird. Die Glykolyse wird in Gegenwart von Sauerstoff mehr oder minder gehemmt, und zwar vollständig in erwachsenen

Tabelle 32. *Hemmung der Glykolyse durch Sauerstoff.*

Gewebe	Q_{O_2}	$Q_M^{O_2}$	$Q_M^{N_2}$	Hemmung der Glykolyse durch O_2 %	Anteil der aeroben Glykolyse am Stoffwechsel	
					Zuckerumsatz %	Energielieferung %
Niere	—21	0	+ 3,2	100	0	0
Embryo (Huhn)	—20	+ 1,1	+20,6	95	10	0,5
Carcinom . . .	— 7,2	+25,0	+31,0	23	92	36

Geweben, in einem geringeren Ausmaß in embryonalen Geweben und am wenigsten in bösartigen Tumoren (O. WARBURG [*4*], Tabelle 32).

Nach O. WARBURG pflegt man den Stoffwechsel der Gewebe durch die drei Größen Atmung (Sauerstoffaufnahme), Glykolyse unter aeroben Bedingungen und Glykolyse unter anaeroben Bedingungen zu charakterisieren. Diese Größen werden durch die folgenden Quotienten ausgedrückt:

$$\text{Atmung} = Q_{O_2} = -\frac{O_2\text{-Aufnahme mm}^3}{\text{mg Gewebe (Trockengewicht)} \times \text{Stunden}},$$

$$\text{aerobe Glykolyse} = Q_M^{O_2} = \frac{\text{Milchsäurebildung aerob}}{\text{mg Trockengewicht} \times \text{Stunden}},$$

$$\text{anaerobe Glykolyse} = Q_M^{N_2} = \frac{\text{Milchsäurebildung in Stickstoff}}{\text{mg Trockensubstanz} \times \text{Stunden}}.$$

Die Milchsäurebildung wird in diesen Quotienten als Gas in Kubikmillimetern ausgedrückt. Die Umrechnung erfolgt derart, daß 1 Millimol Milchsäure = 22400 mm³ gesetzt wird. Der Q_{O_2} ist immer negativ, da bei der Atmung Sauerstoff verschwindet.

Manche aerob lebenden Bakterien haben eine Intensität des Stoffwechsels, welche die der Warmblütergewebe weit übertrifft. Bei Azotobakter wurde Q_{O_2} zu — 2000 gemessen.

Der Grundumsatz nimmt mit steigendem Körpergewicht ab. Geht die Verminderung des Grundumsatzes auch mit einem vermindertem Umsatz der Gewebe in vitro einher? Ältere Untersuchungen von F. TERROINE und J. ROCHE sowie von E. GRAFE, H. REINWEIN und V. SINGER hatten ergeben, daß ein bestimmtes Organ immer dieselbe Stoffwechselintensität unabhängig vom Körpergewicht des Tieres, aus welchem es stammt, aufweist. Diese Befunde führten zu der Auffassung, daß der Stoffwechsel im intakten Organismus durch das

Nervensystem und innersekretorische System reguliert wird. Das Problem wurde später von H. A. KREBS einer erneuten Untersuchung unterzogen, da die von den früheren Autoren verwendeten Versuchsbedingungen nach den neueren Erfahrungen nicht als optimal zu betrachten waren. Dies betraf insbesondere das Nährmedium für die überlebenden Gewebsschnitte. Das Ergebnis der Untersuchungen von H. A. KREBS ist in der Tabelle 34 wiedergegeben.

Tabelle 33. *Der Stoffwechsel verschiedener Gewebe* (O. WARBURG[6]).

Gewebe	$-Q_{O_2}$	$+Q_M^{N_2}$
Retina (Ratte)	31	88
Niere (Ratte)	21	3
Schilddrüse (Ratte)	13	2
Leber (Ratte)	12	3
Milz (Ratte)	12	8
Darmschleimhaut (Ratte)	12	3
Embryo 3 mg schwer (Ratte)	12	13
Hirnrinde (Ratte)	11	19
Blasencarcinom (Mensch)	10	36
JENSEN-Sarkom (Ratte)	9	34
Rundzellensarkom (Mensch)	5	28

Die Q_{O_2}-Werte der größeren Tiere liegen, wie man sieht, im allgemeinen etwas niederer als die der kleineren Tiere, aber ohne daß eine strenge Parallelität zu beobachten wäre. Außerdem ist die Abnahme des Grundumsatzes viel steiler als die der Sauerstoffaufnahme der Organschnitte. Auch L. v. BERTALANFFI und W. D. PIROZYNAKI fanden keine gesetzmäßige Beziehung zwischen dem Q_{O_2} von Organschnitten und der Körpergröße der Versuchstiere.

Tabelle 34. *Stoffwechselintensität von Organschnitten Tiere verschiedener Größe* (H. A. KREBS).

Species	Körpergewicht in kg		Q_{O_2}					G. U. kcal/kg/ Tag
	Spanne	Mittel	Hirnrinde	Nierenrinde	Leber	Milz	Lunge	
Maus	0,012— 0,035	0,021	—32,9	—46,1	—23,1	—16,9	—12,0	158
Ratte	0,18 — 0,22	0,21	—26,3	—38,2	—17,2	—12,7	— 8,6	100
Meerschweinchen	0,42 — 0,77	0,51	—27,3	—31,8	—13,0	—11,6	— 8,5	82
Kaninchen	1,03 — 1,36	1,05	—28,2	—34,5	—11,6	—14,2	— 8,0	60
Katze	2,39 — 3,11	2,75	—26,9	—22,7	—13,2	— 8,4	— 3,9	50
Hund	12,1 —22,5	15,9	—21,2	—27,0	—11,7	— 6,6	— 4,9	34
Schaf	36—72	49	—19,7	—27,5	— 8,5	— 6,9	— 5,4	25
Rind	320—570	420	—17,2	—23,5	— 8,2	— 4,4	— 4,3	20
Pferd	610—790	725	—15,7	—21,5	— 5,4	— 4,2	— 4,4	17

In der obigen Aufstellung ist die Muskulatur nicht berücksichtigt, die als größtes Organ des Organismus am meisten für den Energiehaushalt beiträgt und von der bekannt ist, daß die Stoffwechselvorgänge innerhalb weitester Spannen, je nach der Arbeitsleistung variieren können. KREBS nimmt an, daß die Stoffwechselintensität der Organe durch ihren spezifischen Energiebedarf diktiert wird. Kleinere Unterschiede von Species zu Species sind verständlich, da man auch kleinere funktionelle und anatomische Unterschiede kennt. Der Wärmebedarf des gesamten Organismus wird nach KREBS über die Muskulatur gesteuert. Die elektrische Reizung mancher Gewebsschnitte (Gehirn und Muskel) bewirkt eine Vergrößerung der Sauerstoffaufnahme.

Schädigt man Zellen auf irgendeine Weise, z. B. thermisch oder osmotisch, so nimmt zunächst die aerobe Glykolyse bei intakter Atmung und bei intakter anaerober Glykolyse zu. Dieselbe Hemmung der PASTEUR-Reaktion kann man durch Gifte (Blausäureäthylester, Derivate von Pyridin, Acridin oder Chinolin) bewirken.

Die Reaktion von PASTEUR wird durch das Verhältnis Glykolysehemmung zur Atmung, also durch folgenden Quotienten charakterisiert:

$$\frac{\text{anaerobe Glykolyse — aerobe Glykolyse}}{\text{Atmung}} = \frac{\text{verschwundene Milchsäure}}{\text{Atmung}}.$$

Dieser Quotient wurde von WARBURG „MEYERHOF-Quotient" genannt, weil er zum ersten Male von MEYERHOF, und zwar im Muskel gemessen worden war. Der MEYERHOF-Quotient liegt nach den Erfahrungen von WARBURG bei allen tierischen Zellen zwischen 1 und 2. Dies besagt, daß 1 Mol veratmeter Sauerstoff 1—2 Mole Milchsäure zum Verschwinden bringen, bzw. deren Auftreten verhindern kann. Eine beliebig kleine Atmung kann also nicht unbeschränkte Mengen an Milchsäure zum Verschwinden bringen. Der MEYERHOF-Quotient ist eine experimentell meßbare Größe, die unabhängig von jeder theoretischen Deutung ist.

Das Wesen der Reaktion von PASTEUR ist noch ungeklärt. Zur Erklärung der Unterdrückung der Glykolyse durch den Sauerstoff wurden verschiedene Hypothesen aufgestellt.

O. MEYERHOF [3] sieht das Wesen der PASTEUR-Reaktion in der aeroben Resynthese von Kohlenhydrat aus der anaerob entstandenen Milchsäure. Auf Grund gleichzeitiger Bestimmungen von Milchsäure und Glykogen sowie durch Feststellung des Sauerstoffverbrauchs schloß MEYERHOF, daß in einem ermüdeten Froschmuskel etwa $^1/_5$ der entstandenen Milchsäure oxydiert und $^4/_5$ zu Glykogen resynthetisiert würden. Die analytisch feststellbare Verringerung des Kohlenhydratumsatzes wäre also nur eine scheinbare. Nach MEYERHOF besteht in den Organen der folgende Kreislauf:

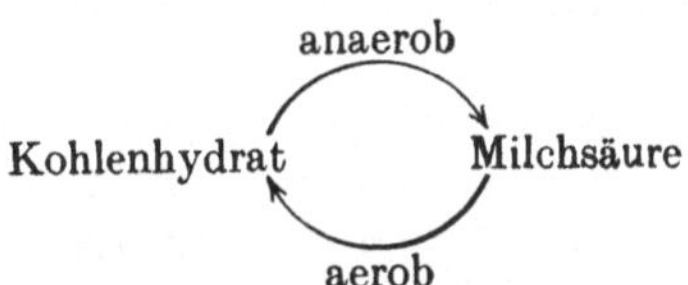

Die Resynthese von Milchsäure zu Kohlenhydrat ist nur aerob möglich, weil sie der Zufuhr von Energie bedarf. Dabei deckt die Oxydation eines Teils der Milchsäure den zur Resynthese von Kohlenhydrat aus dem Rest der Milchsäure erforderlichen Energiebedarf.

Andere Autoren sehen das Wesen der PASTEUR-Reaktion darin, daß die Glykolyse durch die Gegenwart von Sauerstoff in andere Bahnen abgedrängt wird, so daß das Endprodukt der Glykolyse Milchsäure überhaupt gar nicht erst entsteht. In der Tat haben auch mehrere Untersucher übereinstimmend festgestellt, daß im Muskelbrei aerob keine Milchsäure auftritt (A. HAHN, A. S. BARKER, E. SHORR und M. MALAN, W. KUTSCHER und W. SARREITHER). M. JOST, welcher die Glykolyse der kernhaltigen Vogelerythrocyten studierte, fand, daß Triosephosphat sowohl in normalen als auch in mit Jodacetat vergifteten Zellen eine erhebliche Steigerung des Sauerstoffverbrauchs hervorrief und interpretierte seinen Befund dahingehend, daß der oxydative Abbau im Kohlenhydratstoffwechsel auf einer früheren Stufe als der der Milchsäure einsetzt. Für die Hirnrinde und embryonales Gewebe hatte M. DIXON wahrscheinlich gemacht, daß der Sauerstoff primär die Milchsäurebildung aufhebt und den Kohlenhydratumsatz senkt.

Über die Art und Weise, durch welche die Glykolyse in Anwesenheit von Sauerstoff in andere Bahnen abgelenkt wird, wurden verschiedenartige Auffassungen geäußert. SZENT-GYÖRGYI nahm an, daß das von ihm postulierte

C_4-Dicarbonsäuresystem auf der Stufe des Triosephosphats eingreife und damit den weiteren Weg der Glykolyse blockiere. Bernsteinsäure und Fumarsäure würden in Anwesenheit von Sauerstoff zu der als Wasserstoffacceptor sehr wirksamen Oxalessigsäure dehydriert, die dann den bei der Dehydrierung von Triosephosphat anfallenden Wasserstoff aufnimmt, um ihn dem WARBURG-KEILIN-System zuzuleiten. In Abwesenheit von Sauerstoff werde dieser Wasserstoff zur Hydrierung von Brenztraubensäure benützt.

F. LIPMANN vertritt die Auffassung, daß die Glykolyse durch den Sauerstoff deswegen unterdrückt wird, weil die glykolytischen Enzyme durch den Sauerstoff irreversibel gehemmt würden.

F. LYNEN [*2*] und M. J. JOHNSON führen die Reaktion von PASTEUR auf den Umstand zurück, daß beim aeroben Abbau der Glucose mehr Phosphat verestert wird als bei den anaeroben Prozessen. Durch den aeroben Abbau wird daher die Konzentration des anorganischen Phosphats in den Geweben so tief herabgedrückt, daß eine Hemmung der Glykolyse resultiert. J. F. SEJE und V. A. ENGELHARD haben angegeben, daß alle Gifte, welche den PASTEUR-Effekt hemmen, auch die Phosphorylierung beeinträchtigen. Die primäre Wirkung dieser Gifte besteht demnach in einer Herabsetzung der Bildung von energiereichem Phosphat, wodurch dann sekundär die PASTEUR-Reaktion gehemmt wird. Diese Erklärung des PASTEUR-Effekts ist die derzeit experimentell am besten gestützte.

Nach E. S. G. BARRON ist der PASTEUR-Effekt ein sehr komplexes Phänomen. Denn die Abdrängung des Glykolyse zu oxydativen Prozessen ist an mehreren Punkten möglich, die von BARRON in einem übersichtlichen Schema der Stoffwechselbeziehungen zwischen anaeroben und oxydativen Prozessen herausgearbeitet wurden. Die Orientierung, nach welcher der Abbau verläuft, hängt nach BARRON von der Empfindlichkeit der einzelnen Enzyme vom Sauerstoffdruck ab.

Eine dritte Gruppe von Autoren nimmt an, daß die PASTEUR-Reaktion durch ein eigenes „PASTEUR-Enzym“ bewirkt werde. H. LASER hatte festgestellt, daß sich der PASTEUR-Effekt in der Retina quantitativ durch CO hemmen läßt, und daß die Hemmung durch Belichtung wieder rückgängig zu machen ist. O. WARBURG [*5*] zeigte, daß, wenn man das Sauerstoff übertragende Ferment in den Zellen durch CO hemmt, die aerobe Glykolyse auf den Wert der anaeroben ansteigt, obwohl die Zellen mit Sauerstoff gesättigt sind. Belichtet man dann, so sinkt die Glykolyse wieder auf den aeroben Wert ab. WARBURG sieht in diesem Befund einen Beweis dafür, daß die Reaktion von PASTEUR nicht auf einer direkten Einwirkung des Sauerstoffs auf ein Enzym der Glykolyse beruhen kann. Er nimmt an, daß der PASTEUR-Effekt entweder von dem WARBURG-KEILIN-System hervorgebracht wird, oder daß ein Enzym der Glykolyse durch das Fe^{+++} des WARBURG-KEILIN-Systems oxydiert und dadurch inaktiviert wird. Dabei denkt er speziell an die Aldolase, welche durch Fe^{++} gefördert, durch Fe^{+++} aber gehemmt wird.

K. G. STERN und J. L. MELNIK wiesen in Herz, Retina und Hefe ein Enzym nach, daß die Hemmung der Glykolyse bzw. Gärung durch Sauerstoff bewirkt und das seinem Spektrum nach der Cytochromoxydase ähnlich ist. Dieses PASTEUR-Enzym war jedoch nicht für alle erwähnten Gewebe identisch, sondern wies kleine spektrale Unterschiede auf. C. O. WARREN und C. E. CARTER konnten keine Differenz zwischen dem hypothetischen PASTEUR-Enzym und der Cytochromoxydase bezüglich Affinitäten zu Sauerstoff und Kohlenoxyd nachweisen. Ihre Befunde sprechen nicht für die Existenz eines eigenen PASTEUR-Enzyms, zum mindesten nicht beim Knochenmark, an dem sie ihre Versuche angestellt haben.

Alle bisher im Kohlenhydratstoffwechsel beobachteten Tatsachen, insbesondere die mit Hilfe der Isotopentechnik erhobenen Befunde, stehen am besten mit der Annahme im Einklang, daß sich die Wege zwischen anaerobem und aerobem Abbau auf der Stufe der Brenztraubensäure trennen. Die oxydativen Prozesse des Endabbaus werden dadurch eingeleitet, daß die Brenztraubensäure in den Citronensäurecyclus eingefädelt wird. Dies ist zum mindesten der Hauptweg des Abbaus.

IV. Kohlenhydrate.

1. Der Kohlenhydratstoffwechsel und seine Regulation.

Der größte Teil unserer Nahrung besteht aus Kohlenhydraten. Die Körperzellen gewinnen im allgemeinen die Hauptmenge der von ihnen benötigten Energie durch den Abbau von Kohlenhydrat. Normalerweise werden die Kohlenhydrate im Organismus zu CO_2 und H_2O oxydiert. Die meisten Zellen haben jedoch auch die Fähigkeit, Zucker anaerob abzubauen. Beispielsweise kann ein isolierter Muskel auch in einer sauerstofffreien Atmosphäre Arbeit leisten, wobei er Glucose bzw. Glykogen in Milchsäure verwandelt. Diesen anaeroben Abbau von Zucker in Milchsäure nennt man Glykolyse. Die anaerobe Glykolyse einer tierischen Zelle ist ein unphysiologischer Vorgang, denn alle Gewebe sind unter normalen Verhältnissen ausreichend mit Sauerstoff versorgt. Die durchschnittliche Sauerstoffspannung des Venenbluts beträgt rund 40 mm Hg.

Die Gewebsatmung sinkt erst dann ab, wenn der Sauerstoffdruck auf einen sehr niederen Wert, den „kritischen O_2-Druck“ abgefallen ist. Dieser kritische Druck beträgt nach den Messungen von R. J. WINZLER für Hefezellen etwa 6 mm Hg bei 34°. Unterhalb des kritischen Drucks wird die Geschwindigkeit der Oxydation der Cytochromoxydase zum begrenzenden Faktor für die Gewebsatmung. Oberhalb des kritischen Drucks ist die Zellatmung von der Sauerstoffspannung unabhängig. Dies ist dadurch bedingt, daß die Oxydationsgeschwindigkeit der Cytochromoxydase sehr viel größer als ihre Reduktionsgeschwindigkeit ist (S. 41), so daß das Eisen in dem Enzym normalerweise in den Zellen praktisch ausschließlich in der Ferriform vorliegt.

Mit wenigen Ausnahmen läßt sich der Sauerstoffdruck in den Zellen gegenwärtig noch nicht messen. Nach einer Berechnung von E. OPITZ dürfte der Sauerstoffdruck in den Gehirnzellen unter normalen Verhältnissen nie unter 20—25 mm absinken. Der Sauerstoffdruck der anderen Körperzellen dürfte vermutlich in derselben Größenordnung gelegen sein. In den Muskelzellen sind Werte von 35—40 mm gemessen worden. Der hohe Sauerstoffdruck in den Muskelzellen ist durch den Gehalt des Muskels an Myoglobin bedingt, das als Sauerstoffspeicher dient.

Jedoch werden schon bei Sauerstoffdrucken, welche nicht unbeträchtlich über dem kritischen Druck gelegen sind („Hypoxie“), Störungen des Stoffwechsels beobachtet. Es gibt außer der Zellatmung noch andere enzymatische Prozesse, welche vom Sauerstoffdruck in den Zellen abhängig sind, z. B. die Decarboxylierung von Aminosäuren und die Oxydation von Aminen, so daß es verständlich ist, wenn schon oberhalb des kritischen Sauerstoffdrucks Abweichungen vom normalen Zellstoffwechsel zu beobachten sind. Die Hypoxie führt regelmäßig zum Auftreten einer aeroben Glykolyse.

Bei schwerer Muskelarbeit reicht häufig die Versorgung mit Sauerstoff nicht vollkommen aus, so daß im Muskel eine leichte Hypoxie besteht. In diesem Falle findet man neben dem aeroben Abbau der Kohlenhydrate noch eine mehr oder minder umfangreiche Glykolyse, die sich durch die Bildung von Milchsäure, welche dann an das Blut abgegeben wird, zu erkennen gibt. Diese Milchsäure wird nach Beendigung der Arbeit oxydiert, so daß der Sauerstoffbedarf noch einige Zeit nach der Arbeitsleistung erhöht bleibt. Der Muskel hat durch die Bildung von Milchsäure „Sauerstoffschulden" gemacht, die nachträglich abgedeckt werden. Eine vermehrte Milchsäurebildung findet man regelmäßig innerhalb der ersten Minute der Muskelarbeit, weil die bessere Sauerstoffversorgung des Muskels bei der Arbeit durch Öffnung zahlreicher neuer Capillaren Zeit braucht und in den ersten Sekunden noch nicht wirksam geworden ist (Abb. 4). Die

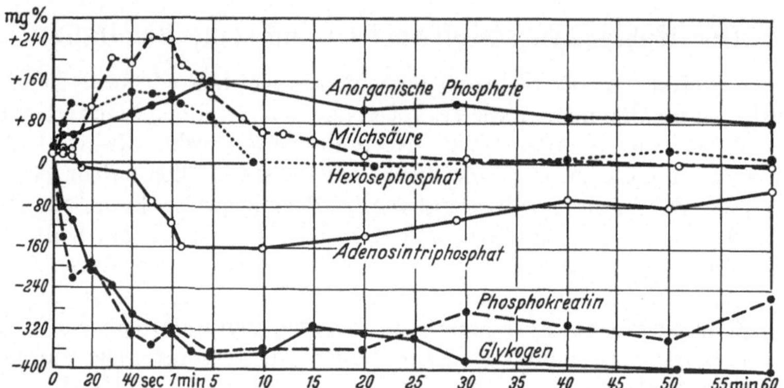

Abb. 4. Vorgänge bei der Muskelkontraktion (E. V. Flock, D. J. Ingle und J. L. Bollman).

zunächst anfallende Milchsäure wird jedoch nach Einstellung des steady state rasch beseitigt. Parallel mit der Anhäufung von Milchsäure geht, wie die Abb. 4 zeigt, eine erhöhte Spaltung von ATP.

Der aerobe Abbau der Kohlenhydrate verläuft in den ersten Phasen auf demselben Wege wie die Glykolyse, um das Reaktionsprodukt zu gewinnen, das zur Endoxydation geeignet ist: die Brenztraubensäure. Die Wege zwischen Glykolyse und aerobem Abbau der Glucose trennen sich auf der Stufe der Brenztraubensäure. Fehlt der Sauerstoff, so kann der bei der Dehydrierung von Triosephosphat anfallende Wasserstoff nicht auf dem üblichen Wege der biologischen Oxydation beseitigt werden. Er wird daher zur Hydrierung der Brenztraubensäure benützt. Die Oxydation der Brenztraubensäure erfolgt über den Citronensäurecyclus. Dieser Weg ist der Hauptweg des Kohlenhydratumsatzes und derjenige, welcher in erster Linie zur Gewinnung der Energie aus Kohlenhydraten dient. Daneben gibt es noch andere Möglichkeiten der Umsetzungen von Kohlenhydraten im tierischen Organismus. Sie werden jedoch nur in kleinem Umfang beschritten und weniger zu energetischen als zu stofflichen Zwecken benützt, d. h. zur Bildung bestimmter für den Organismus wichtiger Substanzen (z. B. Ribose und Glucuronsäure).

Tabelle 35. *Kohlenhydratbestand eines erwachsenen Menschen.*

Muskelglykogen .	150—300 g
Leberglykogen .	50—100 g
Gewebszucker . .	20 g
Blutzucker . . .	5 g

Der Kohlenhydratbestand eines gesunden, erwachsenen Menschen ist nur gering (Tabelle 35). Alles in allem repräsentieren die Kohlenhydratvorräte bestenfalls 1600—1800 kcal, also so viel Energie, daß der Grundumsatz gerade für einen Tag gedeckt werden könnte. Das Muskelglykogen bildet die Energiereserve für Muskelarbeit, das Leberglykogen dient gewissermaßen der Pufferung des Kohlenhydratstoffwechsels, der Gewebszucker ist der Mundvorrat der Zellen und der Blutzucker repräsentiert den auf dem Transport befindlichen Zucker. Da ein Mensch, je nach der Schwere der von ihm geleisteten Arbeit, 300—600 g Zucker und mehr im Tag umsetzt, muß der Blutzucker ständig erneuert werden.

Die Zellen entnehmen den von ihnen benötigten Zucker dem Blut. Der Blutzucker steht daher mit dem Zucker in der Gewebsflüssigkeit und dieser wiederum mit dem intracellulären Zucker in einem Gleichgewicht. Daher kommt es auch, daß der Blutzucker nach der intravenösen Injektion einer größeren Zuckermenge lange nicht so hoch ansteigt, wie eine sich auf das Blutvolumen stützende Berechnung ergibt. Der Gehalt des Blutes an Zucker ist konstant, Zufluß und Abfluß sind genau aufeinander einreguliert. Die wichtigsten bei der Bewegung des Blutzuckers zu berücksichtigenden Faktoren sind in der Tabelle 36 zusammengestellt.

Tabelle 36. *Die beim Zufluß und Abfluß des Blutzuckers beteiligten Faktoren.*

Zufluß	Abfluß
Aus dem Darm	Diffusion in die Gewebsflüssigkeit
Aus dem Leberglykogen	Abgabe an die Organe
Durch Gluconeogenese	Blutglykolyse
Diffusion aus der Gewebsflüssigkeit	Ausscheidung im Harn

Die arteriovenöse Differenz des Blutzuckers beträgt im Mittel rund 4 mg-%. Daraus läßt sich berechnen, daß bei körperlicher Ruhe und einem Minutenvolumen von 3,5—5 Liter Blut je Minute etwa 0,15—0,2 g Zucker vom Blut an die Organe abgegeben werden. Die Blutglykolyse verbraucht nur wenig Zucker, etwa 9—12 mg in der Minute. Nimmt man für das Leberglykogen des Menschen eine Halbwertszeit von einem Tag an (s. S. 4), so entspricht dies einem Glucoseaustausch von etwa 50 mg je Minute zwischen Blut und Leber. Im Harn wird normalerweise kein Zucker ausgeschieden.

Glucose tritt leicht durch die Zellmembranen in die Zellen. In der Zelle wird sie durch die Hexokinasereaktion als Glucose-6-phosphat gebunden. Diese stark exergonische Reaktion ist nicht umkehrbar. Die meisten Zellen enthalten jedoch eine Phosphatase, welche den Glucose-6-phosphorsäureester aufspalten kann, so daß die Möglichkeit besteht, Glucose an die umgebende extracelluläre Flüssigkeit abzugeben, was im Hinblick auf die Regulation des Blutzuckers durch Abbau von Leberglykogen oder Gluconeogenese in den Zellen von großer Bedeutung ist. Durch die Veresterung der Glucose mit Phosphorsäure werden mehrere Zwecke erreicht: Einfädelung der Glucose in die ganze Kette der beim Kohlenhydratstoffwechsel beteiligten Reaktionen und Überführung der leicht diffusiblen Substanz in ein schlecht diffusibles Anion.

Glucose-6-phosphat kann von den Zellen nach dreierlei Richtungen umgesetzt werden:

1. Umlagerung in Glucose-1-phosphat und nachfolgende Stapelung von Glykogen.

2. Umlagerung in Fructose-6-phosphat und damit Einleitung des Abbaus auf aerobem oder anaerobem Wege bzw. des Umbaus.

3. Dephosphorylierung zu Glucose.

Die einzelnen Körperzellen sind jedoch nicht in der gleichen Weise zu den erwähnten Umsetzungen befähigt (Tabelle 37).

Die meisten Körperzellen können praktisch kein Glykogen speichern. Die von ihnen aufgenommene Glucose wird daher entweder abgebaut, zu anderen Stoffen umgebaut oder wieder abgegeben. Die Leberzellen haben die größte

Tabelle 37. *Umsatzmöglichkeiten der Körperzellen für Glucose-6-phosphat.*

Leberzellen	Muskelzellen	Andere Körperzellen
Speicherung zu Glykogen	Speicherung zu Glykogen	Nur geringe Speicherung zu Glykogen
Abbau	Abbau	Abbau
Umwandlung in Fett usw.	Umwandlung in Fett usw.	Umwandlung in Fett usw.
Dephosphorylierung	Keine Dephosphorylierung	Dephosphorylierung

Auswahl zwischen den verschiedenen Reaktionen. Eine der wichtigsten Aufgaben der Leber besteht in der Aufstapelung von Glykogen, um es je nach Bedarf wieder in Glucose zurückzuverwandeln und an das Blut abzugeben. Die Leber ist für den nüchternen Organismus die wichtigste Quelle für den Blutzucker. Dies geht eindeutig aus den Befunden hervor, die nach Exstirpation der Leber erhoben werden. Nach der Hepatektomie entwickelt sich innerhalb kurzer Zeit eine schwere Hypoglykämie, die zum Tode der Versuchstiere führt, wenn man ihnen nicht eine größere Menge Glucose infundiert. Sobald der beigebrachte Zucker wieder verbraucht ist, tritt erneut eine lebensbedrohende Hypoglykämie auf. Der Abbau von Zucker in der Leber dient im wesentlichen nur dem eigenen Energiebedarf des Organs.

Die Muskelzelle nimmt im Kohlenhydratstoffwechsel eine Sonderstellung ein, da sie keine zur Aufspaltung von Glucose-6-phosphat befähigte Phosphatase enthält und daher die von ihr phosphorylierte Glucose nicht wieder abgeben kann. Der Vorteil dieser Sonderstellung für die Muskelzelle liegt auf der Hand, sie bewahrt den Muskel vor einer vorzeitigen Kohlenhydratverarmung. Ein von einer Muskelzelle in Form von Glucose-6-phosphat eingefangenes Glucosemolekül muß entweder in Form von Glykogen gespeichert oder abgebaut werden. Das Fehlen einer Aufspaltung von Glucose-6-phosphat durch den Muskel bedingt, daß Leberglykogen und Muskelglykogen nicht ohne weiteres ineinander übergehen können. Eine Rückverwandlung von Muskelglykogen in Leberglykogen setzt den vorherigen Abbau des Muskelglykogens bis zur Stufe der Milchsäure voraus, die dann an das Blut abgegeben und von diesem zur Leber transportiert wird. Die Verknüpfung beider Glykogenarten durch den „CORI-Cyclus" zeigt folgendes Schema:

Leberglykogen ↘ Blutzucker ↙ Muskelglykogen ↖ Blutmilchsäure ↗ Leberglykogen

Nach Versuchen von D. W. STETTEN jr. und G. E. BOXER betragen bei gesunden Ratten die Halbwertszeiten für das Leberglykogen 1,0, für das Muskelglykogen 1,6 Tage.

Eine Gluconeogenese ist in allen Zellen möglich. Das wichtigste Organ in dieser Beziehung ist, wie schon erwähnt, die Leber. Die Zuckerneubildung in der Niere des Hundes wurde von C. COHN, B. KATZ und M. KOLINSKY zu 60 mg je Stunde und Kilogramm Körpergewicht bestimmt, eine für den gesamten Kohlenhydratumsatz des Tieres belanglose Menge.

Normalerweise wird ein beträchtlicher Prozentsatz des dem Organismus zur Verfügung stehenden Kohlenhydrat zu anderen Stoffen, insbesondere zu Fettsäuren umgebaut. Auf Grund von Versuchen mit markierter Glucose ließ sich berechnen, daß bei der Ratte rund $^1/_3$ der täglich umgesetzten Glucose in Fettsäuren verwandelt wird, nur etwa $^1/_{30}$ zur Auffüllung der Glykogendepots dient und der Rest oxydiert wird. Normale Ratten haben nach den Untersuchungen von D. D. Feller, E. H. Strisower und I. L. Chaikoff einen Glucose-Pool von etwa 130 mg je 100 g Körpergewicht. Diese Menge wird innerhalb von 74 min vollständig umgesetzt. 67% davon werden zu CO_2 oxydiert. 45% der ausgeatmeten Kohlensäure entstammten in diesen Versuchen der Glucose. Ähnliche Ergebnisse wurden auch bei Hunden erhalten (Tabelle 41).

Da die Körperzellen ihren Kohlenhydratbedarf aus dem Blut decken, ist die Aufrechterhaltung eines bestimmten Blutzuckerspiegels unerläßlich. Insbesondere die Gehirnzellen sind von einer ausreichenden Höhe des Blutzuckerspiegels stark abhängig. Mit der Konstanthaltung des Blutzuckerspiegels ist in erster Linie die Leber betraut. Ihre Tätigkeit hierbei wird hormonal gesteuert. Der adäquate Reiz für das Eingreifen des Steuerungsmechanismus ist die Zuckerkonzentration im Blut. Bis zu einem gewissen Grade kann die Leber von sich aus kleinere Schwankungen des Blutzuckerspiegels, die durch ungleichmäßigen Zufluß oder Abfluß von Zucker bedingt sind, ausgleichen. Größere Wellen im Blutzuckerspiegel lösen die hormonale Regulation durch Insulin, Glucagon, Hypophyse und Nebennieren aus.

Ein wichtiger Mechanismus der Blutzuckerregulation ist das Unvermögen der Niere, unter normalen Verhältnissen Glucose auszuscheiden. Glucose erscheint zwar im Primärharn, wird aber von den Tubuli wieder quantitativ zurückresorbiert. Die Glucose dringt leicht aus den Harnkanälchen in die Tubuluszellen ein, um so mehr, als dies durch ein Diffusionsgefälle erleichtert wird. Ihre Abgabe aus den Zellen in das Blut erfolgt aber gegen den Widerstand einer höheren Konzentration, benötigt also der Zufuhr von Energie. Man nimmt heute allgemein an, daß die Glucose zunächst in den Tubuluszellen mit Phosphorsäure verestert wird. Dies erfolgt wie in allen anderen Körperzellen durch die Hexokinasereaktion, also durch eine Transphosphorylierung mit ATP. Die Aufspaltung der ATP liefert die für die Überwindung des Druckgefälles Tubuluszelle → Blut benötigte Energie. Je Mol Glucose, das aus den Tubuli rückresorbiert wird, muß demnach eine energiereiche Phosphatbindung geopfert werden. Der Durchtritt der Glucose aus der Tubuluszelle in das Blut ist mit einer Dephosphorylierung verknüpft, wobei möglicherweise eine hohe lokale Konzentration der Glucose in der Zellwand erreicht und damit der Übertritt in das Blut erleichtert wird. Einen Beweis für die Beteiligung von Phosphorylierungen und Dephosphorylierungen bei der Rückresorption der Glucose erblickt man in dem Umstand, daß Phlorrhizin, das die Phosphorylierung hemmt, eine Glucosurie auch bei einem normalen Blutzuckerspiegel verursacht. Hinsichtlich näherer Einzelheiten sei auf die Zusammenfassung von D. L. Drabkin verwiesen.

Eine Erhöhung des Zuckergehaltes in den extracellulären Räumen (Steigerung des Blutzuckers) bedingt eine nur mäßige Erhöhung der Zuckerumsätze,

Tabelle 38. *Wirkung einer Blutzuckererhöhung auf den Zuckerumsatz von eviscerierten Ratten* (A. N. Wik und D. R. Drury).

Der Blutzucker wurde durch Dauerinfusion von Glucose auf 600—1000 mg-% erhöht.

	Normaler Blutzucker	Normaler Blutzucker + Insulin	Erhöhter Blutzucker
Glucoseumsatz (mg/kg/Std) . . .	183	521	213
Glucoseoxydation (mg/kg/Std) . .	57	229	81

z. B. der Zuckeroxydation (Tabelle 38). Gegenüber der durch Insulininjektion bewirkten Umsatzsteigerung ist die durch eine Blutzuckererhöhung erhaltene recht bescheiden.

Glucose-6-phosphorsäure wird vom Organismus rascher verwertet als Glucose. Daher steigt der Blutzucker nach der Injektion von Glucose-6-phosphat lange nicht so hoch an wie nach der intravenösen Glucosezufuhr, und eine eventuell auftretende Glucosurie bleibt geringer (C. A. KUETHER).

Eine Abgabe bzw. Injektion von Insulin bewirkt eine Senkung des Blutzuckers. Sie ist die Resultante folgender Wirkungen des Insulins: Vermehrung der Zuckeroxydation, Vermehrung der Glykogenablagerung, insbesondere in die Muskulatur, Hemmung der Glykogenolyse der Leber und Verminderung der Gluconeogenese aus Fettsäuren und Aminosäuren. Welche dieser Wirkungen man in einem konkreten Versuch zu sehen bekommt, hängt von den Versuchsbedingungen ab, insbesondere davon, ob man mit Tieren experimentiert, die gehungert haben, oder ob man Tiere verwendet, die reichlich Kohlenhydrate erhalten haben. Weiterhin ist die Höhe der Insulindosis von Wichtigkeit und der Umstand, ob man mit normalen oder pankreaslosen Tieren experimentiert.

In der Tabelle 39 ist ein Versuch von C. F. CORI und G. T. CORI [2] an Ratten, die 48 Std gehungert hatten und denen während des Versuchs Glucose in den

Tabelle 39. *Zuckerumsatz von Ratten unter dem Einfluß von Insulin* (C. F. CORI und G. T. CORI [2]).

Die Tiere hatten 48 Std gehungert und bekamen während der ganzen Dauer des Versuchs Glucose durch einen Magenschlauch zugeführt. Die Insulindosis betrug 15 E je 100 g Tier. Versuchsdauer 4 Std. Alle Werte beziehen sich auf 100 g Tier.

	Ohne Insulin g	Mit Insulin g
Glucose resorbiert	0,750	0,766
Glucose oxydiert	0,281	0,378
Glykogen gebildet (insgesamt)	0,388	0,324
Leberglykogen gebildet	0,118	0,035
Muskelglykogen gebildet	0,270	0,289

Verdauungstrakt infundiert wurde, wiedergegeben. Er zeigt die durch Insulin vermehrte Zuckeroxydation und eine geringgradige Erhöhung der Glykogenablagerung in der Muskulatur sowie eine Hemmung der Glykogenablagerung in der Leber. Gibt man kleinere Insulindosen gleichzeitig mit großen Zuckermengen, so kann man eine erhebliche Glykogenablagerung vor allem in der Muskulatur hervorrufen (E. BISSINGER und E. J. LESSER). Letztere Autoren injizierten Mäusen je 100 g Körpergewicht 225 mg Glucose und fanden im Verlauf von 30 min eine Glykogenbildung von 4 mg je Maus. Injizierten sie den Tieren zusätzlich 0,09 E Insulin je 100 g Körpergewicht, so stieg die Glykogenbildung unter sonst gleichen Versuchsbedingungen auf 19 mg an.

Umgekehrt läßt sich beim diabetischen Tier eine Herabsetzung der Glucoseoxydation beobachten. Die in der Tabelle 40 wiedergegebenen Daten zeigen dies

Tabelle 40. *Der Umsatz von mit C^{14} markierter Glucose bei alloxandiabetischen Ratten* (D. D. FELLER, E. H. STRISOWER und I. L. CHAIKOFF).

Die Glucose wurde intravenös injiziert.

	Normal	Alloxandiabetisch
Glucose-Pool (mg/100 g)	127	262
Turnover-Zeit (min)	74	74
Turnover-Rate (mg/100 g/Std)	103	213
Glucose im Harn (mg/100 g)	0	80—135
Glucose zu CO_2 oxydiert (%)	69	59
Nicht identifizierte Glucose (%)	34	19—78

deutlich. Während normale Ratten 69% der umgesetzten Glucose zu CO_2 oxydierten, verbrannten alloxandiabetische Tiere nur 59%. Bei den normalen Ratten stammten 45% des ausgeatmeten Kohlendioxyds aus Glucose, bei den diabetischen nur 40%. Der Glucose-Pool steigt im Alloxandiabetes entsprechend der gesteigerten Glykogenolyse an, ebenso die in der Zeiteinheit umgesetzte Zuckermenge, von der allerdings rund die Hälfte auf die im Harn ausgeschiedene Glucose entfällt. Bei Hunden liegen die Verhältnisse grundsätzlich gleich (Tabelle 41).

Tabelle 41. *Der Umsatz von mit* C^{14} *markierter Glucose beim diabetischen Hund* (D. D. FELLER, I. L. CHAIKOFF, E. H. STRISOWER und G. L. SEARLE).

Die Glucose wurde intravenös injiziert. Alle Tiere hatten ein Gewicht von 6—7,5 kg.

	Normal	Pankreaslos mit Insulin	Pankreaslos ohne Insulin
Glucose-Pool (g je Hund)	2,9—4,3	5,3—6,2	12,2—21,3
Turnover-Zeit (Std)	1,2—1,7	1,4—1,9	3,0— 4,3
Turnover-Rate (g/Std/Tier)	2,0—2,5	2,8—4,3	3,0— 4,2
Glucose zu CO_2 oxydiert (g/Std/Tier)	1,7—2,3	1,5—2,0	0,6— 0,8
Exhalierte CO_2 aus Glucose (%)	51—70	43—45	11—19
Glucose oxydiert (%)	78—96	46—54	18—21
Glucose im Harn (%)	0	0,3—0,4	43—53
Glucose nicht identifiziert (%)	4—22	46—54	22—30

Die Verabreichung von Insulin an pankreaslose Tiere bewirkt eine starke Zunahme des Glykogengehalts von Leber und Muskulatur. Die als Glykogen abgelagerte Zuckermenge entspricht aber höchstens 25% der gesamten umgesetzten.

Beim normalen Tier bewirkt die Injektion von Insulin gewissermaßen eine Umlagerung von Glykogen aus der Leber in die Muskulatur. Das ist leicht verständlich, wenn man sich klarmacht, daß jede Insulinverabreichung einen über das Optimum der Zufuhr hinausführenden Eingriff darstellt. Der Erfolg ist dann der, daß zunächst die Glykogenolyse in der Leber gehemmt wird und der Blutzucker absinkt, wodurch eine Mehrsekretion von Adrenalin ausgelöst wird. Dadurch werden aber Glykogenabbau und Zuckerabgabe von der Leber gefördert. Dieser Zucker wird dann großenteils in der Muskulatur als Glykogen abgelagert. Der Endeffekt ist also eine Verschiebung der Glykogenbestände aus der Leber in die Muskulatur.

Die Verabreichung von Insulin, insbesondere von Insulin zusammen mit Glucose, bewirkt erhebliche Veränderungen im Gehalt der Leber an säurelöslichem P. Am auffallendsten ist eine Vermehrung des Aufbaus von ATP (N. KAPLAN und D. M. GREENBERG).

Bei eviscerierten Tieren läßt sich eine erhebliche Steigerung der Glucoseoxydation in den extrahepatischen Geweben nach Insulingaben feststellen. D. W. STETTEN jr., I. D. WELT, D. J. INGLE und E. H. MORLEY haben gezeigt, daß beim Diabetes (Alloxandiabetes) nicht nur die Oxydation der Glucose vermindert ist, sondern daß man gleichzeitig auch eine, wenn auch nicht sehr hochgradige Vermehrung der Gluconeogenese beobachten kann (Tabelle 42). Interessant ist auch die starke Hemmung der Glucoseoxydation durch Phlorrhizin.

Die Gluconeogenese aus Fettsäuren haben E. H. STRISOWER, I. L. CHAIKOFF und E. O. WEINMAN unter Verwendung von C^{14} enthaltender Palmitinsäure näher studiert. Diabetische Ratten schieden innerhalb von 24 Std 3—6% des C^{14} als Glucose im Harn aus. Von der je Stunde insgesamt umgesetzten Glucosemenge stammen bei normalen Tieren rund 5%, bei diabetischen Tieren rund 10% aus Fettsäuren.

Tabelle 42. *Bildung und Oxydation von Glucose bei Ratten* (STETTEN jr., WELT, INGLE und MORLEY).

Die Tiere bekamen eine Dauerinfusion von C^{14}-Glucose. Alle Werte sind als Milligramme Glucose je 100 g Tier und je Stunde ausgedrückt.

Vorbehandlung des Tieres	Glucose gebildet (Gluconeogenese)	Glucose zu CO_2 oxydiert
Normaltiere	15,0	11,5
Alloxandiabetes	21,0	4,5
Mit Phlorrhizin vergiftet. .	14,0	2,6

Insulin greift auch stark in den Fettstoffwechsel ein, und zwar vor allem in die Prozesse der gegenseitigen Umwandlung von Kohlenhydrat und Fettsäuren. Auf die Störung in der Endoxydation im Fettsäurestoffwechsel und die dadurch bedingte Anhäufung von Acetonkörpern wird in anderem Zusammenhang (S. 282) eingegangen werden. Diabetische Tiere können weniger Glucose verbrennen als normale. Sie müssen deshalb in einem größeren Umfang Fett umsetzen. Daher findet man auch, daß eine Behandlung mit dem diabetogenen Hypophysenvorderlappenfaktor zu einem erheblichen Verlust an Depotfett führt.

Diabetische Tiere bilden bei einem kohlenhydratreichen Futter weniger Fettsäuren als normale. Verabreicht man ihnen Insulin, so wird die Fettsynthese vergrößert. K. BLOCH und W. KRAMER haben in Versuchen in vitro mit überlebenden Leberschnitten die Vermehrung der Fettsäuresynthese aus markierter Essigsäure (mit radioaktivem C als Carboxyl-C) unter dem Einfluß von Insulin eindeutig bewiesen. Untersuchungen anderer Autoren (z.B. R. O. BRADY und S. GURIN) führten zu demselben Ergebnis. Auch an den Schnitten laktierender Milchdrüsen wurde die Steigerung der Fettsäuresynthese unter dem Einfluß von Insulin nachgewiesen. Eine dem Insulin entgegengesetzte Wirkung wurde mit Cortison erhalten (J. H. BALMAIN, S. J. FOLLEY und R. F. GLASCOCK).

Tabelle 43. *Oxydation von Glucose und Fettbildung aus Glucose in Leberschnitten normaler und alloxandiabetischer Ratten* (S. S. CHERNIK, I. L. CHAIKOFF, E. J. MASORO und E. ISAEFF).

Die Glucose war mit C^{14} markiert.

	C^{14}, Stöße je g Leber/min	
	als CO_2	als Fettsäuren
Normal	2700	105
Alloxandiabetisch .	1050	17
Normal	7350	775
Alloxandiabetisch .	1900	25
Normal	4930	260
Alloxandiabetisch .	1440	10

Inkubiert man Leberschnitte normaler Tiere mit markierter Glucose, so läßt sich eine Umwandlung von Glucose in Fettsäuren in beträchtlichem Umfang nachweisen. Leberschnitte alloxandiabetischer Tiere haben diese Fähigkeit fast vollständig eingebüßt. Auch die Oxydation von Glucose (gemessen an der Entwicklung von $C^{14}O_2$) ist stark herabgesetzt. Eine Vorbehandlung der diabetischen Tiere mit Insulin stellt sofort wieder normale Verhältnisse her (Tabelle 41).

Weitere Versuche mit markierten Substanzen an überlebenden Leberschnitten ergaben, daß in der diabetischen Leber folgende Prozesse vermindert sind (S. S. CHERNIK und I. L. CHAIKOFF):

Umwandlung der Glucose in Fettsäuren,
Oxydation der Glucose zu CO_2,
Umwandlung der Fructose in Fettsäuren,
Synthese von Fettsäuren aus Acetat.

Dagegen ließ sich eine Verminderung der Oxydation der Fructose zu CO_2 nicht nachweisen. CHERNIK und CHAIKOFF nehmen daher an, daß in der Leber diabetischer Tiere folgende zwei Prozesse blockiert sind: 1. Die Umwandlung von Glucose zu Fructose-6-phosphat, 2. die Synthese von Fettsäuren aus dem C_2-Fragment.

Insulin wirkt auch auf den Stoffwechsel der Aminosäuren ein. Diabetische Tiere haben eine übernormal hohe Aminosäurekonzentration im Blut, die durch die Verabreichung von Insulin zur Norm gesenkt wird. Insulin vermindert daher auch bei diabetischen Tieren die Aminosäureausscheidung im Harn. Beim gesunden, nüchternen Menschen bewirkt eine Insulininjektion eine Senkung des Blutaminosäurespiegels auf subnormale Werte. Die Ursache für die aufgeführten Befunde ist die Verbesserung der Eiweißsynthese durch Insulin. L. L. Folker, I. L. Chaikoff, C. Entenman und H. Tarver haben festgestellt, daß der Einbau von Methionin (mit S^{35} markiert) in das Muskeleiweiß beim diabetischen Tier erheblich herabgesetzt ist und sich durch die Verabreichung von Insulin wieder zur Norm steigern läßt.

Sezerniertes oder injiziertes Insulin wird im Organismus rasch zerstört. I. A. Mirsky und R. H. Broh-Kahn haben in verschiedenen Organen ein Insulin zerstörendes Enzymsystem („Insulinase") nachgewiesen. In den Geweben ist außerdem noch ein Inhibitor für die Insulinase enthalten.

Die Injektion von Adrenalin führt zu einer Erhöhung des Blutzuckerspiegels. Ursache ist eine vermehrte Aufspaltung von Glykogen zu Glucose. Da die Adrenalinhyperglykämie nach Leberexstirpation ausbleibt, muß man annehmen, daß die Leber in erster Linie für diesen Adrenalineffekt verantwortlich zu machen ist. Die Verhältnisse liegen jedoch nicht so einfach, daß die Adrenalinhyperglykämie lediglich durch den Abbau von Leberglykogen zustande kommt. Schon rein rechnerisch kann man zeigen, daß die Leber gar nicht soviel Glykogen enthält, um eine länger andauernde Hyperglykämie höheren Grades aufrechterhalten zu können. Überdies ergaben Leberanalysen, daß die Injektion von Adrenalin in vielen Fällen sogar den Glykogengehalt der Leber steigert. Der meiste Zucker stammt bei der Adrenalinhyperglykämie aus der Muskulatur, die unter der Einwirkung von Adrenalin viel von ihrem Glykogenbestand einbüßt. Der Muskel gibt unter dem Einfluß von Adrenalin kein Kohlenhydrat ab, da er, wie schon erwähnt, Glucose-6-phosphat nicht aufspalten kann. Er führt den Zucker zunächst in Milchsäure über, die an das Blut abgegeben und in der Leber in Glykogen verwandelt wird (Cori-Cyclus). In der Leber finden also unter dem Einfluß von Adrenalin Aufbau und Abbau von Glykogen nebeneinander statt (C. F. Cori und G. T. Cori[*3*]), wobei es von der Relation der Reaktionsgeschwindigkeiten der beiden Prozesse abhängt, ob das Leberglykogen abnimmt, gleichbleibt oder zunimmt.

Enthält die Leber vor der Adrenalininjektion viel Glykogen und gibt man große Adrenalindosen, so nimmt das Leberglykogen ab. Denn in diesem Falle verliert der Organismus durch eine starke Glucosurie viel Zucker und kann die Glykogenabgabe von seiten der Leber durch eine Neubildung aus Milchsäure nicht kompensieren. Ist dagegen der Glykogenbestand der Leber von vornherein gering, so kann die Leber nicht viel abgeben, die Zuckerverluste durch den Harn halten sich in mäßigen Grenzen und die Neubildung überwiegt die Abgabe. Man findet daher in diesem Falle eine Zunahme des Leberglykogens als Folge der Adrenalininjektion.

In der Tabelle 44 ist ein Versuch von C. F. Cori und G. T. Cori[*3*] wiedergegeben, welcher die Abnahme des Muskelglykogens und die Zunahme des Leberglykogens als Folge einer Adrenalininjektion sehr instruktiv zeigt. Ein großer Teil des umgesetzten Muskelglykogens wird verbrannt. Weiterhin zeigt der Versuch noch die erhebliche Vermehrung der Zuckeroxydation durch Insulingabe. Die

Tabelle 44. *Zuckerumsatz von Ratten, die mit Kohlenhydrat gefüttert worden waren, im Verlauf von 3 Std unter dem Einfluß von Insulin und Adrenalin* (C. F. CORI und G. T. CORI [3]). Alle Werte sind in Milligrammen je 100 g Tier angegeben.

	Normaltier	Nach Injektion von 0,2 mg Adrenalin	Nach Injektion von 15 E Insulin
Leberglykogen	— 49	+ 26	—141
Muskelglykogen	—167	—298	—188
Zucker in Blut und Geweben .	— 22	+ 8	— 47
Zucker oxydiert	220	263	434

Gewebe verbrennen unter dem Einfluß der hohen Insulindosis so viel Zucker, daß nicht mehr viel für die Synthese von Leberglykogen übrigbleibt. Die Leber dürfte allerdings zunächst viel Glykogen gebildet haben, mußte dasselbe jedoch rasch wieder abgeben, um die Insulinhypoglykämie zu kompensieren.

Die durch Adrenalin hervorgerufene starke Glykogenolyse im Muskel läßt sich auch in Versuchen am überlebenden Muskel, z.B. am isolierten Zwerchfellmuskel nachweisen. Man findet dann außer der Abnahme von Glykogen eine Zunahme von Hexosediphosphat und Milchsäure. Die Versuche am überlebenden

Tabelle 45. *Wirkung von Adrenalin auf den Glucoseumsatz des Rattendiaphragmas in vitro* (O. WALAAS und E. WALAAS).

	Ohne Adrenalin	Mit 1 γ Adrenalin je cm^3
O_2-Aufnahme (cm^3/g/Std)	1,7 ± 0,07	1,5 ± 0,04
RQ	0,92	0,89
Glucoseaufnahme (mg/g/Std)	2,8 ± 0,13	1,9 ± 0,14
Glykogenbildung (% der Glucose)	50 ± 6	13 ± 5
Milchsäurebildung (% der Glucose)	24 ± 2	52 ± 5

Muskel lassen mit Recht vermuten, daß in vivo mindestens ein Teil der Adrenalinwirkung auf eine direkte Beeinflussung des Muskelstoffwechsels zurückzuführen ist.

2. Biochemische Wirkungen des Insulins.

Über den Wirkungsmechanismus des Insulins war bis vor kurzem noch nichts bekannt. Ein direkter Einfluß des Insulins auf die einzelnen Enzyme des Kohlenhydratstoffwechsels hatte sich nie nachweisen lassen. W. PRICE, C. CORI und S. P. COLOWICK fanden, daß die Hexokinase in Muskulatur und Leber im intakten Tier nie voll aktiv vorliegt, sondern durch einen Faktor aus dem Hypophysenvorderlappen gehemmt wird. Insulin hat auf die Hexokinase selbst keinen Einfluß, wirkt aber der Hemmung durch den Hypophysenfaktor entgegen. Die Nebennierenrinde verstärkt dagegen die Hemmung durch den Hypophysenfaktor. Der Nebennierenrindenfaktor ist einstweilen noch unbekannter Art und mit keinem der krystallisierten Hormone identisch.

Die Hexokinasereaktion ist die erste Reaktion im Kohlenhydratstoffwechsel. Ihre Steuerung bedeutet daher gleichzeitig auch eine Steuerung des gesamten Kohlenhydratumsatzes. Eine Hemmung der Phosphorylierung der Glucose zu Glucose-6-phosphat bedingt eine Verminderung des gesamten Kohlenhydratumsatzes und führt automatisch auch zu einer verminderten Bildung aller Substanzen, die aus Glucose entstehen, wie Glykogen, Brenztraubensäure, Milchsäure usw. Umgekehrt bewirkt eine Steigerung der Glucosephosphorylierung eine Vergrößerung des Glucoseumsatzes und daher eine Vermehrung der Glykogenbildung und der Glucoseoxydation, also Wirkungen, wie sie als Folge einer Insulinapplikation wohlbekannt sind. Die Wirkung des Insulins läuft also auf eine indirekte Förderung der Hexokinase hinaus.

Die Arbeit von PRICE, CORI und COLOWICK rief natürlich eine große Flut von Nachuntersuchungen hervor. Die Ergebnisse wurden zunächst nicht von allen Nachuntersuchern bestätigt. Dies beruht auf den außerordentlich großen experimentellen Schwierigkeiten, die sich derartigen Versuchen entgegenstellen und die im wesentlichen darin liegen, daß die wirksamen Hypophysenextrakte äußerst unbeständig sind und schon nach kurzer Zeit inaktiv werden.

Als gutes Testobjekt zum Studium der Einwirkung von Hormonen auf den Kohlenhydratstoffwechsel hat sich überlebender Zwerchfellmuskel von Ratten

Tabelle 46. *Glucoseaufnahme von isoliertem Rattenzwerchfellmuskel unter dem Einfluß von Hormonen* (C. R. PARK und M. E. KRAHL).

	Glucoseaufnahme mg/g Frischgewicht/Stunde	
	ohne Insulin	mit 0,1 E Insulin im Ansatz
Unbehandelte Kontrollen	2,7 ± 0,08	4,5 ± 0,10
Hypophysenlose Tiere	3,8 ± 0,10	5,5 ± 0,10
Hypophysenlose und nebennierenlose Tiere	3,1 ± 0,09	5,9 ± 0,25
Normaltiere nach Injektion von HVL-Extrakt	1,8 ± 0,11	3,5 ± 0,24
Hypophysenlose Tiere nach Injektion von HVL-Extrakt	2,5 ± 0,16	3,8 ± 0,21

erwiesen. Am Zwerchfellmuskel ließ sich einwandfrei zeigen, daß die Hexokinasereaktion unter hormonaler Kontrolle steht. Zwerchfellmuskel diabetischer Ratten nimmt in vitro wesentlich weniger Glucose auf als der gesunder Tiere (M. E. KRAHL und C. F. CORI). Zwerchfellmuskel diabetischer Ratten, denen die Nebennieren exstirpiert worden waren, zeigt eine leicht erhöhte Glucoseaufnahme. Entfernt man die Hypophyse, so nimmt das Zwerchfell wesentlich mehr Zucker auf als das normaler Tiere, eine gute Bestätigung des hemmenden Einflusses der Hypophyse auf den Kohlenhydratumsatz. Injiziert man hypophysenlosen Ratten Hypophysenvorderlappenextrakte, so wird die Zuckeraufnahme durch das Zwerchfell vermindert, ja man kann sie sogar auf so niedere Werte herabdrücken, wie man sie sonst nur bei diabetischen Tieren findet (C. R. PARK und M. E. KRAHL) (Tabelle 46). Dagegen ließ sich die Glucoseaufnahme durch das Zwerchfell von Tieren, denen sowohl die Hypophyse als auch die Nebennieren exstirpiert worden waren, nicht durch die alleinige Injektion von Hypophysenextrakten beeinflussen. Erst durch gemeinsame Applikation von Hypophysenextrakten und Nebennierenextrakten wurde die Glucoseaufnahme vermindert. Die Zugabe von Insulin in vitro zu den Versuchsansätzen vermehrte in jedem Falle die Zuckeraufnahme. Die Größenordnung der Effekte geht aus der Tabelle 46 hervor.

Tabelle 47. *Wirkung von krystallisiertem Wachstumshormon und Insulin auf die Zuckerverwertung durch isoliertes Rattenzwerchfell* (J. H. OTTAWAY).

Ansatz	Glucoseaufnahme mg/g Frischgewicht je Stunde
Ohne Zusätze	2,71
Mit Insulin 8 γ/cm³	4,36
Mit Wachstumshormon 100 γ/cm³	1,74
Mit Wachstumshormon + Insulin	4,28

Dieselbe Wirkung, die von CORI und Mitarbeitern in den ersten Versuchen mit rohen Hypophysenvorderlappenextrakten erhalten worden war, läßt sich mit krystallisiertem Wachstumshormon erzielen (Tabelle 47). Das Wachstumshormon verringert die Glucoseverwertung durch Rattenzwerchfell in vitro, ein Effekt, der sich durch eine gleichzeitige Gabe von Insulin aufheben läßt. Diese Befunde stehen in gutem Einklang mit der altbekannten diabetogenen Wirkung des Wachstumshormons.

Im intakten Tier findet man nach der Verabreichung massiver Insulindosen eine Vermehrung der Hexosediphosphorsäure im Muskel.

Die Beeinflussung der Hexokinase durch die Hypophyse und die Wirkungen von Insulin und Nebennierenrindenextrakten darauf werfen eine Reihe von Fragen auf, die sich aber heute noch nicht befriedigend beantworten lassen. Offensichtlich spricht die Hexokinase der einzelnen Organe in unterschiedlicher Weise auf die erwähnten Faktoren an. Während sich die Muskelhexokinase durch die Hormone gut steuern läßt, vermißt man jeden Einfluß des Insulin auf die Phosphorylierung der Glucose in der Darmwand. Der Diabetiker resorbiert Kohlenhydrate genau so gut wie ein gesunder Mensch. Nach CORI wird die Hexokinase des Gehirns durch die Hypophyse gehemmt. Im Gegensatz zum Muskel lassen sich aber keine Unterschiede im Kohlenhydratumsatz des Gehirns diabetischer und normaler Tiere feststellen (A. CANZANELLI, R. GUILD and D. RAPPORT). Auch die Hexokinase der Erythrocyten spricht nicht auf Hormone an, und zwar weder auf Hypophysenextrakte noch auf Nebennierenrindenextrakte noch auf Insulin (W. R. CHRISTENSEN, C. H. PLIMPTON und E. G. BALL).

Zur Erklärung der verschiedenen Empfindlichkeit der Hexokinase der einzelnen Organe nimmt D. STETTEN jr. eine unterschiedliche Lokalisation des Enzyms an. Muskelhexokinase soll in den Zellen so liegen, daß sie leicht von humoralen Faktoren erreicht werden kann, während die Hexokinase anderer Zellen durch Schranken von solchen Einflüssen abgeschirmt werde. Hefehexokinase ist gänzlich unempfindlich gegen die Wirkung aller Hormone. Eine andere Erklärungsmöglichkeit besteht in der Annahme, daß die Hexokinasen der Organe nicht identisch sind, sondern kleine Unterschiede in ihrer chemischen Struktur aufweisen.

H. WEIL-MALHERBE und A. D. BONE haben im menschlichen Blut Aktivatoren und Inhibitoren der Gehirnhexokinase nachgewiesen. Inwieweit diese Faktoren hormonaler Natur sind, läßt sich augenblicklich nicht entscheiden. Erschwerend fällt ins Gewicht, daß die Gehirnhexokinase auf kristallisierte Hormone (Insulin, Nebennierenrindenhormone) nicht anspricht.

In die Fragestellung nach dem Angriffspunkt des Insulins spielt auch noch das Problem hinein, in wieweit die Phosphorylierung der Fructose ebenfalls hormonalen Einflüssen unterworfen ist. In der Literatur finden sich nicht wenige Angaben, daß Diabetiker Fructose besser als Glucose verwerten können. So fanden H. F. ROOT, E. STOTZ und T. M. CARPENTER, daß Fructose beim unbehandelten Diabetiker einen höheren Anstieg von Milchsäure und Brenztraubensäure im Blut bewirkt als Glucose.

Leberschnitte von normalen und alloxandiabetischen Ratten zeigen jedoch dieselbe Fähigkeit zur Oxydation von Fructose und auch dieselbe Fähigkeit zur Umwandlung der Fructose in Glucose (S. S. CHERNICK, I. L. CHAIKOFF und S. ABRAHAM). Dies beweist, daß der Stoffwechselblock beim Diabetes im Kohlenhydratstoffwechsel vor diesen Stufen gelegen sein muß und weist auf die Hemmung der Hexokinasereaktion hin. Nach Fütterung mit Glucose ist beim alloxandiabetischen Tier die Fettbildung aus Acetat oder Lactat stark vermindert, nach Fütterung mit Fructose bleibt sie aber normal groß (N. BAKER, I. L. CHAIKOFF und A. SCHUSDEK).

Vielerlei Beobachtungen sprechen dafür, daß das Insulin außer der Hexokinasereaktion noch andere Umsetzungen beeinflußt. W. DIRSCHERL und F. ZILLIKEN fanden, daß Insulin die spontane Bildung von Methylglyoxal aus Dioxyaceton hemmt, ein Effekt, den auch noch andere Proteine bewirken. Manches spricht dafür, daß Insulin auch in oxydative Prozesse eingreift. Im überlebenden Taubenbrustmuskel wurden eine vermehrte Sauerstoffaufnahme und ein vergrößerter Umsatz der Brenztraubensäure festgestellt. Dieser Befund ist schwer diskutierbar, weil er an Muskeln anderer Tiere nicht erhoben werden konnte. W. C. STADIE sowie E. S. GORANSON und S. D. ERULKAR nehmen an, daß Insulin eine Verbesserung der Ausnutzung der Energie zur Schaffung von energiereichem Phosphat bewirke. Sie stützen ihre Vermutung auf Versuche, in denen sie zeigen konnten, daß Muskeln alloxandiabetischer Ratten eine verminderte oxydative Phosphorylierung von Kreatin aufweisen, und daß die Injektion von Insulin eine bedeutende Vermehrung der Phosphagenbildung verursacht. Insulin hatte auch in vitro denselben Effekt. T. LEIPERT injizierte Ratten, die im Sauerstoffmangel gehalten worden waren, größere Mengen Acetat und Oxalacetat und beobachtete, daß sie rasch an einem hypoglykämischen Schock zugrunde gingen, und daß sich in ihren Geweben viel Citrat anhäufte. Dasselbe erreichte er auch ohne Sauerstoffmangel, wenn er während der Belastung mit Acetat und Oxalacetat eine Dauerinfusion von kleinen Insulindosen durchführte. LEIPERT folgerte daraus, daß das Insulin am Übergang von der Glykolyse zur Atmung angreife, mit anderen Worten also die PASTEUR-Reaktion steuere.

Daß Insulin die Phosphorylierung und insbesondere die Synthese von energiereichem Phosphat fördert, wurde durch J. SACKS (zitiert nach G. HEVESY) bewiesen, der Katzen P^{32} enthaltendes Phosphat injizierte und den P^{32}-Gehalt von ATP, Phosphagen, Fructose-6-phosphat und Glucose-6-phosphat in der Muskulatur bestimmte. Das Ergebnis seiner Versuche ist in der Tabelle 48 zusammengestellt. In allen Versuchsanordnungen steigerte Insulin die Bildung von ATP

Tabelle 48. *Die Beeinflussung der Phosphorylierungen in Katzenmuskeln* (J. SACKS).

Insulindosis 5 E je Kilogramm. Die Tiere erhielten das Insulin 30 min nach dem markierten Phosphat. Die Tötung erfolgte 105 min nach der Phosphatinjektion.

Alle Werte sind in Stößen je Minute und Milligramm P angegeben, berechnet auf der Basis, daß 1 Million Schläge je Minute und je Kilogramm Körpergewicht injiziert worden waren.

Versuchsanordnung	Phosphagen	ATP	Fructose-6-phosphat	Glucose-6-phosphat
Hungernd in Ruhe	103	77	66	514
Hungernd in Ruhe nach Insulin	316	189	138	482
Hungernd nach Reizung und Erholung	119	100	55	606
Hungernd nach Reizung und Erholung und Insulingabe	271	205	203	733
Postresorptiv in Ruhe	75	76	49	52
Postresorptiv in Ruhe nach Insulin	187	154	111	104
Postresorptiv nach Reizung und Erholung	113	103	66	70
Postresorptiv nach Reizung und Erholung und Insulingabe	203	156	120	116

und Phosphagen erheblich. In Versuchen am isolierten Zwerchfell vermißten jedoch E. WALAAS und O. WALAAS jeden Einfluß von Insulin auf den Gehalt an ATP und Phosphagen, und zwar sowohl unter aeroben als auch unter anaeroben Bedingungen. Innerhalb eines weiten Spielraums ist die ATP-Konzentration nicht der limitierende Faktor für die Hexokinasereaktion. Dies weist darauf hin, daß das Insulin direkt an der Hexokinase angreift und seine Wirkung im Kohlenhydratstoffwechsel nicht etwa indirekt auf dem Umwege über eine Beeinflussung des ATP-Umsatzes entfaltet. Von D. SILIPRANDI und N. SILIPRANDI wurde eine Begünstigung der Phosphorylierung von Aneurin durch Insulin nachgewiesen.

Bei alloxandiabetischen Ratten ist nach Versuchen mit C^{14}-Pyruvat die Oxydation der Brenztraubensäure vermehrt und der Aufbau des aus ihr entstehenden aktivierten Acetats zu höheren Fettsäuren vermindert. Gaben von Insulin bewirken eine Verkleinerung der Oxydation und Erhöhung der Fettsäuresynthese. Insulin verursacht also eine Änderung der Stoffwechselrichtung in diesem Bezirk von katabolischen Prozessen auf anabolische (M. J. OSBORN, I. L. CHAIKOFF und J. M. FELTS).

Über Enzymaktivitäten in den Organen beim Alloxandiabetes siehe J. H. COPENHAVER, E. G. SHIPLEY und R. K. MEYER.

Voraussetzung für die Wirksamkeit des Insulins ist seine Bindung an die Gewebe.

3. Die Gluconeogenese.

a) Die Zuckerbildung aus Fett.

Der endgültige Beweis, daß der Organismus Fett in Zucker überführen kann, wurde erst in der neueren Zeit mit Hilfe der Isotopentechnik erbracht. Für eine Zuckerbildung aus Fett sprachen schon immer einige Indizien, wie z. B. das Auftreten abnorm niederer respiratorischer Quotienten (bis herab zu 0,33) bei winterschlafenden Tieren. Da aber die Verfütterung von Fett beim Diabetiker zu keiner Ausscheidung von „Extrazucker" führt und sich einwandfreie Erhöhungen des Glykogenbestandes der Leber oder Muskulatur durch Fettgaben nie erzielen ließen, nahmen viele Autoren an, daß in vivo eine Zuckerbildung aus Fett nicht vorkomme.

Nach Verfütterung von Fettsäuren, die mit isotopem C markiert waren, wurde der isotope C im Glykogen bzw. in der aus ihm durch Hydrolyse erhaltenen Glucose nachgewiesen. Derartige Versuche ergaben weiterhin, daß die einzelnen C-Atome der Fettsäuren in bestimmten Positionen der Glucose erscheinen. Eine Übersicht über die wichtigsten einschlägigen Befunde vermittelt die Tabelle 49.

Tabelle 49. *Verwendung von Fettsäuren zum Aufbau von Glucose (Glykogen)* (H. G. WOOD).

Verfütterte Fettsäure	Stellung des isotopen C in der Glucose					
	1	2	3	4	5	6
$CH_3-\overset{*}{C}OOH$	C	C	$\overset{*}{C}$	$\overset{*}{C}$	C	C
$\overset{*}{C}H_3-COOH$	$\overset{*}{C}$	$\overset{*}{C}$	C	C	$\overset{*}{C}$	$\overset{*}{C}$
$CH_3-CH_2-\overset{*}{C}OOH$	C	C	$\overset{*}{C}$	$\overset{*}{C}$	C	C
$CH_3-\overset{*}{C}H_2-COOH$	$\overset{*}{C}$	$\overset{*}{C}$	C	C	$\overset{*}{C}$	$\overset{*}{C}$
$\overset{*}{C}H_3-CH_2-COOH$	C	C	$\overset{*}{C}$	$\overset{*}{C}$	C	C
$CH_3-CH_2-CH_2-\overset{*}{C}OOH$	C	C	$\overset{*}{C}$	$\overset{*}{C}$	C	C
$CH_3-CH_2-\overset{*}{C}H_2-COOH$	$\overset{*}{C}$	$\overset{*}{C}$	C	C	$\overset{*}{C}$	$\overset{*}{C}$
$CH_3-\overset{*}{C}H_2-CH_2-COOH$	C	C	$\overset{*}{C}$	$\overset{*}{C}$	C	C
$CH_3-\overset{*}{C}H_2-(CH_2)_5-\overset{*}{C}OOH$	C	C	$\overset{*}{C}$	$\overset{*}{C}$	C	C

Nebenreaktionen, auf die in diesem Zusammenhang nicht eingegangen werden soll, bedingten, daß auch in den anderen Positionen der Glucose geringe Konzentrationen an isotopem C nachzuweisen waren.

S. ABRAHAM, I. L. CHAIKOFF und W. Z. HASSID verfütterten an diabetische Hunde Palmitinsäure mit C^{14} entweder als C-1- oder als C-6-Atom. Die innerhalb von 48 Std aus dem Harn isolierte Glucose enthielt 6% des radioaktiven C-1 bzw. innerhalb von 96 Std 14% des C-6. Der C-1 erschien in der Glucose nur in den Positionen 3 und 4 und zwar zu gleichen Anteilen. Von dem C-6 waren je 10% als C-Atome 3 und 4, die restlichen 80% gleichmäßig auf die anderen C-Atome verteilt in der Glucose enthalten.

Die erhobenen Befunde stehen in bester Übereinstimmung mit allen Anschauungen über den Fettstoffwechsel und Kohlenhydratstoffwechsel, insbesondere über den Abbau der Fettsäuren durch β-Oxydation und über das Auftreten von „aktivierter Essigsäure" als Bindeglied zwischen Fettsäurestoffwechsel und Kohlenhydratstoffwechsel. Nach V. LORBEER, M. COOK und J. MEYER ist der wechselseitige Übergang von Fettsäuren in Zucker folgendermaßen zu formulieren:

Fettsäuren
↓↑
CH_3—CO— ← $-CO_2$
Citrat ⇄ {CH_3—CO— + Oxalacetat}
↓↑
Oxalacetat ⇄ CO_2 + Pyruvat + Pyruvat
Oxalsuccinat
↓↑
α-Ketoglutarat ⇄ Succinat
Succinat → Oxalacetat
Pyruvat + Pyruvat ⇄ Glucose
↓↑
Glykogen

Eine eingehendere Diskussion über die Umkehr der Glykolyse, d. h. der Zuckerbildung aus Brenztraubensäure bzw. Milchsäure findet man S. 118.

b) Die Zuckerbildung aus Eiweiß.

Der Übergang von Eiweiß in Zucker gehört zu den ältesten gesicherten Befunden der Stoffwechselphysiologie. MINKOWSKI hatte gefunden, daß pankreaslose Hunde bei einer kohlenhydratfreien Diät auf die Zufuhr von Eiweiß mit einer wesentlich vermehrten Zuckerausscheidung im Harn („Extraglucose") reagieren. In einem Versuch von E. PFLÜGER und JUNKERSDORF schied ein pankreasloser Hund von 10,2 kg Gewicht in einer Versuchsperiode, in welcher er nur Fischmuskel erhielt, also praktisch kohlenhydratfrei ernährt wurde, insgesamt 3097 g Glucose im Harn aus. Aus dem Kohlenhydratvorrat, den das Tier am Anfang des Versuchs besaß, konnten nur 422 g Glucose stammen. Demnach mußte der Hund zum mindesten 2675 g Zucker aus Eiweiß neu gebildet haben. Viele Untersucher haben übereinstimmend festgestellt, daß sich der Glykogengehalt der Leber durch Verabreichung von Eiweiß oder Aminosäuren steigern läßt.

Schon MINKOWSKI hat sich die Frage vorgelegt, wieviel Glucose im Organismus aus einer gegebenen Eiweißmenge entstehen kann. Als Maßstab für die Zuckerbildung betrachtete er den Quotienten D:N, in welchem D die im Harn ausgeschiedene Menge „Extrazucker" (diejenige Zuckermenge, welche über die in der Nahrung enthaltenen Zuckermenge hinaus beim Diabetes oder Phlorrhizindiabetes ausgeschieden wird) und N die im Harn ausgeschiedene Stickstoffmenge bedeutet. Die höchsten Werte für den Quotienten D:N, die beobachtet wurden, lagen bei 3,6—3,7 (G. LUSK). Wenn alles Eiweiß quantitativ in Zucker überginge, ergäbe sich D:N = 7.

Dies geht aus der folgenden Berechnung hervor: 100 g Eiweiß enthalten 16 g N und 51,8 g C. Die 16 g N liefern 43,3 g Harnstoff mit 6,8 g C. Für die Zuckerbildung aus Eiweiß bleiben demnach 51,8 —6,8 g, also 45 g C übrig, aus denen 112 g Glucose entstehen könnten. D:N wäre also in diesem Falle 112:16 oder 7:1.

Der tatsächlich beobachtete maximale Wert von 3,7 für D:N zeigt, daß nur ein Teil des Eiweißmoleküls in Zucker übergeht. Dies beruht darauf, daß nur bestimmte Aminosäuren, die „glucoplastischen Aminosäuren", Zucker liefern können.

Tabelle 50.
Die glucoplastischen Aminosäuren.

Glykokoll	Prolin
Alanin	Oxyprolin
Serin	Asparaginsäure
Cystein	Glutaminsäure
Arginin	

Die Zuckerbildung aus Asparaginsäure und Glutaminsäure ist leicht verständlich, da aus ihnen durch Desaminierung Oxalessigsäure bzw. α-Ketoglutarsäure, also Glieder des Citronensäurecyclus entstehen. Alanin liefert durch Desaminierung Brenztraubensäure. Prolin und Arginin können im Stoffwechsel in Glutaminsäure übergehen. Glykokoll, Serin und Cystein sind im intermediären Stoffwechsel miteinander verknüpft. Über den Mechanismus der Glykogenbildung aus Glykokoll und Serin siehe S. 202.

4. Spaltung und Aufbau von Glykogen.

Die erste Reaktion der Glykogenolyse besteht in der von C. Cori und G. Cori entdeckten Aufspaltung des Glykogens zu Glucose-1-phosphat. Das Gleichgewicht der Reaktion liegt bei p_H 7 bei 23% Cori-Ester und 77% Phosphat. Der Cori-Ester entsteht durch eine phosphorolytische Spaltung der Glucosidbindungen, wodurch die endständigen Glucosereste abgetrennt werden. Das bei der Reaktion beteiligte Enzym Phosphorylase wurde von A. A. Green und C. Cori kristallisiert. Im Muskel macht es etwa 2% der in Wasser löslichen Proteine aus. Muskelphosphorylase hat ein Molekulargewicht von 400000. Ein

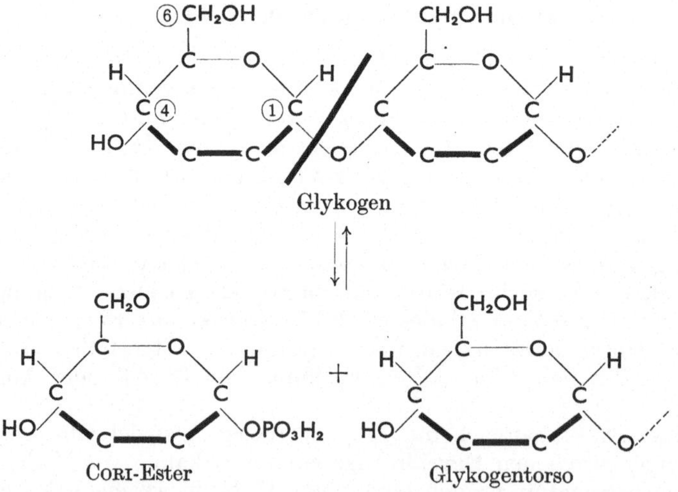

Glykogen

Cori-Ester + Glykogentorso

Enzymmolekül setzt bei p_H 7 und 30° in der Minute 40000 Moleküle Cori-Ester um. Muskelphosphorylase läßt sich aus dem Muskel in zwei Formen kristallisiert erhalten: als Phosphorylase A, welche voll aktiv ist, und als Phosphorylase B, welche nicht voll aktiv ist, sich aber durch Zusatz von Adenylsäure aktivieren läßt. Ruhender Muskel enthält Phosphorylase A, ermüdeter Muskel Phosphorylase B. Bei der Kontraktion des Muskels wird also die Wirkgruppe (Adenylsäure) abgetrennt, so daß die Phosphorylase nur dann Glykogen aufspalten könnte, wenn ihr von außen ATP zur Verfügung gestellt würde. Da aber im erschöpften Muskel nur wenig ATP vorhanden ist, bleibt die Phosphorylase praktisch unwirksam. Dadurch wird der Muskel vor einer Erschöpfung seiner Glykogenvorräte geschützt. Muskel, Leber und Milz enthalten ein die Phosphorylase inaktivierendes Enzym, das die Wirkgruppe (Adenylsäure) der Phosphorylase abspaltet. Der Mechanismus der Inaktivierung und Reaktivierung ist in Leber und Muskel verschieden (E. W. SUTHERLAND und C. CORI). In der Leber besteht ein Gleichgewicht zwischen aktiver und inaktiver Form der Phosphorylase. Adrenalin und der hyperglykämisierende Faktor des Pankreas (Glucagon) verhindern die Inaktivierung der Leberphosphorylase, und zwar durch Reaktivierung der inaktiven Form. Phosphorylase wurde auch in pflanzlichen Geweben nachgewiesen. Am besten untersucht ist die Kartoffelphosphorylase. Phosphorylase wird durch Glucose kompetitiv, durch Phlorrhizin nichtkompetitiv gehemmt.

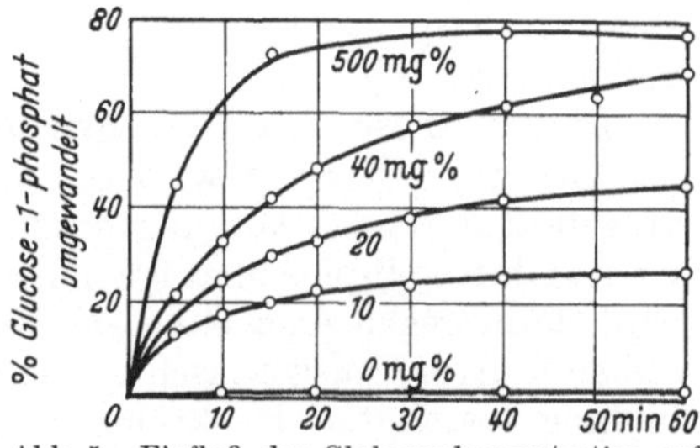

Abb. 5. Einfluß der Glykogenkonzentration auf die Bildung von Glykogen durch Phosphorylase (W. Z. HASSID, M. DOUDOROFF und H. A. BARKER).

Tierische und pflanzliche Phosphorylasen spalten sowohl Glykogen als auch Stärke. Glykogen ist ein verzweigtes Polysaccharid. Stärke ist keine homogene Substanz, sondern besteht aus den zwei Komponenten Amylose (20—25%) und Amylopektin (75—80%). Amylopektin hat einen dem Glykogen ähnlichen Aufbau. Beide enthalten verzweigte Glucosidketten. Die langen Ketten bestehen aus Glucosemolekülen, die durch 1,4-Glucosidbindungen verbunden sind. Die Verzweigungen werden durch 1,6-Glucosidbindungen bewirkt. Amylose ist nur aus unverzweigten Glucosidketten aufgebaut.

Die von CORI entdeckte Phosphorylase wirkt nur auf 1,4-Glucosidbindungen ein. Läßt man sie auf Glucose-1-phosphat einwirken, so entsteht daher nur ein unverzweigtes Polysaccharid vom Amylosetyp. Bei der Synthese von Glykogen bzw. Amylopektin müssen daher zwei verschiedene Enzyme beteiligt sein, von denen das eine 1,4-Glucosidbindungen knüpft bzw. löst und das andere auf die 1,6-Bindungen einwirkt. In der Tat ließen sich auch die beiden Enzyme aus Kartoffeln getrennt gewinnen. Das die 1,6-Glucosidbindungen bewirkende Enzym („Q-Enzym") wurde von G. A. GILBERT und A. D. PATRICK kristallisiert erhalten. Durch die vereinigte Wirkung beider Enzyme entsteht ein verzweigtes Polysaccharid, das alle Eigenschaften von Amylopektin aufweist. Die Struktur des enzymatisch gebildeten Polysaccharids hängt von dem Mischungsverhältnis der beiden Enzyme ab. Bei einem großen Überschuß des die 1,4-Bindungen bewirkenden „P-Enzym" entsteht reine Amylose. Ist das Q-Enzym in großem Überschuß vorhanden, wird Amylopektin gebildet. Bei anderen Mischungsverhältnissen entstehen Polysaccharide dazwischen liegender Struktur. Nach P. N. HOBSON, W. J. WHELAN und S. PEAT hat die Synthese von 1,6-Glucosidbindungen durch das Q-Enzym zur Voraussetzung, daß vorher eine 1,4-Bindung gespalten wird. Das Q-Enzym wirkt demnach als eine Transglucosidase und verwendet die bei der Spaltung der 1,4-Bindung frei werdende Energie zur Knüpfung der 1,6-Bindung.

Die Phosphorylase kann aus Glucose-1-phosphat nur dann ein Polysaccharid aufbauen, wenn schon etwas Polysaccharid vorhanden ist. Das Enzym vermag also offensichtlich nur Glucosereste an schon vorhandene Glucosidketten anzuhängen. Der Einfluß der Glykogenkonzentration auf den Umfang der Polysaccharidbildung aus Glucose-1-phosphat geht aus der Abb. 5 hervor. Als „Starter" für die Polysaccharidbildung durch Phosphorylase können nur Polysaccharide mit α-1,4-Glucosidbindungen dienen.

Die dephosphorylierende Kondensation von Monosacchariden ist ein ganz allgemeines Prinzip zur Synthese von Oligosacchariden und Polysacchariden. Rohrzucker entsteht aus Glucose-1-phosphat und Fructose durch eine Saccharose-Phosphorylase, die in manchen Mikroorganismen nachgewiesen wurde. Bezüglich

$$\text{Saccharose} \rightleftarrows \text{Glucose-1-phosphat} + \text{Fructose}$$

weiterer Einzelheiten von enzymatischen Polysaccharidsynthesen sei auf die Zusammenfassung von W. Z. HASSID und M. DOUDOROFF verwiesen.

Stärke und Glykogen können auch durch eine nicht phosphorolytische Spaltung in Glucose verwandelt werden. Diese einfache hydrolytische Aufspaltung findet in großem Umfang im Verdauungstrakt durch die α-Amylase (Diastase) statt. Im Gegensatz zur phosphorolytischen Spaltung ist die hydrolytische nicht umkehrbar.

Die Synthese von Glykogen aus Glucose ist eine endergonische Reaktion. Die benötigte Energie wird durch die Spaltung von energiereichem Phosphat aufgebracht, da das Ausgangsprodukt der enzymatischen Glykogenbildung letzten Endes Glucose-6-phosphat ist. Die Phosphatesterbindung des Glucose-1-phosphats wird dann gegen eine Glucosidbindung etwa gleichen Energiegehaltes an demselben C-Atom ausgetauscht. Die energetische Kopplung der bei der Glykogenbildung beteiligten Reaktionen ergibt sich aus der folgenden Reaktionskette:

$$1.\ \text{Glucose} + \text{ATP} \xrightarrow{\text{Hexokinase}} \text{Glucose-6-phosphat} + \text{ADP}$$

$$2.\ \text{Glucose-6-phosphat} \xrightleftharpoons{\text{Phosphoglucomutase}} \text{Glucose-1-phosphat}$$

$$3.\ \text{Glucose-1-phosphat} \xrightleftharpoons{\text{Phosphorylase}} \text{Glykogen} + H_3PO_4.$$

Von diesen Reaktionen ist die erste stark exergonisch und steuert daher die benötigte Energie bei. Die zweite und dritte Reaktion sind mit nur geringen Energieverschiebungen verknüpft. Von der Stufe des Glucose-1-phosphats aus vollzieht sich die Glykogensynthese fast ohne Energieaufwand.

Phosphoglucomutase wurde von V. A. NAJJAR aus Muskeln kristallisiert gewonnen. Sie macht 2% der löslichen Muskelproteine aus. Bei p_H 7,5 und 30° setzt ein Molekül Enzym in der Minute 16800 Moleküle Substrat um. Kristallisierte Phosphoglucomutase ist in Abwesenheit von Cystein völlig inaktiv und wird durch Zusatz von Mg aktiviert. Man kann das Enzym in Abwesenheit von freiem Phosphat durch Fluorid hemmen. Vermutlich entsteht ein Komplex [Mg] $[F]_2$ [Esterphosphat], welcher das Magnesium vom Fermentprotein verdrängt. Mit zunehmendem Reinigungsgrad wird das Enzym immer empfindlicher gegen Metalle und daher durch metallbindende Substanzen (Cystein, 8-Oxychinolin, Diphenylthiocarbazon) aktiviert.

C. E. CARDINI, A. C. PALADINI, R. CAPUTTO, L. F. LELOIR und R. E. TRUCCO haben nachgewiesen, daß Glucose-1,6-diphosphat Co-Enzym der Phosphoglucomutase ist. Die Umlagerung von Glucose-1-phosphat zu Glucose-6-phosphat verläuft nach dem folgenden Reaktionsmechanismus (E. W. SUTHERLAND, M. COHN, T. POSTERNAK und C. F. CORI), bei welchem kleine Mengen Glucose-1,6-phosphat als Phosphatdonator wirken und immer wieder regeneriert werden:

$$\text{Glucose-1,6-diphosphat} + \text{Glucose-1-phosphat} \rightleftarrows \text{Glucose-6-phosphat} + \text{Glucose-1,6-diphosphat}.$$

Das Gleichgewicht der Reaktion liegt bei p_H 7 und 30° bei 5% CORI-Ester und 95% Glucose-6-phosphat. Phosphoglucomutase ist spezifisch auf Glucoseester eingestellt und vermag die entsprechenden Ester anderer Hexosen (Mannose, Galaktose) nicht umzusetzen.

Glucose-1-phosphat ⇄ Glucose-6-phosphat

Die Hexokinasereaktion ist aus energetischen Gründen nicht umkehrbar. Dagegen verfügt die Leber über eine spezifische Phosphatase zur Spaltung von Glucose-6-phosphat (R. H. Broh-Kahn und I. A. Mirsky). Die Abgabe von Zucker aus Glykogen durch die Leber setzt daher eine Umlagerung des Glucose-1-phosphat in Glucose-6-phosphat voraus. Ob in anderen Organen Glucose-1-phosphat direkt dephosphoryliert werden kann, ist unentschieden. Aufbau und Abbau von Glykogen vollziehen sich also nach dem folgenden Schema:

Glykogen

↓↑

Glucose-1-phosphat

↓↑

Glucose $\xrightarrow{\text{Hexokinase}}$ Glucose-6-phosphat $\xrightarrow{\text{Phosphatase}}$ Glucose

5. Die Glykolyse.

a) Übersicht.

Der Abbau der Glucose zu Milchsäure erfolgt durch eine Kette von etwa 20 verschiedenen Reaktionen. Die Glykolyse ist zur Zeit der am besten übersehbare biochemische Prozeß. Da alle bei der Glykolyse beteiligten Enzyme entweder kristallisiert oder zum mindesten weitgehend gereinigt worden sind, ließen sich alle Einzelreaktionen getrennt in vitro studieren und alle Intermediärprodukte isolieren und in ihrer Konstitution aufklären. Viele Teilreaktionen der Glykolyse wurden durch das Studium der alkoholischen Gärung durch Hefe aufgeklärt. Glykolyse und Gärung sind nahe verwandte Prozesse und unterscheiden sich nur bezüglich der letzten Reaktionen.

In der neueren Zeit wurde verschiedentlich bezweifelt, ob Glykolyse oder Gärung sich in der lebenden Zelle so abspielen, wie dem auf Grund des Studiums der einzelnen Teilprozesse aufgestellten Schema entspricht. Beispielsweise verläuft in der lebenden Hefezelle die Gärung praktisch quantitativ nach der alten Gärungsgleichung von Gay-Lussac:

$$C_6H_{12}O_6 \rightarrow 2\,C_2H_5OH + 2\,CO_2\,.$$

Dagegen beobachtet man in zellfreien Hefeextrakten neben der Bildung von Äthanol und Kohlendioxyd noch ein Auftreten von Hexosediphosphat entsprechend der Gleichung von Harden und Young:

$$2\,\text{Glucose} + 2\,H_3PO_4 \rightarrow 2\,C_2H_5OH + 2\,CO_2 + \text{Hexosediphosphat}\,.$$

O. Meyerhof konnte jedoch zeigen, daß Glykolyse und Gärung in der lebenden Zelle genau so ablaufen wie in zellfreien Extrakten. Wenn Unterschiede beobachtet werden, so beruhen sie darauf, daß häufig bei der Herstellung von Extrakten oder der Zusammensetzung von Reaktionssystemen Co-Enzyme zerstört oder Enzymeffektoren verdünnt werden, so daß sich Abweichungen von den Verhältnissen in den intakten Zellen ergeben. Insbesondere ist das Verhältnis von Abbau und Aufbau der ATP für den richtigen Ablauf des anaeroben Kohlenhydratabbaus entscheidend wichtig. Wenn z. B. die Dephosphorylierung der ATP zu langsam verläuft, was in Hefeextrakten leicht der Fall ist, häuft sich Hexosediphosphat an und die Glykolyse oder Gärung kommt zum Erliegen, weil ADP oder andere Phosphatacceptoren fehlen. Gibt man solchen Reaktionssystemen jedoch ATP spaltende Enzyme zu, so verlaufen Glykolyse oder Gärung normal. Ist umgekehrt die Bildung der ATP zu klein, was man häufig in Homogenaten von tierischen Geweben oder Tumoren beobachtet, so sistiert die Glykolyse, weil es bald an ATP fehlt. Hemmt man in diesem Falle die ATP-Spaltung durch entsprechende Gifte, wie etwa Azid oder Octylalkohol, läuft die Glykolyse ordnungsgemäß ab. Die Glykolyse verläuft nach O. MEYERHOF dann am besten, wenn die Aktivität der ATP-Spaltung gerade so groß ist wie die der Hexokinase, weil bei der Glykolyse doppelt so viel ATP entsteht wie verbraucht wird. Der Einwand, daß in der lebenden Hefezelle ein Gärungsmechanismus besteht, bei dem unphosphorylierte Glucose umgesetzt wird, wurde von F. LYNEN und R. KÖNIGSBERGER in schönen Versuchen widerlegt.

Tabelle 51. *Abdrängung der Gärung in eine Glykolyse durch Organextrakte* (R. P. HARBUR, W. J. JOHNSON und J. H. QUASTEL).

	Gebildet μ Mole	
	CO_2	Milchsäure
Muskelextrakt	0,7	0,5
Hefe	75,0	3,5
Hefe + Muskelextrakt	13,3	35,5

P. OHLMEYER wies in der Hefe einen hitzestabilen Faktor von Nucleotidcharakter nach, der als ein neues Co-Enzym aufgefaßt werden muß und die Phosphorylierung der Glucose mit Orthophosphat zu einem noch nicht identifizierten Phosphorsäureester bedingt. Diese Phosphorylierung verläuft etwa dreimal rascher als die mit ATP und findet außerdem auch noch bei sehr niederen Phosphatkonzentrationen statt. Diese Beobachtung wirft ein neues Licht auf die HARDEN-YOUNG-Reaktion. Offensichtlich trägt auch das Fehlen dieses Faktors in den üblichen Extrakten zu der Anhäufung von Hexosediphosphat und der Hemmung der Gärung bei.

Tabelle 52. *Einfluß der Ammoniumionen auf die Glykolyse* (J. A. MUNTZ und J. HORWITZ).

m NH_4^+	mm³ CO_2 je Ansatz in 90 min
0	4
0,001	10
0,0025	37
0,005	201
0,01	228

Gibt man Organextrakte zu lebhaft gärenden Hefeextrakten, so sistiert die Gärung und dafür entsteht Milchsäure (Tabelle 51). Offensichtlich konkurriert dann die durch die tierischen Gewebe beigebrachte Milchsäuredehydrase mit der Carboxylase um die Brenztraubensäure.

Die Glykolyse wird durch Na^+ gehemmt und durch K^+ oder NH_4^+ gefördert. Na^+ und K^+ bzw. NH_4^+ greifen aber nicht an denselben Systemen an, so daß kein wahrer Antagonismus besteht. Nach J. A. MUNTZ und J. HORWITZ beschleunigen NH_4^+ in einem glykolysierenden System aus Gehirn-Acetontrockenpulver die Transphosphorylierung von Phosphoenolpyruvat auf Adenylsäure oder ADP, sowie die Hexokinasereaktion und die Phosphorylierung von Fructose-6-phosphat zu Hexosediphosphat. Offensichtlich werden alle Transphosphorylierungsreaktionen beeinflußt, in die ATP verwickelt ist. Die Wirkung von NH_4^+ oder K^+ besteht daher in einer Erhaltung

Schema des anaeroben Abbaus von Kohlenhydrat nach O. MEYERHOF [2].

```
Glykogen, Stärke                      D-Glucose
    ↓↑ ± H3PO4                            ↓↑ ± H2PO4
Glucose-1-phosphat    ⇄    Glucose-6-phosphat (EMBDEN-ROBISON-Ester)
(CORI-Ester)                              ↓↑
                           Fructose-6-phosphat (NEUBERG-Ester)
                                          ↓↑ ± H3PO4
                           Fructose-1,6-diphosphat (HARDEN-YOUNG-Ester)
                                          ↓↑
Dioxyacetonphosphat   ⇄    D-3-Glycerinaldehydphosphat
    ↓↑ ± 2 H                      ± 2 H   ↓↑ ± H3PO4
L-α-Glycerophosphat        D-1,3-Diphosphoglycerinsäure
    ↓↑                                    ↓↑ ± H3PO4
Glycerin + H3PO4           D-3-Phosphoglycerinsäure
                                          ↓↑
                           D-2-Phosphoglycerinsäure
                                          ↓↑ ± H2O
                           Phosphoenolbrenztraubensäure
                                          ↓↑
Acetaldehyd + CO2   ←——    Brenztraubensäure + H3PO4
    ↓↑ ± 2 H                              ↓↑ ± 2 H
Äthanol                    Milchsäure
```

der ATP in den Zellen durch Beschleunigung der Transphosphorylierungen. Infolgedessen wird die Bildung von Adenylsäure verhütet, welche leicht einer Dephosphorylierung durch die spezifische 5-Nucleotidase zum Opfer fallen würde.

b) Die einzelnen Reaktionen.

Phosphorylierung der Glucose zu Glucose-6-phosphorsäure.

Die erste Reaktion des intermediären Kohlenhydratstoffwechsels besteht in einer Phosphorylierung der Glucose zu Glucose-6-phosphat. Näheres über die

```
   |                                  |
H—C—OH                             H—C—OH
   |                                  |
H—C—OH                             H—C—OH
   |      O                           |      O
HO—C—H       + ATP  ——→           HO—C—H        + ADP
   |                                  |
H—C—OH                             H—C—OH
   |                                  |
H—C———                             H—C———
   |                                  |     /OH
 CH2OH                              CH2—O—P=O
                                            \OH
Glucose                            Glucose-6-phosphorsäure
```

physiologische Bedeutung dieser Reaktion findet man auf S. 65. Die Phosphorylierung erfolgt unter Beteiligung des Ferments Hexokinase, welches ein Molekül Phosphat von der ATP auf die Glucose überträgt. Dabei wird eine energiereiche Phosphatbindung in energiearmes Phosphat umgewandelt. Die Reaktion ist daher stark exergonisch ($\Delta F = -8000$ cal) und nicht umkehrbar. Hexokinase wurde von M. KUNITZ und M. MCDONALD kristallisiert. Ein Mol Enzym (96000 g) phosphoryliert in der Minute 15000 Mole Glucose. Hexokinase benötigt Magnesium. An der Hexokinase greift die hormonale Regulation des Kohlenhydratstoffwechsels an.

Glucose-6-phosphat kann entweder als Muttersubstanz für die Synthese von Glykogen oder als Ausgangsmaterial für den Abbau der Glucose dienen. Die Stellung dieses wichtigen Phosphorsäureesters im Kohlenhydratstoffwechsel ergibt sich aus dem folgenden Schema:

$$
\begin{array}{ccccc}
 & & \text{Glykogen} & & \\
 & & \downarrow\uparrow & & \\
 & & \text{Glucose-1-phosphat} & & \\
 & & \downarrow\uparrow & & \\
\text{Glucose} & \xleftarrow{\text{Phosphatase}} & \text{Glucose-6-phosphat} & \xleftarrow{\text{Hexokinase}} & \text{Glucose} \\
 & & \downarrow\uparrow & & \\
 & & \text{Abbau} & &
\end{array}
$$

Die Glykolyse des tierischen Organismus kann von der Glucose oder vom Glykogen ihren Anfang nehmen. In beiden Fällen führt sie über Glucose-6-phosphat. Die vom Glykogen zum Glucose-6-phosphat führende Reaktionskette pflegt man als Glykogenolyse zu bezeichnen.

Muskelhexokinase und Hefehexokinase sind anscheinend nicht identisch, da sie sich Hemmstoffen gegenüber verschieden verhalten. Glucose und Fructose werden nicht in allen Organen durch dieselbe Hexokinase phosphoryliert (s. S. 123).

Die Glykolyse wird durch L-Glycerinaldehyd gehemmt. Die Hemmung greift an der Hexokinase an. L-Glycerinaldehyd wird nämlich durch die Aldolase mit Dioxyacetonphosphat zu L-Sorbose-1-phosphat kondensiert, welches die tierische Hexokinase blockiert. Die Stufen Hexosediphosphat→Milchsäure werden durch die Gegenwart von Glycerinaldehyd nicht beeinträchtigt. Nach D. M. NEEDHAM, L. SIMINOWITCH und S. M. RAPKINE wird neben der Hexokinase aber auch die Triosephosphatdehydrase durch Glycerinaldehyd gehemmt.

H. WEIL-MALHERBE [2] fand in Erythrocyten und in der Muskulatur einen spezifischen Aktivator für die Hexokinase und die Fructokinase von Proteincharakter. Man kann Aktivierungen auf das zwei- bis vierfache erzielen. Der Aktivator ist inaktiv bei der weiteren Phosphorylierung von Fructose-6-phosphat zu Hexosediphosphat.

Tabelle 53.

Die Hexokinaseaktivität der Organe (C. LONG).

Die Werte sind angegeben als

$$-Q_{\text{Glucose}} = \frac{\text{mm}^3\ \text{Glucose}}{\text{mg Trockensubstanz} \times \text{Stunden}}$$

($180\,\gamma$ Glucose $= 22{,}4$ mm³).

Gehirn	27,1	Uterus	9,3
Magen	17,6	Niere	7,5
Colon	17,2	Muskel	6,0
Herz	14,9	Milz	6,0
Testes	14,0	Pankreas	5,9
Dünndarm	11,7	Lunge	4,3
Coecum	10,8	Leber	1,4

In den Nerven ist ein Inhibitor für die Gehirnhexokinase enthalten, der Hexokinase anderer Herkunft (Leber, Hefe) nicht beeinflußt. Kristallisiertes Insulin hebt die Hemmwirkung auf (L. G. ABOOD und R. W. GESARD). Über die Hexokinasehemmung durch den HVL siehe S. 73.

Die Enzymaktivität in der Darmwand ist nicht ausreichend, die täglich zu resorbierende Glucosemenge zu phosphorylieren. Die Befunde von LONG sprechen nicht dafür, daß die Phosphorylierung der Glucose durch die Hexokinase eine Voraussetzung für die Zuckerresorption aus dem Darm ist. Auffallend ist der niedere Hexokinasegehalt der Leber. Die Leber mancher Tiere enthält sogar überhaupt keine Hexokinase (S. 123), sondern nur Fructokinase. Die Reaktionskette

$$\begin{array}{c} \text{Glucose} \rightarrow \text{Glucose-6-phosphat} \rightarrow \text{Glucose-1-phosphat} \\ \downarrow \\ \text{Glykogen} \end{array}$$

kann demnach in der Leber nicht in sehr großem Umfang ablaufen. Unter Berücksichtigung der Organgewichte und der Hexokinaseaktivität ergeben sich nach C. LONG bei der Ratte die folgenden maximalen Zahlen für die Phosphorylierung der Glucose (Tabelle 54).

Tabelle 54. *Maximalwerte für die Veresterung der Glucose in den Organen einer Ratte* (C. LONG).

Organ	Mittleres Feuchtgewicht in g	Maximale Phosphorylierung mg Glucose/Organ/Stunde
Muskel	150	2780
Dünndarm	9,12	251
Gehirn	1,89	132
Colon	1,97	70
Nieren	2,27	46
Testes	2,28	45
Herz	1,00	38
Leber	6,59	33
Lunge	1,58	14
Uterus	0,44	9

Umlagerung von Glucose-6-phosphorsäure in Fructose-6-phosphorsäure.

G. EMBDEN [1] hatte in der Muskulatur einen Hexosemonophosphorsäureester entdeckt, den er „Lactacidogen" nannte. Einige Jahre später fand R. ROBISON [1] bei der Hefegärung gleichfalls einen Hexosemonophosphorsäureester. Beide Ester erwiesen sich als identisch. K. LOHMANN [1] machte die wichtige Entdeckung, daß der EMBDEN-Ester (bzw. ROBISON-Ester) keine einheitliche Substanz ist, sondern aus einem Gemisch von Glucose-6-phosphat und Fructose-6-phosphat (NEUBERG-Ester) besteht. Durch ein in allen tierischen Organen und in der Hefe enthaltenes Enzym Phosphohexoseisomerase stellt sich ein Gleichgewicht zwischen den beiden Estern ein, das bei p_H 7 und 30° bei 70% Glucosephosphat und 30% Fructosephosphat gelegen ist.

H—C—OH
H—C—OH
OH—C—H
H—C—OH
H—C
O
CH_2—O—PO_3H_2

Glucose-6-phosphorsäure

$\rightleftarrows$

CH_2OH
C—OH
OH—C—H
H—C—OH
H—C
O
CH_2—O—PO_3H_2

Fructose-6-phosphorsäuse

Nähere Untersuchungen über das Enzym stehen noch aus. Muskulatur enthält außerdem noch eine Phosphomannoseisomerase, so daß die Fructose-6-phosphorsäure auch noch mit Mannose-6-phosphorsäure im Gleichgewicht steht. Nach M. W. SLEIN findet man im Gleichgewicht miteinander 57,4% Glucose-6-phosphat, 25,5% Fructose-6-phosphat und 17,1% Mannose-6-phosphat.

Phosphorylierung von Fructose-6-phosphorsäure zu Fructose-1,6-diphosphorsäure.

Fructose-6-phosphat wird durch ATP zu Fructose-1,6-diphosphat phosphoryliert (P. Ostern und Mitarbeiter).

```
    CH₂OH                                CH₂—O—PO₃H₂
    |                                    |
    C∠OH ┐                               C∠OH ┐
    |    |                               |    |
OH—C—H   O  + ATP    ⇄    OH—C—H   O  + ADP
    |    |                               |    |
 H—C—OH  |                            H—C—OH  |
    |    |                               |    |
 H—C─────┘                            H—C─────┘
    |                                    |
    CH₂—O—PO₃H₂                          CH₂—O—PO₃H₂
```

Fructose-6-phosphorsäure (Neuberg-Ester)   Fructose-1,6-diphosphorsäure (Harden-Young-Ester)

Das dabei beteiligte Enzym Phosphohexokinase wurde bisher noch nicht näher charakterisiert. Fructose-1,6-diphosphorsäure ist der erste Kohlenhydratphosphorsäureester, der als Zwischenprodukt beim anaeroben Abbau der Kohlenhydrate aufgefunden worden war. Die Konstitution wurde von A. Harden und W. Young aufgeklärt.

Im Gegensatz zu den Verhältnissen bei der Vergärung von Glucose durch lebende Hefe findet man beim Arbeiten mit Hefeextrakten, daß sich stöchiometrische Mengen von Hexosemonophosphat und Hexosediphosphat anhäufen und daß, wenn Glucose und freies Phosphat verbraucht sind, die Gärgeschwindigkeit plötzlich stark abfällt. Dieses Phänomen wurde erstmalig von Harden und Young beschrieben. Der „Harden-Young-Effekt" beruht auf dem Mangel an ATP-ase (und Apyrase) in dem Extrakt und auf der allmählichen Zerstörung dieser Enzyme. Beim Fehlen der ATP-ase sind die bei den späteren Stufen der Glykolyse bzw. Gärung sonst auftretenden Phosphorylierungen unmöglich. Der anaerobe Zuckerabbau kommt daher wegen Erschöpfung des anorganischen Phosphats rasch zum Stillstand. Man kann den Harden-Young-Effekt auch in lebender Hefe durch Zusatz von ATP-ase hemmenden Stoffen oder durch Zerstörung des Enzyms, z. B. durch Ultraschall hervorrufen.

Aufspaltung der Hexosediphosphorsäure in Triosephosphorsäuren.

Die nächste Reaktion der Glykolyse besteht in einer Aufspaltung der Hexosediphosphorsäure in zwei Mole Triosephosphat. Das dabei beteiligte Enzym wurde von O. Meyerhof und K. Lohmann [*1*], welche die Reaktion entdeckten, Aldolase genannt. O. Warburg [*1*] bezeichnet es als Zymohexase. Daß bei der Einwirkung von Aldolase auf Hexosediphosphat neben Dioxyacetonphosphorsäure auch Glycerinaldehydphosphorsäure entsteht, wurde erst einige Jahre später von O. Meyerhof [*1*] durch Abfangen mit Hydrazin bewiesen. Glycerinaldehydphosphorsäure war bis dahin der Beobachtung entgangen, weil sie durch ein im Organismus neben der Aldolase vorhandenes Enzym Isomerase mit Dioxyacetonphosphorsäure in einem Gleichgewicht steht, das sehr zu Ungunsten des Aldehyds gelegen ist.

Der Zerfall des Hexosediphosphats ist eine endergonische Reaktion ($\Delta F = -5600$ cal). Das Gleichgewicht liegt daher stark zu Gunsten des Hexosediphosphats.

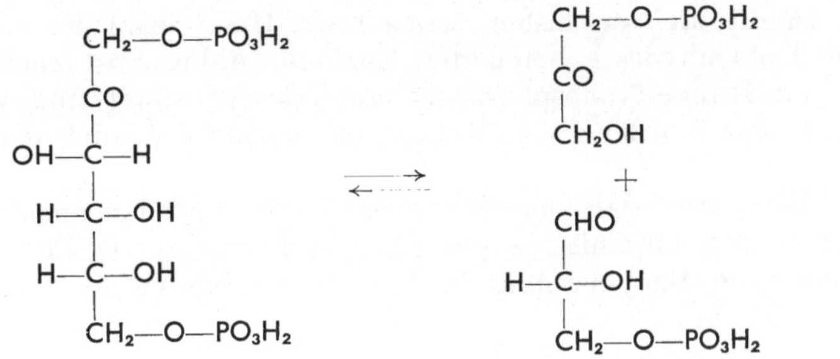

$$\begin{array}{c} CH_2\text{—O—}PO_3H_2 \\ | \\ CO \\ | \\ OH\text{—}C\text{—}H \\ | \\ H\text{—}C\text{—}OH \\ | \\ H\text{—}C\text{—}OH \\ | \\ CH_2\text{—O—}PO_3H_2 \end{array} \quad \rightleftarrows \quad \begin{array}{c} CH_2\text{—O—}PO_3H_2 \\ | \\ CO \\ | \\ CH_2OH \\ + \\ CHO \\ | \\ H\text{—}C\text{—}OH \\ | \\ CH_2\text{—O—}PO_3H_2 \end{array}$$

Fructose-1,6-diphosphorsäure — Dioxyacetonphosphorsäure + Glycerinaldehydphosphorsäure

Aldolase vermittelt ganz allgemein Aldolkondensationen zwischen Dioxyacetonphosphorsäure und einem beliebigen Aldehyd, wobei die Aldehydkomponente nicht phosphoryliert zu sein braucht. Beispielsweise kann Dioxyacetonphosphorsäure mit Acetaldehyd zu Methylthreosephosphorsäure kondensiert werden. Ein weiteres Beispiel ist die Synthese von L-Sorbose-1-phosphat aus Dioxyacetonphosphat und L-Glycerinaldehyd (siehe auch S. 84).

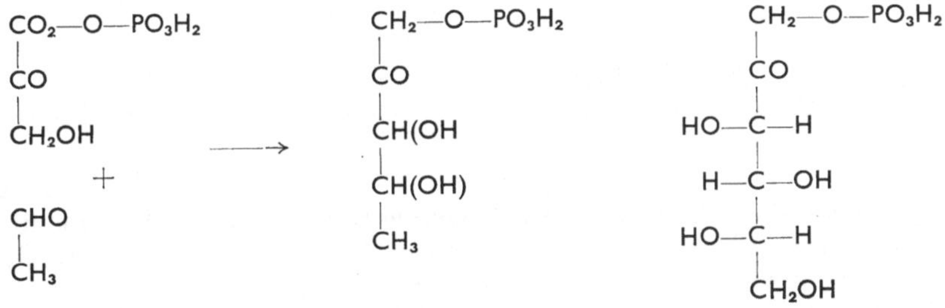

$$\begin{array}{c} CO_2\text{—O—}PO_3H_2 \\ | \\ CO \\ | \\ CH_2OH \\ + \\ CHO \\ | \\ CH_3 \end{array} \quad \longrightarrow \quad \begin{array}{c} CH_2\text{—O—}PO_3H_2 \\ | \\ CO \\ | \\ CH(OH \\ | \\ CH(OH) \\ | \\ CH_3 \end{array} \qquad \begin{array}{c} CH_2\text{—O—}PO_3H_2 \\ | \\ CO \\ | \\ HO\text{—}C\text{—}H \\ | \\ H\text{—}C\text{—}OH \\ | \\ HO\text{—}C\text{—}H \\ | \\ CH_2OH \end{array}$$

Dioxyacetonphosphorsäure + Acetaldehyd — Methylthreosephosphorsäure — Sorbose-1-phosphorsäure

Dioxyacetonphosphorsäure läßt sich bei der Einwirkung der Aldolase durch kein anderes Substrat ersetzen.

Aldolase (Zymohexase) wurde erstmalig von O. WARBURG und W. CHRISTIAN sowohl aus Muskel als auch aus Hefe isoliert und kristallisiert dargestellt. Beide Enzyme sind anscheinend verschieden. Aldolase aus Muskel ist kein Schwermetallproteid und läßt sich auch nicht durch Dialyse gegen Komplexbildner inaktivieren. Dagegen wird Hefealdolase durch Komplexbildner (z. B. Cystein, Pyrophosphat, Phenanthrolin) gehemmt. Die Hemmung läßt sich durch Zusätze von Fe^{++}, Zn^{++} oder Co^{++} wieder aufheben. J. F. TAYLOR, A. A. GREEN und G. T. CORI haben Aldolase aus Rattenmuskel und Kaninchenmuskel kristallisiert dargestellt. Beide Tierarten hatten ein identisches Enzym. Etwa 10% des in Wasser löslichen Muskeleiweiß bestehen aus Aldolase. Das Molekulargewicht beträgt 150000. Ein Mol Enzym setzt in der Minute bei 30° und p_H 7,6 1670 Mole Hexosediphosphat

Tabelle 55.
Der Aldolasegehalt von Organen (O. MEYERHOF).
Alle Werte in mg P je Minute umgesetzt bei 38°.

Organ	Aldolasegehalt
Muskel (Ratte, Kaninchen)	5,6—8,5
Herz (Ratte)	0,3—0,6
Carcinom (Maus)	0,6—0,8
Sarkom (Ratte, Maus)	0,3—0,6
Gehirn (Ratte)	0,3—0,7
Leber (Ratte)	0,2—0,6
Niere (Ratte)	wenig—0,3
Milz (Ratte)	0,1—0,2
Blut (Ratte, Kaninchen)	0,02

um. Dies ist die kleinste bisher beobachtete Umsatzzahl der beim anaeroben Abbau der Kohlenhydrate beteiligten Enzyme. Aldolase ist auch bei der Aufspaltung von Ribose-5-phosphorsäure zu Triosephosphat und Glykolaldehyd (S. 127) bzw. der Synthese von Ribose und vermutlich auch der der Desoxyribose beteiligt.

Sowohl Dioxyaceton als auch Glycerinaldehyd, außerdem auch noch Glycerinsäure können vom Organismus phosphoryliert werden. O. LINDBERG hat das phosphorylierende Enzymsystem in Nierenhomogenaten nachgewiesen. Phosphatdonator ist ATP.

Umlagerung von Dioxyacetonphosphorsäure in Glycerinaldehydphosphorsäure.

Dioxyacetonphosphorsäure und Glycerinaldehydphosphorsäure stehen durch das Ferment Isomerase (Phosphotrioseisomerase) in einem Gleichgewicht, das unter physiologischen Bedingungen bei etwa 3% Aldehyd und 97% Keton gelegen ist (O. MEYERHOF und W. KIESSLING [1]). Die Reaktion ist praktisch thermoneutral. ΔF beträgt etwa — 1000 cal.

$$\begin{array}{c} CH_2OH \\ | \\ CO \\ | \\ CH_2{-}O{-}PO_3H_2 \end{array} \rightleftarrows \begin{array}{c} CHO \\ | \\ H{-}C{-}OH \\ | \\ CH_2{-}O{-}PO_3H_2 \end{array}$$

Dioxyacetonphosphorsäure D-Glycerinaldehydphosphorsäure

Das Enzym wurde von O. MEYERHOF und L. BECK weitgehend gereinigt. Bei 38° setzt es je Minute 1000000 Moleküle Substrat um. Glycerinaldehydphosphorsäure wird mitunter als FISCHER-Ester bezeichnet, da die erste Darstellung durch H. O. FISCHER und H. BAER erfolgte.

Muskulatur und andere Organe enthalten eine Glycerophosphatdehydrase, welche die Dehydrierung von 1-α-Glycerinphosphorsäure in Dioxyacetonphosphat katalysiert. Das Gleichgewicht

$$\begin{array}{c} CH_2OH \\ | \\ CH(OH) \\ | \\ CH_2{-}O{-}PO_3H_2 \end{array} \rightleftarrows \begin{array}{c} CH_2OH \\ | \\ CO \\ | \\ CH_2{-}O{-}PO_3H_2 \end{array}$$

α-Glycerinphosphorsäure Dioxyacetonphosphorsäure

liegt stark zu Gunsten des Glycerophosphats. Die Glycerophosphatdehydrase wurde von T. BARANOWSKI von Myosin A-Kristallen durch fraktionierte Kristallisation abgetrennt. 100000 g Ferment setzen bei 20° und p_H 7 26500 Mole Substrat um. Rattenmuskel enthält 0,015% an dieser Dehydrase.

Da Co-Dehydrase I prosthetische Gruppe der Glycerophosphatdehydrase ist, kann die bei der Dehydrierung von Triosephosphat entstandene hydrierte Codehydrase ihren Wasserstoff auf Dioxyacetonphosphorsäure unter Bildung von Glycerophosphat übertragen. Daß die Glykolyse jedoch nicht in die Richtung der Bildung von Glycerophosphat abgedrängt wird, hat seine Ursache darin, daß die Reaktionsgeschwindigkeiten der Dismutation zwischen Triosephosphat und Brenztraubensäure bzw. Triosephosphat und Acetaldehyd größer sind. Beseitigt man jedoch bei der alkoholischen Gärung den Acetaldehyd laufend, so wird Dioxyacetonphosphorsäure zum Hauptwasserstoffacceptor, so daß große Mengen Glycerin entstehen (S. 94).

Dehydrierung der Glycerinaldehydphosphorsäure zu 1,3-Phosphoglycerinsäure.

Bei der Dehydrierung des Glycerinaldehydphosphats ist Phosphorsäure beteiligt. Als Reaktionsprodukt entsteht D-1,3-Diphosphoglycerinsäure. O. WARBURG und W. CHRISTIAN nahmen an, daß Glycerinaldehydphosphorsäure zunächst noch 1 Mol Phosphorsäure in einer vermutlich nicht enzymatischen Reaktion aufnimmt, wodurch 1,3-Glycerinaldehyddiphosphorsäure („NEGELEIN-Ester" von E. NEGELEIN und H. BRÖMEL) entsteht. Der NEGELEIN-Ester wird dann durch das „oxydierende Gärungsferment" zu 1,3-Diphosphoglycerinsäure dehydriert, wobei der Wasserstoff von der Co-Dehydrase I aufgenommen wird, die ihn bei der Glykolyse zur Hydrierung von Brenztraubensäure verwendet und dadurch wieder regeneriert wird. Beide Enzyme, das Triosephosphat dehydrierende und das Brenztraubensäure hydrierende (Milchsäuredehydrase) besitzen dasselbe Co-Ferment, nämlich Co-Dehydrase I. Durch das Zusammenwirken der beiden Enzyme entsteht eine Dismutation: Dehydrierung des Triosephosphats und Hydrierung der Brenztraubensäure. Bei der Gärung liegen die Verhältnisse ähnlich. Hier ist die Dehydrierung des Triosephosphats mit einer Hydrierung von Acetaldehyd zu Äthanol gekoppelt.

$$\text{D-3-Phosphoglycerinaldehyd} + H_3PO_4 \rightleftarrows \text{D-1,3-Diphosphoglycerinaldehyd},$$
$$\text{D-1,3-Diphosphoglycerinaldehyd} + Co \rightleftarrows \text{D-1,3-Diphosphoglycerinsäure} + CoH_2.$$

1,3-Diphosphoglycerinaldehyd wurde aber nie als Zwischenprodukt isoliert. O. MEYERHOF und P. OESPER, welche die Dehydrierung des Triosephosphats einer erneuten Untersuchung unterzogen, nehmen folgenden Reaktionsverlauf an, ohne jedoch nähere Angaben über den Reaktionsmechanismus machen zu können:

$$\text{D-3-Phosphoglycerinaldehyd} + H_3PO_4 + Co \rightleftarrows \text{D-1,3-Diphosphoglycerinsäure} + CoH_2.$$

Das oxydierende Gärungsferment (Triosephosphatdehydrase) wurde von O. WARBURG und W. CHRISTIAN aus Hefe kristallisiert dargestellt. Es hat ein Molekulargewicht von 96000 und setzt bei 20° und p_H 7,4 in der Minute 17000 Mole Substrat um. G. T. CORI, M. W. SLEIN und C. F. CORI, ferner J. F. TAYLOR, S. F. VELICK, G. T. CORI, C. F. CORI und M. W. SLEIN haben die Dehydrase aus Muskulatur kristallisiert. Das Muskelenzym enthält auf je 50000 g ein Mol Co-Dehydrase. Es macht 7—12% der wasserlöslichen Muskelproteine aus. 100000 g Enzym hydrieren in der Minute bei p_H 8,6 und 27° 6700 Mole Co-Dehydrase. Das Enzym wird durch Jodacetat gehemmt, das mit den freien SH-Gruppen der Dehydrase reagiert. Die durch Oxydation inaktivierte Form des Enzyms, die —S—S-Bindungen enthält, läßt sich durch Cystein in die reduzierte, aktive Form zurückverwandeln. Das oxydierte Ferment bindet verständlicherweise kein Jodacetat.

Bei der Dehydrierung von Glycerinaldehydphosphorsäure zu 1,3-Diphosphoglycerinsäure entsteht eine nur geringfügige Änderung der freien Energie ($\Delta F =$ + 400 cal). An und für sich wäre bei der Dehydrierung von Triosephosphat zu 3-Phosphoglycerinsäure ein ΔF von etwa — 10000 cal zu erwarten gewesen. Die geringe Änderung an freier Energie beim Übergang in 1,3-Diphosphoglycerinsäure beruht darauf, daß bei der Reaktion im Molekül eine energiereiche Phosphatbindung (Säureanhydridbindung) entsteht. Die bei der Dehydrierung anfallende Energie wird also zur Schaffung von energiereichem Phosphat benützt, das in der danach folgenden Reaktion der Dephosphorylierung von 1,3-Diphosphoglycerinsäure zur Transphosphorylierung auf ADP unter Bildung von ATP benützt wird.

Die Eigenschaften der 1,3-Diphosphoglycerinsäure wurden von E. NEGELEIN und H. BRÖMEL näher beschrieben.

Ersetzt man bei der Dehydrierung des Triosephosphats im Reaktionsansatz das benötigte Phosphat durch Arsenat, so wird ebenfalls Triosephosphat dehydriert und Co-Zymase hydriert. Die Reaktion ist aber in diesem Falle irreversibel. Als Endprodukt entsteht an Stelle der zu erwartenden 1-Arseno-3-phosphoglycerinsäure 3-Phosphoglycerinsäure. Vermutlich ist die arsenylierte Verbindung äußerst instabil und zerfällt sofort. Von dem Umstand, daß die Dehydrierung von Triosephosphat in Gegenwart von Arsenat eine irreversible, völlig zu Ende laufende Reaktion wird, hat man schon vielfach zu analytischen und präparativen Zwecken Gebrauch gemacht.

Dephosphorylierung von 1,3-Diphosphoglycerinsäure zu 3-Phosphoglycerinsäure.

1,3-Diphosphoglycerinsäure wird durch das Enzym Diphosphoglycerinsäure-dephosphorylase (erstes dephosphorylierendes Ferment von O. WARBURG) zu 3-Phosphoglycerinsäure dephosphoryliert, und zwar unter gleichzeitiger Übertragung des Phosphorsäurerestes auf ADP, so daß ATP gebildet wird.

$$\begin{array}{l} CO—O—PO_3H_2 \\ | \\ H—C—OH \\ | \\ CH_2—O—PO_3H_2 \end{array} + ADP \rightleftharpoons \begin{array}{l} COOH \\ | \\ H—C—OH \\ | \\ CH_2—O—PO_3H_2 \end{array} + ATP$$

1,3-Diphosphoglycerinsäure — 3-Phosphoglycerinsäure

Das Enzym wurde von T. BÜCHER kristallisiert. 100000 g Enzym reagieren in der Minute bei 25° mit 320000 Molekülen Substrat. Bei dieser Reaktion werden je Mol umgesetzter Glucose zwei energiereiche Phosphatbindungen gewonnen.

Umlagerung von 3-Phosphoglycerinsäure in 2-Phosphoglycerinsäure.

Das in allen tierischen Geweben, ferner auch in der Hefe und in vielen Mikroorganismen vorkommende Enzym Phosphoglyceromutase (Triosemutase) bewirkt die Einstellung eines Gleichgewichts zwischen 3-Phosphoglycerinsäure und 2-Phosphoglycerinsäure, das zu Gunsten des 3-Esters liegt. Die Reaktion läuft nur in Anwesenheit katalytischer Mengen von 2,3-Diphosphoglycerinsäure ab. Der Mechanismus der Reaktion ist daher folgendermaßen zu formulieren (E. W. SUTHERLAND, T. POSTERNAK und C. F. CORI):

$$\begin{array}{l} C \\ | \\ C\text{-phosphat} \\ | \\ C\text{-phosphat} \end{array} + \begin{array}{l} C \\ | \\ C \\ | \\ C\text{-phosphat} \end{array} \rightleftharpoons \begin{array}{l} C \\ | \\ C\text{-phosphat} \\ | \\ C \end{array} + \begin{array}{l} C \\ | \\ C\text{-phosphat} \\ | \\ C\text{-phosphat} \end{array}$$

2,3-Diphosphoglycerinsäure kommt in hoher Konzentration in den roten Blutkörperchen vor. Rund $^2/_3$ des gesamten säurelöslichen Phosphats des Blutes sind durch 2,3-Diphosphoglycerinsäure bedingt. Erythrocyten können die Substanz nur in unbeträchtlichem Maßstabe dephosphorylieren. Muskel, Niere und andere tierische Gewebe sowie Hefe überführen 2,3-Diphosphoglycerinsäure in Brenztraubensäure. S. RAPOPORT und J. LUEBERING nehmen an, daß die Bildung der 2,3-Diphosphoglycerinsäure durch einen zweistufigen Prozeß erfolgt. In der ersten Reaktion entsteht aus 3-Phosphoglycerinsäure und ATP durch das von BÜCHER beschriebene Enzym 1,3-Diphosphoglycerinsäure, die dann durch eine von RAPOPORT und LUEBERING postulierte Mutase („Diphosphoglycerinsäuremutase“) in 2,3-Diphosphoglycerinsäure umgelagert wird.

3-Phosphoglycerinsäure + ATP ⇄ 1,3-Diphosphoglycerinsäure + ADP,
1,3-Diphosphoglycerinsäure ⇄ 2,3-Diphosphoglycerinsäure.

Muskulatur enthält eine spezifische 2,3-Diphosphoglycerinsäure-Phosphatase (RAPOPORT und LUEBERING).

Umwandlung von 2-Phosphoglycerinsäure zu Phosphobrenztraubensäure.

Die Wasserabspaltung von 2-Phosphoglycerinsäure zu Phosphoenolbrenztraubensäure wurde von K. LOHMANN und O. MEYERHOF entdeckt. Das dabei beteiligte Enzym Enolase wurde von O. WARBURG und W. CHRISTIAN [*3*] kristallisiert. Es ist ein Metallproteid, das in Verbindung mit Mg^{++}, Zn^{++} oder Mn^{++}

$$\begin{array}{ccc} \text{COOH} & & \text{COOH} \\ | & & | \\ \text{H—C—O—PO}_3\text{H}_2 & \rightleftarrows & \text{C—O—PO}_3\text{H}_2 \\ | & & \| \\ \text{CH}_2\text{OH} & & \text{CH}_2 \end{array}$$

2-Phosphoglycerinsäure — Phosphobrenztraubensäure

aktiv ist. Das physiologische Metall ist vermutlich Mg. Ein Mol Enolase (66000 g) setzt bei 20° und p_H 7,43 je Minute 6800 Mole Substrat um.

Enolase wird durch Fluorid gehemmt. Hierauf beruht die schon lange bekannte Unterbrechung der Gärung durch Zusatz von Fluorid. Fluoride hemmen die Enolase nur in Gegenwart von Phosphat. Die Fluoridhemmung des Enzyms wird daher vermutlich durch eine Komplexverbindung bewirkt, die Magnesium, Fluorid und Phosphat enthält und das Magnesium von der Enolase verdrängt. O. WARBURG [*1*] formuliert die sich dabei abspielende Reaktion folgendermaßen:

Magnesiumfluorphosphat + Mg-Enolase ⇄ Magnesiumfluorphosphatenolase + Mg-Salz.

Der Mechanismus der Hemmung der Enolase ist sehr ähnlich, vielleicht identisch mit dem der Fluoridhemmung der Phosphoglucomutase (S. 80).

Bei der Enolasereaktion entsteht durch eine intramolekulare Verschiebung der Energie eine energiereiche Phosphatbindung. Die Enolasereaktion selbst ist mit einer nur geringen Änderung an freier Energie verbunden ($\Delta F = -1050$ cal) und daher leicht reversibel (O. MEYERHOF und P. OESPER).

Dephosphorylierung der Phosphobrenztraubensäure.

Phosphobrenztraubensäure wird durch Phosphobrenztraubensäuredephosphorylase (zweites dephosphorylierendes Ferment von WARBURG, Pyruvatkinase) dephosphoryliert, wobei die Phosphatgruppe auf ADP unter Bildung von ATP übertragen wird (J. K. PARNAS, P. OSTERN und T. MANN). H. A. LARDY und J. A. ZIEGLER haben bewiesen, daß die Reaktion, im Gegensatz zu älteren Angaben von MEYERHOF, umkehrbar ist. Voraussetzung hierfür ist die Anwesenheit von Kaliumionen.

$$\begin{array}{ccccc} \text{COOH} & & \text{COOH} & & \text{COOH} \\ | & & | & & | \\ \text{C—O—PO}_3\text{H}_2 + \text{ADP} & \rightleftarrows & \text{COH} + \text{ATP} & \rightleftarrows & \text{CO} \\ \| & & \| & & | \\ \text{CH}_2 & & \text{CH}_2 & & \text{CH}_3 \end{array}$$

Phosphoenolbrenztraubensäure — Brenztraubensäure (Enolform) — Brenztraubensäure (Ketoform)

ΔF der Reaktion beträgt —4400 cal (O. MEYERHOF und P. OESPER), ist also etwa genau so groß wie bei der Dephosphorylierung der 1,3-Diphosphoglycerinsäure zu 3-Phosphoglycerinsäure, bei der ΔF zu —4600 cal bestimmt wurde. In beiden Fällen wird das Phosphat auf ADP unter Bildung von ATP übertragen.

Die Hemmung der Glykolyse durch Natriumionen im Gehirn, wenn 0,03 m Na überschritten werden, beruht nach M. F. UTTER auf einer Hemmung der Transphosphorylierung von der Phosphoenolbrenztraubensäure auf ADP.

Pyruvatkinase setzt bei 20° und p_H 6,77 in der Minute 6000 Mole Phosphoenolpyruvat um.

c) Bildung und Umsatz der Milchsäure.

Die letzte Reaktion der Glykolyse besteht in einer Hydrierung der Brenztraubensäure zu L(+)-Milchsäure durch die Milchsäuredehydrase (reduzierendes Gärungsferment von WARBURG), deren Co-Ferment Co-Dehydrase I ist. Bei der Dehydrierung von Glycerinaldehydphosphorsäure durch die Triosephosphatdehydrase (oxydierendes Gärungsferment von WARBURG) wird die Co-Dehydrase hydriert. Die entstandene Dihydro-Co-Dehydrase gibt ihren Wasserstoff an Brenztraubensäure ab, wenn sie keinen anderen Wasserstoffacceptor findet. Auf diese Weise kommt bei der Glykolyse eine Oxydoreduktion zustande, bei der Triosephosphat dehydriert und Brenztraubensäure hydriert wird, so daß der Gesamtprozeß der Glykolyse weder mit einer Aufnahme noch mit einer Abgabe von Wasserstoff verknüpft ist und der Ausgangszustand bezüglich Co-Dehydrase wieder erreicht wird.

$$\text{3-Glycerinaldehydphosphorsäure} + H_3PO_4 + Co \rightleftarrows \text{1,3-Diphosphoglycerinsäure} + CoH_2,$$
$$\text{Brenztraubensäure} + CoH_2 \rightleftarrows \text{Milchsäure} + Co.$$

Das Gleichgewicht der letzteren Reaktion liegt stark zu Gunsten der Hydrierung der Brenztraubensäure, da dieser Prozeß exergonisch ist.

Das Protein des reduzierenden Gärungsfermentes wurde von F. KUBOWITZ und P. OTT aus Muskulatur und Tumoren kristallisiert erhalten. 100000 g Fermentprotein setzen bei p_H 7,4 und einer Temperatur von 20° 23000, bei 39° 73000 Mole Brenztraubensäure in der Minute um.

Milchsäuredehydrase hydriert auch die homologen α-Ketosäuren. Die Reaktionsgeschwindigkeit nimmt jedoch mit zunehmender C-Atomzahl der Ketosäuren stark ab. Das Enzym wirkt auch auf α,γ-Diketosäuren ein (A. MEISTER). Bei diesen wird jedoch nur die eine Ketogruppe, vermutlich die in α-Stellung befindliche, hydriert.

Die Milchsäuredehydrase kann auch mit Co-Dehydrase II (TPN) arbeiten. Die Reaktionsgeschwindigkeit beträgt dann aber nur den 100.—380. Teil derjenigen, die bei der Beteiligung von Co-Dehydrase I zu beobachten ist.

Der Gehalt des Blutes an Milchsäure beträgt in der Norm 5—20 mg-%. Bei mäßiger Muskelarbeit findet man Anstiege auf das doppelte bis dreifache. Dies ist durch eine vermehrte Milchsäurebildung im Muskel und eine erhöhte Abgabe an das Blut bedingt. Ist jedoch ein bestimmter Milchsäurespiegel erreicht, so bleibt er ungefähr konstant, weil sich ein steady state einstellt. Bei schwerer Muskelarbeit können Blutmilchsäurewerte von 100—200 mg-% erreicht werden. Man findet dann auch beträchtliche Anhäufungen von Milchsäure in der Muskulatur. Daher ist der Sauerstoffverbrauch nach großen Muskelleistungen noch eine mehr oder minder lange Zeitspanne erhöht, um die im Muskel enthaltene Milchsäuremenge zu beseitigen („Sauerstoff-Debt"). Das zur Oxydation der angefallenen Milchsäure benötigte Sauerstoff-Debt kann bis zu 10 Liter Sauerstoff betragen. Das Auftreten der Milchsäure bei der Muskelarbeit ist dadurch bedingt, daß die

Sauerstoffversorgung, insbesondere in der ersten Minute, nicht ausreicht, um die völlige Oxydation der Brenztraubensäure zu gewährleisten. Die im Muskel durch Hydrierung der Brenztraubensäure entstandene Milchsäure wird zum Teil oxydiert, zum Teil zu Glykogen resynthetisiert und zum Teil an das Blut abgegeben. Von der Blutmilchsäure nimmt die Leber einen großen Teil auf und verwandelt sie in Glykogen. Ein Teil der Blutmilchsäure wird im Harn ausgeschieden. In der Ruhe ist die Milchsäureausscheidung eines gesunden Menschen nur gering; sie erreicht kaum 0,1 g im Tag. Dagegen ist die Ausscheidung nach Muskelarbeit vermehrt. Schwere Muskelarbeit kann die Ausscheidung von mehreren Grammen Milchsäure verursachen. Der Übergang von Milchsäure aus dem Gehirn in das Blut erfolgt nur langsam. Daher häuft sich Milchsäure im Gehirn an, wenn es z. B. durch elektrische Reizung oder Medikamente zu einer erheblich verstärkten Tätigkeit gezwungen wird.

Injiziertes Lactat wird praktisch vollständig verwertet. Versuche von H. A. ABRAMSON, M. G. EGGLETON und P. EGGLETON haben ergeben, daß Hunde (in Narkose) 0,5 g Milchsäure je Stunde und Kilogramm Körpergewicht umsetzen können. Die für den tierischen Organismus physiologische Milchsäure ist die L(+)-Milchsäure. D(—)-Milchsäure wird nicht oder in nur unbedeutendem Umfang zur Glykogensynthese verwertet. Ein großer Teil von einverleibtem D(—)-Lactat wird unverändert im Harn ausgeschieden. F. M. HUENNEKENS, H. R. MAHLER und J. NORDMANN haben jedoch ein lösliches Enzym „α-Oxysäurenracemase“ nachgewiesen, welches die optischen Antipoden der biologisch wichtigen α-Oxysäuren in die natürlichen Formen verwandelt, unter anderem auch L-Milchsäure in D-Milchsäure überführt (siehe auch S. 131). Der Umstand, daß der größte Teil verabreichter D(—)-Milchsäure ausgeschieden wird, läßt vermuten, daß die Tätigkeit der erwähnten Racemase nicht sehr umfangreich ist.

d) Die alkoholische Gärung.

Die alkoholische Gärung verläuft bis zur Stufe der Brenztraubensäure genau so wie die Glykolyse. Aus diesem Grunde wurde die Gärung häufig als ein einfacheres Modell zur Erforschung des Kohlenhydratstoffwechsels der tierischen Gewebe herangezogen. Während der tierische Organismus Brenztraubensäure zu Milchsäure hydriert, decarboxyliert Hefe Brenztraubensäure zu Acetaldehyd. Das dabei wirksame Enzym Carboxylase hat Aneurindiphosphat (Pyrophosphatester von Aneurin) als prosthetische Gruppe (Co-Carboxylase). Außerdem enthält die Carboxylase noch Magnesium. Auf 1 Mol Protein (75000 g) kommen 1 Mol Aneurindiphosphat und 1 Atom Mg.

```
        H    ·     Cl
        C      CH2  |
    N//   \C/     \N------C—CH3        O        O
    |      ||      ||     ||          //       //
H3C—C      C       HC     C—CH2—CH2—O—P—O—P—OH
     \\N/   \NH2     \S/                \OH     \OH
```

Aneurindiphosphat (Co-Carboxylase)

Ein Mol Carboxylase spaltet in der Minute bei 30° 700—900 Mole Brenztraubensäure. Aneurindiphosphat entsteht aus Aneurin durch Transphosphorylierung mit ATP.

Carboxylase decarboxyliert auch noch andere α-Ketosäuren (z. B. α-Ketobuttersäure, α-Ketovaleriansäure, α-Ketocapronsäure).

$$CH_3—CO—COOH \rightleftarrows CH_3—CHO + CO_2 \quad \Delta F = -6600 \text{ cal.}$$

Da die Decarboxylierung stark exergonisch ist, liegt das Gleichgewicht praktisch völlig in Richtung auf die CO_2-Abspaltung.

Der entstandene Acetaldehyd wird dann durch den bei der Dehydrierung des Triosephosphats angefallenen Wasserstoff zu Äthanol hydriert. Die Oxydoreduktion der alkoholischen Gärung lautet also:

$$\text{3-Glycerinaldehydphosphorsäure} + H_3PO_4 + Co \rightleftarrows \text{1,3-Diphosphoglycerinsäure} + CoH_2,$$
$$\text{Acetaldehyd} + CoH_2 \rightleftarrows \text{Äthanol} + Co.$$

Das Protein des „reduzierenden Gärungsfermentes" (Alkoholdehydrase) der Hefe wurde von E. NEGELEIN und H. J. WULFF kristallisiert erhalten. Ein Mol Enzym hydriert in der Minute 30000 Mole Acetaldehyd. Das Gleichgewicht der Reaktion liegt stark zu Gunsten der Hydrierung. ΔF beträgt für die Hydrierung — 5000 cal.

Das Zusammenwirken des „oxydierenden" und des „reduzierenden" Gärungsfermentes zeigt die Abb. 6. Man sieht, wie in einem System, das aus Co-Dehydrase I, 1,3-Diphosphoglycerinaldehyd und Acetaldehyd besteht, Zugabe des Proteins des oxydierenden Gärungsfermentes (Triosephosphatdehydrase) eine Hydrierung der Co-Dehydrase bewirkt, die sich in dem Auftreten der typischen Absorptionsbande der Dihydro-Co-Zymase bei 340 mμ zu erkennen gibt. Setzt man dann das Protein des reduzierenden Gärungsenzyms (Alkoholdehydrase) zu, so verschwindet die Bande wieder, weil die Dihydro-Co-Dehydrase ihren Wasserstoff an den Acetaldehyd abgibt. Die Bande verschwindet jedoch nicht vollständig, weil sich ein Gleichgewicht zwischen den beiden Reaktionen einstellt, das von den Konzentrationen der beiden Fermentproteine abhängig ist.

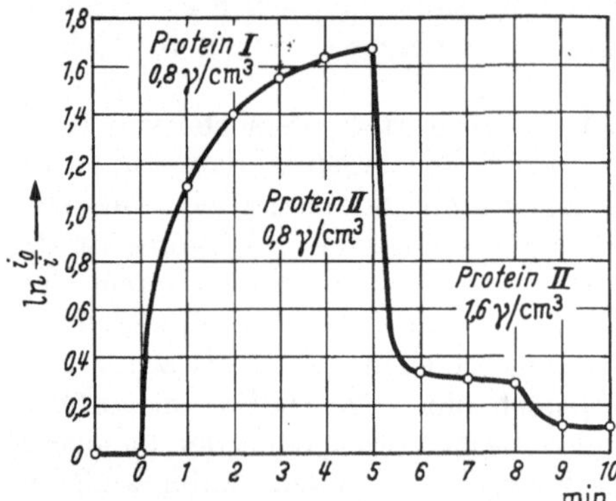

Abb. 6. Zusammenwirken des oxydierenden und reduzierenden Gärungsferments. i_0/i ist die Lichtschwächung für die Wellenlänge 340 mμ. Schichtdicke 0,557 cm. Protein I ist das Protein des oxydierenden Gärungsferments, Protein II ist das Protein des reduzierenden Gärungsferments.

Die Konzentrationen bei dem Versuch waren:

Pyridinnucleotid . .	0,183 mg/cm³	pH 7,9, Temperatur 25°
D-FISCHER-Ester: .	0,733 mg/cm³	
Acetaldehyd . . .	1,47 mg/cm³	
Protein	0,0008 mg/cm³	
Orthophosphat . .	$3{,}3 \cdot 10^{-5}$ Mole/cm³	
Pyrophosphatpuffer	$3{,}3 \cdot 10^{-5}$ Mole/cm³	

(O. WARBURG und E. CHRISTIAN [2]).

Glucose mit C^{14} als C-Atom 1 ergab bei der alkoholischen Gärung praktisch ausschließlich $\overset{*}{C}H_3$—CH_2OH. Dieser Befund steht in gutem Einklang mit den im vorstehenden entwickelten Vorstellungen über die Gärung (D. E. KOSCHLAND jr. und F. H. WESTHEIMER).

Fängt man den bei der Gärung intermediär entstehenden Acetaldehyd durch Zusatz von Sulfit ab, so erhält man als Endprodukte der Gärung an Stelle von Äthanol Acetaldehyd und Glycerin. Da der Acetaldehyd als Bisulfitverbindung festgelegt ist, kann er nicht zu Äthanol hydriert werden. Der Wasserstoff der Dihydro-Co-Dehydrase wird dann auf Phosphoglycerinaldehyd übertragen. Die Oxydo-Reduktionsgleichung dieses von C. NEUBERG als „zweite Vergärungsform" bezeichneten Gärungsablaufes ist:

$$\text{Glycerinaldehyddiphosphorsäure} + Co \rightleftarrows \text{Diphosphoglycerinsäure} + CoH_2,$$
$$\text{Phosphoglycerinaldehyd} + CoH_2 \rightleftarrows \text{Glycerinphosphorsäure} + Co.$$

CONNSTEIN und LÜDECKE haben unabhängig von NEUBERG die Glycerinbildung bei einer entsprechend geleiteten Gärung entdeckt und darauf ein technisches Verfahren zur Herstellung von Glycerin gegründet, mit dessen Hilfe in Deutschland in den Jahren 1914/18 größere Mengen Glycerin gewonnen wurden.

6. Brenztraubensäure als Knotenpunkt des Kohlenhydratstoffwechsels.

Brenztraubensäure nimmt im Kohlenhydratstoffwechsel aller Lebewesen eine zentrale Stellung ein, da sie zu den mannigfaltigsten Umsetzungen befähigt ist. Abgesehen von der Hydrierung zu Milchsäure und Aminierung zu Alanin, auf die in diesem Zusammenhang nicht eingegangen werden soll, kann die Brenztraubensäure in vivo zu folgenden Reaktionen herangezogen werden: Dismutationen, einfacher und oxydativer Decarboxylierung, Carboxylierungen. Alle diese Reaktionen benötigen, in einer zumeist noch undurchsichtigen Weise, Aneurindiphosphat. Ein Aneurinmangel führt daher zu einer generellen Störung des Brenztraubensäurestoffwechsels. Beispiele sind das altbekannte Bild der Vitamin B_1-Avitaminose und ein interessanter Befund von S. MARKEES und F. W. MEYER. Beim schweren, progredienten Alloxandiabetes kommt es als Zeichen einer Störung des Brenztraubensäurestoffwechsels zu einer beträchtlichen Hyperpyruvatämie. Injiziert man komatösen und eine gewaltige Hyperpyruvatämie aufweisenden Tieren Aneurin, so erwachen sie aus dem Koma, können wieder Brenztraubensäure verwerten und weisen daher in Kürze einen normalen Brenztraubensäurespiegel im Blut auf. Insulin ist auf dieses Symptom ohne Einfluß.

Reaktionen der Brenztraubensäure im Organismus.

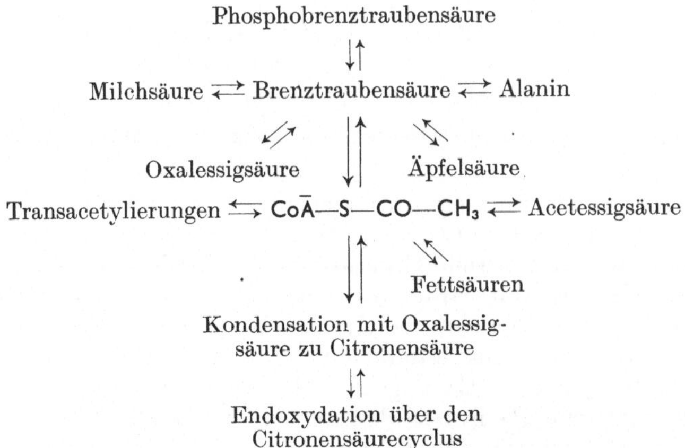

Menschliches Blut enthält in der Norm 0,4—0,8 mg-% Brenztraubensäure. Im Aneurinmangel können 3 mg-% und mehr erreicht werden. Ratten, Kaninchen, Mäuse und Tauben haben normalerweise einen Brenztraubensäurespiegel im Blut von 1 mg-%. Bei ihnen steigt er im Aneurinmangel auf 5 mg-% und darüber an. Die Brenztraubensäureausscheidung beträgt im Aneurinmangel das zwei bis zehnfache der Norm. Die meisten Autoren finden beim Menschen normalerweise eine Ausscheidung von 40—100 mg je Tag. Nach einer Belastung mit Brenztraubensäure scheiden Mensch und Tier vermehrt α-Ketoglutarsäure aus. P. E. SIMOLA beobachtete beim Menschen nach Einverleibung von 50 g Brenztraubensäure eine Ausscheidung von 0,9—1,2 g α-Ketoglutarsäure.

Dismutationen der Brenztraubensäure spielen im tierischen Organismus keine große Rolle. B. coli und andere Mikroorganismen dismutieren Pyruvat zu Essigsäure und Ameisensäure. Als Zwischenprodukt wurde Acetylphosphat nachgewiesen, das aber vermutlich nicht primär entsteht. Co-Enzym A ist auch bei den Dismutationen beteiligt, so daß zunächst acetyliertes Co-Enzym A entsteht.

$$\underset{\text{Brenztraubensäure}}{CH_3—CO—COOH} \xrightleftharpoons{+\,H_3PO_4} \underset{\text{Ameisensäure}}{HCOOH} + \underset{\text{Acetylphosphat}}{CH_3—CO—O—PO_3H_2}$$

Die Dismutation zu Ameisensäure und Essigsäure ist umkehrbar. Diese Art der Dismutierung wurde im tierischen Organismus noch nie beobachtet.

Eine andere Art der Dismutierung führt zu Milchsäure und Essigsäure:

$$2\,\underset{\text{Brenztraubensäure}}{CH_3—CO—COOH} + H_2O \rightleftharpoons \underset{\text{Milchsäure}}{CH_3—CH(OH)—COOH} + \underset{\text{Essigsäure}}{CH_3—COOH} + CO_2$$

Sie wurde schon im Muskel und in anderen tierischen Geweben nachgewiesen. Da sie aber nur äußerst langsam verläuft, hat sie keine große physiologische Bedeutung und muß als eine Nebenreaktion angesehen werden.

Lösliche Enzympräparationen aus E. coli und S. faecalis bewirken eine Dismutation zwischen zwei Molen Brenztraubensäure zu Acetylphosphat, CO_2 und Milchsäure. Hierbei sind außer der Transacetylase und Milchsäuredehydrase noch Co-Enzym A, Cocarboxylase und Co-Cymase (DPN) beteiligt. Bei der Dismutation spielen sich die folgenden Reaktionen ab:

$$\text{Brenztraubensäure} + H_3PO_4 + \text{DPN} \rightarrow \text{Acetylphosphat} + CO_2 + \text{DPN—}H_2,$$
$$\text{Brenztraubensäure} + \text{DPN—}H_2 \rightarrow \text{Milchsäure} + \text{DPN}.$$

In tierischen Organen (Herz) läßt sich eine ähnliche Dismutation beobachten. In Gegenwart von DPN, Co-Enzym A, dem „condensing encyme" und Oxalessigsäure entstehen aus Brenztraubensäure Citrat und Lactat:

$$2\,\text{Brenztraubensäure} + \text{Oxalessigsäure} \rightleftharpoons \text{Citronensäure} + \text{Milchsäure} + CO_2.$$

Grundsätzlich sind beide Reaktionstypen gleich: In beiden Fällen wird 1 Mol Brenztraubensäure unter Bildung von Acetyl-Co-Enzym A decarboxyliert. Die Bakterien benützen das Acetyl-Co A mit Hilfe ihrer Transacetylase zur Bildung von Acetylphosphat, der tierische Organismus kondensiert dagegen das Acetyl-Co A mit Oxalessigsäure mit Hilfe des condensing encyme zu Citronensäure. Das zweite Mol Brenztraubensäure wird in beiden Fällen durch den bei der dehydrierenden Decarboxylierung anfallenden Wasserstoff unter Beteiligung der DPN zu Milchsäure hydriert. Als langsam ablaufende Nebenreaktion, vermutlich durch eine enzymatische Hydrolyse des Acetyl-Co A bedingt, findet man noch eine geringfügigere Dismutation von Pyruvat zu Essigsäure und Milchsäure:

$$2\,\text{Brenztraubensäure} + H_2O \rightleftharpoons \text{Essigsäure} + \text{Milchsäure} + CO_2.$$

Eine für die menschliche Physiologie irrelevante biochemische Reaktion der Brenztraubensäure ist die einfache Decarboxylierung zu Acetaldehyd, welche bei der alkoholischen Gärung (S. 93) eine Rolle spielt.

Die oxydative Decarboxylierung der Brenztraubensäure.

Die oxydative Decarboxylierung wurde in Mikroorganismen entdeckt (F. LIPMANN). Sie verläuft hier unter Phosphorylierung und intermediärer Bildung von Acetylphosphat, das eine energiereiche Phosphatbindung (Säureanhydridbindung) besitzt. Durch Transphosphorylierung wird dann ATP aufgebaut und auf diese Weise die bei der oxydativen Decarboxylierung frei werdende Energie nutzbar gemacht. Unter anaeroben Bedingungen verläuft die Reaktion bei Lactobacillus Delbrueckii vermutlich über Phosphobrenztraubensäure.

$$CH_3—CO—COOH + H_3PO_4 \rightarrow CH_3—CO—O—PO_3H_2 + CO_2,$$
$$CH_3—CO—O—PO_3H_2 + ADP \rightarrow CH_3—COOH + ATP.$$

Im tierischen Organismus verläuft die oxydative Decarboxylierung anders. Denn Acetylphosphat wird im Tierkörper mit einer außerordentlich großen Geschwindigkeit dephosphoryliert, und zwar vermutlich durch eine spezifische Phosphatase. Acetylphosphat kann daher vom Tier nicht zu Transphosphorylierungen oder Transacetylierungen verwendet werden. Die bei der oxydativen Decarboxylierung frei werdende Energie würde daher verschwendet werden. Auch die Hefe verfügt über ein sehr aktives Acetylphosphat spaltendes Ferment (H. Holzer).

Beim Tier und bei der Hefe führt die oxydative Decarboxylierung der Brenztraubensäure über ein Acetylmercaptan, das ebenfalls eine energiereiche Bindung darstellt, die aber im Tierkörper und in der Hefe beständig ist. Aus der Brenztraubensäure entsteht unter Beteiligung des Co-Enzyms A am Schwefel acetyliertes Co-Enzym A ($Co\overline{A}—S—CO—CH_3$), siehe auch S. 109. Das auf diese Weise erhaltene „aktivierte Acetat" steht dann zu einer beliebigen Transacetylierung zur Verfügung. Hauptweg ist die Kondensation mit Oxalessigsäure zu Citronensäure, wodurch die Endoxydation der Brenztraubensäure eingeleitet wird.

Co-Carboxylase (Aneurindiphosphat) ist bei allen carboxylatischen Spaltungen, seien sie einfacher oder oxydativer Art, beteiligt. Der früher mitunter geäußerte Verdacht, daß Co-Carboxylase bei der oxydativen Decarboxylierung als Wasserstoffacceptor fungiere, hat sich nie bestätigen lassen und kann heute als überholt gelten.

Carboxylierung der Brenztraubensäure.

H. G. Wood und C. H. Werkman haben die Entdeckung gemacht, daß Propionsäurebakterien CO_2 fixieren können, wobei Brenztraubensäure zu Oxalessigsäure carboxyliert wird. Es zeigte sich bald, daß Carboxylierungen nicht nur auf das Reich der Bakterien beschränkt sind, sondern bei allen Lebewesen vorkommen und eine grundsätzliche Bedeutung für den Stoffwechsel haben. Untersuchungen mit markiertem CO_2 ergaben, daß es bei der Wood-Werkman-Reaktion als die der Methylengruppe der Oxalessigsäure benachbarte Carboxylgruppe eingebaut wird.

$$HOO\overset{*}{C}—CH_2—CO—COOH \rightleftarrows \overset{*}{C}O_2 + CH_3—CO—COOH.$$

Die Carboxylierung der Brenztraubensäure ist eine stark endergonische Reaktion ($\Delta F = +5250$ cal), so daß das Gleichgewicht nahezu vollständig in Richtung auf die Decarboxylierung der Oxalessigsäure zu gelegen ist. Eine meßbare Carboxylierung kann daher nur erfolgen, wenn der Prozeß mit einer energieliefernden Reaktion gekoppelt ist. Bei Mikroorganismen beobachtet man häufig eine Bildung von Acetylphosphat bei der Carboxylierung:

$$CH_3—CO—COOH + CO_2 \rightleftarrows HOOC—CH_2—CO—COOH,$$
$$CH_3—CO—COOH + H_3PO_4 \rightleftarrows CH_3—CO—OPO_3H_2 + CO_2 + 2H.$$

Neuerdings haben J. P. Kaltenbach und G. Kalnitsky nachgewiesen, daß unter bestimmten Bedingungen, insbesondere bei hohen Bicarbonatkonzentrationen, Bakterien beträchtliche Mengen Pyruvat zu Oxalessigsäure carboxylieren.

Im tierischen Organismus, dem die Bildung von Acetylphosphat verschlossen ist, erfolgt die Carboxylierung der Brenztraubensäure auf einem anderen Wege:

Durch das „malic enzyme", das von S. OCHOA, A. H. MEHLER und A. KORNBERG entdeckt wurde. Das malic enzyme bewirkt folgende Reaktion:

$$CH_3—CO—COOH + CO_2 + CoH_2—II \rightleftarrows HOOC—CH_2—CH(OH)—COOH + CoII.$$

Brenztraubensäure Äpfelsäure

Es ist streng spezifisch und benötigt Co-Dehydrase II (Triphosphopyridinnucleotid). An und für sich ist das Gleichgewicht der Reaktion stark zu Gunsten der Decarboxylierung der Äpfelsäure gelegen. Man kann es aber nach rechts (d. h. im Sinne der Carboxylierung) durch Kopplung mit einem Co-Dehydrase II verwendenden Dehydrasesystem verschieben. Ein solches System ist z. B. die Dehydrierung von Glucose-6-phosphat zu 6-Phosphogluconsäure:

$$\text{Glucose-6-phosphat} + CoII \rightleftarrows \text{6-Phosphogluconsäure} + CoH_2\text{-II},$$
$$\text{Brenztraubensäure} + CO_2 + CoH_2\text{-II} \rightleftarrows \text{Äpfelsäure} + Co\text{-II}.$$

In Gegenwart von Fumarase wird ein großer Teil der entstandenen Äpfelsäure zu Fumarsäure dehydratisiert, wodurch das Gleichgewicht gestört und die Carboxylierung der Brenztraubensäure weiter gefördert wird.

Da auch die Dehydrierung der Isocitronensäure an Triphosphopyridinnucleotid gebunden ist, läßt sich die Carboxylierung der Brenztraubensäure mit dieser Reaktion koppeln. Die Bilanz des gesamten Vorganges ist:

$$\text{Isocitrat} + \text{Pyruvat} + CO_2 \rightleftarrows \alpha\text{-Ketoglutarat} + \text{Malat} + CO_2.$$

Milchsäuredehydrase kann an Stelle von Co-Dehydrase I auch mit Co-Dehydrase II arbeiten. Daher läßt sich auch die Milchsäuredehydrase mit dem malic enzyme koppeln:

$$\text{Brenztraubensäure} + CoH_2\text{-II} \rightleftarrows \text{Milchsäure} + CoII.$$

Die Reaktion läuft jedoch sehr langsam ab, da die Affinität der Milchsäuredehydrase zur Co-Dehydrase II nur gering ist, so daß diese Dismutation physiologisch bedeutungslos sein dürfte.

Das malic enzyme kommt in Leber, Nieren, Retina und Gehirn vor, fehlt jedoch in der Muskulatur (S. OCHOA). Auch manche Bakterien enthalten das Enzym. Es wurde außerdem noch in Pflanzen aufgefunden. Das Enzym wirkt nur in Anwesenheit von Mn^{++}. Mg^{++} kann Mn^{++} ersetzen. Ob das malic enzyme ein einziges Ferment oder ein zusammengehöriger und gemeinsam vorkommender Enzymkomplex ist, läßt sich augenblicklich noch nicht entscheiden.

Oxalessigsäure ist kein Zwischenprodukt der Reaktion. J. B. V. SALLES und S. OCHOA diskutieren einen Reaktionsverlauf, der über die Bildung von Oxalessigsäurehydratlacton führt:

$$\underset{\text{L-Äpfelsäure}}{HO—C(=O)—CH_2—CH(OH)—COOH} + CoII \rightleftarrows \underset{\text{Oxalessigsäurehydratlacton}}{\overset{\text{O=C—CH}_2\text{—C(OH)—COOH, C und C über —O— verbunden}}{}} + CoH_2—II$$

$$\text{Oxalessigsäurehydratlacton} \rightleftarrows \underset{\text{Enolbrenztraubensäure}}{CO_2 + CH_2 = C(OH)—COOH}$$

Das malic enzyme läßt sich über die Cytochromreduktase (S. 34) zur Reduktion von Cytochrom c verwenden.

Auf die große Bedeutung der Carboxylierungsreaktionen zur Aufrechterhaltung einer genügenden Konzentration der Dicarbonsäuren, die als Bestandteile des Citronensäurecyclus zur Endoxydation der Nährstoffe unentbehrlich sind, wurde schon in anderem Zusammenhang hingewiesen (S. 53). Die Carboxylierung und Decarboxylierung der Brenztraubensäure spielt auch bei der gegenseitigen Umwandlung der Nährstoffe, insbesondere bei dem Problem der Umkehrung der Glykolyse eine Rolle.

7. Die Endoxydation im Kohlenhydratstoffwechsel.

a) Die C_4-Dicarbonsäuretheorie von A. Szent-Györgyi.

Zur Zeit, als Szent-Györgyi seine Theorie über die biologische Oxydation aufstellte, war der Weg, welchen der Wasserstoff von der bei den Dehydrierungen anfallenden hydrierten Co-Dehydrase bis zum Warburg-Keilin-System einschlägt, weitgehend unbekannt. Szent-Györgyi erblickte in der Bernsteinsäuredehydrase das fehlende Bindeglied zwischen den Dehydrasen und dem Cytochromsystem. Denn Bernsteinsäuredehydrase reduziert nach der damaligen Anschauung unmittelbar Cytochrom c und ist außerdem in den Geweben in einer so hohen Konzentration vorhanden, insbesondere im Muskel, für welchen die Theorie zunächst allein aufgestellt wurde, daß man sie zwanglos für die gesamte Gewebsatmung verantwortlich machen konnte. Weiterhin ließ sich zeigen, daß Zusatz kleiner Mengen Fumarsäure die Gewebsatmung steigert, und daß insbesondere der Abfall des Sauerstoffverbrauchs, der sich regelmäßig in Versuchen in vitro beobachten ließ, durch Zugabe von Fumarat wieder rückgängig gemacht wird. Die Gewebe atmen dann lange Zeit gleichmäßig stark. Ein weiteres wichtiges Argument von Szent-Györgyi war die Hemmung der Gewebsatmung durch Malonsäure, die durch eine Verdrängung der Bernsteinsäure von der Oberfläche der Bernsteinsäuredehydrase bedingt ist. Durch Zusatz von Fumarsäure ließ sich die Malonathemmung der Gewebsatmung wieder aufheben, was durch eine größere Affinität des Fumarats zu dem Enzym erklärt wurde.

Muskulatur vermag Oxalessigsäure selbst unter aeroben Bedingungen mit großer Geschwindigkeit zu hydrieren. 0,4 g Muskel können innerhalb von 5 min 4 mg und mehr Oxalessigsäure in Äpfelsäure überführen. Da nun alle Organe, insbesondere die Muskulatur, große Mengen Fumarase enthalten, ließen sich alle erwähnten C_4-Dicarbonsäuren leicht gedanklich miteinander verknüpfen.

Szent-Györgyi nahm nun an, daß die beiden Redoxsysteme Oxalessigsäure $\rightleftarrows$ Äpfelsäure und Fumarsäure $\rightleftarrows$ Bernsteinsäure miteinander gekoppelt sind, und daß sich der Wasserstofftransport von den Dehydrasen zum Warburg-Keilin-System über sie vollzieht. Der bei der Dehydrierung eines Substrats anfallende Wasserstoff wird nach Szent-Györgyi von der hydrierten Co-Dehydrase auf Oxalessigsäure übertragen, wodurch Äpfelsäure entsteht. Die Äpfelsäure gibt dann den Wasserstoff an das System Fumarsäure $\rightleftarrows$ Bernsteinsäure weiter, das ihn seinerseits den Cytochromen zuleitet. Fumarsäure und Äpfelsäure sind durch die Fumarase miteinander verknüpft. Nach dieser Theorie von Szent-Györgyi sind die C_4-Dicarbonsäuren für den Organismus keine Brennstoffe, sondern Katalysatoren.

Die beiden Redoxsysteme Oxalessigsäure $\rightleftarrows$ Äpfelsäure und Fumarsäure $\rightleftarrows$ Bernsteinsäure sind nach Szent-Györgyi durch das alte gelbe Ferment von Warburg miteinander verbunden. Das System Oxalessigsäure $\rightleftarrows$ Fumarsäure gibt den Wasserstoff an das Flavinenzym ab, das ihn dann zu dem System Fumarsäure $\rightleftarrows$ Bernsteinsäure transportiert.

Gegen den C_4-Dicarbonsäurecyclus lassen sich schwerwiegende Bedenken geltend machen (C. Martius [2], T. Thunberg [2], G. Ball [2]). Der wichtigste

Schema der Theorie von SZENT-GYÖRGYI:

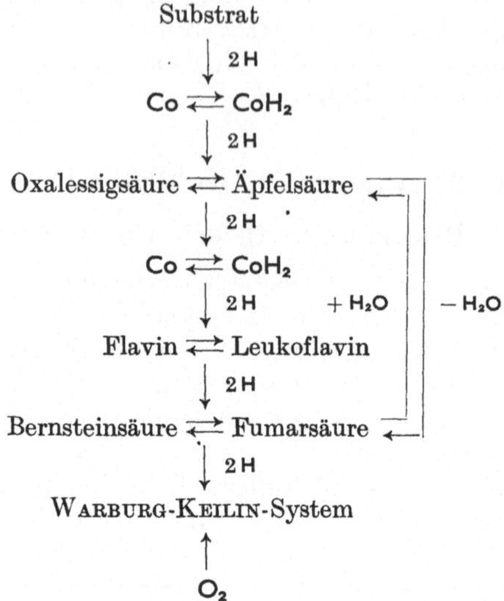

Einwand betrifft Zuleitung und Abgabe des Wasserstoffs in dem System Oxalessigsäure ⇄ Äpfelsäure. Beide Prozesse erfolgen in dem Schema von SZENT-GYÖRGYI über dieselbe Co-Dehydrase, so daß die beiden ersten Reaktionen des

$$\text{Oxalacetat} + \text{CoH}_2 \rightleftarrows \text{Malat} + \text{Co},$$
$$\text{Malat} + \text{Co} \rightleftarrows \text{Oxalacetat} + \text{CoH}_2.$$

C_4-Dicarbonsäurecyclus nichts anderes als ihre gegenseitige Umkehr sind. Es ist daher schwer einzusehen, wodurch hier ein Gefälle zustande kommt, das einen Weitertransport des Wasserstoffs ermöglicht.

Das Schema von SZENT-GYÖRGYI berücksichtigt weiterhin nur den Wasserstofftransport, macht aber keinerlei Aussagen über die Entstehung von CO_2, die beim oxydativen Abbau von Kohlenhydrat regelmäßig erfolgt.

b) Der Citronensäurecyclus.

Tierische Gewebe oxydieren außer Glucose und den Intermediärprodukten der Glykolyse auch Citronensäure, Isocitronensäure, cis-Aconitsäure, Oxalbernsteinsäure, α-Ketoglutarsäure, Bernsteinsäure, Fumarsäure, Äpfelsäure und Oxalessigsäure vollständig zu Kohlendioxyd und Wasser. Versuche mit überlebenden Organschnitten, Homogenaten und isolierten Enzymsystemen ergaben zahlreiche Umsetzungen zwischen den erwähnten Substanzen. Die wichtigsten dieser Umsetzungen sind in der Tabelle 56 zusammengestellt.

Den entscheidenden Anstoß zu der Zusammenfassung aller dieser Einzeltatsachen in eine umfassende Theorie ergaben die Arbeiten von C. MARTIUS [*1*] über den Stoffwechsel der Citronensäure. MARTIUS wies nach, daß die Citronensäure in den Geweben mit cis-Aconitsäure und Isocitronensäure im Gleichgewicht steht, und daß letztere über Oxalbernsteinsäure zu α-Ketoglutarsäure abgebaut wird. Schon früher war beobachtet worden, daß α-Ketoglutarsäure über Bernsteinsäure, Fumarsäure und Äpfelsäure in Oxalessigsäure übergeführt wird. F. KNOOP und C. MARTIUS konnten außerdem zeigen, daß sich Oxalessigsäure und Brenztraubensäure in vitro unter physiologischen Bedingungen zu einer Substanz kondensieren lassen, die unter Abspaltung von CO_2 in Citronensäure übergeht.

C. MARTIUS zog aus den aufgeführten Tatsachen den Schluß, daß die erwähnten Substanzen im Organismus durch einen Kreisprozeß miteinander verknüpft seien.

H. A. KREBS und W. A. JOHNSON bewiesen, daß Citronensäure auch in vivo aus Oxalessigsäure gebildet wird. Die bei der Reaktion entstehende Citratmenge erwies sich allerdings als nur gering. Es ließ sich aber später zeigen, daß dies dadurch bedingt ist, daß der größte Teil der entstandenen Citronensäure sofort weiter umgesetzt wird. Beispielsweise wurden rund 25% der eingesetzten Oxalessigsäure in Form von α-Ketoglutarsäure wiedergefunden.

Citronensäure übt auf die Sauerstoffaufnahme des Muskels einen ebenso großen katalytischen Effekt aus wie Fumarsäure oder eine andere der C_4-Dicarbonsäuren. Unter anaeroben Bedingungen gibt Oxalessigsäure Anlaß zur Bildung von CO_2, Citronensäure, α-Ketoglutarsäure, Bernsteinsäure, Fumarsäure, Äpfelsäure und Brenztraubensäure, wobei die Summe aller dieser Substanzen der Menge der verschwundenen Oxalessigsäure entspricht.

Wie schon erwähnt, hatte SZENT-GYÖRGYI festgestellt, daß die Bildung von Bernsteinsäure aus Oxalessigsäure oder Fumarsäure durch Malonat gehemmt wird. Diese Hemmung läßt sich aber nur unter anaeroben Bedingungen erreichen. In Gegenwart von Sauerstoff entsteht aus Oxalessigsäure und Fumarsäure auch

Tabelle 56. *Übersicht über die wichtigsten im tierischen Organismus mit dem Abbau von Kohlenhydrat über Brenztraubensäure verknüpften Reaktionen.*

1. Pyruvat + $CO_2 \rightleftarrows$ Oxalacetat
2. Pyruvat + CO_2 + CoH_2-II $\rightleftarrows$ Malat + Co-II
3. Pyruvat + Oxalacetat $\xrightarrow{-2H}$ Citrat + CO_2
4. Pyruvat $\rightleftarrows$ Acetat + CO_2
5. 2 Pyruvat + $H_2O \rightleftarrows$ Lactat + Acetat + CO_2
6. 2 Pyruvat $\rightarrow$ Acetoin + 2 CO_2

7. cis-Aconitat + $H_2O \rightleftarrows$ Isocitrat
8. cis-Aconitat + $H_2O \rightleftarrows$ Citrat

9. Isocitrat + Co-II $\rightleftarrows$ Oxalsuccinat + CoH_2-II
10. Isocitrat + Pyruvat $\rightleftarrows$ Ketoglutarat + Lactat + CO_2

11. Oxalsuccinat $\rightleftarrows$ α-Ketoglutarat + CO_2

12. α-Ketoglutarat + $H_2O \xrightleftharpoons{-2H}$ Succinat + CO_2
13. α-Ketoglutarat $\xrightleftharpoons{-2H}$ Bernsteinsäurehalbaldehyd + CO_2
14. α-Ketoglutarat $\xrightleftharpoons{+2H}$ α-Oxyglutarat
15. 2 α-Ketoglutarat + $H_2O \rightleftarrows$ α-Oxyglutarat + Succinat + CO_2
16. α-Ketoglutarat + Oxalacetat $\rightleftarrows$ Succinat + Malat + CO_2

17. Succinat $\xrightleftharpoons{-2H}$ Fumarat

18. Fumarat $\xrightarrow{+2H}$ Succinat (Fumarathydrase)
19. Fumarat + $H_2O \rightleftarrows$ Malat
20. Fumarat + Malat $\rightleftarrows$ Succinat + Oxalacetat
21. Fumarat + Pyruvat + 2 $O_2 \rightleftarrows$ Succinat + 3 CO_2 + H_2O

22. Malat $\xrightleftharpoons{-2H}$ Oxalacetat
23. Malat + Pyruvat $\rightleftarrows$ Lactat + Oxalacetat

24. Oxalacetat + cis-Aconitat + $H_2O \rightleftarrows$ α-Ketoglutarat + Malat + CO_2
25. 2 Oxalacetat + Pyruvat $\rightleftarrows$ cis-Aconitat + Malat + CO_2 + H_2O
26. Oxalacetat + Pyruvat + $H_2O \rightleftarrows$ Acetat + Malat + CO_2

dann Bernsteinsäure, wenn dem Ansatz Malonat zugesetzt wird. Von der Oxalessigsäure bzw. dem Malonat müssen demnach zwei verschiedene Wege zur Bernsteinsäure führen, ein reduktiver und ein oxydativer.

Alle diese Einzeltatsachen hat H. A. KREBS zu der Citronensäurecyclustheorie vereinigt. Nach dieser Theorie wird Brenztraubensäure mit Oxalessigsäure zu Citronensäure kondensiert, die dann über cis-Aconitsäure zu Isocitronensäure isomerisiert wird. Durch Dehydrierung entsteht Oxalbernsteinsäure, welche unter Decarboxylierung α-Ketoglutarsäure liefert. Diese erleidet eine Decarboxylierung und Dehydrierung zu Bernsteinsäure, die weiter zur Fumarsäure dehydriert wird. Durch Wasseranlagerung an die Fumarsäure entsteht Äpfelsäure, aus der durch Dehydrierung Oxalessigsäure gebildet wird. Damit ist das Ausgangsprodukt wieder erreicht und der Kreisprozeß geschlossen. Insgesamt werden bei diesem Cyclus 3 Mole CO_2 abgespalten und 10 H-Atome abgegeben, wodurch das eingesetzte Molekül Brenztraubensäure vollständig zerstört wird.

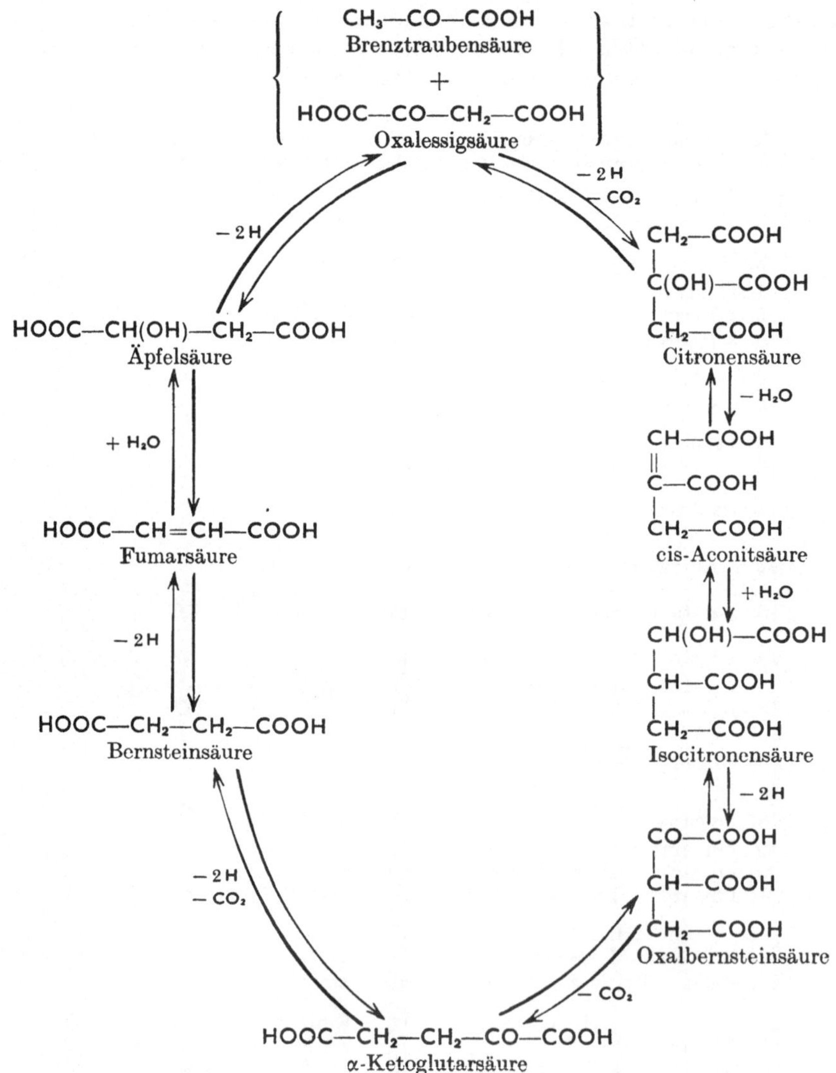

Von verschiedenen Autoren wurde bezweifelt, daß Citronensäure das primäre Kondensationsprodukt aus Oxalessigsäure und Brenztraubensäure (bzw. „aktiviertem Acetat“) ist. H. G. Wood, C. H. Werkman, A. Hemingway und A. O. Nier untersuchten den aeroben Abbau von Brenztraubensäure durch Lebergewebe in Anwesenheit von $C^{13}O_2$, wobei sie den weiteren Abbau der anfallenden Bernsteinsäure durch Zusatz von Malonat hemmten. Die von ihnen isolierte Bernsteinsäure enthielt keinen isotopen C, während die gleichfalls isolierte α-Ketoglutarsäure C^{13} nur in der der Ketogruppe benachbarten Carboxylgruppe trug. Die Autoren hielten diesen Befund mit der intermediären Bildung von Citronensäure für unvereinbar, da Citronensäure ein völlig symmetrisches Molekül besitzt. Wenn tatsächlich primär Citronensäure entsteht, so müßten nach Ansicht der zitierten Autoren zwei verschiedene cis-Aconitsäuren, zwei verschiedene α-Ketoglutarsäuren und ein Gemisch von markierter und unmarkierter Bernsteinsäure entstehen. Dieser Gedankengang ist aus dem folgenden Schema ersichtlich:

Brenztraubensäure + CO_2		Oxalessigsäure		Citronensäure		cis-Aconitsäure		Isocitronensäure		α-Ketoglutarsäure		Bernsteinsäure	
					↗	$\overset{*}{C}OOH$ CH ‖ C—COOH CH_2 COOH	→	$\overset{*}{C}OOH$ CH(OH) CH—COOH CH_2 COOH	→	$\overset{*}{C}OOH$ CO CH_2 CH_2 COOH	→	COOH CH_2 CH_2 COOH	+ $\overset{*}{C}O_2$
$\overset{*}{C}O_2$ + CH_3 CO COOH	→	$\overset{*}{C}OOH$ CH_2 CO COOH	→	$\overset{*}{C}OOH$ CH_2 C(OH)—COOH CH_2 COOH									
					↘	$\overset{*}{C}OOH$ CH_2 C—COOH ‖ CH COOH	→	$\overset{*}{C}OOH$ CH_2 CH—COOH CH(OH) COOH	→	$\overset{*}{C}OOH$ CH_2 CH_2 CO COOH	→	$\overset{*}{C}OOH$ CH_2 CH_2 COOH	+ CO_2

Die Autoren nahmen daher an, daß primär nicht die symmetrische Citronensäure, sondern die asymmetrisch gebaute cis-Aconitsäure entstehe, weil sich nur dann unmarkierte Bernsteinsäure und α-Ketoglutarsäure mit dem isotopen C ausschließlich in der der Ketogruppe benachbarten Carboxylgruppe nach folgender Formulierung bilden könnten:

Oxalessigsäure		cis-Aconitsäure		Isocitronensäure		α-Ketoglutarsäure		Bernsteinsäure	
$\overset{*}{C}OOH$ CH_2 CO COOH	→	$\overset{*}{C}OOH$ CH ‖ C—COOH CH_2 COOH	→	$\overset{*}{C}OOH$ CH(OH) CH—COOH CH_2 COOH	→	$\overset{*}{C}OOH$ CO CH_2 CH_2 COOH	→	COOH CH_2 CH_2 COOH	+ $\overset{*}{C}O_2$

Nach diesem Schema liegt die Citronensäure nicht im Cyclus, sondern in einem Nebenschluß.

J. M. BUCHANAN, W. SAKAMI, S. GURIN und D. W. WILSON studierten den Abbau von Acetessigsäure, die C^{13} in der Carboxylgruppe enthielt, und fanden den isotopen C ausschließlich in der γ-Carboxylgruppe der isolierten α-Ketoglutarsäure wieder. Sie hielten diesen Befund gleichfalls unvereinbar mit einer primären Bildung von Citronensäure und nur durch die Entstehung der asymmetrischen cis-Aconitsäure als Kondensationsprodukt erklärbar.

COOH		COOH		COOH		COOH
|		|		|		|
CH_2		CH		CH(OH)		CO
|		‖		|		|
CO—COOH	⟶	C—COOH	⟶	CH—COOH	⟶	CH_2 + CO_2
+		|		|		|
CH_3—CO—CH_2—$\overset{*}{C}$OOH		CH_2		CH_2		CH_2
		*|		*|		*|
		$\overset{*}{C}$OOH		$\overset{*}{C}$OOH		$\overset{*}{C}$OOH
Oxalessigsäure + Acetessigsäure		cis-Aconitsäure		Isocitronensäure		α-Ketoglutarsäure

Auch H. A. KREBS schloß sich dieser Auffassung, daß die Citronensäure im Nebenschluß gelegen sei, an. Wenn aber die Citronensäure als ein direktes Glied des Kreisprozesses ausscheidet, so erschien der Name Citronensäurecyclus unzutreffend. An seine Stelle wurde daher der Name *Tricarbonsäurecyclus* gesetzt.

In der neueren Zeit wurde jedoch eindeutig nachgewiesen, daß die Citronensäure in der Tat das primäre Kondensationsprodukt ist. Der Name *Citronensäurecyclus* besteht daher durchaus zu Recht und sollte beibehalten werden.

A. G. OGSTON hat gezeigt, daß auch das an und für sich symmetrische Molekül der Citronensäure bei der Bildung einer Enzym-Substratverbindung asymmetrisch reagieren kann bzw. muß, da ja ein Enzym immer eine selbst asymmetrische Verbindung ist. Eine symmetrische Verbindung muß daher von einem Enzym asymmetrisch abgebaut werden, wenn man annimmt, daß das Enzym die symmetrische Verbindung an drei Stellen bindet, und daß sich die beiden Punkte, an denen die symmetrischen Gruppen des Substrats gebunden sind, in ihrer katalytischen Wirkung unterscheiden. Die Verhältnisse bei der Bindung der Citronensäure an ein Enzym (Aconitase) sind in der Abb. 7 wiedergegeben.

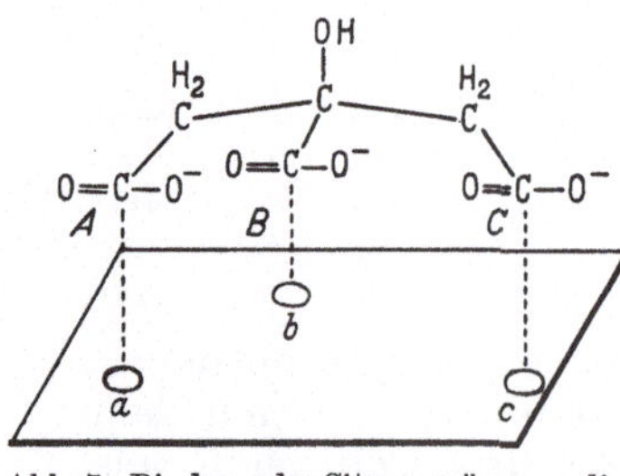

Abb. 7. Bindung der Citronensäure an die Aconitase (A. G. OGSTON).

Die Abspaltung von H_2O aus der Citronensäure kann unter den erwähnten Voraussetzungen nur zwischen den Punkten a und b der Abbildung erfolgen.

In der Tat konnten auch V. R. POTTER und C. HEIDELBERGER zeigen, daß Citronensäure asymmetrisch abgebaut wird. V. LORBEER, M. F. UTTER, H. RUDNEY und M. COOK kondensierten Oxalessigsäure, welche C^{14} als β-Carboxyl-C enthielt, enzymatisch mit unmarkierter Essigsäure. Die von ihnen isolierte Citronensäure enthielt den radioaktiven C ausschließlich in der einen α-Carboxylgruppe. Durch den enzymatischen Abbau dieser Citronensäure entstand α-Ketoglutarsäure, welche den isotopen C nur in der der Ketogruppe benachbarten Carboxylgruppe trug.

$$
\begin{array}{c}
\overset{*}{C}OOH \\ | \\ CH_2 \\ | \\ CO{-}COOH \\ + \\ CH_3 \\ | \\ COOH
\end{array}
\longrightarrow
\begin{array}{c}
\overset{*}{C}OOH \\ | \\ CH_2 \\ | \\ C(OH){-}COOH \\ | \\ CH_2 \\ | \\ COOH
\end{array}
\longrightarrow
\begin{array}{c}
\overset{*}{C}OOH \\ | \\ CH(OH) \\ | \\ CH{-}COOH \\ | \\ CH_2 \\ | \\ COOH
\end{array}
\longrightarrow
\begin{array}{c}
\overset{*}{C}OOH \\ | \\ CO \\ | \\ CH_2 \\ | \\ CH_2 \\ | \\ COOH
\end{array}
+ CO_2
$$

Oxalessigsäure + Essigsäure	Citronensäure	Isocitronensäure	α-Ketoglutarsäure

Enzymatische Bildung und Abbau der Citronensäure waren also asymmetrisch erfolgt.

C. Martius und G. Schorre haben die optisch aktiven Dideuteriocitronensäuren synthetisiert und ihren Abbau verfolgt. Die (—)-Dideuteriocitronensäure lieferte eine α-Ketoglutarsäure, welche noch beide Deuteriumatome enthielt. Der Abbau der (+)-Dideuteriocitronensäure führte zu einer α-Ketoglutarsäure, welche überhaupt kein Deuterium aufwies. Die racemische Säure wurde genau hälftig abgebaut. Diese Versuche erweisen eindeutig die Richtigkeit der Auffassung von Ogston vom asymmetrischen Abbau der Citronensäure. J. R. Stern und

$$
\begin{array}{c}
OH \\ | \\ HOOC{-}CH_2{-}C{-}CD_2{-}COOH \\ | \\ COOH
\end{array}
$$

l(—)-Dideuteriocitronensäure

S. Ochoa haben die Kondensation von Essigsäure mit Oxalessigsäure in einem Enzymsystem verfolgt, das frei von Aconitase war. Sie erhielten Citronensäure und nicht cis-Aconitsäure als Reaktionsprodukt. Es liegen also zahlreiche experimentelle Beweise dafür vor, daß in der Tat Citronensäure das primäre Kondensationsprodukt im Citronensäurecyclus ist.

Im Citronensäurecyclus werden Brenztraubensäure und Essigsäure bzw. allgemeiner gesagt aktiviertes Acetat nicht „verbrannt", wie häufig unkorrekterweise gesagt wird. Denn der Citronensäurecyclus als völlig reversibler Kreisprozeß kann nicht mit einer wesentlichen Änderung an freier Energie einhergehen. Im Citronensäurecyclus wechseln exergonische und endergonische Stufen miteinander ab. Der Cyclus in seiner Gesamtheit ist thermodynamisch praktisch neutral. Daher sind auch die einzelnen Teilstufen reversibel. In dem folgenden Schema sind die Änderungen an freier Energie (soweit sie bekannt sind) eingetragen.

Brenztraubensäure → „aktiviertes Acetat" ← Fettsäuren
+
Oxalessigsäure

Oxalessigsäure ⇄ Citronensäure: — 8,0 kcal
Citronensäure ⇄ Isocitronensäure: + 1,5 kcal
Isocitronensäure ⇄ Oxalbernsteinsäure: — 0,7 kcal
Oxalbernsteinsäure ⇄ α-Ketoglutarsäure: — 4,5 kcal
α-Ketoglutarsäure ⇄ Bernsteinsäure: — 21 kcal
Bernsteinsäure ⇄ Fumarsäure: + 20,5 kcal
Fumarsäure ⇄ Äpfelsäure: — 0,7 kcal
Äpfelsäure ⇄ Oxalessigsäure: + 8,3 kcal

Der Energiegewinn bei der Endoxydation über den Citronensäurecyclus erfolgt erst durch Weiterleitung des im Cyclus abgespaltenen Wasserstoffs auf den üblichen Wegen zu dem WARBURG-KEILIN-System und seiner Verbrennung dort zu Wasser.

Über den Citronensäurecyclus verläuft praktisch die gesamte Endoxydation im Kohlenhydratstoffwechsel und Fettstoffwechsel. Außerdem ist der Citronensäurecyclus auch an einigen Stellen mit dem Aminosäurestoffwechsel verknüpft (Brenztraubensäure ⇄ Alanin; Oxalessigsäure ⇄ Asparaginsäure; α-Ketoglutarsäure ⇄ Glutaminsäure). Der Citronensäurecyclus ist daher gewissermaßen eine Kreuzung, auf dem sich die Hauptwege des Abbaus der drei wichtigsten Nährstoffkategorien Kohlenhydrat, Fett und Eiweiß treffen. Die Leichtigkeit, mit welcher sich diese drei Stoffklassen im Organismus wechselseitig ineinander überführen lassen, findet gleichfalls eine zwanglose Erklärung. Alle mit Hilfe der Isotopentechnik durchgeführten Untersuchungen über die gegenseitige Umwandlung von Kohlenhydrat, Fett und Eiweiß haben auch in der Tat ergeben, daß diese Substanzen durch den Citronensäurecyclus miteinander verknüpft sind.

Der Citronensäurecyclus wird — wie schon erwähnt — durch Malonat gehemmt. Nach A. B. PARDEE und V. R. POTTER greift die Hemmung nicht, wie bisher vermutet, nur an der Bernsteinsäuredehydrase an, sondern auch bei der Kondensation des C_2-Bruchstücks mit Oxalessigsäure. Die Hemmung der Citronensäurebildung läßt sich durch Mg^{++} aufheben, so daß die Autoren vermuten, Malonsäure bilde einen Komplex mit Magnesium.

Fluoressigsäure ist ein starkes Stoffwechselgift, das insbesondere den Abbau von Fettsäuren und Essigsäure nahezu vollkommen hemmt (G. R. BARTLETT und E. S. G. BARRON). Da in den Versuchen dieser Autoren keines der isolierten Teilfermente des Citronensäurecyclus durch Fluoracetat beeinträchtigt wurde, schlossen sie, daß Fluoressigsäure den oxydativen Abbau von Acetat durch konkurrierende Hemmung unmöglich mache, und daß der Citronensäurecyclus, entgegen den bisherigen Anschauungen, eine nur untergeordnete Rolle im Stoffwechsel der Fettsäuren spiele. C. MARTIUS [3] zeigte jedoch, daß der Fluoracetatwirkung ein ganz anderer Mechanismus zugrunde liegt, und daß der Citronensäurecyclus doch trotz der negativen Befunde von BARTLETT und BARRON unterbrochen wird. Vermutlich entsteht im intakten Organismus im Gegensatz zu manchen Befunden an gereinigten Enzymsystemen bei Anwesenheit von Fluoracetat Fluorcitronensäure bzw. Fluorisocitronensäure, welche nicht von der Isocitrico-Dehydrase abgebaut werden kann. N. B. ELLIOT und G. KALNITSKY haben auch in der Tat bei der Hemmung der Oxydation von Acetat durch Fluoracetat eine fluorhaltige Citronensäure nachgewiesen. Ihre Versuche zeigen eindeutig, daß der Citronensäurecyclus durch Fluoracetat unterbrochen wird, so daß die Acetatoxydation letzten Endes wegen Mangels an Oxalessigsäure zum Erliegen kommt. Auch P. BUFFER, R. A. PETERS und R. WAKELIN haben in Nierenhomogenaten, die mit Fluoressigsäure vergiftet waren, das Auftreten einer fluorierten Citronensäure nachgewiesen. Die Fluoracetatwirkung läßt sich auch in vivo demonstrieren. Nach der Vergiftung von Ratten mit subletalen Dosen von Fluoracetat nimmt der Citronensäuregehalt der Organe nach einer Latenzzeit beträchtlich (auf das 20fache und mehr) zu, um nach etwa 40 Std wieder zur Norm abzusinken (A. LINDENBAUM, M. R. WHITE und J. SCHUBERT).

α) Die Bildung von Citronensäure.

KNOOP und MARTIUS hatten gefunden, daß man in vitro unter milden, den im Organismus herrschenden vergleichbaren Bedingungen Brenztraubensäure mit Oxalessigsäure zu einer 7 C-Atome umfassenden Verbindung (Citramalsäure) kondensieren kann, die bei der Oxydation in guter Ausbeute Citronensäure liefert.

Citramalsäure wird aber im Tierkörper nicht in Citronensäure übergeführt (C. MARTIUS [3]). Die Kondensation von Brenztraubensäure und Oxalessigsäure zu Citronensäure muß also im Organismus auf einem anderen Wege erfolgen.

Daß tierisches Gewebe Pyruvat und Oxalacetat zu Citrat vereinigen kann, war schon von H. A. KREBS und W. A. JOHNSON sowie von N. HALLMANN bewiesen worden. Es zeigte sich, daß die erste Stufe dieser Reaktion in einer oxydativen Decarboxylierung der Brenztraubensäure besteht (s. auch S. 96). Hierauf hatte schon die Beobachtung von C. MARTIUS [3] hingewiesen, daß die Citronensäurebildung aus Oxalessigsäure und Brenztraubensäure durch α-Ketobuttersäure konkurrierend gehemmt wird. α-Ketobuttersäure und Brenztraubensäure werden nämlich durch dasselbe Enzym decarboxyliert. Durch die oxydative Decarboxylierung der Brenztraubensäure entsteht eine C_2-Verbindung, die zur Kondensation mit Oxalessigsäure befähigt ist.

F. L. BREUSCH [1] sowie H. WIELAND und C. ROSENTHAL hatten gleichzeitig und unabhängig voneinander entdeckt, daß tierische Organe, und zwar insbesondere Muskulatur und Niere, Acetessigsäure mit Oxalessigsäure gleichfalls zu Citronensäure kondensieren. Diese experimentelle Beobachtung wurde von F. L. BREUSCH sofort in ihrer vollen Tragweite für das Problem der Endoxydation im Fettsäurestoffwechsel erkannt. Das dabei beteiligte Enzym nannte BREUSCH Citrogenase. Eine Citratbildung ließ sich auch bei Einsatz der homologen β-Ketosäuren nachweisen. Schon früher hatte P. E. SIMOLA mitgeteilt, daß nach Verfütterung von β-Oxybuttersäure vermehrte Mengen von α-Ketoglutarsäure und Citronensäure im Harn ausgeschieden werden. Außerdem hatte SIMOLA beobachtet, daß man bei der Inkubation von Organbreien mit β-Oxybuttersäure unter anaeroben Bedingungen Citronensäure und Bernsteinsäure erhält.

S. WEINHOUSE, G. MEDES und N. F. FLOYD sowie N. F. FLOYD, G. MEDES und S. WEINHOUSE erhärteten die Vorstellung von BREUSCH. Sie kondensierten in der Carboxylgruppe und in der Carbonylgruppe mit C^{13} markierte Acetessigsäure durch Nierengewebe mit Oxalessigsäure und fanden, daß 70% der entstandenen Citronensäure den isotopen C in der α-Carboxylgruppe enthielten. Daneben entstanden 30% Citronensäure mit C^{13} in der β-Carboxylgruppe.

$$\begin{array}{l} CH_2\text{—}COOH \\ | \\ CO\text{—}COOH \\ \quad + \\ CH_3\text{—}\overset{*}{C}O\text{—}CH_2\text{—}\overset{*}{C}OOH \\ \text{Oxalessigsäure} \\ + \text{Acetessigsäure} \end{array} \begin{array}{c} \longrightarrow \\ \searrow \end{array} \begin{array}{l} CH_2\text{—}\overset{*}{C}OOH \\ | \\ C(OH)\text{—}COOH \\ | \\ CH_2\text{—}COOH \\ \\ CH_2\text{—}COOH \\ | \\ C(OH)\text{—}COOH \\ | \\ CH_2\text{—}\overset{*}{C}OOH \\ \text{Citronensäure} \end{array}$$

$$\overset{*}{C}O_2 + \begin{array}{l} CO\text{—}COOH \\ | \\ CH_2 \\ | \\ CH_2\text{—}COOH \\ \alpha\text{-Ketoglutarsäure} \end{array} \rightarrow \begin{array}{l} CH_2\text{—}COOH \\ | \\ C(OH)\text{—}\overset{*}{C}OOH \\ | \\ CH_2\text{—}COOH \\ \text{Citronensäure} \end{array}$$

Letzterer Befund ließ sich durch Anlagerung von $C^{13}O_2$, das aus dem Stoffwechsel stammte, an isotopenfreie α-Ketoglutarsäure (OCHOA-Reaktion) erklären.

Die Kondensation von Acetessigsäure und Oxalessigsäure wurde zunächst so gedeutet, daß eine direkte Kondensation beider Stoffe erfolgt und daß dann später aus dem primären Kondensationsprodukt Essigsäure abgespalten wird. Eine Bildung von Essigsäure bei diesem Prozeß ließ sich aber nie nachweisen. Außerdem ergaben sorgfältige Bilanzversuche, daß sich Acetessigsäure nicht mit einem, sondern zwei Mol Oxalessigsäure kondensiert. Dies legte den Verdacht nahe, daß sich überhaupt Acetessigsäure nicht als solche mit Oxalessigsäure kondensiert, sondern daß sie zunächst in 2 Mole „aktivierter Essigsäure“ aufgespalten wird. Auch die mit isotopen Substanzen erhaltenen Befunde von J. M. BUCHANAN, W. SAKAMI, S. GURIN und D. W. WILSON wiesen darauf hin, daß Acetessigsäure zunächst gespalten wird. Demnach ist bei der Citronensäurebildung aus Acetessigsäure, genau so wie bei der aus Brenztraubensäure, eine C_2-Verbindung das unmittelbare Ausgangsmaterial.

H. WIELAND und R. SONDERHOFF hatten schon vor längerer Zeit bewiesen, daß Hefe Essigsäure in Bernsteinsäure überführt. Daß dies nicht durch eine direkte Verknüpfung von 2 Molen Essigsäure unter Dehydrierung erfolgt, wie es THUNBERG postuliert hatte, ging aus Versuchen von R. SONDERHOFF und H. THOMAS mit trideuterierter Essigsäure hervor. F. LYNEN [1] zeigte dann, daß Hefe Acetat nur in Anwesenheit von Oxalessigsäure abbaut. Damit war wahrscheinlich gemacht worden, daß sich der Abbau der Essigsäure über den Citronensäurecyclus vollzieht. Durch Versuche, in denen mit isotopem C markierte Essigsäure mit Homogenaten verschiedener Organe inkubiert und dann der isotope C in den Gliedern des Citronensäurecyclus (Citronensäure, α-Ketoglutarsäure, Bernsteinsäure, Fumarsäure) nachgewiesen worden war, wurde dann der endgültige Beweis für den Abbau der Essigsäure über den Citronensäurecyclus erbracht (S. WEINHOUSE, G. MEDES, N. F. FLOYD und L. NODA; J. M. BUCHANAN, W. SAKAMI, S. GURIN und D. W. WILSON; G. G. RUDOLPH und E. S. G. BARRON).

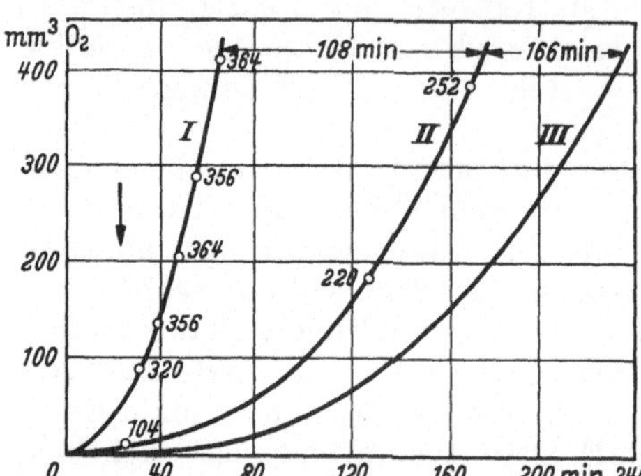

Abb. 8. Co-Enzym A-Gehalt frischer und verarmter Hefe während der Oxydation von Essigsäure (F. LYNEN, E. REICHERT und L. RUEFF). Je 40 mg Bäckerhefe frisch (I) bzw. 24 Std, verarmt (II, III) in 2 cm³ m/30 KH_2PO_4. 20 min nach Versuchsbeginn (↓) 1 cm³ m/20 Acetat eingekippt. $T = 30°$. Bei III war die Suspensionsflüssigkeit nach der Verarmung der Hefe durch frisches Wasser ersetzt worden. Die Zahlen an den Kurven geben den CoA-Gehalt in Einheiten je Gramm Hefe (trocken) zu den mit 0 markierten Zeiten an.

Die Essigsäure muß vor der Kondensation mit Oxalessigsäure erst „aktiviert“ werden. Den ersten Hinweis hierfür verdanken wir F. LYNEN [1], der nachwies, daß sich bei der Hefe die Kondensation von Essigsäure mit Oxalessigsäure nur dann vollzieht, wenn gleichzeitig ein Alkohol oder ein Aldehyd dehydriert wird. LYNEN nahm daraufhin an, daß beide Vorgänge miteinander energetisch gekoppelt sind.

Alle aufgeführten Tatsachen erlaubten den Schluß, daß die „aktivierte Essigsäure“, die man als Ausgangsmaterial sowohl für die Citronensäurebildung aus Brenztraubensäure als auch für die Citronensäurebildung aus Essigsäure bzw. Acetessigsäure betrachten muß, irgendeine C_2-Verbindung mit hohem Energiegehalt ist. J. R. STERN und S. OCHOA wiesen nach, daß die Citratbildung durch ein System erfolgt, das außer den beteiligten Enzymen noch Co-Enzym A, ATP und Mg^{++} enthalten muß (Tabelle 57).

G. D. NOVELLI und F. LIPMANN beobachteten, daß Hefe, die in einem an Pantothensäure armen Medium gezüchtet worden war und daher nur wenig Co-Enzym A enthielt, nur noch in geringem Umfang zur Acetatoxydation befähigt war.

Die Aufklärung der Natur der „aktivierten Essigsäure“ gelang F. LYNEN, E. REICHERT und L. RUEFF. Sie machten die entscheidende Beobachtung, daß (bei der Hefe) die Geschwindigkeit der Acetatverbrennung vom Co-Enzym

Tabelle 57. *Das zur Citratbildung benötigte System* (STERN und OCHOA). Alle Werte sind in Mikromolen angegeben.

Ausgangsmaterial	Citratbildung in Mikromolen				
	volles System	ohne ATP	ohne Co-Enzym A	ohne Mg	ohne Oxalacetat
Essigsäure	0,9—1,3	0,09	0,06	0,07	0
Acetessigsäure . .	0,39	0,07	0,07	—	0

A-Gehalt abhängig ist, und daß aber auch umgekehrt die Geschwindigkeit der Acetatverbrennung, also die Atmungsgröße, über den Gehalt an Co-Enzym A entscheidet. In der Abb. 8 findet man die experimentellen Unterlagen. Co-Enzym A befindet sich also in der lebenden Zelle in einem Gleichgewicht mit seinen inaktiven Spaltstücken entsprechend dem folgenden Schema:

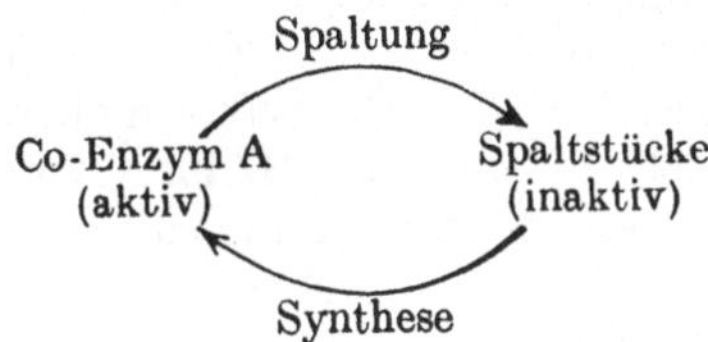

Während die Spaltung des Co-Enzym A als hydrolytischer Prozeß leicht vonstatten geht, erfordert die Resynthese aus den Spaltprozessen Zufuhr von Energie und ist daher an eine energieliefernde Reaktion, vermutlich die Spaltung von ATP, geknüpft. Die „aktivierte Essigsäure" erwies sich als identisch mit dem am Schwefel acetylierten Co-Enzym A („Acetyl-Co A").

$$R^1{-}O{-}CH_2{-}C(CH_3)_2{-}\underset{\displaystyle OR^2}{\underset{|}{CH}}{-}CO{-}NH{-}CH_2{-}CH_2{-}CO{-}NH{-}CH_2{-}CH_2{-}S{-}CO{-}CH_3$$

„aktivierte Essigsäure" (Acetyl-CoA) $= \mathrm{Co\overline{A}{-}S{-}CO{-}CH_3}$.

Bei der Inkubation von Acetyl-Co A mit Oxalessigsäure entsteht Citrat:

$$\mathrm{Co\overline{A}{-}S{-}CO{-}CH_3 + HOOC{-}CH_2{-}CO{-}COOH + H_2O}$$

$$\rightleftarrows \mathrm{Co\overline{A}{-}SH + HOOC{-}CH_2{-}}\overset{\displaystyle OH}{\underset{\displaystyle COOH}{\overset{|}{\underset{|}{C}}}}\mathrm{{-}CH_2{-}COOH.}$$

Die Acetylmercaptanbindung ist energiereich; ΔF beträgt -12000 cal (J. R. STERN, S. OCHOA und F. LYNEN). Ihre Bildung kann daher nur unter Aufwand von Energie erfolgen. Im Falle der Citratbildung aus Brenztraubensäure stammt die Energie aus der dehydrierenden Decarboxylierung, im Falle der Citratbildung aus Acetessigsäure aus der „thioklastischen Spaltung" (Säurespaltung) derselben, die folgendermaßen zu formulieren ist:

$$\mathrm{Co\overline{A}{-}SH + CH_3{-}CO{-}CH_2{-}COOH}$$

$$\downarrow\uparrow \; +(\mathrm{ATP})$$

$$\mathrm{Co\overline{A}{-}S{-}CO{-}CH_2{-}CO{-}CH_3 + Co\overline{A}{-}SH \rightleftarrows 2Co\overline{A}{-}S{-}CO{-}CH_3.}$$

Im Falle der Beteiligung von ATP stammt die Energie aus der Spaltung von ATP. In den tierischen Zellen, in denen eine Phosphotransacetylase fehlt und

Acetylphosphat kein Zwischenprodukt sein kann, findet vermutlich eine direkte Transphosphorylierung der ATP auf das Co-Enzym A mit anschließendem Ersatz von Phosphat durch Essigsäure statt:

$$\text{ATP} + \text{Co}\overline{\text{A}}\text{—SH} \rightleftarrows \text{ADP} + \text{Co}\overline{\text{A}}\text{—S—PO}_3\text{H}_2,$$

$$\text{Co}\overline{\text{A}}\text{—S—PO}_3\text{H}_2 + \text{CH}_3\text{—COOH} \rightleftarrows \text{Co}\overline{\text{A}}\text{—S—CO—CH}_3 + \text{H}_3\text{PO}_4.$$

Bakterien können im Gegensatz zum Tier Acetylphosphat zur Citronensäurebildung verwerten (G. D. NOVELLI und F. LIPMANN). Hierbei ist die von E. R. STADTMAN beschriebene Phosphotransacetylase beteiligt. LYNEN und Mitarbeiter interpretieren die Reaktion derart, daß zunächst Acetylphosphat entsteht, und daß sich dann in einer zweiten Stufe eine Transacetylierung anschließt:

$$\text{ATP} + \text{CH}_3\text{—COOH} \rightleftarrows \text{ADP} + \text{CH}_3\text{—CO—O—PO}_3\text{H}_2,$$

$$\text{CH}_3\text{—CO—O—PO}_3\text{H}_2 + \text{Co}\overline{\text{A}}\text{—SH} \rightleftarrows \text{H}_3\text{PO}_4 + \text{Co}\overline{\text{A}}\text{—S—CO—CH}_3.$$

Die Citronensäurebildung im Organismus reiht sich demnach in das System der Transacetylierungen im Organismus ein, bei denen immer das Co-Enzym A bzw. „aktivierte Essigsäure" beteiligt ist. Wenn man Organhomogenaten reichlich Oxalessigsäure anbietet, so wird die Bildung von Acetessigsäure und die Acetylierung von zugesetztem Sulfanilamid zugunsten der Entstehung von Citronensäure zurückgedrängt. Derselbe Mechanismus liegt auch der Hemmung der Citratbildung durch Zusatz von Acetaldehyd zu Grunde. Denn dann wird das „aktivierte Acetat" mit Acetaldehyd an Stelle von Oxalessigsäure kondensiert, so daß Diacetyl entsteht, das dann zu Acetoin hydriert wird (C. MARTIUS).

„Aktiviertes Acetat" entsteht im Stoffwechsel in so großen Mengen, daß tatsächlich die Endoxydation im gesamten Kohlenhydratstoffwechsel und Fettstoffwechsel darüber verlaufen kann. K. BLOCH und D. RITTENBERG haben aus der Isotopenverdünnung der nach der Verfütterung von markierter Essigsäure im Harn ausgeschiedenen acetylierten Verbindungen berechnet, daß 100 g Körpersubstanz im Tag rund 1 g „aktiviertes Acetat" bilden können.

Bei der Bildung von Citronensäure aus Brenztraubensäure sind zwei Enzyme beteiligt: ein erstes, welches „aktiviertes" Acetat liefert und ein zweites, welches dann dieses mit Oxalessigsäure zu Citronensäure kondensiert. Letzteres („condensing enzyme") wurde von S. OCHOA, J. R. STERN und M. C. SCHNEIDER aus Schweineherz kristallisiert erhalten. Das Enzym bildet in der Minute bei 25° 5000 Mole Citrat. Das Gleichgewicht der Reaktion

$$\text{Acetyl-CoA} + \text{Oxalessigsäure} \xrightleftharpoons{\text{condensing enzyme}} \text{Citronensäure} + \text{CoA}.$$

liegt stark zu Gunsten der Citratbildung.

Die Bildung von Citrat durch Kondensation von Oxalessigsäure mit Acetyl-CoA ist ein umkehrbarer Prozeß. H. PERSKY und E. S. G. BARRON haben mit Acetontrockenpulvern von Kaninchengehirn eine Bildung von Acetylcholin in einem System erhalten, das Citrat, Cholin, ATP, Hefekochsaft sowie Mg^{++} und K^+ enthielt. Hierbei spielen sich die folgenden zwei Reaktionen ab:

$$\text{Citrat} \rightleftarrows \text{Oxalacetat} + \text{Acetyl-CoA},$$

$$\text{Cholin} + \text{Acetyl-CoA} \rightleftarrows \text{Acetylcholin}.$$

In dieser Versuchsanordnung wurde also Citronensäure zu Oxalessigsäure und Acetyl-CoA aufgespalten und aktiviertes Acetat auf Cholin als Acetylacceptor übertragen.

Ein anderes Beispiel dafür, daß Citrat infolge der Reversibilität der durch das condensing enzyme bewirkten Verknüpfung von Acetyl-CoA mit Oxalessigsäure auch als Acetyldonator wirken kann, wurde von J. R. STERN, B. SHAPIRO,

E. R. Stadtman und S. Ochoa beschrieben. In einem System, das Acetylphosphat, Transacetylase, Co-Enzym A, Oxalessigsäure und das „condensing enzyme" (alle Enzyme aus E. coli) enthält, entsteht Citrat entsprechend den folgenden Reaktionen:

$$\text{Acetylphosphat} + \text{CoA} \underset{}{\overset{\text{Transacetylase}}{\rightleftarrows}} \text{Acetyl-CoA} + \text{Phosphat},$$

$$\text{Acetyl-CoA} + \text{Oxalessigsäure} \overset{\text{condensing enzyme}}{\rightleftarrows} \text{Citronensäure} + \text{CoA},$$

$$\text{Summe: Acetylphosphat} + \text{Oxalessigsäure} \rightleftarrows \text{Citronensäure} + \text{Phosphat}$$

Gibt man nun Äpfelsäuredehydrase hinzu, welche die Oxalessigsäure beseitigt, indem sie sie zu Äpfelsäure hydriert, so verschwindet Citronensäure unter Bildung von Äpfelsäure und Acetylphosphat:

$$\text{L-Äpfelsäure} + \text{DPN} \overset{\text{Äpfelsäuredehydrase}}{\rightleftarrows} \text{Oxalessigsäure} + \text{DPN-H}_2,$$

$$\text{Acetylphosphat} + \text{L-Äpfelsäure} + \text{DPN} \rightleftarrows \text{Citronensäure} + \text{Phosphat} + \text{DPN-H}_2.$$

Die Bildung von Citrat aus Oxalessigsäure und Acetyl-Co A geht mit einer Änderung der freien Energie von rund — 8000 cal einher.

Im Organismus findet sich nur wenig Citronensäure. Blut und die meisten Gewebe enthalten wenige Milligrammprozente. Verhältnismäßig hohe Citronensäurekonzentrationen findet man im Knochen. Der größte Teil des in einem Tier enthaltenen Citrats liegt im Knochen. Auch in der Samenflüssigkeit ist viel Citrat enthalten. Es wird von den Samenblasen abgegeben, die z. B. beim Kaninchen bis zu 180 mg-% enthalten. Die Funktion des Citrats in der Samenflüssigkeit ist noch unbekannt. Spermatozoen setzen nur wenig Citrat um.

Menschen scheiden im Tag etwa 0,5—1 g Citronensäure im Harn aus. Selbst nach Einverleibung sehr großer Dosen (etwa 100 g) Citronensäure nimmt die Ausscheidung nicht deutlich zu. Vitamin D steigert bei Ratten die Citronensäureausscheidung. Intravenös injizierte Citronensäure verschwindet rasch wieder aus dem Blut. Nach F. L. Breusch und R. Tulus [2] kann 1 kg Leber in der Stunde 7,5—8,0 g, 1 kg Muskel 4,7 g Citronensäure umsetzen. Ein Mensch wäre demnach in der Lage, im Tag 4000—5000 g Citronensäure abzubauen. Nimmt man an,

Tabelle 58. *Verteilung der Citronensäure in der Maus* (F. Dickens).

	Organgewicht g	Citronensäure mg	% der gesamten Citronensäure
Skelet	8,2	3,75	69
Muskulatur	6,8	0,19	3,5
Haut	4,3	0,37	6,8
Genitalapparat	0,6	0,71	13,1
Innere Organe	9,0	0,41	7,5
Insgesamt	28,9	5,43	99,9

die gesamte Endoxydation der Fette und Kohlenhydrate verlaufe über den Citronensäurecyclus und ein Mensch nehme im Tag 500 g Kohlenhydrat und 60 g Fett auf, so ergäbe das einen Umsatz von 2000 g Citronensäure in 24 Std.

Citronensäure wird auch anaerob rasch abgebaut (C. Martius). Hierbei entsteht durch eine Dismutation α-Oxyglutarsäure:

$$\text{Isocitronensäure} + \text{Co-II} \rightleftarrows \text{Oxalbernsteinsäure} + \text{CoH}_2\text{-II},$$

$$\text{Oxalbernsteinsäure} \rightarrow \alpha\text{-Ketoglutarsäure} + \text{CO}_2,$$

$$\alpha\text{-Ketoglutarsäure} + \text{CoH}_2\text{-II} \rightleftarrows \alpha\text{-Oxyglutarsäure} + \text{Co-II}.$$

Offensichtlich ist der Organismus bemüht, den Citratgehalt der Gewebe und des Blutes möglichst niedrig zu halten, damit es zu keiner Entionisierung des Calciums und den damit verknüpften Konsequenzen (z. B. Auftreten tetanischer Symptome) kommt.

β) Der Abbau der Citronensäure.

Das Gleichgewicht zwischen Citronensäure, cis-Aconitsäure und Isocitronensäure.

Zwischen Citronensäure, cis-Aconitsäure und Isocitronensäure besteht ein enzymatisches Gleichgewicht (C. Martius [1]). Nach C. Martius und H. Leonhardt stehen 89,2% Citronensäure mit 3,1% cis-Aconitsäure und 7,7% Isocitronensäure im Gleichgewicht.

$$\begin{array}{l} CH_2\text{—}COOH \\ | \\ C(OH)\text{—}COOH \\ | \\ CH_2\text{—}COOH \end{array} \rightleftarrows \begin{array}{l} CH\text{—}COOH \\ \| \\ C\text{—}COOH \\ | \\ CH_2\text{—}COOH \end{array} \rightleftarrows \begin{array}{l} CH(OH)\text{—}COOH \\ | \\ CH\text{—}COOH \\ | \\ CH_2\text{—}COOH \end{array}$$

Citronensäure cis-Aconitsäure Isocitronensäure

Das die Einstellung des Gleichgewichts bewirkende Enzym Aconitase ist in allen tierischen Geweben verbreitet. Es wird durch hohe Substratkonzentrationen gehemmt. Hierauf beruht der Umstand, daß höhere Citratkonzentrationen die Gewebsatmung zu hemmen pflegen. trans-Aconitsäure hemmt die Aconitase kompetitiv; diese Hemmung kann durch cis-Aconitsäure oder Citronensäure aufgehoben werden. Die Aconitase wird jedoch bei längerer Einwirkung von trans-Aconitsäure inaktiviert. Aconitase läßt sich durch Fe^{++} aktivieren.

Die Vermutung, daß Aconitase aus zwei Teilfermenten bestehe, von denen das eine die Reaktion cis-Aconitsäure ⇄ Citronensäure, das andere die Reaktion cis-Aconitsäure ⇄ Isocitronensäure katalysiere, hat sich nicht beweisen lassen. Aconitase ist anscheinend ein einheitliches Enzym. Reaktionskinetische Untersuchungen weisen darauf hin, daß bei der Umwandlung Citronensäure ⇄ Isocitronensäure überhaupt gar keine cis-Aconitsäure entsteht, sondern ein Zwischenprodukt, das sich leicht zu cis-Aconitsäure stabilisiert. Die gegenseitige Umwandlung der beiden Oxysäuren führt also „an der Aconitsäure vorbei“:

Citronensäure ⇄ Zwischenprodukt ⇄ Isocitronensäure
↓↑
cis-Aconitsäure

Dehydrierung von Isocitronensäure zu Oxalbernsteinsäure.

Isocitronensäure wird durch die Isocitricodehydrase zu Oxalbernsteinsäure dehydriert. ΔF der Reaktion beträgt —700 cal. Co-Ferment ist die Co-Dehydrase II. Außerdem werden noch Mg^{++} und Mn^{++} benötigt. Die Dehydrase wird durch Jodacetat gehemmt. Die „Citronensäuredehydrase“ der älteren Autoren hat sich als ein Gemisch von Aconitase und Isocitricodehydrase erwiesen. Citronensäure wird also erst zu Isocitronensäure umgelagert und diese wird dann dehydriert.

$$\begin{array}{l} CH(OH)\text{—}COOH \\ | \\ CH\text{—}COOH \\ | \\ CH_2\text{—}COOH \end{array} + CoII \rightleftarrows \begin{array}{l} CO\text{—}COOH \\ | \\ CH\text{—}COOH \\ | \\ CH_2\text{—}COOH \end{array} + CoH_2\text{—}II$$

Isocitronensäure Oxalbernsteinsäure

Da die Dehydrierung der Isocitronensäure an die Co-Dehydrase II gebunden ist, alle anderen Dehydrierungen im Citronensäurecyclus aber nicht, kann die hydrierte Co-Dehydrase II ihren Wasserstoff nicht ohne weiteres an ein Glied des Cyclus abgeben. Unter aeroben Bedingungen wird der Wasserstoff über die Diaphorase, vielleicht auch über die Cytochrom c-Reduktase dem WARBURG-KEILIN-System zugeführt, so daß der Citronensäurecyclus in Gang bleibt.

In überlebenden Geweben und Enzymansätzen wurden verschiedentlich Dismutationen unter Beteiligung der Isocitricodehydrase beobachtet. Dies hängt vermutlich damit zusammen, daß die Co-Dehydrase I durch tierische Gewebe (auch durch Hefe) in Co-Dehydrase II verwandelt werden kann (E. ADLER, S. ELLIOTT und L. ELLIOTT). Beispielsweise wurde von J. W. MOULDER, B. VENNESLAND und E. A. EVANS jr. eine Dismutation zwischen Isocitronensäure und

$$\text{Isocitrat} + \text{Pyruvat} \rightleftarrows \alpha\text{-Ketoglutarat} + \text{Lactat} + CO_2 .$$

Brenztraubensäure beschrieben, bei der die Dehydrierung der Isocitronensäure mit einer Hydrierung der Brenztraubensäure gekoppelt ist. Der Gesamtprozeß ist streng spezifisch für Co-Dehydrase II. Eine andere Erklärung für diese Dismutation ergibt sich daraus, daß die Milchsäuredehydrase, wenn auch mit stark verminderter Aktivität, mit Co-Dehydrase II an Stelle der Co-Dehydrase I arbeiten kann (A. H. MEHLER, A. KORNBERG, S. GRISOLIA und S. OCHOA). Siehe auch S. 33. Weiterhin ist an die Möglichkeit einer Beteiligung der Pyridinnucleotid-Transhydrogenase zu denken.

Isocitronensäure hat zwei asymmetrische C-Atome. Merkwürdigerweise setzen die Gewebe jedoch 50% der synthetischen Isocitronensäure um. Die Dehydrase muß also entweder die eine racemische Form angreifen, oder aber das synthetische Produkt enthält nur die eine racemische Form.

Decarboxylierung der Oxalbernsteinsäure zu α-Ketoglutarsäure.

Oxalbernsteinsäure ist leicht zersetzlich und spaltet schon spontan Kohlendioxyd ab. Die Decarboxylierung wird jedoch im Organismus noch enzymatisch durch die Oxalbernsteinsäuredecarboxylase, eine β-Ketosäuredecarboxylase beschleunigt. S. OCHOA entdeckte, daß die Decarboxylierung umkehrbar ist. Da die Decarboxylierung stark exergonisch ist ($\Delta F = -4460$ cal), liegt das Gleichgewicht praktisch ganz zu Gunsten der Decarboxylierung. Die Decarboxylase wird durch Mn^{++}, Cu^{++}, Fe^{++} und Zn^{++} aktiviert. Der physiologische Aktivator ist Mn^{++}. Das Enzym ist streng spezifisch auf Oxalbernsteinsäure eingestellt. Es wird durch Isocitronensäure kompetitiv gehemmt. Citronensäure ist wirkungslos.

Die CO_2-Fixierung durch α-Ketoglutarsäure ist ein endergonischer Prozeß, der nur abläuft, wenn er mit einer energieliefernden Reaktion gekoppelt wird. S. OCHOA konnte die CO_2-Fixierung mit der Dehydrierung von Glucose-6-phosphat verbinden. Hierbei spielen sich die folgenden Reaktionen ab:

	Reaktion	ΔF
I.	α-Ketoglutarat + CO_2 → Oxalsuccinat	$\Delta F = +4460$ cal
II.	Oxalsuccinat + CoH_2-II → Isocitrat + Co-II	$\Delta F = +700$ cal
III.	Glucose-6-phosphat + Co-II → 6-Phosphogluconat + CoH_2-II	$\Delta F = -6900$ cal
IV.	Isocitrat → Citrat	$\Delta F = -1500$ cal
Bilanz:	α-Ketoglutarat + CO_2 + Glucose-6-phosphat → Citrat + 6-Phosphogluconat	$\Delta F = -3200$ cal

S. GRISOLIA und B. VENNESLAND haben die OCHOA-Reaktion mit Hilfe der Isotopentechnik bewiesen. Sie inkubierten Leberextrakt mit C^{14} enthaltendem Bicarbonat und fanden den radioaktiven C in der β-Carboxylgruppe der Citronensäure wieder.

Die Hefe verfügt über zwei Enzymsysteme, welche die oxydative Decarboxylierung der Isocitronensäure zu α-Ketoglutarsäure bewirken. Neben dem auch im tierischen Organismus vorkommenden System, durch das Isocitronensäure zunächst zur Oxalbernsteinsäure dehydriert wird, die dann eine Decarboxylierung zur α-Ketoglutarsäure erleidet, und das mit Co II arbeitet, findet man in der Hefe noch ein zweites System. In ihm wirkt Co-Dehydrase I mit und Oxalbernsteinsäure tritt nicht als Zwischenprodukt auf. Außerdem ist für das zweite System noch charakteristisch, daß Adenosin-5-phosphat benötigt wird. Die oxydative Decarboxylierung der Isocitronensäure durch das zweite System läßt sich mit der Hydrierung von Pyruvat zu Lactat koppeln (A. KORNBERG und W. E. PRICE jr.). Die Summenformeln der beiden Systeme der Hefe zur Decarboxylierung von Isocitrat sind also:

I. D-Isocitrat + Co-II → α-Ketoglutarat + CoH_2-II + CO_2,
II. D-Isocitrat + Co-I → α-Ketoglutarat + CoH_2-I + CO_2.

Überführung von α-Ketoglutarsäure in Bernsteinsäure.

Die Umwandlung von α-Ketoglutarsäure in Bernsteinsäure schließt zwei Reaktionen in sich ein: eine Oxydation und eine Decarboxylierung. D. E. GREEN, W. W. WESTERFELD, B. VENNESLAND und W. E. KNOX haben in Form von unlöslichen Partikelchen ein Enzympräparat erhalten, das α-Ketoglutarsäure zu Bernsteinsäurehalbaldehyd decarboxyliert. Es benötigt Co-Carboxylase und Mg^{++}

$$\underset{\text{α-Ketoglutarsäure}}{HOOC—CO—CH_2—CH_2—COOH} \longrightarrow \underset{\text{Bernsteinsäurehalbaldehyd}}{HOC—CH_2—CH_2—COOH} + CO_2.$$

Nach den Untersuchungen von S. OCHOA ist aber Bernsteinsäurehalbaldehyd gar keine physiologische Substanz und wird von tierischen Geweben überhaupt nicht angegriffen. Die Überführung der α-Ketoglutarsäure in Bernsteinsäure erfolgt daher nicht durch eine nacheinander erfolgende Decarboxylierung zum Aldehyd und Dehydrierung des Aldehyds zur Säure, sondern durch eine oxydative Decarboxylierung durch ein einziges Enzym oder einen Enzymkomplex. Die oxydative Decarboxylierung der Ketoglutarsäure ist mit einer aeroben Bildung von Phosphatbindungen verknüpft. Unter anaeroben Bedingungen läßt sich die Decarboxylierung der Ketoglutarsäure mit Hydrierungen z. B. von Oxalessigsäure koppeln. Näheres hierüber findet man auf S. 51. Die oxydative Decarboxylierung der α-Ketoglutarsäure ist eine stark exergonische Reaktion. ΔF der Reaktion wurde von W. FRANKE zu — 21000 cal berechnet.

Die Oxydation der α-Ketoglutarsäure verläuft über eine „aktivierte" Bernsteinsäure, ähnlicher Natur wie die „aktivierte" Essigsäure, die bei der oxydativen Decarboxylierung der Brenztraubensäure entsteht. Auch hier handelt es sich um eine Verbindung mit dem Co-Enzym A. In Gegenwart von Sulfanilamid wird der Succinylrest von dem Succinyl-Co-Enzym A auf das Sulfanilamid unter Bildung von Succinylsulfanilamid übertragen (D. R. SANADI und J. W. LITTLEFIELD). Diese Reaktion ist ein Analogon zu der Transacetylierung. Hierbei spielen sich die folgenden Reaktionen ab:

$$\text{α-Ketoglutarsäure} \xrightarrow{A} \text{Succinyl-Enzymkomplex} \xrightarrow{B} \text{Bernsteinsäure}$$

Succinyl-Enzymkomplex ↓ (Taubenleberextrakt, Co-Enzym A)

Succinylsulfanilamid

Näheres über die Reaktionen A und B ist nicht bekannt, da beide nicht einzeln verfolgbar sind. Die Zugabe von ATP ist für die Succinylierung nicht notwendig, ja hemmt sie sogar.

α-Ketoglutarsäure kann in tierischen Geweben zu α-Oxyglutarsäure hydriert werden. Die Reaktion verläuft aber sehr langsam und hat daher keine größere physiologische Bedeutung. Diese Hydrierung läßt sich auch mit der oxydativen Decarboxylierung der Ketoglutarsäure koppeln. Aber auch diese Dismutation ist nur ein Nebenweg des Stoffwechsels. Durch die neueren Arbeiten von C. MARTIUS über den anaeroben Abbau der Citronensäure, der zu α-Oxyglutarsäure führt (S. 111), hat die Existenz der α-Oxyglutarsäuredehydrase an Interesse gewonnen. MARTIUS sieht die Bedeutung des Enzyms darin, daß die Gewebe auch unter anaeroben Bedingungen in der Lage sind, eine Anhäufung von Citronensäure zu verhindern.

Die Dehydrierung der Bernsteinsäure.

Die Bernsteinsäuredehydrase ist eine der ersten Dehydrasen, die bekannt geworden sind. Sie wurde 1909 von THUNBERG entdeckt. Das Enzym dehydriert Bernsteinsäure in Gegenwart eines Wasserstoffacceptors zu Fumarsäure. In künstlichen Systemen können Methylenblau und ähnliche Farbstoffe als Wasserstoffacceptoren wirken. Im Organismus wird der Wasserstoff von dem WARBURG-KEILIN-System aufgenommen. Man kann daher die Dehydrierung der Bernsteinsäure in atmenden Geweben durch Zugabe von Cyanid hemmen. Dies gelingt in künstlichen Systemen nicht, da die eigentliche Bernsteinsäuredehydrase durch Cyanid nicht beeinflußt wird und Cyanid auch auf die Wasserstoffaufnahme durch Methylenblau nicht einwirkt. Bernsteinsäuredehydrase wird durch Arsenit, Pyrophosphat und Cystein gehemmt. Am interessantesten und praktisch wichtigsten ist die Hemmung der Bernsteinsäuredehydrierung durch Malonsäure, deren Ursache in einer Verdrängung der Bernsteinsäure durch die ähnlich gebaute

$$\begin{array}{c} HOOC{-}CH_2 \\ | \\ CH_2{-}COOH \end{array} \rightleftarrows \begin{array}{c} HOOC{-}CH \\ \| \\ CH{-}COOH \end{array} \qquad HOOC{-}CH_2{-}COOH$$

Bernsteinsäure — Fumarsäure — Malonsäure

Malonsäure von der Enzymoberfläche besteht. Die Dehydrierung der Bernsteinsäure ist ein stark endergonischer Prozeß ($\Delta F = +20000$ cal). Das Gleichgewicht der Reaktion liegt daher sehr zugunsten der Bernsteinsäure.

Versuche mit α,α'-dideuterierter Bernsteinsäure haben erwiesen, daß die Bernsteinsäuredehydrase auch den Austausch der an den mittleren C-Atomen gebundenen Wasserstoffatome mit den Wasserstoffatomen des Reaktionsmediums (Wasser) bewirken kann.

Die Bernsteinsäuredehydrase ist mit dem WARBURG-KEILIN-System nicht direkt, sondern unter Vermittlung eines noch unbekannten Faktors verbunden. Das Bernsteinsäure dehydrierende Enzymsystem besteht also aus den folgenden Komponenten:

$$\text{Bernsteinsäuredehydrase} \rightarrow \text{Cytochrom b} \rightarrow \text{unbekannter Faktor} \rightarrow \text{WKS} \leftarrow O_2.$$

Nach E. C. SLATER ist derselbe Faktor auch zwischen die Diaphorase und das WARBURG-KEILIN-System eingeschaltet (s. das Schema auf S. 42).

In der lebenden Zelle ist die Bernsteinsäureoxydation mit der Schaffung von energiereichem Phosphat verknüpft. Der Mechanismus dieser Reaktion ist noch unbekannt. In vitro kann man eine Dehydrierung der Bernsteinsäure ohne gleichzeitig ablaufende Phosphorylierungen beobachten. Die Dehydrierung der Bernsteinsäure durch Bernsteinsäuredehydrase ist ein umkehrbarer Prozeß. Man kann ihn daher zu gemischten Oxydoreduktionen koppeln. Ein Beispiel ist die Kopplung der Dehydrierung der Äpfelsäure mit einer Hydrierung der Fumarsäure

$$\begin{array}{c} COOH \\ | \\ CH \\ \| \\ CH \\ | \\ COOH \\ \text{Fumarsäure} \end{array} + \begin{array}{c} COOH \\ | \\ CH(OH) \\ | \\ CH_2 \\ | \\ COOH \\ \text{Äpfelsäure} \end{array} \rightleftarrows \begin{array}{c} COOH \\ | \\ CH_2 \\ | \\ CH_2 \\ | \\ COOH \\ \text{Bernsteinsäure} \end{array} + \begin{array}{c} COOH \\ | \\ CO \\ | \\ CH_2 \\ | \\ COOH \\ \text{Oxalessigsäure} \end{array}$$

(D. E. Green), ein Prozeß, der aber nur langsam abläuft. Selbstverständlich wird auch diese Hydrierung der Fumarsäure zu Bernsteinsäure durch Malonat gehemmt.

In vitro kann Oxalessigsäure durch Muskelhomogenate oder Homogenate anderer Organe mit großer Geschwindigkeit hydriert werden. Beispielsweise wurde beobachtet, daß 0,4 g Muskel innerhalb von 5 min 4 mg Oxalacetat hydrierten. Die dabei primär entstehende Äpfelsäure wird rasch in Fumarsäure übergeführt. Da aber die Hydrierung der Fumarsäure nur sehr langsam verläuft, findet man in derartigen Versuchen neben dem Verschwinden von Oxalessigsäure die Anhäufung großer Mengen Malat und Fumarat, aber kaum Succinat.

Bernsteinsäuredehydrase wird durch Methylglyoxal gehemmt, und zwar durch Blockierung von SH-Gruppen. Die Methylglyoxalwirkung läßt sich daher durch Zugabe von Glyoxalase + SH-Glutathion verhüten (E. Kun).

F. G. Fischer und H. Eysenbach haben ein weiteres Enzym aufgefunden, welches Fumarsäure zu Bernsteinsäure hydriert, die Fumarathydrase. Sie ist ein gelbes Ferment. In vitro wirken Leukofarbstoffe als Wasserstoffdonatoren. Über die natürlichen Wasserstoffdonatoren und die physiologische Bedeutung der Fumarathydrase ist nichts Näheres bekannt. Die Fumarathydrierung auf diesem Wege verläuft ebenfalls nur langsam. Die Fumarathydrase bewirkt nur eine Hydrierung der Fumarsäure und ist auf die umgekehrte Reaktion, Dehydrierung der Bernsteinsäure, ohne Einfluß.

Menschen scheiden regelmäßig kleine Mengen Bernsteinsäure (2—12 mg je Tag) im Harn aus. Die Ausscheidung ist von der Art der Ernährung praktisch unabhängig. Nur bei sehr hohen Zuckerzufuhren pflegt eine geringgradige Erhöhung der Ausscheidung vorzukommen. Nach B. Flaschenträger und T. Hosoda können Hunde maximal 0,39 g Bernsteinsäure je Kilogramm Körpergewicht und Stunde umsetzen.

Äpfelsäure und Oxalessigsäure.

Fumarsäure wird durch Fumarase zu L-Äpfelsäure hydratisiert. Das Gleichgewicht zwischen beiden Substanzen ist stark von der Temperatur abhängig. Je niederer die Temperatur ist, um so mehr wird die Bildung der Äpfelsäure begünstigt. ΔF des Prozesses beträgt — 705 cal.

$$\begin{array}{c} COOH \\ | \\ CH \\ \| \\ CH \\ | \\ COOH \\ \text{Fumarsäure} \end{array} \xrightarrow{+H_2O} \begin{array}{c} COOH \\ | \\ CH(OH) \\ | \\ CH_2 \\ | \\ COOH \\ \text{L-Äpfelsäure} \end{array} \xrightarrow{-2H} \begin{array}{c} COOH \\ | \\ CO \\ | \\ CH_2 \\ | \\ COOH \\ \text{Oxalessigsäure} \end{array}$$

Die Fumarase wurde erstmalig von F. Laki und K. Laki kristallisiert. Das Enzym ist außerordentlich empfindlich gegen Schwermetalle. Es arbeitet ohne

Co-Ferment. V. MASSEY bestimmt die Turnover-Zahl des Enzyms zu über 100000 bei p_H 7,3 und 20°. Das Molekulargewicht der Fumarase beträgt 224000. Äpfelsäure wird durch die Äpfelsäuredehydrase zu Oxalessigsäure dehydriert, wobei Co-Dehydrase I beteiligt ist. Das Enzym ist von dem malic enzyme von OCHOA und Mitarbeitern verschieden. Äpfelsäuredehydrase ist eine der ersten entdeckten Dehydrasen (T. THUNBERG). Sie kommt in allen tierischen Geweben in einer hohen Konzentration vor. Herzmuskel enthält 0,4% Äpfelsäuredehydrase.

$$\text{L-Malat} + \text{Co} \rightleftarrows \text{Oxalacetat} + \text{CoH}_2 \ (\Delta F = +\ 8300 \text{ cal}).$$

Oxalessigsäure ist sehr unbeständig und unterliegt in wäßriger Lösung einer rasch verlaufenden spontanen Decarboxylierung zu Brenztraubensäure, die durch eine Reihe von Kationen (Co^{++}, Zn^{++}, Cu^{++}, Fe^{++}, Fe^{+++}, Al^{+++}) katalytisch beschleunigt wird. Auch Aminosäuren sind in dieser Beziehung wirksam. Neben der nichtenzymatischen Decarboxylierung der Oxalessigsäure findet man im Organismus noch eine enzymatische. Die Oxalessigsäuredecarboxylase ist eine β-Ketosäuredecarboxylase, die in Tieren, Pflanzen und Mikroorganismen nachgewiesen wurde. Sie ist nur in Gegenwart von zweiwertigen Ionen wirksam. Eine prosthetische Gruppe des Enzyms hat sich noch nicht auffinden lassen. Co-Carboxylase ist bei der enzymatischen Decarboxylierung der Oxalessigsäure nicht beteiligt. Hinsichtlich der Umkehrbarkeit der Reaktion im Sinne einer Carboxylierung der Brenztraubensäure (WOOD-WERKMAN-Reaktion) sei auf S. 97 verwiesen.

Die weitere biochemische Reaktion der Oxalessigsäure, Hydrierung zu Äpfelsäure, Aminierung zu Asparaginsäure und Kondensation mit Acetyl-Co A zu Citronensäure, wurden schon in anderem Zusammenhang besprochen. Unter anaeroben Bedingungen kann die Oxalessigsäure zu Dismutationen herangezogen werden. So läßt sich z. B. eine Hydrierung der Oxalessigsäure zu Äpfelsäure mit einer Oxydation von α-Ketoglutarsäure koppeln (F. E. HUNTER jr.):

$$\alpha\text{-Ketoglutarsäure} + \text{Co} \rightleftarrows \text{Bernsteinsäure} + \text{CO}_2 + \text{CoH}_2,$$
$$\text{Oxalessigsäure} + \text{CoH}_2 \rightleftarrows \text{Äpfelsäure} + \text{Co}.$$

Die Differenz der Redoxpotentiale beider Systeme ist so groß, daß diese Dismutation mit der Bildung von energiereichem Phosphat einhergeht. HUNTER berechnet den Energiegewinn beim Transport von zwei Elektronen in diesem System zu 24000 cal.

Eine andere Dismutation findet statt, wenn man das malic enzyme mit der Äpfelsäuredehydrase kombiniert (J. B. V. SALLES, I. HARARY, R. F. BANFI und S. OCHOA). Das System arbeitet mit Co-Dehydrase II.

$$\text{L-Äpfelsäure} + \text{Co-II} \rightleftarrows \text{Brenztraubensäure} + \text{CO}_2 + \text{CoH}_2\text{-II},$$
$$\text{Oxalessigsäure} + \text{CoH}_2\text{-II} \rightleftarrows \text{L-Äpfelsäure} + \text{Co-II}.$$

$$\text{Bilanz: Malat} + \text{Oxalacetat} \rightleftarrows \text{Pyruvat} + \text{CO}_2 + \text{Malat}.$$

Bei dieser großen Auswahl zwischen verschiedenen Reaktionsmöglichkeiten ist es verständlich, daß die Richtung, in welcher sich der Stoffwechsel der Oxalessigsäure bewegt, stark von den jeweils herrschenden Reaktionsbedingungen abhängig ist. Manche Organe, wie z. B. Milz, Placenta, Lunge, Nerven decarboxylieren zugesetzte Oxalessigsäure mit großer Geschwindigkeit (F. L. BREUSCH [*6*]). In anderen Organen (Niere, Herz, Leber, Muskel, Gehirn) steht die Kondensation mit Acetyl-Co A im Vordergrund, so daß Zusatz von Oxalessigsäure eine gewaltige Steigerung der Atmung der Organhomogenate bewirkt. Über die hierzu erforderlichen optimalen Bedingungen und die mit den einzelnen Organen erhaltenen Ergebnisse sei auf die Arbeiten von V. R. POTTER und Mitarbeitern verwiesen.

8. Die Bildung von Glykogen aus Milchsäure und Brenztraubensäure.

Daß Milchsäure und Brenztraubensäure im Organismus in Glykogen übergehen können, ist schon lange bekannt. In der neueren Zeit mit der Isotopentechnik durchgeführte Versuche haben ergeben, daß der Vorgang wesentlich komplizierter ist, als man früher annahm, und keineswegs eine einfache Umkehrung der Glykolyse darstellt.

V. LORBEER, N. LIFSON, H. G. WOOD, W. SAKAMI und W. W. SHREEVE (s. auch H. G. WOOD) verfütterten an Ratten Milchsäure, die auf verschiedene Art markiert war. Aus $CH_3—C^{13}H(OH)—COOH$ entstand Glykogen in der Leber, das bei der Hydrolyse eine Glucose lieferte, welche C^{13} in allen Positionen enthielt, und zwar wenig in den C-Atomen 3 und 4, viel in den C-Atomen 1 und 2 sowie 5 und 6. Wenn die Glykogenbildung eine einfache Umkehrung der Glykolyse wäre, dann könnte aus der in α-Stellung markierten Milchsäure nur Glucose entstehen, welche den isotopen C ausschließlich als C-Atome 2 und 5 enthält. Nimmt man an, die durch Dehydrierung der Milchsäure entstandene Brenztraubensäure werde decarboxyliert und in üblicher Weise mit Oxalessigsäure zu Citronensäure kondensiert, durchlaufe den Citronensäurecyclus bis zur Stufe der Oxalessigsäure, die dann zu Brenztraubensäure decarboxyliert wird, und daß dann aus dieser Brenztraubensäure durch Umkehr der Glykolyse Glucose entstehe, so müßte Glucose mit C^{13} in den Positionen 3 und 4 gebildet werden:

$$CH_3—\overset{*}{C}H(OH)—COOH \rightarrow \left\{\begin{matrix} CH_3—\overset{*}{C}O— \\ + \\ HOOC—CH_2—CO—COOH \end{matrix}\right\} \rightarrow \begin{matrix} COOH \\ | \\ CH_2 \\ | \\ C(OH)—COOH \\ | \\ CH_2 \\ | \\ \overset{*}{C}OOH \end{matrix} \rightarrow \begin{matrix} COOH \\ | \\ CO \\ | \\ CH_2 \\ | \\ CH_2 \\ | \\ \overset{*}{C}OOH \end{matrix} \rightarrow$$

$$\begin{matrix} COOH \\ | \\ CH_2 \\ | \\ CH_2 \\ | \\ \overset{*}{C}OOH \end{matrix} \rightarrow \left\{\begin{matrix} HOO\overset{*}{C}—CH_2—CO—COOH \\ + \\ HOOC—CH_2—CO—\overset{*}{C}OOH \end{matrix}\right\} \rightarrow CH_3—CO—\overset{*}{C}OOH \rightarrow C—C—\overset{*}{C}—\overset{*}{C}—C—C$$

Die aus der Milchsäure entstandene Brenztraubensäure könnte auch in der WOOD-WERKMAN-Reaktion oder via malic encyme CO_2 aufnehmen, also Oxalessigsäure liefern, die dann zu Citronensäure kondensiert und auf diesem Wege dem Citronensäurecyclus zugeführt wird. Dieser Weg muß zu einer Glucose führen, welche C^{13} sowohl in den Positionen 1 und 6 als auch 2 und 5 und zwar in gleicher Konzentration enthält. Die sich hierbei abspielenden Reaktionen sind:

$$\begin{matrix} CH_3 \\ | \\ \overset{*}{C}H(OH) \\ | \\ COOH \end{matrix} \xrightarrow{+CO_2} \begin{matrix} COOH \\ | \\ CH_2 \\ | \\ \overset{*}{C}O \\ | \\ COOH \end{matrix} \longrightarrow \begin{matrix} COOH \\ | \\ CH_2 \\ | \\ \overset{*}{C}(OH)—COOH \\ | \\ CH_2 \\ | \\ COOH \end{matrix} \longrightarrow \begin{matrix} COOH \\ | \\ CO \\ | \\ \overset{*}{C}H_2 \\ | \\ CH_2 \\ | \\ COOH \end{matrix} \longrightarrow \begin{matrix} COOH \\ | \\ \overset{*}{C}H_2 \\ | \\ CH_2 \\ | \\ COOH \end{matrix} \longrightarrow$$

$$\left\{\begin{matrix} HOOC—\overset{*}{C}H_2—CO—COOH \\ + \\ HOOC—CH_2—\overset{*}{C}O—COOH \end{matrix}\right\} \longrightarrow \left\{\begin{matrix} \overset{*}{C}H_3—CO—COOH \\ + \\ CH_3—\overset{*}{C}O—COOH \end{matrix}\right\} \longrightarrow \overset{*}{C}—\overset{*}{C}—C—C—\overset{*}{C}—\overset{*}{C}$$

Der Versuchsausfall zeigt, daß alle drei Wege nebeneinander beschritten werden, und zwar die beiden ersten in einem nur geringen Umfang, der dritte als Hauptweg. Daß in dem Versuch von LORBEER und Mitarbeitern die Konzentration des isotopen C in den Positionen 1 und 6 sowie 2 und 5 nicht vollkommen gleich war, rührt vermutlich davon her, daß außer einer geringen direkten Umkehr der Glykolyse noch ein Teil der Milchsäure bzw. ihrer Umwandlungsprodukte veratmet wurde.

Als die erwähnten Autoren doppelt markierte Milchsäure verfütterten ($C^{14}H_3$—$C^{13}H(OH)$—COOH), erhielten sie eine Glucose, in welcher jedes der beiden Isotope auf alle C-Atome verteilt war. Eine einfache Umkehr der Glykolyse hätte zu der folgenden Glucose führen müssen: C^{14}—C^{13}—C—C—C^{13}—C^{14}. Auch diesmal war also der Citronensäurecyclus durchlaufen worden:

$$\begin{array}{ccccccccccc}
 & & COOH & & & & COOH & & COOH & & \\
 & & | & & & & | & & | & & \\
C^{14}H_3 & & C^{14}H_2 & & C^{14}H_3 & & C^{14}H_2 & & C^{14}O & & C^{14}OOH \\
| & & | & & | & & | & & | & & | \\
C^{13}H(OH) & \xrightarrow{+CO_2} & C^{13}O & + & C^{13}O- & \rightarrow & C^{13}(OH)-COOH & \rightarrow & C^{13}H_2 & \rightarrow & C^{13}H_2 \rightarrow \\
| & & | & & & & | & & | & & | \\
COOH & & COOH & & & & C^{14}H_2 & & C^{14}H_2 & & C^{14}H_2 \\
 & & & & & & | & & | & & | \\
 & & & & & & C^{13}OOH & & C^{13}OOH & & C^{13}OOH
\end{array}$$

$$\left.\begin{array}{c} OC^{14}-C^{13}H_2-C^{14}O-C^{13}OOH \\ + \\ OC^{13}-C^{14}H_2-C^{13}O-C^{14}OOH \end{array}\right\} \rightarrow \left\{\begin{array}{c} C^{13}H_3-C^{14}O-C^{13}OOH \\ + \\ C^{14}H_3-C^{13}O-C^{14}OOH \end{array}\right\} \rightarrow \left\{\begin{array}{c} C^{13}-C^{14}-C^{13}-C^{13}-C^{14}-C^{13} \\ + \\ C^{14}-C^{13}-C^{14}-C^{14}-C^{13}-C^{14} \end{array}\right\}$$

Ein analoger Befund wurde erhoben, als eine sowohl in der α-Stellung als auch in der β-Stellung mit C^{13} markierte Milchsäure verfüttert wurde.

Aus den Konzentrationen der einzelnen Isotopen in den verschiedenen Positionen des Glucosemoleküls ließ sich errechnen, daß weniger als $^1/_6$ der einverleibten Milchsäure durch eine direkte Umkehr der Glykolyse in Leberglykogen übergeführt worden war und daß die Hauptmenge den Weg über den Citronensäurecyclus eingeschlagen hatte. Die Untersuchung der von den Tieren ausgeatmeten CO_2 ergab, daß an ihrer Produktion die α-C-Atome und die β-C-Atome gleichmäßig beteiligt waren.

J. B. TOPPER und A. B. HASTINGS studierten die Bildung von Glykogen aus markierter Brenztraubensäure (CH_3—$C^{14}O$—COOH) durch überlebende Leberschnitte und fanden den isotopen C gleichfalls in allen Positionen der Glucose. Die von ihnen nachgewiesene Verteilung des C^{14} weist darauf hin, daß die Carboxylierung der Brenztraubensäure und die dadurch bewirkte Einfädelung in den Citronensäurecyclus etwa viermal so häufig vorkommt wie eine direkte Umkehr der Glykolyse. Die Befunde von TOPPER und HASTINGS stehen also in guter Übereinstimmung mit denen von LORBEER und Mitarbeitern. Der erste Schritt der Umkehr der Glykolyse besteht in einer Phosphorylierung der Brenztraubensäure zu Phosphoenolbrenztraubensäure.

9. Stoffwechsel anderer Zucker und Stoffwechsel von Zuckerderivaten.

a) Sorbit.

Bei der Durchströmung der Leber mit einer Sorbit enthaltenden Flüssigkeit verschwindet Sorbit. Nach Verabreichung von Sorbit an Patienten mit einer Fructosurie wird die Ausscheidung von Fructose erhöht (N. ANSCHEL), was den Verdacht nahelegte, daß Sorbit im Organismus in Fructose übergeht. F. L.

Breusch [5] wies nach, daß Sorbit in vivo dehydriert wird. Die Sorbitdehydrase wurde von R. L. Blasley einer näheren Untersuchung unterzogen. Das Enzym kommt in der Leber und in der Niere vor. Es arbeitet mit der Co-Dehydrase I und dehydriert Sorbit zu D-Fructose. Außerdem dehydriert es noch L-Idit zu L-Sorbose. Beim Arbeiten mit Leberschnitten wird die primär entstehende Fructose in Glucose übergeführt.

D-Sorbit		D-Fructose	L-Idit		L-Sorbose
CH_2OH		CH_2OH	CH_2OH		CH_2OH
H—C—OH		CO	H—C—OH		CO
HO—C—H	→	HO—C—H	HO—C—H	→	HO—C—H
H—C—OH		H—C—OH	H—C—OH		H—C—OH
H—C—OH		H—C—OH	HO—C—H		HO—C—H
CH_2OH		CH_2OH	CH_2OH		CH_2OH

A. N. Wick, M. C. Alman und L. Joseph stellten Versuche mit C^{14} enthaltendem Sorbit an Ratten an. Wurde die Substanz intraperitoneal injiziert, so wurde sie so rasch umgesetzt wie Glucose, wobei als Teste die Exhalation von $C^{14}O_2$ und die Radioaktivität des Leberglykogens dienten. Per os gegebener Sorbit wurde aber wesentlich langsamer verwertet als Glucose. Ursache hierfür ist die schlechte Resorption der Substanz. M. R. Stetten und D. W. Stetten jr. fanden nach intraperitonealer Injektion von C^{14}-Sorbit (24 Millimole je 100 g Ratte) innerhalb von 24 Std 57% des C^{14} in der Atmungskohlensäure, 17% im Harn und 4,2% im Leberglykogen wieder. Im Alloxandiabetes war die Ausscheidung als unveränderter Sorbit bzw. Glucose stark vermehrt und die Oxydation vermindert.

b) Gluconsäure.

Aus zahlreichen Arbeiten älterer Autoren ist bekannt, daß Gluconsäure im Organismus teils oxydiert, teils unverändert im Harn ausgeschieden wird. D. C. Harrison entdeckte in der Leber eine Glucoseoxydase, welche Glucose zu Gluconsäure dehydriert; als Co-Enzym fungiert Co-Zymase. M. R. Stetten und D. W. Stetten jr. verfolgten das Schicksal mit C^{14} markierter Gluconsäure bei normalen und mit Phlorrhizin behandelten Ratten. Von dem einverleibten C^{14} wurden jeweils rund 15% als CO_2 exhaliert. Über 50% des C^{14} wurden im Harn ausgeschieden, und zwar zum Teil als Gluconsäure, deren Isotopengehalt identisch mit dem der injizierten Substanz war. Die mit Phlorrhizin behandelten Ratten schieden C^{14} enthaltende Glucose aus. Außerdem wurde in der Leber der gesunden Tiere C^{14} enthaltendes Glykogen aufgefunden. Damit ist eindeutig bewiesen, daß der Organismus Gluconsäure in Glucose überführt. Es ist nicht sehr wahrscheinlich, daß die Glucose durch eine Umkehrung der Dehydrierungsreaktion entsteht, da diese stark exergonisch ist.

$$\text{Glucose} + \text{Co} \underset{\longleftarrow}{\xrightarrow{\text{Glucosedehydrase}}} \text{Gluconsäure} + \text{CoH}_2 \quad \Delta F = -8000 \text{ cal.}$$

Vermutlich entsteht die Glucose durch Rekondensation eines C_3-Bruchstücks durch die Aldolase. Es ist anzunehmen, daß Gluconsäure im Tierkörper phosphoryliert werden kann und dann über 6-Phosphogluconsäure, 5-Ribosephosphat in Triosephosphat übergeht. S. S. Cohen und D. B. McNair Scott haben in

Escherichia coli eine Glucokinase nachgewiesen, welche Gluconsäure zu 6-Phosphogluconat phosphoryliert. M. R. STETTEN und D. W. STETTEN fanden in

Gluconsäure + ATP → 6-Phosphogluconsäure + ADP

ihrem Versuch mit markierter Gluconsäure, daß die Ratten C^{14} auch in die Nucleotide aufnahmen, was als Zeichen einer Überführung in Ribose über Ribose-5-phosphat zu werten ist. Einen Anhaltspunkt, daß Gluconsäure im Tierkörper zu Zuckersäure oxydiert wird, ergaben die Versuche nicht.

Die Versuche von M. R. STETTEN und D. W. STETTEN jr. machen es wahrscheinlich, daß die direkte Dehydrierung von Glucose zu Gluconsäure im tierischen Organismus keinen großen Umfang besitzt. Damit wird die alte Streitfrage, ob es auch einen über nicht phosphorylierte Zwischenprodukte verlaufenden Zuckerstoffwechsel von einer größeren Intensität gibt, im negativen Sinne beantwortet. Die Diskussion war hauptsächlich deswegen entstanden, weil früher in zahlreichen Untersuchungen über den Zuckerstoffwechsel in den Organen keine Phosphorylierungen beobachtet worden waren. Diese negativen Befunde wurden dann später dahingehend aufgeklärt, daß die beteiligten Enzymsysteme unter den damals gewählten Versuchsbedingungen nicht beständig waren. Es ist heute sicher feststehend, daß praktisch der gesamte Kohlenhydratstoffwechsel sich unter Phosphorylierungen abspielt.

Über die Dehydrierung von Glucose-6-phosphat zu 6-Phosphogluconsäure und dessen weitere Umsetzungen siehe S. 126.

Schimmelpilze enthalten eine kräftig wirkende Glucoseoxydase (Notatin), die von der tierischen Glucoseoxydase verschieden ist. Sie wurde von D. KEILIN und E. F. HARTREE weitgehend gereinigt und erwies sich als ein gelbes Ferment. Das Enzym, das ein Molekulargewicht von 152000 hat, ist spezifisch auf Glucose eingestellt. Die Oxydation der Glucose erfolgt nach der Gleichung

Glucose + H_2O + O_2 → Gluconsäure + H_2O_2.

c) Glucuronsäure.

Phenole und Säuren werden im Organismus vielfach an Glucuronsäure gebunden ausgeschieden. Auch ein großer Teil der Steroidhormone findet sich im Harn in Form von 3-β-D-Glucuroniden, z. B. Pregnandiol, Östriol, Oestron, Androsteron, Dehydroisoandrosteron. Die im Tierkörper auftretende Glucuronsäure ist die D-β-Form. Phenole werden ätherartig, Säuren esterartig mit Glucuronsäure „gepaart".

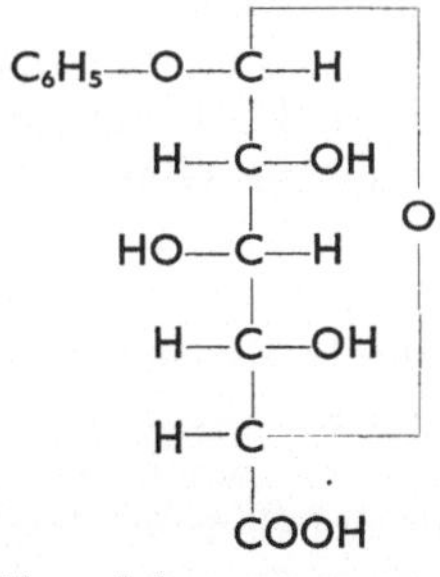

```
C6H5—O—C—H                 C6H5—CO—O—C—H
       |      |                      |      |
     H—C—OH   |                    H—C—OH   |
       |      O                      |      O
    HO—C—H    |                   HO—C—H    |
       |      |                      |      |
     H—C—OH   |                    H—C—OH   |
       |      |                      |      |
     H—C———————                    H—C———————
       |                             |
      COOH                          COOH
```

Phenylglucuronsäure (Äthertyp) 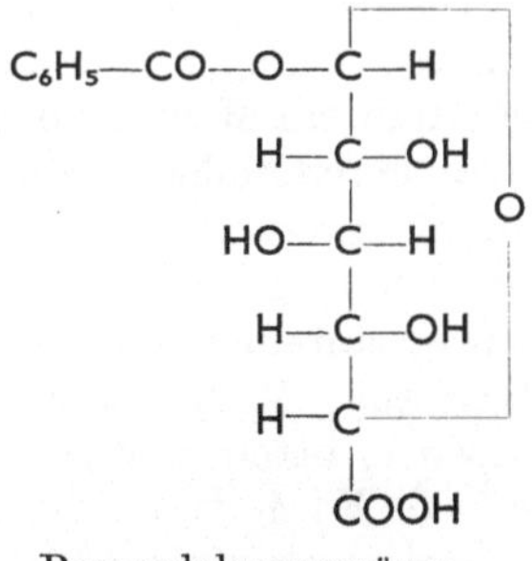 — Benzoylglucuronsäure (Estertyp)

Die tierischen Organe enthalten β-Glucuronidase, ein Enzym, das die gepaarten Glucuronsäuren spaltet. Gewebe, welche eine Regeneration nach Einwirkung eines toxischen Agens zeigen, haben einen erhöhten Gehalt an Glucuronidase. Das Enzym wird durch Ascorbinsäure und Heparin gehemmt.

Glucuronsäure wird in der Leber gebildet und auch nur dort zu Glucuroniden gebunden. Die Glucuronsäurebildung läßt sich leicht in vitro verfolgen, wenn man Leberschnitte mit einem passenden Phenol inkubiert. Die Entstehung der Glucuronsäure wird durch Fluorid und Jodacetat gehemmt. Auf Grund der Versuche von W. L. LIPSCHITZ und E. BUEDING wurde früher angenommen, daß Glucuronsäure nicht durch eine direkte Oxydation der Glucose entsteht, sondern durch einen synthetischen Prozeß, vermutlich eine Aldolasereaktion, aus C_3-Verbindungen gebildet wird. In Ansätzen mit überlebenden Leberschnitten läßt sich die Glucuronsäureausbeute auf das vielfache steigern, wenn man eine C_3-Verbindung, etwa Dioxyaceton, Lactat oder Pyruvat zusetzt. E. H. MOSBACH und C. C. KING fütterten Meerschweinchen mit Borneol und einer mit C^{14} markierten Glucose und fanden 1,8—4,05% des C^{14} der Glucose in der Glucuronsäure wieder. Die isolierte Glucuronsäure wies dieselbe Verteilung des C^{14} auf die C-Atome auf wie die verfütterte Glucose. Demnach mußte die gesamte C-Atomkette der Glucose unverändert in die Glucuronsäure übergegangen sein. F. EISENBERG und S. GURIN studierten die Glucuronsäurebildung aus Glucose mit C^{14} als C-Atom 1 und fanden die höchste Radioaktivität im C-Atom 1 der ausgeschiedenen Glucuronsäure. Demnach muß Glucose bzw. eine andere C_6-Verbindung die unmittelbare Vorstufe der Glucuronsäure sein. Aber auch die mittleren C-Atome der Glucuronsäure waren radioaktiv und zwar alle etwa gleichstark. Dies beweist, daß ein Teil der Glucuronsäure entsprechend der älteren Annahme aus einer C_3-Verbindung (vermutlich Brenztraubensäure) entsteht. Aus der Isotopenverteilung läßt sich ableiten, daß die Brenztraubensäure teilweise in einer direkten Umkehrung der Glykolyse, teilweise erst nach Durchlaufen des Citronensäurecyclus Glucuronsäure liefert. Es kommen also Reaktionsmechanismen in Frage, wie sie auch bei der Bildung von Glucose bzw. Glykogen aus Brenztraubensäure beobachtet worden sind. Näheres hierüber findet man S. 118. Auch die Erfahrungen von M. A. PACKHAM und G. C. BUTLER, welche die Glucuronsäurebildung unter Verwendung von markierter Milchsäure, Brenztraubensäure und Glucose verfolgt haben, sprechen dafür, daß ein Teil der Glucuronsäure aus C_3-Verbindungen entsteht. A. P. DOERSCHUK brachte einen weiteren Beweis für die Glucuronsäurebildung aus C_3-Verbindungen bei. Er injizierte mit Borneol behandelten Meerschweinchen C-1-C^{14}-Glycerin und fand 12—14% des C^{14} in der ausgeschiedenen Borneolglucuronsäure wieder.

Die Glucuronsäureausscheidung des Menschen beträgt normalerweise 0,2 bis 1,0 g im Tag. Die früher genannten kleineren Zahlen waren durch unzuverlässige Analysenmethoden bedingt. Aus den Versuchen an der überlebenden Leber läßt sich berechnen, daß ein Mensch in der Stunde bis zu 1 g Glucuronsäure zu Entgiftungszwecken bereitstellen kann. Die physiologische Glucuronsäureausscheidung wird durch eiweißreiche Kost vergrößert, durch kohlenhydratreiche vermindert. Blut enthält in der Norm 4—8 mg-% Glucuronsäure. Nach Verfütterung größerer Glucuronsäuremengen (5 g) scheiden gesunde Menschen praktisch nichts davon im Harn aus. M. ENKLEWITZ und M. LASKER haben bei Patienten, die an einer Pentosurie litten, festgestellt, daß etwa 20% einer verabreichten Glucuronsäuredosis in Form von L-Xyloketose ausgeschieden wurden.

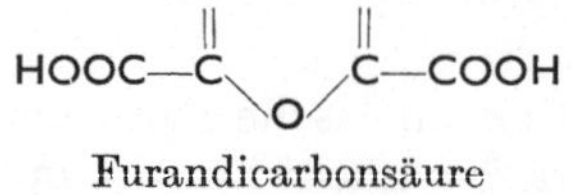

```
     HC———CH
     ‖     ‖
HOOC—C     C—COOH
      \   /
        O
```

Furandicarbonsäure

Menschen scheiden im Tag etwa 5—10 mg Furandicarbonsäure im Harn aus. Nach Verfütterung von Glucuronsäure oder Galakturonsäure steigt die Ausscheidung auf das 5—15fache an (B. FLASCHENTRÄGER, B. CAGIANUT und F. MEIER).

d) Fructose.

Fructose verhält sich im Stoffwechsel nicht in allen Einzelheiten der Glucose analog. Es ist schon lange bekannt, daß Fructose bei stark fetthaltigen Diätformen eine bessere ketolytische Wirkung entfaltet als die Glucose. Die Blutzuckerkurven nach Belastung mit Fructose weichen etwas von denen nach Glucosegaben erhaltenen ab. Vielfach wurde festgestellt, daß nach der Verfütterung von Fructose eine ausgiebigere Glykogenbildung in der Leber erfolgt als nach der Aufnahme von Glucose. Versuche an intakten Tieren haben ergeben, daß die Injektion von Fructose eine ungewöhnlich starke Steigerung des Blutmilchsäurespiegels hervorruft, und daß die Milchsäure in diesem Falle aus der Leber stammt. Auch bei der Durchströmung einer überlebenden Leber entsteht aus Fructose wesentlich mehr Milchsäure als aus Glucose. In dieser Hinsicht bestehen jedoch große Unterschiede zwischen den einzelnen Tierarten. Eine durchströmte Katzenleber baut aus Glucose praktisch kein Glykogen auf, wohl aber aus Fructose, während Kaninchenleber beide Zuckerarten in etwa gleicher Weise zur Glykogenbildung verwerten kann (E. LUNDSGAARD, N. A. NIELSEN und S. L. ORSKOV). Glucose und Fructose haben daher nicht immer denselben Nährwert. Von verschiedenen Untersuchern wurden kleine, aber signifikante Unterschiede, zumeist zu Gunsten der Fructose festgestellt. Nach A. R. LAMB ist deshalb auch die Energieverwertung aus Rohrzucker etwas besser als aus Glucose.

Ursache für das verschiedene Verhalten der beiden Zucker, vor allem in der Leber, ist die unterschiedliche Leichtigkeit, mit der Glucose und Fructose phosphoryliert werden. Die Phosphorylierung der Fructose erfolgt in einer analogen Weise wie die der Glucose. Während Glucose durch die Hexokinase zu Glucose-6-phosphat phosphoryliert wird, überführt die Fructokinase Fructose in Fructose-1-phosphat.

$$\text{Fructose} + \text{ATP} \xrightarrow{\text{Fructokinase}} \text{Fructose-1-phosphat} + \text{ADP}.$$

Die Fructokinase wurde von C. S. VESTLING, A. M. MYLROIE, U. IRISH und N. H. GRANT, ferner von F. LEUTHARDT und E. TESTA sowie von A. STAUB und C. S. VESTLING näher untersucht und gereinigt. Die Lebern der meisten Tiere phosphorylieren Fructose um ein Vielfaches schneller als Glucose, was eine zwanglose Erklärung für die oben angeführten Unterschiede liefert (s. auch Tabelle 60).

Neben der Phosphorylierung der Fructose durch eine spezifische Fructokinase findet man noch in den meisten Organen eine unspezifische durch Hexokinase, bei der aber Fructose-6-phosphat entsteht. Da die Affinität der Hexokinase zu Fructose gering ist, läßt sich eine meßbare Fructosephosphorylierung nur bei größeren Fructosekonzentrationen beobachten. Außer der Fructose phosphoryliert die Hexokinase auch noch Mannose zu Mannose-6-phosphat.

Die Samenflüssigkeit der meisten Tiere und des Menschen enthält große Mengen Fructose (bis zu 1000 mg-%), aber praktisch keine Glucose. Die Spermatozoen gewinnen die von ihnen benötigte Energie physiologischerweise durch Fructolyse (T. MANN). Unter Fructolyse versteht man den der Glykolyse entsprechenden anaeroben Abbau der Fructose zu Milchsäure. Die in der Samenflüssigkeit enthaltene Fructose wird von den Samenblasen sezerniert. Die Samenblasen enthalten bis zu 1% Glykogen und können CORI-Ester in Glucose-6-phosphat verwandeln. Nach T. MANN und C. LUTWAK-MANN vollzieht sich die Fructosebildung in den Samenblasen auf dem folgenden Wege:

Blutzucker
↓
Glykogen
↓↑
Glucose-1-phosphat
↓↑
Glucose-6-phosphat → Glucose zur Rückverwertung
↓↑
Fructose-6-phosphat
↓
Fructose

Etwa zwei Wochen nach einer Kastration erlischt die Fähigkeit der Samenblasen, Fructose zu bilden. Die Verabreichung von androgenen Hormonen führt zum Wiederauftreten der Fructosebildung. Die Fructoseabsonderung der Samenblasen kann daher als Test für die Wirksamkeit androgener Stoffe dienen.

Im Blut fetaler Schafe findet man ebenfalls D-Fructose, die in der Placenta gebildet wird, und zwar ebenfalls aus dem Blutzucker. Denn wenn man den Blutzucker z. B. durch Infusion von Glucoselösungen erhöht, steigt auch der Fructosegehalt des fetalen Blutes. In der Placenta wurde eine auffallend hohe Konzentration an Phosphohexoseisomerase, welche ein Gleichgewicht zwischen Glucose-6-phosphat und Fructose-6-phosphat einstellt, beobachtet. Die Bildung von Fructose in der Placenta verläuft demnach analog der in den Samenblasen, zumal auch eine leichte Dephosphorylierung von Fructose-6-phosphat in dem Organ festgestellt wurde (C. W. Pan und F. L. Warren).

Leberschnitte oder Leberhomogenate führen Fructose und auch andere Zucker in Glucose über (Tabelle 59). Der Übergang von Fructose in Glucose in der

Tabelle 59. *Überführung von anderen Kohlenhydraten in Glucose durch Leberschnitte* (C. F. Cori und W. M. Shine).

Relative Zahlen bezogen auf Fructose = 100.

Fructose	100	β-Glycerophosphat	31
Dioxyaceton	71	Glycerin	30
D,L-Glycerinaldehyd	58	Galaktose	20
α-Glycerophosphat	56	Mannose	9

Leber vollzieht sich nach G. T. Cori, S. Ochoa, M. W. Slein und C. F. Cori folgendermaßen:

Fructose-1-phosphat → Fructose-6-phosphat ⇄ Glucose-6-phosphat.
↑ ↓
Fructose Glucose

Fügt man zu den Ansätzen Fluorid hinzu, so häufen sich große Mengen Fructose-1-phosphat an. Außerdem läßt sich — auch in Abwesenheit von Fluorid — die Bildung von anorganischem Pyrophosphat nachweisen. Die Phosphorylierung der Fructose durch die Fructokinase der Leber wird durch Glucose nicht gehemmt. Die Verwertung der Fructose durch die Leber ist daher im Gegensatz zu den Verhältnissen im Gehirn und auch in der Hefe unabhängig von der Glucose. Da sich der Stoffwechsel der Fructose in den einzelnen Organen unterschiedlich abspielt, sei in der Tabelle 60 eine Übersicht über die beim Fructoseumsatz beteiligten Fermente und ihre wichtigsten Eigenschaften wiedergegeben.

Tabelle 60. *Die beim Fructoseumsatz beteiligten Enzyme*
(G. T. Cori, S. Ochoa, M. W. Slein und C. F. Cori).

	Enzym	Substrat	Reaktionsprodukt	Bemerkungen
1	Hexokinase (Hefe, Gehirn)	Glucose Fructose + ATP Mannose Glucosamin	Die jeweiligen 6-Phosphor- säureester	Substratkonkurrenz bei Mischungen der Substrate
2	Fructokinase (Leber, Muskel)	Fructose + ATP	Fructose- 1-phosphat	Keine Hemmung durch Glucose
3	Phosphofructomutase (Leber)	Fructose- 1-phosphat	Fructose- 6-phosphat	Hemmung durch HF. Nicht im Muskel und Gehirn
4	Isomerase (Alle Organe)	Fructose- 6-phosphat	Glucose- 6-phosphat	
5	6-Phosphofructokinase (Alle Organe)	Fructose-6- phosphat + ATP	Fructose- 1,6-diphosphat	In der Leber in niederer Konzentration
6	1-Phosphofructokinase (Muskel)	Fructose-1- phosphat + ATP	Fructose- 1,6-diphosphat	Nicht im Gehirn
7	Fructose- 1,6-diphosphatase (Leber, Muskel)	Fructose- 1,6-diphosphat	Fructose-6- phosphat + H_3PO_4	Wirkt auch auf Fructose-1-phosphat

e) Galaktose.

Galaktose wird normalerweise vom Organismus nur in Form von Milchzucker aufgenommen. Im Darm wird Milchzucker durch die β-Galaktosidase (Lactase) aufgespalten. Die Resorption der Galaktose aus dem Darm vollzieht sich mit einer Geschwindigkeit, welche die der Glucose noch übertrifft.

Es ist schon lange bekannt, daß Galaktose in der Leber in Glucose übergeführt werden kann. Die erste Stufe dieser Reaktion besteht in einer Phosphorylierung der Galaktose zu Galaktose-1-phosphorsäure (H. W. Kosterlitz). Dann erfolgt eine Umlagerung des Galaktosephosphats zu Glucosephosphat. Diese Reaktion wurde von R. Caputto und Mitarbeitern näher studiert. Da bei dem Übergang des Galaktosephosphats in Glucosephosphat am C-Atom 4 eine Waldensche Umkehrung stattfindet, nannten die Autoren das dabei beteiligte Enzym

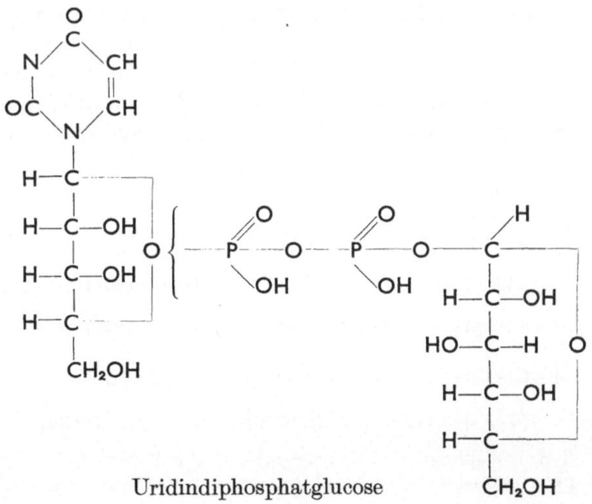

Uridindiphosphatglucose

Galaktowaldenase. Das Co-Enzym der Galaktowaldenase wurde als Uridindiphosphatglucose identifiziert. Der Verknüpfungspunkt des Glucosediphosphats an der Ribose ist noch unbekannt. Daß die Umwandlung der Galaktose auch in vivo ohne Sprengung der C-Atomkette erfolgt, geht aus Versuchen von Y. J. Topper und D. W. Stetten jr. hervor. Sie verfütterten an Ratten Galaktose mit C^{14} als C-1-Atom. Die durch Hydrolyse aus dem Leberglykogen gewonnene Glucose hat den C^{14} in derselben Position.

Die Umwandlung der Galaktose in Glucose läßt sich in zwei Teilreaktionen zerlegen:

Uridindiphosphatglucose + Galaktose-1-phosphat
$\rightleftarrows$ Uridindiphosphatgalaktose + Glucose-1-phosphat,

Uridindiphosphatgalaktose $\rightleftarrows$ Uridindiphosphatglucose.

L. F. Leloir hat aus Ansätzen mit Saccharomyces fragilis eine Substanz isoliert, die Uridindiphosphatgalaktose sein dürfte.

Die Bildung von Galaktose in der Milchdrüse erfolgt vermutlich in einer Umkehrung der aufgeführten Reaktionen. Die Verknüpfung von Glucose und Galaktose zu dem Disaccharid Milchzucker dürfte der Rohrzuckersynthese analog verlaufen:

Milchzucker $\rightleftarrows$ Glucose-1-phosphat + Galaktose.

Die Milchzuckerbildung läßt sich in Schnitten oder Homogenaten von lactierenden Milchdrüsen verfolgen. Als Muttersubstanzen für den Milchzucker haben sich Glykogen, Glucose, Glucose-1-phosphat und Maltose erwiesen. Manche Autoren haben auch eine Lactosebildung aus Mannose beobachtet. Nach Inkubation von Milchdrüsenhomogenaten mit C^{14}-Glucose enthält die entstandene Lactose C^{14}.

Der Organismus vermag nur relativ kleine Galaktosemengen umzusetzen und hat daher für diesen Zucker eine nur geringe Toleranz. Da die Umwandlung von Galaktose in Glucose nur in der Leber stattfindet, hängt die Galaktosetoleranz von der Funktionsfähigkeit der Leber ab. Die Bestimmung der Galaktosetoleranz läßt sich daher als Leberfunktionsprobe verwerten.

f) Ribose.

Ribosehaltiges Material wird ständig mit der Nahrung aufgenommen, aus dem im Darm die Ribose in Freiheit gesetzt wird. Die Resorption der Ribose ist aber nicht gut. Es ist daher verständlich, daß der Organismus Reaktionsketten zur Darstellung dieser für ihn so wichtigen Substanz entwickelt hat. O. Warburg [7] hatte nachgewiesen, daß man aus Hefe spezifische Proteine gewinnen kann, die nach Zusatz von Co-Dehydrase II Glucose-6-phosphorsäure zu Phosphohexonsäure dehydrieren und letztere Substanz weiter abbauen. Diese

COOH		COOH					
H—C—OH		H—C—OH		CH_2OH		CHO	CHO
HO—C—H	→	CO	→	CO	→	H—C—OH	HO—C—H
H—C—OH		H—C—OH		H—C—OH		H—C—OH	H—C—OH
H—C—OH		H—C—OH		H—C—OH		H—C—OH	H—C—OH
$CH_2OPO_3H_2$		$CH_2OPO_3H_2$		$CH_2OPO_3H_2$		$CH_2OPO_3H_2$	$CH_2OPO_3H_2$
6-Phosphogluconsäure		3-Keto-6-phosphogluconsäure		Ribulose-5-phosphorsäure		D-Ribose-5-phosphorsäure	D-Arabinose-5-phosphorsäure

Reaktionen wurden von F. DICKENS näher studiert. Er fand, daß aus 6-Phosphohexonsäure durch Decarboxylierung nicht, wie zu erwarten war, D-Arabinose-5-phosphat, sondern D-Ribose-5-phosphat entsteht. Dies setzt eine WALDENsche Umkehrung am Kohlenstoffatom 3 der Glucose (bzw. Phosphohexonsäure) voraus. B. L. HORECKER und P. L. SMYRNIOTIS nehmen an, daß als Zwischenprodukt 3-Keto-6-phosphogluconsäure auftritt, die durch Decarboxylierung zunächst das eine Ketogruppe enthaltende Ribulose-5-phosphat liefert, wodurch die Konfigurationsänderung am C-Atom 3 verständlich wird. Zwischen Ribose-5-phosphat und Ribulose-5-phosphat besteht ein Gleichgewicht, das bei 70—80% Ribosephosphat gelegen ist.

Der zunächst nur für die Hefe bewiesene Übergang von Glucose-6-phosphat in Ribose-5-phosphat wurde dann auch im tierischen Organismus aufgefunden (F. DICKENS und G. E. GLOCK). Bezüglich des Umfangs der Ribosebildung ergibt sich folgende Reihenfolge (fallende Aktivität) der Organe: Leber, Niere, Gehirn, Muskel.

J. E. SEEGMILLER und B. L. HORECKER haben bewiesen, daß die Bildung von Ribose-5-phosphat aus 6-Phosphogluconsäure auch in der Leber über Ribulose-5-phosphat verläuft.

Der gesamte Prozeß der Umwandlung von Glucose-6-phosphat in Ribose-5-phosphat läuft auch in Abwesenheit von ATP oder anorganischer Phosphorsäure ab und wird weder durch Fluorid noch Jodacetat gehemmt. Gemessen am gesamten Umsatz der Glucose ist die Ribosebildung ein unbedeutender Nebenweg des Zuckerabbaus, der aber von großer biologischer Wichtigkeit ist, weil er zu der für den Organismus so wesentlichen Ribose führt.

H. Z. SABLE fand in Hefeextrakten eine Ribokinase, welche Ribose unter Beteiligung von ATP zu Ribose-5-phosphorsäure phosphoryliert. Andere Pentosen (D-Xylose, D-Arabinose, D-Desoxyribose) werden von der Ribokinase nicht phosphoryliert. Weiterhin konnte die Existenz einer Phosphoribomutase nachgewiesen werden, welche Ribose-5-phosphorsäure in Ribose-1-phosphorsäure umlagert. Beide Enzyme sind auch in tierischen Geweben nachgewiesen worden.

$$\text{Ribose} + \text{ATP} \xrightarrow{\text{Ribokinase}} \text{Ribose-5-phosphorsäure}$$

$$\text{Ribose-5-phosphorsäure} \xrightarrow{\text{Phosphoribomutase}} \text{Ribose-1-phosphorsäure}$$

Bezüglich des Einbaus der Ribose in Nucleoside und der dabei sich abspielenden Umesterungsreaktionen sei auf S. 340 verwiesen.

Für den Abbau der Ribose sind mehrere Mechanismen aufgefunden worden. Im tierischen Organismus läßt sich eine mit Co-Dehydrase II arbeitende Dehydrierung zu 5-Phosphoribonsäure und ein weiterer bisher nicht präzisierbarer oxydativer Abbau der letzteren Substanz nachweisen. Dieser Abbau findet auch in der Hefe statt. Die Dehydrierung des Ribose-5-phosphats unterscheidet sich in mancherlei Hinsicht von der des Glucose-6-phosphats. Die Ribosephosphatdehydrase ist bei 37° stark aktiv, dagegen bei Zimmertemperatur beinahe unwirksam (F. DICKENS und G. E. GLOCK).

Ein weiterer Abbauweg des Ribose-5-phosphats, der sowohl im Tierkörper als auch in der Hefe vorkommt, besteht in der Aufspaltung durch eine Art Aldolasereaktion in ein C_2- und ein C_3-Bruchstück. Das C_3-Bruchstück ist Triosephosphat, das C_2-Bruchstück konnte noch nicht eindeutig identifiziert werden. Vermutlich ist es Glykolaldehyd (M. J. WALDVOGEL und F. SCHLENK). Die hierbei wirksame Aldolase ist mit der Fructose-1,6-diphosphat spaltenden nicht identisch (DICKENS und GLOCK). Die Aufspaltung des Ribose-5-phosphats durch eine Aldolasereaktion ist anscheinend umkehrbar. E. RACKER erhielt mit kristallisierter Muskelaldolase aus Triosephosphat und Glykolaldehyd ein Pentosephosphat, das jedoch nicht mit Ribose-5-phosphat identisch war. J. MARMUR und F. SCHLENK konnten in zellfreien Bakterienextrakten eine Kondensation von Triosephosphat mit Glykolaldehyd zu Ribose-5-phosphat bewirken und auch umgekehrt Ribose-5-phosphat zu Triosephosphat und Glykolaldehyd aufspalten. Der Organismus hat demnach zwei Wege zur Bildung von Ribose: Abbau von Glucose-6-phosphat und Kondensation von Triosephosphat mit Glykolaldehyd. In diesem Zusammenhang sei erwähnt, daß Erythrocyten Phosphoglykolsäure enthalten (A. ÖRSTRÖM), und daß diese Substanz nach Versuchen mit P^{32} eine hohe Umsatzgeschwindigkeit besitzt.

Anscheinend entsteht Desoxypentose durch eine Aldolasereaktion. E. RACKER stellte fest, daß E. coli und auch andere Mikroorganismen Glycerinaldehydphosphat mit Acetaldehyd zu einem Desoxypentosephosphat kondensieren. Die Reaktion ist anscheinend irreversibel.

Bakterien oxydieren Ribose im Verband von Nucleosiden zu CO_2, H_2O und Essigsäure. Vermutlich läuft auch dieser Abbauweg über eine Aldolasereaktion, wobei das C_2-Bruchstück die Essigsäure liefert.

g) Die Pentosurie.

Pentosurie ist eine Stoffwechselstörung, bei der Pentosen im Harn ausgeschieden werden. Auch gesunde Menschen scheiden Pentosen im Harn aus, wenn die Pentosezufuhr das übliche Maß überschreitet. Bisher wurden aus dem Harn bei der Pentosurie D,L-Arabinose (C. NEUBERG) und eine Xyloketose L(+)-Xylose (I. GREENWALD) isoliert.

Mit der Nahrung werden, abgesehen von kleineren Mengen D-Ribose und D-Desoxyribose, im wesentlichen L-Arabinose und D(+)-Xylose in Form von Polysacchariden wie z. B. Pflanzengummi und Xylan aufgenommen.

CHO	CH_2OH	CHO
HO—C—H	CO	H—C—OH
H—C—OH	H—C—OH	HO—C—H
HO—C—H	HO—C—H	H—C—OH
CH_2OH	CH_2OH	CH_2OH
L-Arabinose	L(+)-Xylose Ketoxylose	D(+)-Xylose

Alle Untersucher sind sich darin einig, daß der Organismus nur eine beschränkte Fähigkeit hat, die erwähnten Pentosen umzusetzen, so daß ein mehr oder minder hoher Prozentsatz derselben unverändert im Harn ausgeschieden wird. D(+)-Xylose geht im Stoffwechsel nicht in Glykogen über und gibt auch keinen Anlaß zur Bildung von Milchsäure. Vielleicht wird ein Teil der D(+)-Xylose auf dem Umweg über Bakterien, die aus ihr niedere Fettsäuren bilden, für den Organismus nutzbar gemacht. Dagegen wurde eine, wenn auch nicht sehr hochgradige Bildung von Leberglykogen aus L-Arabinose beobachtet. Es ist denkbar, daß D-Arabinose durch eine WALDENsche Umkehrung in D-Ribose verwandelt wird, da beim Abbau von Phosphogluconsäure als Stoffwechselprodukt nicht, wie zu erwarten, ein Phosphorsäureester der D-Arabinose, sondern der D-Ribose entsteht (S. 126). D-Arabinose wird vom Organismus relativ gut umgesetzt. F. L. BREUSCH [3] fand in der Leber ein Enzym auf, das D-Arabinose dehydriert. E. W. RICE und J. H. ROE verfütterten Kaninchen D-Arabinose, konnten jedoch in den Organen keine Pentosereaktionen gebenden Substanzen nachweisen. Ein Teil der Substanz wurde im Harn ausgeschieden.

h) Acetoin.

Setzt man zu gärender Hefe einen Aldehyd zu, so wird er zu einem Acyloin (Ketol) kondensiert. So erhält man aus Acetaldehyd Acetoin (Acetylmethylcarbinol), aus Propionaldehyd Propionylacetylcarbinol und aus Benzaldehyd Phenylacetylcarbinol. Die Acyloinbildung läßt sich auch im tierischen Organismus beobachten.

$$CH_3—CHO \rightarrow CH_3—CO—CH(OH)—CH_3$$
$$CH_3—CH_2—CHO \rightarrow CH_3—CO—CH(OH)—CH_2—CH_3$$
$$C_6H_5—CHO \rightarrow CH_3—CO—CH(OH)—C_6H_5$$

C. Neuberg hatte angenommen, daß die Reaktion durch ein Enzym bewirkt werde, das er Carboligase nannte, da eine Verknüpfung von C-Atomen erfolgt. Spätere Untersucher, insbesondere W. Dirscherl haben angenommen, daß die Acetoinbildung ein nichtenzymatischer Prozeß sei.

Die eigentliche Muttersubstanz des Acetoins ist die Brenztraubensäure, die nach Decarboxylierung in Form der „aktivierten“ Essigsäure (S. 97) sich mit Aldehyden kondensiert. Die Acyloinbildung ist daher eine Transacetylierung. Dies geht aus Befunden mit markierter Brenztraubensäure hervor (E. Juni):

$$CH_3—\overset{*}{C}O—COOH + HOC—CH_3 \rightarrow CH_3—\overset{*}{C}O—CH(OH)—CH_3.$$

Bei der Bildung von Acetoin ist Diacetyl das primäre Kondensationsprodukt, das dann sekundär zu Acetoin hydriert wird (C. Martius). Hierbei entsteht aus dem optisch inaktiven Diacetyl optisch aktives L-Acetoin.

$$\underset{\text{Diacetyl}}{CH_3—CO—CO—CH_3} \rightleftarrows \underset{\text{Acetoin}}{CH_3—CO—CH(OH)—COOH}$$

Die Annahme, α-Oxy-α-methylacetessigsäure sei bei der Acetoinbildung im tierischen Organismus Zwischenprodukt, wurde von W. Dirscherl und H. Höffermann experimentell widerlegt. Die Substanz wird von tierischen Geweben nur äußerst langsam decarboxyliert.

$$\underset{\substack{\text{Brenztraubensäure}\\ + \text{Acetaldehyd}}}{CH_3—CO—COOH + HOC—CH_3} \rightarrow \underset{\substack{\text{α-Oxy-α-methyl-}\\ \text{acetessigsäure}}}{\begin{array}{l}CH_3—C(OH)—COOH\\ \quad\;\; | \\ \quad\;\; CO—CH_3\end{array}} \rightarrow \underset{\text{Acetoin}}{\begin{array}{l}CH_3—CH(OH)\\ \quad\;\; | \\ \quad\;\; CO—CH_3\end{array}} + CO_2$$

Dagegen ist α-Oxy-α-methylacetessigsäure (Acetomilchsäure) bei Bakterien Zwischenprodukt der Acetoinbildung. E. Juni konnte bei Bakterien die Reaktion in die beiden Teilstufen zerlegen:

$$\underset{\text{Brenztraubensäure}}{2\,CH_3—CO—COOH} \rightarrow \underset{\substack{\text{α-Oxy-α-methyl-}\\ \text{acetessigsäure}}}{\begin{array}{l}CH_3—C(OH)—COOH\\ \quad\;\; | \\ \quad\;\; CO—CH_3\end{array}} + CO_2$$

$$\underset{\substack{\text{α-Oxy-α-methyl-}\\ \text{acetessigsäure}}}{\begin{array}{l}CH_3—C(OH)—COOH\\ \quad\;\; | \\ \quad\;\; CO—CH_3\end{array}} \rightarrow \underset{\text{Acetoin}}{\begin{array}{l}CH_3—CH(OH)\\ \quad\;\; | \\ \quad\;\; CO—CH_3\end{array}} + CO_2$$

Während die Acyloinbildung bei manchen Mikroorganismen in großem Umfange vorkommt, ist sie im Stoffwechsel der Tiere nur eine unbedeutende Nebenreaktion.

Der Tierkörper setzt L-Acetoin rasch um. Die racemische Substanz wird wesentlich langsamer angegriffen. Gibt man Hunden größere Dosen L-Acetoin, so scheiden sie 5—25% derselben in Form von Butylenglykol im Harn aus. Unverändertes Acetoin wird nur in Spuren, Diacetyl überhaupt nicht im Harn gefunden. Diacetyl kann im Organismus durch das Enzym Acetylmutase zu Acetoin und Essigsäure dismutiert werden. Acetylmutase hat Aneurindiphosphat als Co-Ferment.

$$\underset{\text{Diacetyl}}{2\,CH_3—CO—CO—CH_3} \rightleftarrows \underset{\text{Essigsäure}}{2\,CH_3—COOH} + \underset{\text{Acetoin}}{CH_3—CO—CH(OH)—COOH}$$

i) Methylglyoxal.

C. NEUBERG hatte dem Methylglyoxal eine zentrale Stelle im anaeroben Abbau der Kohlenhydrate zugeschrieben. Er nahm an, daß der Zerfall der C_6-Kette in 2 C_3-Verbindungen durch einen Übergang von Methylglyoxalaldol in 2 Mole Methylglyoxal stattfinde. Da sich Methylglyoxal in vitro leicht aus Glucose erhalten läßt, NEUBERG Methylglyoxal aus Gäransätzen isoliert hatte und die tierischen Gewebe Methylglyoxal rasch in Milchsäure überführen können, galt Methylglyoxal lange Zeit als ein Zwischenprodukt der Glykolyse.

Altes Gärungsschema von NEUBERG.

$$\text{Glucose} \longrightarrow \underset{\text{Methylglyoxalaldol}}{\begin{array}{c} CHO \\ | \\ C—OH \\ \| \\ CH \\ | \\ CH(OH) \\ | \\ C—OH \\ \| \\ CH_2 \end{array}} \longrightarrow \underset{\text{2 Mole Methylglyoxal}}{\begin{array}{c} CHO \\ | \\ C—OH \\ \| \\ CH_2 \\ + \\ CHO \\ | \\ C—OH \\ \| \\ CH_2 \end{array}} \begin{array}{c} \searrow \\ \\ \nearrow \end{array} \text{2 Milchsäure}$$

Die Umwandlung von Methylglyoxal in Milchsäure erfolgt durch das Ferment Glyoxalase (Ketonaldehydmutase), das auch Phenylglyoxal in die entsprechende phenylierte Milchsäure (Mandelsäure) verwandelt. Der Prozeß besteht in einer inneren Dismutation. Die Ketogruppe wird hydriert und die (hydratisierte) Aldehydgruppe dehydriert. Reduziertes Glutathion ist das Co-Ferment der Glyoxalase (K. LOHMANN [*4*]). Das Enzym wird durch alle SH-Gruppen alterierenden Vorgänge gehemmt. Da nun LOHMANN nachweisen konnte, daß die Glykolyse im Muskel auch bei völliger Abwesenheit von Glutathion ohne jede Störung abläuft, konnte die Annahme, daß Methylglyoxal ein obligates Zwischenprodukt des anaeroben Kohlenhydratabbaus ist, nicht aufrechterhalten werden. Bisher wurde kein Enzymsystem aufgefunden, das Dioxyacetonphosphorsäure, welches die Vorstufe von Methylglyoxal ist, in dasselbe umwandelt. Die Dephosphorylierung von Dioxyacetonphosphat durch die gewöhnlichen Phosphatasen führt immer nur zu freiem Dioxyaceton und Phosphat. Ein Übergang von Dioxyacetonphosphat in Methylglyoxal läßt sich immer nur dann beobachten, wenn Triosephosphat nicht weiter umgesetzt werden kann und daher liegenbleibt.

Methylglyoxal scheidet noch aus dem anderen Grunde als Zwischenprodukt bei der Glykolyse aus, da bei ihr als Reaktionsprodukt stets L(+)-Milchsäure entsteht. Durch die Einwirkung von Glyoxalase auf Methylglyoxal wird aber

D(—)-Milchsäure erhalten. Neuerdings wurde im Organismus ein Enzym Racemase nachgewiesen, welches die beiden Antipoden der Milchsäure ineinander verwandeln kann. Vermutlich findet aber diese Inversion in keinem großen Umfange statt.

$$\begin{array}{ccccc} CH_2OH & & CH(OH)_2 & & COOH \\ | & & | & & | \\ CH(OH) & \longleftarrow & CO & \longrightarrow & H—C—OH \\ | & & | & & | \\ CH_3 & & CH_3 & & CH_3 \end{array}$$

1,2-Propandiol Methylglyoxal D(—)-Milchsäure

E. RACKER hat nachgewiesen, daß Glyoxalase aus zwei Teilenzymen besteht. Glyoxalase I katalysiert die Kondensation von Methylglyoxal zu einem Intermediärprodukt, das dann durch Glyoxalase II zu Milchsäure und Glutathion aufgespalten wird. In vielen Organen kommt ein Hemmstoff der Glyoxalase, eine Antiglyoxalase vor. Sie wirkt durch enzymatische Aufspaltung des Glutathions durch die Glutathionase (s. S. 179).

Methylglyoxal hemmt Bernsteinsäureoxydase und andere SH-Gruppen enthaltende Enzyme, wie z. B. ATP-ase, Hexokinase, Triosephosphatdehydrase, Äpfelsäuredehydrase durch Blockierung ihrer SH-Gruppen. Diese Hemmung läßt sich durch Zufügen von Glyoxalase und SH-Glutathion verhüten (E. KUN). Man vermutet, daß die physiologische Rolle der Glyoxalase darin besteht, etwa im Stoffwechsel entstandenes Methylglyoxal sofort unschädlich zu machen.

Gärende Hefe reduziert Methylglyoxal zu 1,2-Propandiol. Versuche von H. RUDNEY mit C^{14}-Propandiol haben ergeben, daß der Organismus die Substanz in Glucose überführen kann, wobei vermutlich zunächst L-Milchsäure entsteht.

k) Inosit.

Mesoinosit ist schon lange Zeit als regelmäßiger Bestandteil tierischer Gewebe bekannt, wo er in verschiedenen Formen vorkommt, frei, als m-Inositdiphosphorsäure in einem Lipoid gebunden und endlich noch in Form einer noch unbekannten wasserlöslichen, nicht dialysierbaren Verbindung. Die Organe enthalten etwa 100—150 mg-% Inosit, Blutplasma 0,5—1,8 mg-%. Inosit hat Vitamincharakter. Er wirkt lipotrop.

Schon die älteren Untersucher hatten festgestellt, daß Inosit keine Beziehungen zum Kohlenhydratstoffwechsel hat. Er geht nicht in Leberglykogen über und liefert keine Glucose. Verfüttert man an Tiere große Inositdosen, so wird nur ein kleiner Bruchteil der einverleibten Substanz (etwa 1%) unverändert im Harn ausgeschieden. Mit Ausnahme des Herzmuskels wird aber keine Vermehrung des Inositgehalts der Organe beobachtet (V. D. WIEBELHAUS, J. J. BETHEIL und H. A. LARDY). M. R. STETTEN und D. W. STETTEN jr. gaben Ratten mit Deuterium markierten Inosit ein und fanden, daß nur 7% des Inosits zur Bildung von Glucose Verwendung fanden. Über die Oxydation isomerer Inosite siehe E. CHARGAFF und B. MAGASANIK.

H H
HO OH HO H
H H H OH
OH OH

Mesoinosit

l) Glucosamin und Chondrosamin.

Der tierische Organismus vermag D-Glucosamin und D-Chondrosamin nur in bescheidenem Umfang abzubauen. Nach der Zufuhr größerer Mengen dieser Substanzen wird der größte Teil unverändert im Harn ausgeschieden. Ein Übergang der Aminozucker in Glykogen oder Glucose hat sich nicht nachweisen lassen. C. LUTWAK-MANN wies in tierischen Geweben, Bakterien und Hefe ein Enzymsystem nach, das Glucosamin oxydativ zerstört. Bei der Inkubation der Gewebe mit Glucosamin wurde eine erhöhte Sauerstoffaufnahme gemessen sowie die Bildung von Ammoniak und einer bisher noch nicht isolierten Säure nachgewiesen. Das Enzymsystem ist spezifisch auf Aminozucker (Glucosamin, Acetylglucosamin und Chondrosamin) eingestellt. R. P. HARPUR und J. H. QUASTEL stellten aus einem Acetontrockenpulver von Gehirn ein Enzympräparat her, das Glucosamin nach Zugabe von ATP phosphorylierte. N-Acetylglucosamin wurde nicht phosphoryliert, hemmte aber die Phosphorylierung von Glucosamin kompetitiv. Die Phosphorylierung des Glucosamins erfolgt durch die Hexokinase, die ja nicht spezifisch auf Glucose eingestellt ist, sondern auch andere Hexosen (Fructose und Mannose) in ihre 6-Phosphorsäureester verwandelt (D. H. BROWN).

```
     ┌──────┐                           ┌──────┐
  H—C—OH    │                        H—C—OH    │
    |       │                          |       │
  H—C—NH₂   │                        H—C—NH₂   │
    |       │                          |       │
 HO—C—H     O  + ATP   ——→          HO—C—H     O  + ADP
    |       │                          |       │
  H—C—OH    │                        H—C—OH    │
    |       │                          |       │
  H—C———————┘                        H—C———————┘
    |                                  |
   CH₂OH                              CH₂—O—PO₃H₂
 Glucosamin                     Glucosamin-6-phosphorsäure
```

Nach der Einverleibung von Chondroitinschwefelsäure, die S^{35} enthielt, wurde ein lebhafter Einbau der markierten Substanz in den Gelenkknorpel beobachtet (D. D. DZIEWIATKOWSKI, E. R. BENESCH und R. BENESCH).

V. Alkohole und Aldehyde.

Tierische Organismen vermögen Alkohole zu bilden und umzusetzen. Die wichtigste Reaktion des Alkoholstoffwechsels — die Dehydrierung zum Aldehyd durch die Alkoholdehydrase — ist umkehrbar. Die Alkoholdehydrase der Hefe, von O. WARBURG „reduzierendes Gärungsferment“ genannt, ist ein Pyridinproteid. Ein Mol Enzym (70000 g) reagiert in der Minute mit 18000 Molen Co-Zymase (E. NEGELEIN und H. J. WULFF).

$$CH_3—CH_2OH + Co \rightleftarrows CH_3—CHO + CoH_2.$$

Auch tierische Organe enthalten eine Alkoholdehydrase. Dieses Enzym wurde von R. K. BONNICHSEN und A. M. WASSÉN aus der Pferdeleber kristallisiert. Pferdeleber enthält etwa 0,1% Alkoholdehydrase. Die tierische Alkoholdehydrase ist wesentlich weniger aktiv als das Hefeenzym, 1 Mol (73000 g) hydriert in der Minute nur 140 Mole Co-Zymase. Der entstandene Aldehyd wird dann zur Säure weiter dehydriert. Hierfür liegen verschiedene Beweise vor. K. BERNHARD [6] verfütterte deuteriertes Äthanol zusammen mit Sulfanilamid und isolierte aus dem Darm Deuterium enthaltendes Acetylsulfanilamid. Die aus dem Äthanol entstandene Essigsäure wurde zur Acetylierung des Sulfanilamids verwendet. DE W. STETTEN jr. und R. SCHOENHEIMER zeigten, daß Deuterium enthaltender Cetylalkohol und Octadecylalkohol quantitativ zu den entsprechenden Carbonsäuren oxydiert werden.

In Versuchen mit Äthanol, das beide C-Atome als C^{14} enthielt, stellten G. R. BARTLETT und N. N. BARTLETT an Ratten fest (Dosis 1 g Äthanol/kg per os), daß 75% innerhalb von 5 Std zu CO_2 oxydiert wurden und 90% innerhalb von 10 Std. Der Umsatz ließ sich durch Gaben von Pyruvat nicht beschleunigen. An Alkohol gewöhnte und nicht gewöhnte Ratten setzten den Alkohol mit derselben Geschwindigkeit um. Versuche mit Gewebsschnitten ergaben, daß Leber und Niere den Alkohol am schnellsten, Herz und Muskulatur wesentlich langsamer oxydierten.

Aus begreiflichen Gründen hat das Problem der Alkoholoxydation durch den Menschen, insbesondere die Frage nach dem maximal möglichen Umsatz und nach der Beziehung zwischen der Alkoholkonzentration im Blut und der aufgenommenen Dosis, ein großes praktisches Interesse, so z. B. im Hinblick auf die objektive Feststellung der Trunkenheit. E. M. P. WIDMARK bestimmte die von einem Erwachsenen je Stunde und Kilogramm Körpergewicht maximal umsetzbare Alkoholmenge zu rund 100 mg, das wären für einen Mann von 70 kg 170 g reiner Alkohol im Tag. Die Beziehung zwischen der aufgenommenen Alkoholmenge und Konzentration im Blut ergibt sich nach WIDMARK aus der folgenden Formel:

$$A = p \cdot r\,(c_t + \beta t)$$

A = Die aus dem Darm resorbierte Alkoholmenge in Grammen.
p = Körpergewicht in Kilogrammen.
r = Individueller Reduktionsfaktor zur Reduktion des Körpergewichts auf die Körpermasse, die bezüglich der Alkoholverteilung mit dem Blut im Gleichgewicht steht. r beträgt für Männer $0{,}68 \pm 0{,}085$ und für Frauen $0{,}55 \pm 0{,}055$.
c_t = Alkoholkonzentration im Blut zur Zeit t in mg je g (‰).
t = Zeit nach der Alkoholaufnahme in Minuten.
β = Konstante der Geschwindigkeit, mit welcher der Alkohol aus dem Blut abnimmt bei Diffusionsgleichgewicht zwischen Blut und Geweben in Promillen je Minute. β beträgt für Männer $0{,}0025 \pm 0{,}00056$ und für Frauen $0{,}0026 \pm 0{,}00037$.

Bei einer letalen Alkoholmenge wird im Blut eine Alkoholkonzentration von etwa 5‰ erreicht.

Die Alkoholoxydation im Organismus ist innerhalb eines weiten Bereichs von der Alkoholkonzentration im Blut unabhängig. Sie wird auch von der Höhe des Blutzuckerspiegels nicht beeinflußt. A. PLETSCHER, A. BERNSTEIN und H. STAUB haben angegeben, man könne durch hohe Fructosegaben den oxydativen Abbau des Alkohols um 80% steigern. Da die Autoren gleichzeitig eine Verminderung des Pyruvatgehaltes des Blutes beobachteten, nehmen sie als Ursache der Fructosewirkung eine Oxydoreduktion zwischen der aus Fructose rascher und ergiebiger als aus Glucose entstehenden Brenztraubensäure und dem Äthanol an. Wie aber oben erwähnt, haben andere Autoren eine Wirkung der Brenztraubensäure auf den Umfang des Alkoholumsatzes vermißt.

H. W. NEWMAN kommt zu wesentlich höheren Zahlen für den maximal möglichen Alkoholumsatz als WIDMARK, nämlich zu 230 mg/kg/Std, G. R. BARTLETT gibt 175 mg/kg/Std an. Im Tierversuch kann man durch Hepatektomie die Geschwindigkeit des Alkoholumsatzes stark herabsetzen. Eine menschliche Leber enthält rund 1,5 g Alkoholdehydrase, die in der Stunde 7—8 g Alkohol dehydrieren können.

In dem Antabus wurde eine Substanz gefunden, welche in den Alkoholstoffwechsel eingreift. Antabus stört die Dehydrierung des Alkohols zu Acetylaldehyd nicht, erschwert aber dessen Abbau, so daß man einen erhöhten Acetaldehydspiegel im Blut erhält. Daher treten nach Alkoholgenuß subjektiv sehr unange-

$(C_2H_5)_2N—CS—S—S—CS—N(C_2H_5)_2$
Antabus (Tetraäthylthiuramdisulfid)

nehme Reaktionen von seiten des Kreislaufs und der Atmung auf. Durch Injektion von so viel Acetaldehyd, daß eine gleich hohe Konzentration im Blut erreicht wird wie nach Blockierung der Alkoholoxydation durch Antabus, werden dieselben Symptome erzeugt. Antabus wird zu Alkoholentziehungskuren verwendet, was sich schon in dem Namen der Substanz zu erkennen gibt.

Methanol wird mit einer wesentlich geringeren Geschwindigkeit umgesetzt als Äthanol. In Versuchen an Ratten mit C^{14} enthaltendem Methanol fand G. R. Bartlett, gemessen an der Exspiration von $C^{14}O_2$, daß Methanol in einer Rate von 25 mg/kg/Std unabhängig von der Konzentration im Organismus verbrannt wird. Nach 48 Std waren 65% des verabreichten Methanols zu CO_2 oxydiert, 14% in Form von Methanol wieder ausgeatmet, 3% als Methanol im Harn ausgeschieden, 3% als Ameisensäure im Harn ausgeschieden und 4% in den Geweben gebunden. Genau wie bei Äthanol entfallen von den Organen die größten Umsätze auf Leber und Nieren. Es folgen Herz und Muskulatur. Das Gehirn vermag kein Methanol umzusetzen. Die Methanoloxydation wird durch Äthanol gehemmt.

n-Propanol und n-Butanol werden wesentlich schneller oxydiert als Äthanol (S. M. Berggren). Die Konstante β in der Gleichung von Widmark beträgt für Propanol beim Kaninchen 0,0037—0,0044 (S. L. Orskov).

Die noch höheren normalen primären Alkohole (etwa ab C_7) erscheinen mit zunehmender C-Atomzahl in steigendem Ausmaße an Glucuronsäure gebunden m Harn. Die sekundären Alkohole und noch erheblich stärker die tertiären werden in beträchtlichem Umfang als Glucuronide ausgeschieden. Eine Oxydation der tertiären Alkohole findet nicht in wesentlichem Umfang statt.

Die Alkoholdehydrase der Leber dehydriert alle höheren homologen Alkohole mit der Atomkonfiguration $—\overset{|}{\underset{|}{C}}—CH_2OH$. Sie greift daher weder Methanol, noch Isopropanol, Äthylenglykol oder β-Oxybuttersäure an (H. Theorell und R. Bonnichsen). Dagegen werden auch ganz langkettige primäre Alkohole, unter anderem Vitamin A dehydriert.

Glycerin wird laufend mit der Nahrung aufgenommen. Der Verzehr von 100 g Fett bedeutet eine Zufuhr von etwa 10 g Glycerin. Außerdem kann Glycerin im Kohlenhydratstoffwechsel endogen entstehen (S. 88). Das Glycerin wird vom Organismus rasch und vollständig zu CO_2 und Wasser oxydiert. Dies geht aus Versuchen von A. P. Doerschuk hervor, der Ratten C^{14}-Glycerin intraperitoneal injizierte. Das Ergebnis ist in der Tabelle 61 wiedergegeben.

Tabelle 61. *Der Stoffwechsel von* C^{14}-*Glycerin bei Ratten* (A. P. Doerschuk).

Organ oder Exkret	% des C^{14} nach 24 Std
Ausgeatmetes CO_2 .	80
Harn	6,2
Kot	1,5
Leber	5,5
Leberglykogen . . .	0,8
Leberlipoide	0,64
Carcasslipoide . . .	3,6

Der Weg des Abbaus besteht in einer Phosphorylierung zu α-Glycerophosphat, das dann zu Dioxyacetonphosphat dehydriert und dadurch in den Abbauweg der Kohlenhydrate eingefädelt wird. Das in der Natur vorkommende Glycerophosphat ist das L-α-Glycerophosphat, das durch die Glycerophosphatdehydrase zu Dioxyacetonphosphat dehydriert wird. Das Enzym arbeitet mit Co-Dehydrase I und ist spezifisch auf L-α-Glycerophosphat eingestellt. Es wurde von T. BARANOWSKI kristallisiert erhalten. Ein Mol Enzym setzt bei 20° in der Minute 26500 Mole Substrat um. Kaninchenmuskel enthält 0,015% Apoenzym. Das Gleichgewicht der Reaktion ist stark zu Gunsten des Glycerophosphats gelegen.

Aldehyde entstehen durch verschiedene Reaktionen im intermediären Stoffwechsel, z. B. durch Dehydrierung von Alkoholen, durch oxydative Desaminierung von Aminen, und (z. B. Glycerinaldehyd) beim Abbau von Kohlenhydraten. Interessant ist das Auftreten der Acetalphosphatide, die höhere Aldehyde wie Stearal oder Palmital enthalten und offensichtlich durch Reduktion der betreffenden Säure gebildet werden. Kleine Mengen Acetaldehyd lassen sich regelmäßig in den Organen, vor allem in der Leber nachweisen. Auch Formaldehyd entsteht laufend im intermediären Stoffwechsel. P. HANDLER, M. L. C. BERNHEIM und J. R. KLEIN haben nachgewiesen, daß Sarkosin oxydativ zu Glykokoll und Formaldehyd demethyliert wird.

Aldehyde werden im Organismus entweder zur Säure dehydriert oder zum Alkohol hydriert. Beide Reaktionen sind häufig aneinander gekoppelt. Man nahm daher bis vor kurzem an, in den Organen sei eine „Aldehydmutase" enthalten, welche die Aldehyde dismutiere. E. RACKER hat jedoch nachgewiesen, daß es keine Aldehydmutase gibt, sondern daß die Dismutation durch das Zusammenwirken zweier getrennter Enzyme zustande kommt, nämlich einer Aldehyddehydrase, welche den Aldehyd zur Säure dehydriert, und einer Alkoholdehydrase, welche den Aldehyd zum Alkohol hydriert. Beide Enzyme sind Diphosphopyridinproteide, haben also Co-Zymase als Co-Ferment. Eine Reversibilität der Aldehyddehydrierung konnte von RACKER nicht beobachtet werden.

$$R{-}CH(OH)_2 + Co \xrightarrow{\text{Aldehyddehydrase}} R{-}COOH + CoH_2$$

$$R{-}CHO + CoH_2 \underset{}{\overset{\text{Alkoholdehydrase}}{\rightleftarrows}} R{-}CH_2OH + Co$$

Von den untersuchten Aldehyden wurde der Acetaldehyd mit der größten Geschwindigkeit dehydriert; Formaldehyd wurde nur mit etwa der halben Geschwindigkeit umgesetzt. Auch aromatische Aldehyde, z. B. Salicylaldehyd, werden dehydriert, dagegen nur äußerst langsam zu den entsprechenden Alkoholen hydriert. Daher wurde früher der Eindruck erweckt, daß aromatische Aldehyde nicht dismutiert würden.

Neben der Aldehyddehydrase enthält die Leber ein weiteres, Aldehyde oxydierendes Enzym, das von A. H. GORDON, D. E. GREEN und SUBRAHMANYAN beschrieben wurde und sich als ein gelbes Ferment erwies. Außerdem werden Aldehyde noch durch die Xanthinoxydase oxydiert. Xanthinoxydase der Leber und der Milch sind nicht identisch, werden z. B. bei unterschiedlichen Ammoniumsulfatkonzentrationen ausgesalzen und verhalten sich Hemmstoffen gegenüber unterschiedlich.

Von praktischer Bedeutung ist die Hemmung der Aldehydoxydation durch Antabus (S. 134). Unter anderem wird die Xanthinoxydase der Leber durch Antabus gehemmt, und zwar sowohl bezüglich der Oxydation von Aldehyden als auch bezüglich der Oxydation von Xanthin (D. A. RICHERT, R. VANDERLINDE und W. W. WESTERFELD, Tabelle 62). Dagegen wird die Xanthinoxydase der Milch durch Antabus nicht beeinträchtigt.

Auch die Aldehyddehydrase wird durch Antabus gehemmt. Die Hemmung läßt sich durch SH-Glutathion aufheben. Vermutlich wirkt Antabus durch Verdrängung der Co-Zymase von den Stellen des Apoenzyms, an denen sie gebunden

Tabelle 62. *Hemmung der Xanthinoxydase der Leber durch Antabus* (RICHERT, VANDERLINDE und WESTERFELD).

Substrat	%ige Hemmung der Aktivität durch mg Antabus je ccm				
	0,5	0,25	0,05	0,025	0,0125
Xanthin	85	56	35	16	2
Salicylaldehyd . .	100	100	76	41	2

wird (D. GRAHAM). Aldehyddehydrase hat zu Antabus eine etwa 350mal größere Affinität als zu Acetaldehyd.

Formaldehyd wird von den Geweben nur langsam oxydiert, jedoch mit großer Geschwindigkeit, wenn man äquimolekulare Mengen Aminoguanidin zusetzt (F. BERNHEIM). Näheres über diese merkwürdige Reaktion ist noch nicht bekannt.

Pyridoxal (Vitamin B_6) wird als Aldehyd gleichfalls durch die Aldehydoxydasen der Leber zur Carbonsäure oxydiert (R. SCHWARTZ und N. O. KJELDGAARD). Auch diese Oxydation wird durch Antabus gehemmt. Die aus dem Pyridoxal stammende Carbonsäure wird regelmäßig im Harn ausgeschieden.

CHO, HOH_2C, OH, CH_3, N → COOH, HOH_2C, OH, CH_3, N

Pyridoxal → 2-Methyl-3-oxy-5-oxymethyl-pyridincarbonsäure-4

VI. Basen.

1. Monoamine.

Die meisten tierischen Gewebe enthalten eine Aminoxydase, welche Alkylamine und Arylamine oxydativ desaminiert (D. RICHTER).

$$R—CH_2—NH_2 + O_2 + H_2O \rightarrow R—CHO + NH_3 + H_2O_2 .$$

Das Enzym findet sich in höchster Konzentration in Leber und Nieren (Tabelle 63).

Tabelle 63. *Vorkommen der Aminoxydase in den Organen* (K. BHAGVAT, H. BLASCHKO und D. RICHTER).

Alle Werte als Kubikmillimeter Sauerstoff je Gramm Gewebe und Stunde mit Tyramin als Substrat.

Organ	Schwein	Schaf	Organ	Schwein	Schaf
Leber	256	615	Gehirn . . .	—	87
Niere	453	554	Herz	33	6
Darm	94	165	Milz.	14	90
Pankreas . . .	75	17	Nebennieren .	—	136

Methylamin und Äthylamin werden nicht bzw. nur äußerst langsam angegriffen. Die Affinität des Enzyms zum Substrat nimmt mit steigender C-Atomzahl zu (Tabelle 64). Auch sekundäre und tertiäre Amine werden desaminiert. Aus ersteren entstehen Monoalkylamine, aus letzteren Dialkylamine. Beispielsweise wird Adrenalin zu Methylamin, Hordenin zu Dimethylamin desaminiert.

Tabelle 64. *Oxydation aliphatischer Amine durch die Aminoxydase* (E. A. ZELLER).

Relative Werte. Oxydationsgeschwindigkeit von Phenyläthylamin durch Rinderleber = 100.

Amin	Rinderleber	Kaninchenleber	Amin	Rinderleber	Kaninchenleber
Methylamin . .	7	0	Amylamin . .	91	106
Äthylamin . .	8	0	Hexylamin. .	91	114
Propylamin . .	75	0	Heptylamin. .	89	127
Butylamin . .	117	51	Octylamin . .	75	140

Quarternäre Ammoniumbasen werden von der Aminoxydase nicht angegriffen. Das Enzym wirkt auch nicht auf solche Amine ein, deren Aminogruppe an einem sekundären C-Atom steht. Solche Amine hemmen aber die Aminoxydase kompetitiv. Zu ihnen gehören unter anderem Benzedrin (Phenylisopropylamin) und Ephedrin (β-Phenyl-p-oxyisopropyl-N-methylamin). Die von der Aminoxydase nicht angreifbaren Amine werden zum größten Teil unverändert im Harn ausgeschieden (D. RICHTER [*2*]).

OH, OH; CH(OH); CH_2—NH(CH_3)
Adrenalin

OH; CH_2; CH_2—N$(CH_3)_2$
Hordenin

CH_2; CH(NH_2); CH_3
Benzedrin

CH(OH); CH—NH(CH_3); CH_3
Ephedrin

Die sekundären und tertiären Amine werden mit einer erheblich geringeren Geschwindigkeit desaminiert als die primären. Daher wird auch ein erheblicher Prozentsatz dieser Substanzen unverändert im Harn ausgeschieden, bzw. wie bei den Oxyphenylalkylaminen (z. B. Adrenalin) an Schwefelsäure oder Glucuronsäure gebunden. Diejenigen Amine, welche von der Aminoxydase mit einer größeren Geschwindigkeit angegriffen werden, erscheinen im Harn in Form von Carbonsäuren (sofern diese schwer verbrennlich sind), weil der primär entstehende Aldehyd zur Säure dehydriert wird (M. GUGGENHEIM und W. LÖFFLER).

Da die Amine pharmakologisch stark wirksame Substanzen sind, bedeutet ihre Desaminierung einen wichtigen Entgiftungsprozeß. Über die Natur der Aminoxydase ist nur wenig bekannt. Sie wird nicht durch HCN gehemmt. Merkwürdigerweise wird sie durch Pyrrol aktiviert. Eine Zerlegung in Apoferment und prosthetische Gruppe ist noch nicht gelungen. Da die Aminoxydase zu ihrer Funktion Sauerstoff benötigt, wird ihre Wirkung in vivo durch steigende Sauerstoffpartialdrucke in den Geweben verbessert. Der Aminabbau ist daher um so ergiebiger, je besser die Durchblutung der Organe ist. Das physiologische Substrat der Aminoxydase sind vermutlich die im Darm durch Bakterienwirkung entstehenden Amine. Daher findet man auch in der Darmwand eine hohe Aminoxydaseaktivität. Da zu den Substraten der Aminoxydase auch manche Pressoramine (z. B. Tyramin und Oxytyramin) gehören, wurde schon die physiologische Bedeutung des Enzyms in der Unterdrückung der Hypertension gesucht.

2. Adrenalin und Noradrenalin.

Man hatte schon immer vermutet, daß Adrenalin bzw. Noradrenalin aus Phenylalanin und Tyrosin entstehen. Den endgültigen Beweis für diese Annahme erbrachten Versuche von S. GURIN und A. M. DELLUVA, welche den Übergang von mit C^{14} markiertem Phenylalanin in C^{14} tragendes Adrenalin beobachteten. Vom Tyrosin zum Adrenalin können verschiedene Wege führen. Der Hauptweg ist vermutlich der über Dioxyphenylalanin, Oxytyramin und Noradrenalin (P. HOLTZ [*2*]). Hierbei dürften die Stufen Tyrosin → Dioxyphenylalanin → Oxytyramin vorwiegend in der Leber lokalisiert sein, während sich die weiteren Umsetzungen in den Nebennieren abspielen. Meerschweinchen decarboxylieren Dioxyphenylserin zu Noradrenalin (H. BLASCHKO, J. H. BURN und H. LANGEMANN). Kaninchen scheiden nach der intravenösen Injektion von Dioxyphenylserin Noradrenalin im Harn aus, und zwar auch nach einer Exstirpation der Nebennieren. Eine Oxydation von p-Oxyphenyläthanolamin zu Noradrenalin ist auch schon beobachtet worden. Bei der Durchströmung von Nebennieren mit Noradrenalin entsteht Adrenalin. Eine Übersicht über die verschiedenen Wege der biochemischen Adrenalinbildung vermittelt das Schema.

Nebennieren von Meerschweinchen enthalten je Gramm 50—120 γ Noradrenalin und 220—280 γ Adrenalin. Noradrenalin besitzt auf den Blutdruck eine gleichgroße Wirkung wie Adrenalin, ist aber bezüglich der Wirkung auf den Kohlenhydratstoffwechsel (Hyperglykämie) nur etwa $^1/_{20}$ so wirksam wie Adrenalin.

Der Abbau von Adrenalin und Noradrenalin kann auf zwei Wegen erfolgen: Durch die Tyrosinase, welche am Benzolring angreift, und durch die Aminoxdase, welche die Amine durch eine oxydative Desaminierung zerstört.

Tyrosinase oxydiert Adrenalin letzten Endes bis zu Melanin. Als Zwischenprodukt entsteht über Adrenalinchinon Adrenochrom, eine rot gefärbte Substanz von größerer Bedeutung für den Stoffwechsel.

Adrenalin $\xrightarrow[-H_2O]{+O}$ Adrenalinchinon $\xrightarrow{-2H}$ Adrenochrom (1-Methyl-2,3-dihydro-3-oxyindolchinon-5,6)

Entsprechend wird Noradrenalin durch Tyrosinase in Noradrenochrom übergeführt. Menschliches Serum oxydiert Adrenalin zum Chinon (J. PIRWITZ und G. SCHERER). Bei der Oxydation von 3,4-Dioxyphenyläthylamin durch Tyrosinase wurde 2,3-Dihydro-5,6-dioxyindol und aus 3,4-Dioxyphenyläthylmethylamin 1-Methyl-2,3-dihydro-5,6-dioxyindol erhalten (W. L. DULIÈRE und H. S. RAPER).

3,4-Dioxyphenyläthylamin → 2,3-Dihydro-5,6-dioxyindol

3,4-Dioxyphenyläthylmethylamin (Epinin) → 1-Methyl-2,3-dihydro-5,6-dioxyindol

Schema der mit der Bildung von Adrenalin verknüpften Reaktionen.

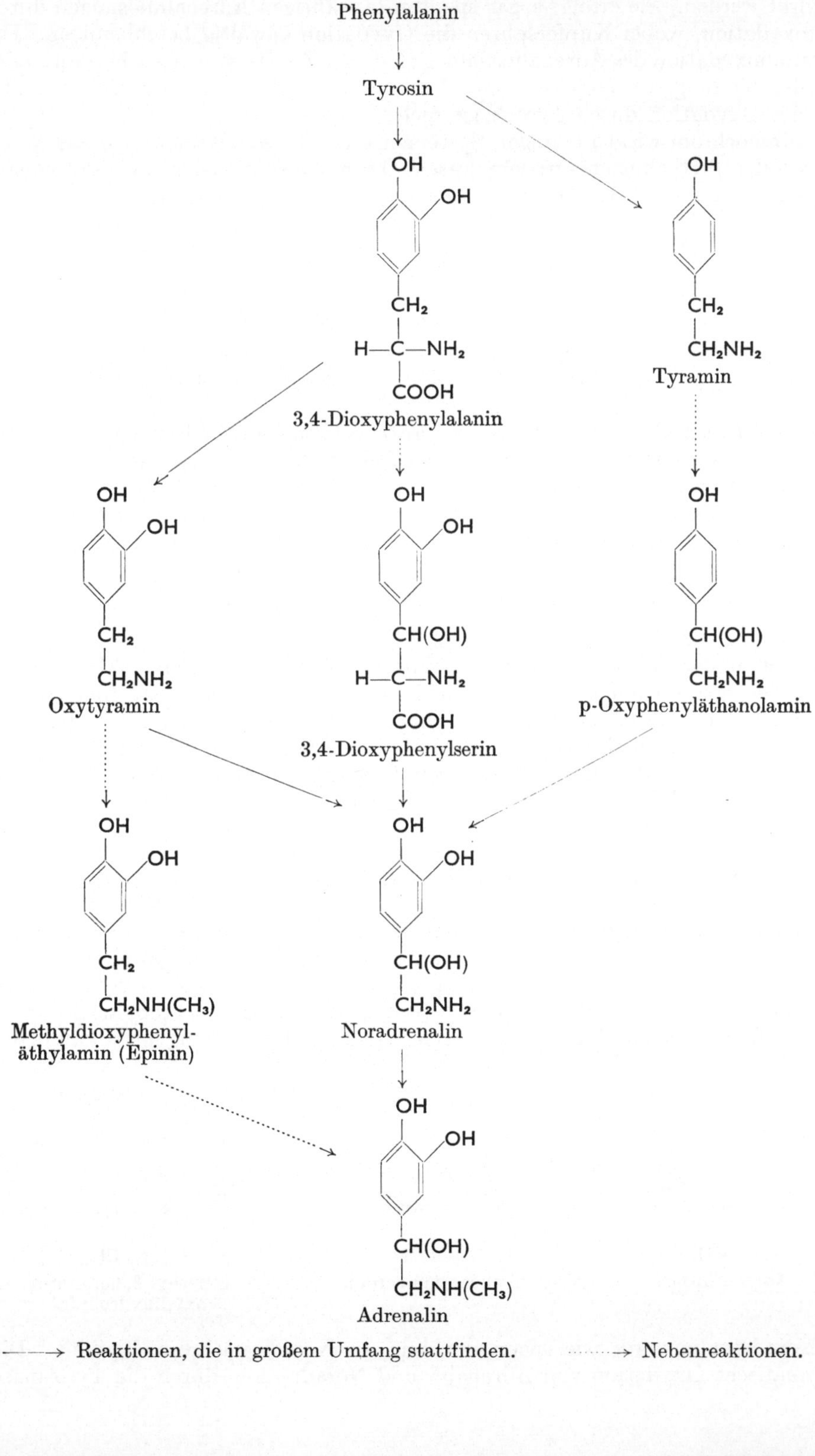

Phenylalanin

↓

Tyrosin

↓ (3,4-Dioxyphenylalanin) ↘ (Tyramin)

OH, OH

CH_2

H—C—NH_2

COOH

3,4-Dioxyphenylalanin

OH

CH_2

CH_2NH_2

Tyramin

OH, OH

CH_2

CH_2NH_2

Oxytyramin

OH, OH

CH(OH)

H—C—NH_2

COOH

3,4-Dioxyphenylserin

OH

CH(OH)

CH_2NH_2

p-Oxyphenyläthanolamin

OH, OH

CH_2

$CH_2NH(CH_3)$

Methyldioxyphenyl-
äthylamin (Epinin)

OH, OH

CH(OH)

CH_2NH_2

Noradrenalin

↓

OH, OH

CH(OH)

$CH_2NH(CH_3)$

Adrenalin

——→ Reaktionen, die in großem Umfang stattfinden. ·······→ Nebenreaktionen.

Die Oxydation von Adrenalin zu Adrenochrom kann auch durch Cytochrom c bewirkt werden. Sie erfolgt sogar spontan in wäßrigen Adrenalinlösungen durch Autoxydation, wobei Kupferspuren die Oxydation gewaltig beschleunigen. Die Spontanoxydation des Adrenalins läßt sich durch Zusatz von Ascorbinsäure oder Thiolverbindungen verzögern. Diese Verbindungen schützen aber das Adrenalin vor der Oxydation durch Tyrosinase nicht.

Adrenochrom wirkt in einigen Systemen wie z. B. Äpfelsäuredehydrase-Äpfelsäure oder β-Oxybuttersäuredehydrase-β-Oxybuttersäure oder Milchsäuredehydrase-Milchsäure als Oxydationskatalysator. Man kann es als niedermolekularen

O= ... CH(OH), O= ... CH₂, N, CH₃ $\underset{-2H}{\overset{+2H}{\rightleftarrows}}$ HO ... CH(OH), HO ... CH₂, N, CH₃

Adrenochrom | Leukoadrenochrom

Wasserstoffüberträger bezeichnen, da Adrenochrom-Leukoadrenochrom ein reversibles Redoxsystem darstellen. Bei der Dehydrierung der Äpfelsäure in Gegenwart von Äpfelsäuredehydrase, Adrenochrom und HCN (zur Fixierung der entstehenden Oxalessigsäure als Cyanhydrin) spielen sich folgende Reaktionen ab (D. E. Green und D. Richter):

O_2 + Leukoadrenochrom → Adrenochrom + H_2O_2
Adrenochrom + CoH_2 → Leukoadrenochrom + Co
Malat + Co → Oxalacetat + CoH_2

Dabei wird das Adrenochrom in der Minute fünfmal reduziert und oxydiert, eine Umsatzgeschwindigkeit, welche eine biologische Bedeutung des Adrenochroms als Oxydationskatalysator diskutabel macht. Der beschriebene Effekt ist noch bei einer Adrenochromkonzentration von 6×10^{-7} m deutlich. O. Meyerhof und L. O. Randall fanden, daß Adrenochrom in einer Konzentration von 4×10^{-6} m (0,7 γ/cm³) die Hexokinase und Phosphohexokinase hemmt und dadurch die Glykolyse beeinträchtigt. Adrenochrom kann auch die Oxydation von Dioxyphenylalanin zu Melanin und eine oxydative Desaminierung von Aminosäuren katalysieren („Omega-Katalysator" von B. Kisch).

Die angegebene Formulierung des Adrenochroms als o-Chinon wurde von J. Harley-Mason einer Kritik unterzogen, der darauf hinweist, daß eine der oben angegebenen Formel des Leukoadrenochrom (1-Methyl-2,3-dihydro-3,5,6-trioxyindol) entsprechende Verbindung bei der Oxydation von Adrenalin noch nie isoliert worden ist. Harley-Mason formuliert das Adrenochrom als p-Chinon und das Reduktionsprodukt als Zwitterion, das durch Behandlung mit Alkali in das stark fluorescierende Tetraoxyindolderivat übergeführt wird. Nach A. Lund ist das fluorescierende Oxydationsprodukt des Adrenalins 1-Methyl-5,6-dioxyindoxyl.

O= ... CH(OH), ⁻O ... CH₂, N⁺, CH₃ ⇄ HO ... CH(OH), ⁻O ... CH₂, N⁺, CH → HO ... CH(OH), HO ... CH(OH), N, CH₃

Adrenochrom | Leukoadrenochrom | 1-Methyl-2,3,5,6-tetraoxydihydroindol

Noradrenalin wird, wie schon erwähnt, zu Noradrenochrom oxydiert. Die enzymatische Oxydation von Adrenalin und Noradrenalin durch die Tyrosinase verläuft etwa gleich schnell. Adrenochrom ist aber wesentlich beständiger als Noradrenochrom, das viel leichter zu Melanin weiter oxydiert wird (P. Holtz und G. Kroneberg). Adrenochrom ist daher ein sehr viel ergiebigerer Oxydationskatalysator als Noradrenochrom. Vermutlich hängt die stärkere Wirkung des Adrenalins auf den Grundumsatz damit zusammen.

Per os beigebrachtes oder intravenös injiziertes Adrenochrom wird nicht unverändert im Harn ausgeschieden. Der Organismus vermag das Semicarbazon des Adrenochroms (Adrenoxyl) nicht zu Adrenochrom aufzuspalten. Adrenoxyl wird zu etwa 25% unverändert im Harn ausgeschieden. Die Gewebe der Säugetiere enthalten in der Norm so wenig Tyrosinase, daß dieses Enzym keine große Bedeutung für die Zerstörung von Adrenalin und anderen Pressoraminen haben kann. Zur Oxydation der physiologischen Adrenalinmengen wären 25—100mal so hohe Tyrosinaseaktivitäten in den Organen erforderlich (G. A. Alles, C. L. Blohm und P. R. Saunders).

Adrenalin wird von der Aminoxydase zum entsprechenden Aldehyd und Methylamin desaminiert. Entsprechend verläuft die enzymatische Desaminierung von Noradrenalin, Oxytyramin und anderen Pressoraminen. Die Desaminierung des Adrenalins als sekundärem Amin verläuft aber mit einer nur geringen Geschwindigkeit. Der Organismus kann daher nur kleine Mengen Adrenalin durch oxydative Desaminierung beseitigen. Der bei der Desaminierung anfallende Aldehyd wird im Organismus großenteils zur Säure oxydiert, die dann als aromatische und schwer verbrennliche Substanz im Harn aufgefunden wird. p-Oxyphenyläthylamin liefert bei der Leberdurchströmung eine 75%ige Ausbeute an p-Oxyphenylessigsäure.

OH, OH — $CH(OH)$ — $CH_2NH(CH_3)$ $\xrightarrow{-CH_3NH_2}$ OH, OH — $CH(OH)$ — CHO $\xleftarrow{-NH_3}$ OH, OH — $CH(OH)$ — CH_2NH_2

Adrenalin | 3,4-Dioxyphenylglykolaldehyd | Noradrenalin

Da die beiden Abbaumöglichkeiten für Adrenalin durch Tyrosinase und Aminoxydase wenig ergiebig sind, entledigt sich der Organismus eines großen Teils der Substanz (und ähnlicher Verbindungen) auf andere Art. Er inaktiviert Adrenalin durch Veresterung mit Schwefelsäure und anschließende Ausscheidung des Esters im Harn. Auch andere Pressoramine werden zu einem mehr oder minder hohen Prozentsatz auf diese Weise, zum Teil auch durch Kupplung mit Glucuronsäure beseitigt. Kaninchen scheiden von verfüttertem p-Oxybenzylamin 40% in Form von p-Oxybenzoesäure, 19% des Amins mit Schwefelsäure verestert und 39% an Glucuronsäure gebunden im Harn aus. R. W. Schayer studierte das Schicksal von D,L-Adrenalin, das C^{14} als β-C-Atom enthielt. Nach 20 Std war aller radioaktiver C im Harn ausgeschieden. Im Harn wurden fünf verschiedene C^{14} enthaltende Substanzen durch Papierchromatographie nachgewiesen, von denen jedoch keine identifiziert wurde. $C^{14}O_2$ wurde nicht ausgeatmet. Nach der intravenösen Injektion von markiertem Adrenalin war keine Ausscheidung von konjugiertem Adrenalin nachweisbar. Dagegen wurde nach der Verfütterung der Substanz ein großer Teil im Harn in konjugierter Form aufgefunden. Man kann daraus schließen, daß Veresterung mit Schwefelsäure oder Bindung an Glucuronsäure im Darm oder in der Leber stattfinden. Versuche mit Adrenalin, das C^{14} in der Methylgruppe hatte, ergaben, daß ein Teil der Methylgruppe zu CO_2 oxydiert wird. Im Harn waren nur etwa 50% des einverleibten C^{14} wieder zu finden. Adrenalin wird also im Organismus in großem Umfang demethyliert (R. W. SCHAYER).

In jedem Harn lassen sich Pressorsubstanzen nachweisen, die durch Tyrosinase zerstörbar sind. Vermutlich besteht das „Urosympathin" des Harns aus einer Mischung von Oxytyramin, Adrenalin und Noradrenalin. Innerhalb von 24 Std scheidet ein Mensch normalerweise eine 2—3 mg Oxytyramin bzw. 0,1 bis 0,15 mg Adrenalin (oder Noradrenalin) entsprechende Aminmenge im Harn aus (Test: Blutdrucksteigerung einer Katze) (P. HOLTZ, K. CREDNER und G. KRONEBERG). Nach schwerer Arbeit wird die Ausscheidung von Urosympathin vermehrt gefunden. Zu wesentlich kleineren Zahlen gelangten U. S. v. EULER und S. HELLMER, die bei gesunden jungen Männern eine Adrenalinausscheidung von $11{,}5 \pm 6{,}0\,\gamma$ und eine Noradrenalinausscheidung von $29{,}0 \pm 12{,}3\,\gamma$ im Tag feststellten. Auch sie fanden die Ausscheidung nach schwerer Muskelarbeit vermehrt. Der größte Teil der Substanzen lag im Harn in freier Form vor.

Der Hauptort der Wirkung von Adrenalin und Noradrenalin im Organismus ist ohne Zweifel die Muskulatur. Diese enthält aber keine Aminoxydase. Im Muskel kann daher Adrenalin nur zu Adrenochrom umgesetzt werden. In der Leber dagegen dominiert die Aminoxydase und damit die oxydative Desaminierung des Adrenalins und ähnlicher Substanzen.

Intravenös injiziertes Adrenalin bewirkt bei Tieren die bekannten Reaktionen bezüglich des Zuckerstoffwechsels (s. S. 71): Abnahme des Muskelglykogens, Zunahme des Leberglykogens, Steigerung des Blutzuckerspiegels und Zunahme des Milchsäuregehalts des Blutes. Intraarteriell beigebrachtes Adrenalin verursacht dagegen nur geringfügige Wirkungen, und zwar vermutlich deswegen, weil es in den Organen rasch zerstört wird (S. SHERLOCK). Aus demselben Grunde ist auch in die Pfortader injiziertes Adrenalin wirkungslos. Ein Abbau des Adrenalins im Blut kommt nicht vor. Das Blut enthält sogar Systeme, welche dem Adrenalin einen Oxydationsschutz verleihen. Der Umsatz des Adrenalins erfolgt in den Körperzellen, in welche die Substanz leicht eindringt. Beim Kaninchen verschwindet injiziertes Adrenalin in einer Rate von 10 γ je Kilogramm Körpergewicht und Minute aus dem Blut. Die durchströmte Leber kann 10 mg Adrenalin je Kilogramm Gewicht und Minute zerstören, die durchströmte hintere Extremität 3 γ je Kilogramm Gewicht und Minute (A. LUND).

3. Aminoäthanol und Cholin.

Aminoäthanol kommt im Organismus als Bestandteil von Phosphatiden vor. Es dient weiterhin als Ausgangsmaterial zur Bildung von Cholin. Seine Bildung erfolgt durch Decarboxylierung von Serin (S. 207). Diese Reaktion ist anscheinend nicht umkehrbar, eine Carboxylierung von Aminoäthanol zu Serin wurde bisher im Tierkörper noch nicht beobachtet. Eine direkte Bildung des Aminoäthanols aus Glykokoll durch Reduktion der Carboxylgruppe hat sich nicht nachweisen lassen. Der Übergang von Glykokoll in Aminoäthanol vollzieht sich immer nur über Serin als Zwischenprodukt. Bei der Bildung von Cholin aus Serin ist die Pteroylglutaminsäure beteiligt (J. A. STEKOL, S. WEISS und K. W. WEISS).

$$\underset{\text{Glykokoll}}{\begin{matrix} CH_2{-}NH_2 \\ | \\ COOH \end{matrix}} \quad \underset{-\,HCOOH}{\overset{+\,HCOOH}{\rightleftarrows}} \quad \underset{\text{Serin}}{\begin{matrix} CH_2OH \\ | \\ H{-}C{-}NH_2 \\ | \\ COOH \end{matrix}} \quad \xrightarrow{-\,CO_2} \quad \underset{\text{Aminoäthanol}}{\begin{matrix} CH_2OH \\ | \\ CH_2NH_2 \end{matrix}}$$

Aminoäthanol ist keine glucoplastische Substanz. Zusatz zu überlebenden Gewebsschnitten verursacht keine vermehrte Sauerstoffaufnahme derselben. Es wird vermutlich im Organismus nicht oxydativ abgebaut, sondern im wesentlichen als Muttersubstanz für Cholin verwendet oder in Phosphatide eingebaut. Bei der Durchströmung einer überlebenden Leber verschwindet zugesetztes Aminoäthanol rasch aus der Perfusionsflüssigkeit. Die Aminoxydase greift Aminoäthanol nicht an.

Cholin entsteht aus Aminoäthanol durch Transmethylierung (s. auch S. 149). Nach Zufuhr von N^{15} enthaltendem Aminoäthanol ließ sich aus den Phosphatiden der Versuchstiere N^{15} tragendes Cholin isolieren. Zwischenprodukte der Cholinbildung sind Monomethylaminoäthanol und Dimethylaminoäthanol. Denn nach der Verfütterung von Dimethylaminoäthanol, dessen Methylgruppen an Stelle von Wasserstoff Deuterium enthalten, findet man im Organismus deuteriertes Cholin. Dimethylaminoäthanol ist aber kein Methyldonator zur Transmethylierung auf andere Methylacceptoren. Dies zeigt folgende Beobachtung: Bei einer an Substanzen mit labilen Methylgruppen armen Ernährung führt die gleichzeitige Verfütterung von Dimethylaminoäthanol und Homocystein zu keiner Verbesserung des Wachstums junger Tiere. Wenn das Homocystein zu Methionin methyliert worden wäre, hätte eine erhebliche Steigerung der Wachstumsintensität auftreten müssen. Die Methylierung des Dimethylaminoäthanols zu Cholin ist keine umkehrbare Reaktion, Cholin wird im Organismus nicht zu Dimethylaminoäthanol demethyliert. J. A. MUNTZ inkubierte Organhomogenate mit Cholin, das mit N^{15} markiert war, und Homocystein als Methylacceptor. Das aus den Versuchsansätzen isolierte Dimethylaminoäthanol enthielt aber nur N^{14}.

Der Mensch und die meisten Tiere oxydieren Cholin durch das in der Leber enthaltene Enzym Cholinoxydase zu Betainaldehyd. Cholin als solches ist kein Methyldonator. Es kann seine Methylgruppen erst nach erfolgter Oxydation durch die Cholinoxydase abgeben (J. W. DUBNOFF). Der eigentliche Methyldonator ist also der Betainaldehyd bzw. das aus ihm durch weitere Oxydation entstandene Betain. Der Organismus vermag große Mengen Cholin umzusetzen. Denn selbst nach der Verabreichung großer Cholindosen scheiden Menschen praktisch kein unverändertes Cholin im Harn aus.

Unter aeroben Bedingungen wird Cholin über Betainaldehyd zu Betain oxydiert, wobei insgesamt 1 Mol Sauerstoff aufgenommen wird.

$$\text{Cholin} + \tfrac{1}{2}\,O_2 \rightarrow \text{Betainaldehyd},$$
$$\text{Betainaldehyd} + \tfrac{1}{2}\,O_2 \rightarrow \text{Betain}.$$

Betainaldehyd liefert aber auch unter anaeroben Bedingungen durch eine noch unbekannte Dismutation Betain. In Gegenwart von Sauerstoff sind Cholin, Betainaldehyd und Betain bezüglich ihrer Wirkung als Methyldonatoren z.B. zur Methylierung von Homocystein äquivalent (J. N. WILLIAMS jr.). Verfütterung von Aminopterin hemmt die Oxydation von Cholin zu Betainaldehyd, die Oxydation des Betainaldehyds zu Betain und die Übertragung der Methylgruppe dieser Substanzen auf Homocystein signifikant.

CH_2OH	CHO	CO ——	$COOH$
|	|	| |	|
$CH_2N(CH_3)_3OH$	$CH_2N(CH_3)_3OH$	$CH_2N(CH_3)_3O$	CH_2NH_2
Cholin	Betainaldehyd	Betain	Glykokoll

Betain wird vom Organismus zu Glykokoll demethyliert. Nach Einverleibung von N^{15} tragendem Betain wurde N^{15} enthaltendes Glykokoll isoliert. Das vom Betain abgegebene Methyl kann zu beliebigen Transmethylierungen verwendet werden. Das geht einwandfrei aus Versuchen mit CD_3 enthaltendem Betain hervor. Weiterhin wird es dadurch bewiesen, daß bei einer an Methionin armen Diät eine gleichzeitige Verfütterung von Betain mit Homocystein einen guten Wachstumseffekt gibt, jedenfalls bei jungen Ratten. Bei Kücken liegen die Verhältnisse anders. Bei ihnen ist ein Übergang von Betain in Glykokoll fraglich. Bekanntlich ist Glykokoll für Kücken eine essentielle, nicht vom Organismus synthetisierbare Aminosäure.

Die gegenseitigen Beziehungen der mit dem Cholin im Stoffwechsel verknüpften Substanzen gehen aus dem folgenden Schema hervor:

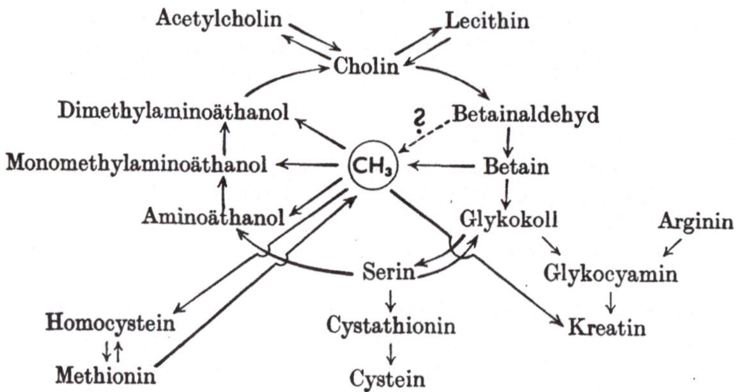

Das Schema könnte den Eindruck erwecken, als seien Cholin, Betain, Glykokoll, Serin und Aminoäthanol durch einen Kreisprozeß verbunden. Das ist aber im strengen Sinne des Wortes nicht der Fall, da die Kohlenstoffkette beim Durchlaufen der einzelnen Stufen nicht intakt bleibt. Beim Übergang von Glykokoll in Serin wird ein C-Atom in Form von Formiat aufgenommen. Serin wird dann zu Aminoäthanol decarboxyliert, wobei aber nicht das durch das Formiat beigebrachte C-Atom wieder abgestoßen wird, sondern der Carboxyl-C verlorengeht. Lediglich das mit dem N verbundene C-Atom bleibt erhalten, ebenso auch das N-Atom.

Im menschlichen Harn finden sich regelmäßig kleine Mengen Trimethylamin, Trimethylaminoxyd, Trimethylammoniumbasen (Cholin, Betain, Butyrobetain und Carnitin) sowie Methylamin und Dimethylamin (Tabelle 65). Der größte Teil des Trimethylamins und Trimethylaminoxyds dürfte einer Zersetzung von Cholin bzw. Betain durch die Darmbakterien entstammen. Verfüttertes Trimethylamin wird großenteils zu Trimethylaminoxyd oxydiert. Umgekehrt wird eine Reduktion von Trimethylaminoxyd zu Trimethylamin beobachtet. In E. coli wurde ein Enzym nachgewiesen, das Trimethylaminoxyd zu Trimethylamin reduziert („Trimethylaminoxydreduktase“) und einen löslichen Co-Faktor benötigt (J. I. TOMIZAWA).

Tabelle 65. *Durchschnittliche Ausscheidung von Alkylaminen im menschlichen Harn* (W. LINTZEL sowie H. LÖFFLER).

	Ausscheidung mg/Tag
Methylamin-N + Dimethylamin-N	10
Trimethylamin-N	1
Trimethylaminoxyd-N	12,4
Trimethylammoniumbasen-N . .	22,4

$$(CH_3)_3N \rightleftarrows (CH_3)_3NO$$

Trimethylamin Trimethylaminoxyd

Primäre Amine werden im Organismus oxydiert. Nach Einverleibung selbst großer Dosen werden nur Spuren unverändert im Harn ausgeschieden. Dagegen werden sekundäre Amine wesentlich schwieriger angegriffen. J. RECHENBERGER, der einer Versuchsperson 5 g Diäthylaminhydrochlorid gab, fand im Harn 86% der Dosis wieder.

Der Organismus vermag nur beschränkte Mengen Betain umzusetzen. Pflanzenfresser, deren Nahrung physiologischerweise viel Betain enthält, bewältigen größere Mengen und scheiden daher weniger Betain aus. H. MÜLLER, der 20 g Betain an einen Hund verfütterte, fand im Harn 11,7 g unverändert auf. Glykokollbetain ist das einzige Betain, das vom tierischen Organismus in größerem Umfang umgesetzt und von Bakterien in Trimethylamin übergeführt werden kann.

Cholin hat im Stoffwechsel im wesentlichen drei Funktionen: Bildung von Lecithin, Lieferung von Methylgruppen für die Transmethylierungen und Bildung von Acetylcholin.

Ein großer Teil des mit der Nahrung aufgenommenen oder in vivo durch Transmethylierung entstandenen Cholins dient als Baustein zur Synthese von Lecithin. Bei einer cholinarmen und an Methionin, als dem wichtigsten Methyldonator, armen Diät entwickelt sich eine hochgradige Verfettung der Leber, da die in dem Organ synthetisierten Fettsäuren, die normalerweise in Form von Lecithin an das Blut abgegeben werden, nicht abtransportiert werden können und liegenbleiben. Durch Gaben von Cholin oder solchen Substanzen, welche Methylgruppen zur Bildung von Cholin zur Verfügung stellen können, wie z. B. Methionin oder Betain, wird die Leberverfettung verhütet bzw. behoben. Derartige der Leberverfettung entgegenwirkende Substanzen pflegt man als „lipotrope Substanzen" zu bezeichnen. Die lipotrope Wirkung des Cholins ist durch das Cholinmolekül als solches bedingt, das ja zur Bildung von Lecithin benötigt wird. Das Cholin kann experimentell durch solche Substanzen ersetzt werden, die vom Organismus in Lecithin (bzw. in ein verändertes Lecithin) eingebaut werden,

CH_2OH	CH_2OH	$CH_2—CH_2OH$
$\vert$	$\vert$	$\vert$
$CH_2As(CH_3)_3OH$	$CH_2N(C_2H_5)_3OH$	$CH_2N(CH_3)_3OH$
Arsenocholin	Äthylcholin	γ-Homocholin

wie z. B. Arsenocholin, Äthylcholin und Homocholin. Außer diesen Cholin direkt ersetzenden Substanzen wirken noch alle diejenigen lipotrop, welche labile Methylgruppen zur Transmethylierung zwecks Bildung von Cholin beisteuern (Tabelle 66). Außer den aufgeführten Substanzen kennt man noch weitere lipotrope Stoffe, wie z. B. Inosit, Oestron, Östradiol, Pyridoxin u. a. m. Da über den Mechanismus ihrer Wirkung nichts bekannt ist und sie mit dem Problem der Transmethylierung nicht in Zusammenhang stehen, soll hier auf sie nicht näher eingegangen werden. Vergleichende Daten über die Intensität der lipotropen Wirkung der einzelnen Substanzen findet man in der Tabelle 67.

Eine alimentär bedingte Leberverfettung durch Mangel an lipotropen Substanzen läßt sich nur bei den Tieren erzeugen, deren Leber Cholinoxydase enthält (Ratte, Maus, Hund, Huhn). Auch in der menschlichen Leber findet man Cholinoxydase. Dagegen ist die Leber junger Meerschweinchen frei von Cholinoxydase. Man kann daher bei diesen Tieren durch Verfütterung von cholinarmen und methioninarmen Diätformen im Gegensatz zu den über Cholinoxydase verfügenden Tieren keine Leberverfettung hervorrufen. Bei den Tieren, welche Cholinoxydase enthalten, beseitigt die Cholinoxydase laufend so viel Cholin, daß

Tabelle 66. *Lipotrope Wirksamkeit von Substanzen.*

Lipotrop wirksam	Nicht lipotrop wirksam
Homocholin[1]	Propylcholin[1]
Äthylcholin[1]	Homocystein[4]
Arsenocholin[2]	D,L-Methioninsulfoxyd[5]
L-Methionin[3]	D,L-Methioninsulfon[5]
D-Methionin[3]	D,L-Serinbetain[9]
α-Keto-γ-methylthiobuttersäure[5]	D,L-Threoninbetain[9]
Glykokollbetain[6]	D,L-allo-Threoninbetain[9]
Alaninbetain[7]	Glutaminsäurebetain[10]
Cystinbetain[8]	Trigonellin[10]
Dimethylthetin[11]	Ergothionein[10]
Dimethylpropiothetin[12]	Sarkosin[13]

bei einer geringen Zufuhr zu wenig zur Bildung von Lecithin übrigbleibt (P. HANDLER). In der durch eine cholinarme Diät erzeugten Fettleber ist der Gehalt an Cholinoxydase regelmäßig stark vermindert; er steigt nach Beseitigung der

Tabelle 67. *Vergleichende Wirksamkeit lipotroper Substanzen unter einheitlichen Bedingungen* (M. R. RAYMOND und C. R. TREADWELL).

Ratten vom Ausgangsgewicht 170 g. Versuchsdauer 21 Tage. Diät: 15,4% Casein, 3,2% Arachin, 5% Salzmischung, 40% Schmalz, 34,4% Glucose, 2% Cellulose und Vitamine.

Art der Diät	Gewichtszunahme in g	Leberfett in % des Frischgewichts
Ohne Zulage	17,6 ± 2,8	19,1 ± 2,5
Zulage: Lipocaic factor 0,1%	17,3 ± 1,7	20,5 ± 2,1
S-Äthylcystein 0,1%	24,3 ± 2,5	18,6 ± 1,4
Cystinbetain 0,1%	26,4 ± 5,4	17,4 ± 2,8
S-Methylcystein 0,1%	19,8 ± 1,9	17,3 ± 1,0
Inosit 0,1%	26,4 ± 2,9	16,0 ± 1,8
Dimethylsulfid 0,1%	24,2 ± 3,6	14,8 ± 2,1
S-Methylisoharnstoff 0,2%	0,9 ± 3,4	11,5 ± 0,5
Betain 0,1%	27,9 ± 1,8	12,8 ± 1,1
Cholin 0,05%	30,9 ± 5,7	12,3 ± 1,2
Triäthylcholin 0,1%	23,4 ± 3,6	10,2 ± 1,2
Cholin 0,1%	30,2 ± 2,5	11,0 ± 1,8
Lipocaic factor 1%	39,1 ± 1,9	8,5 ± 0,4

Fetteinlagerung durch Gaben lipotroper Substanzen wieder zur normalen Höhe an. Man kann eine Herabsetzung der Cholinoxydaseaktivität in der Leber auch durch Verfütterung des Folinsäureantagonisten Aminopterin erzielen. Offensichtlich hat die Pteroylglutaminsäure irgendeine Funktion bei der Cholinoxydation, über die sich allerdings zur Zeit noch keine konkreten Aussagen

[1] CHANNON, H. J., A. L. PLATT u. J. A. B. SMITH: Biochem. J. **31**, 36 (1937).
[2] WELCH, A. D., u. R. L. LANDAU: J. biol. Chem. **144**, 581 (1942).
[3] BEST, C. H., u. J. H. RIDOUT: J. Physiol. **97**, 489 (1940).
[4] SINGAL, S. A., u. H. C. ECKSTEIN: Proc. Soc. exp. Biol. Med. **41**, 512 (1939).
[5] HANDLER, P., u. M. L. C. BERNHEIM: J. biol. Chem. **150**, 335 (1943).
[6] BEST, C. H., u. M. E. HUNTSMAN: J. Physiol. **75**, 405 (1932).
[7] WELCH, A. D., u. M. S. WELCH: Proc. Soc. exp. Biol. Med. **39**, 7 (1938).
[8] SINGAL, S. A., u. H. C. ECKSTEIN: J. biol. Chem. **140**, 27 (1941).
[9] CARTER, H. E., u. D. B. MELVILLE: J. biol. Chem. **133**, 109 (1940).
[10] MOYER, A. W., u. V. DU VIGNEAUD: J. biol. Chem. **142**, 373 (1942).
[11] DUBNOFF, J. W., u. H. BORSOOK: J. biol. Chem. **176**, 789 (1948).
[12] MAW, G. A., u. V. DU VIGNEAUD: J. biol. Chem. **174**, 381 (1948).
[13] GORDON, W. H., u. R. W. JACKSON: J. biol. Chem. **110**, 151 (1935).

machen lassen (J. S. DINNING, C. K. KEITH und P. L. DAY). Das Vitamin ist auch, wie S. 142 erwähnt, bei der Bildung von Cholin aus Serin beteiligt. Über die Bedeutung des Vitamins B_{12} für die Transmethylierungen und seine lipotrope Wirkung siehe S. 151.

Die Wirksamkeit der einzelnen lipotropen Substanzen weist, wie schon erwähnt, Unterschiede auf (C. H. BEST, C. C. LUCAS, J. H. RIDOUT und J. M. PATTERSON). Man schätzt den Cholinbedarf des Menschen zu etwa 2 g im Tag.

Die zweite Funktion des Cholins im Organismus besteht in seiner Fähigkeit, labile Methylgruppen für die Transmethylierungsprozesse zu liefern. Man kann diese Aufgabe des Cholins durch den Wachstumseffekt demonstrieren, den Cholin bei einer methioninarmen Diät entfaltet, wenn man gleichzeitig Homocystein gibt. Denn dann ermöglicht Cholin die Biosynthese des als essentielle Aminosäure für das Wachstum junger Tiere unentbehrlichen Methionin. Bezüglich dieser Wirkung läßt sich Cholin durch alle anderen Substanzen ersetzen, welche in vivo als Methyldonatoren verwendet werden können.

Die dritte Aufgabe des Cholins ist die, als Ausgangsmaterial für die Bildung von Acetylcholin zu dienen. Hier hängt also die Funktion der Substanz ebenso wie bei der lipotropen Wirkung an dem intakten Molekül. Acetylcholin spielt in der Erregungsleitung durch den Nerven und bei der Übertragung der Erregung von einem Neuron auf ein anderes eine wichtige Rolle. Die Anschauung, daß Acetylcholin die Erregungsleitung in einem Nerven bedingt, indem eine Art chemischer, aus Acetylcholin bestehender Welle über den Nerven läuft, da das an einer Stelle entstehende Acetylcholin sofort wieder durch Acetylcholinesterase zerstört wird, gründet sich im wesentlichen auf die folgenden Befunde: Vorkommen der Acetylcholinesterase an der neuralen Oberfläche, an der sich auch die Änderungen des Aktionspotentials abspielen, Proportionalität zwischen Enzymkonzentration und Aktionspotential, Übereinstimmung bezüglich der Größenordnungen der elektrischen und der bei der Acetylcholinspaltung freiwerdenden Energie, sowie die hemmende Wirkung aller derjenigen Substanzen, welche die Acetylcholinesterase blockieren, auf die Erregungsleitung. Bei der Erregung eines Nerven wird an der Synapse bzw. einer motorischen Endplatte Acetylcholin frei, das dann in der Refraktärzeit durch die an diesen Stellen in hoher Konzentration lokalisierte Acetylcholinesterase zerstört wird. Das Gehirn enthält etwa 1—2 γ Acetylcholin je Gramm Frischsubstanz. Bei aerober Inkubation von Gehirngewebe läßt sich der Acetylcholingehalt infolge enzymatischer Neubildung auf das 10—20fache steigern. Bei der Reizung eines Nerven werden je Gramm Nerv 0,1—0,2 γ Acetylcholin in Freiheit gesetzt.

Die Acetylierung von Cholin zu Acetylcholin ist ein endergonischer Prozeß. Die enzymatische Synthese von Acetylcholin läßt sich daher nicht ohne weiteres durch eine Umkehrung der Spaltung bewirken. Der Organismus hat daher ein eigenes Enzymsystem zur Bildung von Acetylcholin entwickelt, die Cholinacetylase, welche von den Acetylcholin spaltenden Fermenten verschieden ist.

$$\text{Cholin} + \text{Essigsäure} \underset{\text{Cholinesterase}}{\overset{\text{Cholinacetylase}}{\rightleftarrows}} \text{Acetylcholin.}$$

Die bei der Bildung von Acetylcholin benötigte Energie ($\Delta F = +\,3100$ cal) stammt aus energiereichem Phosphat. Das Ausmaß der Acetylcholinbildung in Gehirnextrakten verläuft bis zu dem Grenzwert von zwei Mikromolen ATP im Kubikzentimeter der ATP-Konzentration parallel (H. MCLENNAN und K. A. C. ELLIOTT). Die Acetylierung von Cholin ist eine Transacetylierung, weshalb Co-Enzym A beteiligt ist (s. S. 288). Cholinacetylase überträgt Acetyl von Acetyl-Co-Enzym A auf Cholin.

Zur Aufspaltung von Acetylcholin verfügt der Organismus über zwei verschiedene Enzyme. Das eine Enzym ist spezifisch auf Acetylcholin eingestellt. Man pflegt es daher als Acetylcholinesterase zu bezeichnen. Es kommt vorwiegend im zentralen und peripheren Nervensystem vor und ist auf das engste mit deren Funktion verknüpft. In einer geringeren Konzentration enthalten auch Muskulatur und Erythrocyten Acetylcholinesterase. Die höchsten Aktivitäten sind in den elektrischen Organen der elektrischen Fische beobachtet worden. Ein Mol der aus dem elektrischen Organ dargestellten Acetylcholinesterase spaltet bei 25° in der Sekunde 300000 Mole Acetylcholin (M. A. ROTHENBERG und D. NACHMANSOHN). Die Acetylcholinesterase wird durch höhere Konzentrationen Acetylcholin gehemmt. Das andere Acetylcholin spaltende Ferment ist unspezifisch und greift auch andere Cholinester an, zum Teil sogar mit einer Geschwindigkeit, welche die beim Acetylcholin beobachtete bei weitem übertrifft. Man pflegt dieses unspezifische Enzym als Cholinesterase zu bezeichnen. Cholinesterase findet sich im Plasma und in den inneren Organen. Sie wird im Gegensatz zur Acetylcholinesterase durch hohe Acetylcholinkonzentrationen nicht gehemmt. Von größtem theoretischen und praktischen Interesse sind die Hemmstoffe für die Acetylcholin spaltenden Enzyme, welche kompetitiv hemmen. Auf Grund ihrer unterschiedlichen Hemmwirkung auf die beiden Acetylcholin hydrolysierenden Fermente kann man sie folgendermaßen einteilen:

1. Beide Enzyme in gleicher Weise hemmende Verbindungen. Zu ihnen gehören Eserin (Physostigmin) und Prostigmin. Zu beiden haben die Enzyme eine größere Affinität als zu Acetylcholin. Methylenblau hemmt als quaternäre

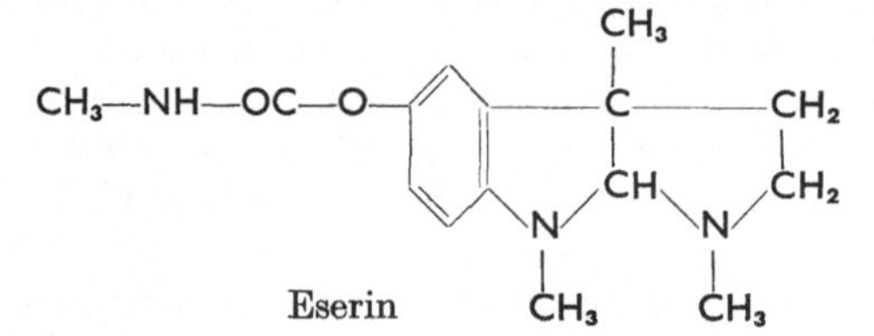

Eserin

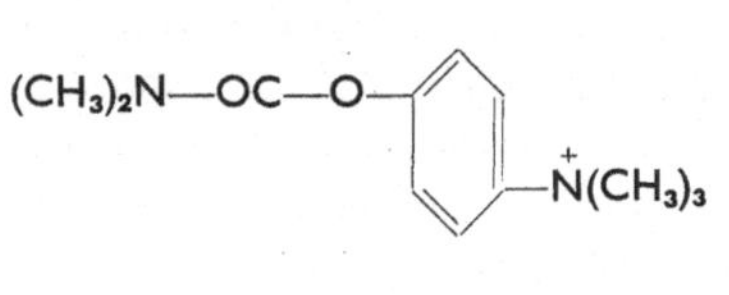

Prostigmin

Ammoniumbase ebenfalls diese Enzyme, während Leukomethylenblau wirkungslos ist. Auch Aneurin gehört zu den Hemmstoffen.

2. Bevorzugt die Acetylcholinesterase hemmende Stoffe, wie z. B. Bis-β,β'-dichloräthyl-methylamin (N-Lost) und Neurin.

3. Bevorzugt Cholinesterase hemmende Stoffe. Hierher gehören die Alkylphosphorsäureester, wie z. B. Diisopropylfluorphosphat (DFP) und Tetraäthylpyrophosphat (TEPP). Sie gehen zunächst mit dem Enzym eine reversible Verbindung ein. Dann folgt ein Prozeß, der zu einer irreversiblen Inaktivierung

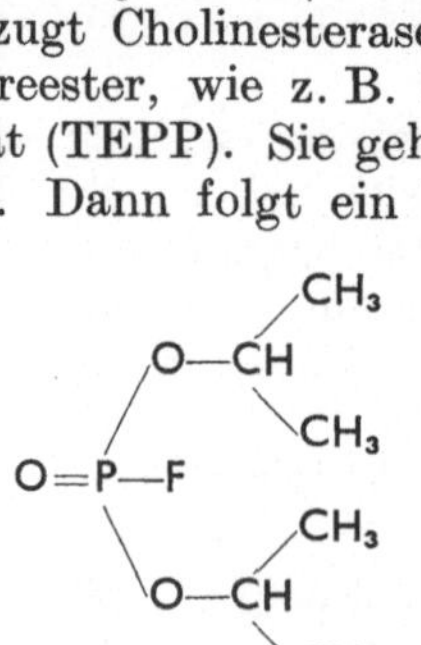

Diisopropylfluorphosphat

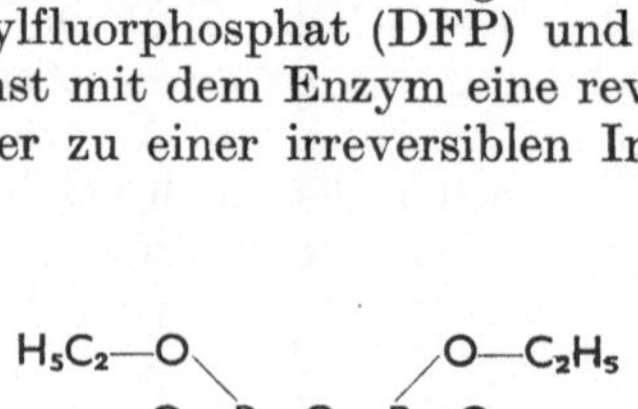

Tetraäthylpyrophosphat

des Enzyms führt. TEPP ist durch seine außerordentlich intensive Wirkung interessant, es hemmt die Cholinesterase noch in einer Konzentration von 10^{-10} m und gehört zu den biologisch aktivsten Substanzen.

4. Die Transmethylierung.

V. DU VIGNEAUD, J. P. CHANDLER, I. P. MOYER und D. H. KEPPEL machten, wie schon erwähnt, die Beobachtung, daß methioninfrei ernährte Ratten auch dann wuchsen, wenn man ihnen Homocystein und Cholin zur Verfügung stellte. Sie zogen aus diesen Versuchen den Schluß, daß der Organismus Methionin aus Homocystein und Cholin bilden kann, wobei die Methylgruppen vom Cholin auf das Homocystein übertragen werden. In der Folgezeit wurden noch andere Beispiele solcher Transmethylierungen aufgefunden. Versuche mit Substanzen, deren Methylgruppen markiert (—CD_3 oder —$C^{14}D_3$) waren, ergaben eindeutig, daß die Methylgruppe in toto übertragen wird (E. B. KELLER, J. R. RACHELE und V. DU VIGNEAUD).

Cholin vermag nicht als solches seine Methylgruppen abzugeben. Voraussetzung für eine vom Cholin ausgehende Transmethylierung ist seine Oxydation durch die Cholinoxydase zu Betainaldehyd (J. W. DUBNOFF). Die Aktivität der Cholinoxydase reguliert daher das Ausmaß der Methylverwertbarkeit des Cholins. Bei der Leberverfettung, die man durch Verfütterung einer an Cholin und Methionin armen Diät experimentell erzeugen kann, ist der Gehalt der Leber an Cholinoxydase vermindert, was man als eine Gegenregulation zum Zwecke der Erhaltung von Cholin auffassen könnte. Folinsäuremangel führt ebenfalls zu einer herabgesetzten Cholinoxydaseaktivität in der Leber (J. S. DINNING, C. K. KEITH und P. L. DAY [2]).

Inkubiert man Rattenleberschnitte mit Homocystein und Cholin, so kann man neben Methionin noch Betain isolieren (J. A. MUNTZ). Dimethylaminoäthanol, das durch eine direkte Demethylierung von Cholin entstehen müßte, wurde nicht gefunden. Da eine Transmethylierung von Cholin auf einen Methylacceptor eine Oxydation des Cholins zum Betainaldehyd, vielleicht sogar zum Betain zur Voraussetzung hat, verläuft sie nur aerob, im Gegensatz zu anderen Transmethylierungsreaktionen.

Vom Betain ist nur die eine Methylgruppe „labil" und kann auf einen Methylacceptor übertragen werden. Daher werden drei Mole Betain benötigt, um ein Mol Cholin zu bilden.

Die wichtigsten physiologischen Methyldonatoren des Organismus sind Cholin, Betain und Methionin, da sie in größerem Umfange mit der Nahrung aufgenommen werden. Sie vermögen nicht nur ihre Methylgruppen wechselseitig auszutauschen, sondern dieselben auch zur Methylierung anderer Substanzen abzugeben, so z. B. zur Bildung von Kreatin, Anserin, N^1-Methylnicotinsäureamid, Methylpyridiniumhydroxyd und Adrenalin. Als Methyldonatoren sind außer Cholin, Betain und Methionin noch aktiv: Sarkosin, die sich vom Methionin ableitende Ketosäure α-Keto-γ-thiomethylbuttersäure, die Thetine (Sulfoniumanaloge der Betaine) und Dimethylaminoäthanol.

$$\begin{array}{l} CH_2OH \\ | \\ CH_2—N(CH_3)_3OH \end{array} \longrightarrow \begin{array}{l} CHO \\ | \\ CH_2—N(CH_3)_3OH \end{array} \longrightarrow \begin{array}{l} CO—— \\ | \qquad\qquad | \\ CH_2—N(CH_3)_3O— \end{array}$$

Cholin Betainaldehyd Betain

$$\begin{array}{l} (CH_3)_2S—CH_2 \\ \quad | \qquad | \\ \quad O—CO \end{array} \qquad \begin{array}{l} (CH_3)_2S—CH_2—CH_2 \\ \quad | \qquad\qquad | \\ \quad O————CO \end{array}$$

Dimethylthetin Dimethylpropiothetin

Dagegen sind die Betaine von Alanin, Serin, Cystein und Prolin keine Methyldonatoren. Die Oxydationsprodukte des Methionins (Methioninsulfoxyd und

Methioninsulfon) sowie Dimethylglykokoll können gleichfalls nicht zu Transmethylierungen verwendet werden.

Methionin wird bei der Transmethylierung vermutlich zuerst „aktiviert". G. L. CANTONI nimmt eine am S-Atom angreifende Phosphorylierung durch ATP an. Die experimentelle Unterlage für diese Vermutung besteht darin, daß Methionin in gereinigten Leberpräparaten die Spaltung von ATP fördert.

Die Transmethylierung ist eine biochemische Reaktion größter Wichtigkeit, da sie zwei wesentliche Nahrungsfaktoren, Cholin und Methionin, miteinander verknüpft, deren Mangel zu schwerwiegenden Ausfallssymptomen führt. Das führende Symptom des Mangels an Substanzen mit labilen Methylgruppen ist eine Leberverfettung, die beträchtliche Ausmaße erreichen kann (30% Fett und mehr im Frischgewicht). Ursache der Leberverfettung ist das Unvermögen, im Cholinmangel Lecithin zu bilden, so daß die in der Leber synthetisierten Fettsäuren dort liegenbleiben, da sie normalerweise aus der Leber in Form von Lecithin abtransportiert werden (S. 292). Gaben von Cholin oder anderen Substanzen mit labilen Methylgruppen beseitigen prompt das in der Leber abgelagerte Fett. Substanzen, welche der Leberverfettung entgegenwirken, nennt man lipotrope Substanzen. Zu ihnen gehören die physiologischen Methyldonatoren.

Tabelle 68.

Methyldonatoren	Methylacceptoren
Cholin[1,5,6]	Aminoäthanol
Methionin[2,4,5,6]	Homocystein
Betain[3,5]	Glykokoll
Sarkosin[7]	Guanidinoessigsäure
α-Keto-γ-thiomethylbuttersäure[10]	Noradrenalin
Dimethylthetin[8,9]	Pyridin
Dimethylpropiothetin[11]	Nicotinsäureamid
	Dimethylaminoäthanol
	Carnosin

D-Methionin hat bei der Transmethylierung nur 50% der Wirksamkeit der L-Form (P. HANDLER und M. L. C. BERNHEIM). Benzoesäure, welche die D-Aminosäureoxydase hemmt, unterdrückt die Kreatinbildung aus D-Methionin. Man muß daher annehmen, daß eine vom D-Methionin ausgehende Transmethylierung eine vorhergehende Umwandlung in die L-Aminosäure zur Voraussetzung hat. G. STEENSHOLT, der in seinen Versuchen eine höhere Cholinausbeute vom D-Methionin ausgehend beobachtet hatte, stellte eine eigene D-Methylpherase zur Diskussion.

Äthionin, das als Antimetabolit toxisch wirkt und das Wachstum von Tieren und Mikroorganismen hemmt, hat auf die Transmethylierungsprozesse wenig Einfluß. S. SIMMONDS, E. B. KELLER, J. P. CHANDLER und V. DU VIGNEAUD sahen

[1] VIGNEAUD, V. DU, J. P. CHANDLER, A. W. MOYER u. D. H. KEPPEL: J. biol. Chem. **131**, 57 (1939).
[2] VIGNEAUD, V. DU, J. P. CHANDLER, M. COHN u. BROWN: J. biol. Chem. **134**, 787 (1940).
[3] VIGNEAUD, V. DU, S. SIMMONDS, J. P. CHANDLER u. M. COHN: J. biol. Chem. **165**, 639 (1946).
[4] SIMMONDS, S., M. COHN u. V. DU VIGNEAUD: J. biol. Chem. **170**, 631 (1947).
[5] BORSOOK, H., u. J. W. DUBNOFF: J. biol. Chem. **160**, 653 (1945); **169**, 247 (1947).
[6] BARRENSCHEEN, H. K., u. J. PANY: Z. physiol. Chem. **283**, 78 (1948).
[7] VIGNEAUD, V. DU, S. SIMMONDS u. M. COHN: J. biol. Chem. **166**, 47 (1946).
[8] DUBNOFF, J. W., u. H. BORSOOK: J. biol. Chem. **176**, 789 (1948).
[9] VIGNEAUD, V. DU, A. W. MOYER u. J. P. CHANDLER: J. biol. Chem. **174**, 477 (1948).
[10] HANDLER, P., u. M. L. C. BERNHEIM: J. biol. Chem. **150**, 335 (1943).
[11] MAW, G. A., u. V. DU VIGNEAUD: J. biol. Chem. **174**, 381 (1948).

eine nur geringfügige Beeinträchtigung der Methylübertragung von Methionin auf Aminoäthanol und überhaupt keine Beeinflussung der Methylierung der Guanidinoessigsäure zu Kreatin. J. A. STEKOL und K. WEISS verfütterten Äthionin, das in der CH_2-Gruppe des Äthylrestes mit C^{14} markiert war, und isolierten aus den Tieren Kreatin und Cholin mit radioaktiven Methylgruppen. Offensichtlich vermag der Tierkörper Äthionin zu deäthylieren und Äthylgruppen, in einer allerdings noch gänzlich undurchsichtigen Art und Weise, in Methylgruppen zu verwandeln. Ein weiterer Beweis für die Deäthylierung des Äthionins ist die von STEKOL und WEISS gemachte Beobachtung, daß mit S^{33} markiertes Äthionin Anlaß zur Bildung von S^{35} enthaltender Bromphenylmercaptursäure gab, wenn es gleichzeitig mit Brombenzol verfüttert wurde.

Es ist anzunehmen, daß für jeden Methyldonator eine spezifische Methylpherase vorhanden ist. J. W. DUBNOFF und H. BORSOOK haben das Enzym, das eine der beiden Methylgruppen von Dimethylthetin oder Dimethylpropiothetin auf Homocystein überträgt und das sie Dimethylthetin-transmethylase nannten, teilweise gereinigt und es eindeutig von den Transmethylasen, die auf Cholin oder Betain einwirken, abgrenzen können. Die Methylkinase, die Methylgruppen von Methionin auf Nicotinsäureamid überträgt, wurde von G. L. CANTONI näher charakterisiert. Sie ist ein in der Leber enthaltenes, lösliches Enzym, das zu seiner Wirkung Mg^{++} sowie ATP oder Phosphagen benötigt.

Vitamin B_{12} fördert Transmethylierungen und vergrößert z. B. die Biosynthese von Methionin aus Betain und Homocystein. Beobachtungen von J. W. DUBNOFF [2] lassen vermuten, daß es die Reduktion von —S—S-Verbindungen begünstigt und daher die Bereitstellung von Homocystein als Methylacceptor verbessert. M. B. GILLIS und L. C. NORRIS fanden jedoch bei Hühnern keine Herabsetzung der Methylierung von Homocystein beim Mangel an Vitamin B_{12}.

Schon die ersten Arbeiten über die Methylierung von Homocystein durch Cholin zu Methionin zeigten, daß neben der Transmethylierung auch eine, wenn auch nur in beschränktem Umfang ablaufende, Biosynthese von labilen Methylgruppen möglich ist. Den endgültigen Beweis, daß der Tierkörper tatsächlich Methylgruppen zu bilden imstande ist, lieferten Versuche, in denen das Körperwasser von Ratten mit D_2O angereichert worden war und sich dann später aus den Tieren Cholin mit Deuterium enthaltenden Methylgruppen isolieren ließ. Da dieser Befund auch mit einer Methylsynthese durch die Darmbakterien erklärt werden konnte, haben V. DU VIGNEAUD, C. RESSLER und J. R. RACHELE den Versuch unter sterilen Bedingungen mit Ratten, welche keine Darmbakterien enthielten, wiederholt. Auch die bakterienfrei gehaltenen Tiere vermochten Methylgruppen zu synthetisieren. Vorstufen der Methylgruppen sind C_1-Verbindungen wie Methanol (V. DU VIGNEAUD und W. G. VERLY), Formaldehyd und Ameisensäure. Untersuchungen mit markiertem Methanol ($C^{14}D_3OH$) zeigten jedoch, daß Methanol nicht direkt zur Bildung von Methylgruppen verwendet wird, sondern daß eine Oxydation zu Formiat vorausgeht. Ameisensäure entsteht im Organismus bei zahlreichen biochemischen Prozessen, insbesondere beim Stoffwechsel der Aminosäuren (S. 291). Auch das β-C-Atom des Serins und das α-C-Atom des Glykokolls können labile CH_3-Gruppen liefern. L-Histidin-C-2-C^{14} erwies sich als potente Quelle für labile Methylgruppen. Ihre Isolierung erfolgte in Form von Cholin (M. TOPOREK). Aus CO_2 entstehen keine Methylgruppen (H. R. V. ARNSTEIN).

Der Umfang der Methylgruppenbildung im Organismus ist jedoch nicht ausreichend, um den Bedarf zu decken, insbesondere nicht bei jungen, wachsenden Tieren, welche erfahrungsgemäß in einem viel größeren Umfang auf die Zufuhr von Substanzen mit labilen Methylgruppen angewiesen sind als erwachsene.

Der Organismus ist auch in der Lage, Methylgruppen oxydativ zu zerstören. Nach einer Verfütterung von Methionin, dessen Methylgruppe mit C^{14} markiert war, wurden innerhalb von 52 Std rund 32% des Methyl-C in Form von $C^{14}O_2$ exhaliert (K. G. MACKENZIE, J. P. CHANDLER, E. B. KELLER, J. R. RACHELE, N. GROSS und V. DU VIGNEAUD). Noch rascher werden die Methylgruppen des Betains und der Thetine zu CO_2 oxydiert (M. F. FERGER und V. DU VIGNEAUD). Die (nichtlabile) Methylgruppe von N-Methyl-L-tryptophan wird durch eine in der Niere nachgewiesene Demethylase unter Aufnahme von 1 Mol Sauerstoff zu Formaldehyd oxydiert (T. C. TUNG und P. P. COHEN).

5. Kreatin und Kreatinin.

Kreatin ist ein entbehrlicher Nahrungsbestandteil, da es in ausreichendem Maße vom Organismus synthetisiert werden kann. Es entsteht aus den drei Aminosäuren Arginin, Glykokoll und Methionin (K. BLOCH und R. SCHOENHEIMER, sowie H. BORSOOK und J. W. DUBNOFF [2]). Arginin liefert mit Glykokoll zunächst Guanidinoessigsäure (Glykocyamin) durch Transamidierung, die dann durch Methionin bzw. eine andere Verbindung mit labilen Methylgruppen zu Kreatin methyliert wird. Die Methylierung verläuft nur aerob und in Anwesenheit von ATP. BORSOOK und DUBNOFF vermuten daher, daß der eigentliche Methyldonator ein Phosphorylierungsprodukt von Methionin sei. F. BINKLEY und J. WATSON stellten fest, daß Rattenleberhomogenate Guanidinoessigsäure zu Kreatin methylieren, wenn man ihnen Methylphosphat zur Verfügung stellt. Dagegen wird Methylphosphat nicht zu anderen biochemischen Methylierungen verwendet. Die Substanz ist im übrigen erheblich toxisch und kann nur in kleinen Dosen angewendet werden.

```
    NH2
   /
  C=NH                        NH2                                   NH2
   \                         /                                     /
    NH                      C=NH                                  C=NH
   /                         \                 + Methionin         \
  CH2  + H2N—CH2—COOH  →      NH—CH2—COOH   ————————————→           N—CH2—COOH
  |                                                                 |
  CH2                                                               CH3
  |
  CH2
  |
H—C—NH2
  |
  COOH
Arginin      Glykokoll        Glykocyamin                          Kreatin
                         (Guanidinoessigsäure)          (Methylguanidinoessig-
                                                                  säure)
```

Die Methylgruppe des Kreatins ist fest gebunden. Nach Verabfolgung von Kreatin, dessen Methylgruppe mit C^{14} markiert war, wurden innerhalb von zwei Tagen keine meßbaren Mengen $C^{14}O_2$ exhaliert, dagegen 25—30% des Methyl-C von Methionin und rund 50% des von Sarkosin. Sarkosin ist kein Zwischenprodukt bei der Kreatinsynthese in vivo. Es kann erst nach Demethylierung zu Glykokoll zur Kreatinbildung verwertet werden. Der erste Schritt bei der biochemischen Kreatinsynthese, die Bildung von Glykocyamin, kann in Leber und Niere erfolgen. Dagegen vermag nur die Leber Guanidinoessigsäure zu Kreatin zu methylieren. Guanidinoessigsäure wird regelmäßig in kleinen Konzentrationen im Blut und in den Organen angetroffen.

F. MENNE, ferner G. STEENSHOLT haben eine Bildung von Kreatin im Skeletmuskel aus Histidin beobachtet, der offensichtlich ein anderer Mechanismus zugrunde liegt als der oben beschriebene. Nach MENNE bilden 0,5 g Muskelbrei nach Zugabe von 14,8 mg Histidin 0,25 mg Kreatin. In Versuchen mit Histidin, das im Imidazolring, und zwar an der dem γ-C-Atom benachbarten Stelle, N^{15} enthielt, konnten jedoch C. TESAR und D. RITTENBERG keinen Übergang von Histidin in Kreatin nachweisen. Der Widerspruch zwischen den aufgeführten Arbeiten ist heute noch nicht erklärbar.

Kreatin findet sich in allen Geweben, in den meisten in einer Konzentration von etwa 10—50 mg-%. Der Skeletmuskel enthält wesentlich mehr, und zwar 200—800 mg-%, je nach Tierart. Bei ein und derselben Species schwanken die Werte nur unbedeutend. Glatte Muskulatur enthält etwa 100—130 mg-%, Herzmuskulatur rund 200 mg-%. Auch das Gehirn ist relativ kreatinreich, die angegebenen Werte liegen zwischen 60 und 120 mg-%. Rund 98% des Kreatinbestandes des Organismus entfallen auf die Muskulatur. In den Organen, insbesondere im Muskel, liegt der größere Teil des Kreatins (50—60%) in Form von Kreatinphosphorsäure (Phosphagen) vor. Die Phosphorylierung erfolgt durch ATP. Die Reaktion ist reversibel. Die Phosphatbindung im Phosphagen ist wie die in der ATP energiereich. Zwischen ATP und Phosphagen besteht ein Gleichgewicht. Die physiologische Bedeutung des Phosphagens besteht darin, als Speicher für energiereiches Phosphat zu dienen, um aufgespaltene ATP rasch wieder regenerieren zu können. Es gibt jedoch anscheinend endergonische Prozesse, welche die bei der Phosphagenspaltung freiwerdende Energie unmittelbar verwerten können, wie z. B. die Acetylierung von Cholin zu Acetylcholin.

$$\underset{\text{Kreatin}}{HN{=}C(NH_2){-}N(CH_3){-}CH_2{-}COOH} \; \underset{}{\overset{+\text{ATP}}{\rightleftarrows}} \; \underset{\text{Phosphagen (Kreatinphosphorsäure)}}{HN{=}C(NH{-}PO(OH)_2){-}N(CH_3){-}CH_2{-}COOH} + \text{ADP}$$

Außer der Bildung von Phosphagen und der Dehydratisierung zu Kreatinin nimmt Kreatin an keiner Umsetzung im Organismus teil. In wäßriger Lösung stellt sich zwischen Kreatin und Kreatinin ein Gleichgewichtszustand ein, der im wesentlichen vom p_H der Lösung abhängig ist; saure Reaktion begünstigt den Übergang von Kreatin in Kreatinin, alkalische Reaktion die Hydratation des Kreatinins zu Kreatin. Daher findet auch im Organismus eine Umwandlung von Kreatin Kreatinin statt. Sie ist nichtenzymatischer Art. Das entstandene Kreatinin in wird laufend im Harn ausgeschieden. Die Kreatininausscheidung des Menschen beträgt im Mittel 22 mg/kg, das entspricht rund 2% des Kreatinbestandes, bzw. einer Halbwertszeit des Kreatins von 29 Tagen, wie sie von BLOCH und SCHOENHEIMER in Versuchen mit N^{15} enthaltendem Kreatin gefunden worden war. Nun verläuft aber die spontane Umwandlung von Kreatin in Kreatinin unter den Aciditätsverhältnissen und der Temperatur des Organismus nicht genügend rasch, um eine so hohe Kreatininausscheidung zu erlauben. H. BORSOOK und J. W. DUBNOFF [*3*] zeigten, daß das Harnkreatinin nicht aus freiem Kreatin, sondern aus Phosphagen entsteht, und daß die Reaktionsgeschwindigkeit dieser, ebenfalls nichtenzymatischen, Umwandlung genau der aus der Ausscheidungsgröße des Kreatinins zu erwartenden entspricht. Die Muttersubstanz des Harnkreatinins ist daher Phosphagen. Es ist schon lange bekannt, daß die Kreatininausscheidung des Menschen konstant und praktisch unabhängig von der Nahrung ist, außer wenn Kreatinin alimentär zugeführt wird. Verfüttertes oder injiziertes Kreatinin wird rasch quantitativ wieder ausgeschieden. Die konstante Kreatininausscheidung des Menschen rührt davon her, daß der Bestand der Muskulatur an Kreatinphosphorsäure fixiert ist. Die Höhe der Kreatininausscheidung hängt daher im wesentlichen von der vorhandenen Muskelmasse ab.

Verfütterung oder Injektion von Kreatin vergrößert die Kreatininausscheidung nicht. Dies beruht zum Teil darauf, daß das exogen zugeführte Kreatin die Methylierung von Glykocyamin, vermutlich durch eine Konkurrenz um die ATP, kompetitiv hemmt (H. D. HOBERMAN, A. H. SIMS und J. H. PETERS). Dieser interessante Befund bestätigt ältere Erfahrungen, die wahrscheinlich gemacht hatten, daß der Organismus stets nur so viel Kreatin synthetisiert wie er braucht, und daß keine Maßnahme ihn veranlassen kann, die Kreatinbildung über den Bedarf zu steigern. Dies läßt sich z. B. aus der bemerkenswerten Konstanz der Kreatininausscheidung ableiten. Dagegen führt eine Einverleibung von Phosphagen zu einer Vermehrung der Ausscheidung von Kreatinin im Harn, was nach dem Gesagten leicht verständlich ist.

Kreatinin wird vom Organismus nicht umgesetzt. Nach der Verabreichung von N^{15} enthaltendem Kreatin wird der isotope N nur in Form von Kreatinin ausgeschieden. Die Umwandlung von Kreatin in Kreatinin ist im Organismus irreversibel. Dieser, von allen anderen Autoren, welche sich mit dem Kreatinstoffwechsel befaßt haben, vertretenen Anschauung, hat sich H. H. BEARD nicht angeschlossen und nimmt als einziger an, daß im Organismus aus Kreatinin Kreatin entstehen könne, und daß Kreatin durch eine von ihm nachgewiesene Kreatinoxydase oxydiert werde. In diesem Zusammenhang sei erwähnt, daß von GULEWITSCH aus Muskulatur ein Oxydationsprodukt des Kreatin, N-Oxalyl-N-methylguanidin (Kreaton), isoliert worden war, das sich jedoch als ein bei der Aufarbeitung entstandenes Kunstprodukt erwiesen hat.

Verfüttertes Kreatinin wird nur zu etwa 80—85% wieder im Harn aufgefunden, was darauf beruht, daß es nicht quantitativ aus dem Darm resorbiert wird. Das unresorbierte Kreatinin kann im Kot nachgewiesen werden. Die Darmbakterien greifen Kreatinin nicht an (G. A. MAW).

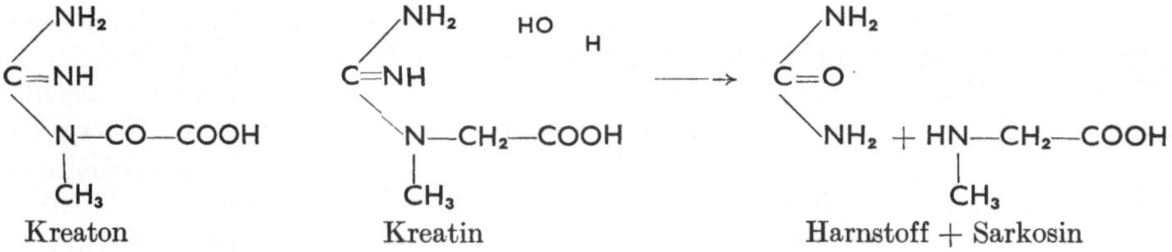

```
  NH2                 NH2    HO               NH2
 /                   /          H            /
C=NH                C=NH            ——→     C=O
 \                   \                       \
  N—CO—COOH           N—CH2—COOH              NH2 + HN—CH2—COOH
  |                   |                             |
  CH3                 CH3                           CH3
Kreaton             Kreatin               Harnstoff + Sarkosin
```

Manche Mikroorganismen enthalten ein Enzym Kreatinase, das Kreatin hydrolytisch zu Sarkosin und Harnstoff aufspaltet. Hiervon macht man analytischen Gebrauch, da sich auf diese Weise Kreatin einwandfrei spezifisch erfassen läßt.

Erwachsene scheiden im Harn kein Kreatin aus. Eine Kreatinurie tritt immer dann auf, wenn Störungen des Muskelstoffwechsels wie z. B. bei Muskeldystrophien oder Vitamin E-Mangelzuständen vorliegen. Die Ursache der Kreatinurie dürfte in einer Verminderung der Fähigkeit, Kreatin zu phosphorylieren, also in einer unzureichenden Bildung von energiereichem Phosphat zu suchen sein.

Im Gegensatz zum Erwachsenen scheiden Jugendliche vor der Pubertät beträchtliche Mengen Kreatin im Harn aus. Die Kreatinausscheidung kann 40%

des „Gesamtkreatinins“ (Kreatin + Kreatinin) erreichen. Dagegen ist die Kreatinurie bei Frühgeburten außerordentlich herabgesetzt. Dies beruht jedoch nicht auf einer verminderten Fähigkeit zur Kreatinsynthese. S. COHEN fand in Versuchen mit Homogenaten oder Schnitten von Meerschweinchenleber, daß fetale und erwachsene Leber in gleichem Maße zur Kreatinbildung aus Guanidinoessigsäure, Methionin und ATP befähigt sind. Überraschenderweise und im Gegensatz zu den oben erwähnten Befunden von H. BORSOOK und J. W. DUBNOFF stellte COHEN fest, daß die Lebern der anderen Tiere außer Meerschweinchen überhaupt kein Kreatin herzustellen in der Lage sind.

6. Diamine.

Diamine werden durch ein eigenes, von der Aminoxydase (Monoaminoxydase) verschiedenes Enzym oxydativ desaminiert. Die wichtigsten Kenntnisse über die Diaminoxydase verdanken wir E. A. ZELLER. Die Diaminoxydase greift alle Diamine oder Polyamine an, welche eine freie primäre Aminogruppe enthalten.

$$R—CH_2—NH_2 + O_2 + H_2O \rightarrow R—CHO + NH_3 + H_2O_2 .$$

An diese primäre Reaktion können sich dann noch weitere, durch andere Enzyme bedingte anschließen, z. B. die Oxydation des entstandenen Aldehyds zur Säure. Die Affinität der Diaminoxydase zum Substrat ist von der Länge der zwischen den beiden Aminogruppen stehenden C-Atomkette abhängig, und zwar wächst die Affinität mit zunehmender Länge der C-Atomkette. Die wichtigsten durch das Enzym angreifbaren Substanzen sind:

Äthylendiamin	$H_2N—(CH_2)_2—NH_2$
Trimethylendiamin	$H_2N—(CH_2)_3—NH_2$
Putrescin	$H_2N—(CH_2)_4—NH_2$
Cadaverin	$H_2N—(CH_2)_5—NH_2$
Spermidin	$H_2N—(CH_2)_3—NH—(CH_2)_4—NH_2$
Spermin	$H_2N—(CH_2)_3—NH—(CH_2)_4—NH—(CH_2)_3—NH_2$
Agmatin	$H_2N—(CH_2)_4—NH—C(=NH)NH_2$
Histamin	$H_2N—CH_2—CH_2—C{=}CH$ (Imidazolring: C—N=CH—NH—CH)

Wird die C-Atomkette zwischen den beiden NH_2-Gruppen sehr lang, so verliert die Diaminoxydase die Fähigkeit, diese Amine zu desaminieren. Dagegen können dann solche Diamine von der Monoaminoxydase angegriffen werden. Daher werden von der homologen Reihe der Diamine von der allgemeinen Formel $H_2N—(CH_2)_n—NH_2$ die niederen Glieder bis zu etwa $n = 9$ von der Diaminoxydase oxydiert, wobei das Maximum der Reaktionsgeschwindigkeit beim Putrescin mit $n = 4$ gelegen ist. Die Aminoxydase fängt bei $n = 7$ an wirksam zu werden. Die durch sie bewirkten Umsätze steigen bis zu $n = 13$, um dann wieder abzufallen (H. BLASCHKO und J. HAWKINS). Die Diaminoxydase bindet sich an zwei basische Gruppen des Moleküls. Triamine können daher auf zweierlei Weise an das Enzym gebunden werden, was zur Folge hat, daß bald die eine, bald die andere Aminogruppe oxydativ abgespalten wird.

Die Diaminoxydase findet sich in hoher Konzentration in der Leber, in der Niere und in der Darmschleimhaut. In der hohen Aktivität des Enzyms in der Darmschleimhaut muß man eine Schutzvorrichtung des Organismus gegen die schädliche Wirkung der im Darm von den Darmbakterien durch Decarboxylierung von Aminosäuren gebildeten Diamine (insbesondere Putrescin und Cadaverin) erblicken.

Die meisten Autoren halten die von C. H. BEST beschriebene Histaminase für identisch mit der Diaminoxydase. Diese Auffassung wird jedoch nicht von allen Autoren geteilt, so bezweifelt z. B. J. H. GADDUM die Identität beider Enzyme. Die enzymatische Zerstörung des Histamins ist eine äußerst wichtige biologische Reaktion. Da die Zerstörung in einer oxydativen Desaminierung besteht, ist sie an die Anwesenheit von Sauerstoff gebunden. Der Abbau des Histamins in den Geweben wird um so schlechter, je niedriger der Sauerstoffdruck in ihnen ist. Umgekehrt wird durch einen niederen Sauerstoffdruck die Bildung von Histamin durch enzymatische Decarboxylierung von Histidin begünstigt. Eine schlechte Sauerstoffversorgung des Gewebes vergrößert also einerseits die Histaminbildung und verringert andererseits den Histaminabbau. In einem mangelhaft durchbluteten Gewebe sind also alle Voraussetzungen zu einer Anhäufung von Histamin und damit zu den gefährlichen und unerwünschten Wirkungen der Substanz gegeben.

Ob Histamin als Gewebshormon eine physiologische Aufgabe zu erfüllen hat, oder ob es nur bei Gewebsschädigungen auftritt, ist unbekannt. Es läßt sich in allen Organen nachweisen. Insgesamt enthält der Organismus eine so große Menge Histamin, daß die schwersten Schäden zu erwarten wären, wenn die Substanz in freier, aktiver Form vorläge. Man nimmt daher an, daß das Histamin größtenteils in irgendeiner Weise gebunden und daher physiologisch inaktiv ist. Menschliches Blut enthält etwa 4—6 γ-% Histamin. Der größte Teil davon befindet sich in den Leukocyten. Ein Mensch scheidet im Tag 10—40 γ freies Histamin im Harn aus. Daneben findet sich im Harn noch eine wechselnde Menge acetyliertes, physiologisch unwirksames Histamin. Wird Histamin intravenös injiziert, so steigt die Ausscheidung von freiem Histamin stark an. Unabhängig von der verabreichten Dosis wird immer rund 1% derselben im Harn in Form der freien Base ausgeschieden. Wird aber das Histamin per os gegeben, so nimmt die Ausscheidung an freiem Histamin nur unbeträchtlich zu, dagegen findet man eine starke Erhöhung der Ausscheidung der acetylierten Substanz. Die Acetylierung des Histamins findet in der Leber und in der Darmwand statt. Fleischfresser scheiden wesentlich mehr Acetylhistamin aus als Pflanzenfresser, während die Ausscheidung von freiem Histamin bei beiden etwa gleich groß ist.

Der Organismus vermag relativ große Mengen Histamin durch die Histaminase (Diaminoxydase) zu zerstören. 1 g Leber (Ratte, Meerschweinchen) kann in der Stunde 10—20 γ Histamin oxydieren.

Die Verteilung der Diaminoxydase auf die einzelnen Organe ist bei den verschiedenen Tierarten unterschiedlich. In der Schwangerschaft nimmt der Histaminasegehalt der Organe zu. Auch das Blut weist eine Vermehrung der histaminzerstörenden Kraft (auf das 10fache und mehr) auf. Das in der Gravidität vermehrt im Blut kreisende Enzym stammt vermutlich aus der Decidua. Bezüglich der biologischen Bedeutung dieser Befunde sei auf das Sammelreferat von E. A. ZELLER verwiesen.

VII. Eiweiß und Aminosäuren.

1. Der Eiweißstoffwechsel.

Das Körpereiweiß befindet sich wie alle anderen Körperbestandteile in einem dynamischen Gleichgewicht und ist daher ständig Umsetzungen, wie Aufbau, Abbau und Austauschreaktionen unterworfen. Es steht mit dem Nahrungseiweiß bzw. mit den aus ihm stammenden Aminosäuren in einem Stoffwechselgleichgewicht. Der erwachsene Organismus befindet sich bekanntlich unter normalen

Verhältnissen in einem N-Gleichgewicht, d. h., er scheidet gleich viel N aus, wie er mit der Nahrung aufnimmt. Aufbau und Abbau des Eiweißes sind genau gegeneinander ausäquilibriert.

O. FOLIN hatte im Jahre 1903 eine Theorie des Eiweißstoffwechsels aufgestellt, die sich lange Zeit weitgehender Anerkennung erfreute und in der scharf zwischen einem endogenen und einem exogenen N-Stoffwechsel unterschieden wurde. Dieser Auffassung des Eiweißstoffwechsels lag die Beobachtung zugrunde, daß manche Produkte desselben unabhängig von der Höhe der Eiweißzufuhr ausgeschieden werden, wie z.B. Kreatinin und der Neutral-S, während der Umfang der Ausscheidung anderer Stoffwechselendprodukte parallel zur Höhe der Eiweißzufuhr verläuft (Tabelle 69). FOLIN zog daraus den Schluß, es gebe zwei Arten des Eiweißstoffwechsels, die völlig unabhängig voneinander verliefen und von denen der eine konstant und der andere variabel sei. Den konstanten Anteil nannte FOLIN „endogenen" Stoffwechsel und bezog ihn auf die mit der Lebenstätigkeit der Zellen zusammenhängenden Umsetzungen.

Tabelle 69. *Zusammensetzung des Harns in Abhängigkeit von der Höhe der Eiweißzufuhr beim Menschen* (O. FOLIN).

Harnbestandteil	Ausscheidung in g je Tag	
	Eiweißreiche Diät	Eiweißarme Diät
Gesamt-N	16,8	3,60
Harnstoff-N	14,7	2,20
Harnsäure-N	0,18	0,09
Kreatinin-N	0,58	0,60
Gesamt-S (als SO_4) . .	3,64	0,76
Neutral-S (als SO_4) . .	0,18	0,20

Der endogene Stoffwechsel liegt nach FOLIN dann in reiner Form vor, wenn eine calorisch ausreichende, aber N-freie Diät verabreicht wird. Als wichtigstes Stoffwechselprodukt des endogenen Stoffwechsels betrachtete FOLIN das Kreatinin. Der „exogene" Eiweißstoffwechsel dagegen sollte in erster Linie den energetischen Bedürfnissen des Organismus dienen und zu Harnstoff und Sulfat als den wichtigsten Stoffwechselendprodukten führen.

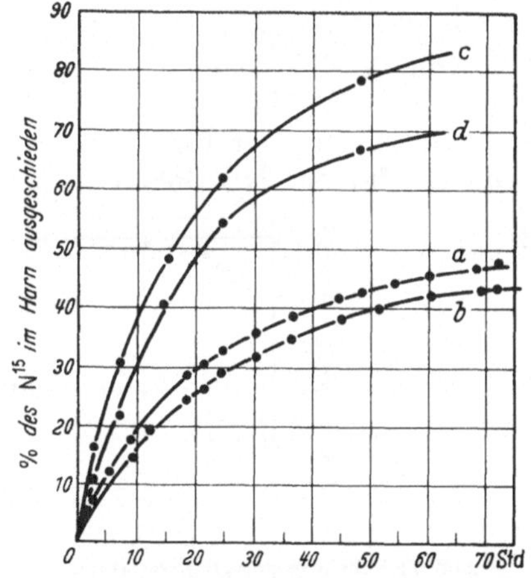

Abb. 9. Ausscheidung von N^{15} im Harn nach Verabreichung von markiertem Glykokoll bei eiweißreicher und eiweißarmer Diät (D. B. SPRINSON und D. RITTENBERG). Kurven a und b: Personen bei 0,2 g/kg N im Tag. Kurven c und d: Personen bei 0,54 g/kg N im Tag.

Schon die ersten Untersuchungen mit Hilfe von markierten Substanzen zeigten jedoch, daß die Theorie von FOLIN unzutreffend ist, und daß sich der endogene und der exogene Eiweißstoffwechsel nicht voneinander trennen lassen. Nach der Aufnahme einer markierten Aminosäure werden im Harn nicht nur Stoffwechselprodukte ausgeschieden, die aus der Nahrung stammen. Wird eine markierte Aminosäure aufgenommen, so mischt sie sich mit dem N-Pool. Ein Teil von ihr wird zur Synthese von Eiweiß verwandt, ein anderer Teil abgebaut und in Form von Abbauprodukten ausgeschieden, endlich ein weiterer Teil zu anderen Produkten umgebaut. Je intensiver der Eiweißstoffwechsel ist, um so weniger wird von der einverleibten Aminosäure in der Zeiteinheit ausgeschieden und umgekehrt. Die Höhe der Ausscheidung von isotopem N oder isotopem C im Harn erlaubt daher eine Berechnung des Umfangs der Eiweißsynthese und der Größe des

N-Pool. In der Abb. 9 ist die N^{15}-Ausscheidung von zwei Versuchspersonen bei eiweißreicher und eiweißarmer Diät nach der Verabreichung von N^{15} enthaltendem Glykokoll wiedergegeben. Bei der eiweißreichen Diät erfolgt die Ausscheidung von N^{15} wesentlich rascher als bei der eiweißärmeren Diät als Ausdruck dafür,

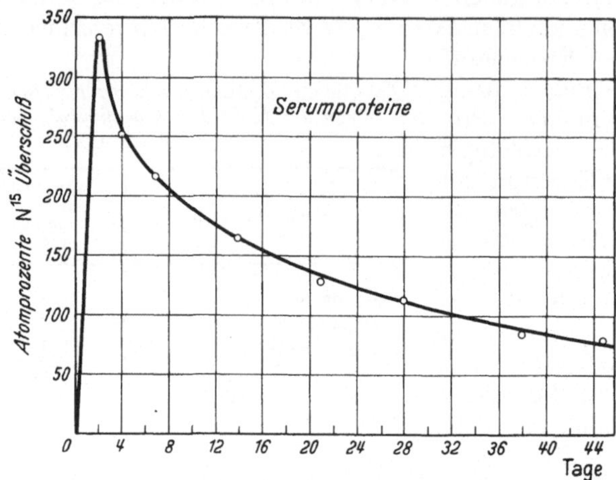

Abb. 10. N^{15}-Konzentration im Serumeiweiß nach zweitägiger Verfütterung von markiertem Glykokoll.

daß weniger von der verabreichten Aminosäure zu Proteinsynthesen herangezogen wird.

Bei der Verfolgung der N^{15}-Konzentration der Körperproteine in Abhängigkeit von der Zeit nach der Einverleibung einer N^{15} enthaltenden Aminosäure erhält man eine charakteristische Kurve (Abb. 10). Zuerst steigt der N^{15}-Gehalt steil an, solange der Einbau der markierten Aminosäure in das Protein dauert. Dann nimmt der N^{15}-Gehalt in einer Exponentialkurve wieder ab. Der Abfall

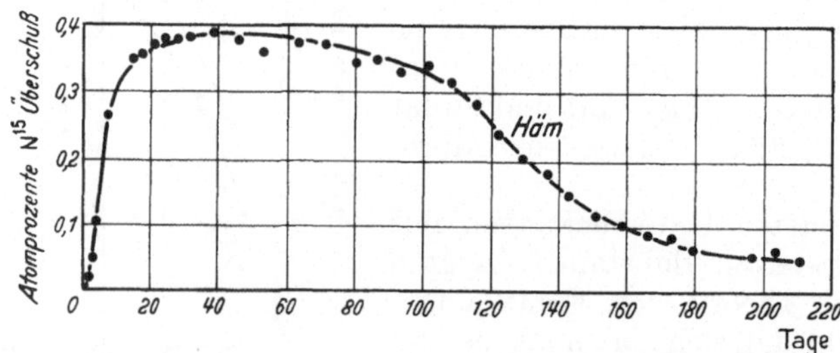

Abb. 11. N^{15}-Konzentration im Hämin nach zweitägiger Verfütterung von markiertem Glykokoll.

ist dadurch bedingt, daß die die markierte Aminosäure tragenden Eiweißmoleküle abgebaut und durch nicht markierte ersetzt werden. Da die beim Abbau anfallende markierte Aminosäure teilweise wieder zum Aufbau anderer Proteinmoleküle verwendet wird, ist der Abfall der Kurve etwas flacher, als er es dem tatsächlichen Eiweißabbau nach sein sollte. Aus derartigen Kurven läßt sich die halbe Lebensdauer des betreffenden Protein berechnen: sie entspricht der Zeit, in welcher die N^{15}-Konzentration in dem Protein von dem maximalen auf den halben Wert abgesunken ist. Einen derartigen Kurvenverlauf erhält man bei allen Proteinen, die sich mit dem N-Pool in einem dynamischen Gleichgewicht befinden. Ist dies nicht der Fall, wie z. B. bei dem Hämoglobin, verläuft die Kurve andere (Abb. 11). Hämoglobin, das in ein rotes Blutkörperchen eingebaut wurde, ist dem Gleichgewicht entzogen und bleibt unverändert bis zum Untergang des Erythrocyten.

Die Ausbaugeschwindigkeit markierter Aminosäuren aus den Proteinen hängt von dem Eiweißgehalt der Nahrung ab. Je höher die Eiweißzufuhr ist, umso rascher erfolgt die Abgabe markierter Aminosäuren aus den Proteinen. Dies ist auch der Grund, weshalb die Angaben verschiedener Autoren für die halbe Lebensdauer der Körperproteine nicht völlig übereinstimmen (G. SOLOMON und H. TARVER).

Die halbe Lebensdauer der Plasmaproteine, Leberproteine und der Proteine der anderen inneren Organe beträgt bei der Ratte etwa 5—7 Tage (R. SCHOENHEIMER, S. RATNER, D. RITTENBERG und M. HEIDELBERGER; D. SHEMIN und D. RITTENBERG). Eine eingehende Studie über das Ausmaß der täglichen Eiweißneubildung beim Menschen haben D. B. SPRINSON und D. RITTENBERG durchgeführt. Ihre Berechnungen haben die N^{15}-Ausscheidung im Harn nach Verfütterung von N^{15} enthaltendem Glykokoll zur Grundlage. Das Ergebnis ihrer Untersuchungen ist in der Tabelle 70 zusammengestellt. Ein Mensch synthetisiert

Tabelle 70. *Umfang der täglichen Neubildung von Eiweiß und Halbwertszeit des Eiweiß bei Mensch und Ratte* (D. B. SPRINSON und D. RITTENBERG).

	Bestand des Organismus g	Tägliche Neubildung g	Halbwertszeit Tage
Mensch von 70 kg			
Gesamter Eiweiß-N	1750	15,3	80
Lebereiweiß-N + Plasmaeiweiß-N	90	6,2	10
Eiweiß-N der anderen inneren Organe	60	2,1	20
Eiweiß-N von Muskulatur, Haut, Skelet usw.	1600	7,0	158
Ratte (Werte je kg)			
Gesamter Eiweiß-N	25	1,01	17
Eiweiß-N von Leber, Plasma und inneren Organen	2,2	0,26	6
Eiweiß-N von Muskulatur, Haut und Skelet usw.	22,8	0,75	21

demnach im Mittel je Tag und Kilogramm Körpergewicht eine 0,218 g N entsprechende Eiweißmenge und verfügt über einen N-Pool von rund 0,5 g je Kilogramm Körpergewicht. Nahezu die Hälfte der Eiweißsynthese findet in der Leber statt. Denn die Leber bildet nicht nur Lebereiweiß, sondern darüber hinaus noch den größten Teil der Plasmaproteine. Alle inneren Organe zusammengenommen, die nur 8—9% des Eiweißbestandes eines Menschen repräsentieren, steuern 60% des neugebildeten Eiweiß bei. Von dem Eiweiß der Haut, der Muskulatur und des Skelets kann sich daher nur ein kleiner Teil in einem dynamischen Gleichgewicht (bzw. in einem sich relativ rasch einstellenden dynamischen Gleichgewicht) befinden, während sich der größere Teil stoffwechselmäßig träge verhält. Nach einer Berechnung von SPRINSON und RITTENBERG stehen etwa 28% der letztgenannten Proteine in einem dynamischen Gleichgewicht. Kollagen ist, insbesondere bei älteren Individuen, stoffwechselmäßig praktisch völlig inert.

Eine Turnover Rate von 0,2 g N je Kilogramm Körpergewicht und Tag verlangt eine Energiezufuhr von rund 0,084 kcal für die Eiweißsynthese (Knüpfung von Peptidbindungen). Da der Grundumsatz des Menschen etwa 24 kcal je Kilogramm Körpergewicht und Tag beträgt, wird nur ein kleiner Bruchteil des Energieumsatzes (0,3%) zur Eiweißsynthese benötigt.

Die Tabelle 70 zeigt weiterhin, daß die Ratte als kleines Tier einen wesentlich intensiveren Eiweißstoffwechsel als der Mensch hat. Sie bildet je Kilogramm Körpergewicht und Tag etwa 5mal so viel Eiweiß wie der Mensch. Die Halbwertszeiten der Rattenproteine sind daher auch wesentlich kürzer als die des menschlichen Eiweiß. Die Ratte benötigt deshalb auch einer relativ größeren Eiweißzufuhr mit der Nahrung als der Mensch.

Nähere Daten für die Lebensdauer und Erneuerung der einzelnen Fraktionen der Plasmaproteine verdanken wir I. M. LONDON. Die experimentellen Unterlagen sind aus der Abb. 12 zu ersehen. Aus ihnen berechnen sich die Halbwertszeiten beim Manne für das Gesamtserumeiweiß zu 7 Tagen, der Albumine + α-Globuline zu 12 Tagen, der β + γ-Globuline zu 12 Tagen und der γ-Globuline zu 19 Tagen. Ein analoger Versuch an einer Frau ergab folgende Halbwertszeiten: Gesamteiweiß 9 Tage, Albumin + α-Globuline 12 Tage, β + γ-Globuline 9 Tage und γ-Globuline 18 Tage. Ein Mensch bildet demnach je Tag 15—20 g Plasmaeiweiß.

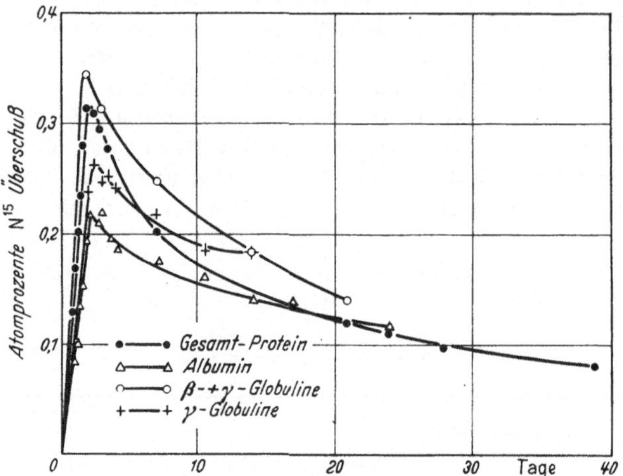

Abb. 12. N^{15}-Konzentration in den einzelnen Serumproteinen nach zweitägiger Verfütterung von markiertem Glykokoll (I. M. LONDON).

K. STERLING bestimmte die Umsatzgröße von Serumalbumin beim Menschen durch die Injektion von mit J^{131} markiertem Serumalbumin. Die Aufnahme von wenig Jod in das Albumin ändert die biologischen Eigenschaften des Proteins nicht, wie immunbiologische Untersuchungen bewiesen haben. Bei 21 gesunden Männern erhielt STERLING folgende Daten: Albumin-Pool 259 ± 40 g, Halbwertszeit 10,5 ± 1,5 Tage, Turnover-Rate 17,2 ± 2,7 g im Tag.

Unter Zugrundelegung der vorliegenden Daten läßt sich die tägliche Neubildung von Eiweiß etwa folgendermaßen aufschlüsseln (Tabelle 71).

Tabelle 71. *Tägliche Eiweißneubildung des erwachsenen Menschen.*

	Neubildung g
Hämoglobin	8
Plasmaalbumin	17
Plasmaglobulin	5
Lebereiweiß	23
Eiweiß der anderen Organe	13
Eiweiß von Muskel, Haut u. dgl.	32
Eiweißneubildung insgesamt	98

Die Turnover-Rate von Myosin und Actin ist wesentlich langsamer als die der anderen Muskelproteine (L. E. BIDINOST). Kollagen ist praktisch völlig stoffwechselinert, jedenfalls bei alten Tieren. Bei jungen Tieren beteiligt es sich in geringem Maße an Austauschprozessen (A. NEUBERGER, J. C. PERRONE und H. C. B. SLACK).

Das wichtigste Organ im Eiweißstoffwechsel ist ohne Zweifel die Leber. Es war schon lange bekannt, daß sie neben dem Lebereiweiß auch noch andere Proteine wie z. B. Fibrinogen und Prothrombin produziert. Man hatte auch schon immer vermutet, daß sie einen großen Teil der Plasmaproteine bildet. In neueren Untersuchungen wurde eindeutig festgestellt, daß die Leber das Plasmaalbumin liefert. Nach der Exstirpation der Leber fällt der Gehalt des Plasmas an Albumin steil ab, während die Globulinfraktionen zwar anfänglich auch abnehmen, dann aber bald wieder eine steigende Tendenz aufweisen (Abb. 13), so daß man annehmen muß, daß ihre Bildung auch extrahepatisch erfolgen kann (S. ROBERTS und A. WHITE). Überlebende Leberschnitte geben in vitro ein Eiweiß ab, das seinen chemischen, physikalischen und immunbiologischen Eigenschaften nach mit Plasmaalbumin identisch ist (T. PETERSEN jr. und C. B. ANFINSEN). L. L. MILLER, C. G. BLY, M. L. WATSON und W. F. BALE durchströmten überlebende Rattenlebern mit Blut, dem Aminosäuren, darunter C^{14} enthaltendes Lysin, zugesetzt waren. In dieser Versuchsanordnung bildeten die Lebern Plasmaalbumin, Fibrinogen und einen nicht unbeträchtlichen Teil der Plasmaglobulinfraktion. Bemerkenswerterweise lagen die Verhältnisse in diesem Versuch ähnlich wie in vivo. 19—30% des markierten L-Lysin wurden während der Versuchszeit von 6 Std zu CO_2 oxydiert, 2—8% in das Lebereiweiß eingebaut. Aus 327 mg Aminosäuregemisch bildete die isolierte Rattenleber in 6 Std 20 mg Plasmaeiweiß und 20 mg Lebereiweiß. Die Höhe der Eiweißsynthese hängt von der Aminosäurekonzentration ab. Je höher die Konzentration ist, um so ergiebiger ist die Synthese. Die oben erwähnte Zahl von 327 mg Aminosäuren in der Durchströmungsflüssigkeit erwies sich als das Optimum.

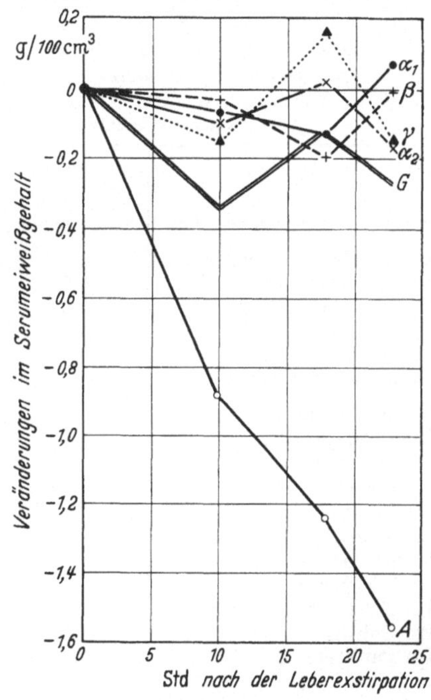

Abb. 13. Veränderungen im Serumeiweißgehalt nach der Exstirpation der Leber (S. ROBERTS und A. WHITE). *A* Albumin; *G* Globulin; α_1-α_1-Globulin; α_2-α_2-Globulin; β-β-Globulin; γ-γ-Globulin.

Eingehende Untersuchungen über die Bildung der Plasmaeiweißkörper und ihre Beziehungen zu den anderen Körperproteinen haben G. H. WHIPPLE und Mitarbeiter angestellt. Zusammenfassende Darstellungen ihrer Arbeiten findet man bei C. S. MADDEN und G. H. WHIPPLE; sowie G. H. WHIPPLE, F. S. ROBSCHEIT-ROBBINS und L. L. MILLER.

Zwischen dem Plasmaeiweiß und den Organproteinen besteht ein dynamisches Gleichgewicht. Die Leber synthetisiert Eiweiß, das durch das Blut allen Organen zugeführt wird und ihnen als Rohstoff zum Aufbau der speziellen Organproteine dient. Das Plasmaeiweiß ist also die Transportform des Eiweiß im Organismus. Dies trifft ganz besonders für das Plasmaalbumin zu, das die Ernährungsbasis für alle Körperzellen ist. Der von der Leber zu allen Zellen fließende Eiweißstrom kann aber auch in der umgekehrten Richtung fließen, wenn die Leber aus irgendwelchen Gründen an Eiweiß verarmt. Die Richtung des Eiweißstroms hängt von der Ebbe und Flut in den einzelnen Eiweißbezirken des Organismus ab.

In welcher Weise das Plasmaalbumin die Ernährungsbedürfnisse der Körperzellen befriedigt, ob als solches ungespalten, ob in größere Teilstücke zerlegt („Sub units" von E. BRAND, B. KASELL und L. J. SAIDEL) oder ganz zu Aminosäuren aufgespalten, ist noch Gegenstand von Diskussionen. Daß die intravenöse Injektion von ungespaltenem Eiweiß allen Ansprüchen des Organismus an die Eiweißversorgung genügt, geht aus Versuchen von R. TERRY, W. E. SANDROCK, R. E. NYE jr. und G. H. WHIPPLE hervor, welche Hunde bei einem calorisch ausreichenden, aber extrem N-armen Futter drei Monate hindurch durch tägliche Injektionen von Plasmaeiweiß im N-Gleichgewicht und bei bestem körperlichem Befinden hielten. Dabei ergaben sich jedoch einige Unterschiede im Eiweißstoffwechsel gegenüber der Eiweißzufuhr per os. Mit der Zeit stieg der Gehalt des Plasmas an Eiweiß beträchtlich an, und wenn ein Grenzwert von im Mittel etwa 9,5% erreicht war, kam es zu einer Eiweißausscheidung im Harn, die einen erheblichen Umfang annehmen konnte, aber ohne jede Nierenschädigung einherging und sofort wieder aufhörte, wenn der Eiweißgehalt des Plasmas unter dem erwähnten Schwellenwert abgefallen war. Die Einstellung des Gleichgewichts zwischen Plasmaeiweiß und Organeiweiß verläuft also nach der intravenösen Applikation von ungespaltenem Eiweiß nur langsam.

Tabelle 72. *Schicksal von intravenös injiziertem radioaktivem Plasmaeiweiß beim Hund* (C. L. YUILE, B. G. LAMSON, L. L. MILLER und G. H. WHIPPLE).

	% des injizierten C^{14}	
	nach 49 Std	nach 7 Tagen
In den Gewebsproteinen .	38,8	52,7—61,7
In den Plasmaproteinen .	34,5	16,0—16,7
Im entnommenen Plasma	5,2	5,6— 7,9
Im exhalierten CO_2 . . .	5,2	4,9— 6,7
Im Harn	0,5	1,3— 2,5
In den Erythrocyten . .	—	4,3— 4,3
Im Muskeleiweiß		22,6—28,7
Im Hauteiweiß		12,6—13,8
Im Lebereiweiß		7,1— 7,2
Im Fettgewebe		2,5— 4,1
Im Ileum		1,5— 1,8
Im Magen		0,9— 1,1
In den Lungen		0,7— 1,1
In den Nieren		0,6— 0,8
Im Herz		0,7— 0,7
Im Gehirn		0,2— 0,3
Im Pankreas		0,2

Versuche, in denen Hunden radioaktives Serumeiweiß infundiert wurde, lassen vermuten, daß injiziertes Eiweiß, ohne einen tieferen Abbau zu erleiden, in die Gewebsproteine eingebaut wird. Dies geht daraus hervor, daß nur wenig des C^{14} in dem exhalierten CO_2 und im Harn erscheint (Tabelle 72). Die in den Organen gefundenen C^{14}-Konzentrationen entsprachen den auch in anderen Versuchsanordnungen sich ergebenden Stoffwechselintensitäten. Die höchste Konzentration wies die Leber auf. Es folgten (in fallender Reihe) Nebennieren, Nieren, Darmwand, Uterus, Milz, Lunge, Lymphknoten, Pankreas, Ovar, Herz, Speicheldrüsen, Muskulatur, Gehirn. YUILE, LAMSON, MILLER und WHIPPLE nehmen an, daß das intravenös injizierte Eiweiß vor dem Einbau in die Organproteine höchstens bis zur Stufe der Polypeptide abgebaut wird.

Zu ähnlichen Ergebnissen kamen I. A. ABDOU und H. TARVER jr. in Versuchen, bei denen Ratten mit C^{14} markiertes Eiweiß per os oder intravenös einverleibt bekamen. Wie die Tabelle 73 zeigt, war die Ausatmung von $C^{14}O_2$ viel stärker nach Aufnahme des Eiweiß per os als nach intravenöser oder intraperitonealer Injektion.

Tabelle 73. *Ausatmung von $C^{14}O_2$ nach Einverleibung von markiertem Eiweiß bei Ratten* (I. A. ABDOU und H. TARVER jr.).

Art der Einverleibung	% des C^{14} als $C^{14}O_2$ exhaliert			
	0—3 Std	0—6 Std	0—12 Std	0—24 Std
Intraperitoneal . .	1,66	4,05	8,2	13,6
Intravenös	2,7	5,1	8,6	15,3
Per os	14,7	19,6	23,8	27,6

Auch die Erfahrungen beim Menschen zeigen, daß Unterschiede im Eiweißstoffwechsel bestehen, je nachdem man Plasmaeiweiß per os oder durch intravenöse Injektion beibringt. Der Mensch kann gleichfalls das injizierte Plasmaeiweiß als Nahrungseiweiß verwerten (R. D. ECKARDT und C. S. DAVIDSON; F. ALBRIGHT und Mitarbeiter). Die Verwertung des parenteral verabreichten Plasmaeiweiß zur Bildung von Organeiweiß kann man aus der stark positiven N-Bilanz und der Verminderung der Ausscheidung von Kalium und Phosphat schließen. Ein Teil des infundierten Eiweiß wird im Stoffwechsel abgebaut, was an der Steigerung der N-Ausscheidung im Harn kenntlich ist.

Versuche mit der Injektion von markiertem Plasmaeiweiß zeigen, daß ein Teil des injizierten Eiweiß die Blutbahn rasch verläßt und in die Lymphräume geht, bis sich ein Gleichgewichtszustand zwischen dem vasculären und extravasculären Eiweiß eingestellt hat. Die Menge des extravasculären „Lympheiweiß" ist etwa gleich groß wie die des Plasmaeiweiß. Die Einstellung des Gleichgewichts zwischen beiden erfordert 4—24 Std. Dann erfolgt nur noch ein langsamer Abfall der Konzentration des radioaktiven Eiweiß im Blut, der auf einen Abbau des markierten Eiweiß und Ersatz durch unmarkierte Eiweißmoleküle zu beziehen ist (L. L. MILLER, W. F. BALE, C. L. YUILE, R. E. MASTERS, G. H. TISHKOFF und G. H. WHIPPLE). Plasmaeiweiß setzt sich auch mit Ascites-Eiweiß ins Gleichgewicht. Das Gleichgewicht wird für die Albuminfraktion nach 20 Std, für die Globulinfraktion erst später erreicht. Durch die Peritonealmembran geht in der Zeiteinheit etwa dreimal so viel Albumin wie Globulin (F. W. McKEE, C. L. YUILE, B. G. LAMSON und G. H. WHIPPLE).

Der Hauptunterschied im Eiweißstoffwechsel zwischen der Verabfolgung des Eiweiß per os und durch intravenöse Injektion ist der, daß sich alle Vorgänge, vor allem aber der Abbau im letzteren Falle, wesentlich langsamer vollziehen. Man kann daher eine schnellere und ausgiebigere Speicherung von Eiweiß durch die parenterale Applikation erzielen als durch die Verfütterung. F. FRANTZ und Mitarbeiter stellten fest, daß eine gesunde Versuchsperson nach der Verfütterung von Serumalbumin 90% des N wieder ausschied, nach der parenteralen Verabfolgung aber nur 58%. Noch deutlicher sind die Unterschiede bei unterernährten und eiweißverarmten Patienten. Von dem per os gegebenen Eiweiß retinierten sie im Mittel 42%, von dem intravenös injizierten aber 83%! Diese Befunde haben eine große praktische Bedeutung für die Behebung von Eiweißmangelschäden.

Der Abbau von Aminosäuren hat die vorherige Aufspaltung des Eiweiß zur Voraussetzung. Im Verband des Eiweiß oder der Peptide werden Aminosäuren praktisch kaum angegriffen (H. D. HOBERMAN und D. STONE).

Es war eine alte Streifrage, ob der Organismus über Eiweißspeicher verfügt. Viele ältere Forscher haben das Bestehen von Eiweißspeichern verneint, und zwar hauptsächlich auf Grund morphologischer Untersuchungen, da sie nie eine Speicherung von Eiweiß in den Zellen in Form von sichtbaren Schollen oder Körnchen, vergleichbar mit der Ablagerung von Fett oder Glykogen nachweisen konnten. Die Arbeiten von WHIPPLE und seinen Mitarbeitern haben aber einwandfrei ergeben, daß der Organismus Eiweiß speichern kann. Das gespeicherte Eiweiß ist aber nicht dem Stoffwechsel entzogen, sondern besteht aus „lebendigem" Zelleiweiß, das sich an den Umsetzungen beteiligt und im dynamischen Gleichgewicht befindet. Bei einer guten Ernährungslage werden die Organzellen, vor allem die Leberzellen eiweißreicher, insbesondere reicher an Fermenten. Ein Teil des Zelleiweiß läßt sich in Notzeiten ohne größere Störungen der Zellfunktion abgeben und kann zur Bildung von Plasmaeiweiß oder von Wirkproteinen herangezogen werden. Dieses Eiweiß nennt WHIPPLE „Reserveprotein". Ein großer Teil des Reserveproteins des Organismus liegt in der Leber. Da die Zellen ihren Eiweißbestand jedoch nicht beliebig vermehren können, ist die Möglichkeit, Reserveeiweiß aufzustapeln, beschränkt.

Tabelle 74. *Bildung von Plasmaeiweiß bei einem Hund in einem Plasmapheresversuch* (C. S. MADDEN, C. A. FINCH, W. G. SWALBACH und G. H. WHIPPLE).

Woche	Eiweißzufuhr je Woche	Plasmaeiweißbildung je Woche	Plasmaeiweiß	Körpergewicht
	g	g	%	kg
0	—	—	6,3	11,6
1	0	26	6,0	10,9
2	70	30	4,7	10,5
3	70	23	4,1	10,5
4	70	19	4,1	10,1
5	70	18	4,0	10,1
6	68	15	3,9	10,3
7	70	15	4,0	10,0
8	68	12	4,1	9,5

Die Größe der Eiweißreserven haben WHIPPLE und Mitarbeiter dadurch gemessen, daß sie Hunden durch Plasmapherese laufend Eiweiß entzogen. Unter Plasmapherese versteht man die ständige Entnahme von Plasmaeiweiß durch Aderlässe, wobei die abzentrifugierten Erythrocyten wieder reinfundiert werden. Durch eine Plasmapherese wird der Organismus seiner Eiweißreserven beraubt. Dabei nimmt der Gehalt des Blutes an Plasmaeiweiß zunächst ab, erreicht dann aber auf einem tieferen Niveau wieder einen konstanten Wert, weil sich ein neues Gleichgewicht zwischen Abgabe und Bildung einstellt. Das in diesem neuen Gleichgewichtszustand produzierte Plasmaeiweiß stammt ausschließlich aus dem Nahrungseiweiß. Der Überschuß an Plasmaeiweißproduktion in den ersten Wochen des Versuchs bis zum Erreichen des neuen Gleichgewichts entspricht dem Reserveeiweiß des Organismus, das zur Bildung von Plasmaeiweiß eingesetzt wurde. In der Tabelle 74 ist ein Beispiel für einen derartigen Versuch wiedergegeben. Das neue Gleichgewicht wurde in ihm in der sechsten Woche erreicht. Nunmehr wurden im Durchschnitt in der Woche 13 g Plasmaeiweiß gebildet. Bis einschließlich der sechsten Woche hatte der Hund 131 g Plasmaeiweiß produziert (gemessen durch das bei der Plasmapherese entzogene Eiweiß), davon waren 65 g (fünf Wochen zu je 13 g, in der ersten Woche hatte der Hund gehungert) auf die Neubildung aus dem Nahrungseiweiß zurückzuführen. Die Differenz, also 66 g, stammte aus der Eiweißreserve. Unter Berücksichtigung einer Korrektur von 12 g, die durch eine Verminderung der zirkulierenden Plasmamenge unter dem Einfluß der Eiweißverarmung bedingt ist, ergibt sich die Eiweißreserve des Hundes zu 54 g.

Durch die geschilderte Versuchsanordnung ließen sich auch Einblicke in die Beeinflußbarkeit der Plasmaeiweißproduktion durch die Art des Nahrungseiweißes gewinnen. Es zeigte sich, daß manche Nahrungsproteine besser auf die Regeneration des Plasmaalbumins, andere besser auf die Bildung der Globulinfraktion einwirken. Relativ geringe Unterschiede in der Wirksamkeit verschiedener Nahrungsproteine fand B. C. CHOW. Seine wichtigsten Befunde sind in der Tabelle 75 zusammengefaßt. Sie zeigen, daß neben dem biologischen Wert des Nahrungseiweißes noch andere Faktoren wirksam sind, welche bei den durch Eiweißmangel geschädigten Tieren eine große Rolle spielen. Insbesondere ist die Geschwindigkeit der enzymatischen Aufspaltung im Magen-Darmkanal wichtig. Aus diesem Grunde erwies sich das rohe Eiereiweiß als nicht sehr günstig, weil seine Aufspaltung durch den in ihm enthaltenen antitryptischen Faktor verzögert war. Die Plasmaeiweiß bildende Fähigkeit des Lactalbumins wurde gewaltig gesteigert, wenn an Stelle des ungespaltenen Lactalbumins Hydrolysate desselben verabfolgt wurden.

Tabelle 75. *Wirkung verschiedener Nahrungsproteine auf die Regeneration des Plasmaeiweiß proteinverarmter Hunde* (B. C. CHOW).

Alle Proteine wurden in einer Dosis von 0,35 g N/kg/Tag gegeben, mit Ausnahme des Weizengluten, von dem wegen seiner geringeren biologischen Wertigkeit 0,6 g N/kg/Tag verabfolgt wurden. Alle Werte sind in Prozenten des Ausgangswertes angegeben.

Nahrungseiweiß	Zahl der Hunde	Gesamtes zirkulierendes Plasmaeiweiß		Gesamtes zirkulierendes Plasmaalbumin		Gesamtes zirkulierendes Globulin	
		nach 2 Wochen	nach 4 Wochen	nach 2 Wochen	nach 4 Wochen	nach 2 Wochen	nach 4 Wochen
Hühnerei-Eiweiß	10	117	132	117	133	118	126
Lactalbumin. .	5	115	128	185	252	100	100
Vollei.	5	148	154	206	289	138	129
Casein	4	138	141	177	216	130	124
Weizengluten .	5	135	135	162	168	130	129

Die einzelnen Nahrungsproteine haben auch eine unterschiedliche Fähigkeit, die Regeneration von Hämoglobin und Plasmaeiweiß zu bewirken. Dies geht deutlich aus Versuchen hervor, in denen Hunde gleichzeitig einer Verarmung an Blutfarbstoff und an Plasmaeiweiß unterworfen worden waren (F. S. ROBSCHEIT-ROBBINS und G. H. WHIPPLE). Lactalbumin und Ei stimulierten die Neubildung von Plasmaeiweiß stärker als von Hämoglobin. Das umgekehrte war beim Rindfleisch der Fall. Die Aminosäuren Lysin, Arginin und Histidin wirkten verständlicherweise in erster Linie auf den Aufbau von Hämoglobin, das besonders reich an diesen Aminosäuren ist.

Das Studium der Eiweißverarmung des Organismus erlaubte überhaupt tiefere Einblicke in den Eiweißstoffwechsel, insbesondere in die gegenseitigen Beziehungen der Proteine der einzelnen Organe zu gewinnen. Eine Eiweißverarmung des Organismus läßt sich auf verschiedene Art und Weise bewirken: durch Verfütterung einer eiweißfreien Diät, durch Plasmapherese, durch laufenden Entzug von Hämoglobin oder durch eine Kombination dieser Maßnahmen.

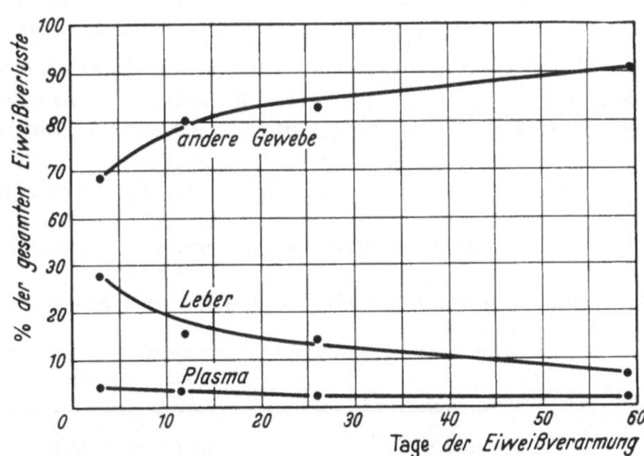

Abb. 14. Die Eiweißverluste bei der Eiweißverarmung (D. M. HEGSTED, M. ZAMCHECK, C. F. WANG und M. B. BLACK).

Eiweißverarmungsversuche haben ergeben, daß sich nicht alle Gewebe gleichmäßig an den Eiweißverlusten beteiligen. Beim Hund büßen die Gewebe 30mal mehr Eiweiß ein als das Blutplasma. Ein Verlust von 1 g Plasmaeiweiß zeigt daher den Verlust von 30 g Organeiweiß an. In den ersten Tagen der Eiweißverarmung gibt die Leber als Haupteiweißspeicher viel Eiweiß ab. Eine Übersicht über die Verteilung der Eiweißverluste auf die Organe vermittelt die Abb. 14. Die Geschwindigkeit, mit welcher die Eiweißverarmung erfolgt, hängt von dem Ausgangszustand, insbesondere von der Höhe der Eiweißreserven ab. Je besser die Eiweißspeicher gefüllt waren, um so größer ist der bei der Eiweißverarmung auftretende Eiweißverlust, um so länger dauert es aber auch bis zum Auftreten schwerer Mangelsymptome. Die Abb. 15 zeigt die Abhängigkeit der N-Ausscheidung bei einer N-freien Ernährung von der Höhe der Eiweißreserven.

Die Eiweißverluste der Leber sind beträchtlich. H. W. KOSTERLITZ fand eine Abnahme des Eiweißgehalts des Organs um 20—40% innerhalb von wenigen Tagen. Der restliche Eiweißbestand der Leber wird dann aber zähe festgehalten. Die Eiweißeinbußen der Leber betreffen auch Fermente. Beschrieben wurde unter anderem Abnahme der Xanthinoxydase, D-Aminosäureoxydase (K. LANG), Cholinesterase (R. A. MCCANCE), Katalase, Phosphatase, Arginase und Kathepsin (L. L. MILLER).

Eine schwere Eiweißverarmung des Organismus pflegt, wie schon erwähnt, mit einer Verminderung der Plasmaproteine einherzugehen, die sich nicht ohne weiteres in einer Abnahme der Eiweißkonzentration im Plasma zu äußern braucht. Sie wird oft erst bei der Bestimmung der zirkulierenden Plasmamenge deutlich, die eine Reduktion erfährt. An der Verminderung der Plasmaproteine sind nicht alle Fraktionen beteiligt. Die schwerste Einbuße erfährt das Albumin. Auch die γ-Globulinfraktion nimmt etwas ab, während die anderen Globulinfraktionen unverändert bleiben, ja mitunter sogar eine leicht ansteigende Tendenz aufweisen (Tabelle 76). Weitere Zeichen der Eiweißverarmung sind Verminderung des Hämoglobinbestandes und Reduktion der Immunkörper (Tabelle 77). Im Eiweißmangel nehmen Plasmaeiweiß, Hämoglobin, Organeiweiß und Antikörper linear mit der Zeit ab. Der Abfall der Antikörper erfolgt jedoch wesentlich steiler als der der anderen Eiweißfraktionen.

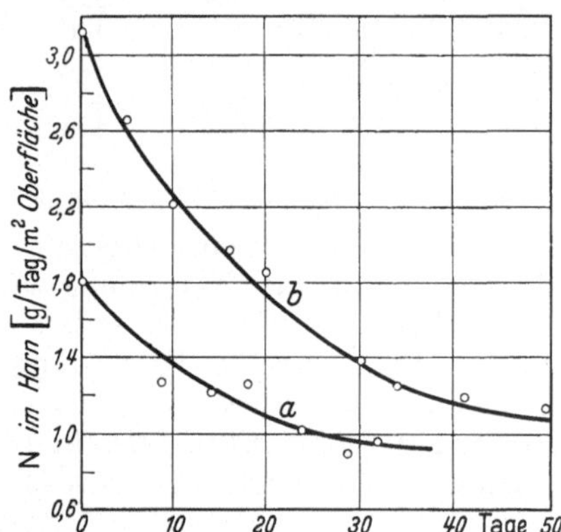

Abb. 15. Die N-Ausscheidung von Hunden bei einer eiweißfreien Diät (J. B. ALLISON). Hund a hatte nur geringe Eiweißreserven; Hund b große.

Unter dem Einfluß einer schweren Eiweißverarmung und dem dadurch erzeugten Zwang der Hämoglobinsynthese und Plasmaeiweißsynthese bildet ein Hund wesentlich mehr an diesen Proteinen, als die normale Turnover-Rate beträgt. Bei doppelter Eiweißverarmung durch Plasmapherese und Hämoglobinentzug synthetisiert ein Hund, der genügend biologisch hochwertiges Eiweiß und Eisen erhält, je Kilogramm Körpergewicht und Tag bis zu 1 g Hämoglobin und 0,5—1,0 g Plasmaeiweiß. Das ist etwa das 10fache der normalen Biosynthese von Hämoglobin. Die Eiweißverarmung ist also ein Reiz für die Bildung von Blutfarbstoff und von Plasmaproteinen (F. S. ROBSCHEIT-ROBBINS, L. L. MILLER und G. H. WHIPPLE).

Tabelle 76. *Verhalten der Plasmaeiweißfraktionen bei der Eiweißverarmung* (J. B. ALLISON).

Mittelwerte von 11 Hunden. Alle Werte sind in Grammen Protein je Quadratmeter Körperoberfläche angegeben.

	Albumin	α-Globulin	γ-Globulin	Andere Globuline
Vorher	27,0	8,9	5,4	20,5
Eiweißverarmt . . .	7,2	9,0	3,9	20,8

Bei schwersten Eiweißmangelzuständen infolge gleichzeitigen Entzuges von Plasmaeiweiß und Hämoglobin, verbunden mit einer N-armen Ernährung, wird Körpereiweiß eingesetzt, um die Bildung von Blutfarbstoff und Plasmaeiweiß zu ermöglichen, damit diese auf einem, wenn auch erniedrigten Niveau gehalten

Tabelle 77. *Abnahme von Körpereiweiß, Bluteiweiß und Antikörpern im Eiweißmangel* (E. P. Benditt, R. W. Wissler, L. R. Woolridge, D. A. Rowley und C. H. Steffee). Versuche an Ratten. Der Agglutinintiter bezieht sich auf Agglutinine gegen Vaccine aus Friedländer-Bacillen, der Hämolysintiter gegen Schaferythrocyten.

Dauer des Eiweißmangels Tage	Gewicht der Ratten g	Körpereiweiß g	Plasmaeiweiß g	Lebereiweiß g	Hämoglobin g	Agglutinintiter	Hämolysintiter
0	206	32,1		1,34		3840	7680
11	177	30,8	0,51	1,07	2,37	—	—
17	—	—	—	—	—	2200	6700
28	171	31,0	0,41	1,25	1,90	1280	1920
43	169	30,3	0,39	0,91	1,41	960	1920
54	161	30,7	0,38	0,84	1,49	320	1280
100	—	—	—	—	—	18	34
111	129	23,2	0,26	0,70	1,15	—	—

werden können. Die Synthese von Hämoglobin und Plasmaeiweiß ist also für den Organismus wichtiger als die der meisten anderen Proteine (G. H. Whipple, L. L. Miller und F. S. Robscheit-Robbins), abgesehen von der Bildung von Wirkproteinen (Hormone, Fermente). In den Versuchen der erwähnten Autoren bildeten die Hunde je Kilogramm Körpergewicht 50—140 g Blutproteine. Hierbei lassen sich interessante individuelle Unterschiede beobachten. Manche Tiere haben das Bestreben, den Plasmaeiweißspiegel möglichst hoch zu halten und büßen dadurch wesentlich mehr von ihrer Körpersubstanz ein als andere, welche sich mit einem niedrigeren Niveau ihrer Blutproteine begnügen.

Die Wiederauffüllung der Eiweißbestände nach einer Eiweißverarmung ist die Umkehr der Prozesse bei der letzteren. Während beim Eiweißentzug auf etwa 30 g Organeiweiß 1 g Plasmaeiweiß verlorengeht, findet man bei der Wiederherstellung der Eiweißbestände, daß auf 1 g Plasmaeiweiß 30 g Organeiweiß retiniert werden (Tabelle 78).

Tabelle 78. *Retention von Organeiweiß und Plasmaeiweiß bei eiweißverarmten Hunden* (J. B. Allison).

Art des Nahrungseiweiß	N-Retention in g je g Nahrungseiweiß	Plasmaeiweiß-N in g retiniert je g Nahrungseiweiß	Plasmaeiweißretention in % der gesamten N-Retention
Vollei	0,48	0,015	3,1
Casein	0,47	0,014	3,0
Weizengluten . .	0,22	0,010	4,6

Ein Organ, in dem in großem Umfange Eiweißsynthesen stattfinden, ist die lactierende Milchdrüse. Bei der Durchströmung isolierter Milchdrüsen mit markiertem Phosphat und markierten Aminosäuren wird Milch sezerniert, in deren Casein die markierten Substanzen eingebaut sind (J. M. Barry).

Im ausreichend ernährten und gesunden erwachsenen Organismus sind Eiweißabbau und Eiweißbildung genau gegenseitig ausbalanciert. Der Eiweißbestand bleibt daher praktisch konstant. Dagegen wird vom jungen, noch wachsenden Organismus oder vom erwachsenen im Zustand der Regeneration Eiweiß gespeichert. Es wird also mehr synthetisiert als abgebaut. Beruht nun dies auf einer Verstärkung der Synthese oder auf einer Verminderung der Abbauvorgänge? Diese Frage ist nicht leicht zu beantworten. Beim Experimentieren am intakten Organismus ergeben sich Komplikationen, weil hier die Intensität der Umsätze in den Zellen noch von anderen Faktoren abhängig ist, wie z. B. von der Durchblutung, also der Höhe des Sauerstoffangebots, was vielfach von ausschlaggebender Bedeutung sein kann, oder von der Permeabilität der Zellmembranen. Daher hat es sich als günstiger erwiesen, das angeschnittene Problem in einfacheren Systemen zu studieren, bei denen die erwähnten sekundären Faktoren ausscheiden.

Nach Versuchen mit Organschnitten oder Homogenaten erfolgt die Eiweißsynthese im wachsenden Organismus mit einer größeren Geschwindigkeit als im erwachsenen; und zwar ist die Synthese um so schneller, je intensiver das Wachstum ist (Abb. 16). Ein gutes Beispiel hierfür bietet die Tabelle 79, in welcher

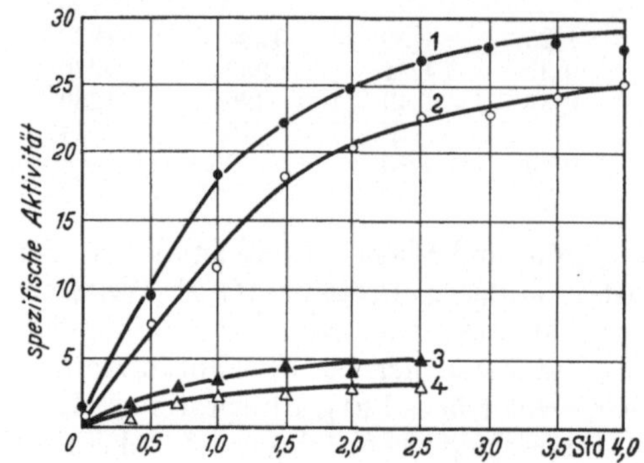

Abb. 16. Einbau von C^{14} in die Proteine von Rattenleberhomogenaten (T. WINNICK). Kurve 1: Fetale Leber. C^{14}-Glykokoll. Kurve 3: Erwachsene Leber. C^{14}-Glykokoll. Kurve 2: Fetale Leber. C^{14}-Alanin. Kurve 4: Erwachsene Leber. C^{14}-Alanin.

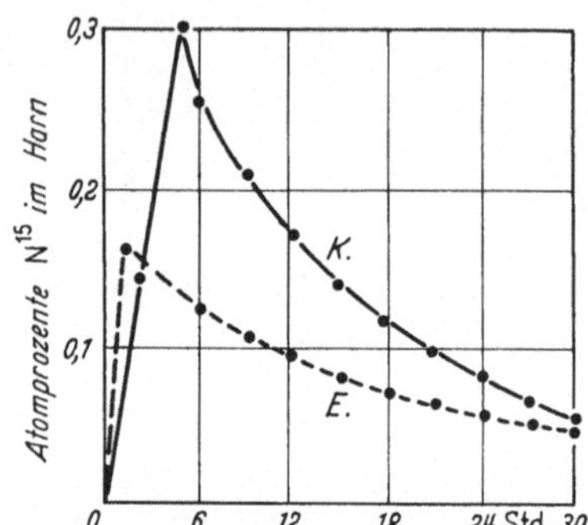

Abb. 17. Ausscheidung von N^{15} nach Verfütterung von markierter Asparaginsäure in Abhängigkeit vom Lebensalter (H. WU und S. E. SNYDERMAN). *K* Kind; *E* Erwachsener.

der Einbau von C^{14}-Glykokoll in das Eiweiß embryonaler und nichtembryonaler Gewebe von Kücken verglichen ist. Ähnliche Ergebnisse zeitigten Versuche, in denen der Einbau von C^{14}-Glykokoll in die Rattenleber in Abhängigkeit vom Lebensalter verfolgt wurde (D. M. GREENBERG, F. FRIEDBERG und T. WINNICK). Die Einbaugeschwindigkeit war bei der fetalen Leber um das vielhundertfache größer als bei der neugeborenen oder gar der erwachsenen Ratte.

Tabelle 79. *Einbau von C^{14}-Glykokoll in Homogenate von Geweben* (D. M. GREENBERG, F. FRIEDBERG, M. P. SCHULEMAN und T. WINNICK). Alle Werte sind in Schlägen je Milligramm Protein und Minute angegeben.

5 Tage alter Embryo	13 Tage alter Embryo		Frisch geschlüpftes Kücken	
	Leber	Gehirn	Leber	Gehirn
176	48	103	33	38
185	53	105	29	38

Die größere Geschwindigkeit der Eiweißsynthese junger Gewebe läßt sich auch in Versuchen am intakten Organismus feststellen. H. WU und S. E. SNYDERMAN untersuchten den Eiweißumsatz von Kindern und Erwachsenen nach Verfütterung von N^{15} enthaltender Asparaginsäure durch Messung der N^{15}-Ausscheidung im Harn, wodurch sich, wie oben erwähnt, die Turnover-Rate des Körpereiweiß und die Größe des N-Pool berechnen lassen. Wie die Abb. 17 zeigt, war die N^{15}-Ausscheidung der Kinder größer als die der Erwachsenen, ihr Eiweißumsatz also intensiver. Die Turnover-Rate der Körperproteine ergab sich für die 5 kg schweren Kinder zu 18—27 mg N je Kilogramm Körpergewicht und Stunde, die der Erwachsenen zu 10 mg N. Die Kinder haben auch einen größeren N-Pool (0,5—0,8 g/kg) als die Erwachsenen (0,5 g/kg). Kinder, die infolge Mangels an einer essentiellen Aminosäure in der Nahrung nicht an Gewicht zunahmen, hatten eine Turnover-Rate der Körperproteine, welche der der Erwachsenen entsprach.

Eine vermehrte Eiweißsynthese findet man auch in Geweben, die in Regeneration befindlich sind. Ein gutes Studienobjekt ist die Leber, welche nach einer partiellen Hepatektomie eine rasche Regeneration aufweist. Einige an diesem Objekt erhobenen Befunde sind in der Tabelle 80 wiedergegeben. Neben der vermehrten Eiweißbildung findet man in der regenerierenden Leber auch eine Zunahme der Aktivität der proteolytischen Fermente (B. Norberg).

Tabelle 80. *Einbau von* C^{14} *aus Glykokoll und von* S^{35} *aus Methionin in die regenerierende Rattenleber* (D. M. Greenberg, F. Friedberg, M. P. Schuleman und T. Winnick).

Die Untersuchung der regenerierenden Leber erfolgte 3 Tage nach einer partiellen Hepatektomie.

C^{14}-Schläge je Minute und mg Protein im Homogenat		S^{35} in den Leberschnitten $\frac{\text{Spez. Aktivität} \times 100}{\text{Dosis}}$	
Vor der Operation	Regenerierend	Vor der Operation	Regenerierend
6,53	7,62	0,041	0,073
5,21	7,83	0,059	0,095
7,08	10,50	0,059	0,083
5,58	7,31	0,089	0,088

Bösartige Tumoren zeichnen sich durch eine stark erhöhte Eiweißsynthese aus. Man findet daher, daß sie markierte Aminosäuren mit großer Geschwindigkeit in ihr Eiweiß einbauen. Als gute Versuchsobjekte haben sich die Hepatome bewährt, die man leicht durch Verfütterung von Buttergelb experimentell erzeugen kann, und zwar deswegen, weil hier der Vergleich mit dem Ausgangsgewebe keine Schwierigkeiten macht. Ein Beispiel der mit dieser Versuchsanordnung erhaltenen Befunde ist in der Tabelle 81 wiedergegeben. Die Geschwindigkeit

Tabelle 81. *Geschwindigkeit des Einbaus von* C^{14}-D,L-*Alanin in Rattenleberschnitte* (P. C. Zamecnik und I. D. Frantz jr.).

D,L-Alanin mit C^{14} in der Carboxylgruppe.

Gewebsart	Zahl der Versuche	Schläge je mg Eiweiß und min
Normale Leber.	24	38 ± 3,4
Hepatomleber (nicht Tumor)	7	91 ± 11,4
Hepatomgewebe	8	255 ± 34,8
Regenerierende Leber . . .	12	91 ± 6,9
Fetale Leber.	1	179

des Einbaus der Aminosäure in den Tumor übertrifft sogar noch die des Einbaus in das Protein der fetalen Leber. Ähnliche Ergebnisse wurden auch von anderen Autoren erhalten. Eine zusammenfassende Darstellung dieser Frage findet man bei P. C. Zamecnik.

Weniger große Unterschiede zwischen Tumor und normalen Geweben ergaben Versuche an intakten Tieren, wo aber, wie schon hervorgehoben wurde, die Verhältnisse wesentlich komplizierter liegen und die Versorgung der Zellen mit Aminosäuren eine ausschlaggebende Rolle spielt.

Die aufgeführten Versuche lassen vermuten, daß beim Wachstum die Eiweißsynthese vergrößert ist. Es gibt aber auch Hinweise, daß das wesentliche des

Wachstums in einer Hemmung der Abbauprozesse besteht. D. SHEMIN und D. RITTENBERG verfolgten den Einbau von N^{15}-Glykokoll in Proteine und fanden, daß der Einbau in Lebereiweiß und Tumoreiweiß (tranplantiertes Rattensarkom) in etwa derselben Größenordnung lag. Jedoch war die Abgabe des N^{15} aus dem Tumor wesentlich langsamer als aus der Leber. A. C. GRIFFIN, S. BLOOM, A. C. CUNNINGHAM, J. D. TERESI und J. M. LUCK arbeiteten mit C^{14}-Glykokoll und stellten fest, daß der C^{14} von den durch Buttergelbfütterung erzeugten Hepatomen wesentlich langsamer abgegeben wurde als von dem gesunden Lebergewebe. Auch T. WINNICK, F. FRIEDBERG und D. M. GREENBERG, welche C^{14}-D,L-Tyrosin verwendeten, beobachteten, daß Tumoren den C^{14} langsamer verloren als die meisten Gewebe.

2. Der Mechanismus der Eiweißsynthese.

Die Synthese von Eiweiß und Peptiden im Organismus ist nicht eine einfache Umkehrung der Aufspaltung durch Proteasen bzw. Peptidasen. Die Spaltung eines Dipeptids ist ein exergonischer Prozeß, dessen Änderung an freier Energie rund 3000 cal beträgt. Daraus folgt, daß das Gleichgewicht der Reaktion praktisch vollkommen auf seiten der Spaltung gelegen sein muß (Tabelle 82).

Tabelle 82. *Freie Energie der Hydrolyse einer Peptidbindung in wäßriger Lösung bei 25°* (H. BORSOOK und J. W. DUBNOFF).

Peptid	ΔF der Hydrolyse cal	Gleichgewichts-konstante	Lage des Gleichgewichts in % der Peptidausgangskonzentration	
			0,1 m	1,0 m
Alanylglycin	—4000	866	99,99	99,88
Hippursäure	—3170	211	99,95	99,55

Die Biosynthese von Eiweiß ist ein äußerst komplizierter Prozeß, in den man durch das Studium einfacherer Modellvorgänge einige Einblicke gewinnen konnte. Ein einfaches Modell für die Bildung einer Peptidbindung ist die Hippursäuresynthese oder die Synthese von p-Aminohippursäure aus Benzoesäure bzw. p-Aminobenzoesäure und Glykokoll. Man kann diese Reaktion bequem in vitro mittels Leberhomogenaten verfolgen. Wie die Tabelle 82 zeigt, bedarf sie der

$$C_6H_5—COOH + H_2N—CH_2—COOH \rightleftarrows C_6H_5—CO—HN—CH_2—COOH.$$

Zufuhr von Energie und kann daher nur ablaufen, wenn sie an einen exergonischen Prozeß gekoppelt wird. Dementsprechend findet man auch eine Hemmung der Hippursäuresynthese in Leberschnitten oder Leberhomogenaten durch Vergiftung mit Cyanid, Arsenit, Jodacetat oder anderen Giften, welche die Oxydationsprozesse beeinträchtigen. Steigert man die Oxydationsvorgänge in den Ansätzen durch Zugabe leicht verbrennbarer Substrate, wie z. B. Succinat, Citrat, Fumarat, Oxalacetat, Ketoglutarat usw., so nimmt die Ausbeute an Hippursäure zu. Nach Auswaschen aller Substrate aus dem Ansatz ließ sich zeigen, daß die Knüpfung der Peptidbindung an die Anwesenheit von ATP gebunden ist und auch unter anaeroben Bedingungen abläuft, wenn ATP zugegen ist (P. P. COHEN und R. M. MCGILVERY). H. NIELSEN und F. LEUTHARDT haben erwiesen, daß die zur Hippursäuresynthese benötigten Enzymsysteme in den Mitochondrien der Zellen lokalisiert sind. Die Bildung von Hippursäure durch die Mitochondrien läßt sich auch dann bewirken, wenn an Stelle des Glykokolls Peptide des Glykokolls (etwa Glycylalanin oder Leucylglycin) den Mitochondrien angeboten werden. Die Hippursäuresynthese kann also auch durch Transpeptidierung erfolgen.

Als ein weiteres Modell der Peptidsynthese kann man die Acetylierung von Aminen, z. B. Sulfanilamid, auffassen, über die man Näheres auf S. 288 findet. Auch die Acetylierung der Amine verläuft nur in Gegenwart von ATP. Endlich läßt sich noch die Bildung von Glutamin aus Glutaminsäure als Modell einer Peptidbildung betrachten. Sie ist gleichfalls an die Gegenwart von ATP gebunden (S. 222).

Während die Synthese von Hippursäure aus Benzoesäure und Glykokoll einer Energiezufuhr von rund 3000 cal bedarf, verlangt die Bildung von Benzoylglycylglycin aus Benzoesäure und Glycylglycin einen wesentlich geringeren Energieaufwand (1420 cal). Nach F. LYNEN [3] wird die Energie zur Knüpfung zweier als Zwitterionen vorliegender Aminosäuren zum Transport eines Protons von der NH_3^+-Gruppe der einen Aminosäure auf die COO^--Gruppe der anderen Aminosäure benötigt. In einer zweiten Reaktion erfolgt dann die Verknüpfung der beiden durch die Abspaltung von Wasser und Freiwerden von Energie.

$$^{+}H_3N—R—COO^- + {}^{+}H_3N—R—COO^- \rightarrow {}^{+}H_3N—R—COOH + H_2N—R—COO^- — X\ \text{cal},$$
$$^{+}H_3N—R—COOH + H_2N—R—COO^- \rightarrow {}^{+}H_3N—R—CO—HN—R—COO^- + H_2O + Y\ \text{cal},$$

Die Gesamtbilanz des ganzen Vorgangs ist bei der Bildung eines Dipeptids negativ, da X größer als Y ist. Bei einem Dipeptid sind aber immer die Dissoziationskonstanten sowohl der NH_3^+-Gruppe als auch der COO^--Gruppe kleiner als bei einer Aminosäure, bei einem Tripeptid kleiner als bei einem Dipeptid, so daß also X, der zur Protonenverschiebung benötigte Anteil der Energie, immer kleiner wird, je länger die schon bestehende Peptidkette ist. Man muß demnach annehmen, daß die zur Bildung von Peptidketten bzw. Eiweiß erforderliche Energie im wesentlichen auf die Bildung der ersten Glieder, nämlich der Dipeptide und der Tripeptide entfällt, ja, daß dann die Knüpfung von Peptidbindungen sogar exergonisch werden kann.

M. BERGMANN und Mitarbeiter haben acylierte Aminosäuren und Peptide zusammen mit Anilin oder anderen Substanzen, welche zur Abscheidung schwerlöslicher Produkte Anlaß geben, in Gegenwart von Proteasen (z. B. Papain) inkubiert und die Bildung von Peptiden erhalten. Als Beispiele derartiger Peptidsynthesen seien angeführt:

Benzoylglykokoll + Anilin → Benzoylglykokollanilid,
Benzoyl-L-alanin + Anilin → Benzoyl-L-alaninanilid,
Benzoyl-L-leucin + Glykokollanilid → Benzoyl-L-leucinanilid + Glykokoll,
Benzoyl-D,L-leucin + Anilin → Benzoyl-L-leucinanilid + Benzoyl-D-leucin.

Das letztgenannte Beispiel zeigt, daß die enzymatische Peptidsynthese asymmetrisch, nur unter Verwertung der L-Form verläuft. Später wiesen E. BENNETT und C. NIEMANN nach, daß die Art der am N-Atom sitzenden Acylgruppe für die sterische Anordnung bei der Peptidsynthese von Bedeutung ist. Ist die Acylgruppe Acetyl oder Benzoyl, so entstehen nur die L-Formen. Bei der Substitution durch Methoxy-, Äthoxy- oder Benzoxygruppen erhält man neben viel L-Form auch etwas D-Form. Aus der zweitletzten oben angeführten Reaktion kann man ersehen, daß bei derartigen Prozessen sich Hydrolyse und Synthese hintereinander abspielen können, was für die Verknüpfung der Aminosäuren in der richtigen Reihenfolge im Eiweißmolekül von Bedeutung sein dürfte. BERGMANN hatte bei seinen Peptidsynthesen gute Ausbeuten. Dies hat zwei Ursachen. Bei seinen Ansätzen entstehen unlösliche Reaktionsprodukte, die sofort ausfallen, so daß das Gleichgewicht der Reaktion ständig gestört wird und die Synthese daher fortschreiten kann. Weiterhin lagen die Reaktionspartner in den Versuchen von BERGMANN nicht als Zwitterionen, sondern undissoziiert vor, so daß der zur Knüpfung der Bindungen notwendige Energiebetrag gering war. K. LINDERSTRÖM-LANG diskutiert sogar die Möglichkeit, daß die bei der Kristallisation der unlöslichen Reaktionsprodukte anfallende Energie zur Deckung des Energiebedarfs für die Synthese herangezogen wird.

Ähnliche Verhältnisse liegen auch bei der Bildung der Plasteine vor. Plasteine erhält man beim Stehen konzentrierter enzymatischer Proteinhydrolysate in Gegenwart von Proteasen bei p_H 4. Hierbei fallen die Plasteine als unlöslicher Niederschlag aus. A. I. VIRTANEN, H. KERKKONEN, M. HAKALA und T. LAAKSONEN haben festgestellt, daß die Plasteinbildung durch Verknüpfung von niederen Peptiden, etwa Tetrapeptiden bis Hexapeptiden, zu Polypeptiden mit einem Molekulargewicht von 2500—10000 erfolgt. Auch hier wird das unlösliche Reaktionsprodukt dem Reaktionsgemisch laufend entzogen, so daß Ausbeuten bis zu 40% erhalten werden. Die Plasteinbildung verläuft vermutlich in zwei Stufen. Zunächst werden niedere Peptide zu noch wasserlöslichen, etwa 8—12 Aminosäuren umfassenden Peptiden vereinigt, aus denen dann die wasserunlöslichen Plasteine, die 36—100 Aminosäuren enthalten, entstehen. Der Vorgang der Plasteinbildung ist wahrscheinlich thermoneutral. Die Aminosäuren sind in den Plasteinen im Gegensatz zu den Proteinen regellos angeordnet. H. TAUBER erhielt aus einem peptischen Hydrolysat von Eieralbumin durch Behandlung mit Chymotrypsin bei p_H 7,3 ein hochmolekulares Protein mit einem Molekulargewicht von 250000—500000, das alle Aminosäuren des Eieralbumins in nur etwas veränderten Mengenverhältnissen enthielt. Es unterschied sich vom genuinen Eieralbumin im wesentlichen durch einen höheren Gehalt an Valin und Isoleucin. Das synthetisch erhaltene Protein war durch Proteasen spaltbar.

Ein weiteres, ähnlich gelagertes Beispiel ist die Entstehung von Methioninpolypeptiden bei der Inkubation von Methioninestern mit Chymotrypsin (M. BRENNER, H. R. MÜLLER und R. W. PFISTER). Hierbei entstehen Methioninpeptide, die 3—10 Methioninreste umfassen und vom Organismus aufgespalten werden können. Interessanterweise bilden Rattenleberhomogenate aus D-Methioninisopropylester ein D-Peptid (D-Methionyl-D-methionin) (M. BRENNER, H. R. MÜLLER und E. LICHTENBERG).

Auch die Verlängerung von Peptidketten durch enzymatische Transamidierung hat sich schon nachweisen lassen. Mit Papain und Chymotrypsin haben J. S. FRUTON, R. B. JOHNSTON und M. FRIED folgende Reaktionen bewirken können:

Carbobenzoxyglycinamid + L-Glutaminyl-L-tyrosin
$\rightleftarrows$ Carbobenzoxyglycyl-L-glutaminyl-L-tyrosin + NH_3,
Glycyl-L-phenylalaninamid + L-Argininamid
$\rightleftarrows$ Glycyl-L-phenylalanyl-L-argininamid + NH_3.

Das einzige Peptid, das im Organismus in größeren Konzentrationen vorkommt, ist das Glutathion (S. 178). Versuche mit markierten Aminosäuren haben bewiesen, daß es in den Geweben aus seinen drei Bausteinen aufgebaut wird. Auch die Glutathionsynthese wird durch Sauerstoffmangel gehemmt und unter bestimmten Bedingungen durch ATP gefördert. Damit gliedert sich die Bildung von Glutathion zwanglos in den Rahmen der anderweitigen Beobachtungen über Peptidsynthesen ein (R. B. JOHNSTON und K. BLOCH).

Die Kopplung zwischen Bildung von Peptidbindungen und ATP-Spaltung läßt vermuten, daß als Zwischenprodukte energiereiche Aminosäurederivate entstehen, über deren Natur sich jedoch heute noch keine konkreten Angaben machen lassen. Wie schon in anderem Zusammenhang erwähnt wurde (S. 182), muß man auch bei der Aufnahme von Aminosäuren aus der extracellulären Flüssigkeit in die Zellen, die entgegen einem Konzentrationsgefälle erfolgt, an die intermediäre

Bildung energiereicher Aminosäureverbindungen denken. Sperrung der Energiezufuhr durch Sauerstoffmangel, Vergiftung mit Cyanid, Entzug der ATP oder Entkoppelung der oxydativen Prozesse von der Schaffung von energiereichem Phosphat machen daher sowohl die Bildung von Peptiden bzw. den Einbau von Aminosäuren in Eiweiß als auch die Einwanderung von Aminosäuren in die Zellen unmöglich.

Bei der Biosynthese von Eiweiß spielen Transpeptidierungen eine wichtige Rolle. Sie sind energetisch neutrale Reaktionen. R. B. JOHNSTON, M. J. MYCEK und J. S. FRUTON haben gezeigt, daß Proteasen (z. B. Kathepsin, Papain, Chymotrypsin) Transamidierungen katalysieren. Ebenso läßt sich eine Amidgruppe oder eine Peptidbindung in Gegenwart einer Protease gegen die NHOH-Gruppe des Hydroxylamins unter Bildung einer Hydroxamsäure austauschen:

$$\mathrm{R{-}CO{-}NH{-}R' + NH_2OH \rightleftarrows R{-}CO{-}NHOH + H_2N{-}R'}.$$

Bei diesen Reaktionen sind die p_H-Optima für die enzymatische Hydrolyse und Transamidierung bzw. Transpeptidierung verschieden. Bei den physiologischen, dem Neutralpunkt nahe gelegenen p_H-Werten dominiert die Transamidierung bzw. Transpeptidierung, während bei stärker sauren p_H-Werten die Hydrolyse mehr im Vordergrund steht. Demnach besteht die physiologische Aufgabe der Proteasen in den lebenden Zellen in erster Linie in der Katalyse von Austauschreaktionen. Dagegen findet in den toten Zellen, deren Reaktion durch die Zerfallsprodukte saurer geworden ist, im wesentlichen nur noch eine Proteolyse statt.

Die Proteasen katalysieren auch Transpeptidierungen, wie JOHNSTON, MYCEK und FRUTON am Beispiel von Benzoyl-L-tyrosylglycinamid nachgewiesen haben. Hierbei wurde die Glycinamidkomponente des Peptids gegen N^{15}-Glycinamid ausgetauscht. Bei dieser Transpeptidierung dürfte intermediär ein Anlagerungsprodukt entstehen:

$$\mathrm{C_6H_5{-}CO{-}NH{-}\underset{}{\overset{R}{\overset{|}{C}}}H{-}CO{-}NH{-}CH_2{-}CO{-}NH_2 + H_2N^{15}{-}CH_2{-}CO{-}NH_2}$$

$$\downarrow\uparrow$$

$$\left(\mathrm{C_6H_5{-}CO{-}NH{-}\overset{R}{\overset{|}{C}}H{-}\overset{OH}{\overset{|}{\underset{N^{15}H{-}CH_2{-}CO{-}NH_2}{\underset{|}{C}}}}{-}NH{-}CH_2{-}CO{-}NH_2}\right)$$

$$\downarrow\uparrow$$

$$\mathrm{C_6H_5{-}CO{-}NH{-}\overset{R}{\overset{|}{C}}H{-}CO{-}N^{15}H{-}CH_2{-}CO{-}NH_2 + H_2N{-}CH_2{-}CO{-}NH_2}.$$

Andere Beispiele derartiger Reaktionen sind Austausch der Amidgruppe von Glycyl-L-phenylalaninamid gegen ein zweites Mol Glycyl-L-phenylalaninamid oder gegen ein anderes Aminosäureamid, etwa L-Argininamid, durch Kathepsin bei p_H 7 (M. E. JONES, W. R. HEARN, M. FRIED und J. S. FRUTON). Im Falle des Glycyl-L-phenylalaninamid entstehen unlösliche Polymere, vermutlich Octapeptide aus Glycyl-L-phenylalanin mit seinem Amid.

Das Glutathion beteiligt sich bei den Transpeptidierungen in den Geweben (C. S. HANES, F. J. R. HIRD und F. A. ISHERWOOD). Bei der Einwirkung von Extrakten aus Nieren und Pankreas auf Glutathion und Aminosäuren (Leucin, Valin, Phenylalanin) entstehen neue Peptide, z. B. aus Glutathion und Leucin Glutaminylleucin oder aus Glutathion und Phenylalanin Glutaminylphenylalanin. Interessanterweise wird die mit Glutathion verknüpfte Transpeptidierung durch Penicillin gehemmt.

Bei Transpeptidierungen sind zwei Möglichkeiten denkbar: 1. die Aminoübertragung und 2. die Carboxylübertragung:

$$1)\ R^1\text{—CO—NH—}R^2 + R^3\text{—COOH} \rightleftarrows R^3\text{—CO—NH—}R^2 + R^1\text{—COOH},$$

$$2)\ R^1\text{—CO—NH—}R^2 + H_2N\text{—}R^3 \rightleftarrows R^1\text{—CO—NH—}R^3 + H_2N\text{—}R^2.$$

Außer den erwähnten Beispielen für Transpeptidierungen sind in der neueren Zeit noch viele andere Transpeptidierungsreaktionen aufgefunden worden.

Vermutlich ist die Eiweißsynthese in einer lebenden Zelle kein Prozeß, bei dem einfach Aminosäuren der Reihe nach verknüpft werden:

$$A_1 + A_2 \rightarrow A_1A_2 + A_3 \rightarrow A_1A_2A_3 + A_4 \rightarrow A_1A_2A_3A_4 \text{ usw.}$$

Vieles spricht dafür, daß es sich hierbei um eine Art von zweistufigem Prozeß handelt, durch den zunächst gewisse Peptidstrukturen (etwa Glutathion oder Peptid A) entstehen. Diese erste Reaktion ist endergonisch. Nach F. LIPMANN wird zur Bildung einer Peptidbildung eine energiereiche Phosphatbindung verbraucht. Da der Energiebetrag zur Knüpfung einer Peptidbindung nur rund 3000 cal beträgt, bei der Spaltung einer energiereichen Phosphatbindung aber 12000 cal frei werden, hätte die Peptidsynthese eine Energieausbeute von nur 25%. Auf die endergonische Peptidbildung folgt dann eine energetisch neutrale Verlängerung der Peptidkette. H. BORSOOK, C. L. DEASY, A. J. HAAGEN-SMIT, G. KEIGHLEY und P. H. LOWY haben aus der Leber vieler Tierarten, ferner aus Blut, Herz, Nieren und Milz ein von ihnen für einheitlich gehaltenes Peptid („Peptid A") isoliert. Der Gehalt der Leber an Peptid A lag bei 180—550 mg-%, der Milz bei 320 mg-%, Herz enthielt 72 mg-% und die Niere 38 mg-%. In der Muskulatur und in der Darmschleimhaut wurde Peptid A nicht nachgewiesen. Unabhängig von seiner Herkunft fanden die Autoren immer dieselbe Zusammensetzung des Peptid A (Tabelle 83). Peptid A entsteht auch in guter Ausbeute bei der Pepsinspaltung von Proteinen. Markierte Aminosäuren werden in das Peptid eingebaut. BORSOOK und Mitarbeiter vermuten, daß dieses Peptid als Grundstein für die Eiweißsynthese dient. Man kann demnach die Biosynthese von Eiweiß mit der Glykogenbildung vergleichen, bei der unter dem Einfluß der Phosphorylasen an schon bestehende Glucosidketten weitere Glucosemoleküle angelagert werden. I. G. FELS und A. TISELIUS haben aber nachgewiesen, daß das Peptid A keine einheitliche Substanz, sondern ein Gemisch ist.

Tabelle 83.
Die im Peptid A nachgewiesenen Aminosäuren.

Alanin	Histidin	Prolin
Arginin	Isoleucin	Serin
Asparaginsäure	Leucin	Threonin
Glutaminsäure	Lysin	Tryptophan
Glykokoll	Methionin	Tyrosin

Vielleicht vollzieht sich eine Erneuerung der Zellproteine derart, daß in dem intakten Eiweiß einzelne Aminosäuremoleküle gegen gleichartige neue ausgetauscht werden, in Versuchen mit Isotopen etwa gewöhnliches Glykokoll gegen markiertes Glykokoll. Injizierte oder verfütterte markierte Aminosäuren verschwinden rasch aus der Blutbahn und werden in Organproteine eingebaut. Die Natur dieses „Einbaus" ist unbekannt, so daß es anzustreben ist, für das beobachtete Phänomen den neutralen, nichts präjudizierenden Ausdruck „Einbau" zu benützen. In vielen Fällen ist allerdings die Bindung der Aminosäure durch Knüpfung einer Peptidbindung einwandfrei bewiesen worden. T. WINNICK, F. FRIEDBERG und D. M. GREENBERG, welche den Einbau von Glykokoll mit C^{14} als Carboxyl-C studierten, fanden, daß das entstandene Protein mit Ninhydrin kein $C^{14}O_2$ entwickelte. Erst nach der Einwirkung von kristallisierten Proteasen und Peptidasen wurde durch Ninhydrin $C^{14}O_2$, und zwar quantitativ, in Freiheit gesetzt. Der Einbau von Aminosäuren in Proteine durch echte Peptidbindungen läßt sich mit Transpeptidierungen in eine Linie stellen. Manche Aminosäuren (Glykokoll, Serin) werden über Disulfidbrücken eingebaut (E. A. PETERSON und D. M. GREENBERG). Daß die intakten Aminosäuren eingebaut werden, geht daraus hervor, daß in dem betreffenden Eiweiß immer die einverleibte Aminosäure den höchsten Isotopengehalt hat. Natürlich finden Nebenreaktionen statt. So wird in Versuchen mit Glykokoll ein Teil desselben in Serin übergeführt, so daß außer dem radioaktiven Glykokoll auch radioaktives Serin eingebaut wird. Methionin pflegt in derartigen Versuchen Cystin zu liefern. Daher findet man nach Gaben von S^{35}-Methionin auch markiertes Cystin in den Proteinen.

Aus thermodynamischen Gründen ist es wahrscheinlich, daß der Organismus von der Auswechslung von Aminosäuren innerhalb der ungespaltenen Eiweißmoleküle häufiger Gebrauch macht. Es liegen jedoch auch Beobachtungen vor, bei denen eine mehr oder minder tiefe Aufspaltung und anschließende Resynthese des Eiweiß erfolgt war. M. HEIDELBERGER, H. P. TREFFERS, R. SCHOENHEIMER, S. RATNER und D. RITTENBERG untersuchten die Bildung von Antikörpern nach der Verfütterung von N^{15}-Glykokoll und stellten fest, daß der N^{15} keineswegs in alle, sondern nur in einzelne Antikörper aufgenommen worden war.

Der Einbau der Aminosäuren vollzieht sich in den einzelnen Organen mit einer unterschiedlichen Geschwindigkeit. Wenige Stunden nach der Einverleibung einer markierten Aminosäure findet man immer den höchsten Isotopengehalt in der Darmschleimhaut. Auch Leber und Nieren enthalten viel der isotopen Aminosäure. In der Muskulatur und im Gehirn werden keine hohen Konzentrationen erreicht. Typische Beispiele solcher Befunde sind in der Tabelle 84 wiedergegeben.

Tabelle 84. *Einbau von C^{14}-Aminosäuren in die Organproteine von Ratten* (D. M. GREENBERG und T. WINNICK; T. WINNICK, F. FRIEDBERG und D. M. GREENBERG).

Alle Werte 6 Stunden nach der Injektion der Aminosäure. Beim Tyrosin bedeuten alle Werte Prozente der Aktivität der verabfolgten Dosis je Gramm Eiweiß, beim Glykokoll je Gramm Gewebe.

Organ	Tyrosin	Glykokoll	Organ	Tyrosin	Glykokoll
Darmschleimhaut .	7,0	3,7	Milz.	—	1,45
Knochenmark . .	—	2,15	Lunge	—	1,25
Leber	2,3	2,05	Testes	1,3	0,5
Niere	5,3	1,95	Muskel	0,2	0,15
Plasma	4,0	1,8	Gehirn	0,5	0,1

Nähere Einblicke in den Mechanismus des Einbaus der Aminosäuren in Eiweiß vermittelten Versuche an überlebenden Gewebsschnitten und Homogenaten, weil sich in derartigen Versuchsanordnungen die einzelnen Faktoren leichter übersehen und auch experimentell verändern lassen. Allerdings ist die Einbaugeschwindigkeit geringer als im intakten Organismus. Intakte isolierte Zellen bauen jedoch markierte Aminosäuren genau so rasch in ihr Eiweiß ein wie der unverletzte Tierkörper. Soweit sich die Verhältnisse heute überblicken lassen, werden alle Aminosäuren, essentielle wie nichtessentielle, in die Organproteine eingebaut. Der Einbau wird durch Sauerstoffmangel oder Stoffwechselgifte wie Blausäure, Arsenit, Azid, Dinitrophenol u. dgl. gehemmt (H. BORSOOK). Homogenate verlieren die Fähigkeit, Aminosäuren einzubauen, wenn man sie dialysiert. Man kann aber ihre Aktivität durch Zusatz von ATP, Mg^{++} und Mischungen nicht markierter Aminosäuren wiederherstellen. Über die hierbei beobachteten Geschwindigkeiten orientiert die Tabelle 85.

Tabelle 85. *Einbau markierter Aminosäuren in Proteine.*

Aminosäure	Aufnahme μMole je Gramm Protein und Stunde				
	Knochenmarkszellen	Leberschnitte	Leberhomogenate	Diaphragma	
				intakt	Homogenat
Glykokoll . . .	0,5[1]	0,2—0,4[4]	0,13[1]	0,83[1]	0,20[1]
Leucin	2,9[1]	—	0,15[1]	1,10[1]	0,28[1]
Lysin	1,8[1]	—	2,1[1]	0,74[1]	0,18[1]
Alanin	—	0,4[2]	—	—	—
Methionin . . .	—	0,003[3]	—	—	—

Der Einbau der Aminosäuren ist bis zu einer gewissen Grenzkonzentration eine logarithmische Funktion der Aminosäurekonzentration (H. Borsook, C. L. Deasy, A. J. Haagen-Smit, G. Keighley und P. H. Lowy), wie aus der Abb. 18 zu ersehen ist. Die optimale Konzentration für den Einbau in den Zwerchfellmuskel beträgt für Leucin und Glykokoll 0,01 m und für Lysin 0,003 m. Der Einbau der einzelnen Aminosäuren erfolgt unabhängig voneinander. Genauere Daten liegen für Glykokoll, Leucin und Lysin vor (Tabelle 86). Wie man sieht, entspricht die Summe der Aktivitäten der 3 Aminosäuren genau dem experimentell gemessenen Wert.

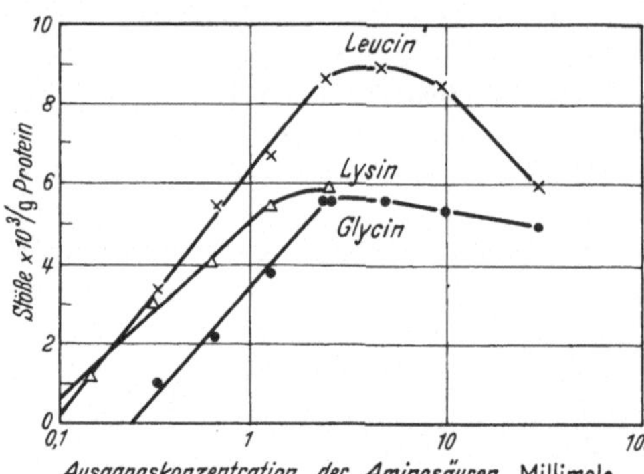

Abb. 18. Einfluß der Ausgangskonzentration markierter Aminosäuren auf die Geschwindigkeit ihres Einbaus in das Eiweiß durch Knochenmarkszellen beim Kaninchen (Borsook und Mitarbeiter).

Nach der Verabreichung einer markierten Aminosäure ist die spezifische Aktivität der Organe zunächst größer als die der Organproteine (N. D. Lee, J. T. Anderson, R. Miller und R. H. Williams, Tabelle 87). Die spezifische Aktivität der Organe nimmt aber rasch ab, während die der Organproteine zunimmt. Die Veränderungen der spezifischen Aktivität der Organe spiegeln den Aminosäureumsatz

Tabelle 86. *Unabhängigkeit des Einbaus von Glykokoll, Leucin und Lysin in Proteine* (H. Borsook).

Die Aminosäuren waren mit C^{14} markiert. Alle Werte sind als Schläge je Milligramm Protein und Minute angegeben.

Aminosäure	Meerschweinchen Mitochondrien der Leber	Ratten Diaphragma	Kaninchen Knochenmarkszellen
Glykokoll	6,22	0,37	1,75
L-Leucin	2,76	0,37	2,14
L-Lysin	4,03	1,12	4,27
Summe der 3 Aminosäuren			
berechnet	13,01	1,86	8,16
gefunden	13,05	1,73	8,57

[1] Borsook, H., C. L. Deasy, A. J. Haagen-Smit, G. Keighley u. P. H. Lowy: J. biol. Chem. **186**, 297, 309 (1950).
[2] Zamecnik, P. L., I. D. Frantz jr., R. B. Loftfield u. M. L. Stephenson: J. biol. Chem. **175**, 299 (1948).
[3] Melchior, J., u. H. Tarver: Arch. Biochem. **12**, 309 (1947).
[4] Winnick, T., F. Friedberg u. D. M. Greenberg: J. biol. Chem. **175**, 117 (1948).

Tabelle 87. *Spezifische Aktivität der Organe und Organproteine nach Verabreichung von* D,L-S^{35}-*Cystin* (N. D. LEE, J. T. ANDERSON, R. MILLER und R. H. WILLIAMS).

Rattenorgane. Analyse 8 Std nach intraperitonealer Injektion.

Organ	Spezifische Aktivität	
	Organ	Organeiweiß
Herz	1,20 ± 0,12	0,69 ± 0,03
Leber	3,05 ± 0,14	1,18 ± 0,04
Niere	5,92 ± 0,53	3,28 ± 0,27
Milz	3,71 ± 0,19	2,02 ± 0,10
Darmschleimhaut	9,66 ± 0,95	4,31 ± 0,27
Nebennieren	5,09	1,76
Plasma	4,80 ± 0,20	2,58 ± 0,34

des Aminosäurepools der Organe wieder, während die spezifische Aktivität der Proteine ein Maßstab für Einbau und Ausbau der markierten Aminosäuren ist.

Innerhalb einer Zelle beteiligen sich alle morphologischen Bestandteile an dem Einbau von Aminosäuren in die Proteine. Der Einbau von Aminosäuren in das Eiweiß läßt sich sowohl in Versuchen in vivo als auch in Versuchen in vitro mit den isolierten Zellbestandteilen nachweisen. Hierbei ergeben sich jedoch große Unterschiede, die dadurch bedingt sind, daß die isolierten Zellbestandteile äußerst labil sind und ihre Stoffwechselaktivitäten leicht einbüßen. Ein Beispiel für derartige Versuche ist in der Tabelle 88 wiedergegeben. Weiterhin sei auf die Befunde von P. SIEKEVITZ verwiesen.

Tabelle 88. *Einbau von markierten Aminosäuren in die Zellfraktionen der Meerschweinchenleber* (H. BORSOOK, C. L. DEASY, A. J. HAAGEN-SMIT, G. KEIGHLEY und P. H. LOWY).

Bei dem Versuch in vivo hatten die Tiere 16 mg Aminosäure je Kilogramm Körpergewicht erhalten. Versuchsdauer 30 min. Alle Werte sind als μMole Aminosäure je Gramm Eiweiß und Stunde angegeben.

Aminosäure	Zellkern	Mitochondrien	Mikrosomen	Zellplasma
Glykokoll				
in vivo	0,56	0,60	1,20	0,69
in vitro	0,52	0,40	0,075	0,00
Histidin				
in vivo	1,5	1,2	3,1	1,2
in vitro	0,32	0,15	1,5	3,7
Leucin				
in vivo	2,3	1,1	4,3	1,8
in vitro	0,61	—	0,00	0,00
Lysin				
in vivo	1,3	1,6	2,9	1,6
in vitro	4,1	3,2	0,9	3,2

Beim Einbau von markierten Aminosäuren in die Proteine nimmt die spezifische Aktivität der Eiweißkörper zunächst bis zu einem Maximum zu, um dann wieder abzufallen (Abb. 10). Je rascher der Einbau erfolgt, um so rascher nimmt die Konzentration wieder ab, während der Gehalt in den Proteinen, in die der Einbau nur langsam vonstatten geht, langsam zunimmt. So erfolgt allmählich eine Angleichung des Gehalts an den markierten Aminosäuren in allen Organproteinen (Abb. 19). Bei dem durch den dynamischen Zustand der Proteine schon sofort beginnenden Ersatz der markierten Aminosäuren durch unmarkierte wird ein Teil der markierten bald wieder frei. Die freigewordenen fallen zum Teil dem Abbau anheim, zum Teil werden sie wieder in Proteine eingebaut. Man kann daher eine fortschreitende Ausscheidung markierter Stoffwechselprodukte des Aminosäurestoffwechsels beobachten. So wurden z. B. in Versuchen an Mäusen nach der intravenösen Injektion von C^{14}-Glykokoll im Verlauf von 4 Std 28,4% des C^{14} als CO_2 ausgeatmet, von L-Histidin 43,5%, von L-Leucin 56,8% und von L-Lysin 27,5% (BORSOOK, DEASY, HAAGEN-SMIT, KEIGHLEY und LOWY). Nach der Verfütterung von markiertem Methionin an Ratten wurden innerhalb von 24 Std 7% des S^{35} im Harn ausgeschieden. Hunde, die D,L-Lysin mit C^{14} als ε-C-Atom erhalten hatten, schieden in den ersten 24 Std etwa $^1/_3$ des C^{14} in Form der Atmungskohlensäure und ein weiteres Drittel im Harn aus.

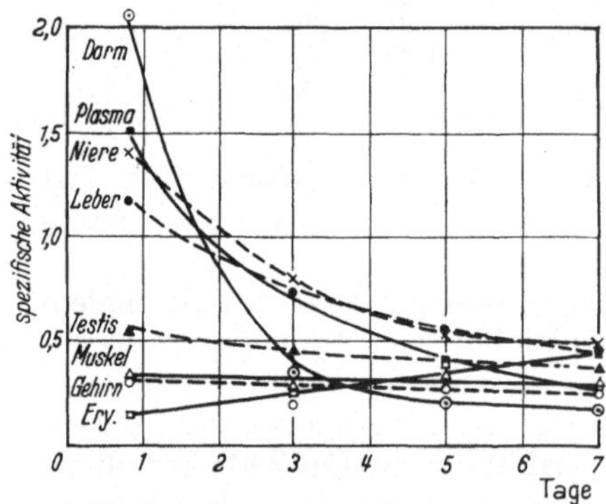

Abb. 19. Spezifische Aktivität des Schwefels in Proteinen nach der intravenösen Verabreichung von markiertem Methionin (F. FRIEDBERG, H. TARVER und D. M. GREENBERG).

Ein gutes Objekt zum Studium der Eiweißsynthese in vivo ist die Verfolgung der Bildung von Enzymen in überlebenden Schnitten. L. E. HOKIN studierte die Entstehung von Amylase in Pankreasschnitten. Unter geeigneten Bedingungen (gute Sauerstoffversorgung, Zusatz aller Aminosäuren in optimaler Konzentration) nimmt in derartigen Versuchen der Enzymgehalt der Schnitte auf das Doppelte zu. Die Neubildung erreichte einen Betrag von 5 γ Amylase je Gramm Trockengewicht und Stunde. Auch in diesen Versuchen ließ sich die Proteinsynthese durch Sauerstoffmangel und Vergiftung mit Dinitrophenol hemmen.

3. Glutathion.

Glutathion besitzt als Peptid eine außergewöhnliche Konstitution, weil die Peptidbindung bei der Glutaminsäure nicht an der der Aminogruppe benachbarten Carboxylgruppe angreift. Daher wird das Glutathion durch die meisten Proteasen nicht gespalten (Pepsin, Trypsin, Papain). Gegen Aminopeptidasen ist es resistent, wird aber von Carboxypeptidasen hydrolysiert. Glutathion spaltende Enzyme sind außer in der Darmwand noch in der Leber und in der Niere mancher Tiere nachgewiesen worden.

```
                  CO—NH—CH₂—COOH
                  |
     CO—NH—CH
     |            |
     CH₂          CH₂—SH
     |
     CH₂
     |
  H—C—NH₂
     |
     COOH
```

Glutathion
(Glutaminyl-cysteinyl-glykokoll)

Die enzymatische Aufspaltung von Glutathion durch Nierengewebe erfolgt durch das Zusammenwirken zweier Enzyme: der Glutathionase und der Cysteinylglycinase. Die Glutathionase kommt nur in der Niere und in der Darmwand vor. Vermutlich ist die Glutathionspaltung mit synthetischen Prozessen verknüpft. F. BINKLEY [2] stellte fest, daß das Enzym nur in der Gegenwart von Glutamin wirksam ist. Für die Wirkung des Enzyms stellt er folgende Reaktionskette zur Diskussion:

$$\text{Enzym—COOH} + \text{Glutamin} \rightarrow \text{Enzym—CO—NH}_2 + \text{Glutaminsäure},$$

$$\text{Enzym—CO—NH}_2 + \text{Glutathion} \rightarrow \text{Enzym—COOH} + \text{Glutamin} + \text{Cysteinylglycin}.$$

Die Glutathionase soll ein Lipoproteid sein. Die Cysteinylglycinase, welche dann nach Abspaltung der Glutaminsäure das Cysteinylglykokoll hydrolysiert, soll nach BINKLEY kein Protein, sondern ein Nucleotid sein.

Versuche mit markierten Aminosäuren (C^{14}-Glykokoll, N^{15}-Glutaminsäure) haben gezeigt, daß Glutathion im Organismus mit großer Geschwindigkeit aus seinen Bausteinen aufgebaut wird. Am aktivsten sind Leber und Darmschleimhaut. Die Synthese läßt sich auch in vitro in Leberhomogenaten nachweisen (K. BLOCH). Der Glutathiongehalt der Leber läßt sich in einem gewissen Ausmaße durch alimentäre Maßnahmen beeinflussen. Durch eine geringe Zufuhr von Cystin bzw. Methionin wird er herabgesetzt. Man kann ihn aber nicht durch eine reichliche Zufuhr der schwefelhaltigen Aminosäuren über die Norm steigern. Der Glutathiongehalt der anderen Organe ist von der Cystinzufuhr weitgehend unabhängig. Da Glutathion vom Organismus aufgespalten werden kann, ist es leicht verständlich, daß sich Nahrungscystin durch Glutathion ersetzen läßt.

Glutathion liegt in den Organen zum größten Teil (90—98%) in der reduzierten Form vor. Oxydiertes Glutathion wird von den Geweben mit großer Leichtigkeit reduziert, z. B. durch hydrierte Co-Dehydrase II. In pflanzlichen Geweben wurde eine spezifische Glutathionreduktase mit Co-Dehydrase II als prosthetischer Gruppe nachgewiesen. Co-Dehydrase I ist unwirksam. Die pflanzliche Glutathionreduktase greift Cystin nicht an (E. C. CONN und B. VENNESLAND). Auch die in tierischen Geweben nachgewiesene Glutathionreduktase ist TPN-spezifisch (T. W. RALL und A. L. LEHNINGER). Die Hydrierung des oxydierten Glutathion läßt sich daher mit einer Dehydrierung von Isocitronensäure oder Glucose-6-phosphat koppeln. Cytochrom c oxydiert SH-Glutathion zu S—S-Glutathion. S. R. AMES und C. A. ELVEHJEM haben es wahrscheinlich gemacht, daß tierische Gewebe, z.B. Mäusenieren, ein SH-Glutathion oxydierendes Enzym („Glutathionoxydase") enthalten, das mit Cytochrom c verknüpft ist und seinen Eigenschaften nach (Hemmbarkeit durch Cyanid und durch Diäthyldithiocarbamat) vermutlich ein Kupferproteid ist. Sie stellen auf Grund dieses Befundes zur Diskussion, ob Glutathion als „Co-Enzym" bei den über das Cytochromsystem verlaufenden Oxydationen fungiere. Ob diese Annahme von AMES und ELVEHJEM zutrifft oder nicht, läßt sich heute nicht entscheiden, da die experimentellen Unterlagen nicht ausreichen.

Die Funktion des in allen Geweben relativ hoher Konzentration vorkommenden Tripeptids Glutathion, das durch die Eigenheit seiner Struktur weitgehend vor der enzymatischen Aufspaltung geschützt ist, hat zu vielfachen Diskussionen Anlaß gegeben, ohne daß bisher eine endgültige Klärung des Problems möglich gewesen wäre. Reduziertes Glutathion vermag S—S-Gruppen von Proteinen zu reduzieren. Infolgedessen ist Glutathion ein wichtiger Regulator für solche Enzyme, deren Aktivität an die Existenz freier SH-Gruppen gebunden ist. Eine Zusammenstellung derartiger Enzyme findet man in der Tabelle 89. Glutathion ist aber die einzige SH-Gruppen enthaltende Substanz, welche normalerweise in den Geweben und Körperflüssigkeiten in einer ausreichenden Konzentration vorkommt, um die Reduktion von S—S-Gruppen von Proteinen und Enzymen zu bewirken. Außerdem hat Glutathion die Aufgabe, das Co-Enzym A in der reduzierten, reaktionsfähigen SH-Form zu halten. Freies Cystein kommt im Blut und in den Organen in einer äußerst geringen Konzentration vor.

Eine eindeutige biochemische Wirkung entfaltet Glutathion als Co-Enzym der Glyoxalase, des Enzyms, das Methylglyoxal in D(—)-Milchsäure verwandelt (S. 130). Da aber Methylglyoxal keineswegs im Hauptweg des Kohlenhydratabbaus gelegen ist, kann man diesem Wirkungskreis des Glutathions keine größere

Tabelle 89. *Einfluß freier Sulfhydrylgruppen auf die Aktivität von Enzymen.*

Enzyme, deren Aktivität von freien SH-Gruppen abhängig ist	Enzyme, deren Aktivität nicht von freien SH-Gruppen abhängig ist
Hexosemonophosphatdehydrase	Cytochromoxydase
Phosphoglycerinaldehyddehydrase	Katalase
Glycerindehydrase	Alkoholdehydrase (Leber)
α-Ketoglutarsäuredehydrase	Milchsäuredehydrase
Bernsteinsäuredehydrase	Isocitronensäuredehydrase
Äpfelsäuredehydrase	Uricase
Alkoholdehydrase (Hefe)	Diaminoxydase
ATP-ase	Polyphenoloxydase
Phosphoglucomutase	Kohlensäureanhydratase
Phosphorylase	Saure Phosphatase
Hexokinase	Arginase
Amylase (Pankreas)	Pepsin
β-Oxybuttersäuredehydrase	Trypsin
Lipase (Pankreas)	
Esterase (Pankreas)	
Cerebrosidase	
D-Aminosäureoxydase	
Aminoxydase	
Glutaminsäuredehydrase	
Urease	
Kathepsin	
Transaminasen	
Cholinoxydase	
Cholinesterase	
Cholinacetylase	

biologische Bedeutung zumessen. Über die Rolle des Glutathions als reduzierender Faktor in den Erythrocyten und seine dadurch gegebene Bedeutung für die Stabilität des Hämoglobins s. S. 332. Glutathion kann als Ausgangsmaterial für Transpeptidierungen verwendet werden (C. S. HANES, F. J. R. HIRD und F. A. ISHERWOOD). Näheres über diese vermutlich für den Eiweißstoffwechsel wichtige Reaktion findet man auf S. 173.

Beim Kaninchen nimmt nach Verabreichung von Insulin der Glutathiongehalt der Leber ab und die Glutathionkonzentration im Blut zu. Hypophysektomierte Ratten enthalten in ihren Geweben wesentlich weniger Glutathion und γ-Glutaminylcystein als normale Tiere. Diese Befunde sprechen für eine hormonale Regulation des Glutathionstoffwechsels.

4. Allgemeines über den Stoffwechsel der Aminosäuren.

Die durch die Verdauungsfermente aus dem Nahrungseiweiß in Freiheit gesetzten Aminosäuren werden durch die Darmwand resorbiert. Die in der Tabelle 90 angeführten Zahlen beziehen sich auf die Resorption je einer einzigen Aminosäure. Aus einer Mischung mehrerer Aminosäuren wird zumeist weniger resorbiert, was auf eine kompetitive Hemmung durch Konkurrenz um das für die Resorption benötigte energieliefernde System schließen läßt. Näheres siehe weiter unten.

Das Blut des Menschen enthält im Mittel 4,2 mg-% Amino-N. Über den Gehalt des Blutes an den einzelnen Aminosäuren orientiert die Tabelle 91. Die gegenseitigen Mengenverhältnisse im Blute entsprechen nicht der Zusammensetzung der Organproteine. Die Konzentration der Aminosäuren im Blut wird hormonal gesteuert. Besonders bedeutungsvoll in dieser Beziehung ist das Insulin (S. 71). Diabetische Tiere haben einen erhöhten Aminosäuregehalt des Blutes, der durch die Injektion von Insulin zur Norm gesenkt wird. Insulingaben vermindern sogar den Aminosäuregehalt des Blutes normaler Personen. Diese

Tabelle 90. *Die Resorption der Aminosäuren aus dem Darm.*
Versuche an Ratten mit der Methode von CORI.

Aminosäure	Resorption in mg je 100 g Tier und Stunde	Aminosäure	Resorption in mg je 100 g Tier und Stunde
L-Alanin	81,5[5]	L-Isoleucin	34,2[2]
D-Alanin	61,5[5]	L-Leucin	45,0[2]
L-Cystin	49,4[1]	L-Lysin	37,3[6]
D-Cystin	53,6[1]	L-Methionin	35,7[1]
Mesocystin	41,2[1]	D-Methionin	35,6[1]
L-Cystein	35,6[1]	D,L-Serin	67,1[5]
L-Glutaminsäure	78,8[3]	L-Tryptophan	62,9[4]
Glykokoll	53,1[3]	L-Valin	47,2[2]
L-Histidin	97,4[6]		

Insulinwirkung beruht auf einer Stimulierung der Eiweißsynthese in den Zellen. W. L. LOTSPEICH zeigte, daß die unter dem Einfluß von Insulin aus dem Blut verschwindenden Aminosäuren etwa der Zusammensetzung des Muskeleiweiß entsprechen.

Durch die Aufnahme von Nahrung oder die Injektion von Aminosäuren läßt sich der Aminosäuregehalt des Blutes nur schwer und nur für kurze Zeit verändern. Intravenös injizierte Aminosäuren wandern rasch aus dem Blut ab.

Tabelle 91. *Der Gehalt des Blutplasmas an freien Aminosäuren in mg-% (Mensch).*

Aminosäure	A. L. SHEFFNER, J. B. KIRSNER und W. L. PALMER [7]	O. WISS [8]	P. E. SCHURR, H. T. THOMPSON, L. M. HENDERSON und C. A. ELVEHJEM [9]	B. F. STEELE, M. S. REYNOLDS und C. A. BAUMAN [10]
Alanin		6,5—10,9		3,2—5,6
Arginin	1,6—1,7	5,8—7,8	3,2—3,9	1,6—3,7
Asparaginsäure		0,7—0,9		0,6—1,4
Cystin		1,0—1,1		Spur
Glykokoll		3,9—7,7		0,8—1,4
Histidin	1,4—1,7	1,6—1,8	1,1—1,3	1,7—2,9
Isoleucin	1,8	0,4—1,4	0,7—1,0	1,5—2,3
Leucin	2,5	1,2—2,5	1,9—2,7	1,7—3,3
Lysin	2,1—2,3	8,1—13,1	4,9—5,8	2,8—5,3
Methionin	0,3—0,4	0,1—0,3	1,5—2,2	0,8—1,1
Phenylalanin		0,8—1,5	0,9—1,4	1,5—2,4
Threonin	2,1—2,2	1,7—3,2	3,4—4,4	2,0—3,9
Tryptophan		0,5—0,7	1,2—1,7	1,0—3,2
Tyrosin		0,6—1,1		0,9—1,5
Valin	2,2—2,7	3,5—7,5	2,1—2,7	2,6—4,9
Prolin		1,7—3,0		
Oxyprolin		0,01—0,8		
Glutaminsäure		10,9—20,3		3,2—4,8

[1] HESS, W. C.: J. biol. Chem. **181**, 23 (1949).
[2] CHASE, B. W., u. H. V. LEWIS: J. biol. Chem. **106**, 315 (1934).
[3] WILSON, R. H., u. H. B. LEWIS: J. biol. Chem. **84**, 511 (1929).
[4] BERG, C. P., u. L. C. BAUGUESS: J. biol. Chem. **98**, 171 (1932).
[5] SCHOFIELD, F. A., u. H. B. LEWIS: J. biol. Chem. **168**, 439 (1947).
[6] DOTY, J. R., u. A. G. EATON: J. biol. Chem. **122**, 139 (1937).
[7] SHEFFNER, A. L., J. B. KIRSNER u. W. L. PALMER: J. biol. Chem **175**, 107 (1948).
[8] WISS, O.: Helv. chim. Acta **31**, 2148 (1948); **32**, 153 (1949).
[9] SCHURR, P. E., H. T. THOMPSON, L. M. HENDERSON u. C. A. ELVEHJEM: J. biol. Chem. **182**, 29, 39 (1950).
[10] STEELE, B. F., M. S. REYNOLDS u. C. A. BAUMAN: J. Nutrit. **40**, 145 (1950).

Zumeist sind auch nach großen Dosen innerhalb von 15 min 80—90% der injizierten Aminosäuren aus dem Blut verschwunden. Leber und Niere nehmen hierbei am meisten Aminosäuren auf, die anderen Organe deutlich weniger (F. FRIEDBERG und D. M. GREENBERG). Nach der Infusion von 500 cm^3 eines

Tabelle 92. *Freie Aminosäuren in den Organen*
(J. D. SOLOMON, C. A. JOHNSON, A. L. SHEFFNER und O. BERGEIM).
Mittelwerte und Streubreite bei der Analyse von 12 Ratten. Alle Werte in γ/g Frischsubstanz.

Aminosäure	Muskel	Herz	Leber	Niere	Milz
Arginin	64 (52—81)	105 (89—132)	49 (41—61)	268 (160—373)	119 (83—158)
Histidin	79 (67—91)	31 (29—32)	122 (96—142)	48 (29—60)	72 (42—97)
Lysin	112 (73—151)	161 (155—170)	159 (128—189)	230 (153—367)	102 (67—140)
Methionin	22 (15—32)	35 (31—40)	69 (58—80)	46 (27—73)	46 (19—48)
Phenylalanin	24 (17—32)	41 (33—50)	79 (69—89)	220 (146—294)	72 (48—112)
Leucin	36 (28—41)	82 (56—111)	137 (117—160)	569 (351—752)	219 (158—305)
Isoleucin	21 (16—29)	32 (20—42)	67 (55—77)	217 (114—295)	111 (91—143)
Valin	35 (25—52)	50 (34—59)	86 (70—104)	326 (210—433)	198 (117—279)
Threonin	67 (49—81)	82 (77—92)	72 (57—88)	304 (214—400)	152 (108—199)
Tryptophan	7 (6—7)	8 (3—13)	19 (14—22)	44 (27—67)	30 (22—41)
Tyrosin	22 (16—31)	31 (29—33)	50 (42—62)	139 (96—188)	135 (110—159)
Cystin	10 (4—15)	16 (8—20)	56 (42—70)	255 (177—312)	40 (26—61)

10%igen Caseinhydrolysats betrug der Amino-N-Gehalt des Plasmas nach 5 min 22,5 mg-%, nach 60 min 7,2 mg-%; der Ausgangswert war nach 3 Std wieder erreicht. Zwischen der Höhe der Aufnahme einer bestimmten Aminosäure und ihrer Konzentration im Blut besteht keine eindeutige Korrelation. Nach der Entfernung der Leber steigt der Aminosäuregehalt des Blutes an, jedoch ohne daß sich die gegenseitigen Mengenverhältnisse der Aminosäuren wesentlich ändern (E. V. FLOCK, F. C. MANN und J. L. BOLLMAN).

Die Organzellen enthalten mehr Aminosäuren als das Blut. F. FRIEDBERG und D. M. GREENBERG stellten als Normalwerte beim Menschen fest: 44,0 mg-% Amino-N in der Niere, 43,1 mg-% im Gehirn, 32,1 mg-% in der Leber und 19,2 mg-% im Muskel.

Die Zellen nehmen die Aminosäuren aus dem Blut entgegen einem Konzentrationsgefälle auf, was nur durch Zufuhr von Energie ermöglicht werden kann. Die Aufnahme von Aminosäuren in die Zellen wird daher durch Gifte gehemmt, welche in den Energiestoffwechsel eingreifen wie z. B. Blausäure, Azid, Dinitrophenol usw. Umgekehrt läßt sich die Aminosäureaufnahme in Zellen in Versuchen in vitro durch Verstärkung exergonischer Prozesse (z. B. durch Zusatz von Brenztraubensäure zum Ansatz) verbessern.

H. KAMIN und P. HANDLER haben einzelne Aminosäuren Hunden in konstanter Rate (0,5—4,0 mg Amino-N je Minute) infundiert und die Aufnahme derselben in die einzelnen Gewebe gemessen (Tabelle 94). Offensichtlich ver-

Tabelle 93. *Der Gehalt der Leber an freien Aminosäuren in mg-%.*

Aminosäure	O. Wiss[1]	P. E. Schurr, H. T. Thompson, L. M. Henderson und C. A. Elvehjem[2]
Alanin	49,0—109,0	
Arginin	0,2—1,1	1,1—1,3
Asparaginsäure	16,1—29,9	
Cystin	0,8—1,6	
Glutaminsäure	121,0—139,0	
Glykokoll	20,0—28,6	
Histidin	6,6—8,5	3,4—4,2
Isoleucin	3,4—7,2	7,7—8,0
Leucin	5,5—9,1	8,3—9,0
Lysin	8,3—14,1	7,7—7,8
Methionin	0,9—3,0	1,8—3,9
Phenylalanin	2,7—4,4	4,2—4,8
Prolin	4,0—6,7	6,1—8,5
Serin	11,6—25,8	
Threonin	5,1—1,6	9,9—15,3
Tryptophan	0,03—0,2	1,6—1,7
Tyrosin	2,7—4,3	
Valin	5,1—12,3	6,2—6,9

Tabelle 94. *Permeabilität von Gewebezellen für Aminosäuren* (H. Kamin und P. Handler). Zunahme des Amino-N in mg-% über den Ausgangswert bei der Dauerinfusion einzelner Aminosäuren beim Hund.

Aminosäure	Plasma	Leber	Niere	Muskel	Liquor	Gehirn
L-Glutaminsäure	50	0				
	38	4				
	70	0				
	32	11			0	0
	84	0			0	0
	15	0		0		
	26		40			
L-Asparaginsäure	40	0	66	0	0	0
	38	0				0
	42	18			0	0
	55	0				0
L-Glutamin	28	27			0,5	0
	68	66			7,3	34
L-Alanin	86	72	91	10		
Glykokoll	133	136	136	52		
	89	147	126	27		
	52	61	17	25		
L-Methionin	21	19	30	14	0,55	4,9
	24	30	17		0,39	3,1
L-Histidin	81	56		10		8
	70	60		12		10
L-Lysin	100	106	151	0	2,7	4,1
	72	66	173	1,8	1,8	12,7
L-Arginin	30	<0		8		2,1
	35	<0		17		1,8

[1] Wiss, O.: Helv. chim. Acta **32**, 1344 (1949).

[2] Schurr, P. E., H. T. Thompson, L. M. Henderson u. C. A. Elvehjem: J. biol. Chem. **182**, 39 (1950).

halten sich die einzelnen Organe verschieden. Während es in der Leber zu einem Gleichgewicht zwischen den Aminosäuren im Blut und denen in der Leber kommt, nimmt die Muskelzelle nur beschränkte Aminosäuremengen auf. Für viele Aminosäuren besteht eine unüberwindbare Blut-Liquorschranke.

Bei dem Eindringen von Aminosäuren in die Zellen hat sich eine Reihe höchst interessanter gegenseitiger Beeinflussungen von Aminosäuren, ähnlich wie bei der Resorption der Aminosäuren aus dem Darm, feststellen lassen. Insbesondere ergaben sich Antagonismen zwischen einzelnen Aminosäuren. Eine hohe Konzentration einer Aminosäure im Blut stört die Anreicherung anderer Aminosäuren in den Zellen (Tabelle 95).

Tabelle 95. *Aminosäurekonzentration in den Organen 15 min nach der intravenösen Injektion von Aminosäuren* (J. Awapara und H. N. Marvin[1]). Versuchstiere Ratten. Injizierte Dosis je 0,16 g Amino-N/kg.

Organ	Injizierte Aminosäure	Asparaginsäure mg-%	Glutaminsäure mg-%	Glykokoll mg-%	Alanin mg-%
Leber	Asparaginsäure	94 ± 11	87 ± 5	40 ± 7	45 ± 1
	Glutaminsäure	63 ± 7	120 ± 13	54 ± 9	55 ± 8
	Glykokoll	60 ± 7	80 ± 11	160 ± 48	53 ± 3
	Alanin	105 ± 14	67 ± 11	45 ± 6	160 ± 16
	Keine	47 ± 4	60 ± 6	40 ± 6	46 ± 5
Niere	Asparaginsäure	449 ± 31	185 ± 15	62 ± 3	37 ± 2
	Glutaminsäure	109 ± 5	379 ± 14	66 ± 11	38 ± 5
	Glykokoll	52 ± 6	99 ± 5	254 ± 7	38 ± 3
	Alanin	43 ± 2	91 ± 8	64 ± 8	167 ± 23
	Keine	40 ± 3	99 ± 4	63 ± 3	38 ± 5
Muskel	Asparaginsäure	55 ± 10	53 ± 7	138 ± 9	44 ± 1
	Glutaminsäure	56 ± 13	58 ± 4	140 ± 16	47 ± 4
	Glykokoll	54 ± 17	58 ± 4	190 ± 4	47 ± 3
	Alanin	40 ± 3	40 ± 8	122 ± 14	67 ± 11
	Keine	38 ± 4	56 ± 2	138 ± 9	38 ± 4

So wurde beobachtet, daß nach einer reichlichen Gabe von Prolin der Glykokollgehalt der Leber auf $^1/_4$ des Ausgangswertes abfiel, wobei die Glykokollkonzentration im Plasma entsprechend zunahm. In Versuchen in vitro ließ sich die Aufnahme von Glykokoll in Zwerchfellmuskel durch den Zusatz nahezu aller anderer Aminosäuren vermindern. Außer diesen Beispielen sind noch zahlreiche andere, ähnlich gelagerte beobachtet worden. Anscheinend nimmt die Glutaminsäure eine Sonderstellung ein. Sie hemmt das Eintreten der anderen Aminosäuren in die Zellen praktisch nicht (Tabelle 95).

Auch hier ist die Ursache für die Störung der Aminosäureaufnahme in einer kompetitiven Hemmung zu suchen. Solche Hemmungen lassen sich offensichtlich überall da beobachten, wo Aminosäuren in Zellen eindringen: Bei der Resorption der Aminosäuren aus dem Darm, bei der Aufnahme von Aminosäuren in die Körperzellen, bei der Rückresorption der Aminosäuren durch die Tubuluszellen der Niere. Vermutlich hat die Aufnahme der Aminosäuren in die Zellen eine vorhergehende Überführung derselben in energiereiche Verbindungen (etwa in Form von energiereichen Phosphatbindungen oder von energiereichen Mercaptanbindungen) zur Voraussetzung. Die Hemmung der Aufnahme der Aminosäuren aus der extracellulären Flüssigkeit durch eine erhöhte Konzentration anderer Aminosäuren beruht auf einer Konkurrenz um den Mechanismus, durch den sie in den Zustand eines erhöhten Energiegehalts hinaufgehoben werden. Diese

[1] Awapara, J., u. H. N. Marvin: J. biol. Chem. 178, 691 (1948).

Vermutung liegt um so näher, als die Antagonismen häufig besonders deutlich zwischen chemisch ähnlich gebauten Aminosäuren (z. B. Serin-Threonin oder Valin-Leucin) zu beobachten sind. Mitunter findet man auch Antagonismen zwischen den D-Formen und den L-Formen der Aminosäuren. Einige Beispiele

Tabelle 96. *Aminosäureantagonismen bei Neurospora.*

Wachstumsfaktor	Hemmende Substanz
Isoleucin + Valin	Überschuß an Isoleucin oder Valin[1]
Lysin	Arginin[2]
Glykokoll oder Serin	Asparaginsäure[3]
α-Aminoadipinsäure	Arginin, Asparagin, Glutaminsäure[4]
Methionin oder Threonin	Überschuß an Methionin[5]

von Aminosäureantagonismen bei Neurospora sind in der Tabelle 96 wiedergegeben. Die sehr viel schlechtere Verträglichkeit von intravenösen Gaben von Aminosäuregemischen, welche racemische Aminosäuren enthalten, dürfte durch denselben oder einen ähnlichen Mechanismus bedingt sein.

Durch die beschriebenen Antagonismen führt die Erhöhung der Konzentration einer Aminosäure im Blute zur Verminderung der Konzentrationen anderer Aminosäuren in den Zellen, was die Synthese von Eiweiß erheblich stören kann, da zu ihr bekanntlich alle Aminosäuren in bestimmten optimalen Konzentrationen gleichzeitig vorhanden sein müssen. Daher kommt es, daß die Verfütterung größerer Mengen einzelner Aminosäuren zu Wachstumshemmungen und toxischen Symptomen führen kann. Am besten untersucht in dieser Hinsicht ist das Methionin. Eine Steigerung des Gehaltes des Futters auf 2—3% L-Methionin bewirkt bei Ratten regelmäßig eine Hemmung des Wachstums. Auch die Verfütterung größerer Dosen von L-Tyrosin wirkt toxisch. Hierüber liegt ein beträchtliches experimentelles Material vor. Ähnliche zu Wachstumsverzögerungen führende Aminosäureantagonismen sind auch schon im Pflanzenreich beobachtet worden (J. L. AUDUS und J. H. QUASTEL). Letzten Endes wirkt sich die Mehrzufuhr einer Aminosäure so aus, daß auch der Bedarf an den anderen gesteigert wird.

Umgekehrt bewirkt der Mangel an einer Aminosäure auch Verschiebungen des Gehalts des Blutes und der Organe an anderen Aminosäuren, wie A. E. DENTON, J. N. WILLIAMS jr. und C. A. ELVEHJEM am Beispiel des Methionins gezeigt haben. Ein Mangel an Tryptophan wird durch Verfütterung von viel Threonin oder Cystin noch verstärkt (L. V. HANKES, L. M. HENDERSON und C. A. ELVEHJEM).

Alle vorliegenden Beobachtungen erweisen, daß zwischen den Zellproteinen, den Zellaminosäuren und den extracellulären Aminosäuren Gleichgewichte bestehen. Die Eiweißsynthese in einer Zelle setzt demnach voraus, daß zunächst

$$\text{Extracelluläre Aminosäuren} \leftrightarrows \text{Intracelluläre Aminosäuren} \rightleftarrows \text{Zelleiweiß}$$

der Aminosäuregehalt der Zelle vermehrt wird. Hierfür haben H. N. CHRISTENSEN und J. A. STREICHER einige gute Beweise beigebracht. Sie fanden in Zellen, in denen eine lebhafte Eiweißsynthese stattfand, einen gegenüber der Norm gesteigerten Aminosäuregehalt. Die nach einer partiellen Hepatektomie sich

[1] BONNER, D. M., E. L. TATUM u. G. W. BEADLE: Arch. Biochem. **3**, 71 (1943).
[2] DOERMANN, A. H.: Arch. Biochem. **5**, 373 (1944).
[3] HUNGATE, F.: Zitiert nach E. L. TATUM, Fed. Proc. **8**, 511 (1948).
[4] MITCHELL, H. K., u. M. B. HOULAHAN: J. biol. Chem. **174**, 883 (1948).
[5] TEAS, H. J., M. N. HOROWITZ u. M. FLING: J. biol. Chem. **172**, 651 (1948).

regenerierende Leber enthält rund 50% mehr Aminosäuren als das ruhende Organ. Die Muskulatur von Feten hat eine etwa dreimal so hohe Aminosäurekonzentration wie die Muskulatur des mütterlichen Organismus. Das fetale Blut ist aminosäurereicher als das mütterliche. Beim Meerschweinchen enthält fetales Blut fünfmal soviel Aminosäuren wie das mütterliche, beim Menschen 1,8mal soviel. Die Placenta hat also unter anderem auch die wichtige Aufgabe, Aminosäuren zu konzentrieren.

Vermutlich ist die Steigerung des Aminosäuregehaltes der Zellen beim beschleunigten Wachstum mindestens zum Teil durch eine Verminderung des Abbaus der Aminosäuren bedingt. Nach P. P. Cohen und G. L. Hekhuis besteht eine inverse Beziehung zwischen Höhe der Eiweißsynthese und Aktivität der Transaminasen in den Zellen. P. D. Bartlett und M. Glynn haben nachgewiesen, daß die Erhöhung des Aminosäuregehaltes der Muskulatur von Tieren, deren Wachstum durch Verabreichung von Wachstumshormon stimuliert war, mit einer Verminderung der Transaminasen in der Muskulatur verbunden war.

Im Eiweißmangel, z. B. infolge Verfütterung eines eiweißfreien Futters, nimmt die Konzentration mancher essentieller Aminosäuren im Blut und in den Organen ab (H. T. Thompson, P. E. Schurr, L. M. Henderson und C. A. Elvehjem), ohne daß es zu einer Veränderung der Gesamt-Amino-N-Konzentration kommt. Nach Traumen oder chirurgischen Eingriffen findet man den Aminosäuregehalt des Blutes erniedrigt.

Der Organismus kann keine freien Aminosäuren speichern. Daher hat eine nicht gleichzeitig erfolgende Verfütterung aller essentiellen Aminosäuren keinen Effekt bezüglich Wachstum als Test für die Synthese von Körpereiweiß. Aus demselben Grunde verbessert der Zusatz von den nicht essentiellen Aminosäuren zu den essentiellen deren Wachstumseffekt. Die Interpretation des dynamischen Gleichgewichtes des Eiweiß in dem Sinne, daß bei einem „alternden" Proteinmolekül Baustein für Baustein ausgetauscht wird, kann aus demselben Grunde nicht in allen Fällen zutreffend sein. Daher führt auch die verzögerte Gabe einer essentiellen Aminosäure zu einem gleichgroßen N-Verlust, wie wenn sie überhaupt nicht zugeführt würde. Ratten, die mit einer Diät gefüttert werden, in welcher eine der essentiellen Aminosäuren fehlt, bauen Glykokoll oder Tryptophan (mit C^{14} markiert) nur äußerst langsam in ihr Eiweiß ein (D. R. Sanadi und D. M. Greenberg).

Die nicht zum Aufbau von Eiweiß verwendeten Aminosäuren fallen entweder einem Abbau anheim oder werden im Harn ausgeschieden. Die Aminosäureausscheidung im Harn ist normalerweise nur gering. Die Aminosäuren werden aus den Tubuli praktisch quantitativ wieder zurückresorbiert. Die rückresorbierte Menge ist nicht konstant, sondern steigt mit zunehmender Aminosäurekonzentration im Plasma an. Relativ schlecht wird die Glutaminsäure rückresorbiert. Arginin und Histidin, ebenso Histidin und Lysin hemmen sich gegenseitig kompetitiv bei der Rückresorption. Mit den anderen Aminosäuren ergeben sich keine Hemmungen, so daß man annehmen darf, daß die basischen Aminosäuren einen besonderen Mechanismus der Rückresorption haben. Kompetitive Hemmungen der Rückresorption lassen sich auch im Bereich der Monoamino-monocarbonsäuren beobachten. Beispielsweise hemmt Glykokoll die Rückresorption anderer Aminosäuren. Die Selektivität der Nierentubuli für die einzelnen Aminosäuren ergibt sich aus den Clearencewerten. Die Clearence beträgt für Leucin, Isoleucin, Valin und Arginin weniger als 1 cm^3 je Minute, für Threonin, Lysin und Methionin 1—2 cm^3 je Minute und für Histidin 9,6 cm^3 je Minute. Die Infusion einer größeren Menge einer bestimmten Aminosäure verursacht in den meisten Fällen eine Steigerung der Ausscheidung der anderen Aminosäuren auf

Tabelle 97. *Aminosäureausscheidung (mg im Tag) beim Menschen bei normaler Ernährung.*

Aminosäure	1	2	3	4	5	6
Arginin	12—45	17—24	15—37	18,2 ± 3,1	20—32	22—35
Asparaginsäure .	87—269	100—166				45—220
Cystin	45—138					
Glutaminsäure .	102—770	234—393				67—218
Glykokoll . . .		500—921				
Histidin	65—439	82—203	73—410	66,9 ± 26	120—400	49—158
Isoleucin	12—33	10—20	12—22	10,0 ± 2,9	13—21	1—31
Leucin	12—40	17—26	16—32	15,5 ± 4,2	17—35	32—111
Lysin	35—166	37—67	50—158	16,8 ± 6,6	50—148	12—16
Methionin . . .	4—15	8—15	6—20	6,2 ± 1,4	5—12	3—21
Phenylalanin . .	10—45	14—24		13,0 ± 3,4		3—33
Threonin	15—54	27—54	33—98	20,0 ± 7,4	45—90	8—55
Tryptophan . . .	11—86					6—42
Tyrosin	23—100					21—78
Valin	11—30	21—32	16—30	19,0 ± 5,4	17—25	1—34

das Vielfache (H. KAMIN und P. HANDLER). Am stärksten wird die Ausscheidung von Threonin und Histidin beeinflußt.

Die Höhe der Aminosäureausscheidung im Harn wird im Tierversuch (Mäuse, Ratten) vom biologischen Wert des Nahrungseiweiß beeinflußt. Nach der Aufnahme von biologisch hochwertigem Eiweiß ist die Aminosäureausscheidung im Harn gering und beträgt höchstens 0,5—1,0% der Zufuhr. Nach der Verfütterung von biologisch minderwertigem Eiweiß steigt die Aminosäureausscheidung beträchtlich an und kann auf 20% und mehr der Zufuhr anschwellen. Da das biologisch wenig wertvolle Eiweiß ungenügende Mengen an essentiellen Aminosäuren enthält, ist es als Ausgangsmaterial für die Eiweißsynthese schlecht geeignet. Daher bleiben viele Aminosäuren übrig, wodurch die Exkretion ansteigt. Beim Menschen wurde eine Abhängigkeit der Aminosäureausscheidung vom biologischen Wert des Nahrungseiweiß nicht festgestellt (E. S. NASSET und R. H. TULLY). Nach Aufnahme von Casein, Ei, Weizengluten oder Trockenfleisch war die Ausscheidung von Aminosäuren etwa gleichgroß. Die Diskrepanz der Befunde an Mensch und Tier dürfte zum Teil dadurch bedingt sein, daß die Versuchsbedingungen im Tierexperiment zumeist extremer gewählt werden als bei Versuchen am Menschen.

Nach der intravenösen Infusion von Aminosäuren werden in manchen Fällen größere Mengen Ammoniak im Harn ausgeschieden, und zwar auch ohne Bestehen einer Acidose und selbst bei erhöhter Alkalireserve des Plasmas. Die höchste Ammoniakbildung verursachten die folgenden Aminosäuren (H. KAMIN und P. HANDLER): L-Glutamin, L-Asparagin, D,L-Alanin, L-Histidin. L-Asparaginsäure, Glykokoll, L-Leucin, L-Methionin und L-Cystein nahmen eine Mittelstellung ein. Zu praktisch keiner Vermehrung der Ammoniakausscheidung führte die Infusion von L-Glutaminsäure, L-Lysin und L-Arginin. Eine Korrelation zwischen der Fähigkeit der Niere, die erwähnten Aminosäuren zu desaminieren, und der Ammoniakausscheidung besteht nicht.

[1] WOODSON, H. W., S. W. HIER, J. D. SOLOMON u. O. BERGEIM: J. biol. Chem. **172**, 613 (1948).
[2] DUNN, M. S., M. N. CAMIEN, S. AKAWA, R. P. MALIN, S. EIDUSON, H. R. GETZ u. K. R. DUNN: Amer. Rev. Tuberkul. **60**, 439 (1949).
[3] KIRSNER, J. B., A. L. SHEFFNER u. W. L. PALMER: J. clin. Invest. **28**, 716 (1949).
[4] HARVEY, C. C., u. M. K. HORWITT: J. biol. Chem. **178**, 953 (1949).
[5] SHEFFNER, A. L., J. B. KIRSNER u. W. L. PALMER: J. biol. Chem. **175**, 107 (1948).
[6] WALLGRAF, E. S., E. C. BRODIE u. A. L. BARDEN: J. clin. Invest. **29**, 1542 (1950).

5. Die Bildung der Aminosäuren.

Die Biosynthese der Aminosäuren im Organismus umfaßt zwei verschiedene Probleme: Die Herkunft des Kohlenstoffskelets und die Herkunft der Aminogruppe.

W. C. Rose verfütterte an junge Ratten an Stelle von Eiweiß Aminosäuregemische und stellte fest, daß sich schwere Wachstumsstörungen und andere Ausfallssymptome entwickelten, wenn er bestimmte Aminosäuren aus dem Gemisch fortließ. Mit Hilfe dieses Testes ließ sich zeigen, daß Mensch und Säugetiere 9 Aminosäuren nicht oder nicht in genügendem Umfang selbst zu bilden vermögen und daher auf die Zufuhr derselben mit der Nahrung angewiesen sind. Man pflegt diese für den Organismus unentbehrlichen Aminosäuren als „essentielle" Aminosäuren zu bezeichnen. Die fehlende oder ungenügende Zufuhr einer oder gar mehrerer essentieller Aminosäuren bewirkt eine generelle Störung des Eiweißstoffwechsels, da der Aufbau von Körpereiweiß dann durch die Versorgung mit der betreffenden Aminosäure limitiert wird. Beim Mangel an einer essentiellen Aminosäure kann ein junger Organismus nicht wachsen und ein erwachsener seinen Stoffbestand nicht aufrechterhalten. Neben diesen allgemeinen Symptomen der Störung des Eiweißhaushaltes erzeugt das Fehlen mancher der essentiellen Aminosäuren noch spezifische Ausfallserscheinungen, auf die hier nicht näher eingegangen werden soll. Eine detaillierte Schilderung findet man in der Monographie von K. Lang und O. Ranke. Muß trotz des Fehlens (bzw. der mangelhaften Zufuhr) ein körperwichtiges Protein aufgebaut werden, so wird ein für den Organismus weniger wichtiges Eiweiß, zumeist Muskeleiweiß, aufgespalten, um die betreffende Mangelaminosäure zu gewinnen. Die anderen dabei freiwerdenden Aminosäuren, die nicht zur Proteinsynthese benötigt werden, fallen dem Abbau anheim. Über den Bedarf des Menschen an essentiellen Aminosäuren orientiert die Tabelle 98. Im Gegensatz zu den Befunden an Hunden und Ratten führt der Mangel an Histidin beim Menschen nicht zu einer negativen N-Bilanz.

Die essentiellen Aminosäuren.

Histidin	Phenylalanin
Isoleucin	Threonin
Leucin	Tryptophan
Lysin	Valin
Methionin	

Tabelle 98. *Der Bedarf des erwachsenen Menschen an den essentiellen Aminosäuren* (W. C. Rose).

Aminosäure	Tägliche Zufuhr in g		Aminosäure	Tägliche Zufuhr in g	
	Minimalbedarf	Wünschenswert		Minimalbedarf	Wünschenswert
Isoleucin . . .	0,70	1,40	Phenylalanin .	1,10	2,20
Leucin	1,10	2,20	Threonin . . .	0,50	1,00
Lysin	0,80	1,60	Tryptophan. .	0,25	0,50
Methionin . .	1,10	2,20	Valin	0,80	1,60

a) Die Herkunft des Kohlenstoffskelets.

Das Unvermögen, die essentiellen Aminosäuren aufzubauen, liegt für den Organismus in der Synthese des Kohlenstoffskelets. Dies geht daraus hervor, daß sich die essentiellen Aminosäuren in der Nahrung durch die entsprechenden

Tabelle 99. *Verwertbarkeit der α-Ketosäuren an Stelle von Aminosäuren im Wachstumstest.*

Cystin	—[1]	Lysin	—[9]	Tryptophan .	+[8]
Histidin. . . .	+[2]	Methionin . .	+[4]	Tyrosin . . .	+[6]
Isoleucin . . .	+[3,10]	Phenylalanin .	+[5,6]	Valin	+[7,10]
Leucin	+[3]				

Ketosäuren ersetzen lassen (Tabelle 99). Die Aminierung dieser Ketosäuren bereitet dem Organismus offensichtlich keine Schwierigkeiten. Näheres hierüber siehe weiter unten. Die essentiellen Aminosäuren müssen demnach deswegen dem Organismus laufend zugeführt werden, weil er ihr Kohlenstoffskelet nicht aufbauen kann.

Alle anderen Aminosäuren entstehen im intermediären Stoffwechsel in ausreichenden Mengen (vorausgesetzt, daß die anderweitigen stofflichen und energetischen Bedürfnisse des Organismus gedeckt werden). Man pflegt sie daher auch als „entbehrliche“ Aminosäuren zu bezeichnen.

Glutaminsäure, Asparaginsäure und Alanin entstehen aus den ihnen zugrunde liegenden α-Ketosäuren α-Ketoglutarsäure, Oxalessigsäure und Brenztraubensäure, die alle im Stoffwechsel (α-Ketoglutarsäure und Oxalessigsäure im Citronensäurecyclus) in größtem Umfang anfallen. Die Einführung der Aminogruppe in die Glutaminsäure erfolgt durch eine reduktive Aminierung mit Hilfe der Glutaminsäuredehydrase. Asparaginsäure entsteht aus Oxalessigsäure, Alanin aus Brenztraubensäure durch Transaminierung. Für die drei erwähnten Aminosäuren sind also Herkunft der Kohlenstoffatome und der Aminogruppe eindeutig geklärt.

Glykokoll, Serin und Cystein sind im Stoffwechsel eng miteinander verknüpft. Glykokoll und Serin lassen sich leicht gegenseitig ineinander überführen. Serin liefert die C-Atome und das N-Atom für Cystein. Steht Glykokoll zur Verfügung, so hat man das Ausgangsmaterial für die Kohlenstoffkette und die NH_2-Gruppen der beiden anderen Aminosäuren. Die Verlängerung der nur 2 C-Atome umfassenden Kohlenstoffatomkette des Glykokolls bei der Bildung des Serins erfolgt durch Anlagerung von Formiat (S. 201). Nach der Injektion von doppelt mit C^{13} und N^{15} markiertem Serin zusammen mit Benzoesäure erhält man Hippursäure, deren Glykokoll dieselbe Isotopenrelation hat wie das einverleibte Serin (D. SHEMIN).

$$\underset{\text{L-Serin}}{\begin{array}{c} CH_2OH \\ | \\ H—C^{13}—N^{15}H_2 \\ | \\ COOH \end{array}} \quad \underset{+\,HCOOH}{\overset{-\,HCOOH}{\rightleftarrows}} \quad \underset{\text{Glykokoll}}{\begin{array}{c} C^{13}H_2—N^{15}H_2 \\ | \\ COOH \end{array}}$$

Über die Herkunft des Kohlenstoffskelets des Glykokolls ist man nur ungenügend unterrichtet. Übereinstimmend wurde von verschiedenen Autoren festgestellt, daß die Verabreichung von Glutaminsäure, α-Ketoglutarsäure bzw. einer anderen Substanz aus dem Citronensäurecyclus oder von Brenztraubensäure zu

[1] STEKOL, I. A.: J. biol. Chem. **176**, 33 (1948).
[2] HARROW, B., u. C. P. SHERVIN: J. biol. Chem. **70**, 683 (1926).
[3] ROSE, W. C.: Physiol. Rev. **18**, 109 (1938).
[4] CAHILL, W. M., u. G. G. RUDOLF: J. biol. Chem. **145**, 201 (1942).
[5] ROSE, W. C.: Science **86**, 208 (1937).
[6] BUBL, E. C., u. J. S. BUTTS: J. biol. Chem. **180**, 839 (1949).
[7] WOOD, J. L., S. L. COOLEY u. I. M. KELLEY: J. biol. Chem. **186**, 141 (1950).
[8] JACKSON, R. W.: J. biol. Chem. **85**, 1 (1929).
[9] MCGINTY, D. A., H. B. LEWIS u. C. A. MARVEL: J. biol. Chem. **65**, 75 (1924/25).
[10] MEISTER, A., u. J. WHITE: J. biol. Chem. **191**, 211 (1951).

einer Bildung von Glykokoll Anlaß gibt. Versuche mit markierten Substanzen ergaben jedoch, daß Glutaminsäure unmöglich die direkte Vorstufe des Glykokolls sein kann. D. SHEMIN injizierte mit C^{13} und N^{15} markierte Glutaminsäure zusammen mit Benzoesäure und isolierte aus der entstandenen Hippursäure Glykokoll, das nur C^{13}, aber keinen N^{15} enthielt. S. ANKER nimmt an, daß Brenztraubensäure zunächst in Serin übergeht, das dann Glykokoll liefert. Er stützt seine Vermutung auf die Beobachtung, daß in 1-Stellung markierte Brenztraubensäure in 1-Stellung markiertes Glykokoll ergibt, während man aus Brenztraubensäure mit dem isotopen C in Stellung 2 Glykokoll erhält, das in Stellung 2 markiert ist. R. KRUEGER hält es für wahrscheinlich, daß Serin in vivo nicht aus

$$\begin{array}{cc}
CH_3-\overset{*}{C}O-COOH & CH_3-CO-\overset{*}{C}OOH \\
\downarrow & \downarrow \\
(CH_2OH-\overset{*}{C}H(NH_2)-COOH) & (CH_2OH-CH(NH_2)-\overset{*}{C}OOH) \\
\downarrow & \downarrow \\
\overset{*}{C}H_2NH_2-COOH & CH_2NH_2-\overset{*}{C}OOH
\end{array}$$

Brenztraubensäure entsteht und daß Pyruvat direkt Glykokoll liefert. Er injizierte Kaninchen Brenztraubensäure in die Mesenterialvenen und fand durch die Analyse kleiner Leberstückchen, daß dadurch der Glykokollgehalt der Leber beträchtlich (bis zu 70%) zunahm, der Gehalt an Serin aber unverändert blieb. Dagegen ließ sich nach Injektion von β-Oxybuttersäure ein erhebliches Ansteigen des Seringehaltes der Leber nachweisen.

Die 5 C-Atome umfassenden Aminosäuren hängen im Stoffwechsel miteinander zusammen. Ihre gegenseitigen Beziehungen ergeben sich aus dem folgenden Schema:

$$\begin{array}{c}
\text{Oxyprolin} \leftarrow \text{Prolin} \rightleftarrows \text{Ornithin} \rightleftarrows \text{Arginin.} \\
\downarrow\uparrow \\
\text{Glutaminsäure}
\end{array}$$

Ein Übergang von Glutaminsäure in Prolin ist im Tierkörper noch nie beobachtet worden. Fütterungsversuche von C. WOMACK und W. C. ROSE ergeben einen Hinweis auf die Möglichkeit, daß Ratten Glutaminsäure und Prolin wechselseitig ineinander überführen können. Denn bei einer an Prolin und an Glutaminsäure freien Diät bewirkt die Zulage jeder einzelnen dieser Aminosäuren eine signifikante Verbesserung des Wachstums junger Tiere. Bei Mikroorganismen ist ein Übergang von Glutaminsäure in Prolin schon eindeutig festgestellt worden. Im Augenblick ist man also über die Herkunft der C-Atome des Prolins und der anderen C_5-Aminosäuren (mit Ausnahme der Glutaminsäure) im tierischen Organismus noch nicht befriedigend unterrichtet. Nach der Synthese des Kohlenstoffskelets dieser Aminosäuren macht offensichtlich die Aminierung keine Schwierigkeiten. D. SHEMIN und D. RITTENBERG [*2*] stellten beispielsweise in Versuchen mit N^{15}-haltigem Glykokoll fest, daß es beide NH_2-Gruppen des Ornithins liefern kann.

Wie auch immer die Biosynthese einer Aminosäure im einzelnen verlaufen mag, sie erfolgt asymmetrisch. Hierfür haben D. SHEMIN und D. RITTENBERG [*3*] eine Reihe experimenteller Unterlagen beigebracht. Sie verfütterten an Ratten, die zur Verminderung ihres Gehalts an D-Aminosäureoxydase arm an Lactoflavin ernährt worden waren, N^{15} enthaltende D,L-Glutaminsäure oder D,L-Tyrosin. Im Harn wurde dann D-Glutaminsäure bzw. D-Tyrosin mit N^{15} ausgeschieden. Gaben sie den Tieren jedoch $N^{15}H_3$ (in Form von Ammoniumcitrat) zusammen mit unmarkierten D,L-Aminosäuren, so wurde nur die N^{14} enthaltende

D-Aminosäure im Harn ausgeschieden. Dies beweist, daß die Versuchstiere keine D-Aminosäure gebildet hatten.

Die Biosynthese der „entbehrlichen“ Aminosäuren erfolgt ausschließlich durch die Zellen des Organismus. Die Darmbakterien tragen nichts oder nur unwesentliche Mengen zur Versorgung des Körpers mit diesen Aminosäuren bei (W. C. ROSE und L. C. SMITH).

b) Die Herkunft der Aminogruppe und die Transaminierung.

R. SCHOENHEIMER und seine Mitarbeiter haben gezeigt, daß man nach der Verfütterung einer mit N^{15} markierten Aminosäure den isotopen N nahezu in allen anderen Aminosäuren der Körperproteine findet. Der Organismus ist also ohne Zweifel in der Lage, Aminogruppen in Aminosäuren einzuführen. Dem tierischen Organismus stehen hierfür grundsätzlich zwei verschiedene Reaktionen zur Verfügung: Die reduktive Aminierung und die Transaminierung.

Eine reduktive Aminierung (jedenfalls größeren Ausmaßes) läßt sich nur bei der Bildung der Glutaminsäure beobachten. Die Desaminierung der Glutaminsäure durch die Glutaminsäuredehydrase (S. 221) ist umkehrbar. Das Gleichgewicht der Reaktion liegt sogar normalerweise schon sehr zu Gunsten der Aminierung der α-Ketoglutarsäure. Das Enzym ist vorwiegend in der Leber lokalisiert, kommt jedoch in kleineren Aktivitäten (5—7% der Aktivität der Leber) auch in allen anderen Organen vor (H. v. EULER, E. ADLER, G. GÜNTHER und N. B. DAS).

$$\text{Glutaminsäure} + \text{Co} \rightleftarrows \alpha\text{-Ketoglutarsäure} + \text{CoH}_2 + \text{NH}_3\,.$$

A. E. BRAUNSTEIN und M. G. KRITZMANN haben beobachtet, daß tierische Gewebe die Aminogruppe der Glutaminsäure auf Brenztraubensäure übertragen. In der Folgezeit wurden noch weitere ähnliche Transaminierungsreaktionen aufgefunden. Die dabei beteiligten Enzyme werden Transaminasen genannt. Sie übertragen die Aminogruppe der L-Glutaminsäure auf α-Ketosäuren in einer umkehrbaren Reaktion, die in vitro zur Einstellung eines Gleichgewichtes führt. Bisher wurden zwei Transaminasen näher charakterisiert: 1. Die Glutaminsäure-Oxalessigsäure-Transaminase:

$$\text{L-Glutaminsäure} + \text{Oxalessigsäure} \rightleftarrows \text{L-Asparaginsäure} + \alpha\text{-Ketoglutarsäure}$$

und 2. die Glutaminsäure-Brenztraubensäure-Transaminase:

$$\text{L-Glutaminsäure} + \text{Brenztraubensäure} \rightleftarrows \text{L-Alanin} + \alpha\text{-Ketoglutarsäure}$$

Die von BRAUNSTEIN und KRITZMANN beschriebene Asparaginsäure-Transaminase hat sich als ein Kunstprodukt erwiesen. Die von BRAUNSTEIN und KRITZMANN beobachtete Transaminierungsreaktion:

$$\text{L-Asparaginsäure} + \text{Brenztraubensäure} \rightleftarrows \text{L-Alanin} + \text{Oxalessigsäure}$$

hat sich als durch Zusammenwirken der beiden erstgenannten Transaminasen bedingt herausgestellt.

BRAUNSTEIN und KRITZMANN hatten angenommen, daß die Aminogruppe der Glutaminsäure zur Bildung nahezu aller anderer Aminosäuren Verwendung finden kann. Nachuntersuchungen ergaben jedoch, daß nur die Transaminierungen zwischen Glutaminsäure und Oxalessigsäure bzw. Brenztraubensäure mit einer so großen Geschwindigkeit verlaufen, daß sie als für den intermediären Stoffwechsel bedeutsam angesehen werden können. Man neigte daher zu der Auffassung, daß sich die Bedeutung der Transaminierung auf die erwähnten Aminosäuren beschränke (P. P. COHEN, D. SHEMIN, R. M. HERBST). I. P. GUNSALUS, der auch Transaminierungen zwischen Glutaminsäure, Valin, Leucin, Isoleucin,

Methionin und Arginin beobachtet hatte, berichtet über außerordentlich geringe Aktivitäten der dabei beteiligten Transaminasen.

In der neueren Zeit sind jedoch Zweifel aufgetaucht, ob die älteren Arbeiten über Transaminierungen beweiskräftig sind. P. S. Cammarata und P. P. Cohen nehmen an, daß die Aktivitäten der Transaminasen in den früheren Versuchen bei der Herstellung der Präparationen stark vermindert worden seien. Mit Hilfe einer neuen Technik (Lyophilisieren der Homogenate) erhielten sie die in der Tabelle 100 wiedergegebenen Resultate, die eine Beteiligung nahezu aller Amino-

Tabelle 100. *Aktivität der Transaminasen in den Organen* (P. S. Cammarata und P. P. Cohen).

Ansätze: 20 μm α-Ketoglutarsäure, 15 γ Pyridoxalphosphat, 20 μm Aminosäure und 100 mg lyophilisiertes, dialysiertes Gewebe in je 3 cm³. p_H 7,4. Versuchsdauer 1 Std. Relative Werte, bezogen auf Asparaginsäure = 100.

Aminosäure	% der Aminosäure transaminiert			Aminosäure	% der Aminosäure transaminiert		
	Herz	Leber	Niere		Herz	Leber	Niere
L-Asparaginsäure	100	70	89	L-Tryptophan	11	4	5
D,L-Valin	53	14	9	L-Arginin	8	28	31
L-Leucin	54	22	27	L-Cystein	6	10	0,5
D,L-Isoleucin	51	10	6	D,L-Serin (40 μm)	1,4	0	0
L-Alanin	38	—	14	D,L-Histidin	1,2	0	0,5
L-Tyrosin	18	32	15	Glykokoll	0,8	6,4	0
L-Phenylalanin	15	16	6	D,L-Threonin	0,2	0	0,3
D,L-Methionin	13	12	2	D,L-Lysin	1,4	0,4	1

säuren an Transaminierungen mit einer zum Teil beträchtlichen Aktivität erkennen lassen. Cammarata und Cohen schreiben daher der Transaminierung wieder die zentrale Schlüsselstellung in der Biosynthese der Aminosäuren zu, die man der Reaktion ursprünglich auf Grund der ersten Arbeiten von Braunstein und Kritzmann eingeräumt hatte. Immerhin ergeben auch ihre Untersuchungen, daß mehrere Aminosäuren dem System der Transaminierungen praktisch völlig entzogen sind. Bezüglich weiterer Daten über die Verteilung von Transaminasen in tierischen Geweben sei auf die Arbeit von J. Awapara und B. Seale verwiesen.

Bei den Transaminierungen reagieren nur die L-Aminosäuren. Ebenso entstehen nur L-Aminosäuren. Braunstein und Kritzmann haben angenommen, daß sich bei der Transaminierung die beiden Reaktionspartner zunächst zu einer Schiffschen Base kondensieren, die sich dann umlagert, worauf das Umlagerungsprodukt hydrolytisch zu der neuen Aminosäure und α-Ketoglutarsäure aufgespalten wird:

$$\begin{array}{ccccccccccc}
CH_3 & & COOH & & CH_3 & COOH & & CH_3 & COOH & & CH_3 & & COOH \\
| & & | & & | & | & & | & | & & | & & | \\
CO & + & H_2N{-}C{-}H & & C{=}N{-} & CH & & H{-}C{-}N{=} & C & & H{-}C{-}NH_2 & & CO \\
| & & | & & | & | & & | & | & & | & & | \\
COOH & & CH_2 & \rightleftarrows & COOH & CH_2 & \rightleftarrows & COOH & CH_2 & \rightleftarrows & COOH & + & CH_2 \\
 & & | & & & | & & & | & & & & | \\
 & & CH_2 & & & CH_2 & & & CH_2 & & & & CH_2 \\
 & & | & & & | & & & | & & & & | \\
 & & COOH & & & COOH & & & COOH & & & & COOH
\end{array}$$

Brenztraubensäure + L-Glutaminsäure — Schiffsche Base — Umlagerungsprodukt — L-Alanin + α-Ketoglutarsäure

Einen Beweis für die Richtigkeit der Auffassung von Braunstein und Kritzmann lieferten F. Knoop und C. Martius durch die Synthese von Octopin aus

Brenztraubensäure und L-Arginin unter Hydrierung des primär entstandenen Zwischenproduktes.

```
       NH2                                    NH2
      /                                      /
     C=NH                                   C=NH
      \                                      \
CH2—NH                                 CH2—NH
 |                                      |
CH2                                    CH2
                          ——→
 |                                      |
CH2            COOH                    CH2      COOH
 |              |                       |        |
H—C—NH2   +    CO                   H—C—NH—C—H
 |              |                       |        |
COOH           CH3                     COOH     CH3
L-Arginin + Brenztraubensäure          L-Octopin
```

Ein weiterer Hinweis für die Richtigkeit der Formulierung der Transaminierung durch BRAUNSTEIN und KRITZMANN ist der Befund von P. KARRER und H. BRANDENBERGER, daß manche von der Glutaminsäure sich ableitenden α,α'-Iminosäuren von Leberhomogenaten oder Extrakten aus Leberacetontrockenpulvern mit großer Geschwindigkeit dehydriert werden. Als dehydrierbar erwiesen sich α,α'-Iminoglutarsäurepropionsäure und α,α'-Iminoglutarsäurebernsteinsäure.

```
COOH                        COOH
 |                           |
CH2                         CH2      COOH
 |                           |        |
CH2      CH3                CH2      CH2
 |        |                  |        |
HC—NH—CH                    HC—NH—CH
 |        |                  |        |
COOH     COOH               COOH     COOH
α,α'-Iminoglutarsäurepropionsäure   α,α'-Iminoglutarsäurebernsteinsäure
```

Die vielfach diskutierte Vorstellung, daß das Pyridoxalphosphat durch den Wechsel Pyridoxalphosphat ⇄ Pyridoxaminphosphat bei der Transaminierung beteiligt sei, ist wieder aufgegeben worden, nachdem W. W. UMBREIT, D. J. O. KANE und I. C. GUNSALUS in stark gereinigten Systemen nachgewiesen haben, daß zwar Pyridoxalphosphat, aber nicht Pyridoxaminphosphat als Co-Ferment aktiv ist.

Bei der Transaminierung ist der eine Reaktionspartner immer Glutaminsäure bzw. α-Ketoglutarsäure. Unlängst hat jedoch E. V. ROWSELL mitgeteilt, ihm sei es mit Hilfe der Papierchromatographie gelungen, eine Transaminierung zwischen den Monoamino-monocarbonsäuren nachzuweisen. Gewaschene Leberpartikelchen vermochten die Aminogruppen von Leucin, Phenylalanin, Methionin, Histidin und Tyrosin auf Brenztraubensäure unter Bildung von Alanin zu übertragen. Eine vom L-Ornithin ausgehende Transaminierung wurde von J. H. QUASTEL und R. WITTY beschrieben, die mit Oxalessigsäure und Ketoglutarsäure nicht sehr ergiebig ist, jedoch mit Brenztraubensäure mit einer bemerkenswert hohen Geschwindigkeit verläuft. Auf die bei der Harnstoffbildung beteiligte Transaminierung

Asparaginsäure + Citrullin ⇄ Äpfelsäure + Arginin

wird in anderem Zusammenhang zurückgekommen (S. 251).

Neuerdings haben A. MEISTER und S. V. TICE nachgewiesen, daß es auch eine direkte Übertragung der Amidgruppe des Glutamins auf α-Ketosäuren gibt, ohne daß intermediär Ammoniak abgespalten wird und Glutaminsäure entsteht. Zur Aufnahme des Amidrestes ist eine größere Zahl von α-Ketosäuren und α,γ-Diketosäuren befähigt (Tabelle 101).

Tabelle 101. *Transaminierung von Glutamin auf Ketosäuren* (A. MEISTER und S. V. TICE). Relative Wirksamkeit der Ketosäuren bezogen auf Brenztraubensäure = 100.

Ketosäure	Wirksamkeit	Ketosäure	Wirksamkeit
Brenztraubensäure	100	α-Keto-γ-methiobuttersäure	64
α-Ketobuttersäure	98	Oxalessigsäure	99
α-Ketovaleriansäure	101	α,γ-Diketovaleriansäure	91
α-Ketocapronsäure	100	α,γ-Diketocapronsäure	92
α-Ketoheptansäure	93	α,γ-Diketoheptansäure	87
α-Ketooctansäure	80	α,γ-Diketooctansäure	95
α-Ketononansäure	51	α,γ-Diketononansäure	73
α-Ketoisocapronsäure	67	α,γ-Diketocaprinsäure	72
Phenylbrenztraubensäure	64	α,γ-Diketoundecansäure	43
p-Oxyphenylbrenztraubensäure	64	α-Ketoglutarsäure	40

Die Säureamidgruppe von Glutamin oder Asparagin ist auch mit Aminen austauschbar. Die hierbei beteiligten Enzyme wurden von SHOU, GROSSOWICZ, LAJTHA und WAELSCH Glutamotranspherasen und Aspartotranspherasen genannt. Sie wurden in Bakterien und tierischen Geweben nachgewiesen. Die Austauschreaktion läßt sich leicht verfolgen, wenn man Hydroxylamin als Acceptoramin wählt, weil dann die entstehende Glutamohydroxamsäure bzw. Aspartohydroxamsäure durch die Farbreaktion mit $FeCl_3$ unschwer nachweisbar ist.

Wie schon erwähnt, wird der N^{15} einer einverleibten N^{15}-Aminosäure auf alle anderen in den Proteinen enthaltenen Aminosäuren mit Ausnahme von Threonin, Lysin und Histidin verteilt. Die hierbei erhobenen Befunde decken sich im wesentlichen mit den auf Grund der bei der Transaminierung gemachten Erfahrungen zu erwartenden. S. E. G. AQUIST hat unter vergleichbaren Bedingungen die Verteilung des N^{15} in die Aminosäuren der Leberproteine von Ratten nach der Injektion der einzelnen markierten Aminosäuren untersucht (Tabelle 102). Die höchste N^{15}-Konzentration wurde immer in der verabreichten Aminosäure gefunden. Die isolierte Glutaminsäure enthielt aber auch stets einen beträchtlichen N^{15}-Gehalt. Die von AQUIST gefundenen Daten sprechen durchaus dafür, daß der N^{15} der injizierten Aminosäuren zunächst an die Glutaminsäure abgegeben wird, die ihn dann auf alle anderen Aminosäuren (mit Ausnahme von Threonin, Lysin und Histidin) verteilt. Alanin und Asparaginsäure hatten in diesen Versuchen zumeist auch einen beträchtlichen N^{15}-Gehalt, was gut zu dem oben erwähnten Befund paßt, daß die Transaminierungsgeschwindigkeit in den Systemen Glutaminsäure → Brenztraubensäure und Glutaminsäure → Oxalessigsäure am größten ist. Einen bindenden Beweis für die Bedeutung der Transaminierung in vivo bedeuten die Versuche von AQUIST jedoch nicht. Denn man kann sie auch anders interpretieren: Der hohe N^{15}-Gehalt der Glutaminsäure könnte dadurch bedingt sein, daß sie rascher N^{15} aufnimmt und rascher in die Gewebsproteine eingebaut wird als die anderen Aminosäuren. Die Daten von AQUIST spiegeln letzten Endes die Resultante zwischen Umsatzgeschwindigkeit der Aminosäuren und Geschwindigkeit ihres Einbaus in die Proteine wider.

Tabelle 102. N^{15} *in den Aminosäuren der Leberproteine nach Verabreichung von markierten Aminosäuren* (S. E. G. AQUIST). Bezogen auf N^{15}-Überschuß in der Glutaminsäure = 1,00.

Verabreichte Aminosäure	Unlösliches Humin	Lösliches Humin	Leucin + Isoleucin	Leucin	Isoleucin	Phenylalanin	Valin	Methionin	Tyrosin	Prolin	Alanin	Glutaminsäure	Threonin	Asparaginsäure	Serin	Glykokoll	Ammoniak	Arginin	Lysin	Histidin
Glutaminsäure . .	0,14	0,13	0,40	0,31	—	0,14	0,20	0,48	0,20	0,12	0,74	1,0	0,03	0,50	0,46	0,19	0,23	0,34	0,04	0,02
Ammoniak	0,11	0,13	0,14	—	0,13	0,08	—	—	0,24	0,05	0,85	1,0	0,04	0,65	0,12	0,16	1,49	0,66	0,01	0,02
Asparaginsäure . .	0,19	—	0,33	0,26	0,59	0,14	—	0,07	0,20	0,15	0,67	1,0	0,01	0,53	0,22	0,20	0,31	0,32	0,08	0,13
Alanin	0,15	0,25	—	0,50	0,52	0,38	—	—	0,13	0,20	1,30	1,0	0,01	0,57	0,30	0,27	0,35	0,43	0,06	0,04
Prolin	0,14	0,16	—	0,19	0,21	0,20	—	—	0,10	4,27	0,78	1,0	0,01	0,61	0,19	0,13	0,24	0,50	0,07	0,03
Threonin	0,76	0,85	—	0,11	0,33	0,25	0,66	—	0,11	0,24	0,89	1,0	16,85	0,82	3,36	2,34	1,09	0,77	0,22	0,05
Serin	0,45	0,27	0,25	0,23	0,18	0,17	0,16	—	0,44	0,15	0,89	1,0	1,05	0,67	7,41	3,72	0,99	0,63	0,06	0,04
Glykokoll	0,54	0,12	0,14	—	—	0,15	—	—	—	0,07	0,86	1,0	0,03	0,65	4,69	5,34	0,83	0,62	0,02	0,08
Leucin	0,45	0,48	2,56	3,36	0,83	0,10	0,40	0,21	0,23	—	0,83	1,0	0,03	0,52	0,24	0,25	0,32	0,36	0,00	0,05
Isoleucin	0,61	0,95	2,05	1,19	3,52	0,27	0,55	1,38	0,42	0,39	0,80	1,0	0,02	0,51	0,30	0,29	0,29	0,35	0,15	0,11
Valin	0,46	—	—	1,34	1,18	0,14	2,92	0,42	0,18	0,20	0,84	1,0	—	0,54	0,35	0,28	0,49	0,39	0,04	0,07
Phenylalanin . . .	—	0,15	—	0,14	0,23	4,14	0,12	0,15	3,06	0,08	0,76	1,0	0,02	0,50	0,12	0,10	0,17	0,40	0,03	0,09
Tyrosin	0,31	0,35	—	0,19	0,21	1,89	0,17	—	4,26	0,14	0,71	1,0	0,02	0,54	0,16	0,19	0,23	0,38	0,07	0,08
Arginin	0,17	0,14	0,21	—	—	0,32	—	—	0,29	0,53	0,57	1,0	0,06	0,67	0,19	0,04	0,67	2,91	0,39	0,15
Lysin	0,28	—	0,54	—	—	0,27	—	—	—	0,23	0,51	1,0	0,14	0,80	0,34	0,11	0,22	0,40	4,32	0,16

6. Allgemeine Reaktionen der Aminosäuren.

a) Die oxydative Desaminierung.

D. E. Green, V. Nocito und S. Ratner isolierten aus Leber und Niere ein Enzym, das die meisten L-Aminosäuren oxydativ zu den entsprechenden Ketosäuren desaminiert. Prolin wird von der L-Aminosäureoxydase ohne Freisetzung von Ammoniak unter Aufspaltung des Rings in α-Keto-δ-aminovaleriansäure übergeführt. Die L-Aminosäureoxydase ist ein gelbes Ferment. Die Identität seiner prosthetischen Gruppe mit Flavinadenindinucleotid ist noch nicht erwiesen. Das Enzym ist sehr labil und hält sich nur bei niederer Temperatur. An Stelle von Sauerstoff kann auch Methylenblau als Wasserstoffacceptor dienen.

Tabelle 103. *Relative Geschwindigkeiten der Desaminierung der Aminosäuren durch die L-Aminosäureoxydase.*

Leucin	100	Isoleucin . .	14
Methionin . . .	44	Tyrosin . .	13
Norleucin . . .	43	Cystin . . .	9
Norvalin . . .	32	Valin . . .	9
Phenylalanin .	17	Histidin . .	8
Tryptophan . .	16	Alanin . . .	6

Der Mechanismus der oxydativen Desaminierung der L-Aminosäuren dürfte dem der D-Aminosäuren (S. 248) entsprechen. Man muß annehmen, daß gleichfalls primär eine Iminosäure entsteht, die dann unter Abspaltung von Ammoniak die entsprechende Ketosäure liefert. Eine Reversibilität der oxydativen Desaminierung wurde noch nie beobachtet. Unsere Kenntnisse über die oxydative Desaminierung der L-Aminosäuren sind infolge der Unbeständigkeit des Enzyms äußerst lückenhaft.

$$\underset{\text{Aminosäure}}{H{-}\overset{\displaystyle R}{\underset{\displaystyle COOH}{C}}{-}NH_2} \xrightarrow{-2\,H} \underset{\text{Iminosäure}}{\overset{\displaystyle R}{\underset{\displaystyle COOH}{C}}{=}NH} \xrightarrow[-NH_3]{+H_2O} \underset{\alpha\text{-Ketosäure}}{\overset{\displaystyle R}{\underset{\displaystyle COOH}{CO}}}$$

P. Boulanger und R. Osteux haben in der Truthahnleber eine L-Diaminosäureoxydase nachgewiesen, die L-Lysin, L-Ornithin, L-Arginin und L-Histidin oxydativ desaminiert. Je Mol Aminosäure wird 1 Mol Ammoniak abgespalten. Eine Bildung von Ketosäuren ließ sich nicht nachweisen.

b) Die Decarboxylierung.

Das Vermögen mancher Mikroorganismen, Aminosäuren zu decarboxylieren, ist schon lange bekannt (Tabelle 104). In der neueren Zeit wurden auch Aminosäuredecarboxylasen im tierischen Organismus nachgewiesen (E. Werle, P. Holtz, H. Blaschko).

Tabelle 104. *Das Vorkommen von Aminosäuredecarboxylasen in Mikroorganismen* (O. Schales).

Organismus	Substrat der Decarboxylase					
	Arginin	Histidin	Lysin	Tyrosin	Ornithin	Glutaminsäure
Escherichia coli	+	+	+	+	+	+
Streptococcus haemolyticus .	—	—	—	+	—	—
Proteus vulgaris	—	—	—	—	+	+
C. welchii	—	+	—	—	—	+
C. septicum	—	—	—	—	+	—
C. aerofoetidum	—	—	—	+	—	+
C. sporogenes	—	—	—	—	—	—

Tabelle 105. *Übersicht über die tierischen Aminosäuredecarboxylasen.*

Substrat	Reaktionsprodukt
$HO-C_6H_4-CH_2-CH(NH_2)-COOH$ L-Tyrosin	$HO-C_6H_4-CH_2-CH_2-NH_2$ Tyramin
$(HO)_2C_6H_3-CH_2-CH(NH_2)-COOH$ L-Dioxyphenylalanin	$(HO)_2C_6H_3-CH_2-CH_2-NH_2$ Oxytyramin
Indolyl$-CH_2-CH(NH_2)-COOH$ L-Tryptophan	Indolyl$-CH_2-CH_2-NH_2$ Tryptamin
Imidazolyl$-CH_2-CH(NH_2)-COOH$ L-Histidin	Imidazolyl$-CH_2-CH_2-NH_2$ Histamin
$(HO)_2C_6H_3-CH(OH)-CH(NH_2)-COOH$ L-Dioxyphenylserin	$(HO)_2C_6H_3-CH(OH)-CH_2-NH_2$ Noradrenalin
$HOOC-CH_2-CH_2-CH(NH_2)-COOH$ L-Glutaminsäure	$HOOC-CH_2-CH_2-CH_2-NH_2$ γ-Aminobuttersäure
$HO_3S-CH_2-CH(NH_2)-COOH$ L-Cysteinsäure	$HO_3S-CH_2-CH_2-NH_2$ Taurin

Prosthetische Gruppe der Aminosäuredecarboxylasen ist Pyridoxal-5-phosphat. Jede der angeführten Aminosäuren wird von einer eigenen, spezifischen Decarboxylase decarboxyliert. Am aktivsten ist die Dopadecarboxylase. Beispielsweise vermochte ein Nierenextrakt unter Standardbedingungen rund 10 mg Oxytyramin aus Dioxyphenylalanin, 2 mg Tyramin aus Tyrosin und 0,2 mg Histamin aus Histidin zu bilden. Die Tyrosindecarboxylase greift auch o-Oxyphenylalanin und m-Oxyphenylalanin an.

$(HO)_2OP-O-H_2C-C_5N(CHO)(OH)(CH_3)$

Pyridoxal-5-phosphat

Der Umfang der Decarboxylierung ist vom Sauerstoffdruck abhängig, sie wird mit abnehmendem Sauerstoffdruck immer ergiebiger. Es ist daher anzunehmen, daß die Decarboxylierung der Aminosäuren in normalen, gut durchbluteten Geweben keinen großen Umfang besitzt, daß sie aber bei gestörter Durchblutung der Gewebe bedeutungsvoll werden kann. Es ist schon lange bekannt, daß man bei allen Schädigungen der Gewebe, z. B. durch Verbrennung, Erfrierung oder mechanische Zertrümmerung eine beträchtliche Bildung von Histamin bzw. histaminähnlichen Substanzen feststellen kann. Mengenmäßig fällt die Decarboxylierung der Aminosäuren nie ins Gewicht. Sie ist aber ein Prozeß von großer physiologischer Bedeutung, weil aus biologisch indifferenten Aminosäuren höchst aktive Substanzen (γ-Aminobuttersäure und Taurin machen eine Ausnahme) entstehen.

Tyramin und Oxytyramin haben blutdrucksteigernde Eigenschaften. Oxytyramin ist in dieser Hinsicht am wirksamsten, es erreicht etwa $^1/_{35}$ der Wirksamkeit von Adrenalin. Über die Inaktivierung der Pressoramine insbesondere durch Einwirkung der Aminoxydase s. S. 137. Da die Nieren eine große Aktivität der Aminosäuredecarboxylasen aufweisen, wurde die Frage, inwieweit das System Aminosäuredecarboxylase-Pressoramin-Aminoxydase für den Hochdruck verantwortlich zu machen ist, lebhaft diskutiert. Da eine Diskussion dieses Problems nicht mehr in den Rahmen des vorliegenden Buches fällt, sei auf das Sammelreferat von O. Schales verwiesen. Die Decarboxylierung von Tyrosin, Dioxyphenylalanin und Dioxyphenylserin ist außerdem im Zusammenhang mit der Bildung von Adrenalin und Noradrenalin wichtig (s. S. 138).

Auch L-Serin wird im tierischen Organismus decarboxyliert. D. Stetten jr. verfütterte an Ratten N^{15} enthaltendes Serin und fand große Mengen des schweren N sowohl in den Serinphosphatiden als auch in den Aminoäthanol enthaltenden Phosphatiden (Cephaline). Die Decarboxylierung des Serin zu Äthanolamin wurde auch in Versuchen mit C^{14}-Serin nachgewiesen (S. 206).

Die tierischen und die bakteriellen Aminosäuredecarboxylasen unterscheiden sich bezüglich ihres p_H-Optimums. Während die Decarboxylasen der Mikroorganismen bei saurer Reaktion (p_H 4—5) wirksam sind, verlangen die tierischer Herkunft neutrale bis schwach alkalische Reaktion. Man hat schon diskutiert, ob die Decarboxylierung der Aminosäuren durch Bakterien eine bei der Regulation des p_H-Wertes beteiligte Reaktion sei. Die Bildung der Decarboxylasen durch die Mikroorganismen wird eingestellt, wenn man sie in einem alkalischen Medium hält.

c) Dehydropeptidasen und die Dehydrierung von Aminosäuren.

M. Bergmann und H. Schleich haben die Entdeckung gemacht, daß Dehydropeptide enzymatisch gespalten werden. J. P. Greenstein erweiterte diesen Befund durch die Feststellung, daß tierische Gewebe zwei verschiedene Dehydropeptidasen enthalten (Dehydropeptidase I und II), welche auf verschiedene Typen von Dehydropeptiden einwirken. Dehydropeptidase I spaltet Glycyldehydroalanin und Glycyldehydrophenylalanin, Dehydropeptidase II greift Verbindungen vom Typ Chloracetyldehydroalanin an. Während die Dehydropeptidase I weit verbreitet ist und in vielen Geweben in großer Aktivität vorkommt, findet man Dehydropeptidase II nur in wenigen Geweben. Dehydropeptidase I soll in Tumoren in einer bedeutend vermehrten Menge vorkommen.

$$\underset{\text{Glycyldehydroalanin}}{\begin{array}{l} CH_2{=}C{-}COOH \\ \quad\;| \\ \quad NH{-}CO{-}CH_2{-}NH_2 \end{array}} \qquad \underset{\text{Glycyldehydrophenylalanin}}{\begin{array}{l} C_6H_5{-}CH{=}C{-}COOH \\ \qquad\qquad\;| \\ \qquad\quad NH{-}CO{-}CH_2{-}NH_2 \end{array}} \qquad \underset{\text{Chloracetyldehydroalanin}}{\begin{array}{l} CH_2{=}C{-}COOH \\ \quad\;| \\ \quad NH{-}CO{-}CH_2Cl \end{array}}$$

Beide Dehydropeptidasen spalten die Peptide zu Brenztraubensäure und Ammoniak auf. Vermutlich verläuft die Reaktion beim Glycyldehydroalanin so, daß zuerst eine Spaltung in Glykokoll und Aminoacrylsäure erfolgt, die dann spontan in Brenztraubensäure und Ammoniak zerfällt.

$$\underset{\text{Glycyldehydroalanin}}{\begin{array}{l} CH_2{=}C{-}COOH \\ \quad | \\ \quad NH{-}CO{-}CH_2{-}NH_2 \end{array}} \longrightarrow \underset{\text{Aminoacrylsäure}}{\begin{array}{l} CH_2{=}C{-}COOH \\ \quad | \\ \quad NH_2 \end{array}} \longrightarrow \underset{\text{Brenztraubensäure}}{CH_3{-}CO{-}COOH} + NH_3$$

Glycyldehydrovalin, Glycyldehydroleucin und Glycyldehydroisoleucin werden sowohl durch tierisches Gewebe (Niere) als auch durch Mikroorganismen in Glykokoll, Ammoniak und die entsprechende α-Ketosäure gespalten (A. MEISTER und J. P. GREENSTEIN).

Die Existenz der Dehydropeptidasen weckte den Verdacht, daß eine α,β-Dehydrierung von Aminosäuren eine biologisch wichtige Reaktion sein könne. Freie Dehydroaminosäuren sind sehr zersetzlich und zerfallen spontan. Dagegen sind ihre Acetylderivate beständig und ließen sich auf ihr biologisches Verhalten überprüfen. Alle Untersuchungen haben jedoch übereinstimmend ergeben, daß die Acetyldehydroaminosäuren, die sich von den essentiellen Aminosäuren ableiten, biologisch inaktiv sind und das Wachstum junger Tiere nicht zu unterhalten vermögen. Versuche mit N^{15} enthaltendem Acetyldehydrotyrosin ergaben, daß der isotope N weder in Eiweiß eingebaut wurde noch im Organismus zur Harnstoffbildung benützt wurde oder Ammoniak lieferte. Innerhalb von 24 Std wurden 93% des N^{15} im Harn ausgeschieden, und zwar vermutlich in Form der unveränderten Substanz. H. D. DOBERMAN und J. S. FRUTON nehmen daher mit Recht an, daß Acetyldehydrotyrosin im Organismus überhaupt nicht angegriffen wird. D. B. SPRINSON und D. RITTENBERG verfütterten an Ratten α,β,γ-Deuterioleucin, das außerdem noch N^{15} enthielt, ferner noch β-Dideuterioleucin, isolierten dann das Leucin aus dem Eiweiß sowie die Hippursäurefraktion aus dem Harn und stellten fest, daß keine Veränderung der Relation $D:N^{15}$ zu beobachten war. Dieser Befund schließt eine α,β-Dehydrierung aus.

Die angeführten Befunde erweisen, daß die Dehydroaminosäuren körperfremde Substanzen sind, so daß es höchst unwahrscheinlich ist, daß Aminosäuren in α,β-Stellung dehydriert werden. Auch werden durch die Dehydropeptidasen keineswegs alle Dehydropeptide gespalten. GREENSTEIN diskutiert eine Entstehung von Dehydropeptiden durch Desulfurierung von Cystinpeptiden:

$$\left(\begin{array}{l} S{-}CH_2{-}CH{-}COOH \\ \qquad\qquad | \\ \qquad\qquad NH{-}CO{-}R \end{array}\right)_2 \longrightarrow 2\ \begin{array}{l} CH_2{=}C{-}COOH \\ \qquad | \\ \qquad NH{-}CO{-}R \end{array} + H_2S + S.$$

Im Gegensatz zu Acetyldehydrophenylalanin wirkt Glycyldehydrophenylalanin wachstumssteigernd. Dies beruht darauf, daß bei der Spaltung der Substanz durch Dehydropeptidase I Phenylbrenztraubensäure entsteht, welche Phenylalanin im Wachstumstest ersetzen kann, weil sie im Organismus zu Phenylalanin aminiert wird.

Neben der enzymatischen Hydrolyse von Glutamin und Asparagin durch Asparaginase und Glutaminase läßt sich in den Geweben noch eine unspezifische in Gegenwart von Brenztraubensäure beobachten. Als Erklärung für dieses Phänomen wurde an eine intermediäre Bildung eines Dehydropeptids gedacht, das dann durch die Dehydropeptidase in Asparaginsäure bzw. Glutaminsäure, Brenztraubensäure und Ammoniak aufgespalten wird:

$$R{-}CO{-}NH_2 + CH_3{-}CO{-}COOH \rightarrow R{-}CO{-}N{=}C(CH_3){-}COOH,$$
$$R{-}CO{-}N{=}C(CH_3){-}COOH \rightarrow R{-}COOH + CH_3{-}CO{-}COOH + NH_3.$$

d) Acetylierung von Aminosäuren.

Die erste Beobachtung einer Acetylierung von Aminosäuren machte F. KNOOP [2], der nach Verfütterung von β-Phenylbrenztraubensäure eine Ausscheidung von Acetyl-L-phenylalanin im Harn feststellte. KNOOP deutete diese anscheinend mit einer Acetylierung verknüpfte Aminosäuresynthese als eine Oxydoreduktion, wobei β-Phenylbrenztraubensäure mit Ammoniak und Brenztraubensäure reagiere, die Acetylierung also als ein unerläßlicher Schritt bei der Aminosäurebildung aufzufassen sei.

Später stellte es sich heraus, daß die Acetylierung von natürlichen und unnatürlichen Aminosäuren eine häufig vorkommende Reaktion ist, die aber deswegen ein besonderes Interesse verdient, weil sie mitunter mit einer Umlagerung von D-Aminosäuren in Aminosäuren der L-Reihe einhergeht. In der Tabelle 106 sind einige Beispiele angeführt; weitere einschlägige Beobachtungen findet man bei der Schilderung der Bildung von Mercaptursäuren S. 212.

Tabelle 106. *Mit einer Acetylierung verknüpfte Umwandlung von D-Aminosäuren in L-Aminosäuren.*

Verfütterte Aminosäure	Im Harn ausgeschiedene Substanz
D-Phenylaminobuttersäure	Acetyl-L-phenylaminobuttersäure
D-Hexahydrophenylalanin	Acetyl-L-hexahydrophenylalanin
D,L-Phenylaminoessigsäure	Acetyl-L-phenylaminoessigsäure

Versuche von V. DU VIGNEAUD, R. SCHOENHEIMER und D. RITTENBERG ergaben, daß nach der Verfütterung von N^{15} enthaltender D-Phenylaminobuttersäure die im Harn ausgeschiedene Acetyl-L-phenylaminobuttersäure N^{14} enthält. Die Reaktion verläuft also offensichtlich so, daß die D-Aminosäure zuerst durch die D-Aminosäureoxydase desaminiert wird, worauf eine Aminierung der entstandenen Ketosäure zur L-Aminosäure erfolgt. Da nun weiterhin keineswegs alle D-Aminosäuren in die entsprechenden Acetyl-L-aminosäuren verwandelt werden, vielmehr häufig in Form der Acetyl-D-aminosäuren im Harn erscheinen, muß man annehmen, daß die Acetylierung keine unerläßliche Reaktion bei der Umwandlung einer D-Aminosäure in eine L-Aminosäure ist. Beispielsweise wird S-Brombenzyl-D-cystein als N-Acetyl-S-brombenzyl-D-cystein im Harn ausgeschieden.

Acetyl-D-aminosäuren werden vom Organismus nicht oder nur unvollständig aufgespalten. Daher können die Acetyl-D-Formen der essentiellen Aminosäuren diese im Wachstumstest nicht ersetzen, im Gegensatz zu den Acetyl-L-aminosäuren. Versuche mit deuterierten Acetylgruppen haben ergeben, daß die Acetylgruppen von acetylierten L-Aminosäuren leicht auf geeignete Substrate (z. B. Sulfanilamid oder p-Aminobenzoesäure) übertragen werden. Dagegen ist eine Transacetylierung von Acetyl-D-aminosäuren aus unmöglich (K. BLOCH und D. RITTENBERG [2]). Nach den bisher vorliegenden Erfahrungen kann man annehmen, daß alle Acetyl-L-aminosäuren durch ein und dasselbe Enzym deacetyliert werden (H. G. BRAY, S. P. JAMES, W. V. THORPE und M. R. WASDELL). Verabreicht man an Ratten acetylierte L-Aminosäuren, so wird ein großer Teil der Substanz unverändert im Harn ausgeschieden (D. R. SANADI, M. P. SCHULMAN und D. M. GREENBERG).

7. Die einzelnen Aminosäuren.

a) Glykokoll.

Tierische Gewebe enthalten ein gelbes Ferment Glykokolloxydase, das Glykokoll zu Glyoxylsäure und Ammoniak oxydativ desaminiert (S. RATNER, V. NOCITO und D. E. GREEN). Die Glyoxylsäure wird dann weiter zu Oxalsäure oxydiert. Glykokolloxydase wirkt auch auf Sarkosin, das zu Glyoxylsäure und Methylamin oxydiert wird. Das Enzym ist wenig beständig. Darauf beruhen

$$\underset{\text{Glykokoll}}{\begin{array}{l}CH_2{-}NH_2\\ |\\ COOH\end{array}} \longrightarrow \underset{\text{Glyoxylsäure}}{\begin{array}{l}CHO\\ |\\ COOH\end{array}} + NH_3 \qquad \underset{\text{Sarkosin}}{\begin{array}{l}CH_2{-}NH(CH_3)\\ |\\ COOH\end{array}} \longrightarrow \underset{\text{Glyoxylsäure + Methylamin}}{\begin{array}{l}CHO\\ |\\ COOH\end{array} + CH_3NH_2}$$

die älteren Angaben, daß Glykokoll von den Geweben nur mangelhaft oxydiert werden könne. Versuche mit markiertem Glykokoll haben ergeben, daß der Organismus nur einen kleinen Prozentsatz von einverleibtem (per os oder parenteral) Glykokoll oxydiert. Verschiedene Untersucher haben übereinstimmend festgestellt, daß innerhalb von 24 Std etwa 50% des Carboxyl-C des verabreichten Glykokolls in Form von CO_2 exhaliert werden. Glykokoll wird in großem Umfang vom Organismus zu Synthesen komplizierter Substanzen (Pyrrolfarbstoffe, Purinderivate) benützt. Außerdem dient es als Baustein für Eiweiß und Glutathion. Näheres hierüber findet man bei der Besprechung der angeführten Substanzen.

Schema der wichtigsten Reaktionen von Glykokoll.

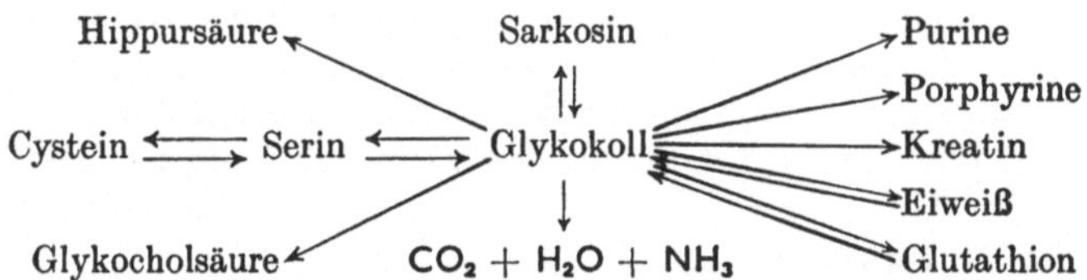

Sarkosin entsteht aus Glykokoll durch Transmethylierung (W. H. Homer und C. G. Mackenzie). Es kann vom Tierkörper auch wieder demethyliert werden, wie F. Abott und H. B. Lewis am Test der Hippursäurebildung gezeigt haben. Dagegen wird N-Dimethylglykokoll vom Organismus nicht demethyliert.

Serin entsteht im Organismus aus Glykokoll. W. Sakami verfütterte an Ratten markiertes Glykokoll und markiertes Formiat und erhielt Serin. Die Bildung von Serin aus Glykokoll und Formiat ist eine umkehrbare Reaktion. Bei ihr ist wie bei anderen mit Formiataufnahme verknüpften Reaktionen Folinsäure beteiligt. Die Leber von Folinsäuremangeltieren verwandelt Glykokoll nur sehr langsam in Serin (J. R. Totter, B. Kelly, P. L. Day und R. R. Edwards) und umgekehrt auch Serin in Glykokoll (D. Elwyn und D. B. Sprinson).

$$\underset{\text{Glykokoll + Ameisensäure}}{\begin{array}{c}HC^{14}OOH\\ +\\ CH_2{-}NH_2\\ |\\ C^{13}OOH\end{array}} \rightleftarrows \underset{\text{Serin}}{\begin{array}{c}C^{14}H_2OH\\ |\\ H{-}C{-}NH_2\\ |\\ C^{13}OOH\end{array}}$$

Nach der Verfütterung von Glykokoll, das N^{15} enthält, findet man N^{15}-Äthanolamin in den Phosphatiden. Dieses entsteht jedoch nicht direkt aus Glykokoll, sondern auf dem Umwege über Serin (S. 206).

Bisher ist im tierischen Organismus eine Desaminierung des Glykokolls zu Essigsäure noch nicht beobachtet worden. Diese Reaktion kommt aber in Mikroorganismen vor. Es handelt sich dabei jedoch nicht um eine einfache reduktive Desaminierung, sondern um eine kompliziertere Reaktionskette. Die

Bruttogleichung des Gesamtvorganges ist nach H. A. BARKER, B. E. VOLCANI und P. B. CARDON:

$$4\,CH_2(NH_2)\text{—}COOH + 2\,H_2O \rightarrow 3\,CH_3\text{—}COOH + 4\,NH_3 + 2\,CO_2.$$

Glykokoll gehört zu den glucoplastischen Aminosäuren. Die Versuche von W. SAKAMI lassen es wahrscheinlich erscheinen, daß Serin bei dem Übergang von Glykokoll in Glucose (Glykogen) Zwischenprodukt ist. Aus dem wie oben beschriebenen C^{13}-Glykokoll und C^{14}-Formiat entstand Glykogen, das C^{13} in den Positionen 3 und 4 enthielt. C^{14} ließ sich jedoch in allen Positionen nachweisen, wobei die Konzentration in den Positionen 1 und 6 mehr als doppelt so hoch war wie in den Stellungen 3 und 4. Die Isotopenverteilung läßt vermuten, daß sich der Übergang von Serin in Glucose über Brenztraubensäure vollzieht. Die beiden C-Atome von Glykokoll verhalten sich bei der Glykogenbildung verschieden. Das α-C-Atom wird weit stärker zur Glykogenbildung benützt als das Carboxyl-C-Atom. In den Versuchen von H. N. BARNET und A. N. WICK entfielen von je 8,5 C-Atomen des Glykogens eines auf das α-C-Atom des Glykokolls, aber nur von je 28 C-Atomen des Glykokolls eines auf den Carboxyl-C. Dafür wird der Carboxyl-C von Glykokoll in einem größeren Ausmaße als CO_2 exhaliert als das α-C-Atom. Letzteres wird anscheinend viel stärker zu Synthesen verwendet als der Carboxyl-C, z. B. bei der Porphyrinbildung.

Mäuse haben einen Glykokollpool von 30 mg je 100 g Körpergewicht. Die Halbwertszeit für Glykokoll beträgt bei ihnen rund 60 min. Daraus ergibt sich eine Turnover-Rate von 20 mg/100 g/Std. Zu CO_2 wurden 3 mg/100 g/Std bzw. 72 mg im Tag oxydiert. Da das Futter der Tiere nur 7 mg Glykokoll enthalten hatte, müssen die Tiere sehr viel Glykokoll im intermediären Stoffwechsel gebildet haben (A. D. BARTON).

Verabreichte oder endogen entstandene Benzoesäure wird im Säugetierorganismus an Glykokoll zu Hippursäure (Benzoylglykokoll) gebunden und in dieser Form im Harn ausgeschieden. Nach Verabreichung von Benzoesäure nimmt

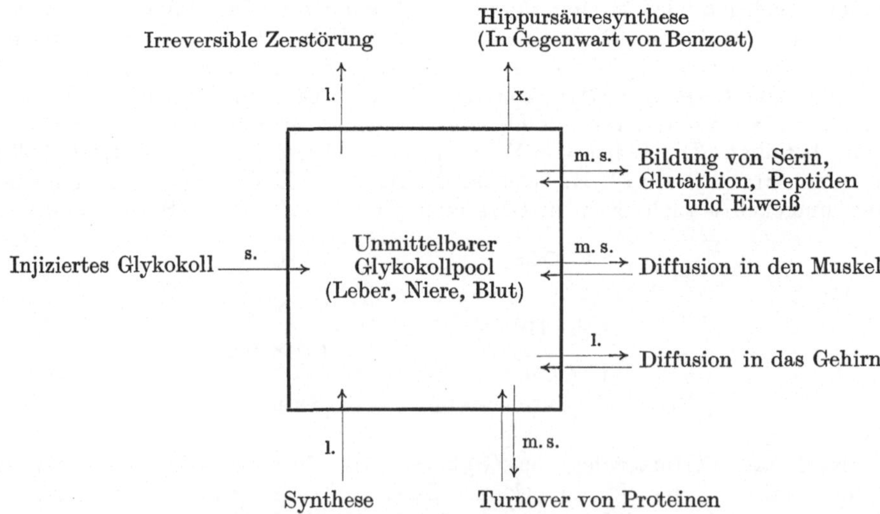

l. = langsam. Keine Einstellung eines Gleichgewichts innerhalb von 5 Std.
m. s. = mäßig schnell. Einstellung eines Gleichgewichts innerhalb von 4—5 Std.
s. = schnell.
x. = schnell bei kleinen Dosen; mäßig schnell bei großen Dosen.

der Gehalt des Blutes an freiem Glykokoll ab. Dies läßt vermuten, daß die Synthese der Hippursäure aus dem Pool an freiem Glykokoll erfolgt. H. R. V. ARNSTEIN und A. NEUBERGER haben Ratten $C^{14}H_2(N^{15}H_2)$-COOH zusammen mit Benzoesäure gegeben. Die ausgeschiedene Hippursäure enthielt beide Isotopen im selben Verhältnis. Auf Grund der Isotopenverdünnung ließ sich der Glykokollpool der Ratte zu 10 mg Glykokoll je 100 g Körpergewicht berechnen. Er ist im wesentlichen in Leber, Niere und Blut lokalisiert. Mit Hilfe des Testes der Hippursäurebildung konnte man ein Bild der Intensität der Beteiligung der einzelnen Reaktionen am Stoffwechsel des Glykokolls gewinnen. ARNSTEIN und NEUBERGER fassen ihre Befunde in das vorstehende Schema zusammen.

Die Organe von Herbivoren enthalten mehr Glykokoll als die von Carnivoren. P. HANDLER, H. KAMIN und J. S. HARRIS stellten bei der Infusion größerer Glykokollmengen bei Hunden fest, daß die intravenöse Applikation von mehr als 1 mg Glykokoll-N je Kilogramm Körpergewicht und Minute immer letal wirkte. Durch die Glykokollinfusion wurde die Ausscheidung von essentiellen Aminosäuren im Harn etwas vermehrt.

b) Alanin.

L-Alanin wird von der L-Aminosäureoxydase, wenn auch nur mit geringer Geschwindigkeit, angegriffen. Irgendwelche Anhaltspunkte dafür, daß der tierische Organismus über eine spezifische Alaninoxydase verfügt, haben sich bisher nicht ergeben. L-Alanin wird durch das Cyclophorasesystem, also durch unlösliche Zellpartikelchen, zu NH_3, CO_2 und H_2O oxydiert (J. L. STILL, M. V. BUELL und D. E. GREEN). Da das System Glutaminsäure-Alanin-Transaminase enthält und des Zusatzes von α-Ketoglutarsäure bedarf, ist anzunehmen, daß sich die Oxydation des Alanins derart vollzieht, daß zuerst durch Transaminierung Glutaminsäure und Brenztraubensäure entstehen, welch letztere dann via Citronensäurecyclus vollständig oxydiert wird. Es ergibt sich also folgende Reihe von Reaktionen:

1. Alanin + α-Ketoglutarsäure → Brenztraubensäure + Glutaminsäure
2. Brenztraubensäure + 5 O → 3 CO_2 + 2 H_2O
3. Glutaminsäure + O → α-Ketoglutarsäure + NH_3

Summe: Alanin + 6 O → 3 CO_2 + 2 H_2O + NH_3

Die Annahme einer spezifischen Alaninoxydase ist daher auch im Verband der Enzyme des Cyclophorasesystems überflüssig.

Alanin kann im Organismus in großem Umfang durch Transaminierung gebildet werden. O. WISS [3] hat wahrscheinlich gemacht, daß daneben auch eine reduktive Aminierung vorkommt, da er die Bildung von Alanin aus Brenztraubensäure und Ammoniak durch Leberhomogenate unter Bedingungen nachweisen konnte, unter denen eine Transaminierung ausgeschlossen war.

c) α-Aminobuttersäure.

α-Aminobuttersäure wurde noch nie mit Sicherheit als Eiweißbaustein aufgefunden. Einige ältere gegenteiligen Angaben stützen sich auf ungenügend fundierte Versuche und sind nie bestätigt worden. C. E. DENT fand, daß Patienten mit FANCONI-Syndrom nach Eingabe größerer Mengen von Methionin α-Aminobuttersäure ausschieden, und daß die Aminosäure auch im Plasma der Patienten nachweisbar war.

W. R. CARROL, G. W. STACY und V. DU VIGNEAUD isolierten bei der enzymatischen Spaltung von Cystathionin durch Leber neben Cystein α-Ketobuttersäure. Dasselbe Enzympräparat führte auch D,L-Homoserin in α-Ketobuttersäure über, griff aber D,L-Aminobuttersäure, ferner D,L-Homocystein und D,L-Threonin nicht an.

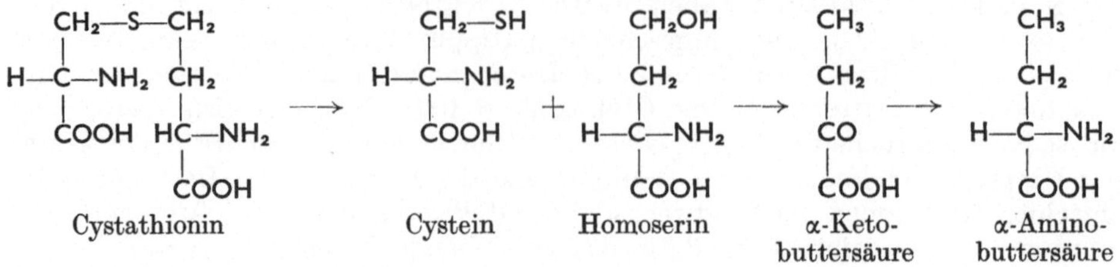

$$\underset{\text{Cystathionin}}{\begin{array}{c} CH_2-S-CH_2 \\ H-C(NH_2)\quad CH_2 \\ COOH\quad HC-NH_2 \\ COOH \end{array}} \longrightarrow \underset{\text{Cystein}}{\begin{array}{c} CH_2-SH \\ H-C-NH_2 \\ COOH \end{array}} + \underset{\text{Homoserin}}{\begin{array}{c} CH_2OH \\ CH_2 \\ H-C-NH_2 \\ COOH \end{array}} \longrightarrow \underset{\alpha\text{-Keto-buttersäure}}{\begin{array}{c} CH_3 \\ CH_2 \\ CO \\ COOH \end{array}} \longrightarrow \underset{\alpha\text{-Amino-buttersäure}}{\begin{array}{c} CH_3 \\ CH_2 \\ H-C-NH_2 \\ COOH \end{array}}$$

Sie nehmen an, daß die von DENT beobachtete Ausscheidung von α-Aminobuttersäure so zu erklären sei, daß Methionin via Cystathionin und Homoserin α-Ketobuttersäure liefere, welche dann zu α-Aminobuttersäure aminiert werde. α-Aminobuttersäure ist offensichtlich unter normalen Verhältnissen eine unphysiologische Substanz, die im Wachstumsversuch weder Threonin noch Methionin ersetzen kann (M. D. ARMSTRONG und F. BINKLEY). β-Aminobuttersäure wurde im menschlichen Harn durch Papierchromatographie nachgewiesen.

d) Valin.

Über den Abbau von Valin im intermediären Stoffwechsel ist nur wenig bekannt. Es wird von der L-Aminosäureoxydase angegriffen und, mit einer allerdings nur geringen Geschwindigkeit, desaminiert. Es ist eine der essentiellen Aminosäuren. Im Wachstumstest läßt es sich durch die ihm entsprechende Ketosäure (Dimethylbrenztraubensäure) sowie durch Acetyl-D,L-valin, aber nicht durch N-Methyl-L-valin ersetzen. Valin gehört zu den glucoplastischen Aminosäuren. Valin, welches in den beiden Methylgruppen mit C^{13} markiert war, ergab bei phlorrhizindiabetischen Ratten eine Ausscheidung von Glucose bzw. Bildung von Leberglykogen, in welchen der C^{13} gleichmäßig auf alle C-Atome verteilt war (W. S. FONES, T. P. WAALKES und J. WHITE). Dieser Befund läßt vermuten, daß L-Valin über Isobuttersäure zu einer C_3-Carbonsäure abgebaut wird, welche C^{13} als β-C-Atom erhält. Erfahrungsgemäß müßte eine solche Säure Glucose mit einer gleichmäßigen Verteilung des isotopen C auf die C-Atome 1,2,5,6 ergeben. Außerdem entsteht noch markiertes CO_2.

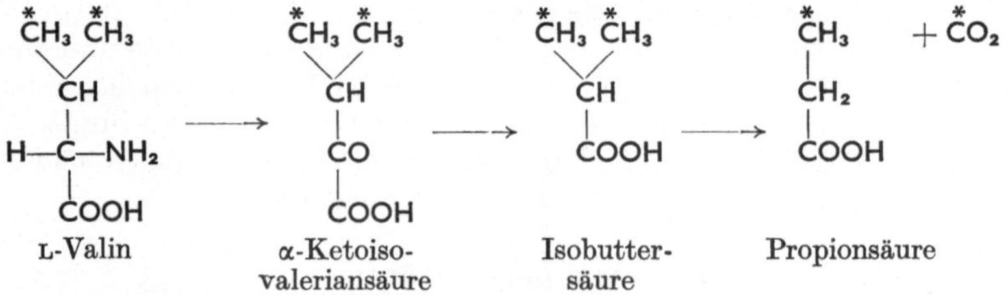

$$\underset{\text{L-Valin}}{\begin{array}{c} \overset{*}{C}H_3\ \overset{*}{C}H_3 \\ \diagdown\ \diagup \\ CH \\ H-C-NH_2 \\ COOH \end{array}} \longrightarrow \underset{\alpha\text{-Ketoiso-valeriansäure}}{\begin{array}{c} \overset{*}{C}H_3\ \overset{*}{C}H_3 \\ \diagdown\ \diagup \\ CH \\ CO \\ COOH \end{array}} \longrightarrow \underset{\text{Isobutter-säure}}{\begin{array}{c} \overset{*}{C}H_3\ \overset{*}{C}H_3 \\ \diagdown\ \diagup \\ CH \\ COOH \end{array}} \longrightarrow \underset{\text{Propionsäure}}{\begin{array}{c} \overset{*}{C}H_3 \\ CH_2 \\ COOH \end{array}} + \overset{*}{C}O_2$$

Sowohl L-Valin als auch D-Valin liefern Glykogen. Versuche mit den beiden optischen Antipoden, die in den Methylgruppen mit C^{13} markiert waren, zeigten, daß L-Valin etwa zweimal so schnell Glykogen liefert wie D-Valin (W. S. FONES, H. A. SOBER und J. WHITE). Das entstandene Glykogen zeigte jedoch in beiden Fällen dieselbe Isotopenverteilung, so daß der Mechanismus der Glykogenbildung derselbe ist. Ein beträchtlicher Teil des D-Valins wurde im Harn ausgeschieden (31—34% innerhalb von 8 Std). Die Oxydation der D-Form, gemessen an der Exspiration von $C^{13}O_2$, war wesentlich geringer als die der L-Form.

e) Leucin und Isoleucin.

Es ist schon lange bekannt, daß Leucin zu den ketogenen Aminosäuren gehört und im Organismus große Mengen von Ketonkörpern liefert. Der Mechanismus der Umwandlung von Leucin in Acetessigsäure wurde von M. J. COON, ferner M. J. COON und S. GURIN näher studiert. Versuche mit Leucin, das an verschiedenen Stellen markiert war, lassen vermuten, daß sich der Abbau des Leucins zu Acetessigsäure über Isovaleriansäure vollzieht. M. J. COON nimmt folgende Reaktionskette an:

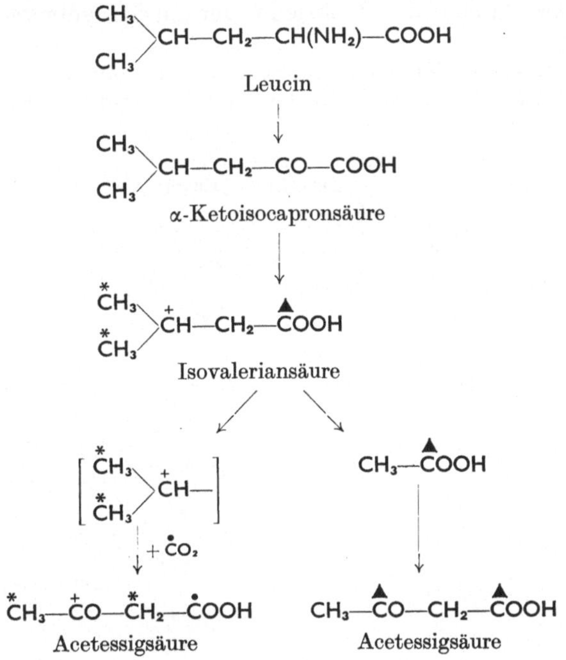

$$(CH_3)_2CH—CH_2—CH(NH_2)—COOH$$

Leucin

$$\downarrow$$

$$(CH_3)_2CH—CH_2—CO—COOH$$

α-Ketoisocapronsäure

$$\downarrow$$

$$(\overset{*}{C}H_3)_2\overset{+}{C}H—CH_2—\overset{\blacktriangle}{C}OOH$$

Isovaleriansäure

$$\swarrow \qquad \searrow$$

$$\left[(\overset{*}{C}H_3)_2\overset{+}{C}H—\right] \qquad\qquad CH_3—\overset{\blacktriangle}{C}OOH$$

$$\downarrow + \overset{\bullet}{C}O_2 \qquad\qquad \downarrow$$

$$\overset{*}{C}H_3—\overset{+}{C}O—\overset{*}{C}H_2—\overset{\bullet}{C}OOH \qquad CH_3—\overset{\blacktriangle}{C}O—CH_2—\overset{\blacktriangle}{C}OOH$$

Acetessigsäure Acetessigsäure

Schema des Isoleucinabbaus nach COON *und* ABRAHAMSON.

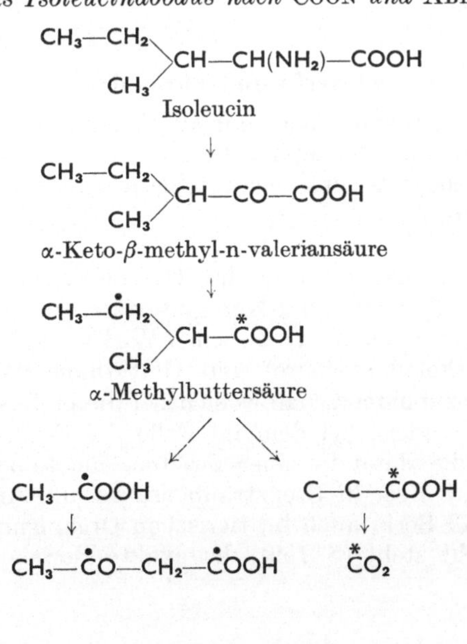

$$\begin{matrix}CH_3—CH_2\\CH_3\end{matrix}\!\!>CH—CH(NH_2)—COOH$$

Isoleucin

$$\downarrow$$

$$\begin{matrix}CH_3—CH_2\\CH_3\end{matrix}\!\!>CH—CO—COOH$$

α-Keto-β-methyl-n-valeriansäure

$$\downarrow$$

$$\begin{matrix}CH_3—\overset{\bullet}{C}H_2\\CH_3\end{matrix}\!\!>CH—\overset{*}{C}OOH$$

α-Methylbuttersäure

$$\swarrow \qquad \searrow$$

$$CH_3—\overset{\bullet}{C}OOH \qquad\qquad C—C—\overset{*}{C}OOH$$

$$\downarrow \qquad\qquad \downarrow$$

$$CH_3—\overset{\bullet}{C}O—CH_2—\overset{\bullet}{C}OOH \qquad \overset{*}{C}O_2$$

1 Mol Leucin könnte demnach $1^1/_2$ Mole Acetessigsäure liefern. Die Versuche von COON wurden an Leberschnitten von mit Phlorrhizin vergifteten Ratten durchgeführt.

Leucin gehört zu den essentiellen Aminosäuren. Es läßt sich im Wachstumstest durch α-Ketoisocapronsäure ersetzen. N-Methyl-L-leucin ist im Gegensatz zu den N-Methylderivaten der anderen essentiellen L-Aminosäuren unwirksam.

Über den Stoffwechsel von Isoleucin ist wenig bekannt. Es läßt sich im Wachstumstest durch die entsprechende Ketosäure ersetzen. Nach Versuchen von M. J. COON und N. S. ABRAHAMSON mit markierter α-Methylbuttersäure vollzieht sich der Abbau des Isoleucins vermutlich entsprechend dem umseitigen Schema.

Interessanterweise bildet Neurospora Isoleucin nicht aus der Ketosäure, wenigstens nicht direkt, sondern aus der Dioxyverbindung (E. L. TATUM).

$$(CH_3)(C_2H_5)CH—CO—COOH$$

$$\rightleftarrows$$

$$(CH_3)(C_2H_5)C(OH)—CH(OH)—COOH \longrightarrow (CH_3)(C_2H_5)CH—CH(NH_2)—COOH$$

Schema der Isoleucinbildung in E. coli (E. A. ADELBERG).

$$CH_3—CO—CH(OH)—COOH \xrightleftharpoons{+\text{ Acetat}} (H_3C)(HOOC—H_2C)C(OH)—CH(OH)—COOH$$

$$\updownarrow \qquad\qquad\qquad \updownarrow$$

$$CH_3—CH(OH)—CO—COOH \qquad (H_3C)(H_3C—H_2C)C(OH)—CH(OH)—COOH$$

α,β-Dioxy-β-äthylbuttersäure

$$\updownarrow \qquad\qquad\qquad \updownarrow$$

$$CH_3—CH(OH)—CH(NH_2)—COOH \qquad (H_3C)(H_3C—H_2C)CH—CH(NH_2)—COOH$$

Threonin — Isoleucin

f) Serin und Threonin.

Serin ist für den Organismus nicht nur als Baustein für Eiweiß, sondern auch als Bestandteil von Lipoiden (Serinphosphatiden) wichtig. Mit Hilfe der Isotopentechnik ließ sich zeigen, daß verabreichtes Serin in der Tat in die beiden Substanzen eingebaut wird.

L-Serin und L-Threonin werden durch die L-Aminosäureoxydase nicht desaminiert. In Mikroorganismen wurde eine Desaminierung von Serin zu Brenztraubensäure und von Threonin zu α-Ketoglutarsäure nachgewiesen, bei der vermutlich dasselbe Enzym beteiligt ist. Zu seiner Wirksamkeit benötigt es Adenosin-5-phosphorsäure (Muskeladenylsäure) und Glutathion (W. A. WOOD und I. C. GUNSALUS). Es ist anzunehmen, daß es sich bei dieser Desaminierung um einen zweistufigen Prozeß handelt, bei dem im Falle des Serins intermediär Aminoacrylsäure entsteht, die dann in einer zweiten, nichtenzymatischen Reaktion unter Aufnahme von Wasser in Brenztraubensäure und Ammoniak zerfällt. Es ist wahrscheinlich, daß Serin auch im tierischen Organismus mit Brenztraubensäure im Gleichgewicht steht (S. 199), der exakte Beweis steht aber noch aus.

$$CH_2OH—CH(NH_2)—COOH \xrightarrow{-H_2O} CH_2{=}C(NH_2)—COOH$$

Serin Aminoacrylsäure

$$CH_2{=}C(NH_2)—COOH \xrightarrow{+H_2O} CH_3—CO—COOH + NH_3$$

Aminoacrylsäure Brenztraubensäure

L-Serin kann im Organismus zu Äthanolamin decarboxyliert werden. Aus Serin, das C^{14} als β-C-Atom enthält, entsteht markiertes Äthanolamin (H. R. V. ARNSTEIN, ferner M. LEVINE und H. TARVER). Das β-C-Atom des Serins liefert

$$\overset{*}{C}H_2OH—CH(NH_2)—COOH \rightarrow \overset{*}{C}H_2OH—CH_2NH_2 + CO_2.$$

Formiat und kann daher zu mancherlei Synthesen, z. B. zur Biosynthese von labilen Methylgruppen, benützt werden (H. R. V. ARNSTEIN). In Versuchen mit markiertem Serin (C^{14} als β-C-Atom) hat H. R. V. ARNSTEIN weiterhin gezeigt, daß Serin Acetylgruppen liefern kann. Der Mechanismus der Reaktion ist ungeklärt. Interessanterweise reagieren hier D-Serin und L-Serin gleich. Nach der gleichzeitigen Verfütterung von Serin mit p-Aminobenzoesäure wurde Acetylaminobenzoesäure isoliert. In analoger Weise wurde α-Amino-γ-phenylbuttersäure durch Serin acetyliert.

```
     CH3              CH3
      |                |
  HO—C—H            H—C—OH
      |                |
   H—C—NH2          H—C—NH2
      |                |
     COOH             COOH
  L-Threonin     L-Allothreonin
```

Über den Stoffwechsel des L-Threonins im tierischen Organismus ist wenig bekannt. Es ist an Transaminierungen nicht beteiligt (D. F. ELLIOT und A. NEUBERGER).

g) Cystin.

Cystin (Cystein) ist keine essentielle Aminosäure. Es entsteht im Organismus, wobei Methionin das Schwefelatom und Serin das Kohlenstoffskelet und die Aminogruppe beisteuern. Unter bestimmten Bedingungen kann Cystin wachstumsfördernd wirken. In dieser Beziehung ist aber nur die L-Form wirksam. Die D-Form läßt jegliche Wirkung vermissen. Über die Möglichkeit, L-Cystin im Wachstumstest durch andere Substanzen zu ersetzen, orientiert die Tabelle 107, in welcher auch die Oxydierbarkeit der Substanzen im Organismus zu Sulfat angegeben ist. Wachstumsfördernde Wirkung und Oxydierbarkeit gehen nicht parallel. Viele S-haltige Verbindungen, welche Cystin im Wachstumstest nicht ersetzen können, werden vom Organismus mehr oder minder quantitativ zu Sulfat oxydiert.

Cystein und Cystin gehen im Organismus wechselseitig ineinander über. Cystein wird durch Cytochromoxydase oder Laccase zu Cystin oxydiert. Diese Oxydation läßt sich auch nichtenzymatisch durch den Luftsauerstoff bewirken, wenn Spuren von Eisen, Kupfer oder Mangan als Katalysatoren zugegen sind.

$$2\,RSH + \tfrac{1}{2}\,O_2 \rightarrow R—S—S—R + H_2O \qquad 2\,RSH + S \rightarrow R—S—S—R + H_2S.$$

Die Überführung von Cystein in Cystin läßt sich in vitro auch bewirken, wenn man Cystein mit einer kolloidalen Lösung von Schwefel behandelt. In den Geweben findet auch eine Reduktion von Cystin zu Cystein statt. Über den

Tabelle 107. *Wachstumswirkung und Oxydierbarkeit von Cystinderivaten.*

Substanz	Förderung des Wachstums	Oxydation des S zu Sulfat %
L-Cystein	++[19]	74—99[1, 2, 3]
D-Cystein	—[5]	
L-Cystin	++[5]	74—99[2, 4]
D-Cystin	—[5]	45[2]
D,L-Cystin	+[5]	67[2]
Mesocystin	+[6]	68[2]
N,N-Dimethyl-L-cystin	++[15]	
N,N-Dimethyl-D-cystin	—[15]	
Acetyl-L-cystein	++[12]	38—50[1]
N,N-Dibenzoyl-L-cystin	—[18]	0
Diphenylacetylcystin		63—65[4]
S-Benzylcystein	—[18]	40[4] 90[10]
S-p-Chlorbenzylcystein		24—46[4]
L-Cystindisulfoxyd	+[14]	78[3]
Cysteinsulfinsäure	—[14]	
Cysteinsäure		54[3]
N-Acetyl-S-benzylcystein		39[4]
N-Phenyluramino-S-benzylcystein		20[4]
Glycylcystein		47—66[1]
SH-Glutathion	++[21]	66—78[1]
S—S-Glutathion	++[21]	56—84[1]
α,α'-Dioxy-β,β'-dithiodipropionsäure	—[10]	20—40[3, 11]
α,α'-Dioxy-γ,γ'-dithiodibuttersäure		83[3]
Cystinamin	+[7] —[13]	
β,β'-Dithiodipropionsäure	—[9]	51—56[11]
Taurin	—[8, 19]	0[20]
Dithiodiglykolsäure	—[9]	78[11]
Djenkolsäure	—[23]	
Acetyl-L-cystin	++[12]	73—84[12]
Acetyl-D-cystin	—[12]	58—54[12]
Formyl-L-cystin	++[12]	94—100[12]
Formyl-D-cystin	—[12]	69—92[12]
Isocystein	—[28]	
S-Methylcystein	—[18]	*[16] 78—85[17]
S-Carboxymethylcystein	—[18]	
S-Äthylcystein	—[18]	80—90[16]
L-Cystathionin	++[22]	
D-Cystathionin	—[22]	
L-Allocystathionin	++[22]	
D-Allocystathionin	—[22]	
D,L-Lanthionin	+[24]	
Mesolanthionin	—[25]	
D,L-Homolanthionin	+[26]	
Thiobrenztraubensäure	—[27]	

* Zu toxisch für genaue Bestimmungen.
[1] Hele, T. S., u. N. W. Pirie: Biochem. J. **25**, 1095 (1931).
[2] Vigneaud, V. du, H. A. Craft u. H. S. Loring: J. biol. Chem. **104**, 81 (1934).
[3] Medes, G.: Biochem. J. **31**, 1330 (1937).
[4] Shervin, C. P., G. S. Shiple u. A. E. Rose: J. biol. Chem. **73**, 607 (1927).
[5] Vigneaud, V. du, R. Dorfman u. H. S. Loring: J. biol. Chem. **98**, 577 (1932).
[6] Loring, H. S., R. Dorfman u. V. du Vigneaud: J. biol. Chem. **103**, 399 (1933).
[7] Sullivan, M. X., W. C. Hess u. W. H. Sebrell: Publ. Health Rep. **46**, 1294 (1931).
[8] Rose, W. C., u. B. T. Huddelstun: J. biol. Chem. **69**, 599 (1926).
[9] Westermann, B. D., u. W. C. Rose: J. biol. Chem. **75**, 533 (1927).
[10] Westermann, B. D., u. W. C. Rose: J. biol. Chem. **79**, 413 (1928).
[11] Westermann, B. D., u. W. C. Rose: J. biol. Chem. **79**, 423 (1928).
[12] Vigneaud, V. du, H. S. Loring u. H. A. Craft: J. biol. Chem. **107**, 519 (1934).
[13] Mitchell, H. H.: J. biol. Chem. **111**, 699 (1935).

Mechanismus der Reduktion ist man nur mangelhaft orientiert. Neuere Versuche von J. W. DUBNOFF machen es wahrscheinlich, daß das Vitamin B_{12} in irgendeiner Weise in die Reduktion von —S—S-Verbindungen zu —SH-Verbindungen eingeschaltet ist.

Cystein bzw. Cystin können im Organismus in mannigfacher Weise umgesetzt werden. Abgesehen von dem Einbau in Eiweiß oder Glutathion lassen sich die folgenden Reaktionen beobachten:

Vollständige Oxydation zu Sulfat.
Desulfurierung.
Oxydation zu Taurin.
Bildung von Mercaptursäuren.

Normalerweise wird der größte Teil des aufgenommenen Cystins zu Sulfat oxydiert. W. PIRIE zeigte als erster, daß die Gewebe auch in vitro zu dieser Totaloxydation befähigt sind. G. MEDES entdeckte in der Leber ein Enzym, das Sulfinsäure zu Sulfat oxydiert (Sulfinsäureoxydase) und in einer weit größeren Menge vorkommt als alle anderen in den Umsatz von Cystein eingeschalteten Fermente. Man darf daher annehmen, daß die Cysteinsulfinsäure ein physiologisches Zwischenprodukt der Oxydation von Cystein zu Sulfat ist, um so mehr, als die Substanz im Organismus Sulfat liefert. Cystinsulfoxyd und Cystinsulfonsäure konnten als Intermediärprodukte bei der Totaloxydation des Cystins ausgeschlossen werden. Isocystein, das Cystin im Wachstumstest nicht vertreten kann, wird in vivo nur zu einem kleinen Umfang zu Sulfat oxydiert. Der größte Teil der Substanz wird in Form einer organischen S-haltigen Verbindung ausgeschieden (D. D. DZIEWIATKOWSKI und W. J. WINGO).

CH_2—NH_2 / CH—SH / COOH	CH_2—SH / H—C—NH_2 / COOH	CH_2—SOH / H—C—NH_2 / COOH	CH_2—SO_2H / H—C—NH_2 / COOH
Isocystein	Cystein	Cysteinsulfensäure	Cysteinsulfinsäure

Vorstufe der Cysteinsulfinsäure ist nach G. MEDES und N. F. FLOYD Cysteinsulfensäure, die aus Cystein durch die Wirkung der Cysteinoxydase A (im Gegensatz zu der Cysteinoxydase B, welche Cystein zu Cysteinsäure oxydiert) entsteht. MEDES und FLOYD diskutieren als weitere Bildungsmöglichkeit der Cysteinsulfensäure eine nichtenzymatische Hydrolyse von Cystin zu Cystein und Cysteinsulfensäure:

$$R—S—S—R + H_2O \rightleftarrows R—SH + R—SOH.$$

Cysteinsulfensäure ist unter biologischen Verhältnissen wenig beständig und

[14] BENNETT, M. A.: Biochem. J. **31**, 962 (1937); **33**, 885 (1939).
[15] KIES, M. W., H. M. DYER, J. L. WOOD u. V. DU VIGNEAUD: J. biol. Chem. **128**, 207 (1939).
[16] PIRIE, N. W.: Biochem. J. **26**, 2041 (1932).
[17] VIGNEAUD, V. DU, H. S. LORING u. H. A. CRAFT: J. biol. Chem. **105**, 481 (1934).
[18] BLOCK, R. J., u. R. W. JACKSON: J. biol. Chem. **97**, CVI (1932).
[19] MITCHELL, H. H.: J. Nutrit. **4**, 95 (1931).
[20] SCHMIDT, C. L. A., u. G. W. CLARK: J. biol. Chem. **53**, 193 (1922).
[21] DYER, H. M., u. V. DU VIGNEAUD: J. biol. Chem. **115**, 543 (1936).
[22] ANSLOW, W. P., u. V. DU VIGNEAUD: J. biol. Chem. **170**, 205 (1947).
[23] BINKLEY, F.: J. biol. Chem. **186**, 287 (1950).
[24] JONES, D. B., J. P. DIVINE u. M. J. HORN: J. biol. Chem. **146**, 571 (1942).
[25] JONES, D. B., A. CALDWELL u. M. J. HORN: J. biol. Chem. **176**, 65 (1948).
[26] STEKOL, J. A., u. K. WEISS: J. biol. Chem. **175**, 405 (1948).
[27] STEKOL, J. A.: J. biol. Chem. **176**, 33 (1948).
[28] DZIEWIATKOWSKI, D. D., u. H. J. WINGO: Proc. Soc. exp. Biol. Med. **70**, 448 (1949).

erleidet spontan eine Dismutation, wobei aus zwei Molen Sulfensäure Cystein und Cysteinsulfinsäure entstehen:

$$2\,R{-}SOH \rightleftarrows R{-}SH + R{-}SO_2H.$$

F. BERNHEIM und M. L. C. BERNHEIM haben ein Enzym (oder Enzymsystem) nachgewiesen, welches Cystein unter Aufnahme von 3 Atomen Sauerstoff zu Cysteinsäure oxydiert. Diese Oxydation des Cysteins wurde gleichfalls von G. MEDES und N. F. FLOYD studiert, welche das hierbei beteiligte Enzym Cysteinoxydase B nannten. Sie zeigten weiterhin, daß ihr Fermentpräparat gleichfalls Cysteinsulfinsäure zu Cysteinsäure oxydiert.

Cysteinsäure ist vermutlich kein Zwischenprodukt bei der Oxydation von Cystein zu Sulfat. Verfüttert man die Substanz, so findet man zwar eine Zunahme der Ausscheidung von Sulfat im Harn. Wird die Substanz dagegen injiziert, so nimmt die Sulfatausscheidung nicht zu. Man muß daher annehmen, daß im Falle der Verfütterung die Darmbakterien für die Sulfatbildung verantwortlich zu machen sind. Gibt man Hunden Cysteinsäure und Cholsäure, so wird aus der Cysteinsäure quantitativ Taurocholsäure gebildet. Läßt man die Cholsäure fort, so wird eine Substanz im Harn ausgeschieden, welche gleichzeitig Amino-N und S enthält und vermutlich unveränderte Cysteinsäure ist. Man hat auch schon diskutiert, ob Cysteinsäure zu Sulfobrenztraubensäure desaminiert werden kann (G. MEDES und N. F. FLOYD). Sulfobrenztraubensäure liefert aber unter physiologischen Verhältnissen kein Sulfat.

$CH_2{-}SO_3H$ | CO | $COOH$	$CH_2{-}SO_3H$ | $H{-}C{-}NH_2$ | $COOH$	$CH_2{-}SO_3H$ | $CH_2{-}NH_2$
Sulfobrenztraubensäure	Cysteinsäure	Taurin

Cysteinsäure wird durch die Cysteinsäuredecarboxylase zu Taurin decarboxyliert (H. BLASCHKO). Homocysteinsäure wird nicht angegriffen, hemmt aber die Decarboxylierung der Cysteinsäure kompetitiv. Das Enzym kommt anscheinend nur in der Leber vor. 1 g Leber kann je Stunde 0,25—1,80 mg Taurin bilden. Manche Tiere (z. B. Katzen und Kaninchen) haben in ihrer Leber keine Cysteinsäuredecarboxylase, scheiden aber trotzdem in der Galle Taurocholsäure aus. Es steht daher zur Diskussion, ob es noch einen anderen Weg der Taurinbildung gibt. MEDES und FLOYD denken an die Entstehung von Taurin aus Cystinsulfoxyd. Beweise für eine derartige Reaktion liegen aber nicht vor.

Das folgende Schema gibt die Auffassung von MEDES und FLOYD über die Oxydation des Cystins wieder:

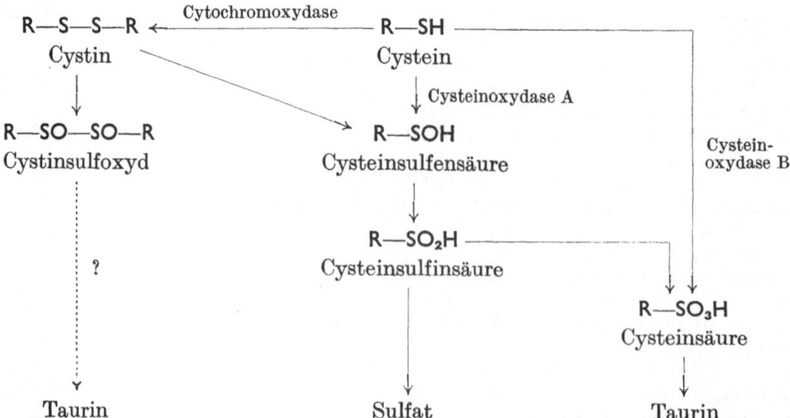

Homocystein und Cystein werden in den tierischen Organen durch das Enzym Desulfurase unter Abspaltung von H_2S desulfuriert (C. V. Smythe, C. Fromageot). Mikroorganismen verfügen über ein abweichendes Enzymsystem, das hier unberücksichtigt bleiben soll. Die Desulfurierung ist ein komplizierterer Prozeß mit der Summengleichung:

$$3 \text{ Cystein} \rightarrow \text{Cystin} + \text{Alanin} + H_2S.$$

Der Reaktionsmechanismus ist unklar, als Zwischenprodukt wird Aminoacrylsäure diskutiert. Aminoacrylsäure geht leicht in Brenztraubensäure über.

$$\underset{\text{Cystein}}{\begin{matrix} CH_2\text{—}SH \\ | \\ H\text{—}C\text{—}NH_2 \\ | \\ COOH \end{matrix}} \xrightarrow{-H_2S} \underset{\text{Aminoacrylsäure}}{\begin{matrix} CH_2 \\ \| \\ C\text{—}NH_2 \\ | \\ COOH \end{matrix}} \longrightarrow \underset{\text{Brenztraubensäure}}{\begin{matrix} CH_3 \\ | \\ CO \\ | \\ COOH \end{matrix}}$$

Der entstandene Schwefelwasserstoff kann im Organismus zu verschiedenen Reaktionen verwendet werden. Der größte Teil wird zu Sulfat oxydiert. Dies geht unter anderem aus den Versuchen von D. D. Dziewiatkowski hervor, der Ratten Na_2S^{35} injizierte. Der größte Teil des radioaktiven S wurde dann im Harn in Form von Sulfat ausgeschieden. Ein Teil wurde jedoch auch in organischer Bindung, vermutlich als Cystin, in die Organe eingebaut. C. V. Smythe und D. Halliday stellten fest, daß bei der Inkubation von überlebenden Geweben mit Cystein und Sulfid ein Austausch des Schwefels erfolgt:

$$HOOC\text{—}CH(NH_2)\text{—}CH_2\text{—}SH + Na_2S^{35} \rightleftarrows HOOC\text{—}CH(NH_2)\text{—}CH_2\text{—}S^{35}H + Na_2S.$$

Schwefelwasserstoff kann auch als Wasserstoffdonator dienen, wobei elementarer Schwefel entsteht. Auch elementarer Schwefel wird vom Organismus zu Sulfat oxydiert, denn nach der Injektion von kolloidalem Schwefel ist die Sulfatausscheidung vermehrt.

Nach J. P. Greenstein und F. M. Leuthardt gibt es auch eine Desulfurase, welche Cystin im Verband von Peptiden desulfuriert. Voraussetzung hierfür ist, daß der Cystinrest eine freie Aminogruppe und Carboxylgruppe trägt. Daher wird Glutathion durch das Enzym nicht angegriffen.

Thiosulfat ist verschiedentlich als Harnbestandteil nachgewiesen worden. C. Fromageot und A. Royer fanden, daß die Ausscheidung im Hunger größer ist als nach Nahrungsaufnahme. Thiosulfat muß demnach im intermediären Stoffwechsel gebildet werden. Der Mechanismus seiner Bildung ist unbekannt. Vermutlich ist Thiosulfat kein Zwischenprodukt der Oxydation des Cystinschwefels zu Sulfat. K. Lang entdeckte ein Enzym (Rhodanese), das Thiosulfat und Cyanid mit großer Geschwindigkeit zu Rhodanid umsetzt. Auf dieser Reaktion beruht die entgiftende Wirkung des Thiosulfats bei der Blausäurevergiftung. Die Wirkung

$$HCN + Na_2S_2O_3 \rightarrow HSCN + Na_2SO_3.$$

von Thiosulfat bleibt jedoch beschränkt, weil das einverleibte Thiosulfat nur sehr langsam in die Zellen eindringt. Die biologische Bedeutung der Rhodanese ist ungeklärt. Vielleicht spielt das Rhodan eine Rolle bei der Regulation des Jodstoffwechsels der Schilddrüse. Der normale Rhodanspiegel des Blutes beträgt 0,1—0,2 mg-%. Die tägliche Rhodanbildung des Menschen wurde von K. Lang zu 5—10 mg bestimmt. Überlebendes Gewebe oxydiert einen Teil des zugesetzten Thiosulfats zu Sulfat (N. W. Pirie).

Verfüttert man an Hunde bestimmte aromatische Substanzen, z. B. Halogenbenzole, so werden sie an acetyliertes Cystein gebunden als „Mercaptursäuren" im Harn ausgeschieden. Eine Übersicht über die wichtigsten Substanzen, welche zu einer Mercaptursäurebildung Anlaß geben, findet man in der Tabelle 108.

Nicht alle Tierarten sind in derselben Weise zur Mercaptursäurebildung befähigt. Bei Hunden ist sie am umfangreichsten. Ratten, Kaninchen und Meerschweinchen bilden gleichfalls Mercaptursäuren. Mercaptursäuren entstehen im Organismus jedoch nur dann, wenn genügend Cystin bzw. Methionin zur Verfügung steht. Daher scheiden Hunde im Eiweißminimum oder nach einer längeren Hungerperiode keine Mercaptursäuren aus, wenn man ihnen eine sonst Mercaptursäure liefernde Substanz einverleibt. Dagegen wird bei der Cystinurie Mercaptursäure gebildet, wie ja überhaupt die Cystinurie zu keiner Cystinverarmung des Organismus führt. Glutathion und Taurin werden nicht zur Mercaptursäurebildung verwandt. Zwingt man Hunde, deren Futter arm an Cystin und Methionin ist, zur Bildung von Mercaptursäuren, so schränken sie die Produktion von Taurin ein. Verfütterung von S-Benzylhomocystein führt zur Ausscheidung von S-Benzyl-N-acetylhomocystein, einer homologen Mercaptursäure.

Tabelle 108. *Bildung von Mercaptursäuren.*

Mercaptursäure liefernde Substanzen	Keine Mercaptursäure liefernde Substanzen
Benzol[1]	Toluol[1]
Chlorbenzol[2]	o-Chlortoluol[1]
Brombenzol[2]	Phenol[3]
Jodbenzol[2]	o-Chlorphenol[3]
o-Dichlorbenzol[1]	m-Chlorphenol[3]
m-Dichlorbenzol[1]	p-Chlorphenol[3]
Benzylchlorid[4]	o-Chloracetanilid[3]
Naphthalin[5]	m-Chloracetanilid[3]
p-Brombenzylchlorid[6]	p-Chloracetanilid[3]
	o-Chloranisol[3]

```
CH₂—S—C₆H₄Br
 |
H—C—NH—OC—CH₃
 |
COOH
```

Bromphenylmercaptursäure

```
CH₂—S—CH₂—C₆H₅
 |
CH₂
 |
H—C—NH—OC—CH₃
 |
COOH
```

S-Benzyl-N-acetylhomocystein

Die Mercaptursäurebildung ist mitunter mit einer Umwandlung von D-Formen in L-Formen verknüpft, wie überhaupt Acetylierungen häufig zu optischen Inversionen führen (S. 200). Die Verfütterung von D-Mercaptursäuren führt jedoch nicht zur Ausscheidung von L-Mercaptursäuren. Beispiele für Konfigurationsänderungen bei der Mercaptursäurebildung sind in der Tabelle 109 angeführt.

Tabelle 109. *Optische Inversionen bei Mercaptursäurebildung.*

Verfütterte Substanz	Im Harn ausgeschieden
S-Phenyl-D-cystein	N-Acetyl-S-phenyl-L-cystein[7]
S-Benzyl-D-cystein	N-Acetyl-S-benzyl-L-cystein[7]
S-Benzyl-D-homocystein	N-Acetyl-S-benzyl-L-homocystein[8]

N-methylierte-S-benzylierte Derivate des Cysteins und Homocysteins werden in die entsprechenden N-Acetylderivate (Mercaptursäuren) verwandelt. N-Methyl-S-benzyl-D,L-homocystein liefert N-Acetyl-S-benzyl-L-homocystein. Aus

[1] CALLOW, W. H., u. T. S. HELE: Biochem. J. **20**, 598 (1926).
[2] BAUMANN, A. u. Mitarb.: Z. physiol. Chem. **5**, 309 (1881); **8**, 190 (1883); **20**, 586 (1895).
[3] COOMBS, H. I., u. T. S. HELE: Biochem. J. **20**, 606 (1926).
[4] STEKOL, J. A.: J. biol. Chem. **128**, 199 (1939).
[5] STEKOL, J. A.: J. biol. Chem. **110**, 463 (1935).
[6] STEKOL, J. A.: J. biol. Chem. **138**, 225 (1941).
[7] BINKLEY, F., J. L. WOOD u. V. DU VIGNEAUD: J. biol. Chem. **153**, 495 (1944).
[8] VIGNEAUD, V. DU, J. L. WOOD u. O. J. IRISH: J. biol. Chem. **129**, 171 (1939).

N-Methyl-S-benzyl-L-cystein entsteht N-Acetyl-S-benzyl-L-cystein (J. L. Wooi und V. du Vigneaud).

Schon seit langer Zeit ist eine seltene, interessante Stoffwechselstörung, die Cystinurie bekannt. Bei ihr werden im Harn größere Mengen Cystin ausgeschieden. Normale Menschen scheiden regelmäßig kleine Mengen Cystin im Harn aus, die jedoch unter 100 mg freiem Cystin und 200 mg „Gesamtcystin" (nach Säurehydrolyse nachweisbares Cystin) zu liegen pflegen. Bei schweren Fällen der Cystinurie ist die Cystinausscheidung mitunter auch mit der Ausscheidung von Diaminen (Putrescin und Cadaverin) verbunden („Diaminurie").

Man hat durch Verfütterung von Cystinderivaten an Cystinuriker einen näheren Einblick in den Abbau des Cystins im Organismus zu gewinnen versucht, um daraus Schlüsse auf die der Cystinurie zu Grunde liegenden Stoffwechselstörung ziehen zu können. Die erzielten Resultate sind jedoch bescheiden. Bezüglich der älteren Untersuchungen sei auf das zusammenfassende Referat von G. Rosenfeld verwiesen.

Die bei der Cystinurie ausgeschiedene Cystinmenge hängt wesentlich von der Höhe der Eiweißzufuhr ab. Aber auch bei einer eiweißarmen Diät wird immer noch etwas Cystin ausgeschieden. Nach den Untersuchungen von E. Brand und Mitarbeitern gibt die Einverleibung von Homocystein, Cystein und Methionin zu einer beträchtlichen Mehrausscheidung von Cystin bei der Cystinurie Anlaß. Cystin und Homocystin sind jedoch wirkungslos (Tabelle 110). E. Brand und Mitarbeiter kommen auf Grund ihrer Versuche zu der Auffassung, daß Methionin die wichtigste Cystinquelle bei der Cystinurie ist. Jedoch haben andere Autoren auch Cystinuriker beobachtet, bei denen Gaben von 4—10 g Methionin keine Mehrausscheidung von Cystin bewirkten (W. C. Hess und M. X. Sullivan).

Tabelle 110. *Die Ausscheidung von Cystin bei der Cystinurie* (E. Brand, G. F. Cahill und M. H. Harris).

Verfütterte Substanz g		Mehrausscheidung von Cystin g	Ausscheidung von Homocystin g
L-Cystein-HCl . .	8,8	2,13	—
L-Cystin	6,4	0,0	—
Homocystein . . .	5,5	1,60	0,86
Homocystin . . .	7,2	0,0	0,41
D,L-Methionin . .	8,0	2,03	—
Glutathion	16,0	0,6	—

Auch neuere, unter Verwendung von markierten Substanzen durchgeführte Untersuchungen haben zu keiner abschließenden Klärung des Problems der Cystinurie geführt. In der Tabelle 112 sind einige, bei einem Cystinuriker

Tabelle 111. *Oxydation verschiedener S-haltiger Substanzen durch Cystinuriker* (E. Brand, W. J. Block und G. F. Cahill).

Verfütterte Substanz	% des gesamten im Harn ausgeschiedenen S		
	Sulfat	Cystin	Neutral-S unbekannter Art
D,L-Methionin	33	51	15
D,L-Homocystein	27	50	24
D,L-α-Oxy-γ-methiobuttersäure . .	25	29	43
S-Methylcystein	14	0	86
γ-Thiobuttersäure.	32	17	61
γ,γ-Dithiodibuttersäure	6	31	63

erhobene Befunde wiedergegeben. In Versuchen an cystinurischen Hunden wurden ähnliche Resultate erhalten (L. J. REED und Mitarbeiter; H. TARVER und C. L. A. SCHMIDT).

Die in den Tabellen 111 und 112 wiedergegebenen Zahlen lassen vermuten, daß neben dem Cystin noch eine andere organische S-haltige Substanz ausgeschieden wird, die aber kein Methionin ist. Die unmittelbare Ursache für die Ausscheidung von Cystin bei der Cystinurie dürfte eine erniedrigte Nierenschwelle infolge einer verminderten Rückresorption der Aminosäure sein (C. E. DENT und G. A. ROSE). In Übereinstimmung mit dieser Annahme steht auch der Befund, daß Cystinuriker keinen erhöhten Gehalt des Plasmas an freiem Cystin aufweisen.

Tabelle 112. *Umwandlung von Methionin in Cystin und Oxydation zu Sulfat bei der Cystinurie* (L. J. REED, D. CAVALINI, F. PLUM, J. R. RACHELE und V. DU VIGNEAUD).

Ein an einer Cystinurie leidender Patient erhielt 200 mg mit S^{35} markiertes Methionin.

S-Fraktion des Harns	Im Harn ausgeschiedene % des verfütterten S^{35}			
	1. Tag	2. Tag	3. Tag	4. Tag
Gesamt-S	13,30	2,38	1,80	0,90
Gesamt-SO_4. . .	0,74	0,82	0,53	0,39
Neutral-S	12,54	1,56	1,27	0,61
Cystin	0,66	0,78	0,78	0,40

Die Cystinurie bedingt keine Cystinverarmung des Organismus. Die Proteine haben selbst bei den schwersten Fällen von Cystinurie einen normalen Cystingehalt, insbesondere auch die cystinreichen Keratine. Auch die Bildung von Taurin ist nicht gestört, so daß man in der Galle normale Werte für den Gehalt an Taurocholsäure findet.

Schon ältere Stoffwechselversuche hatten vermuten lassen, daß Methionin im Organismus Cystin liefert. Wachstumsversuche zeigten, daß Methionin Cystin in der Nahrung ersetzen kann, daß aber das umgekehrte, ein Ersatz von Methionin durch Cystin nicht möglich ist. Auch dieser Befund ließ auf eine Umwandlung von Methionin in Cystin schließen.

Versuche mit S^{35} enthaltendem Methionin oder Homocystein zeigten auch in der Tat, daß der Methionin-S als Cystin-S wiedergefunden wird. V. DU VIGNEAUD, G. W. KILMER, J. R. RACHELE und M. COHN gaben Tieren doppelt markiertes Methionin, das neben radioaktivem S noch C^{13} als β- und γ-C-Atom enthielt. Das isolierte Cystin enthielt jedoch nur radioaktiven S, aber keine Spur des isotopen C. Damit war bewiesen, daß zwar das Schwefelatom aus Methionin stammte, daß aber das Kohlenstoffskelet einen anderen Ursprung haben mußte. Auf Grund von Versuchen von D. W. STETTEN jr. [*2*] war anzunehmen, daß das Kohlenstoffatomskelet von Serin beigesteuert wird, denn mit N^{15} markiertes Serin liefert N^{15} enthaltendes Cystin. J. A. STEKOL, K. WEISS und S. WEISS haben durch die Injektion von C^{14}-Glykokoll bewiesen, daß die C-Atome des Cystins zum Teil aus Glykokoll stammen können.

Einen Einblick in den Reaktionsmechanismus des Übergangs von Methionin-S in Cystin-S erbrachten Untersuchungen von V. DU VIGNEAUD, G. B. BROWN und J. P. CHANDLER. Sie wiesen nach, daß Cystathionin (S-[β-Amino-β-carboxyäthyl-]homocystein), ein gemischter Thioäther von Alanin und Aminobuttersäure, Zwischenprodukt ist. Der in Cystathionin enthaltende radioaktive S wird im Cystin wiedergefunden (J. R. RACHELE, L. J. REED, A. R. KIDWAI, M. F. FERGER und V. DU VIGNEAUD). Cystathionin wird enzymatisch durch Thionase zu Cystein und vermutlich γ-Oxy-α-aminobuttersäure (Homoserin) aufgespalten. Aus den Ansätzen wurde die mit dem Homoserin in einem Gleichgewicht stehende α-Ketobuttersäure isoliert (W. R. Carrolie, G. W. Stacy und V. du Vigneaud).

Auf Grund der geschilderten Versuchsergebnisse ergibt sich für den Übergang von Methionin in Cystin die folgende Reaktionskette: Methionin wird zunächst zu Homocystein demethyliert, das sich dann mit Serin zu Cystathionin kondensiert. Das Cystathionin wird endlich zu Cystein und γ-Oxy-α-aminobuttersäure aufgespalten.

```
  CH2—S—CH3       CH2—SH  HO—CH2          CH2—S—CH2             CH2OH        CH2—SH
  |               |          |            |     |               |             |
  CH2             CH2     H—C—NH2         CH2 H—C—NH2           CH2        H—C—NH2
  |        →      |    +     |      →     |     |        →      |       +     |
H—C—NH2         H—C—NH2     COOH        H—C—NH2 COOH          H—C—NH2        COOH
  |               |                       |                     |
  COOH            COOH                    COOH                  COOH
Methionin     Homocystein + Serin       Cystathionin     γ-Oxy-α-amino-    Cystein
                                                          buttersäure
```

Cystathionin kommt in vier verschiedenen Formen vor, da es zwei asymmetrische C-Atome besitzt. Von ihnen können L-Cystathionin und L-Allocystathionin Cystin in der Nahrung ersetzen, da beide bei der enzymatischen Spaltung L-Cystein liefern. D-Cystathionin und D-Allocystathionin sind biologisch inaktiv.

```
  CH2—S—CH2              CH2—S—CH2             CH2—S—CH2               CH2—S—CH2
  |     |                |     |               |     |                 |      |
  CH2 H—C—NH2            CH2 H—C—NH2           CH2 H2N—C—H             CH2 H2N—C—H
  |     |                |     |               |       |               |        |
H—C—NH2 COOH        H2N—C—H   COOH           H—C—NH2  COOH         H2N—C—H     COOH
  |                      |                     |                       |
  COOH                   COOH                  COOH                    COOH
L-Cystathionin      L-Allocystathionin     D-Allocystathionin      D-Cystathionin
```

Thionase ist ein Enzym, das nicht nur Cystathionin, sondern auch andere Thioäther spaltet. Ihre Spezifität geht aus der Tabelle 113 hervor. Die Art der Spaltung der Thioäther läßt vermuten, daß viele derselben Cystin im Wachstumstest deswegen nicht ersetzen können, weil das S-Atom nicht immer bei der C-Atomkette des Cysteins verbleibt. Die experimentelle Überprüfung ergab in der Tat, daß Alkyläther von L-Cystein und L-Homocystein im Wachstumstest unwirksam sind (W. D. Armstrong und J. D. Lewis). Thioäther, die sich vom Homocystein ableiten, werden durch die Thionase nicht gespalten, hemmen aber die Spaltung von Cystathionin kompetitiv (F. Binkley). Substitution in der Aminogruppe verhindert die Spaltung durch Thionase. Daher wird Glutathion nicht angegriffen. Dagegen kann die Carboxylgruppe substituiert, z. B. verestert sein. Cysteinylglykokoll oder Cysteinmethylester werden gespalten. Thionase spaltet aus Cystein Schwefelwasserstoff ab. Ob die Desulfurase von C. Fromageot mit der Thionase identisch ist, läßt sich augenblicklich noch nicht entscheiden. Die Spaltung von Cystathionin durch Thionase ist mit einem Verschwinden einer energiereichen Phosphatbindung verknüpft.

Beim Kochen von Keratin oder anderen cystinreichen Proteinen mit Alkali und anschließender Hydrolyse mit Salzsäure erhält man an Stelle von Cystin Lanthionin. L-Lanthionin kann Cystin in der Nahrung ersetzen, nicht dagegen meso-Lanthionin, das offensichtlich von der Thionase nicht gespalten wird.

Schema des Stoffwechsels der S-haltigen Aminosäuren.

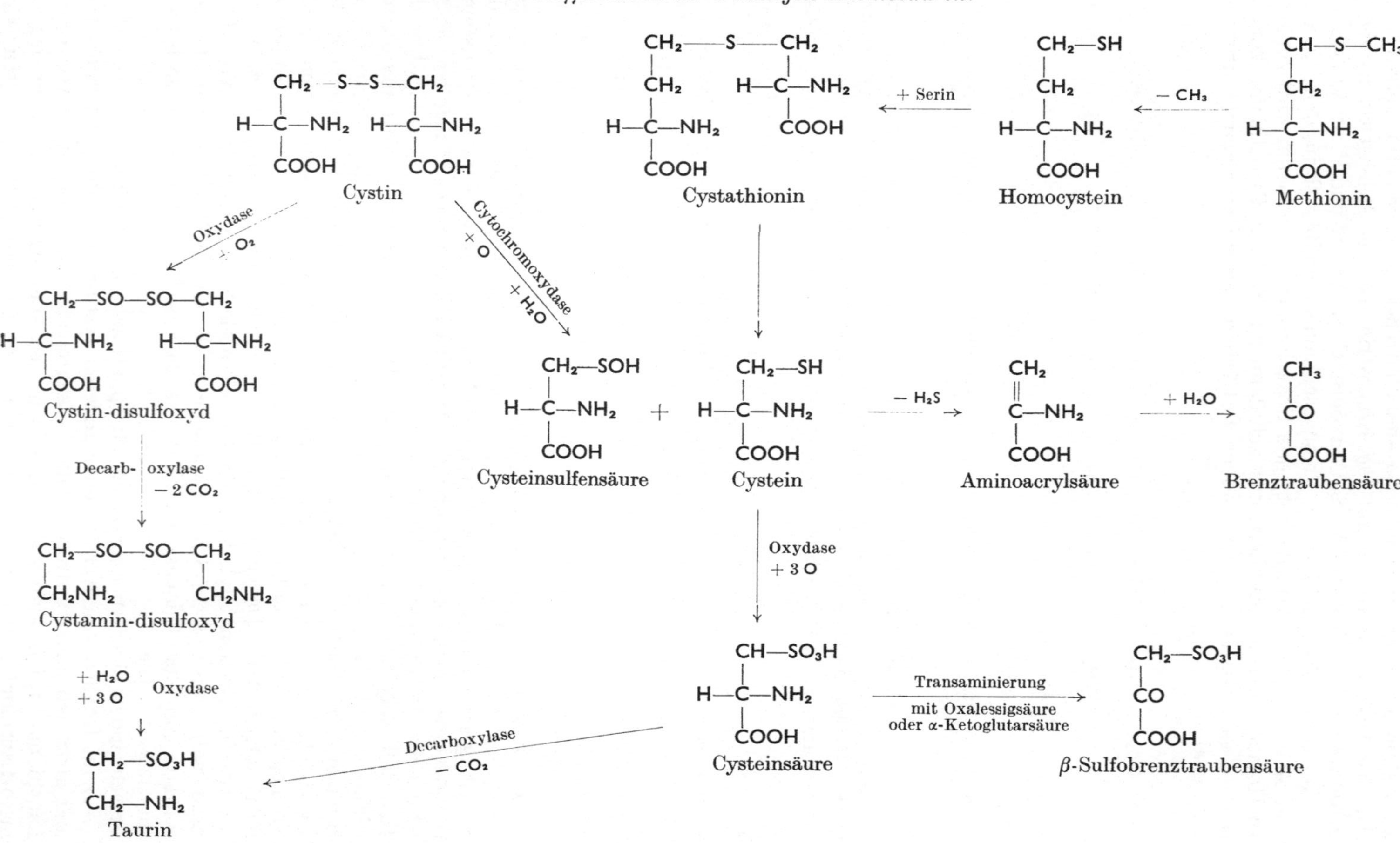

Tabelle 113. *Spaltung von Thioäthern durch Thionase im Vergleich zu Cystathionin* (F. Binkley).

Verbindung	Formel und Ort der Spaltung	Relative Spaltung %
Cystein	HOOC—CH(NH$_2$)—CH$_2$ ⋮ SH	50
S-Methyl-L-cystein	HOOC—CH(NH$_2$)—CH$_2$ ⋮ S—CH$_3$	30
S-Äthyl-L-cystein	HOOC—CH(NH$_2$)—CH$_2$ ⋮ S—C$_2$H$_5$	20
S-Propyl-L-cystein	HOOC—CH(NH$_2$)—CH$_2$ ⋮ S—C$_3$H$_7$	10
S-Butyl-L-cystein	HOOC—CH(NH$_2$)—CH$_2$ ⋮ S—C$_4$H$_9$	1
S-Carboxymethyl-L-cystein	HOOC—CH(NH$_2$)—CH$_2$ ⋮ S—CH$_2$—COOH	10
S-Carboxyäthyl-L-cystein	HOOC—CH(NH$_2$)—CH$_2$ ⋮ S—CH$_2$—CH$_2$— —COOH	5
S-Carboxypropyl-L-cystein	HOOC—CH(NH$_2$)—CH$_2$ ⋮ S—CH$_2$—CH$_2$— —CH$_2$—COOH	0
L-Lanthionin	HOOC—CH(NH$_2$)—CH$_2$ ⋮ S CH$_2$— —CH(NH$_2$)—COOH	100
L-Cystathionin	HOOC—CH(NH$_2$)—CH$_2$—S ⋮ CH$_2$—CH$_2$— —CH(NH$_2$)—COOH	100
L-Allocystathionin	HOOC—CH(NH$_2$)—CH$_2$—S ⋮ CH$_2$—CH$_2$— —CH(NH$_2$)—COOH	50
D-Allocystathionin	HOOC—CH(NH$_2$)—CH$_2$—S ⋮ CH$_2$—CH$_2$— —CH(NH$_2$)—COOH	50
D-Cystathionin	HOOC—CH(NH$_2$)—CH$_2$—S ⋮ CH$_2$—CH$_2$— —CH(NH$_2$)—COOH	10
Djenkolsäure	HOOC—CH(NH$_2$)—CH$_2$—S ⋮ CH$_2$ ⋮ S— —CH$_2$—CH(NH$_2$)—COOH	100

J. A. Stekol und K. Weiss haben dasselbe für Homolanthionin bewiesen. Nach Verfütterung von D,L-Lanthionin mit S^{35} ließ sich aus den Haaren der Versuchstiere S^{35}-Cystin isolieren.

```
   CH2 —— S —— CH2                 CH2    S    CH2
    |           |                   |           |
H—C—NH2    H—C—NH2                CH2         CH2
    |           |                   |           |
   COOH        COOH             H—C—NH2    H—C—NH2
                                    |           |
                                   COOH        COOH
```

L-Lanthionin L-Homolanthionin

h) Methionin.

Methionin gehört zu den essentiellen Aminosäuren. Stellt man jedoch dem Organismus das Kohlenstoff-Schwefelskelet z. B. in Form von Homocystein oder α-Keto-γ-methylthiobuttersäure zur Verfügung, so kann er Methionin bilden. Die erwähnten Substanzen vermögen daher Methionin im Wachstumstest zu ersetzen. Über die Ersetzbarkeit des Methionins durch noch andere Substanzen orientiert die Tabelle 114.

Methionin hat im Organismus eine Reihe von Aufgaben zu erfüllen, so daß zahlreiche Umsatzmöglichkeiten bestehen. Abgesehen vom Einbau in Eiweiß und der Totaloxydation zu Sulfat findet man Demethylierung zu Homocystein, Desaminierung zu α-Keto-γ-methylthiobuttersäure, Bildung von Cystathionin und vermutlich auch eine Oxydation zu Methioninsulfoxyd.

Auf welchem Wege sich die Oxydation des Methionins zu Sulfat vollzieht, ist unbekannt. Sicher feststehend ist nur, daß das Sulfoxyd und das Sulfon keine Zwischenprodukte sind. Vermutlich wird Methionin erst nach Demethylierung zu Homocystein und Umwandlung in Cystein zu Sulfat oxydiert. Die von G. MEDES und N. FLOYD entdeckte Cysteinoxydase B, welche Cystein zu Cysteinsäure oxydiert, verwandelt auch Homocystein in Homocysteinsäure. Ob der Homocysteinsäure eine physiologische Bedeutung zukommt, ist unbekannt. Sie

Tabelle 114. *Stoffwechselverhalten von Methioninderivaten.*

Substanz	Wachstums-wirkung	Labile Methylgruppe	Oxydation zu Sulfat in %
L-Methionin	+[1]	+	70—90[7,8]
D-Methionin	+[1]	+[15]	50—80
D,L-Methionin	+[1]	+[15]	70—80[7,8]
L-Homocystein	+[3]		70—90
D-Homocystein	+[3]		
D,L-Homocystein	+[2]		60[8]
Formyl-L-methionin	+[1]		
Formyl-D-methionin	—[1]		
N-Methylhomocystein	+[4]		
N-Methylmethionin	+[4]		
S-Carboxymethylhomocystein	—[5]		
L-Cystathionin	+[6]		
D,L-Methioninsulfoxyd	+[9]	—[15]	
N-Benzoylmethionin			2—10[10]
Methioninsulfon	—[11]	—[15]	
α-Keto-γ-methylthiobuttersäure	+[12]	+[15]	
α-Oxy-γ-methylthiobuttersäure	+[13]		
Homoserin	—[14]		

wird im Gegensatz zur Cysteinsäure im Organismus nicht decarboxyliert. Normale und auch nierenlose Tiere oxydieren intravenös injiziertes Methionin innerhalb von 6 Std zu 70—85% zu Sulfat (L. L. FOLKER, I. L. CHAIKOFF, C. ENTENMAN und H. TARVER). Nach Entfernung der Leber ist die Oxydation des Methionin-S zu Sulfat unmöglich. Dagegen können leberlose Tiere noch aus Methionin Cystathionin und Cystin bilden.

[1] JACKSON, R. W., u. R. J. BLOCK: J. biol. Chem. **98**, 465 (1932); **122**, 425 (1938). — Proc. Soc. exp. Biol. Med. **30**, 587 (1935).
[2] VIGNEAUD, V. DU, H. M. DYER u. J. HARMON: J. biol. Chem. **101**, 719 (1933).
[3] DYER, H. M., u. V. DU VIGNEAUD: J. biol. Chem. **109**, 477 (1935).
[4] PATTERSON, W. I., H. M. DYER u. V. DU VIGNEAUD: J. biol. Chem. **116**, 277 (1936).
[5] STEKOL, J. A.: Arch. Biochem. **13**, 127 (1947).
[6] VIGNEAUD, V. DU, G. B. BROWN u. J. P. CHANDLER: J. biol. Chem. **143**, 59 (1942).
[7] PIRIE, N. W.: Biochem. J. **26**, 2041 (1932).
[8] VIGNEAUD, V. DU, H. S. LORING u. H. A. CRAFT: J. biol. Chem. **105**, 481 (1934).
[9] BENNET, M. A.: Biochem. J. **33**, 1794 (1939).
[10] VIRTUE, R. W., u. H. B. LEWIS: J. biol. Chem. **104**, 59 (1934).
[11] BENNET, M. A.: J. biol. Chem. **178**, 163 (1949).
[12] CAHILL, W. M., u. G. G. RUDOLF: J. biol. Chem. **145**, 201 (1942).
[13] AKOBE, K.: Z. physiol. Chem. **244**, 14 (1936).
[14] ARMSTRONG, D. M., u. F. BINKLEY: J. biol. Chem. **177**, 889 (1948).
[15] HANDLER, P., u. M. L. C. BERNHEIM: J. biol. Chem. **150**, 335 (1943).

$$\begin{array}{ccc}
CH_2—S—CH_3 & CH_2—SH & CH_2—SO_3H \\
| & | & | \\
CH_2 & CH_2 & CH_2 \\
| & | & | \\
H—C—NH_2 & H—C—NH_2 & H—C—HN_2 \\
| & | & | \\
COOH & COOH & COOH \\
\text{Methionin} & \text{Homocystein} & \text{Homocysteinsäure}
\end{array}$$

Bei der Entmethylierung des Methionins zu Homocystein wird die Methylgruppe auf einen passenden Methylacceptor übertragen. Näheres über Transmethylierungen findet man S. 149. Homocystein wird vom Organismus ähnlich wie Cystein behandelt. Es kann, wie schon erwähnt, zu Homocysteinsäure oxydiert oder desulfuriert werden. Eine Desaminierung, die zu α-Keto-γ-thiobuttersäure führen würde, wurde nie beobachtet. Die wichtigste Reaktion ist seine Kondensation mit Serin zu Cystathionin (S. 215) und die dadurch eingeleitete Bildung von Cystein. Homocystein kann durch eine Transmethylierung wieder in Methionin zurückverwandelt werden. Normalerweise erfolgt aber diese Reaktion nicht in größerem Umfang, weil der Organismus Homocystein nur durch eine Demethylierung von Methionin bilden kann.

Die Desaminierung von Methionin zu α-Keto-γ-thiomethylbuttersäure läßt sich in vitro durch Nierenschnitte bewirken. Ratten, die große Methioninmengen verfüttert bekommen haben, scheiden die Ketosäure im Harn aus (H. WAELSCH [2]). Der Organismus vermag die Ketosäure wieder in Methionin zu verwandeln. Das geht allein schon daraus hervor, daß α-Keto-γ-thiomethylbuttersäure Methionin im Wachstumstest und auch bezüglich der lipotropen Wirkung ersetzen kann (P. HANDLER und M. L. C. BERNHEIM). Die Desaminierung des Methionins erfolgt durch die allgemeine L-Aminosäureoxydase (D. E. GREEN, D. V. MOORE, V. NOCITO und S. RATNER). D-Methionin wird von der D-Aminosäureoxydase angegriffen. α-Keto-γ-methylthiobuttersäure steht im Organismus mit der entsprechenden Oxysäure im Gleichgewicht. α-Oxy-γ-methylthiobuttersäure wirkt bei methioninfreien Diätformen wachstumsfördernd. Sie kann von Leberschnitten demethyliert werden. Ihre Verfütterung führt beim Cystinuriker zum Auftreten von „Extracystin".

$$\begin{array}{ccccccc}
CH_2—S—CH_3 & & CH_2—S—CH_3 & & CH_2—S—CH_3 & & CH_2—SO—CH_3 \\
| & & | & & | & & | \\
CH_2 & & CH_2 & & CH_2 & & CH_2 \\
| & \rightleftarrows & | & \rightleftarrows & | & & | \\
H—C—NH_2 & & CO & & H—C—OH & & H—C—NH_2 \\
| & & | & & | & & | \\
COOH & & COOH & & COOH & & COOH \\
\text{Methionin} & & \alpha\text{-Keto-}\gamma\text{-methyl-} & & \alpha\text{-Oxy-}\gamma\text{-methyl-} & & \text{Methioninsulfoxyd} \\
 & & \text{thiobuttersäure} & & \text{thiobuttersäure} & &
\end{array}$$

Über eine Oxydation von Methionin zum Sulfoxyd liegen wenige experimentelle Befunde vor. C. E. DENT stellte bei einem Patienten mit dem FANCONI-Syndrom die Ausscheidung von Methioninsulfoxyd im Harn fest, betont aber selbst, daß die Substanz sekundär bei der Aufarbeitung des Harns entstanden sein könne. Auch sonst ist bei papierchromatographischen Aufarbeitungen hin und wieder Methioninsulfoxyd als Artefakt beobachtet worden. Immerhin läßt der Umstand, daß Methioninsulfoxyd Methionin im Wachstumstest ersetzen kann, vermuten, daß beide Substanzen in vivo wechselseitig ineinander übergehen können. Denn eine essentielle Aminosäure wirkt wachstumsfördernd, weil sie zur Eiweißsynthese benützt wird; und wenn ein Derivat derselben im Wachstumstest wirksam ist, so beruht dies darauf, daß der Organismus das Derivat in die betreffende Aminosäure umwandeln kann. Dimethylsulfon wurde schon wiederholt im Blut und in anderem biologischem Material nachgewiesen. Man nimmt allgemein an, daß es aus Methionin stammt.

Während das Tier Methionin in Cystin verwandeln kann, zu der umgekehrten Reaktion aber nicht befähigt ist, findet man bei Mikroorganismen auch einen Übergang von Cystin in Methionin. Die Synthese von Methionin durch Neurospora ist nach den Untersuchungen an mutierten Stämmen die genaue Umkehr der Verwandlung von Methionin in Cystin durch das Tier. Cystathionin vermittelt also ganz allgemein den Übergang des Schwefels zwischen Verbindungen mit drei und vier C-Atomen.

Bildung von Methionin durch Neurospora.

Threonin ←‖— (25423) Homoserin ←‖— (9666)

\+

Cystein

↓ ‖ 51504

Cystathionin

↓

Homocystein

↓

Methionin

Tiere können Homoserin weder als Baustein für Threonin noch für Methionin verwerten. Homoserin kann daher keine der beiden genannten essentiellen Aminosäuren im Futter ersetzen (M. D. ARMSTRONG und F. BINKLEY). In der Leber wurde ein Enzym nachgewiesen, welches L-Homoserin zu α-Ketobuttersäure desaminiert und Serin sowie Threonin nicht angreift (F. BINKLEY und

L-Homoserin	α-Ketobuttersäure	L-Threonin
CH_2OH	CH_3	CH_3
CH_2	CH_2	$HO—C—H$
$H—C—NH_2$	CO	$H—C—NH_2$
$COOH$	$COOH$	$COOH$

C. K. OLSON). Der Übergang von Homoserin in Ketobuttersäure verlangt außer der Desaminierung noch eine Reduktion. Über die Bildung von α-Ketoglutarsäure aus Homoserin siehe S. 203.

Mikroorganismen sind zu einer Biosynthese von Methionin und Cystin aus anorganischem Sulfat befähigt. Dies wurde für Torulahefe von H. SCHLÜSSEL, W. MAURER, A. HOCK und O. HUMMEL sowie für Bakterien des Verdauungstraktes von R. J. BLOCK, J. A. STEKOL und J. K. LOOSLI bewiesen. Bei Wiederkäuern hat diese Biosynthese eine große Bedeutung. Versuche mit Verfütterung von $S^{35}O_4$ zeigten, daß Ziegen und Kühe eine Milch absondern, deren Milcheiweiß S^{35} enthaltendes Cystin und Methionin aufweist. Auch in dem Serumeiweiß der Tiere wurden Cystin und Methionin mit radioaktivem S aufgefunden. Die Synthese der beiden schwefelhaltigen Aminosäuren erfolgt durch die im Rumen befindlichen Mikroorganismen, und zwar werden Cystin und Methionin im molaren Verhältnis 1:1 gebildet. Der Organismus baut diese Aminosäuren dann in der für die einzelnen Proteine typischen Relation in das Eiweiß ein. Vermutlich verlaufen die Biosynthesen nach folgendem Schema:

$$SO_4^{--} \rightarrow SO_3^{--} \rightarrow S^{--} \begin{cases} \nearrow \text{Cystin} \\ \quad\downarrow\uparrow \\ \rightarrow \text{Cystathionin} \\ \quad\downarrow\uparrow \\ \searrow \text{Homocystein} \rightleftarrows \text{Methionin} \end{cases}$$

i) Asparaginsäure.

Asparaginsäure wird von Leber und Niere leicht oxydiert. Die L-Aminosäureoxydase greift aber Asparaginsäure nicht an. Eine spezifische L-Asparaginsäureoxydase ließ sich bisher nicht nachweisen. Gewaschene Partikelchen aus Leber und Niere oxydieren jedoch Asparaginsäure nach Zusatz von Mg, Ca, ATP, Adeninnucleotiden und Cytochrom c zu CO_2, H_2O und NH_3 (z. B. das „Cyclophorasesystem"). Das System enthält neben den Enzymen des Citronensäurecyclus Glutaminsäuredehydrase und eine Glutaminsäure-Asparaginsäure-Transaminase. Nach H. I. NAKADA und S. WEINHOUSE ist es daher wahrscheinlich, daß keine spezifische Asparaginsäureoxydase existiert, sondern daß die Aminosäure durch die kombinierte Aktion der genannten Enzyme oxydiert wird, so daß sich der Prozeß in die folgenden Teilreaktionen zerlegen läßt:

I. Asparaginsäure + α-Ketoglutarsäure → Glutaminsäure + Oxalessigsäure,
II. Oxalessigsäure + 5 O → 4 CO_2 + 2 H_2O (Citronensäurecyclus),
III. Glutaminsäure + O → α-Ketoglutarsäure + NH_3,

Summe: Asparaginsäure + 6 O → 4 CO_2 + 2 H_2O + NH_3.

Die Asparaginsäureoxydation wird durch alle Eingriffe unterbunden, welche den Citronensäurecyclus hemmen.

Die erwähnte Enzymsuspension, aus Rattenleber bereitet, oxydiert nur L-Asparaginsäure. Wird sie aus Kaninchenleber oder aus Nieren gewonnen, so oxydiert sie auch D-Asparaginsäure. Neben der löslichen D-Aminosäureoxydase muß demnach noch ein anderes, vielleicht für D-Asparaginsäure spezifisches Oxydationsferment existieren.

Auf Grund der in den Mitochondrien lokalisierten Transaminase und der Teilnahme der beiden Ketosäuren α-Ketoglutarsäure und Oxalessigsäure am Citronensäurecyclus können die Leberzellen umgekehrt auch Glutaminsäure leicht in Asparaginsäure überführen (A. F. MÜLLER und F. LEUTHARDT). H. WU und D. RITTENBERG, welche mit N^{15} markierte Asparaginsäure an Ratten verfütterten, fanden daher auch nach einigen Tagen in der aus den Gewebsproteinen gewonnenen Glutaminsäure einen höheren Gehalt an N^{15} als in der aus dem Eiweiß isolierten Asparaginsäure. Im übrigen ergaben ihre Versuche, daß nach dreitägiger Verfütterung der markierten Asparaginsäure 43,4% des N^{15} im Harn ausgeschieden und über 45% desselben im Organismus retiniert wurden.

k) Glutaminsäure.

Glutaminsäure ist eine im Organismus sehr reaktionsfähige Aminosäure. Nahezu alle tierischen Gewebe enthalten eine spezifische L-Glutaminsäuredehydrase, welche Glutaminsäure zu α-Ketoglutarsäure und Ammoniak desaminiert. Iminoglutarsäure ist Zwischenprodukt. Als Co-Enzym fungiert Co-Dehydrase I. Die Aufklärung der wichtigsten Eigenschaften des Enzyms verdanken wir H. v. EULER,

E. Adler, G. Günther und N. B. Das. Das Gleichgewicht der ersten Reaktion liegt sehr zu Gunsten der Glutaminsäure. Die zweite Reaktion verläuft spontan.

$$\text{Glutaminsäure} + \text{Co} \rightleftarrows \text{Iminoglutarsäure} + \text{CoH}_2\,,$$
$$\text{Iminoglutarsäure} + \text{HO}_2 \rightleftarrows \alpha\text{-Ketoglutarsäure} + \text{NH}_3\,.$$

Iminoglutarsäure wird aber mit zunehmender NH_4^+-Konzentration immer stabiler, so daß das Gleichgewicht der Gesamtreaktion immer mehr zu Gunsten der Glutaminsäurebildung verschoben wird. Das System Glutaminsäuredehydrase-Ammoniak-α-Ketoglutarsäure kann daher für viele Dehydrierungsprozesse als Wasserstoffacceptor dienen, vor allem unter anaeroben Bedingungen. Als wichtigste der mit einer Aminierung der Ketoglutarsäure koppelbaren Reaktionen seien aufgeführt:

$$\alpha\text{-Ketoglutarsäure} \rightarrow \text{Bernsteinsäure} + \text{CO}_2\,,$$
$$\text{Isocitronensäure} \rightarrow \alpha\text{-Ketoglutarsäure} + \text{CO}_2,$$
$$\text{Äpfelsäure} \rightarrow \text{Oxalessigsäure},$$
$$\text{Acetessigsäure} \rightarrow \beta\text{-Oxybuttersäure}.$$

Auf die große Bedeutung der Aminierung der Glutaminsäure im Zusammenhang mit der Transaminierung, da durch diese Reaktion primär Ammoniak gebunden wird, der zur Bildung anderer Aminosäuren verwendet werden kann, wurde schon in anderem Zusammenhang hingewiesen. Im allgemeinen geht der Gehalt der Gewebe an Transaminasen ihrem Gehalt an Glutaminsäuredehydrase parallel. Die Transaminierung kann daher als Puffersystem angesehen werden, das bei einem plötzlichen Anfall von viel Ammoniak dasselbe auffängt und verteilt, um es dann in der darauffolgenden Ruheperiode wieder langsam abzugeben, wodurch das System wieder regeneriert wird (H. Weil-Malherbe).

Im Gehirn wurde eine Glutaminsäuredecarboxylase nachgewiesen, welche Glutaminsäure zu γ-Aminobuttersäure decarboxyliert (E. Roberts und S. Frankel, W. J. Wingo und J. Awapara). Das Enzym ist spezifisch auf Glutaminsäure eingestellt und wird durch Asparaginsäure gehemmt. Es hat wie alle Aminosäuredecarboxylasen Pyridoxal-5-phosphat als prosthetische Gruppe. Pyridoxinarm ernährte Tiere weisen daher eine verminderte Glutaminsäuredecarboxylierung im Gehirn auf. Im Gehirn kommt bei Mensch und Tier freie γ-Aminobuttersäure vor. Der γ-Aminobuttersäure-N-Gehalt des Gehirns beträgt 60 bis 100γ je Gramm Frischgewicht.

$$\begin{array}{c} \text{COOH} \\ | \\ \text{CH}_2 \\ | \\ \text{CH}_2 \\ | \\ \text{H—C—NH}_2 \\ | \\ \text{COOH} \end{array} \rightleftarrows \begin{array}{c} \text{COOH} \\ | \\ \text{CH}_2 \\ | \\ \text{CH}_2 \\ | \\ \text{C=NH} \\ | \\ \text{COOH} \end{array} \rightleftarrows \begin{array}{c} \text{COOH} \\ | \\ \text{CH}_2 \\ | \\ \text{CH}_2 \\ | \\ \text{CO} \\ | \\ \text{COOH} \end{array} \qquad \begin{array}{c} \text{COOH} \\ | \\ \text{CH}_2 \\ | \\ \text{CH}_2 \\ | \\ \text{H—C—NH}_2 \\ | \\ \text{COOH} \end{array} \xrightarrow{-\text{CO}_2} \begin{array}{c} \text{COOH} \\ | \\ \text{CH}_2 \\ | \\ \text{CH}_2 \\ | \\ \text{CH}_2\text{—NH}_2 \end{array}$$

L-Glutaminsäure — Iminoglutarsäure — α-Ketoglutarsäure — L-Glutaminsäure — γ-Aminobuttersäure

Glutamin, das zunächst nur im Pflanzenreich aufgefunden worden war, kommt auch in den tierischen Geweben in einer beträchtlichen Konzentration vor (Tabelle 115). Glutamin wird aus Glutaminsäure in Gegenwart von ATP und Mg^{++} gebildet (F. Leuthardt und E. Bujard). J. Frey und F. Leuthardt haben nachgewiesen, daß das die Glutaminbildung bewirkende Enzymsystem in den Mitochondrien lokalisiert ist.

$$\text{Glutaminsäure} + \text{NH}_3 + \text{ATP} \rightarrow \text{Glutamin} + \text{ADP} + \text{H}_3\text{PO}_4\,.$$

Tabelle 115. *Der Gehalt menschlicher Organe an Glutamin und Glutaminsäure* (H. WAELSCH).

	Gehirn mg%	Leber mg%	Muskel mg%	Niere mg%
Glutaminsäure . . .	133	33	21	98
Glutamin	62	55	32	19

Menschliches Blut enthält 4,5—10,7 mg-% Glutamin gegenüber nur 0,4 bis 1,7 mg-% Glutaminsäure. Nach der Injektion von Glutaminsäure nimmt der Glutaminsäuregehalt der Niere stark zu, der der Leber aber nur wenig, und in Gehirn und Muskel findet man überhaupt keine Veränderungen des Glutaminsäuregehalts. Die Injektion von Glutaminsäure setzt die bei der parenteralen Einverleibung anderer Aminosäuren beobachteten antagonistischen Mechanismen (S. 184) nicht in Gang.

Daß tierische Gewebe Glutamin zu Glutaminsäure und Ammoniak aufzuspalten vermögen, ist schon lange bekannt. Es ist jedoch heute noch unentschieden, ob die Aufspaltung eine direkte Umkehr der Synthese ist, oder ob Spaltung und Synthese verschiedene Wege gehen. In den tierischen Organen findet man zwei verschiedene Glutaminasen (H. A. KREBS [*2*]), die sich unter anderem durch ihre Löslichkeiten und p_H-Aktivitätskurven unterscheiden. Nach KREBS dominiert in der Niere die Aufspaltung des Glutamins, in den anderen Organen dagegen die Bildung. Tierische Gewebe spalten auch Amide anderer Aminosäuren. Eine Ammoniakabspaltung aus den Amiden folgender Aminosäuren wurde nachgewiesen: Alanin, α-Aminobuttersäure, Glykokoll, Histidin, Isoasparagin, Isoglutamin, Leucin, Norleucin, Tryptophan und Valin. Dagegen wird Prolinamid kaum angegriffen.

Die Amidgruppe des Glutamins kann zur Aminierung von α-Ketogruppen in einer direkten Transaminierungsreaktion (S. 193) Verwendung finden. In Mikroorganismen hat sich eine direkte Transamidierung zwischen Glutamin und Asparaginsäure nachweisen lassen.

Der Glutaminbildung und Glutaminspaltung dürfte eine größere physiologische Bedeutung für den Zellstoffwechsel zukommen, da durch diese Prozesse das intracellulär gebildete Ammoniak abgefangen und abtransportiert wird, um in der Leber durch die Harnstoffsynthese endgültig unschädlich gemacht zu werden. Der Gehalt der Niere an Glutaminase ist bei einer Acidose gesteigert. Man kann daraus schließen, daß das Enzym für die Regulation des Säure-Basengleichgewichtes wichtig ist und den Umfang der Ammoniakausscheidung durch die Niere reguliert. H. WAELSCH macht darauf aufmerksam, daß Glutamin in viele Zellen wesentlich leichter eindringt als Glutaminsäure und daher die ausreichende Versorgung der Zellen mit Glutaminsäure ermöglicht.

Glutaminsäure besitzt insbesondere für die Gehirnzellen eine große Bedeutung. Dies geht schon aus dem hohen Glutaminsäuregehalt des Gehirns hervor, der 100—150 mg-% (= 40—80% des gesamten Amino-N) beträgt. Glutaminsäure ist ein wichtiges Substrat für den Gehirnstoffwechsel. Sie kann in Versuchen in vitro den oxydativen Stoffwechsel von Gehirnschnitten bestreiten. H. A. KREBS und L. V. EGGLESTON haben beobachtet, daß Gehirnschnitte, die aerob, aber in Abwesenheit von oxydierbaren Substraten gehalten werden, rasch K^+ verlieren, weil sie die Energie, die zur Aufrechterhaltung des Konzentrationsunterschiedes gegen die Umgebung benötigt wird, nicht mehr aufbringen können. Stellt man ihnen jedoch Glucose und Glutaminsäure zur Verfügung, so wird der Kaliumverlust beträchtlich reduziert. Zur Aufrechterhaltung der Kaliumkonzentration der Gehirnzellen dienen vermutlich zwei verschiedene Systeme, von denen das eine (Glucose) nur der Energiegewinnung dient. Über die Wirkungsweise des anderen, mit der Glutaminsäure verknüpften, lassen sich einstweilen noch keine Aussagen machen. C. TERNER, L. V. EGGLESTON und H. A. KREBS diskutieren die Möglichkeit, daß die γ-Carboxylgruppe der Glutaminsäure für den Transport des Kaliums durch die Zellwand notwendig ist. In ihren Versuchen ließ sich die Glutaminsäure zwar durch Asparaginsäure ersetzen, aber nur deswegen, weil Gehirnschnitte Asparaginsäure in Glutaminsäure überführen.

Eine weitere wesentliche Funktion der Glutaminsäure im Gehirnstoffwechsel besteht in der Bindung und Beseitigung von Ammoniak (H. WEIL-MALHERBE). Der normale Ammoniakgehalt des Gehirns ist sehr nieder. Die außerordentlich kleinen Ammoniakwerte findet man aber nur dann, wenn das Gehirn unmittelbar nach dem Tod des Versuchstieres in flüssige Luft verbracht wird. Ist dies nicht der Fall, so nimmt die Ammoniakkonzentration rasch zu. Fünf Minuten nach dem Tode des Versuchstieres erreicht die Ammoniakkonzentration schon 6 mg-%. In überlebenden Schnitten läßt sich eine beträchtliche Ammoniakbildung nachweisen (56 mg/100 g/4 Std). Die Quelle des Ammoniaks ist noch unbekannt. Die im Gehirn vorhandene Adenylsäure bzw. ATP kann nur für einen kleinen Bruchteil des entstandenen Ammoniaks verantwortlich gemacht werden. Die Ammoniakbildung wird durch Narkose vollkommen gehemmt. WEIL-MALHERBE hat weiterhin nachgewiesen, daß Ammoniak schon in sehr geringen Konzentrationen (10^{-3} m) toxische Wirkungen auf den Gehirnstoffwechsel entfaltet, z. B. Atmung und aerobe Glykolyse steigert, dagegen die anaerobe Glykolyse und die Bildung von Acetylcholin hemmt.

Die geschilderten Wirkungen der Glutaminsäure auf den Gehirnstoffwechsel haben im Zusammenhang mit den Beobachtungen über die Steigerung der geistigen Leistungsfähigkeit durch eine chronische Verabreichung hoher Glutaminsäuredosen und die günstigen therapeutischen Effekte der Substanz bei der Epilepsie ein besonderes Interesse erregt. Auf das Problem der Beeinflussung des hypoglykämischen Komas durch Glutaminsäure soll hier nicht eingegangen werden. Es sei in dieser Beziehung auf das Sammelreferat von WEIL-MALHERBE verwiesen. Diese Frage ist im Zusammenhang mit der Permeabilität der Zellwand für Glutaminsäure interessant. Eine durch Insulin bedingte Hypoglykämie führt bei Versuchstieren zu einer wesentlichen Verarmung des Gehirns an freier Glutaminsäure (R. M. DAWSON).

l) Lysin.

Ungenügende Zufuhr von Lysin führt zu schweren Mangelsymptomen. Junge Tiere sind in einem ganz besonderem Maße gegen einen Lysinmangel empfindlich. Außer einer Störung des Wachstums findet man im Lysinmangel eine Hypoproteinämie, Anämie, Degenerationen der Muskulatur und Entwicklungsanomalien am Skelet. Erwachsene Tiere reagieren auf eine ungenügende Zufuhr von Lysin mit negativen N-Bilanzen und Störungen der Fortpflanzungsfähigkeit. Im Wachstumstest läßt sich Lysin durch ε-N-Acetyllysin oder ε-N-Methyllysin ersetzen. Substitution der α-ständigen Aminogruppe vernichtet die Wachstumswirkung. In der Tabelle 116 sind Verbindungen zusammengestellt, die Lysin im Wachstumstest nicht vertreten können. Versuche mit überlebenden Nierenschnitten haben ergeben, daß ε-N-Methyllysin demethyliert wird. α-Keto-ε-aminocapronsäure ist ohne Wachstumswirkung, kann also vom Organismus nicht zu Lysin aminiert werden. Der Organismus vermag offensichtlich Lysin selbst dann nicht zu bilden, wenn man ihm das Kohlenstoffskelet zur Verfügung stellt.

Über den Stoffwechsel des Lysins ist wenig bekannt. Versuche mit doppelt markiertem Lysin (D und N^{15}) ergaben, daß es sich nicht an Transaminierungen

Tabelle 116. *Substanzen, welche* L-*Lysin im Wachstumstest nicht ersetzen können.*

α-Oxycapronsäure[1]	ε-Acetyl-D-lysin[3]
ε-Oxycapronsäure[1]	α-Monomethyl-L-lysin
ε-Aminocapronsäure[1]	α-Dimethyl-L-lysin[4]
α-Oxy-ε-aminocapronsäure[1]	α-Aminoadipinsäure (Homoglutaminsäure)[5]
ε-Oxy-α-aminocapronsäure[2]	α-Amino-ε-ureidocapronsäure (Homocitrullin)[5]
α-Acetyl-L-lysin[3]	Piperidin-2-carbonsäure (Homoprolin)[5]

beteiligt (I. CLARK und D. RITTENBERG). Von der L-Aminosäureoxydase wird es nicht angegriffen. L. L. MILLER und Mitarbeiter verfütterten an Hunde D,L-Lysin, das C^{14} als ε-Kohlenstoffatom enthielt. Im Verlauf von 24 Std wurde rund $^1/_3$ des radioaktiven C als $C^{14}O_2$ ausgeatmet, $^1/_3$ im Harn ausgeschieden und der Rest in Eiweiß eingebaut. H. BORSOOK, C. L. DEASY, A. J. HAAGEN-SMIT, G. KEIGHLEY und P. H. LOWY stellten fest, daß in ε-Stellung mit C^{14} markiertes Lysin von Leberhomogenaten in α-Aminoadipinsäure übergeführt wird. Die Reaktion verläuft aber langsam, innerhalb von 6 Std betrug die Ausbeute nur 5%. Aminoadipinsäure wird dann oxydativ desaminiert, wobei α-Ketoadipinsäure entsteht, die zu Glutarsäure decarboxyliert wird. Von allen diesen Reaktionen besitzt die Desaminierung der Aminoadipinsäure die geringste Geschwindigkeit.

$$\begin{array}{cccccccc}
\overset{*}{C}H_2\text{—}NH_2 & & \overset{*}{C}OOH & & \overset{*}{C}OOH & & \overset{*}{C}OOH \\
| & & | & & | & & | \\
CH_2 & & CH_2 & & CH_2 & & CH_2 \\
| & & | & & | & & | \\
CH_2 & & CH_2 & & CH_2 & & CH_2 \\
| & \rightarrow & | & \rightarrow & | & \rightarrow & | \\
CH_2 & & CH_2 & & CH_2 & & CH_2 \\
| & & | & & | & & | \\
H\text{—}C\text{—}NH_2 & & H\text{—}C\text{—}NH_2 & & CO & & COOH \\
| & & | & & | & & \\
COOH & & COOH & & COOH & &
\end{array}$$

Lysin — α-Aminoadipinsäure — α-Ketoadipinsäure — Glutarsäure

Die Oxydation des Lysins zur Aminoadipinsäure, also eine Oxydation vor Abspaltung der α-Aminogruppe, macht verständlich, daß sich Lysin an keinen Transaminierungen beteiligt. Die Umwandlung von Lysin in α-Aminoadipinsäure ist im tierischen Organismus ein nicht umkehrbarer Prozeß. Nach der Injektion von C^{14}-L-Aminoadipinsäure läßt sich kein Einbau des C^{14} in Proteine nachweisen. Dagegen können Mikroorganismen (z. B. Neurospora) α-Aminoadipinsäure als Vorstufe zur Bildung von Lysin verwerten. In diesen Versuchen wurde das ε-C-Atom der Aminoadipinsäure ausschließlich in Lysin und in keiner anderen Aminosäure aufgefunden. Neuerdings wurde α-Aminoadipinsäure als Bestandteil des Maiseiweiß festgestellt (E. WINDSOR).

Hunde können die C-Atomkette des Lysins in L-Glutaminsäure überführen (L. L. MILLER und W. F. BALE). Nach der Injektion von ε-C^{14}-Lysin wurde aus dem Globin C^{14} enthaltende Glutaminsäure isoliert. Nach K. I. ALTMAN, L. L. MILLER und J. E. RICHMOND wird Lysin auch zur Biosynthese von Porphyrinen verwendet.

[1] MCGINTY, D. A., H. B. LEWIS u. C. S. MARVEL: J. biol. Chem. **65**, 75 (1924).
[2] GINGRAS, R., E. PAGÉ u. R. GAUDRY: Science **105**, 621 (1947).
[3] NEUBERGER, A., u. F. SANGER: Biochem. J. **37**, 515 (1943); **38**, 125 (1944).
[4] GORDON, W. H.: J. biol. Chem. **127**, 487 (1939).
[5] STEVENS, C. M., u. P. S. ELLMAN: J. biol. Chem. **182**, 75 (1950).

m) Arginin.

Arginin wird im Organismus aus Ornithin über Citrullin aufgebaut (S. 252). Aber der Umfang der Synthese reicht offensichtlich nicht aus, um den gesamten Bedarf des Organismus, vor allem des wachsenden Organismus zu decken. Man kann daher das Wachstum argininfrei ernährter junger Tiere durch die Verabreichung von Arginin verbessern (M. Womack und W. C. Rose; A. Bauman, T. R. Wood, H. C. Black, E. G. Anderson, M. J. Oesterling, M. Womack und W. C. Rose). Argininsäure ist unfähig, Arginin zu vertreten, ebenso Ornithin. Dagegen vermag Citrullin Arginin zu ersetzen. Die Biosynthese von Arginin durch Torula erfolgt vermutlich auf dem folgenden Wege: α-Ketoglutarsäure→Glutaminsäure→Ornithin→Citrullin→Arginin (M. Strassmann und S. Weinhouse).

Die beiden wichtigsten Reaktionen des Arginins sind, abgesehen von dem Einbau in Eiweiß, Aufspaltung zu Harnstoff und Ornithin durch die Arginase und die Bildung von Kreatin. Näheres über diese letztere Reaktion findet man auf S. 152.

Die Arginase wurde von A. Kossel und H. D. Dakin 1904 entdeckt. Das Enzym ist ein Manganproteid. Bei niederen Enzymkonzentrationen wird nur L-Arginin angegriffen, bei höheren auch D-Arginin. Arginase spaltet alle Argininderivate, welche die Guanidingruppe und die Carboxylgruppe in freier Form vorliegen haben. Dagegen ist die Aminogruppe unwesentlich, sie kann substituiert sein, ja sogar fehlen. Daher spaltet Arginase Argininsäure (α-Oxy-δ-guanidinovaleriansäure) zu α-Oxy-δ-aminovaleriansäure (K. Felix und H. Schneider, A. Hunter und H. E. Woodward). Auch die C-Atomzahl der Verbindungen spielt keine große Rolle, denn die dem Arginin homologe α-Amino-ε-guanidinocapronsäure wird gleichfalls von der Arginase hydrolysiert.

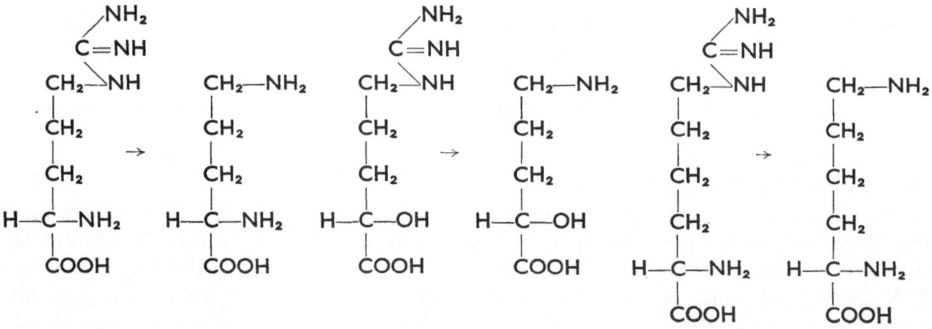

```
    NH2                         NH2                             NH2
   /                           /                               /
  C=NH                        C=NH                            C=NH
   \                           \                               \
CH2—NH       CH2—NH2        CH2—NH        CH2—NH2           CH2—NH        CH2—NH2
 |            |              |             |                 |             |
CH2          CH2            CH2           CH2               CH2           CH2
 |      →     |              |      →      |                 |      →      |
CH2          CH2            CH2           CH2               CH2           CH2
 |            |              |             |                 |             |
H—C—NH2     H—C—NH2        H—C—OH        H—C—OH             CH2           CH2
 |            |              |             |                 |             |
COOH         COOH           COOH          COOH             H—C—NH2       H—C—NH2
                                                             |             |
                                                            COOH          COOH
```

L-Arginin	L-Ornithin	L-Argininsäure	L-α-Oxy-δ-aminovaleriansäure	L-α-Amino-ε-guanidinocapronsäure	L-α-Amino-ε-aminocapronsäure

Läßt man Arginase auf Arginylarginin einwirken, so wird nur der Argininrest mit der freien Carboxylgruppe angegriffen. Man kann daher mittels der Arginase die endständigen Argininreste in Peptiden erfassen. Bakterien decarboxylieren Arginin zu Agmatin. Diese Reaktion wurde beim Tier noch nie beobachtet.

Die höchsten Arginasemengen kommen in der Leber vor. Hier dient das Enzym der Harnstoffbildung (S. 251). Relativ große Arginaseaktivitäten wurden noch in der Niere und in den Testes gemessen. Arginase kommt auch bei Invertebraten, die keinen Harnstoff ausscheiden, und sogar in Pflanzen vor. Man hat daraus geschlossen, daß die Arginase noch eine andere physiologische Funktion als die der Harnstoffbildung hat. So wurde zur Diskussion gestellt, ob nicht die

Arginase der Niere in Wirklichkeit eine Transamidinase ist, die zur Bildung von Glykocyamin benötigt wird und daneben noch eine geringe Arginaseaktivität besitzt. Maßnahmen, welche eine N-Retention im Organismus bewirken (Verabreichung von Wachstumshormon), setzen den Arginasegehalt der Organe herab. Umgekehrt findet man eine Vermehrung der Arginase durch Eingriffe, welche den Abbau von Aminosäuren fördern (Verabreichung von adrenocorticotropem Hormon). Rasch wachsende Gewebe enthalten wesentlich weniger Arginase als langsam wachsende. Daher findet man auch in Tumoren eine geringe Arginaseaktivität. Die angeführten Befunde lassen vermuten, daß die Arginase in irgendeiner Weise mit dem Wachstum verknüpft ist. Arginase wurde von verschiedenen Autoren in den Zellkernen der Leber nachgewiesen. K. LANG, G. SIEBERT, S. LUCIUS und H. LANG stellten fest, daß die Arginase im Zellkern nicht voll aktiv vorliegt, und daß eine zur Wirksamkeit der Arginase erforderliche Mangankonzentration im Zellkern nie erreicht wird. Sie vermuten daher, daß das Enzym im Zellkern gebildet wird.

Agmatin (1-Amino-4-guanidinobutan) wird durch Arginase nicht gespalten. Die Substanz wird durch die Diaminoxydase oxydativ desaminiert. Fäulnisbakterien spalten Agmatin zu Putrescin.

n) Tyrosin und Phenylalanin.

Der Organismus vermag kein Phenylalanin zu bilden, außer wenn man ihm das Kohlenstoffskelet der Aminosäure in einer geeigneten Form, z. B. als Phenylbrenztraubensäure, zur Verfügung stellt. Im Wachstumstest kann Phenylbrenztraubensäure Phenylalanin ersetzen. Dagegen ist Tyrosin keine essentielle Aminosäure. Der Organismus überführt Phenylalanin in Tyrosin. Diesen Befund hatten schon G. EMBDEN und K. BALDES in Leberdurchströmungsversuchen erhoben. Untersuchungen mit der Isotopentechnik (A. MOSS und R. SCHOENHEIMER) erbrachten die Bestätigung, daß der Organismus Phenylalanin zu Tyrosin oxydiert. Die Oxydation erfolgt durch ein lösliches Enzymsystem, das Co-Cymase benötigt (S. UDENFRIEND und J. R. COOPER). Die Reaktion ist nicht umkehrbar. Tyrosin läßt sich im Futter wachsender Tiere durch Phenylalanin ersetzen, nicht aber Phenylalanin durch Tyrosin.

Die ersten Einblicke in den Stoffwechsel der beiden aromatischen Aminosäuren wurden durch die Alkaptonurie vermittelt, eine Stoffwechselstörung, die im Jahre 1859 erstmalig ausführlich beschrieben wurde. Der von einem an einer Alkaptonurie leidenden Patienten entleerte Harn färbt sich an der Luft braun bis schwarz. Diese Reaktion ließ sich auf die Anwesenheit von 2,5-Dioxyphenylessigsäure (Homogentisinsäure) zurückführen, die durch den Luftsauerstoff oxydiert wird. Später wurde dann der Beweis erbracht, daß die Homogentisinsäure aus den beiden aromatischen Aminosäuren Phenylalanin und Tyrosin entsteht. Um Einblicke in die Zwischenstufen des Abbaus dieser Aminosäuren zu Homogentisinsäure zu erhalten, wurden viele Derivate derselben an Alkaptonuriker verfüttert zwecks einer Untersuchung, ob diese Substanzen zu einer Mehrausscheidung von Homogentisinsäure führen. Folgende Substanzen gaben zu einer Vermehrung der Ausscheidung von Homogentisinsäure Anlaß (siehe folgende Formelreihe).

Verfütterte oder injizierte Homogentisinsäure wird vom gesunden Menschen quantitativ oxydiert. Man nahm daher schon immer an, daß Homogentisinsäure ein normales Zwischenprodukt des Abbaus von Phenylalanin und Tyrosin ist und daß das Wesen der Alkaptonurie darin besteht, daß aus irgendwelchen (vermutlich genetisch bedingten) Ursachen Homogentisinsäure nicht oder nur unvollständig umgesetzt werden kann.

Phenylmilchsäure	Phenylbrenztraubensäure	p-Oxyphenylbrenztraubensäure	2,5-Dioxyphenylmilchsäure	2,5-Dioxyphenylbrenztraubensäure
C_6H_5–CH_2–$CH(OH)$–$COOH$	C_6H_5–CH_2–CO–$COOH$	HO–C_6H_4–CH_2–CO–$COOH$	$(HO)_2C_6H_3$–CH_2–$CH(OH)$–$COOH$	$(HO)_2C_6H_3$–CH_2–CO–$COOH$

Versuche, beim Menschen eine „experimentelle" Alkaptonurie durch Verfütterung großer Mengen Tyrosin oder Phenylalanin zu erzeugen, sind fehlgeschlagen. KATSCH hat Versuchspersonen bis zu 30 g Tyrosin verabfolgt, ohne daß eine Ausscheidung von Homogentisinsäure nachweisbar war. Dagegen gelang es F. LANYAR, durch die chronische Verfütterung hoher Dosen von L-Tyrosin (über 0,4 g je 100 g Körpergewicht und Tag) bei Mäusen und Ratten Ausscheidungen von bis zu 70 mg Homogentisinsäure je Ratte und Tag zu erzielen. Eine einmalige hohe Dosis erwies sich stets als wirkungslos. Eine Alkaptonurie konnte auch durch die chronische Verabreichung großer Mengen von L-Phenylalanin an Ratten hervorgerufen werden. Zu einer Alkaptonurie führte aber nur die Verabreichung der L-Aminosäuren. Die D-Formen erwiesen sich stets als unwirksam.

Phenylalanin und Tyrosin werden im Organismus zu Acetessigsäure abgebaut. Eine Acetessigsäurebildung hatte schon G. EMBDEN mit seinen Mitarbeitern beobachtet, wenn er Lebern mit Phenylalanin, Tyrosin, Phenylmilchsäure oder Homogentisinsäure durchströmte. Mit Phenylbrenztraubensäure erhielt er keine Bildung von Acetessigsäure und schloß daraus, daß der Hauptweg der Oxydation von Phenylalanin über Tyrosin führe. K. FELIX, K. ZORN und H. DIRR-KALTENBACH studierten den Abbau des Tyrosins durch Leberbrei. Durch Einstellung des p_H der Ansätze auf verschiedene Werte konnten sie den Abbau des L-Tyrosins in drei Phasen zerlegen, welche einer Aufnahme von einem, zwei und vier Sauerstoffatomen je Mol Tyrosin entsprachen. Die Intensität der MILLONschen Reaktion wurde in der ersten Phase nicht vermindert, womit bewiesen war, daß kein Angriff auf den Benzolring erfolgt war. Eine Abschwächung der MILLONschen Reaktion ließ sich erst in der zweiten Phase beobachten. Als Endprodukte wurden von FELIX und seinen Mitarbeitern Acetessigsäure, Alanin und CO_2 nachgewiesen. Das Alanin wurde nicht isoliert, seine Anwesenheit wurde indirekt durch Desaminierung mittels salpetriger Säure zu Brenztraubensäure wahrscheinlich gemacht. Ammoniak wurde während der gesamten Reaktionskette nicht entwickelt. In derselben Versuchsanordnung ließ sich auch Homogentisinsäure zu Acetessigsäure abbauen.

In der neueren Zeit gelang es durch Verwendung markierter Substanzen, den Mechanismus des Abbaus des Tyrosins zu Acetessigsäure näher aufzuklären. Die wichtigsten Befunde ergeben sich aus dem folgenden Schema (S. 229).

Alle Autoren kamen übereinstimmend zu der Auffassung, daß p-Oxyphenylbrenztraubensäure und Homogentisinsäure Zwischenprodukte bei der Überführung von Tyrosin in Acetessigsäure sind. Diese Umwandlung verlangt theoretisch die Aufnahme von fünf Atomen Sauerstoff. Experimentell wurde aber stets nur die Aufnahme von vier Sauerstoffatomen gemessen. Die Diskrepanz ließ sich dahingehend aufklären, daß die erste Reaktion nicht in einer oxydativen Desaminierung

S. WEINHOUSE und R. H. MILLINGTON	B. SCHEPARTZ und S. GURIN	A. B. LERNER
OH	OH	OH
*CH₂	CH₂	CH₂
H—C—NH₂	H—C*—NH₂	H—C*—NH₂
COOH	*COOH	COOH
↓	↓	↓
OH	OH	OH
*CH₂	CH₂	CH₂
CO	*CO	*CO
COOH	*COOH	COOH
↓	↓	↓
OH	OH	OH
*CH₂	CH₂	CH₂
OH COOH	OH *COOH	OH *COOH
↓	↓	↓
CH_3—CO—*CH_2—COOH	*CH_3—CO—CH_2—*COOH	•CH_3—•CO—CH_2—*COOH

des Tyrosins zu p-Oxyphenylbrenztraubensäure besteht, sondern daß Tyrosin durch eine ohne Sauerstoffaufnahme verlaufende Transaminierung mit α-Ketoglutarsäure in p-Oxyphenylbrenztraubensäure verwandelt wird (M. LE MAY-KNOX und W. E. KNOX, B. SCHEPARTZ). Daher läßt sich beim Tyrosinabbau auch keine

L-Tyrosin + α-Ketoglutarsäure ⇄ + p-Oxyphenylbrenztraubensäure + L-Glutaminsäure.

Entwicklung von Ammoniak nachweisen. Diese erste Reaktion, wie auch die folgende Umwandlung der p-Oxyphenylbrenztraubensäure in Homogentisinsäure, wird durch den Zusatz von Ascorbinsäure gefördert. Im Gegensatz zu FELIX konnte LERNER Alanin nicht als Stoffwechselprodukt des Tyrosins nachweisen. Es ist anzunehmen, daß das Alanin in den Versuchen von FELIX sekundär, etwa aus Brenztraubensäure, entstanden war. Die restlichen vier C-Atome des Tyrosins, die nicht in Acetessigsäure übergegangen waren und die in den Versuchen von LERNER mit C^{14} markiert waren, wurden in Form von Äpfelsäure wiedergefunden. Die Bildung von Äpfelsäure paßt gut zu den Angaben älterer Autoren, wonach die Verabreichung von Tyrosin zur Bildung von Leberglykogen Anlaß gibt. Der nähere Mechanismus der Aufspaltung von Homogentisinsäure zu Acetessigsäure und einer C_4-Verbindung wurde von R. G. RAVDIN und D. I. CRANDALL aufgeklärt. Die Reaktion verläuft in zwei Stufen, deren erste in der Oxydation der Homogentisinsäure zu einer Diketosäure (4-Fumarylacetessigsäure) besteht, worauf die hydrolytische Aufspaltung derselben zu Acetessigsäure und Fumarsäure erfolgt. Beide beteiligten Enzyme sind im Plasma der Leberzellen lokalisiert. In den Versuchen von Lerner war die primär entstandene Fumarsäure durch die Fumarase sekundär in Äpfelsäure übergeführt worden.

$$\text{HO-}C_6H_3\text{(OH)-}CH_2\text{—COOH} \longrightarrow \text{HOOC—CH=CH—CO} \,\vdots\, CH_2\text{—CO—}CH_2\text{—COOH}$$

Homogentisinsäure → 4-Fumarylacetessigsäure

$$\text{HOOC—CH=CH—COOH} + CH_3\text{—CO—}CH_2\text{—COOH}$$

Fumarsäure Acetessigsäure

K. Lang und U. Westphal wiesen in der Leber ein in Lösung überführbares Enzym nach, daß Phenylalanin und Tyrosin unter Aufnahme von einem Atom Sauerstoff oxydiert („L-Phenylalaninoxydase"), ohne daß dabei Ammoniak abgespalten wird. Die Bildung einer Ketosäure in den Versuchsansätzen konnte ausgeschlossen werden. Auch eine oxydative Desaminierung von Phenylalanin zu Phenylbrenztraubensäure (z. B. in Hodenextrakten, M. Polonovski und G. Shapira) und von Tyrosin zu p-Oxyphenylbrenztraubensäure ist schon beobachtet worden.

Mit dem Schicksal der p-Oxyphenylbrenztraubensäure im Organismus haben sich K. Felix und Mitarbeiter eingehend beschäftigt. Sie fanden, daß gesunde Menschen bis zu 5 g der Substanz vollständig umsetzen. Dagegen scheiden Leberkranke bei einer solchen Belastung mehr oder minder große Mengen der unveränderten p-Oxyphenylbrenztraubensäure im Harn aus. Aus diesem Grunde wurde p-Oxyphenylbrenztraubensäure von K. Felix und Teske zur Durchführung von Leberfunktionsproben empfohlen. Überlebendes Lebergewebe oxydiert die Ketosäure zu Acetessigsäure. Außerdem wurde die Entwicklung von CO_2 festgestellt. Beide Befunde stehen im Einklang mit den beim Abbau von Tyrosin erhaltenen.

A. Fölling entdeckte eine merkwürdige Stoffwechselanomalie in Verbindung mit einer Imbezillität, bei der im Harn große Mengen Phenylbrenztraubensäure ausgeschieden werden. Weiterhin stellten K. Fölling und Mitarbeiter fest, daß bei der „Imbezillitas phenylpyruvica" neben der Phenylbrenztraubensäure noch Phenylalanin im Harn nachweisbar ist. G. A. Jervis fand im Blut solcher Patienten eine beträchtliche Vermehrung des normalen Phenylalaningehalts. Nach der Verabreichung von Phenylalanin an gesunde Menschen oder an Tiere kann man eine Vermehrung von Substanzen, welche die Millonsche Reaktion geben (Tyrosin oder OH-Gruppen enthaltende Stoffwechselprodukte desselben), im Blute nachweisen. Dieser Anstieg fehlt bei Patienten mit einer Imbezillitas phenylpyruvica. Man muß daher annehmen, daß der Organismus bei dieser Stoffwechselanomalie die Fähigkeit verloren hat, Phenylalanin in Tyrosin zu überführen.

Eine weitere Störung des Tyrosinstoffwechsels ist die „Tyrosinosis" (G. Medes). Bei ihr scheiden die Patienten beträchtliche Mengen p-Oxyphenylbrenztraubensäure im Harn aus. Belastet man bei ihnen den Stoffwechsel durch Verfütterung großer Mengen Tyrosin oder Eiweiß, so erscheinen im Harn neben p-Oxyphenylbrenztraubensäure der Reihe nach noch Tyrosin, Phenylmilchsäure und 2,5-Dioxyphenylalanin. Verfütterung von Phenylalanin gibt zur Ausscheidung von Phenylalanin, Tyrosin und p-Oxyphenylbrenztraubensäure Anlaß. Verabreichte p-Oxyphenylbrenztraubensäure oder p-Oxyphenylmilchsäure werden

Schema des Abbaus von Tyrosin und Phenylalanin.

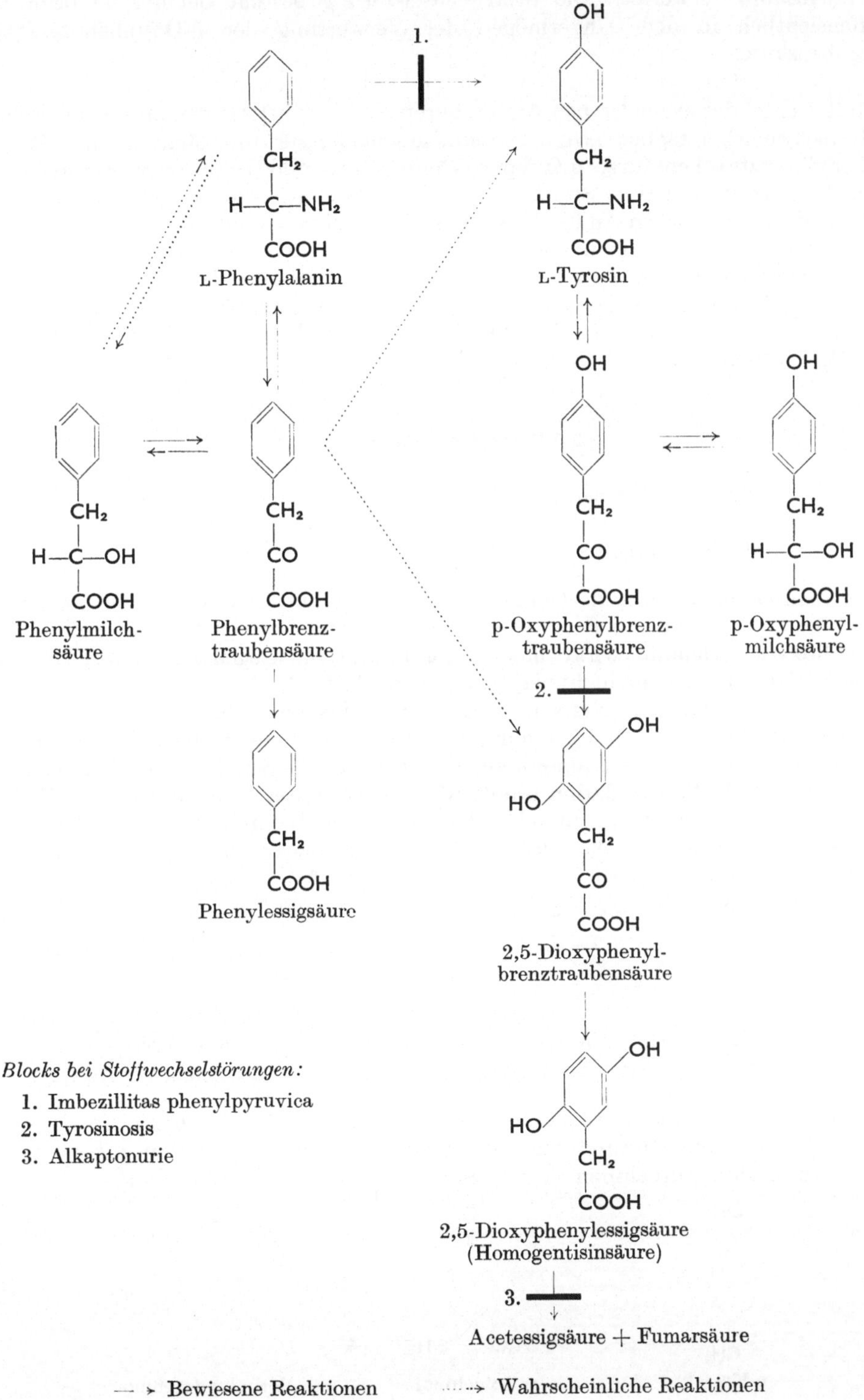

1.

OH

CH_2
H—C—NH_2
COOH
L-Phenylalanin

CH_2
H—C—NH_2
COOH
L-Tyrosin

OH

OH

CH_2
H—C—OH
COOH
Phenylmilchsäure

CH_2
CO
COOH
Phenylbrenztraubensäure

CH_2
CO
COOH
p-Oxyphenylbrenztraubensäure

CH_2
H—C—OH
COOH
p-Oxyphenylmilchsäure

2.

OH
HO
CH_2
CO
COOH
2,5-Dioxyphenylbrenztraubensäure

CH_2
COOH
Phenylessigsäure

OH
HO
CH_2
COOH
2,5-Dioxyphenylessigsäure (Homogentisinsäure)

3.

Acetessigsäure + Fumarsäure

Blocks bei Stoffwechselstörungen:

1. Imbezillitas phenylpyruvica
2. Tyrosinosis
3. Alkaptonurie

—→ Bewiesene Reaktionen ·····→ Wahrscheinliche Reaktionen

unverändert im Harn ausgeschieden. Dagegen wird bei der Tyrosinosis Homogentisinsäure verwertet. Die Stoffwechselstörung besteht bei der Tyrosinosis offensichtlich in dem Unvermögen der Verwertung der p-Oxyphenylbrenztraubensäure.

Ascorbinsäure greift in einer noch undurchsichtigen Art und Weise in den Stoffwechsel der aromatischen Aminosäuren ein. Verfüttert man an skorbutische Meerschweinchen täglich 0,5 g L-Tyrosin, so scheiden sie große Mengen von p-Oxyphenylbrenztraubensäure, p-Oxyphenylmilchsäure und Homogentisinsäure aus (R. R. SEALOCK und H. E. SILBERSTEIN). Nierenschnitte skorbutischer Tiere oxydieren die aromatischen Aminosäuren wesentlich schlechter als die normaler Tiere.

Die bisher beim Abbau von Phenylalanin und Tyrosin beobachteten Reaktionen sind in dem vorstehenden Schema zusammengestellt. Daneben ist noch ein anderer Abbauweg des Tyrosins, der über 2,5-Dioxyphenylalanin führt, zur Diskussion gestellt worden (A. NEUBERGER sowie H. BLASCHKO, P. HOLTON und G. H. S. STANLEY).

Tyrosin

↓

2,5-Dioxyphenylalanin

↙ ↘

2,5-Dioxyphenyläthylamin → 2,5-Dioxyphenylacetaldehyd

2,5-Dioxyphenylbrenztraubensäure → Homogentisinsäure

Der Mensch baut 5 g L-2,5-Dioxyphenylalanin quantitativ ab. Nach der Einverleibung von 5 g der D-Form wurden 0,8 g unverändert im Harn aufgefunden. 2,5-Dioxyphenylalanin wirkt nicht toxisch und im Gegensatz zu 3,4-Dioxyphenylalanin (Dopa) nicht hyperglykämisierend.

Bei dem Abbau von Tyrosin zu Homogentisinsäure vollzieht sich eine Oxydation am Benzolring in Parastellung, deren näherer Mechanismus noch ungeklärt ist. A. NEUBERGER nimmt an, daß eine der beiden Resonanzformen des Tyrosins durch die Oxydation erfaßt wird, wobei unter Verlust von zwei Elektronen ein Carboniumion entsteht, das mit einem Hydroxylion unter Bildung eines Chinols reagiert. Die Auffassung von NEUBERGER ist durch die folgende Formelreihe wiedergegeben:

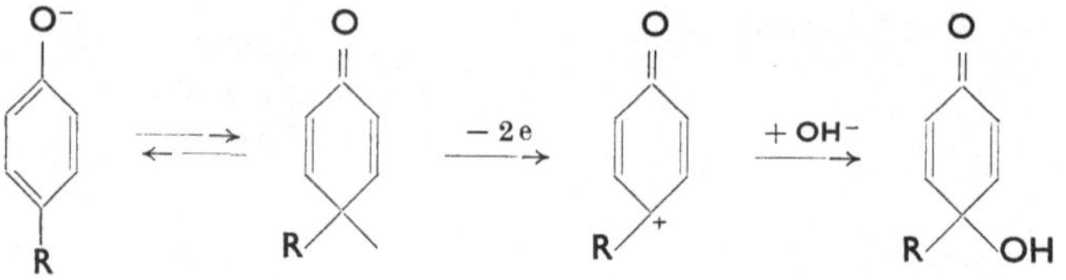

O^- / R ⇄ O / R $\xrightarrow{-2e}$ O / R$^+$ $\xrightarrow{+OH^-}$ O / R, OH

Chinol

Schon O. NEUBAUER hatte ein Chinol als Zwischenprodukt beim Abbau des Tyrosins angenommen und auf die Analogie zur Oxydation von p-Kresol in vitro zu Methylhydrochinon hingewiesen, die über ein Chinol verläuft:

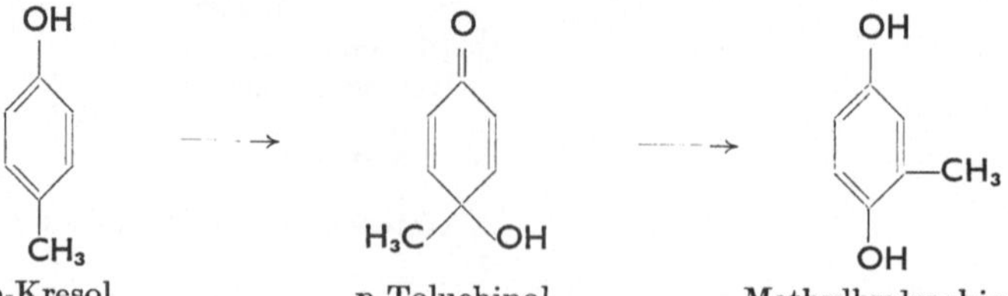

OH / CH_3 → O / H_3C, OH → OH / CH_3 / OH

p-Kresol → p-Toluchinol → Methylhydrochinon

Ein ähnlicher Mechanismus liegt auch vermutlich der Bildung von Thyroxin aus Tyrosin zugrunde, bei der Dijodtyrosin Zwischenprodukt sein dürfte. Dies geht auch daraus hervor, daß Dijodtyrosin in der Schilddrüse nachweisbar ist. Eine weitere Stütze erfährt diese Annahme durch Befunde, die nach der Injektion von J^{131} erhoben wurden. In der Schilddrüse sank die spezifische Aktivität des anorganischen Jods steil ab, während sie in der Thyroxinfraktion zunahm. Dijodtyrosin zeigte eine noch höhere spezifische Aktivität, was darauf hinweist, daß es Zwischenprodukt bei der Thyroxinsynthese ist (W. Mann, C. P. Leblond und S. L. Warren).

Es ist schon lange bekannt, daß bei der Behandlung von Eiweiß mit freiem Jod Dijodtyrosin entsteht. Später wurde entdeckt, daß sich hierbei auch Thyroxin bildet. Die besten Ausbeuten werden erhalten, wenn auf die Behandlung mit Jod noch eine Exposition mit Sauerstoff erfolgte. In vitro gelang es, Dijodtyrosin in Thyroxin überzuführen. Auch diesen experimentellen Befund kann man als Stütze für die Auffassung werten, daß die Biosynthese von Thyroxin über Dijodtyrosin verläuft.

T. B. Johnson und L. B. Tewkesbury stellten folgende Arbeitshypothese für die Bildung von Thyroxin aus zwei Molen Dijodtyrosin zur Diskussion. Ein Mol Dijodtyrosin, das in Form eines Dijodphenolion vorliegt, verliert ein Elektron, wodurch das freie Radikal A entsteht. Durch die Oxydation eines zweiten Mols Dijodtyrosin in Parastellung bildet sich ein weiteres freies Radikal B. Beide Radikale vereinigen sich dann zu einem Zwischenprodukt, das unter Verlust der Seitenkette Thyroxin liefert. In vivo vollzieht sich die Thyroxinsynthese vermutlich im Verband des Eiweiß (Thyreoglobulin).

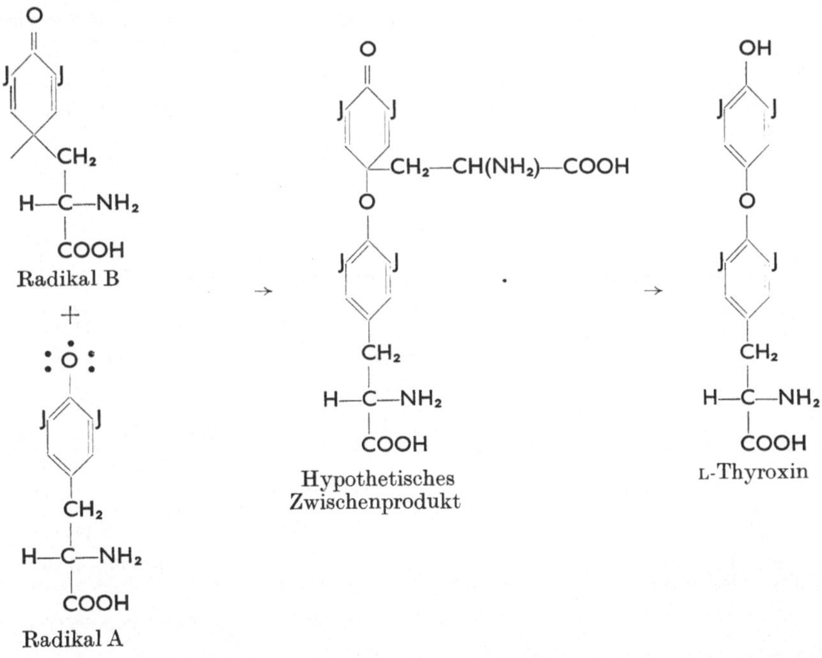

Radikal B + Radikal A → Hypothetisches Zwischenprodukt → L-Thyroxin

Eine andere Hypothese der Thyroxinentstehung im Organismus nimmt an, daß Thyronin Ausgangsmaterial sei und zu Thyroxin jodiert werde. Da aber Thyronin noch nie aus biologischem Material isoliert worden ist und sich die Substanz in vitro gar nicht ohne weiteres zu Thyroxin jodieren läßt, erscheint diese

Hypothese experimentell schlecht fundiert. Eine eingehende Diskussion über die Biosynthese von Thyroxin findet man bei C. P. LEBLOND.

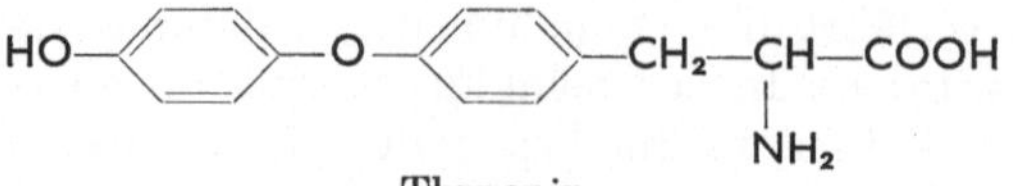

Thyronin

Neben der Oxydation des Tyrosins in Parastellung, wie sie dem Abbau zu Acetessigsäure und der Bildung von Thyroxin zu Grunde liegt, kommt im Organismus auch eine Oxydation in Orthostellung vor. Sie führt zu 3,4-Dioxyphenylalanin (Dopa), Adrenalin und Melanin und wird durch das kupferhaltige Enzym Tyrosinase (S. 56) bewirkt. 3,4-Dioxyphenylalanin läßt sich auch auf nichtenzymatischem Wege durch eine Oxydoreduktion erhalten, wenn man eine Tyrosin und Ascorbinsäure enthaltende Lösung bei p_H 7 mit Luft durchperlt (C. G. VAN ARMAN und K. K. JONES). Ob diese Reaktion von biologischer Bedeutung ist, entzieht sich einstweilen jeder Beurteilung.

3,4-Dioxyphenylalanin wird im Organismus zu Oxytyramin decarboxyliert (S. 197). Hierauf beruht seine hyperglykämisierende Wirkung. Ratten und Mäuse scheiden nach der Einverleibung von L-Dopa den größten Teil der Substanz nach Decarboxylierung in Form von Oxytyramin im Harn aus (P. HOLTZ und K. CREDNER). Ratten können auch D-Dopa umsetzen, Meerschweinchen aber nicht. Über die Bildung von Adrenalin und Noradrenalin aus Dopa bzw. Tyrosin und Phenylalanin siehe S. 138.

Einen Nebenweg des Abbaus von 3,4-Dioxyphenylalanin stellt die Bildung von Melanin dar. Die chemische Konstitution von Melanin, des wichtigsten tierischen Pigments, ist noch unbekannt. Da die Substanz in den meisten Lösungsmitteln gänzlich unlöslich ist, läßt sie sich nur schwer isolieren. Vermutlich ist Melanin nur ein Sammelbegriff für eine größere Reihe ähnlicher Substanzen. Melanin

Schema der Melaninbildung nach H. S. RAPER.

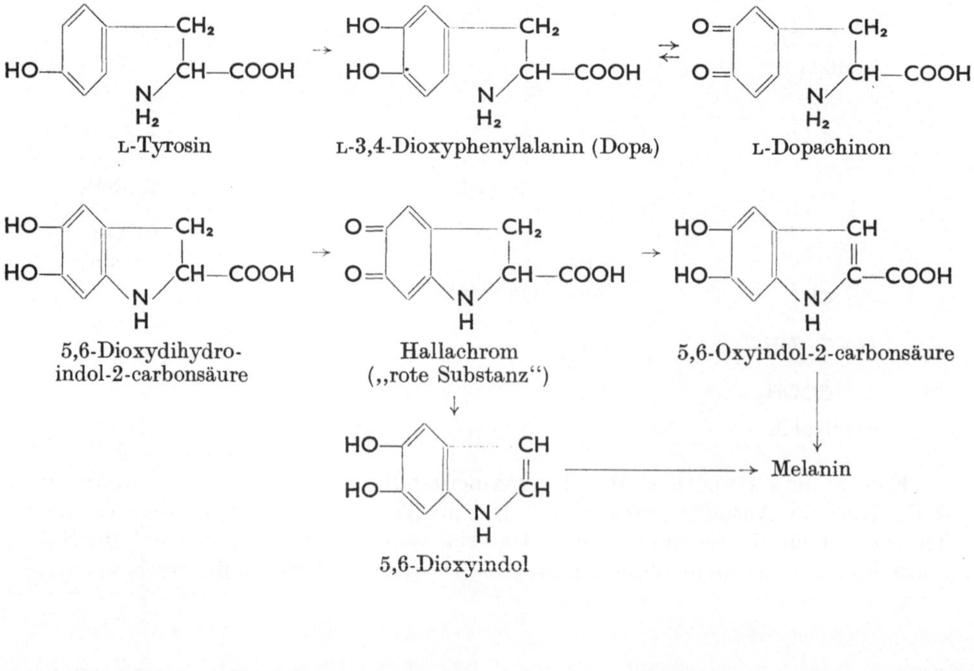

L-Tyrosin → L-3,4-Dioxyphenylalanin (Dopa) ⇄ L-Dopachinon

5,6-Dioxydihydro-indol-2-carbonsäure → Hallachrom („rote Substanz“) → 5,6-Oxyindol-2-carbonsäure

5,6-Dioxyindol → Melanin

ist in den Zellen in Form von kleinen Granula enthalten. Bezüglich von Einzelheiten der Melaninbildung sei auf das Sammelreferat von A. B. LERNER und T. B. FITZPATRICK verwiesen.

Nach RAPER wird Dioxyphenylalanin zunächst zu Dopachinon oxydiert. Diese Reaktion ist im Gegensatz zu allen späteren reversibel. Ob sie durch Tyrosinase oder durch eine besondere Dopaoxydase bewirkt wird, soll hier nicht ausführlich diskutiert werden. Die darauf folgenden Reaktionen sind vermutlich nichtenzymatischer Art, werden aber durch Tyrosinase beschleunigt. Die Oxydation von Dopa zu Hallachrom kann sowohl durch tierische als auch durch pflanzliche Tyrosinase bewirkt werden. Hallachrom wurde erstmalig aus dem Wurm Halla parthenopola isoliert, worauf die Namensgebung der Substanz zurückzuführen ist.

Da Tyrosinase ein Kupferproteid ist, kann man die Melaninbildung durch Stoffe hemmen, welche das Kupfer in dem Enzym blockieren, wie z. B. durch Phenylthioharnstoff, α-Naphthylthioharnstoff, Thiouracil und SH-haltige Verbindungen. Füttert man dunkle Tiere mit einem äußerst kupferarmen Futter, so wird ihr Pelz heller, weil sie über zu wenig Kupfer verfügen, um ausreichende Mengen Tyrosinase bilden zu können. Die Melaninbildung läßt sich auch durch starke Reduktionsmittel, z. B. Ascorbinsäure, hemmen. Tyrosinase kann nach Zusatz von Ascorbinsäure erst dann Tyrosin angreifen, wenn die Ascorbinsäure oxydiert ist.

Bekanntlich führt die Bestrahlung mit ultravioletten Strahlen zu einer Pigmentbildung der Haut. Ultraviolette Strahlen greifen in verschiedene bei der Melaninentstehung beteiligten Prozesse ein. Die Tyrosin-Tyrosinasereaktion wird beschleunigt, wodurch Dopa entsteht, das seinerseits die folgenden Reaktionen fördert. Außerdem werden die in der Haut vorhandenen SH-Verbindungen zu ihren Disulfidformen oxydiert, wodurch die Hemmungen für die Tyrosin-Tyrosinasereaktion beseitigt werden. Außerdem bewirkt die UV-Bestrahlung ein Nachdunkeln des schon fertigen Melanins.

o) Tryptophan.

Tryptophan gehört zu den essentiellen Aminosäuren. Über seine Vertretbarkeit im Wachstumstest orientiert die Tabelle 117.

A. ELLINGER hatte erstmalig nachgewiesen, daß Kynurensäure, eine schon von J. v. LIEBIG aus dem Harn von Hunden isolierte Substanz, im Stoffwechsel aus Tryptophan gebildet wird. Spätere Untersuchungen ergaben, daß auch Indolbrenztraubensäure in Kynurensäure übergeführt wird. Die Substanz erscheint jedoch nicht nur im Harn, sondern auch in der Galle. Hunde, Ratten, Kaninchen und Mäuse scheiden nach Einverleibung großer Tryptophandosen bis zu 50% der theoretischen Menge Kynurensäure aus. Nach der Verfütterung von 10 g L-Tryptophan an einen Menschen wurden aus dem Harn 0,9 g Kynurensäure isoliert.

J. KOTAKE und Mitarbeitern verdanken wir die Feststellung, daß außer Kynurensäure noch ein anderes Stoffwechselprodukt des Tryptophans entsteht, das von den Autoren Kynurenin genannt wurde und das sie als Vorstufe der Kynurensäure auffaßten. Die Konstitution des Kynurenin wurde von A. BUTENANDT und Mitarbeitern aufgeklärt. Die von KOTAKE aufgestellte Strukturformel erwies sich als unzutreffend, so daß die von ihm angegebene Formulierung der Kynurensäurebildung revisionsbedürftig ist.

Schon KOTAKE hatte beobachtet, daß überlebende Gewebe in vitro Tryptophan in Kynurenin verwandeln können. Er nannte das dabei beteiligte Enzym

Tabelle 117. *Ersetzbarkeit von* L-*Tryptophan im Wachstumstest.*

Substanz	Vertretbarkeit
D-Tryptophan	+ [3,4]
D,L-N-Methylaminotryptophan	+ [1]
3-Methyltryptophan	— [1]
2-Methyltryptophan	— [1]
N-Methyl-L-tryptophan	+ [2]
N-Methyl-D-tryptophan	— [2]
N-Acetyl-L-tryptophan	+ [3,4,7]
N-Acetyl-D-tryptophan	— [3,4]
Acetyl-L-N-methyltryptophan	— [5]
Acetyl-D-N-methyltryptophan	— [5]
Indolbrenztraubensäure	+ [6,7]
Tryptophanbetain	— [6]
β-Indol-α-benzoylaminoacrylsäure	— [6]
Indolbuttersäure	— [6]
Indolpropionsäure	— [6,7]
β-Indol-α-uraminopropionsäure	— [6]
Indoläthylalkohol	— [6]
Indoläthylamin	— [6]
N-Benzoyltryptophan	— [7]
Tryptophanäthylester	+ [7]
N-Methylentryptophan	— [6]
Carbobenzoxy-L-tryptophan	— [8]

Tryptophanpyrrolase. Näheres über den Mechanismus der Kynureninbildung förderten erst die Arbeiten von W. E. KNOX und H. A. MEHLER zutage. Die Summenformel der Reaktion ist:

$$\text{L-Tryptophan} + O_2 \rightarrow \text{Kynurenin} + \text{Ameisensäure}$$

Zunächst entsteht in einer zweistufigen Reaktion, bei der eine Peroxydase und eine Oxydase beteiligt sind, Formylkynurenin. Das Enzymsystem kommt nur in der Leber vor und läßt sich in Lösung bringen. Es ist spezifisch auf L-Tryptophan eingestellt. Das entstandene Formylkynurenin wird dann durch das Ferment Formylase hydrolytisch zu Kynurenin und Ameisensäure aufgespalten. Oxytryptophan, das KOTAKE als Zwischenprodukt angenommen hatte, tritt bei der Reaktion nicht auf. In Versuchen an Gewebsschnitten erwies es sich als völlig inert. Es wird auch von Mikroorganismen nicht als Wuchsstoff verwertet.

CH₂—CH—COOH, NH₂, N H — L-Tryptophan —Peroxydase→ Zwischenprodukt

Oxydase ↓

CO—CH₂—CH—COOH, NH₂, NH—C(=O)H — Formylkynurenin —Formylase→ CO—CH₂—CH—COOH, NH₂, NH₂ — Kynurenin

Der Übergang von Kynurenin in Kynurensäure ist leicht verständlich. Ratten scheiden im Pyridoxinmangel an Stelle von Kynurensäure Xanthurensäure aus.

In zahlreichen Versuchsanordnungen wurde übereinstimmend festgestellt, daß Mensch und Tiere aus Tryptophan Nicotinsäure bilden. Die Zufuhr größerer Tryptophanmengen führt zu einer vermehrten Ausscheidung von Nicotinsäure

[1] GORDON, W. G., u. R. W. JACKSON: J. biol. Chem. **110**, 151 (1935).
[2] GORDON, W. G.: J. biol. Chem. **123**, XLIII (1938); **129**, 309 (1939).
[3] VIGNEAUD, V. DU, R. R. SEALOCK u. C. VAN ETTEN: J. biol. Chem. **98**, 565 (1932).
[4] BERG, C. P.: J. biol. Chem. **104**, 373 (1934).
[5] GORDON, W. G., W. M. CAHILL u. R. W. JACKSON: J. biol. Chem. **131**, 189 (1939).
[6] JACKSON, R. W.: J. biol. Chem. **85**, 1 (1929).
[7] BERG, C. P., W. C. ROSE u. C. S. MARVEL: J. biol. Chem. **85**, 207, 219 (1929).
[8] BAUGUESS, L. C., u. C. P. BERG: J. biol. Chem. **114**, 253 (1936).

und ihren Stoffwechselprodukten (N-Methylnicotinsäureamid und N-Methyl-2-pyridoncarbonsäureamid). Durch die Verfütterung von Tryptophan läßt sich das Wachstum junger Tiere, die mit einer nicotinsäurearmen Diät ernährt werden, verbessern. Biologisch hochwertiges Eiweiß, das viel Tryptophan enthält, hat eine deutliche Antipellagrawirksamkeit. Umgekehrt läßt sich ein gehäuftes Auftreten von Pellagra bei einer vorwiegend aus Mais bestehenden Ernährung

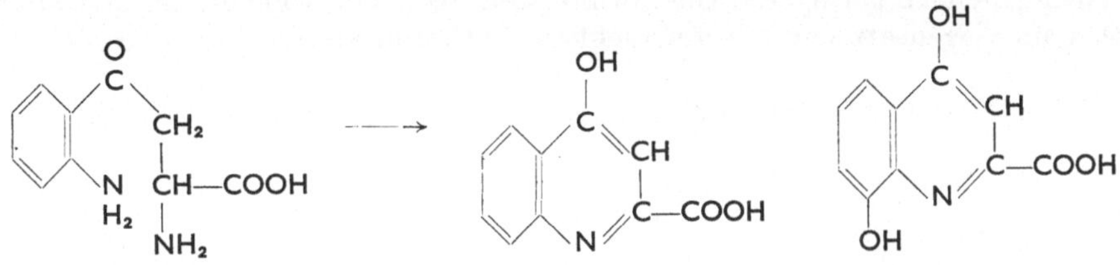

Kynurenin → Kynurensäure (4-Oxychinolin-2-carbonsäure) | Xanthurensäure (4,8-Dioxychinolin-2-carbonsäure)

beobachten, die mit auf die Tryptophanarmut des Maiseiweiß zurückzuführen ist. Alle derartigen Ernährungsversuche haben gezeigt, daß eine ausreichende Versorgung mit Pyridoxin die unerläßliche Voraussetzung für die Überführung von Tryptophan in Nicotinsäure ist. C. E. Dalgliesh, W. E. Knox und A. Neuberger haben im Harn von Ratten, die pyridoxinarm ernährt wurden, nach der Eingabe von 0,1 g L-Tryptophan je Tag die folgenden Substanzen nachgewiesen, die von normal ernährten Tieren nicht ausgeschieden werden: Kynurenin, 3-Oxykynurenin, N^{α}-Acetylkynurenin und N^{α}-Acetyloxykynurenin. Die Autoren schließen daraus, daß Oxykynurenin ein regelmäßiges Stoffwechselprodukt des Tryptophans ist.

An der Nicotinsäurebildung aus Tryptophan sind die Darmbakterien beteiligt. Daher läßt sich die Ausbeute an Nicotinsäure durch die Art des gleichzeitig verabreichten Kohlenhydrats beeinflussen (L. V. Hankes, R. L. Lyman und C. A. Elvehjem). Die Menge des ausgeschiedenen N-Methylnicotinsäureamids ist auch von der Höhe der Eiweißzufuhr abhängig. Bei Ratten fällt die Ausscheidung mit steigendem Eiweißgehalt des Futters. Es unterliegt aber keinem Zweifel, daß die Überführung von Tryptophan in Nicotinsäure auch in den Organen der Tiere stattfindet und nicht nur der Tätigkeit der Darmbakterien zugeschrieben werden muß. Durch Verfütterung von viel Tryptophan kann man den Gehalt der Organe an den Pyridinnucleotiden (Co-Dehydrasen) in einem größeren Ausmaße steigern als durch die Einverleibung von Nicotinsäure.

Ernährungsversuche hatten es wahrscheinlich gemacht, daß Kynurenin und 3-Oxyanthranilsäure Zwischenprodukte bei der Umwandlung von Tryptophan in Nicotinsäure sind. Beide Substanzen haben bei nicotinsäurefrei ernährten Ratten eine ausgesprochene Wachstumswirkung (O. Wiss, G. Viollier und M. Müller). Außerdem wurde an mutierten Stämmen von Neurospora festgestellt, daß Kynurenin und 3-Oxyanthranilsäure Tryptophan in der Nährflüssigkeit ersetzen können. Ein weiterer Hinweis auf den Weg, der beim Abbau von Tryptophan eingeschlagen wird, war der von Kotake erhobene Befund, daß Katzen an Stelle von Kynurensäure Anthranilsäure ausscheiden.

In der Leber wurde ein Enzym (Kynureninase) nachgewiesen, das Kynurenin in Alanin und Anthranilsäure spaltet. Kynureninase hat Pyridoxalphosphat als prosthetische Gruppe. Die Aktivität der Kynureninase ist daher im Pyridoxinmangel erheblich herabgesetzt (C. E. Dalgliesh, W. E. Knox und A. Neuberger). Nach O. Wiss und F. Hatz bewirkt das Enzym eine hydrolytische

Spaltung des Kynurenins, die sowohl unter aeroben als auch unter anaeroben Bedingungen erfolgen kann. Kynureninase greift außer Kynurenin noch andere ähnlich gebaute Substanzen an: 1-Oxykynurenin, α-Amino-β-benzoylpropionsäure, α-Amino-γ-oxy-γ-phenylaminobuttersäure. Aber auch rein aliphatische Substanzen wie α-Amino-β-acetylpropionsäure und α-Amino-γ-oxyvaleriansäure werden gespalten. Organschnitte greifen zwar auch D-Tryptophan (wenn auch mit einer erheblich geringeren Geschwindigkeit als L-Tryptophan) an, überführen es aber im Gegensatz zur L-Form nicht in Anthranilsäure.

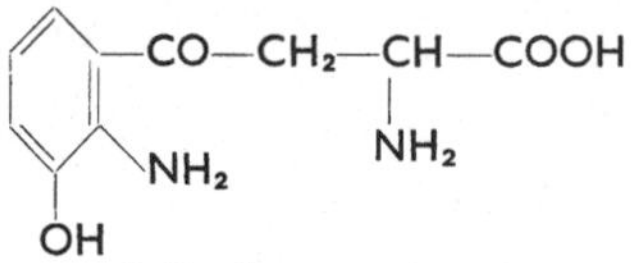

—CO—CH_2—CH(NH$_2$)—COOH (Ring mit NH_2 und OH)

1-Oxykynurenin

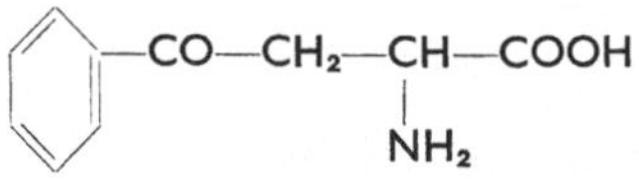

—CO—CH_2—CH(NH$_2$)—COOH

α-Amino-β-benzoylpropionsäure

—CH(OH)—CH_2—CH(NH$_2$)—COOH

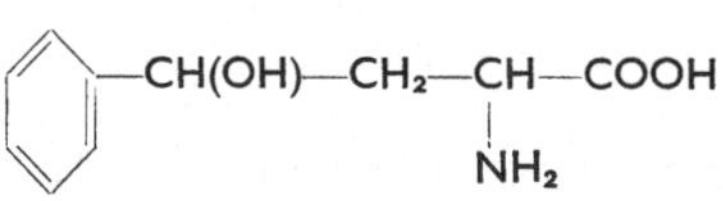

α-Amino-γ-oxy-γ-phenylbuttersäure

Anthranilsäure wird im intermediären Stoffwechsel zu 3-Oxyanthranilsäure oxydiert. Näheres über den Mechanismus dieser Reaktion ist nicht bekannt. 3-Oxyanthranilsäure wird dann in Chinolinsäure übergeführt (L. M. HENDERSON, B. S. SCHWEIGERT und M. MARQUETTE). Diese Reaktion verläuft auch in vitro in Leberhomogenaten. A. H. BOKMAN und B. S. SCHWEIGERT nehmen an, daß primär ein Zwischenprodukt von Chinontypus entsteht. Ratten, denen man Tryptophan oder 3-Oxyanthranilsäure verfüttert, scheiden bis zu 10 und 20% der Dosis in Form von Chinolinsäure aus. Beim Menschen beträgt die Ausbeute nur etwa 0,2%. Daß Chinolinsäure ein Zwischenprodukt bei der Umwandlung von Tryptophan in Nicotinsäure ist, geht auch daraus hervor, daß sie im Wachstumstest Nicotinsäure ersetzen kann, und daß die Einverleibung von Chinolinsäure zu einer Vermehrung der Ausscheidung von Nicotinsäure und N-Methylnicotinsäureamid Anlaß gibt. Vermutlich ist Chinolinsäure auch bei Mikroorganismen Vorstufe der Nicotinsäure, die aus ihr durch Decarboxylierung entsteht. 3,4-Dioxyanthranilsäure ist bei der Überführung von 3-Oxyanthranilsäure in Chinolinsäure kein Zwischenprodukt. Leberpräparate vermögen die Substanz nicht in Chinolinsäure umzuwandeln (L. M. HENDERSON, H. N. HILL, R. E. KOSKI und I. M. WEINSTOCK). Das Chinolinsäure bildende Enzymsystem ist reichlich in Leber und Niere enthalten. Milz, Muskel, Gehirn, Pankreas und Testes enthalten es nur in Spuren oder gar nicht. Bei der üblichen Ernährung scheiden gesunde Menschen 5—13 mg (im Mittel 8,6 mg) Chinolinsäure im Tag aus (H. P. SARRETT). Verabreichung von 1 g L-Tryptophan steigert die Ausscheidung etwas. Nach Gaben von 1—2 g Chinolinsäure werden etwa 20—40 mg der Säure ausgeschieden.

R. W. SCHAYER und L. M. HENDERSON injizierten Ratten Tryptophan, das Deuterium im Benzolring und N^{15} im Indolring enthielt. Die in der ausgeschiedenen Chinolinsäure festgestellte Isotopenrelation zeigt, daß Tryptophan die einzige Muttersubstanz für die Chinolinsäure ist, und daß der N des Indolrings in den aufgespaltenen Benzolring des Tryptophans eingebaut wird, so daß ein Pyridinring entsteht. Bei der Umwandlung des markierten Tryptophans in die Chinolinsäure gingen zwei der ursprünglich vorhandenen vier D-Atome verloren.

3-Oxyanthranilsäure → Chinolinsäure $\xrightarrow{-CO_2}$ Nicotinsäure

Die Befunde, die in Versuchen mit markiertem Tryptophan erhalten wurden, stehen mit der beschriebenen Reaktionskette in bestem Einklang. Tryptophan, das in der Seitenkette C^{14} als β-C-Atom enthielt, lieferte aktive Kynurensäure und inaktive Nicotinsäure. Dagegen wurde aus Tryptophan mit C^{14} im Indolring radioaktive Nicotinsäure erhalten (C. HEIDELBERGER, M. E. GULLBERG, A. F. MORGAN und S. LEPKOVSKI; C. HEIDELBERGER, E. P. ABRAHAM und S. LEPKOVSKI).

L-Tryptophan → Kynurenin → 3-Oxyanthranilsäure → Chinolinsäure → Nicotinsäure; Kynurenin → Kynurensäure

L-Tryptophan → Kynurenin → 3-Oxyanthranilsäure → Chinolinsäure → Nicotinsäure

D. R. SANADI und D. M. GREENBERG, welche an phlorrhizindiabetische Ratten C^{14}-Tryptophan (als β-C-Atom der Seitenkette) verfütterten, fanden, daß die ausgeschiedene Glucose C^{14}, und zwar vorwiegend in den Positionen 1 und 2 sowie 5 und 6 enthielt. Dies deutet auf die intermediäre Bildung von Essigsäure bzw. einem C_2-Fragment mit C^{14} in der Methylgruppe. In der Tat ließ sich auch durch Nachweis von C^{14} in der Acetylgruppe von acetylierter p-Aminobenzoesäure, in Cholesterin und in Porphyrinen wahrscheinlich machen, daß aus Tryptophan Acetat entsteht. SANADI und GREENBERG diskutieren folgende Reaktionskette:

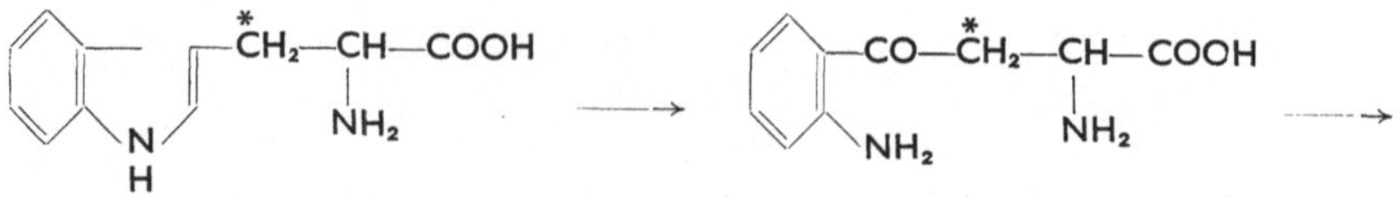

L-Tryptophan → Kynurenin →

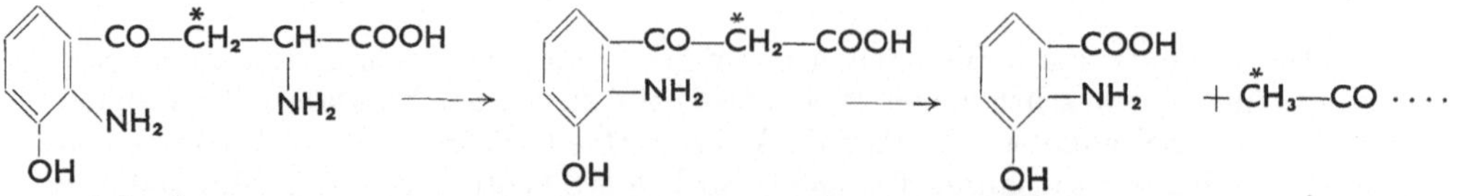

1-Oxykynurenin → o-Amino-m-oxybenzoylessigsäure → 3-Oxyanthranilsäure $+ \overset{*}{C}H_3—CO \cdots$

Eine Ketonkörperbildung wurde aus Tryptophan nie beobachtet.

Außer Pyridoxalphosphat wird noch Lactoflavin beim Abbau des Tryptophans benötigt. Ratten, welche ein an Pyridoxin oder Lactoflavin armes Futter erhalten, scheiden nach der Injektion von 0,25 Millimolen L-Tryptophan nur 3—4% der Dosis in Form von Nicotinsäure und Chinolinsäure aus gegenüber 12% bei einer genügenden Zufuhr der beiden B-Vitamine. Wird 3-Oxyanthranilsäure verfüttert, so hat der Entzug der Vitamine keinen Einfluß mehr auf die Ausscheidung von Nicotinsäure und Chinolinsäure. L. M. HENDERSON, I. M. WEINSTOCK und G. B. RASMUSSEN diskutieren die folgenden Angriffspunkte der B-Vitamine:

Tryptophan
↓
Anthranilsäure $\xleftarrow{B_6}$ Kynurenin → Kynurensäure
↓ ↓ B_2
3-Oxyanthranilsäure $\xleftarrow{B_6}$ Oxykynurenin → Xanthurensäure
↓
Chinolinsäure → Nicotinsäure

R. W. SCHAYER hat Tryptophan mit N^{15} im Indolring an Ratten verfüttert und fand eine nur geringfügige Isotopenverdünnung in den Ausscheidungsprodukten Kynurenin, Kynurensäure und Xanthurensäure. Über 90% der ausgeschiedenen Substanzen mußten daher aus dem verfütterten Tryptophan stammen. Weiterhin konnte er zeigen, daß Ratten, aber nicht Kaninchen, D-Tryptophan in L-Tryptophan verwandeln. Nach der Verfütterung von dem erwähnten N^{15}-Tryptophan ließ sich der schwere N in vielen anderen Aminosäuren (Tyrosin, Leucin, Glutaminsäure, Asparaginsäure und Arginin) nachweisen. Er muß demnach dem allgemeinen N-Pool zugeführt worden sein. Versuche mit N^{15}-Indol ergaben nicht den geringsten Anhaltspunkt dafür, daß der tierische Organismus aus Indol Tryptophan bildet. Das Indol wird im Harn ohne Aufsprengung des Rings, vermutlich im wesentlichen in Form von Indican (Indoxylschwefelsäure) ausgeschieden.

Im Gegensatz zum Tier vermögen manche Mikroorganismen Tryptophan aus Indol und Alanin aufzubauen bzw. umgekehrt die Aminosäure in Indol und Alanin zu spalten. Das die Reaktion vermittelnde Enzym Tryptophanase hat Pyridoxalphosphat als Co-Enzym. Tryptophanase spaltet auch 5-Methyltryptophan zu 5-Methylindol und Alanin. Infolge ihres Gehaltes an Tryptophanase spalten die Darmbakterien Tryptophan zu Indol und Alanin auf. Das Indol wird dann zu Indoxyl oxydiert und durch Kupplung an Schwefelsäure unschädlich gemacht. Daher findet man bei abnorm starken Fäulnisprozessen im Darm eine vermehrte Indicanausscheidung im Harn.

Tryptophanstoffwechsel bei Neurospora (F. A. HASKINS und H. K. MITCHELL).

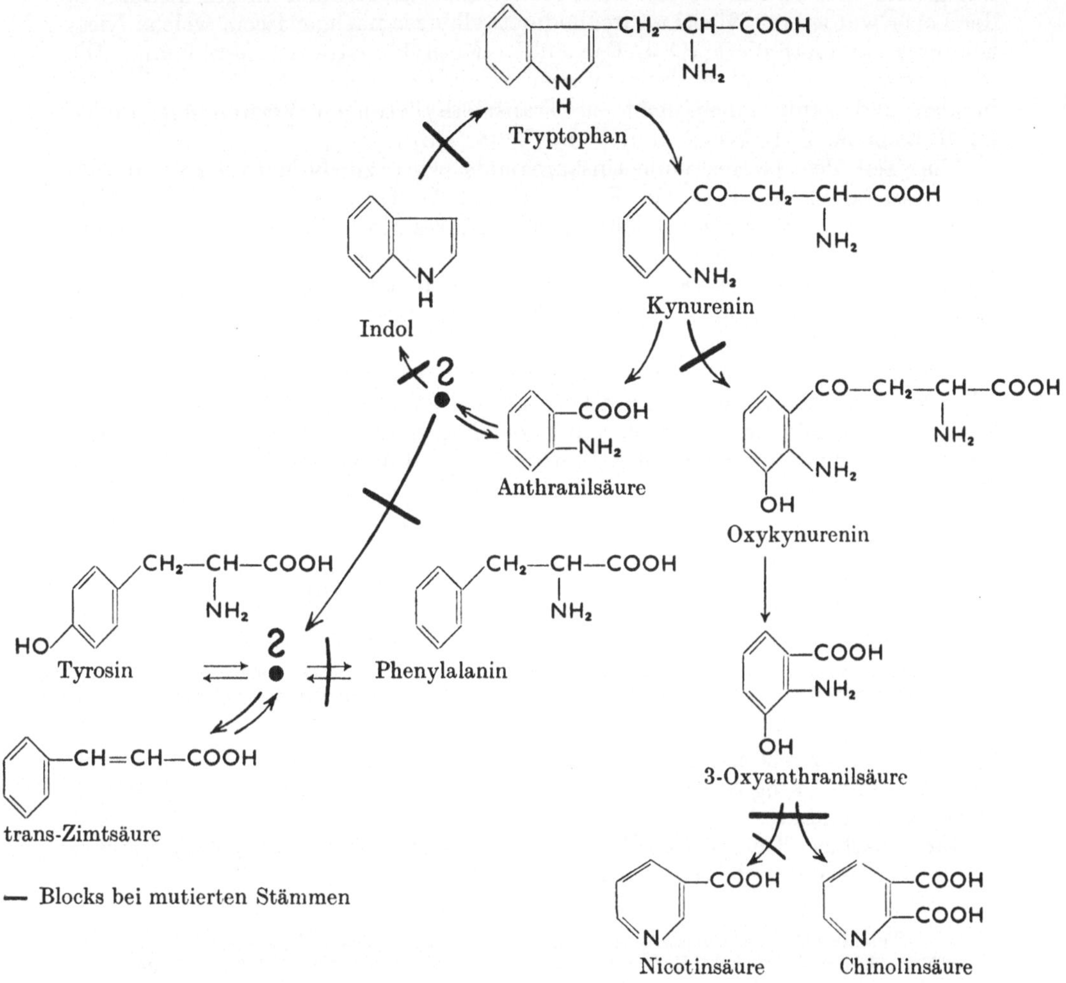

Tryptophan

Indol

Kynurenin

Anthranilsäure

Oxykynurenin

Tyrosin

Phenylalanin

trans-Zimtsäure

3-Oxyanthranilsäure

Nicotinsäure

Chinolinsäure

— Blocks bei mutierten Stämmen

G. F. HOPPE-SEYLER hatte die Beobachtung gemacht, daß Kaninchen o-Nitrophenylpropiolsäure in Indoxyl überführen. F. BÖHM erweiterte diesen Befund durch die Feststellung, daß auch noch andere aromatische Nitroverbindungen in vivo Indoxyl oder Isatin liefern: o-Nitroacetophenon, o-Nitrophenylacetylen, o-Nitrostyrol, o-Nitrocinnamylameisensäure, o-Nitromandelsäure. Die erzielten Indoxylausbeuten sind allerdings gering mit Ausnahme der o-Nitrophenylpropiolsäure, welche bis zu 64% der Theorie Indoxyl liefert. Bemerkenswerterweise werden Indolderivate noch bei anderen Stoffwechselprozessen gebildet, so z. B. als Intermediärprodukt bei der Entstehung von Melanin. Auch das Adrenochrom, das sich vom Adrenalin ableitet, ist ein Indolderivat.

Nicotinsäure.

Die Nicotinsäure kommt im Organismus im wesentlichen in Form der beiden Co-Dehydrasen I und II vor. Über Bildung und Spaltung derselben siehe S. 30. Menschliches Blut enthält 0,27—0,50 mg-% Gesamtnicotinsäure. Von den Organen weist die Leber mit etwa 12 mg-% den höchsten Gehalt auf. Die Ausscheidung von freier Nicotinsäure ist nur gering (etwa 5—15% der Gesamtausscheidung). Der größte Teil wird in Form von N-Methylnicotinsäureamid ausgeschieden. In der Leber wurde eine Nicotinsäureamidmethylkinase nachgewiesen, welche Nicotinsäureamid methyliert (G. L. CANTONI). Methyldonator ist Methionin. Die Methylgruppe ist im N-Methylnicotinsäureamid (im biologischen Sinne) fest gebunden und kann daher nicht zu Transmethylierungen Verwendung finden (E. B. KELLER, J. L. WOOD und V. DU VIGNEAUD).

Ein Teil des N-Methylnicotinsäureamids wird zu N-Methyl-2-pyridon-3-carbonsäureamid oxydiert (W. E. KNOX und W. I. GROSSMANN). Nach Verfütterung von 0,6—0,9 g N-Methylnicotinsäureamid wird rund 0,1 g Oxydationsprodukt ausgeschieden. In der Leber wurde ein Enzym nachgewiesen, welches Chinin oxydiert (F. E. KELSEY und F. K. OLDHAM). Dasselbe Enzym bewirkt auch die Oxydation des N-Methylnicotinsäureamids, welches vermutlich das physiologische Substrat des Enzyms ist.

Weitere Umsetzungen der Nicotinsäure sind Bildung von Säureamiden mit Glykokoll beim Säugetier bzw. mit Ornithin bei Vögeln (2,5-Dinicotinylornithin). Trigonellin ist kein Stoffwechselprodukt der Nicotinsäure. Die gesamte Nicotinsäureausscheidung (Summe aller Stoffwechselprodukte) beträgt normalerweise

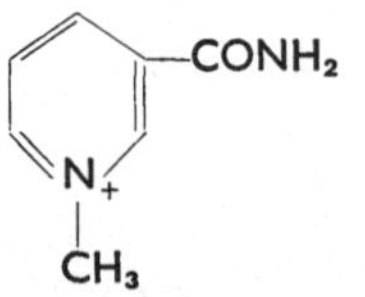

CONNH₂ / N+ / CH₃ — N-Methylnicotinsäureamid

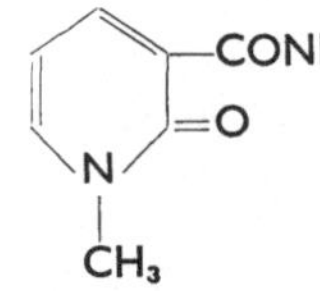

CONH₂ / =O / N / CH₃ — N-Methyl-2-pyridon-3-carbonsäureamid

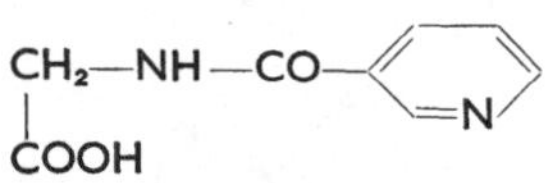

CH_2—NH—CO—(Pyridin) / COOH — Nicotinursäure (Nicotinylglykokoll)

beim Menschen 3—30 mg im Tag. Als Mittelwerte geben P. ELLINGER und M. M. ABDEL KADER 0,4 mg Nicotinsäure, 2,1 mg Nicotinsäureamid und 8,9 mg Methylnicotinsäureamid an.

Die einzelnen Tierspecies scheiden die verschiedenen Stoffwechselprodukte der Nicotinsäure in unterschiedlichem Ausmaße aus.

Tabelle 118. *Ausscheidung der Stoffwechselprodukte von C^{14}-Nicotinsäure durch verschiedene Tierarten* (E. LEIFER, L. J. ROTH, D. S. HOGNESS und M. H. CORSON).

Die Trennung der Substanzen erfolgte durch Papierchromatographie. Zahlen: Prozentuale Verteilung der Radioaktivität im Harn.

Stoffwechselprodukt	C^{14}-Nicotinsäure				C^{14}-Nicotinsäureamid			
	Hund	Ratte	Hamster	Maus	Hund	Ratte	Hamster	Maus
N^1-Methylnicotinsäureamid	94	56	23,6	13,6	94	73,5	35	20
Nicotinursäure	1	10,5	2,8	24,8	0,5	0	0	0,5
Nicotinsäure	0,3	6,3	24,5	37,2	1	5,5	17	36,2
Unbekannte Verbindung	0	11,9	13,0	7,0	1	3,6	13	9
N^1-Methyl-pyridon-3-carbonsäureamid	2	11,9	10,6	11,6	2,5	12	10	20
Nicotinsäureamid	2,4	3,5	25,5	6,1	1	5,6	25	14,3

In dem in der Tabelle 118 wiedergegebenen Versuch wurde ein Teil der Radioaktivität, und zwar bei den einzelnen Species in unterschiedlicher Menge, als

$C^{14}O_2$ exhaliert. Am meisten $C^{14}O_2$ bildeten die Hamster (rund 8% der Aktivität der verabfolgten Nicotinsäure innerhalb von 24 Std), am wenigsten die Hunde (rund 1%).

p) Histidin.

Histidin ist eine für Säugetiere essentielle Aminosäure. Ein Histidinmangel verursacht aber beim Menschen keine negative N-Bilanz. Über die Ersetzbarkeit des Histidins im Wachstumstest durch verwandte Substanzen orientiert die Tabelle 119.

Tabelle 119. *Ersetzbarkeit von* L-*Histidin im Wachstumstest.*

Ersetzbar durch	Nicht ersetzbar durch
D-Histidin[1]	4-Methylimidazol[3]
L-Carnosin[2]	4-Oxymethylimidazol[3]
D,L-4-Imidazolmilchsäure[3]	4-Imidazolformaldehyd[3]
L-Acetylhistidin[5]	4-Imidazolcarbonsäure[3]
4-Imidazolbrenztraubensäure[6]	4-Imidazolessigsäure[3]
	4-Imidazolpropionsäure[3]
	1-Methylhistidin[4]
	N-D-Benzoylhistidin[5]

Histidin kann im tierischen Organismus auf zwei verschiedenen Wegen hydrolytisch zu Glutaminsäure aufgespalten werden (S. EDLBACHER). Der vermutlich biologisch wichtigere besteht in der Spaltung des Histidins durch die von S. EDLBACHER entdeckte Histidase. Das Ferment ist streng spezifisch auf L-Histidin eingestellt und wird durch D-Histidin gehemmt. Histidase kommt nur in der Leber vor. Der Mechanismus der Histidasereaktion ist ungeklärt. Sicher feststehend ist nur, daß das primär entstehende Reaktionsprodukt durch Zusatz von Alkali zu L-Glutaminsäure und Ameisensäure aufgespalten wird.

EDLBACHER nimmt an, daß als erstes Reaktionsprodukt das Enol der Formylglutaminsäure entsteht, das sich in Formyl-L-glutaminsäure umlagert. Durch Abspaltung von Ameisensäure entsteht daraus Glutamin, das unter Abgabe von Ammoniak L-Glutaminsäure liefert. A. C. WALKER und C. L. A. SCHMIDT diskutieren einen anderen Reaktionsmechanismus, bei dem nicht Formylglutamin, sondern α-Formamidinglutarsäure als Zwischenprodukt figuriert. Wie dem auch sei, die Verwandlung von Histidin in L-Glutaminsäure ist eine kompliziertere, über mehrere Zwischenstufen verlaufende Reaktion. Es hat sich jedoch kein Anhaltspunkt dafür ergeben, daß Histidase kein einzelnes Enzym, sondern ein Enzymkomplex ist.

$$\begin{array}{l} HOOC-CH_2-CH_2-CH-COOH \\ \qquad\qquad\qquad\qquad\quad | \\ \qquad\qquad\qquad\qquad\quad NH-CH=NH \end{array}$$

α-Formamidinglutarsäure

Der zweite Weg der hydrolytischen Aufspaltung des Histidins führt über die Urocaninsäure (Imidazolacrylsäure). Diese wird durch das Enzym Urocaninase (J. KOTAKE) in einer gänzlich undurchsichtigen Reaktion in L-Glutaminsäure übergeführt. Urocaninase kommt in der Leber aller Säugetiere vor.

Urocaninsäure wurde erstmalig von JAFFÉ im Harn von Kaninchen aufgefunden. Japanische Autoren haben festgestellt, daß Urocaninsäure dann ausgeschieden wird, wenn große Mengen Histidin verfüttert werden. Die beobachteten

[1] COX, G. J., u. C. P. BERG: J. biol. Chem. **107**, 497 (1934).
[2] VIGNEAUD, V. DU, R. H. SIFFERD u. G. W. IRVING jr: J. biol. Chem. **117**, 589 (1937).
[3] COX, G. J., u. W. C. ROSE: J. biol. Chem. **67**, 781 (1926).
[4] SAKAMI, W., u. D. W. WILSON: J. biol. Chem. **154**, 232 (1944).
[5] NEUBERGER, A., u. T. A. WEBSTER: Biochem. J. **40**, 576 (1946).
[6] HARROW, B., u. C. P. SHERWIN: J. biol. Chem. **70**, 683 (1926).

L-Histidin → Enol des Formylglutamins → Formylglutamin → Glutamin → L-Glutaminsäure

L-Histidin → Urocaninsäure → Formylisoglutamin → Isoglutamin → L-Glutaminsäure

Ausbeuten sind aber immer nur gering. J. KOTAKE und KONISHI verfütterten an einen Hund 20 g Histidin, der daraufhin 0,86 g Urocaninsäure ausschied. KIYOKAWA, der einem Kaninchen 5 g Histidin gab, fand im Harn 0,8 g Urocaninsäure. Merkwürdigerweise ist es S. EDLBACHER nie gelungen, nach Verfütterung großer Histidindosen Urocaninsäure im Harn nachzuweisen. Belastungen von Ratten mit 0,1 g Urocaninsäure je 100 g Tier ergaben, daß 36 bis 57% der Dosis unverändert im Harn ausgeschieden wurden. W. J. DARBY und H. B. LEWIS gaben acht Kaninchen je 5—15 g L-Histidin. Fünf der Tiere schieden daraufhin Urocaninsäure aus. Sie erkrankten aber schwer und wiesen folgende Symptome auf: Anorexie, beschleunigte Herzaktion und Paralyse der hinteren Extremitäten. Vier der Kaninchen starben. Dagegen erkrankte keines der Tiere, das nicht Urocaninsäure ausschied. Nach Verfütterung oder Injektion von Urocaninsäure selbst traten jedoch keine toxischen Symptome auf. In Übereinstimmung mit anderen Autoren fanden DARBY und LEWIS, daß ein hoher Prozentsatz der einverleibten Urocaninsäure unverändert im Harn ausgeschieden wurde.

Meerschweinchen, die 0,1 g L-Histidin je 100 g Körpergewicht injiziert bekommen, scheiden kein Histidin aus. Erst wenn die Dosis auf 0,15 g je 100 g Körpergewicht erhöht wird, erscheint die Aminosäure im Harn. Nach der Injektion von 0,30 g/100 g werden etwa 25% der Dosis ausgeschieden. Das Ausmaß der Ausscheidung war bei graviden Meerschweinchen genau so groß wie bei nicht graviden und männlichen Tieren. Dieser Befund verdient ein Interesse, weil R. KAPPELLER-ADLER festgestellt hat, daß beim Menschen in der Gravidität Histidin vermehrt im Harn ausgeschieden wird. Die meisten Autoren beziffern die normale Histidinausscheidung des Menschen zu 50—200 mg im Tag. In der Gravidität findet man meist 400 mg übersteigende Werte. Als Ursache für die Graviditäts-Histidinurie wird eine verminderte Histidaseaktivität angenommen. Carnivoren scheiden neben Histidin noch vielfach Methylhistidin aus. Es entsteht vermutlich aus Anserin, das durch die Carnosinase in Methylhistidin und β-Alanin aufgespalten wird (S. 251, S. P. DATTA und H. HARRIS).

Versuche von R. M. FALKERSTONE und C. P. BERG ergaben, daß Leberschnitte mehr Histidin durch die Histidase umsetzen als durch die Aminosäureoxydase. Nierenschnitte griffen L-Histidin überhaupt nicht an. Jedenfalls wurde weder eine Bildung von Glutaminsäure noch eine Desaminierung nachgewiesen. Bei der Umwandlung von Histidin, sei es durch Histidase oder Urocaninase, in Glutaminsäure wird Ameisensäure abgespalten. Da Ameisensäure bei der Biosynthese von Purinen in den Purinring eingebaut wird, untersuchten J. C. REID und M. O. LANDEFELD, ob C^{14}, der in L-Histidin in der Position 2 steht, in vivo in Purine eingebaut wird. Sie fanden, daß dies in der Tat zutrifft, denn die von ihnen isolierte Harnsäure enthielt C^{14}. Außerdem wiesen sie den C^{14} noch in den Methylgruppen des Cholins nach. Im Cholinmangel kann Histidin erhebliche Mengen labiler Methylgruppen liefern (M. TOPOREK). Bekanntlich vermag der Organismus in kleinerem Umfang labile Methylgruppen aus Ameisensäure zu bilden (S. 151).

Obwohl vom L-Histidin zur L-Glutaminsäure zwei Wege führen, spielt anscheinend die Bildung von Glutaminsäure aus Histidin in vivo keine große Rolle. Nach der Injektion von C^{14}-Histidin fanden A. D. ORIO und L. P. BOUTHILLIER nur eine sehr geringe C^{14}-Konzentration in der Glutaminsäure der Gewebsproteine. Innerhalb von 3 Stunden waren 20% des isotopen C als $C^{14}O_2$ exhaliert worden.

Nach F. MENNE benützt der Muskel L-Histidin zum Aufbau von Kreatin. Zusatz von 14,8 mg Histidin zu 0,5 g Muskelbrei gibt zur Bildung von 0,25 mg Kreatin Anlaß. 7,3 mg Histidin wurden während derselben Zeit durch eine nicht näher charakterisierte Reaktion abgebaut.

Über die Biosynthese des Histidins ist wenig bekannt. Hefe vermag Formiat zum Aufbau von Histidin zu verwenden und baut es als Amidin-C in den Imidazolring ein (C. LEVY und M. J. COON). Auf Grund der Versuche über den Abbau des Histidins zu Glutaminsäure war diese Position des isotopen C zu erwarten gewesen. Kohlenstoff aus Glykokoll oder CO_2 erscheint nicht im Histidin. Dies läßt vermuten, daß die Aminosäure nicht aus Purinen gebildet wird, da sowohl Glykokoll als auch CO_2 bei der Biosynthese des Purinrings Verwendung finden.

```
                  CH====C—CH₂—CH(NH₂)—COOH
   *              |     |
HCOOH → HN\   *  //N
            \ C //
              H
```

q) Prolin und Oxyprolin.

L-Prolin wird von der L-Aminosäureoxydase, D-Prolin durch die D-Aminosäureoxydase unter Aufspaltung des Rings in α-Keto-δ-aminovaleriansäure übergeführt. Nun hatten früher H. WEIL-MALHERBE und H. A. KREBS bei der Inkubation von Nierenschnitten mit L-Prolin α-Ketoglutarsäure erhalten. Mit derselben Versuchsanordnung stellte M. NEBER L-Glutaminsäure als Stoffwechselprodukt fest. H. A. KREBS nahm an, daß zuerst α-Keto-δ-aminovaleriansäure entstehe, die dann zum Halbaldehyd der α-Ketoglutarsäure desaminiert werde, der in α-Ketoglutarsäure übergehe, die durch Reaminierung Glutaminsäure liefere. Diese Vermutung erwies sich aber als unrichtig. Denn M. R. STETTEN und R. SCHOENHEIMER fanden, daß mit N^{15} markiertes Prolin N^{15}-enthaltende Glutaminsäure liefert, was eine intermediär erfolgende Desaminierung ausschließt.

F. BERNHEIM und M. L. C. BERNHEIM [*2*] hatten beobachtet, daß Suspensionen von zerkleinerter Leber oder Niere Prolin oxydieren und J. V. TAGGART und R. B. KRAKAUER konnten L-Prolin durch das Cyclophorasesystem zu CO_2, H_2O und NH_3 verbrennen. Alle diese Befunde sprachen dafür, daß der Organismus außer der L-Aminosäureoxydase noch ein anderes Enzym zum Abbau des Prolins besitzt. K. LANG sowie K. LANG und G. SCHMIDT beschrieben ein von ihnen Prolinoxydase genanntes Enzym, das sowohl L-Prolin als auch D-Prolin angreift. L-Prolin wird von der Prolinoxydase zum Halbaldehyd der Glutaminsäure oxydiert, D-Prolin dagegen zur α-Keto-δ-aminovaleriansäure. Der Befund, daß aus L-Prolin zunächst Glutaminsäurehalbaldehyd entsteht, macht die oben erwähnten älteren Angaben verständlich, daß Organschnitte L-Prolin in Glutaminsäure bzw. in die mit ihr im Gleichgewicht stehende α-Ketoglutarsäure überführen. Das wichtigste Enzym für den Abbau des Prolins in den Organen ist demnach nicht die L-Aminosäureoxydase, sondern die Prolinoxydase.

L-Prolin kann im Organismus auch in L-Ornithin übergehen. M. R. STETTEN und R. SCHOENHEIMER erhielten aus L-Prolin, das mit N^{15} und D markiert war, Arginin, das beide Isotopen in derselben Verteilung enthielt und das ohne Zweifel aus dem entsprechend markierten Prolin entstammte. Früher nahm man an, daß bei dem Übergang von L-Prolin in L-Ornithin α-Keto-δ-aminovaleriansäure Zwischenprodukt ist, so daß bei dieser Reaktionskette die L-Aminosäureoxydase beteiligt sein müßte. Umgekehrt kann der Organismus Ornithin in Prolin überführen. M. ROLOFF, S. RATNER und R. SCHOENHEIMER verfütterten deuteriertes Ornithin an Mäuse und isolierten aus den Körperproteinen der Tiere deuteriumhaltiges Prolin.

Außer Ornithin liefert L-Prolin noch L-Oxyprolin, und zwar in einer irreversiblen Reaktion, denn die Umwandlung von Oxyprolin in Prolin hat sich noch nie nachweisen lassen (M. R. STETTEN). Verfüttertes oder injiziertes Oxyprolin wird im Gegensatz zu den anderen Aminosäuren nicht in Eiweiß eingebaut (M. R. STETTEN).

H_2C—CH_2 / H_2C—N(H)—CH—COOH
L-Prolin

Prolinoxydase →
H_2C—CH_2 / O=C(H) H_2N—CH—COOH
Glutaminsäurehalbaldehyd
↓
H_2C—CH_2 / HOOC H_2N—CH—COOH
L-Glutaminsäure

L-Prolin ↓
HO—HC—CH_2 / H_2C—N(H)—CH—COOH
L-Oxyprolin

L-Aminosäure-oxydase →
H_2C—CH_2 / H_2C—NH_2 CO—COOH
α-Keto-δ-aminovaleriansäure
↓
H_2C—CH_2 / H_2N—H_2C H_2N—CH—COOH
L-Ornithin

Pyrrolidoncarbonsäure, die in vitro leicht aus Glutaminsäure erhalten wird, ist kein Intermediärprodukt des Prolinstoffwechsels. Pyrrolidoncarbonsäure wird vom tierischen Organismus praktisch nicht angegriffen. Sie kann aber offensichtlich in vivo entstehen. S. RATNER beobachtete, daß nach Verfütterung von D-Glutaminsäure ein beträchtlicher Prozentsatz (bis zu 70%) derselben im Harn in Form von D-Pyrrolidoncarbonsäure ausgeschieden wurde.

H_2C—CH_2 / HOOC H_2N—CH—COOH ⟶ H_2C—CH_2 / OC—N(H)—CH—COOH

D-Glutaminsäure → D-Pyrrolidoncarbonsäure

Später stellte dann M. R. STETTEN [2] Versuche mit Ornithin an, das entweder in der α- oder δ-Aminogruppe N^{15} enthielt, aus denen er den Schluß zog, daß bei der Umwandlung von Ornithin in Glutaminsäure bzw. Prolin zunächst die δ-Aminogruppe abgespalten wird und der Halbaldehyd der Glutaminsäure entsteht. Seine Auffassung der Reaktionskette zeigt das folgende Schema:

$$H_2N \vdots CH_2—CH_2—CH_2—CH(NH_2)—COOH$$

↓↑ Ornithin

$$\left[\begin{array}{ccc} \begin{array}{c} H_2C—CH_2 \\ | \quad\quad | \\ OHC \quad CH—COOH \\ H_2N \end{array} & \underset{+H_2O}{\overset{-H_2O}{\rightleftarrows}} & \begin{array}{c} H_2C—CH_2 \\ | \quad\quad | \\ HC \quad CH—COOH \\ \diagdown N \diagup \end{array} \end{array}\right]$$

Glutaminsäure-halbaldehyd — Pyrrolincarbonsäure

↓↑ — ↓↑

Glutaminsäure — Prolin

Nach dieser Formulierung wäre auch bei dem Übergang von Ornithin in Prolin und umgekehrt die Prolinoxydase und nicht die l-Aminosäureoxydase beteiligt.

8. D-Aminosäuren.

D-Aminosäuren sind als Stoffwechselprodukte von Mikroorganismen nachgewiesen worden (Tabelle 120). Manche D-Aminosäuren sind sogar Wuchsstoffe für Mikroorganismen. Im Streptococcus faecalis wurde eine Racemase nachgewiesen, welche L-Alanin in D-Alanin verwandelt. In den Proteinen des Menschen und der Tiere kommen anscheinend keine D-Aminosäuren vor.

Tabelle 120. *Vorkommen von D-Aminosäuren in Mikroorganismen.*

Aminosäure	Verbindung	Mikroorganismus
D-Alanin	Fumaryl-D,L-alanin	Penicillien
D-Valin	Gramicidin	B. brevis
D-Leucin	Gramicidin	B. brevis
D-Phenylalanin	Gramicidin, Tyrocidin	B. brevis
D-Glutaminsäure	Polyglutaminsäure	B. anthracis, B. subtilis, B. mesentericum

F. KÖGL und H. ERXLEBEN machten die Aufsehen erregende Mitteilung, daß bösartige Tumoren D-Aminosäuren, und zwar insbesondere D-Glutaminsäure enthalten, und knüpften daran eine viel diskutierte Theorie der Krebsentstehung. Obwohl die Befunde von KÖGL durch zahlreiche Nachuntersucher nicht bestätigt wurden, vertritt KÖGL auch heute noch seine alte Auffassung, daß sich Tumoreiweiß vom normalen Organeiweiß durch seinen Gehalt an D-Glutaminsäure unterscheide. W. KUHN nimmt auf Grund von thermodynamischen Überlegungen an, daß der Reinheitsgrad optisch aktiver Substanzen eines Organismus mit zunehmendem Lebensalter zwangsläufig abnehmen müsse.

Der tierische Organismus vermag D-Aminosäuren oxydativ zu desaminieren. Die D-Aminosäuren werden durch das gelbe Ferment D-Aminosäureoxydase in Ammoniak und die entsprechenden Ketosäuren verwandelt. Die D-Aminosäureoxydase greift außer Glykokoll, D-Lysin, D-Serin und D-Glutaminsäure alle D-Aminosäuren an. Die Resistenz des D-Lysins gegen die D-Aminosäureoxydase beruht auf der Anwesenheit der zweiten Aminogruppe im Molekül. Blockiert man diese durch Acetylierung oder Benzoylierung, so wird die D-Aminosäureoxydase wirksam. Die D-Aminosäureoxydase oxydiert auch die D-Iminosäuren (D-Prolin, D-Oxyprolin, D-Pyrrolincarbonsäure und D-Pipecolinsäure). N-alkylierte D-Aminosäuren werden zu Ketosäuren und Alkylaminen umgesetzt. Die D-Aminosäureoxydase wird durch Benzoesäure völlig gehemmt. Interessant ist ihre Hemmung durch Desoxycorticosteron.

Die biologische Bedeutung der Desaminierung der D-Aminosäuren besteht darin, daß durch die Umwandlung in die Ketosäure das asymmetrische C-Atom beseitigt wird. Die Desaminierung der D-Aminosäuren ist der erste Schritt ihrer Umwandlung in die natürlichen Aminosäuren der L-Reihe. Das Ausmaß dieser Umwandlung ist von mehreren Faktoren abhängig: der Reaktionsgeschwindigkeit der Desaminierung durch die D-Aminosäureoxydase, etwaigen anderen Umsetzungsmöglichkeiten für die entstandenen α-Ketosäuren und endlich von der Geschwindigkeit der Aminierung der Ketosäure zur L-Aminosäure.

Daß sich die Umwandlung einer D-Aminosäure in die entsprechende L-Aminosäure auf dem Weg über die Ketosäure vollzieht, wurde von S. RATNER, R. SCHOENHEIMER und D. RITTENBERG eindeutig auf folgendem Wege bewiesen. Sie verfütterten Ratten D-Leucin, das mit Deuterium und N^{15} markiert war. Das von ihnen danach aus den Proteinen der Tiere isolierte L-Leucin enthielt nur noch Deuterium, aber keinen N^{15}. Bei der Umwandlung der D-Aminosäure in die L-Aminosäure war also der schwere N gegen gewöhnlichen N ausgetauscht worden, was auf eine Desaminierung und anschließende Reaminierung zurückzuführen ist.

$$\begin{array}{ccccc} H_3C\diagdown\diagup CH_3 & & H_3C\diagdown\diagup CH_3 & & H_3C\diagdown\diagup CH_3 \\ CD & & CD & & CD \\ | & & | & & | \\ CHD & & CHD & & CHD \\ | & & | & & | \\ H_2N^{15}\text{—}C\text{—}H & \xrightarrow{-\,N^{15}H_3} & CO & \xrightarrow{+\,N^{14}H_3} & H\text{—}C\text{—}N^{14}H_2 \\ | & & | & & | \\ COOH & & COOH & & COOH \\ \text{D-Leucin} & & \alpha\text{-Ketoisocapronsäure} & & \text{L-Leucin} \end{array}$$

Der Organismus vermag aber keineswegs alle D-Aminosäuren in die entsprechenden L-Aminosäuren zu verwandeln. So wurde bei der Wiederholung des geschilderten Versuchs mit Deuterium und N^{15} tragendem D-Lysin an Stelle von D-Leucin aus den Organen nur Lysin isoliert, das weder Deuterium noch N^{15} enthielt. Dies beweist, daß keine Überführung des D-Lysins in L-Lysin stattgefunden hatte und der Organismus die C-Atomkette des D-Lysins nicht zum Aufbau von L-Lysin verwenden konnte. Weitere Beweise für die Unverwertbarkeit mancher D-Aminosäuren zum Aufbau von L-Aminosäuren erbrachten Fütterungsversuche unter Verwendung des Wachstumstestes. Im Falle der Überführbarkeit einer D-Aminosäure in die entsprechende L-Aminosäure muß die D-Form die L-Form im Futter ersetzen können. Das ist aber keineswegs bei allen Aminosäuren der Fall. Interessanterweise kommt den verschiedenen Species eine unterschiedliche Fähigkeit zur Verwertung der D-Aminosäuren zu (Tabelle 121).

D-Aminosäuren können im Organismus acetyliert werden. Mitunter ist die Acetylierung mit einer Inversion der D-Form in die L-Form verbunden. Näheres hierüber findet man S. 200.

Die Aktivität der D-Aminosäureoxydase in Leber und Niere ist beträchtlich. Leber und Nieren eines Menschen könnten je Stunde etwa 0,1 Mol D-Aminosäuren (z. B. 8 g D-Alanin) desaminieren. Trotz der hohen Fermentaktivität sind die

Tabelle 121. *Die Verwertbarkeit von* D-*Aminosäuren.*

Aminosäure	Mensch	Ratte	Maus	Kücken
Arginin	+[1]	?[1]		
Histidin	−[2]	+[3]	+[4]	
Isoleucin		−[5,6]	−[7]	−[9]
Leucin		+[8]		+[9]
Lysin	+[10]	−[11]	−[4]	−[25]
Methionin	+[12]	+[13]	+[7]	
Phenylalanin	±[12]	+[6]	+[7]	+[14]
Threonin	+[10]	+[15]	+[7]	+[26]
Tryptophan	−[16]	+[17]	+[7] −[18]	+[19]
Valin		−[6]	−[7]	−[9]
Cystin	+[20]	−[21,22]		
Tyrosin	−[23]	+[24]		

Umsetzungen nach Einverleibung von D-Aminosäuren bescheiden. Von der zugeführten Dosis werden zumeist erhebliche Prozentsätze, oft 50% und mehr, unverändert im Harn ausgeschieden (Tabelle 122).

Die einzelnen D-Aminosäuren verhalten sich jedoch verschieden. Die hohe Ausscheidung ist zum Teil darauf zurückzuführen, daß die Nierenschwelle für D-Aminosäuren etwas niederer gelegen ist als für L-Aminosäuren. Nach H. WAELSCH und H. K. MILLER verursacht die Verfütterung großer Dosen von D-Aminosäuren bei Ratten auch die Ausscheidung erheblicher Mengen der betreffenden Ketosäuren. Bei L-Aminosäuren ist dies auf wenige Fälle (Tyrosin und Lysin) beschränkt. Bei Mikroorganismen verbessert Pyridoxin die Verwertbarkeit von D-Aminosäuren. Einige Befunde sprechen dafür, daß Ähnliches auch für die Ratte gilt.

Die Möglichkeit, Eiweißhydrolysate oder biologisch minderwertige Proteine mit synthetischen D,L-Aminosäuren zu ergänzen, hat das Interesse auf die biologische Wirkung der D-Aminosäuren gelenkt. Die bisher vorliegenden Unter-

[1] ALBANESE, A. A., V. IRBY u. J. E. FRANKSTON: J. biol. Chem. **160**, 25 (1945).
[2] ALBANESE, A. A., V. IRBY u. J. E. FRANKSTON: J. biol. Chem. **160**, 441 (1945).
[3] COX, G. J., u. C. P. BERG: J. biol. Chem. **107**, 497 (1934).
[4] TOTTER, J. R., u. C. P. BERG: J. biol. Chem. **127**, 375 (1939).
[5] ALBANESE, A. A.: J. biol. Chem. **157**, 613 (1945).
[6] ROSE, W. C.: Science **86**, 298 (1937).
[7] BAUER, C. D., u. C. P. BERG: J. Nutrit. **26**, 51 (1943).
[8] RATNER, S., R. SCHOENHEIMER u. D. RITTENBERG: J. biol. Chem. **134**, 653 (1940).
[9] GRAU, C. R., u. D. W. PETERSON: J. Nutrit. **32**, 181 (1946).
[10] ALBANESE, A. A.: Advances in Protein Chemistry **3**, 227 (1947).
[11] BERG, C. P.: J. Nutrit. **12**, 671 (1936).
[12] ALBANESE, A. A.: Bull. Johns Hopkins Hospital **75**, 175 (1944). — J. biol. Chem. **170**, 731 (1947).
[13] JACKSON, R. W., u. R. J. BLOCK: J. biol. Chem. **122**, 425 (1938).
[14] GRAU, C. R.: J. biol. Chem. **170**, 661 (1947).
[15] WEST, H. D., u. H. E. CARTER: J. biol. Chem. **122**, 611 (1938).
[16] ALBANESE, A. A., u. J. E. FRANKSTON: J. biol. Chem. **155**, 101 (1944).
[17] BERG, C. P., u. M. POTGIETER: J. biol. Chem. **94**, 661 (1932).
[18] KOTAKE, Y., K. ICHIHARA u. H. NAKATA: Z. physiol. Chem. **243**, 353 (1936).
[19] WILKENING, M. C., u. B. S. SCHWEIGERT: J. biol. Chem. **171**, 209 (1947).
[20] ALBANESE, A. A.: J. biol. Chem. **158**, 101 (1945).
[21] LAWRIE, N. R.: Biochem. J. **26**, 435 (1932).
[22] VIGNEAUD, V. DU, R. DORFMAN u. H. S. LORING: J. biol. Chem. **98**, 577 (1932).
[23] ALBANESE, A. A., V. IRBY u. M. LEIN: J. biol. Chem. **166**, 513 (1946).
[24] BUBL, E. C., u. J. S. BUTTS: J. biol. Chem. **174**, 637 (1948).
[25] KRATZER, F. H.: J. Nutrit. **41**, 153 (1950).
[26] ALMQUIST, H. J., u. C. R. GRAU: J. Nutrit. **28**, 325 (1944).

Tabelle 122. *Ausscheidung zugeführter* D-*Aminosäuren im Harn.*
\+ große Ausscheidung beobachtet
— keine oder nur geringe Ausscheidung beobachtet.

Aminosäure	Mensch	Ratte	Kaninchen	Hund	Katze
D-Alanin	+[12]	+[12]	+[12]	+[12]	
D-Arginin	+[9]				
D-Asparaginsäure .			+[3]		
D-Cystin	—[8]				
D-Glutaminsäure .			+[3]		
D-Histidin	+[10]		+[5]		
D-Isoleucin				+[11]	
D-Leucin			+[1,3]	+[1]	
D-Lysin		+[6]			
D-Methionin . . .	—[7], +[13]				
D-Phenylalanin . .	+[7]				+[4]
D-Tryptophan . .	+[7]				
D-Tyrosin			+[3]		+[4]
D-Valin				+[11]	

suchungen weisen darauf hin, daß die D-Aminosäuren im großen und ganzen harmlose Substanzen sind. Erst wenn sie in sehr hohen Dosen verfüttert werden, lassen sich als Anzeichen schädlicher Wirkungen Wachstumshemmungen feststellen (K. A. J. WRETLIND). C. E. GRAHAM und Mitarbeiter stellten fest, daß die Beimischung von 5% D,L-Leucin, D,L-Tryptophan oder D,L-Asparaginsäure das Wachstum junger Ratten stärker hemmte als die Zugabe gleicher Mengen der entsprechenden L-Aminosäuren. Bei anderen Aminosäuren liegen jedoch die Verhältnisse gerade umgekehrt, bei ihnen ist die L-Form toxischer als die D-Form. Das bekannteste Beispiel hierfür ist das Methionin. 3,5% L-Methionin im Futter wirken deutlich wachstumshemmend, zur Erzielung desselben Effekts benötigt man aber 5,4% D-Methionin (K. A. J. WRETLIND). Bezüglich der Ursachen der schädlichen Wirkungen größerer Dosen L-Aminosäuren sei auf S. 184 verwiesen.

9. β-Aminosäuren.

Mit Ausnahme von β-Alanin sind die β-Aminosäuren im Tierkörper inert. Sie werden nach ihrer Verfütterung quantitativ im Harn ausgeschieden (K. LANG und F. ADICKES). Im Tierkörper findet man zwei β-Alanin enthaltende Peptide: Carnosin und Anserin. Carnosin ist ein Bestandteil der Muskulatur von Säugetieren und kommt in ihnen in einer Konzentration von wenigen Milligrammprozenten bis zu etwa 1% vor. Der Carnosingehalt der Muskeln ist sehr schwankend, und zwar nicht nur von Species zu Species, sondern sogar innerhalb ein und desselben Tieres in den verschiedenen Muskeln. Über die physiologische Bedeutung

[1] ABDERHALDEN, E., u. A. SCHITTENHELM: Z. physiol. Chem. **51**, 323 (1907).
[2] ABDERHALDEN, E., u. FRANK: Fermentforsch. **10**, 39 (1928).
[3] WOHLGEMUT, E.: Ber. dtsch. chem. Ges. **38**, 2064 (1905).
[4] DAKIN, H. D.: J. biol. Chem. **6**, 235 (1909); 8, 25 (1910).
[5] EDLBACHER, S., H. BAUR u. H. R. STÄHELIN: Z. physiol. Chem. **270**, 165 (1941).
[6] RATNER, S., N. WEISSMAN u. R. SCHOENHEIMER: J. biol. Chem. **147**, 549 (1943).
[7] ALBANESE, A. A., V. IRBY u. J. FRANKSTON: Bull. Johns Hopkins Hospital **75**, 175 (1944).
[8] ALBANESE, A. A.: J. biol. Chem. **158**, 101 (1945).
[9] ALBANESE, A. A., V. IRBY u. J. E. FRANKSTON: J. biol. Chem. **160**, 25 (1945).
[10] ALBANESE, A. A., V. IRBY u. J. E. FRANKSTON: J. biol. Chem. **160**, 441 (1945).
[11] SNYDER, F. H., u. R. C. COOLEY: J. biol. Chem. **122**, 491 (1938).
[12] ABDERHALDEN, E., u. E. TETZNER: Z. physiol. Chem. **232**, 79 (1935).
[13] CAMIEN, M. N., R. B. MALIN u. M. S. DUNN: Arch. Biochem. **30**, 62 (1951).

des Carnosins ist nichts bekannt. In der Muskulatur von Vögeln findet man an Stelle von Carnosin Anserin.

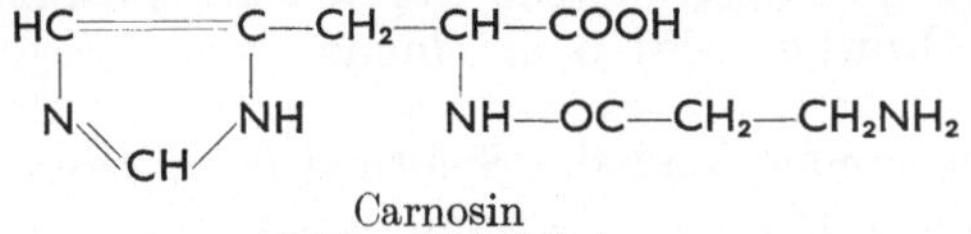

```
HC═════C—CH₂—CH—COOH
|      |      |
N      NH     NH—OC—CH₂—CH₂NH₂
 \\   /
   CH
```

Carnosin
(β-Alanylhistidin)

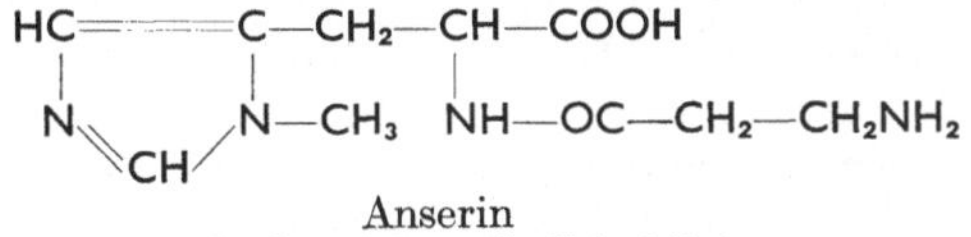

```
HC═════C—CH₂—CH—COOH
|      |      |
N      N—CH₃  NH—OC—CH₂—CH₂NH₂
 \\   /
   CH
```

Anserin
(β-Alanyl-1-methylhistidin)

Die inneren Organe enthalten ein Enzym Carnosinase, welches Carnosin in β-Alanin und l-Histidin spaltet (H. T. HANSON und E. L. SMITH). Es ist ein Metallproteid, welches durch Zn^{++} oder Mn^{++} aktiviert wird. Infolgedessen kann auch Carnosin Histidin in Fütterungsversuchen ersetzen.

Manche Mikroorganismen vermögen β-Alanin durch Decarboxylierung von Asparaginsäure zu bilden. Erstmalig wurde von D. ACKERMANN dieser Decarboxylierung in faulenden Organen nachgewiesen.

$$\underset{\text{Asparaginsäure}}{HOOC{-}CH(NH_2){-}CH_2{-}COOH} \rightarrow \underset{\beta\text{-Alanin}}{CH_2NH_2{-}CH_2{-}COOH} + CO_2$$

Ob der tierische Organismus β-Alanin auf dieselbe Weise herstellt, ist noch unbekannt. β-Alanin wird vom Tierkörper abgebaut, als Stoffwechselendprodukt entsteht Harnstoff. Carnosin kann in vivo zu Anserin methyliert werden. Methionin liefert die Methylgruppe.

β-Alanin besitzt für die menschliche Physiologie noch als Bestandteil der Pantothensäure Bedeutung.

10. Die Harnstoffbildung.

Bei dem Abbau der Aminosäuren entsteht Ammoniak, das wegen seiner Giftigkeit laufend beseitigt werden muß. Dies geschieht beim Menschen und den Säugetieren durch Bildung von Harnstoff, bei den Vögeln und Reptilien durch Bildung von Harnsäure. Die Harnstoffbildung erfolgt in der Leber. Das in den Zellen anfallende Ammoniak wird der Leber in Form von Glutamin zugeführt. Der Ammoniakgehalt des Blutes ist normalerweise praktisch gleich Null. Beim Stehen des Blutes erfolgt eine rasch verlaufende Ammoniakbildung durch die Desaminierung von Adeninnucleotiden.

Über den Mechanismus der Harnstoffbildung war man lange Zeit nur auf Vermutungen angewiesen. Der Zerlegung des Arginins in Ornithin und Harnstoff glaubte man zunächst keine größere Bedeutung beimessen zu können. Die Wichtigkeit dieses Prozesses für die Harnstoffbildung wurde erstmalig von H. A. KREBS und HENSELEIT richtig erkannt, die zeigten, daß die Harnstoffsynthese durch überlebende Leberschnitte aus Ammoniumsalzen durch die Zugabe von Ornithin und Citrullin erheblich beschleunigt wird. Ornithin wirkte hierbei wie ein Katalysator und wurde bei der Reaktion nicht verbraucht. KREBS und HENSELEIT schlossen aus ihren Versuchen, daß die Harnstoffbildung ein Kreisprozeß ist, der sich in die folgenden Teilreaktionen zerlegen läßt: 1. Anlagerung von Kohlendioxyd und Ammoniak an Ornithin unter der Entstehung von Citrullin, 2. Aufnahme eines weiteren Mol Ammoniak vom Citrullin, wodurch Arginin gebildet wird, 3. Spaltung des Arginins durch Arginase in Harnstoff und Ornithin. — Das Ornithin wird daher immer wieder regeneriert.

GORNALL und HUNTER bestimmten die Reaktionsgeschwindigkeiten der drei Teilreaktionen. Sie fanden, daß die Spaltung des Arginins durch die Arginase mit der größten, die Bildung von Arginin aus Citrullin mit der geringsten Geschwindigkeit verläuft. Bei dem Prozeß muß sich also Citrullin anhäufen, und zwar um so mehr, je größer die Menge des zugesetzten Ornithins ist. Dies erwies sich in der Tat als zutreffend. Mit der erstmaligen Isolierung von Citrullin bei der Harnstoffsynthese lieferten GORNALL und HUNTER einen wertvollen Beweis für die Richtigkeit der Anschauungen von KREBS und HENSELEIT, gegen die man bis dahin immer den schwerwiegenden Einwand vorbringen konnte, daß sie nur auf Indizien beruhten und das Kernstück der Beweisführung, die Isolierung des Zwischenproduktes, fehle.

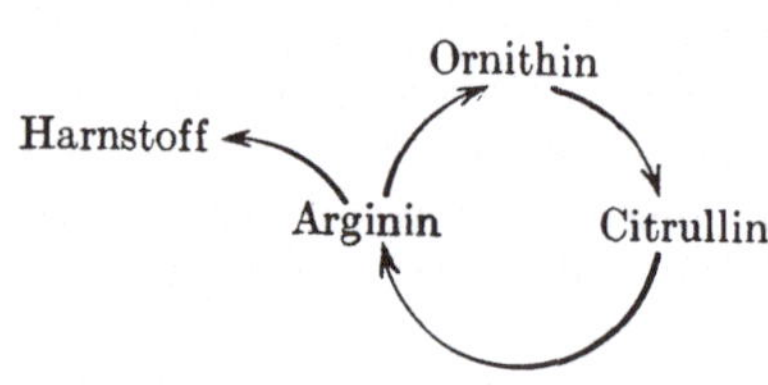

Weitere Beweise für die Existenz des Ornithincyclus erbrachten Versuche mit markierten Substanzen. Nach der Verfütterung von N^{15} enthaltendem Ammoniumcitrat ließ sich N^{15} im ausgeschiedenen Harnstoff und in der Guanidinogruppe des Arginins nachweisen (D. RITTENBERG, R. SCHOENHEIMER und A. KESTON). Deuteriertes Ornithin lieferte deuteriertes Arginin (CLUTTON, R. SCHOENHEIMER und D. RITTENBERG). Mit isotopem C markiertes Kohlendioxyd wurde in Ornithin eingebaut und Harnstoff mit isotopem C gebildet (P. P. COHEN und S. GRISOLIA).

Die Harnstoffsynthese ist ein endergonischer Prozeß. Sowohl die Bildung von Citrullin aus Ornithin als auch die Überführung des Citrullins in Arginin benötigen der Zufuhr von Energie. Beide Prozesse sind keine einfachen Reaktionen, sondern bestehen aus einer Reihe von Teilstufen.

Die Entstehung von Citrullin aus Ornithin verläuft in Leberhomogenaten oder aus ihnen dargestellten Enzympräparaten nur optimal, wenn man außer den Substraten Ornithin, Ammoniumionen und Bicarbonat noch Glutaminsäure und ATP zusetzt (H. BORSOOK und J. W. DUBNOFF, P. P. COHEN und M. HAYANO). F. LEUTHARDT hatte schon in älteren Untersuchungen gefunden, daß die Harnstoffbildung rascher und ergiebiger verläuft, wenn man als Ammoniakquelle nicht Ammoniumionen, sondern Glutamin zur Verfügung stellt. Weitere Arbeiten von F. LEUTHARDT und Mitarbeitern verdichteten den Verdacht, daß das Wesen der Citrullinbildung nicht in einer aufeinanderfolgenden Anlagerung von Ammoniak und CO_2 an Ornithin besteht, sondern daß eine vorgebildete Carbaminylgruppe in toto übertragen wird. P. P. COHEN und S. GRISOLIA überprüften eine Reihe von Verbindungen hinsichtlich ihrer Fähigkeit, eine Bildung von Citrullin durch Leberpräparate zu bewirken, und fanden einzig und allein Carbaminylglutaminsäure als wirksam. Es war daher naheliegend, die Citrullinsynthese als einen zweistufigen Prozeß aufzufassen:

$$\text{Glutaminsäure} + CO_2 + NH_3 \rightarrow \text{Carbaminylglutaminsäure},$$

$$\text{Carbaminylglutaminsäure} + \text{Ornithin} \rightarrow \text{Glutaminsäure} + \text{Citrullin}.$$

Eine nähere Analyse der Citrullinbildung durch S. GRISOLIA und P. P. COHEN ergab jedoch, daß das aus dem Versuchsmedium aufgenommene Kohlendioxyd und Ammoniak nur in dem entstandenen Citrullin, nicht aber in der Carbaminylglutaminsäure auftauchen, so daß eine direkte Transcarbamylierung von der

Carbaminylglutaminsäure auf Ornithin unmöglich stattfinden kann. Da aber in gereinigten Enzymsystemen die Fixierung von CO_2 und NH_3 bei der Citrullinbildung an die Gegenwart von Carbaminylglutaminsäure gebunden ist, und die Citrullinsynthese stark endergonisch ist und nur bei Anwesenheit von ATP abläuft, diskutieren GRISOLIA und COHEN die intermediäre Bildung eines energiereichen Carbaminylglutaminsäurederivats, das sich bei der Reaktion nicht stofflich, sondern nur energetisch beteiligt. Sie nehmen an, daß der Prozeß über die folgenden Zwischenstufen verläuft:

$$HOOC{-}CH_2{-}CH_2{-}\underset{\displaystyle NH{-}CO{-}NH_2}{\underset{|}{CH}}{-}COOH$$

Carbaminylglutaminsäure

$CO_2 + NH_3 +$ Glutaminsäure $\xrightarrow{ATP}$ Carbaminylglutaminsäure,
Carbaminylglutaminsäure + ATP → Carbaminylglutaminsäure ~ P + ADP,
Carbaminylglutaminsäure ~ P + $NH_3 + CO_2$ → Zwischenprodukt,
Zwischenprodukt + Ornithin → Carbaminylglutaminsäure + Citrullin,

Bilanz: $2\,CO_2 + 2\,NH_3$ + Glutaminsäure + Ornithin $\xrightarrow{ATP}$ Citrullin + Carbaminylglutaminsäure.

$$\begin{matrix} C^{14}O_2 \\ N^{15}H_3 \end{matrix} + \begin{matrix} CH_2{-}NH_2 \\ | \\ CH_2 \\ | \\ CH_2 \\ | \\ H{-}C{-}NH_2 \\ | \\ COOH \end{matrix} \xrightarrow[\text{Carbaminylglutaminsäure}]{Mg^{++},\ ATP} \begin{matrix} N^{15}H_2 \\ C^{14}{=}O \\ CH_2{-}NH \\ | \\ CH_2 \\ | \\ CH_2 \\ | \\ H{-}C{-}NH_2 \\ | \\ COOH \end{matrix}$$

L-Ornithin L-Citrullin

Der gesamte Enzymkomplex, der sich bei der Bildung von Citrullin beteiligt, ist in den Mitochondrien lokalisiert (F. LEUTHARDT, A. F. MÜLLER und H. NIELSEN). Die Citrullinbildung in der Leber ist im Biotinmangel vermindert (P. R. MCLEOD, S. GRISOLIA und H. A. LARDY, ferner G. FELDOTT und H. A. LARDY). Biotin ist also auch für diese mit einer CO_2-Fixierung einhergehende Reaktion unentbehrlich.

Auch die Überführung von Citrullin in Arginin ist keine einfache Reaktion, sondern besteht aus einer Reihe von Teilstufen. Sie verläuft nur in Gegenwart von Sauerstoff und ATP und ist an zwei Enzymsysteme geknüpft, von denen das eine an die Mitochondrien gebunden vorliegt, während sich das andere hat in Lösung bringen lassen. Das letztere hat die Aufgabe, laufend die verbrauchte ATP zu erneuern.

Arginin entsteht aus Citrullin durch eine Transiminierung (S. RATNER und A. PAPPAS). Donator der Iminogruppe ist Asparaginsäure, welche dabei zu Äpfelsäure desaminiert wird. Die Summenformel der Reaktion ist:

Citrullin + Asparaginsäure + ATP → Arginin + Äpfelsäure + ADP + H_3PO_4.

An Stelle der Asparaginsäure kann auch Glutaminsäure als Donator für die Iminogruppe dienen. A. F. MÜLLER und F. LEUTHARDT nehmen aber an, daß der eigentliche NH_2-Lieferant Asparaginsäure ist, und daß die Glutaminsäure nur deswegen in den älteren Versuchsanordnungen für wirksam befunden wurde, weil sie in den verwandten, wenig gereinigten Ansätzen sekundär via Citronensäurecyclus in Asparaginsäure übergeführt worden war. Der genaue Reaktionsmechanismus der zum Arginin führenden Transaminierung ist noch nicht aufgeklärt. Man nimmt an, daß sich Citrullin und Asparaginsäure zunächst zu einem Zwischenprodukt vereinigen, das dann hydrolytisch aufgespalten wird.

```
    //NH          COOH               //NH  COOH                //NH             COOH
   C—OH + H₂N—C—H        →     C—NH—C—H         →     C—NH₂ + HO—C—H
CH₂—NH            CH₂         CH₂—NH   CH₂            CH₂—NH            CH₂
 |                 |           |        |              |                 |
CH₂               COOH        CH₂      COOH           CH₂               COOH
 |                             |                       |
CH₂                           CH₂                     CH₂
 |                             |                       |
H—C—NH₂                     H—C—NH₂                 H—C—NH₂
 |                             |                       |
COOH                          COOH                    COOH
L-Citrullin + L-Asparaginsäure   Zwischenprodukt      L-Arginin        Äpfelsäure
```

Der letzte Schritt der Harnstoffbildung, die Spaltung des Arginins durch Arginase zu Ornithin und Harnstoff (S. 226), bietet dem Verständnis keine Schwierigkeiten.

Einen guten Beweis für die Richtigkeit der Auffassung über das Wesen der Harnstoffbildung bilden neuere Versuche von C. W. H. HIERS und D. RITTENBERG. Inkubiert man Leberschnitte mit L-Ornithin, das in der α- oder δ-Aminogruppe N^{15} enthält, so ist der entstandene Harnstoff frei von N^{15}. Läßt man aber die Leberschnitte auf Citrullin mit N^{15} in der Carbaminylgruppe einwirken, so erhält man N^{15}-Harnstoff.

Tabelle 123. *Maximale Harnstoffsynthese beim Hund aus den einzelnen Aminosäuren* (H. KAMIN und P. HANDLER).

Aminosäure	Zahl der Hunde	Harnstoffbildung mg N/kg/min
L-Cystein	2	0,05
L-Methionin	2	0,05
L-Glutaminsäure	11	0,11
L-Asparaginsäure	5	0,11
L-Alanin	2	0,20
L-Lysin	2	0,20
L-Leucin	2	0,24
L-Tyrosin	2	0,35
D,L-Leucin	2	0,39
L-Histidin	2	0,65
Glykokoll	14	0,80
L-Asparagin	3	0,80
D,L-Alanin	2	1,1
Casein-Hydrolysat	13	1,8
L-Arginin	10	1,9
L-Glutamin	2	2,6
L-Glutamin + Caseinhydrolysat	2	2,5
L-Arginin + Caseinhydrolysat	3	3,5

Bekanntlich besteht zwischen Harnstoff und Ammoniumcyanat in wäßriger Lösung ein Gleichgewicht, das sich mit zunehmender Temperatur immer mehr zu Gunsten von Ammoniumcyanat verschiebt. In der neueren Zeit wurden kleinere Mengen Cyanat im tierischen Organismus aufgefunden (F. SCHÜTZ). Gehirn enthält 30 γ-%, Muskulatur 5—10 γ-%, Blut ist frei von Cyanat. Es ist noch unbekannt, ob das Cyanat durch einen enzymatischen Prozeß entsteht. Cyanat ist ein starkes Zellgift und hemmt die Zellatmung. Ob dem Cyanat eine physiologische Bedeutung zukommt, SCHÜTZ denkt an eine Beteiligung bei der Regulation des Wasserstoffwechsels, läßt sich heute nicht entscheiden.

Die Magenschleimhaut enthält Urease. Man nimmt an, daß das Enzym der Magenschleimhaut einen Schutz gegen die Salzsäure durch Neutralisierung derselben verleiht. Die gesamte Urease eines Katzenmagens vermag bei Zimmertemperatur 66 mg Ammoniak-N je Stunde zu bilden. Ob noch andere Organe

Urease enthalten, ist umstritten. K. BLOCK hat unter Verwendung von N^{15} enthaltendem Harnstoff nachgewiesen, daß eine meßbare Zerlegung von Harnstoff im tierischen Organismus nicht vorkommt, und daß die Annahme, der Harnstoff-N beteilige sich an Transaminierungen, unzutreffend ist.

Im intakten Organismus hängt der Umfang der Harnstoffbildung außer von dem Funktionieren des Ornithincyclus noch von anderen Faktoren, wie z. B. der Desaminierungsgeschwindigkeit der Aminosäuren und der Permeabilität der Zellen für die Aminosäuren ab. Untersuchungen über die maximalen Geschwindigkeiten der Harnstoffbildung aus den einzelnen Aminosäuren liegen von H. KAMIN und P. HANDLER vor, welche Hunden Aminosäuren mit konstanter Geschwindigkeit von 0,5—4,0 mg Amino-N je Minute und Kilogramm Körpergewicht infundierten (Tabelle 123). Besonders auffallend ist der große Unterschied im Verhalten von L-Alanin und D,L-Alanin. Aus dem Racemat wird in wesentlich größerem Umfange Harnstoff gebildet als aus der natürlichen Aminosäure. Bei einer normalen Ernährung werden rund 80% des aufgenommenen N in Form von Harnstoff ausgeschieden. Unter den Bedingungen des absoluten N-Minimums sinkt der Prozentsatz auf unter 50% ab.

VIII. Fette und Lipoide.

1. Der Fettstoffwechsel.

Allgemeines.

Über den Mechanismus der Fettresorption bestehen noch heute unterschiedliche Auffassungen. Alte klinische Beobachtungen hatten vermuten lassen, daß die Galle für die Resorption der Fettsäuren von Bedeutung ist. E. PFLÜGER hatte gezeigt, daß man in 100 g Galle 19 g Fettsäuren lösen kann. H. WIELAND und E. SORGE fanden, daß die Desoxycholsäure mit den Fettsäuren stabile Additionsverbindungen, die „Choleinsäuren" liefert, die wasserlöslich sind. Ein Mol einer höheren Fettsäure benötigt 8 Mole Desoxycholsäure zur Bildung einer Choleinsäure. Dieser Befund ließ vermuten, daß die Fettsäuren in Form der Choleinsäuren resorbiert werden. Später teilten VERZÁR und Mitarbeiter mit, daß Fettsäuren auch mit den gepaarten Gallensäuren (Glykocholsäure, Taurocholsäure) Komplexe liefern, die bis etwa p_H 6,2 beständig sind und leicht durch Membranen diffundieren sollen. Ein Mol einer höheren Fettsäure benötigt nach VERZÁR 3 Mole Glykocholsäure. Auch bei diesem bezüglich Gallensäuren günstigeren Verhältnis Fettsäure : Gallensäure als bei den Choleinsäuren wären zur Resorption von 50 g Fett immerhin noch 240 g Glykocholsäure notwendig, also um etwa eine Zehnerpotenz mehr, als die tägliche Gallensäureresekretion beträgt. Außerdem bewies F. L. BREUSCH, daß die Angaben von VERZÁR in manchen Punkten revisionsbedürftig sind, insofern nämlich gesättigte Fettsäuren mit mehr als 16 C-Atomen auch in Gegenwart von Gallensäuren nicht durch tierische Membranen diffundieren können. Dagegen ließ sich feststellen, daß ungesättigte Fettsäuren leichter durch Membranen hindurchtreten. Damit wurde zur Diskussion gestellt, ob die Dehydrierung der Fettsäuren nicht ein wichtiger Faktor für die Fettresorption ist. In der Tat enthält auch die Darmschleimhaut das Fettsäuredehydrasesystem. Menschen und Tiere mit Gallefisteln weisen auch bei längerem Bestehen der Fisteln noch eine relativ gute Fettresorption auf. Es ist daher fraglich, ob die Gallensäuren in der Tat die große Bedeutung für die Fettresorption haben, die man ihnen immer zugeschrieben hat. Vielleicht erstreckt sich ihre Wirkung im wesentlichen auf ihre emulgierende Eigenschaft.

F. VERZÁR und L. LASZT brachten Ölsäure, Taurocholat sowie wechselnde Zusätze von Glycerin und Phosphat in abgebundene Darmschlingen und stellten fest, daß die Resorption der Fettsäure dann am besten war, wenn sie gleichzeitig Phosphat und Glycerin zugegeben hatten. Sie teilten weiterhin mit, daß die Fettsäureresorption durch Gifte, wie Phlorrhizin und Jodacetat, welche Störungen der Phosphorylierung bewirken, gehemmt werde. VERZÁR und LASZT nahmen daher an, daß Phosphorylierungen bei der Resorption der Fettsäuren beteiligt sind. Die Fettsäuren sollen in den Schleimhautepithelzellen in Phosphatide verwandelt werden. Hierdurch würden die Fettsäuren laufend beseitigt, so daß ein Konzentrationsgefälle Darm-Zellen aufrechterhalten werde. Das Phosphatid werde dann wieder zerlegt und aus den frei gewordenen Fettsäuren sollen Glyceride gebildet werden. Denn es ist eindeutig erwiesen, daß in den Lymphgefäßen im wesentlichen nur Neutralfette zu finden sind. Versuche mit P^{32}, die von verschiedenen Autoren durchgeführt wurden, haben in der Tat auch ergeben, daß in der Darmwand eine lebhafte Phosphatidbildung nachzuweisen ist (I. L. CHAIKOFF und D. B. ZILVERSMIT). Es ergab sich weiterhin, daß die Neubildung von Phosphatid in der Darmschleimhaut durch die Verfütterung von Fett beschleunigt wird (C. ARTOM, G. SARZANA und E. SEGRÉ, K. SCHMIDT-NIELSEN). Die Gesamtphosphatidmenge der Darmschleimhaut nimmt dabei aber nicht zu. Das neu entstehende Phosphatid muß demnach an Ort und Stelle sofort wieder abgebaut werden. Die erwähnten Befunde stützen die Annahme von VERZÁR, daß eine Phosphatidbildung in den Prozeß der Fettresorption eingeschaltet ist.

SCHMIDT-NIELSEN vermißte jedoch jeden Einfluß des Phlorrhizins auf die Phosphatidbildung in der Darmschleimhaut. P. FAVARGER verfütterte Elaidinsäure und bestimmte dann den Gehalt der Phosphatide an Elaidinsäure im Darmlumen und in den Darmepithelzellen. Seine Befunde weisen darauf hin, daß die Fettsäuren schon im Darmlumen in Phosphatide eingebaut werden und in dieser Form in die Darmschleimhautzellen eindringen. C. ARTOM und M. A. SWANSON hatten zudem schon gezeigt, daß Phosphatide ohne vorhergehende Aufspaltung die Darmepithelzellen durchwandern können. Bei der Verfütterung von Fettsäuren mit konjugierten Doppelbindungen konnte kein nennenswerter Einbau dieser Fettsäuren in die Phosphatide der Darmwand festgestellt werden (R. BARNES, H. ELMER, S. MILLER und G. O. BURR). Wie man sieht, ist das Problem der Bedeutung der Phosphatidbildung für die Fettresorption noch zu sehr im Fluß, um eine endgültige Stellungnahme zu erlauben.

Vielleicht sind Veresterungen der Fettsäuren mit Cholesterin beim Transport durch die Darmwand beteiligt. G. SCHRAMM und A. WOLFF haben nachgewiesen, daß die Cholesterinesterase des Pankreas vorwiegend im Sinne einer Veresterung wirkt, während die Esterase der Leber unter denselben Bedingungen im wesentlichen die Spaltung katalysiert. Außerdem konnte P. FAVARGER zeigen, daß im Darm ein großer Teil des Neutralfetts vor der Resorption zu Cholesterinestern umgeestert wird. H. KIRCHMAIR fand in Versuchen über die Resorption von jodierten Fettsäuren, daß die gleichzeitige Verabreichung einer Cholesterinemulsion zu einer vermehrten Jodausscheidung im Harn Anlaß gab, ein Befund, der gleichfalls für eine Beteiligung des Cholesterins bei der Resorption der Fettsäuren spricht.

Die resorbierten Fettsäuren werden auf dem Lymphweg transportiert. Die alten, an Patienten mit einer Lymphfistel erhobenen Befunde wurden in der neueren Zeit im Tierversuch unter Verwendung von markierten Fettsäuren bestätigt (B. BLOOM, I. L. CHAIKOFF, W. O. REINHARDT, C. ENTENMAN und W. G. DAUBEN; I. L. CHAIKOFF, B. BLOOM, B. P. STEVENS, W. O. REINHARDT und W. G. DAUBEN). Die mit C^{14} markierten Fettsäuren, die in den Verdauungstrakt eingeführt werden, erscheinen praktisch quantitativ in der Lymphe, und zwar gleichgültig, ob sie in Form freier Fettsäuren oder in Form von Estern oder Glyceriden verfüttert worden waren. Die Versuche waren experimentell schwierig durchzuführen, weil eine Narkose die Fettsäureresorption stark beeinträchtigt. In der Lymphe sind die Fettsäuren nur als Glyceride und nicht als Phosphatide enthalten. Nach B. Borgström werden nach Einverleibung von C^{14} enthaltenden Fettsäuren bei Ratten und Katzen 3% in der Lymphe in Form von Phosphatiden abtransportiert, so daß bei diesen Tieren — im Gegensatz zu allen anderen untersuchten — die Blutphosphatide zum Teil der Darmwand entstammen.

Der Weg, den die Fettsäuren bei der Resorption einschlagen, hängt von der C-Atomzahl ab. Während die höheren Fettsäuren praktisch quantitativ in der Lymphe erscheinen, werden die Fettsäuren mit einer mittleren oder kleinen

Tabelle 124. *Abhängigkeit des Resorptionsweges von Fettsäuren von der Kettenlänge* (B. Bloom, I. L. Chaikoff und W. O. Reinhardt).

Unnarkotisierte Ratten mit Kanülen in den Lymphgefäßen. Verabreichung der markierten Fettsäuren in Öl gelöst mit der Magensonde.

Fettsäure	% der verabreichten Dosis in der Lymphe
Stearinsäure	84—95
Myristinsäure	80—91
Laurinsäure	15—55
Decansäure	7—19

C-Atomzahl durch die Pfortader der Leber zugeführt. B. Bloom, I. L. Chaikoff und W. O. Reinhardt, welche diese Befunde unter Verwendung von markierten Fettsäuren (C^{14} als Carboxyl-C) erhalten hatten, nehmen an, daß dieses unterschiedliche Verhalten dadurch bedingt sei, daß die Zellen der Darmschleimhaut die langgliedrigen Fettsäuren leichter in ihre Lipide einbauen als die kurzgliedrigen.

A. C. Frazer nimmt an, daß Fette auch ohne vorherige Aufspaltung resorbiert werden. Im Darm entstehen nach Frazer im wesentlichen keine freien Fettsäuren, sondern Gemische von Triglyceriden, Diglyceriden und Monoglyceriden. Nur die Triglyceride der niederen Fettsäuren (z. B. Tributyrin) werden im Darm quantitativ verseift. P. Desnuelle, M. Naudet und J. Rouzier stellten in Versuchen in vitro gleichfalls fest, daß Fett in Abwesenheit von Calcium durch Pankreaslipase nur unvollständig aufgespalten wird, wobei neben viel unverändertem Triglycerid und wenig Monoglycerid hauptsächlich Diglyceride entstehen. In Gegenwart von Calciumsalzen führt die enzymatische Fetthydrolyse vorwiegend zu Monoglyceriden. Auch die Untersuchungen von P. Favarger und seinen Mitarbeitern beweisen, daß die Aufspaltung der Fette im Darm nur unvollständig und keine conditio sine qua non für die Fettresorption ist. Eine weitere Bestätigung erbrachten Untersuchungen von R. Reiser, M. J. Bryson, M. J. Carr und K. A. Kuiken, welche die Resorption von Fetten aus Fettsäuren mit konjugierten Doppelbindungen und C^{14}-Glycerin studierten. Es zeigte sich, daß nur 25—45% der Triglyceride im Darm vollständig gespalten wurden, während der Rest Monoglyceride lieferte. Das im Darm durch die Lipasen abgespaltene Glycerin wurde nicht zur Resynthese von Neutralfett in der Darmschleimhaut verwendet, sondern oxydiert. Von den in der Lymphe enthaltenen Phosphatiden stammte die eine Hälfte aus den im Darm abgespaltenen Fettsäuren und endogen entstandenem Glycerin, die andere Hälfte aus ungespalten resorbierten Glyceriden.

Frazer stellte nun die Hypothese auf, daß das Fett den Darmepithelzellen zur Resorption in zweierlei Form angeboten wird: 1. als wasserlösliche Fettsäureverbindungen (Choleinsäuren) und 2. als feinst emulgierte Glyceride mit einem Teilchendurchmesser, der unter 0,5 μ gelegen ist. Eine solch feine Emulsion erhält man nach Frazer nur durch eine Kombination der Triglyceride mit Monoglyceriden in Gegenwart von Gallensäuren. Diese feinsten Emulsionen sollen gut resorbierbar sein. Nach Frazer schlagen nun die Fettsäuren und die ungespaltenen Glyceride bei der Resorption verschiedene Wege ein. Das ungespaltene Neutralfett gelangt in die Lymphgefäße und wird durch den Ductus thoracicus dem allgemeinen Kreislauf zugeführt. Dagegen sollen die freien Fettsäuren durch die Pfortader der Leber zugeführt werden. Wie schon oben erwähnt, ist dieser Teil der Hypothese von Frazer („Partition Hypothesis") durch die Versuche mit markierten Fettsäuren endgültig widerlegt worden. Auch die Behauptung von Frazer, daß selbst Kohlenwasserstoffe resorbierbar seien, wenn sie nur in feinster Emugierung angeboten werden, hat sich in Nachuntersuchungen nicht bestätigt. Eine Resorption feinst verteilter und emulgierter Kohlenwasserstoffe findet in keinem nennenswerten Umfange statt. Von den Angaben von Frazer hat also nur die eine, daß Triglyceride im Darm nur unvollständig aufgespalten werden, einer Kritik standgehalten.

Das im Kot ausgeschiedene Fett ist normalerweise zum größten Teil kein der Resorption entgangenes Fett, sondern wird von den Darmepithelzellen in den Darm sezerniert. Diese auf Grund der Bestimmung der Kennzahlen lange bekannte Tatsache wurde in der neueren Zeit unter Verwendung der Isotopentechnik (Versuche mit deuterierten Fetten) bestätigt.

Das resorbierte oder in den Organen durch eine Biosynthese entstandene Fett wird zum Teil abgebaut, zum Teil als Depotfett abgelagert. Ein vermehrter Fetttransport im Organismus gibt sich durch eine Hyperlipämie zu erkennen. Denn der Fettgehalt des Blutes ist die Resultante zwischen Fettzustrom und Fettabfluß. Der Gehalt des Blutes an Fetten und Lipoiden beträgt beim gesunden Menschen etwa 0,5—0,7%, wovon rund die Hälfte auf Neutralfette entfällt.

Beim gesunden, erwachsenen, sich in einem Stoffwechselgleichgewicht befindenden Organismus pflegt der Fettbestand ziemlich konstant zu sein. Dies beruht nicht darauf, daß die Depotfette stoffwechselträge sind, sondern auf einem gut einregulierten Gleichgewicht zwischen Ablagerung, Mobilisierung und Abbau der Fette. Dieses Gleichgewicht wird hormonal gesteuert. Im Hypophysenvorderlappen ist ein Faktor enthalten, welcher die Mobilisierung des Depotfetts kontrolliert. Dieses „Adipokinin" ist mit keinem der bisher aus dem Hypophysenvorderlappen kristallisiert gewonnenen Hormone identisch (R. W. Payne). Das durch die Wirkung von Adipokinin mobilisierte Depotfett wird zum Teil oxydiert, zum Teil aber auch in der Leber und in der Niere abgelagert, und zwar in der Peripherie der Leberläppchen im Gegensatz zu der Fettablagerung im Cholinmangel, bei dem das Fett im Zentrum der Leberläppchen angetroffen wird. Nach G. Clément verhindert die Exstirpation der Nebennieren die Fettmobilisierung durch Adipokinin. Clément sieht in dem Adrenalin den eigentlich wirksamen Faktor, welcher die Fettzellen veranlaßt, Fett abzugeben.

Auch der Umfang der Fettsäuresynthese im Organismus steht unter hormonaler Kontrolle. Die Hypophyse hemmt auf einem noch unbekannten Wege die Fettsäuresynthese, während das Pankreas sie fördert. In der Tabelle 125 sind einige neuere diesbezügliche Befunde aufgeführt. Im gesunden Organismus sind die Wirkungen von Hypophyse und Pankreas gegeneinander ausbalanciert. Die Biosynthese des Cholesterins wird durch den Ausfall des Pankreas nicht beeinträchtigt. Die Injektion von kristallisiertem Wachstumshormon führt zu einer

Tabelle 125. *Beeinflussung der Fettsäuresynthese aus Acetat durch die Hypophyse und durch Insulin* (R. O. BRADY, F. D. W. LUKENS und S. GURIN).

Leberschnitte von Katzen wurden mit C^{14}-Acetat inkubiert. Dann wurden die langkettigen Fettsäuren isoliert und ihr Gehalt an C^{14} bestimmt.

Vorbehandlung der Tiere	% der C^{14}-Dosis in den höheren Fettsäuren
Normal gefüttert	5,4
Nach 48stündigem Hunger	5,4
Pankreaslose Tiere nach 48stündigem Hunger	0,5
Normaltiere mit Insulin behandelt	8,8
Mit Insulin behandelte Tiere nach 48stündigem Hunger	8,2
Pankreaslose Tiere mit Insulin behandelt nach 48stündigem Hunger	0,5
Tiere ohne Hypophyse und Pankreas	6,5
Hypophysenlose und pankreaslose Tiere mit Insulin behandelt	10,6

erheblichen Hemmung der Fettsäuresynthese. Verabreichung von Cortison hat denselben Effekt.

In Leberschnitten alloxandiabetischer Ratten ist die Verwertung von Brenztraubensäure (CH_3—$C^{14}O$—$COOH$) zur Biosynthese von Fettsäuren vermindert und die Oxydation der Substanz vermehrt. Insulin verringert die Oxydation und steigert die Fettsynthese, bewirkt also eine Verlagerung der Oxydation zu Gunsten der Synthese (M. J. OSBORN, I. L. CHAIKOFF und J. M. FELTS). Dasselbe gilt auch für die Oxydation von Acetat bzw. dessen Verwertung zur Fettsynthese (J. M. FELTS, I. L. CHAIKOFF und M. J. OSBORN).

Gesunde Ratten verwandeln etwa 30—40% der aufgenommenen Kohlenhydrate in Fett.

Die Hypophyse greift anscheinend nicht in die Regulation des Fettsäureabbaus ein. R. P. GEYER, J. H. CHAW und R. O. GREEP injizierten normalen und hypophysenlosen Ratten Trilaurin oder Caprylsäure, die mit C^{14} markiert waren. Die Ausatmung von $C^{14}O_2$ war bei beiden Versuchsgruppen gleich. Nur wenn die Hypophysektomie schon lange Zeit zurücklag, wurde eine Verminderung des Fettsäureumsatzes festgestellt.

Der Umfang der Fettsäuresynthese in der Leber ist beträchtlich. Die durchschnittliche Lebensdauer eines Fettsäuremoleküls beträgt in der Leber von Ratten und Mäusen etwa einen Tag. Die ungesättigten Fettsäuren werden langsamer gebildet als die gesättigten. Neuerdings haben G. HEVESY, R. RUYSSEN und M. L. BEECKMANS in der Leber eine Fettsäurefraktion nachgewiesen, welche sehr viel rascher umgesetzt wird als die übrigen Fettsäuren. In der Muskulatur und im Gehirn wurde diese Fraktion nicht aufgefunden. Die Fettsäuren werden aus der Leber in Form von Phosphatiden an das Blut abgegeben (S. 292). Daher führt der Mangel an Cholin zu einer hochgradigen Verfettung der Leber, bei der das abgelagerte Fett praktisch nur aus Neutralfett besteht.

Fettsäuren mit einer mittleren C-Atomzahl nehmen im Tierkörper eine Sonderstellung ein. Sie werden weder in das Depotfett noch in die Phosphatide eingebaut (M. LEVY). Im Gegensatz zu diesen Angaben fanden B. P. STEVENS und I. L. CHAIKOFF in Versuchen mit C^{14}-Laurinsäure und C^{14}-Myristinsäure, daß Fettsäuren einer mittleren C-Atomzahl zur Synthese von Phosphatiden Verwendung finden. Ein großer Teil dieser Fettsäuren wurde durch eine Verlängerung der C-Atomkette in Palmitinsäure und Stearinsäure übergeführt. Im Organismus findet man sie vor allem in den Ausscheidungen der Haut (Haarfett, Schweiß). Da sie eine stark antimykotische Wirkung entfalten, nimmt man an, ihre physiologische Aufgabe bestehe darin, der Haut einen Schutz vor Pilzinfektionen zu gewähren.

2. Die β-Oxydation der Fettsäuren.

Der gesunde Organismus oxydiert die Fettsäuren zu CO_2 und H_2O, ohne daß irgendwelche faßbaren Zwischenprodukte angehäuft werden. Um einen Einblick in den Mechanismus der Fettsäureoxydation zu erhalten, verfütterte F. KNOOP [1] phenylierte Fettsäuren aus der Erwägung heraus, daß der im Organismus schwer verbrennliche Phenylrest die vollkommene Oxydation der Säuren verhindere, wodurch Zwischenprodukte des Stoffwechsels nachweisbar werden könnten. Diese Überlegung erwies sich als richtig. Aus dem Harn der Versuchstiere ließen sich in der Tat Umwandlungsprodukte der verfütterten Fettsäuren isolieren. Dabei ergab sich die Gesetzmäßigkeit, daß alle fettaromatischen Säuren mit einer ungeraden Kohlenstoffatomzahl der Seitenkette zur Ausscheidung von Benzoesäure Anlaß gaben, während alle geradzahligen Seitenketten Phenylessigsäure lieferten (Tabelle 126). KNOOP folgerte hieraus, daß die Fettsäuren durch β-Oxydation, das heißt durch eine Verkürzung der Kohlenstoffatomkette um jeweils

Tabelle 126. *Die Versuche von* KNOOP *über den Abbau phenylierter Fettsäuren.*

Verfütterte Säure	Aus dem Harn isolierte Säure
$C_6H_5—COOH$	$C_6H_5—COOH$
$C_6H_5—CH_2—COOH$	$C_6H_5—CH_2—COOH$
$C_6H_5—CH_2—CH_2—COOH$	$C_6H_5—COOH$
$C_6H_5—CH_2—CH_2—CH_2—COOH$	$C_6H_5—CH_2—COOH$
$C_6H_5—CH_2—CH_2—CH_2—CH_2—COOH$	$C_6H_5—COOH$

zwei C-Atome abgebaut werden. Eine Unterstützung dieser Auffassung erblickte KNOOP in dem Umstand, daß in der Natur praktisch nur Fettsäuren mit einer geraden C-Atomzahl vorkommen, und daß beim Diabetes mellitus infolge einer Störung des Abbaus der Fettsäuren Acetessigsäure und β-Oxybuttersäure im Harn ausgeschieden werden.

Die Richtigkeit der Vermutung von KNOOP, daß sich der Abbau der Fettsäuren durch β-Oxydation vollziehe, wurde von allen Nachuntersuchern in den verschiedensten Versuchsanordnungen immer wieder bestätigt. Aus der Fülle des vorliegenden Materials seien nur einige Beispiele angeführt. G. EMBDEN und Mitarbeiter durchströmten isolierte Lebern unter Zusatz verschiedener Fettsäuren zur Durchströmungsflüssigkeit. Es zeigte sich, daß alle Fettsäuren mit einer geraden C-Atomzahl Anlaß zu einer reichlichen Bildung von Acetessigsäure gaben, dagegen die ungeradzahligen nicht (Tabelle 127). Erwähnenswert sind

Tabelle 127. *Bildung von Acetessigsäure bei der Leberdurchströmung* (G. EMBDEN).

Zugesetzte Säure	Bildung von Acetessigsäure	Zugesetzte Säure	Bildung von Acetessigsäure
$C_4H_8O_2$ Buttersäure . . .	+	$C_9H_{18}O_2$ Nonansäure . . .	—
$C_5H_{10}O_2$ Valeriansäure . . .	—	$C_{10}H_{20}O_2$ Caprinsäure . . .	+
$C_6H_{12}O_2$ Capronsäure . . .	+	$C_{11}H_{22}O_2$ Undecansäure . .	—
$C_7H_{14}O_2$ Heptansäure . . .	—	$C_{12}H_{24}O_2$ Laurinsäure . . .	+
$C_8H_{16}O_2$ Caprylsäure . . .	+		

auch die Versuche von K. THOMAS und B. FLASCHENTRÄGER, welche Benzolsulfomethylamino-Derivate von Fettsäuren verfütterten. Hierbei verwandten sie langgliedrigere Fettsäuren als KNOOP, so daß der Einwand entkräftet wurde, daß in den Versuchen von KNOOP die Nähe des schwerverbrennlichen Phenylrestes zur Carboxylgruppe das Ergebnis habe modifizieren können.

Tabelle 128. *Abbau von Benzolsulfomethylamino-fettsäuren im Organismus* (K. THOMAS und B. FLASCHENTRÄGER).

Verfütterte Säure	Aus dem Harn isolierte Säure
$C_6H_5—SO_2—N(CH_3)—(CH_2)_3—COOH$	$C_6H_5—SO_2—N(CH_3)—(CH_2)_3—COOH$
$C_6H_5—SO_2—N(CH_3)—(CH_2)_4—COOH$	$C_6H_5—SO_2—N(CH_3)—(CH_2)_2—COOH$
$C_6H_5—SO_2—N(CH_3)—(CH_2)_5—COOH$	$C_6H_5—SO_2—N(CH_3)—(CH_2)_3—COOH$
$C_6H_5—SO_2—N(CH_3)—(CH_2)_6—COOH$	$C_6H_5—SO_2—N(CH_3)—(CH_2)_2—COOH$
$C_6H_5—SO_2—N(CH_3)—(CH_2)_{10}—COOH$	$C_6H_5—SO_2—N(CH_3)—(CH_2)_2—COOH$

Der Abbau der Fettsäuren durch β-Oxydation wurde auch mit Hilfe der Isotopentechnik bewiesen. R. SCHOENHEIMER und D. RITTENBERG [*1*] fütterten Mäuse mit deuterierter Stearinsäure und isolierten aus dem Depotfett der Tiere Deuterium enthaltende Palmitinsäure. K. BERNHARD und E. VISCHER gaben Ratten mit Deuterium markierte Behensäure ($C_{22}H_{44}O_2$) und wiesen dann im Körperfett Deuterium enthaltende Stearinsäure ($C_{18}H_{36}O_2$), Palmitinsäure ($C_{16}H_{32}O_2$) und Myristinsäure ($C_{14}H_{28}O_2$) nach.

Nach der klassischen Formulierung der β-Oxydation wird die Kohlenstoffatomkette der Fettsäuren beim Abbau um jeweils zwei Glieder verkürzt, so daß alle geradzahligen Fettsäuren als Intermediärprodukte durchlaufen werden. Wenn dies zutrifft, so kann ein Mol einer Fettsäure nur ein Mol Acetessigsäure liefern und die Acetessigsäure müßte aus den letzten vier C-Atomen der Fettsäure entstehen.

Im Verlaufe der Zeit ergaben sich aber Hinweise, daß diese Formulierung nicht mit allen experimentellen Tatsachen in Einklang steht. Schon der Umstand, daß bei schweren Fällen von Diabetes mellitus im Tag 100 g und mehr Acetonkörper im Harn ausgeschieden werden, gab zu denken. Wenn sich der Abbau der Fettsäuren nach der oben skizzierten Auffassung vollzieht, müßten 400 g Fett und mehr täglich umgesetzt werden, um so hohe Ausscheidungen von Acetessigsäure und β-Oxybuttersäure zu erlauben, eine Annahme, die wenig Wahrscheinlichkeit für sich hat. M. JOWETT und J. H. QUASTEL studierten den Abbau von Fettsäuren durch überlebende Leberschnitte und fanden, daß die Ausbeute an Acetessigsäure immer größer wurde, je länger die C-Atomkette der Fettsäuren war. Ein Mol Octansäure lieferte in ihren Versuchen sogar mehr als ein Mol Acetessigsäure. H. J. DEUEL jr. verfütterte an Ratten mit einer experimentellen Ketosis Ester verschiedener Fettsäuren und fand ebenfalls eine Abhängigkeit der Acetessigsäureausbeute von der Kettenlänge der Fettsäuren. Caprylsäure, Caprinsäure, Laurinsäure und Myristinsäure führten zu einer rund doppelt so hohen Acetonkörperausscheidung wie die Einverleibung von Buttersäure oder Capronsäure.

Derartige Versuche legten den Verdacht nahe, daß die Fettsäuren durch eine multiple, alternierende β-Oxydation abgebaut werden, bei der gleichzeitig jedes zweite C-Atom oxydiert wird, so daß das Fettsäuremolekül in mehrere Moleküle Acetessigsäure zerfällt. Dementsprechend müßte Octansäure 2, Dodecansäure 3 und Palmitinsäure 4 Mole Acetessigsäure liefern.

$$CH_3—CH_2—CH_2—CH_2—CH_2—CH_2—CH_2—COOH$$

Octansäure

↙ ↘

Multiple alternierende β-Oxydation — Klassische Theorie der β-Oxydation

↓

$$CH_3—CO—CH_2—CO—CH_2—CO—CH_2—COOH$$

↓ ↓

2 Mole Acetessigsäure — 1 Mol Acetessigsäure

Eine multiple alternierende β-Oxydation hat zur Voraussetzung, daß die als Zwischenprodukte zu erwartenden Diketosäuren, Triketosäuren usw. vom Organismus umgesetzt werden können. F. L. BREUSCH und E. ULUSOY prüften diese Frage experimentell. Sie inkubierten verschiedene Gewebe mit β,δ-Diketocapronsäure und fanden, daß die Leber die Diketosäure rasch in Acetessigsäure verwandelte. Ähnliche Untersuchungen stellte A. MEISTER an, der nachwies, daß Nieren Diketosäuren angreifen. Das dabei beteiligte Enzymsystem spaltet die Diketosäure in Acetessigsäure und Essigsäure (R. F. WITTER und E. STOTZ).

$$\underset{\beta,\delta\text{-Diketocapronsäure (Triessigsäure)}}{CH_3{-}CO{-}CH_2{-}CO{-}CH_2{-}COOH} \xrightarrow{+\,H_2O} \underset{\text{Acetessigsäure}}{CH_3{-}CO{-}CH_2{-}COOH} + \underset{\text{Essigsäure}}{CH_3{-}COOH}$$

E. O. WEINMAN, I. L. CHAIKOFF, W. G. DAUBEN, M. GEE und C. ENTENMAN injizierten Ratten Palmitinsäure, die mit C^{14} entweder in den Positionen 1, 6 oder 11 markiert war. Die Exhalation von $C^{14}O_2$ war in allen Fällen gleich groß, woraus man schließen kann, daß alle C-Atome gleich schnell oxydiert werden und daß, wenn einmal ein Molekül Palmitinsäure angegriffen ist, es gleich völlig zu Ende oxydiert wird. Auch dieser Befund läßt sich im Sinne einer multiplen alternierenden β-Oxydation werten.

In der neueren Zeit haben sich aber auch eine Reihe von Hinweisen ergeben, welche es wahrscheinlich machen, daß sich der Abbau der Fettsäuren nicht über eine multiple alternierende β-Oxydation, sondern durch eine einfache β-Oxydation unter Abspaltung von jeweils einem zwei C-Atome umfassenden Bruchstück vollzieht. In diese Richtung deuten z. B. Befunde über die ungleichmäßige Verteilung von markiertem C auf die CO- und COOH-Gruppe der Acetessigsäure beim Abbau markierter Fettsäuren in der Leber. Ein weiteres Argument ist der Umstand, daß höhere β-Ketosäuren in Gegenwart von ATP acetyliertes Co-Enzym A ergeben. F. LYNEN, E. REICHERT und L. RUEFF nehmen an, daß zuerst höhere Acyl-Co-Enzym A-Verbindungen entstehen, die dann „thioklastisch" gespalten werden:

$$\underset{\text{höhere }\beta\text{-Ketosäure}}{R{-}CH_2{-}CO{-}CH_2{-}COOH} + \underset{\text{Co-Enzym A}}{Co\overline{A}{-}SH} \overset{ATP}{\rightleftarrows} \underset{\text{höhere Acyl-Co-Enzym A-Verbindung}}{Co\overline{A}{-}S{-}CO{-}CH_2{-}CO{-}CH_2{-}R}$$

$$Co\overline{A}{-}S{-}CO{-}CH_2{-}CO{-}CH_2{-}R + Co\overline{A}{-}SH \rightleftarrows Co\overline{A}{-}S{-}CO{-}CH_3 + Co\overline{A}{-}S{-}CO{-}CH_2{-}R$$

Diese höheren Acyl-Co-Enzym A-Verbindungen wären demnach die aktivierten Formen der Fettsäuren beim Abbau derselben durch β-Oxydation und auch beim Aufbau. Die beim Abbau z. B. der Stearinsäure zu erwartenden Zwischenglieder mit 16, 14, 12, 10, 8, 6 und 4 C-Atomen treten demnach nicht frei, sondern nur in Form ihrer Verbindung mit Co-Enzym A auf. Aus diesem Grunde ist es nie möglich gewesen, Zwischenprodukte bei der β-Oxydation der Fettsäuren zu fassen. Die Bindung an das Co-Enzym A beim Fettsäurestoffwechsel ist mit der Bindung an Phosphorsäure im Kohlenhydratstoffwechsel in Parallele zu setzen.

Eine Aufspaltung ungesättigter Fettsäuren in der Doppelbindung, etwa von Ölsäure zu Azelainsäure, ist nie beobachtet worden.

Bei der β-Oxydation der Fettsäuren, sei es durch einfache β-Oxydation dadurch, daß aufeinanderfolgend je zwei C-Atome aboxydiert werden, sei es durch multiple alternierende β-Oxydation, entstehen jeweils zwei C-Atome umfassende Bruchstücke. Über den näheren Mechanismus der β-Oxydation ist man heute noch nicht unterrichtet. Vielfach wurde die Vermutung ausgesprochen, die erste Stufe der β-Oxydation bestehe in einer α,β-Dehydrierung. Bisher hat sich jedoch keine sichere Unterlage für eine solche Annahme ergeben. Zwar wurde von

F. P. MAZZA ein Enzymsystem beschrieben, daß höhere Fettsäuren in α,β-Stellung dehydrieren soll. Die Befunde von MAZZA konnten jedoch von keinem Nachuntersucher reproduziert werden.

Dagegen liegen mehrere eindeutige Beobachtungen über die α,β-Dehydrierung von phenylierten Fettsäuren vor. MAZZA inkubierte Leberextrakte mit Phenylbuttersäure und isolierte aus dem Ansatz dann Phenylcrotonsäure. R. KUHN und K. LIVADA verfütterten β-Methyl-β-phenylpropionsäure an Hunde und fanden im Harn der Tiere kleine Mengen β-Methylzimtsäure.

$$C_6H_5—CH_2—CH_2—CH_2—COOH \longrightarrow C_6H_5—CH_2—CH{=}CH—COOH$$
Phenylbuttersäure — Phenylcrotonsäure

$$C_6H_5—CH(CH_3)—CH_2—COOH \longrightarrow C_6H_5—C(CH_3){=}CH—COOH$$
β-Methyl-β-phenylpropionsäure — β-Methylzimtsäure

α,β-ungesättigte Säuren werden vom Organismus hydriert. So wird Geraniumsäure unter gleichzeitiger ω-Oxydation zu Hildebrandtsäure hydriert (R. KUHN, F. KÖHLER und L. KÖHLER [2]).

$$CH_3—C(CH_3){=}CH—CH_2—CH_2—C(CH_3){=}CH—COOH \quad \text{Geraniumsäure}$$
$$HOOC—C(CH_3){=}CH—CH_2—CH_2—CH(CH_3)—CH_2—COOH \quad \text{Hildebrandtsäure}$$

Auch bei Alkoholen wurden schon Hydrierungen in α,β-Stellung beobachtet. Hunde, denen Zimtalkohol verfüttert worden war, schieden γ-Phenylpropanol aus (F. G. FISCHER und H. J. BIELIG).

$$C_6H_5—CH{=}CH—CH_2OH \longrightarrow C_6H_5—CH_2—CH_2—CH_2OH$$
Zimtalkohol — γ-Phenylpropanol

Bemerkenswerterweise sind in der Natur nur wenige α,β-ungesättigte Fettsäuren aufgefunden worden: Δ^2-Hexensäure und Δ^2-Dodecendisäure (Traumatinsäure).

Im Bereich der Dicarbonsäuren sind α,β-Dehydrierungen wohlbekannt, z. B. die Dehydrierung von Bernsteinsäure zu Fumarsäure, von Methylbernsteinsäure zu Methylfumarsäure, oder von Dihydrohildebrandtsäure zu Hildebrandtsäure.

Bei den Diskussionen über den Reaktionsmechanismus der β-Oxydation wurde auch schon des öfteren die Frage aufgeworfen, ob als Zwischenreaktion eine Wasseranlagerung an α,β-ungesättigte Säuren unter Bildung von β-Oxysäuren anzunehmen sei. Bisher hat sich jedoch für eine solche Annahme keine experimentelle Unterlage beibringen lassen. M. JOWETT und J. H. QUASTEL hatten festgestellt, daß Leberschnitte Crotonsäure zu Acetessigsäure oxydieren. Sie glaubten aus ihren Versuchen den Schluß ziehen zu dürfen, daß β-Oxybuttersäure bei dieser Reaktion kein Zwischenprodukt ist, sondern lediglich über die β-Oxybuttersäuredehydrase mit der entstandenen Acetessigsäure im Gleichgewicht steht:

Crotonsäure ↘
Acetessigsäure ⇄ β-Oxybuttersäure
Buttersäure ↗

Schon früher hatte E. FRIEDMANN festgestellt, daß bei der Durchströmung einer überlebenden Leber mit Crotonsäure Acetessigsäure und β-Oxybuttersäure entstehen, aber nur unter aeroben Bedingungen. Eine Wasseranlagerung an Crotonsäure zu β-Oxybuttersäure wäre aber eine unter anaeroben Bedingungen mögliche Reaktion. Offensichtlich verfügt der Organismus über kein Enzymsystem zur Wasseranlagerung an Crotonsäure (F. LIPMANN und G. E. PERLMAN). Auch bei den α,β-ungesättigten phenylierten Fettsäuren wurde noch nie eine Wasseranlagerung an die Doppelbindung beobachtet. Allerdings könnte dies auch dadurch bedingt sein, daß die eventuell primär entstehende β-Oxybuttersäure so rasch weiteroxydiert wird, daß sie dem Nachweis entgeht. Die umgekehrte Reaktion, eine Wasserabspaltung aus einer phenylierten β-Oxysäure, wurde schon beobachtet. Nierengewebe führt β-Phenyl-β-oxypropionsäure in Zimtsäure über.

$$\underset{\beta\text{-Phenyl-}\beta\text{-oxypropionsäure}}{C_6H_5{-}CH(OH){-}CH_2{-}COOH} \rightarrow \underset{\text{Zimtsäure}}{C_6H_5{-}CH{=}CH{-}COOH}$$

Schimmelpilze verwandeln Fettsäuren in guter Ausbeute zu den um ein C-Atom ärmeren Methylketonen (Tabelle 127). H. THALER und Mitarbeiter zeigten, daß Penicillien auch α,β-ungesättigte Säuren und β-Oxysäuren in Methylketone überführen. Dagegen werden in β-Stellung methylierte Fettsäuren überhaupt nicht angegriffen. Diese Befunde lassen keinen Zweifel daran, daß die Methylketonbildung über eine β-Oxydation der Fettsäuren verläuft.

Tabelle 129. *Überführung von Fettsäuren in Methylketone durch Schimmelpilze* (M. STÄRCKLE).

Eingesetzte Säure	Isoliertes Methylketon	Eingesetzte Säure	Isoliertes Methylketon
Buttersäure	Aceton	Caprinsäure	Methylheptylketon
Valeriansäure	Methyläthylketon	Undecansäure	Methyloctylketon
Capronsäure	Methylpropylketon	Laurinsäure	Methylnonylketon
Önanthsäure	Methylbutylketon	Tridecansäure	Methyldecylketon
Caprylsäure	Methylamylketon	Myristinsäure	Methylundecylketon
Pelargonsäure	Methylhexylketon		

$$R{-}CH_2{-}CH_2{-}COOH \rightarrow R{-}CO{-}CH_3 + CO_2.$$

3. Der Abbau von Fettsäuren mit einer ungeraden C-Atomzahl.

Fettsäuren mit einer ungeraden C-Atomzahl kommen in der Natur nicht vor. Dies hängt damit zusammen, daß sich die Biosynthese der Fettsäuren durch eine Kondensation von C_2-Bruchstücken vollzieht. Die bei der Propionsäuregärung durch manche Mikroorganismen gelieferte Propionsäure entsteht aus Kohlenhydrat.

Glyceride höherer Fettsäuren mit einer ungeraden Anzahl von C-Atomen werden vom Menschen in gleichem Umfang wie die der geradzahligen Fettsäuren im Verdauungskanal aufgespalten. Die ungeradzahligen Fettsäuren verhalten sich bezüglich Resorption, Oxydation im intermediären Stoffwechsel zu CO_2 und H_2O, Einlagerung in das Depotfett und Mobilisierung aus dem Depotfett im Hunger genau wie die Fettsäuren mit einer geraden C-Atomzahl. Ungeradzahlige und geradzahlige Fettsäuren werden in gleicher Weise in 9,10-Stellung dehyriert (H. APPEL, H. BÖHM, W. KEIL und G. SCHILLER).

Nach den vorliegenden Erfahrungen vollzieht sich der Abbau der ungeradzahligen Fettsäuren ebenfalls durch β-Oxydation. Hierbei entsteht neben den C_2-Bruchstücken noch Propionsäure. Im Falle der Valeriansäure wurde dies von W. A. ATLEY durch Isolierung der anfallenden Propionsäure bewiesen. Auch die Versuche von I. SIEGEL und V. LORBEER über die Glykogenbildung aus markierter Valeriansäure sprechen für eine Aufspaltung derselben durch β-Oxydation zu Essigsäure und Propionsäure.

Das Problem des Abbaus der ungeradzahligen Fettsäuren spitzt sich demnach auf die Endoxydation der Propionsäure zu. Es ist schon lange bekannt, daß

Propionsäure vom tierischen Organismus gut verwertet wird. Nach der Verfütterung von markierter Propionsäure (C^{14} als Carboxyl-C) an Ratten wurden innerhalb von 2 Std über 50% des isotopen C als CO_2 ausgeatmet (J. M. BUCHANAN, A. B. HASTINGS und F. B. NESBETT). Selbst nach Verfütterung oder Injektion größter Propionsäuremengen erscheint keine unveränderte Propionsäure im Harn. Weiterhin wurde nachgewiesen, daß Propionsäure stark glucoplastisch wirkt. Nach Versuchen von W. W. SHREEVE gibt 2-C^{14}-Propionsäure zur Bildung von Glykogen bzw. Glucose Anlaß, in welchen die spezifische Aktivität der C-Atome 1 und 6 etwa $^2/_3$ derjenigen der C-Atome 2 und 5 beträgt.

Propionsäure dient auch als Muttersubstanz zur Bildung von Acetylgruppen. Bei der Verfütterung von 2-C^{14}-Propionsäure zusammen mit Phenylaminobuttersäure scheiden Ratten acetylierte Phenylaminobuttersäure aus, in welcher die beiden C-Atome der Acetylgruppe dieselbe spezifische Aktivität besitzen. SHREEVE konnte weiterhin zeigen, daß überlebende Organschnitte Propionylierungen bewirken, z. B. Phenylaminobuttersäure in Propionylphenylaminobuttersäure verwandeln. Der Aufklärung des Mechanismus der Endoxydation der Propionsäure standen große experimentelle Schwierigkeiten im Weg, da Propionsäure den Stoffwechsel mit überlebenden Organen zu hemmen pflegt, ja eine Verschlechterung der Oxydation anderer Substrate bewirken kann. Einen Fortschritt erbrachten die Untersuchungen von A. L. GRAFFLIN und D. E. GREEN, aus denen hervorgeht, daß sich Propionsäure leicht durch das Cyclophorasesystem der Leber vollkommen oxydieren läßt. Eine nähere Analyse der sich dabei abspielenden Vorgänge durch F. M. HUENNEKENS, H. R. MAHLER und J. NORDMAN ergab, daß folgendes Reaktionsschema diskutabel ist:

$$\text{Propionsäure} \xrightarrow[\text{Propionsäureoxydase}]{-2\,H} \text{Acrylsäure} \xrightarrow{+H_2O} \text{L-Milchsäure}$$

$$\downarrow \text{Racemase}$$

$$H_2O + CO_2 \xleftarrow[\text{Citronensäurecyclus}]{} \text{Brenztraubensäure} \xleftarrow[\text{Milchsäuredehydrase}]{-2\,H} \text{D-Milchsäure}$$

Die Lebermitochondrien konnten in den erwähnten Versuchen Propionsäure nur dann in größerem Umfang oxydieren, wenn ein lösliches Protein zugegen war, das eine α-Oxysäureracemase enthielt. Das Cyclophorasesystem oxydiert L-Milchsäure auch ohne Zusatz dieses Faktors, dagegen keine L-Milchsäure, Acrylsäure und Propionsäure. Die Racemase wirkt auf alle α-Oxysäuren (z. B. Lactat, Malat, Isocitrat) und bewirkt, daß auch die Racemate dieser Säuren quantitativ durch das Cyclophorasesystem umgesetzt werden. Ohne Racemase werden die Racemate durch die Mitochondrien nur zu 50% oxydiert.

Fettsäuren mit einer ungeraden Anzahl von C-Atomen wirken nicht ketogen. Auch beim Diabetiker entsteht aus ihnen keine Acetessigsäure. Dies hängt mit der intermediären Bildung von Propionsäure beim Abbau dieser Fettsäuren zusammen. Denn Propionsäure wird in Brenztraubensäure übergeführt, die durch Carboxylierung Oxalessigsäure liefern kann. Die aus dem Rest der ungeradzahligen Fettsäuren entstehenden C_2-Bruchstücke finden daher immer so viel Oxalessigsäure vor, daß ihre Kondensation zu Citronensäure sichergestellt ist und eine Abdrängung der Reaktion in Richtung auf die Kondensation der C_2-Bruchstücke zu Acetessigsäure nicht erfolgt.

4. Die ω-Oxydation der Fettsäuren und die Dicarbonsäuren.

Menschen und Tiere scheiden nach dem Verzehr großer Mengen von Undecansäure, Caprinsäure, Nonylsäure und Caprylsäure bzw. ihrer Triglyceride mehr oder minder geringe Mengen der entsprechenden Dicarbonsäuren (Undecandisäure,

Sebacinsäure, Azelainsäure und Korksäure) im Harn aus (P. E. VERKADE und Mitarbeiter).

Tabelle 130. *Ausscheidung von Dicarbonsäuren beim Menschen nach dem Verzehr von Fettsäuren mittlerer C-Atomzahl* (P. E. VERKADE und J. v. D. LEE).

Verfüttertes Fett	g	Im Harn ausgeschiedene Säure	g
C_8 Tricaprylin	100	Korksäure	0,18
C_9 Trinonylin	100	Azelainsäure	0,35
C_{10} Tricaprin	100	Sebacinsäure	0,55
C_{11} Triundecylin	25	Undecandisäure . . .	0,29—1,59
C_{12} Trilaurin	89	Keine Dicarbonsäure	
C_{13} Tritridecylin	50	Keine Dicarbonsäure	

Weiterhin fanden VERKADE und Mitarbeiter, daß im Harn nicht nur die Dicarbonsäuren mit derselben Kohlenstoffatomzahl ausgeschieden wurden, sondern daneben noch einige um je zwei C-Atome ärmere Dicarbonsäuren (Tabelle 131). VERKADE schloß aus diesen Versuchen, daß die Fettsäuren im Organismus zum Teil durch ω-Oxydation und anschließende β-Oxydation abgebaut werden.

Tabelle 131. *Ausscheidung von Dicarbonsäuren im Harn nach Verfütterung von Dicarbonsäuren* (P. E. VERKADE, J. v. D. LEE und A. J. S. v. ALPHEN).

Versuchstiere Hunde.

Verfütterte Säure	Dicarbonsäure im Harn					
C_4 Bernsteinsäure						
C_6 Adipinsäure	C_6					
C_8 Korksäure	C_6		C_8			
C_{10} Sebacinsäure	C_6		C_8		C_{10}	
C_{11} Undecandisäure		C_7		C_9		C_{11}
C_{13} Brassylsäure		C_7		C_9		C_{11}
C_{16} Hexadecandisäure	C_6		C_8		C_{10}	

Spätere Untersucher, insbesondere B. FLASCHENTRÄGER und K. BERNHARD [1], fanden jedoch, daß die ω-Oxydation kein allgemein gültiges Prinzip des Fettsäureabbaus, sondern nur ein Nebenweg ist, der dann beschritten wird, wenn die normale β-Oxydation nicht erfolgen kann, z. B. weil keine freie Carboxylgruppe vorliegt, sondern diese durch eine Säureamidgruppe blockiert ist, welche der Organismus nicht zur freien Säure aufspalten kann. In diesem Falle wird der Abbau dadurch eingeleitet, daß an dem anderen Ende der C-Atomkette eine neue Carboxylgruppe geschaffen wird, von der ausgehend dann eine β-Oxydation erfolgen kann.

Schema des Fettsäureabbaus nach VERKADE.

$$
\begin{array}{ccc}
CH_3\text{—}(CH_2)_n\text{—}COOH & \xrightarrow{\omega\text{-Oxydation}} & HOOC\text{—}(CH_2)_n\text{—}COOH \\
\downarrow \beta\text{-Oxydation} & & \downarrow \beta\text{-Oxydation} \\
CH_3\text{—}(CH_2)_{n-2}\text{—}COOH & \xrightarrow{\omega\text{-Oxydation}} & HOOC\text{—}(CH_2)_{n-2}\text{—}COOH \\
\downarrow \beta\text{-Oxydation} & & \downarrow \beta\text{-Oxydation} \\
CH_3\text{—}(CH_2)_{n-4}\text{—}COOH & \xrightarrow{\omega\text{-Oxydation}} & HOOC\text{—}(CH_2)_{n-4}\text{—}COOH \\
\downarrow \beta\text{-Oxydation} & & \downarrow \beta\text{-Oxydation} \\
\text{usw.} & & \text{usw.}
\end{array}
$$

In einem geringeren Ausmaße findet man eine ω-Oxydation auch bei den normalen, nicht substituierten Fettsäuren einer mittleren C-Atomzahl von etwa 8—11. Wie die Tabelle 130 zeigt, sind jedoch die Ausbeuten an Dicarbonsäuren bescheiden. Die höchsten Ausbeuten erhält man bei substituierten und an der Carboxylgruppe blockierten Fettsäuren von 8—11 C-Atomen. Die üblichen Nahrungsfette mit 16 und mehr C-Atomen unterliegen niemals einer ω-Oxydation, wie von K. BERNHARD [1] in ausgedehnten Untersuchungen mit deuterierten Fettsäuren eindeutig bewiesen wurde.

Eine Blockierung des normalen Abbaus einer Fettsäure läßt sich auch durch eine Substituierung am α-C-Atom erreichen. In diesem Falle erfolgt der Abbau ebenfalls durch Schaffung einer neuen Carboxylgruppe, also durch ω-Oxydation. Gute Ausbeuten an Dicarbonsäuren findet man aber auch in diesem Beispiel nur im Bereich der Säuren mit 8—11 C-Atomen.

$$CH_3—(CH_2)_9—\underset{\displaystyle N(CH_3)—SO_2—C_6H_5}{\underset{|}{CH}}—COOH \longrightarrow HOOC—(CH_2)_9—\underset{\displaystyle N(CH_3)—SO_2—C_6H_5}{\underset{|}{CH}}—COOH$$

Benzolsulfo-α-methylaminolaurinsäure — Benzolsulfo-α-methylaminododecandisäure

$$CH_3—(CH_2)_7—\overset{\displaystyle COOH}{\overset{|}{\underset{\displaystyle COOH}{\underset{|}{CH}}}} \longrightarrow HOOC—(CH_2)_7—\overset{\displaystyle COOH}{\overset{|}{\underset{\displaystyle COOH}{\underset{|}{CH}}}}$$

n-Octylmalonsäure — α-Carboxysebacinsäure

Im Zusammenhang mit dem Problem der ω-Oxydation gewann die Überprüfung des Stoffwechsels der Dicarbonsäure Interesse. Übereinstimmend fanden alle Untersucher, daß sowohl die höheren Glieder der homologen Reihe der Dicarbonsäuren als auch die niederen vom tierischen Organismus leicht verbrannt werden. Eine Ausnahme machen jedoch die mittleren Glieder mit einer C-Atomzahl von 8—11, deren Abbau auf Schwierigkeiten stößt, so daß ein mehr oder minder hoher Prozentsatz der verabreichten Dosis unverändert im Harn ausgeschieden wird (Tabelle 132). Nach R. EMMRICH und I. EMMRICH-GLASER

Tabelle 132. *Ausscheidung von verfütterten Dicarbonsäuren* (P. E. VERKADE, J. v. D. LEE und A. J. S. v. ALPHEN).

Die angegebenen Dosen wurden innerhalb von 3 Tagen an einen Hund von 12 kg Gewicht verfüttert.

Verfütterte Säure	g	% der Dosis unverändert im Harn ausgeschieden
C_4 Bernsteinsäure	21,9	0
C_6 Adipinsäure	23,1	58
C_8 Korksäure	24,0	45
C_{10} Sebacinsäure	36,9	33
C_{11} Undecadisäure	24,9	17
C_{13} Brassylsäure	25,4	sehr wenig
C_{16} Hexadecandisäure	26,0	0

vermag der Hund Dicarbonsäuren leichter abzubauen als der Mensch. Die einzelnen Personen zeigen große individuelle Unterschiede bezüglich der Ausscheidung von Dicarbonsäure (Diacidurie). Dicarbonsäuren werden im Organismus nicht gespeichert. Ihre Giftigkeit ist gering.

Blockiert man eine der beiden Carboxylgruppen durch eine enzymatisch nicht aufspaltbare Amidbindung, so wird die vorher nur schwer angreifbare

Dicarbonsäure plötzlich leicht verbrennlich (B. FLASCHENTRÄGER [1], K. BERNHARD [2]). Denn dann verhält sich die Dicarbonsäure wie eine einbasische Säure und fällt einer β-Oxydation anheim.

Bei der ω-Oxydation handelt es sich um die Überführung einer Methylgruppe in eine Carboxylgruppe, also um eine „Methyloxydation". Es gibt noch andere Beispiele für Methyloxydationen im Tierkörper (W. KUHN). Erwähnt sei hier lediglich die Oxydation von Alkylbenzolen zu Phenylfettsäuren. Der in der Tabelle 133 wiedergegebene Versuch ist gleichzeitig ein guter Beweis für die β-Oxydation der Fettsäuren. Über den Mechanismus der Methyloxydation ist nicht viel bekannt. H. BOOTH und B. C. SAUNDERS haben am Beispiel des

Tabelle 133. *Oxydation von Alkylbenzolen zu Phenylfettsäuren* (H. THIERFELDER und E. KLENK).

Verfüttertes Alkylbenzol	Aus dem Harn isolierte Säure
$C_6H_5—CH_2—CH_2—CH_2—CH_2—CH_3$	$C_6H_5—COOH$
$C_6H_5—CH_2—CH_2—CH_2—CH_3$	$C_6H_5—CH_2—COOH$
$C_6H_5—CH_2—CH_2—CH_3$	$C_6H_5—COOH$
$C_6H_5—CH_2—CH_3$	$C_6H_5—CH_2—COOH$

Mesitol gezeigt, daß Peroxydase zusammen mit Hydroperoxyd Methylgruppen zu Aldehydgruppen oxydieren kann.

OH, H_3C, CH_3, CH_3 ⟶ OH, H_3C, CH_3, CHO

Mesitol 4-Oxy-3,5-dimethylbenzaldehyd

Unter den Dicarbonsäuren kommt der Bernsteinsäure als Bestandteil des Citronensäurecyclus eine große biologische Bedeutung zu. Näheres hierüber siehe S. 115. Einer Erwähnung bedarf noch die Oxalsäure, die regelmäßig im Harn gefunden wird. Die normale Ausscheidung beträgt beim Menschen 20—50 mg im Tag. Im Blut findet man 0,2—0,8 mg-% Oxalsäure (J. F. B. BARRETT). Die bisherigen Untersuchungen über den Oxalsäurestoffwechsel haben keinen Anhaltspunkt dafür ergeben, daß tierische Gewebe die Fähigkeit besitzen, die Substanz abzubauen. Nach der Einverleibung von Oxalsäure findet man jedoch nur einen geringen Bruchteil der verabfolgten Dosis im Harn wieder. Dies hat zwei Ursachen. Die Resorption der Oxalsäure ist schlecht, weil sich im Darm unlösliches Calciumoxalat bildet, wodurch bei Zufuhr größerer Oxalsäuremengen die Ausnutzung des Nahrungskalks erheblich beeinträchtigt werden kann. Manche Nahrungsmittel enthalten nicht unbeträchtliche Mengen Oxalsäure (z. B. Kakao, Rhabarber, Sauerampferblätter, Spinat). Die zweite Ursache für das Verschwinden der verabfolgten Oxalsäure besteht darin, daß die Darmbakterien Oxalsäure abbauen. Normale Meerschweinchen scheiden im Tag etwa 0,6 mg Oxalsäure aus, steril aufgezogene Tiere, deren Darm nicht mit Bakterien besiedelt ist, dagegen das sechsfache (S. BERGSTRÖM).

W. FRANKE und Mitarbeiter haben in Bakterien und Pflanzen eine Oxalsäuredehydrase nachgewiesen, welche Oxalsäure zu CO_2 oxydiert.

$$HOOC—COOH + O_2 \xrightarrow{\text{Oxalsäuredehydrase}} 2\,CO_2 + H_2O_2.$$

Kleine Mengen Oxalsäure entstehen laufend im intermediären Stoffwechsel. Vermutlich sind C_2-Verbindungen wie Glykolsäure oder Glyoxylsäure die unmittelbaren Vorstufen (P. B. MÜLLER). Für eine Bildung von Oxalsäure aus den höheren Fettsäuren hat sich kein Anhaltspunkt ergeben (G. KABELITZ). Ein beträchtlicher Prozentsatz der Harnsteine besteht aus Calciumoxalat. Nicht zuletzt aus diesem Grunde kommt dem Oxalsäurestoffwechsel eine praktische Bedeutung zu.

Nach der Injektion von Malonsäure mit C^{13} als Carboxyl-C wurden innerhalb der ersten 6 Std 20—32% des C^{13} als $C^{13}O_2$ exhaliert (N. LIFSON und J. A. STOLEN). Untersuchungen über den Abbau der Glutarsäure liegen von M. ROTHSTEIN vor. Nach der Verfütterung von C-1, C-5-C^{14}-Glutarsäure an mit Phlorrhizin behandelte Ratten wurden innerhalb von 24 Std 50% des C^{14} in Form von $C^{14}O_2$ ausgeatmet und 5% im Harn ausgeschieden, davon 2% des C^{14} als Glucose. Der radioaktive C fand sich in der Glucose nur als C-Atome 3 und 4. Aus der Glutarsäure entsteht offensichtlich aktiviertes Acetat. Folgender Abbauweg der Glutarsäure erscheint diskutabel:

$$HOOC—CH_2—CH_2—CH_2—COOH$$

Glutarsäure

↓ β-Oxydation

$$HOOC—CH_2—CO—CH_2—COOH$$

Acetondicarbonsäure

↓ $-CO_2$

$$CH_3—CO—CH_2—COOH$$

Acetessigsäure

↓

Acetyl-Coenzym A

5. Der Abbau von Fettsäuren mit einem verzweigten Kohlenstoffatomskelet.

Früher nahm man an, daß die Fettsäuren mit einem verzweigten Kohlenstoffatomskelet im Organismus genau so abgebaut würden wie die entsprechenden normalen Säuren, weil die Seitenkette durch „Entalkylierung" verlorengehen sollte. Untersuchungen der neueren Zeit haben aber ergeben, daß sich alkylierte Fettsäuren im Stoffwechsel wesentlich anders verhalten als die unverzweigten Säuren. Das Problem des Stoffwechsels der verzweigten Fettsäuren hat im Zusammenhang mit dem Fragenkomplex des synthetischen Fetts eine größere Bedeutung gewonnen.

In einem anderen Zusammenhang wurde schon erwähnt, daß die Substitution einer Fettsäure am α-C-Atom oder β-C-Atom den normalen Abbau durch β-Oxydation außerordentlich erschwert, so daß in diesem Falle im allgemeinen durch ω-Oxydation eine neue Carboxylgruppe als Ausgangspunkt des weiteren Abbaus geschaffen wird. Auch eine Substitution am γ-C-Atom oder anderen C-Atomen stört den üblichen Abbau.

K. LANG und F. ADICKES inkubierten überlebende Leberschnitte mit ω-Isopropylfettsäuren und fanden, daß eine Methylierung in α-Stellung den Abbau praktisch vollkommen hemmte. In β-Stellung methylierte oder äthylierte Säuren, ferner Substitutionen mit Methyl in γ, δ, ε, ζ-Stellung lieferten in ihrer Versuchsanordnung reichliche Mengen Acetessigsäure. I. GRAY, P. ADAMS und H. HAUPTMANN injizierten Ratten in verschiedenen Positionen mit C^{14} markierte

Isobuttersäure und stellten fest, daß die Ausbeuten an exhaliertem $C^{14}O_2$ unterschiedlich waren. Innerhalb von 300 min betrugen die Ausbeuten an $C^{14}O_2$:

$$\begin{matrix} CH_3 \\ CH_3 \end{matrix}\!\!>\!CH{-}\overset{*}{C}OOH \rightarrow 80\text{—}85\%\,; \qquad \begin{matrix} \overset{*}{C}H_3 \\ CH_3 \end{matrix}\!\!>\!CH{-}COOH \rightarrow 40\text{—}45\%$$

Die Autoren schließen daraus, daß Isobuttersäure zu CO_2 und einem drei C-Atome umfassenden Bruchstück (vermutlich Aceton) aufgespalten wird, eine Auffassung, die schon LANG und ADICKES vertreten hatten.

LANG und ADICKES hatten in Versuchen mit Leberschnitten aus Isovaleriansäure eine gute Ausbeute an Acetessigsäure erhalten. Versuche mit markierter Valeriansäure bestätigten ihre Befunde. I. ZABIN und K. BLOCH nehmen eine Spaltung der Isovaleriansäure in ein zwei C-Atome umfassendes und ein drei C-Atome enthaltendes Fragment an. Die Bildung von Acetessigsäure aus Isovaleriansäure faßt M. J. COON auf Grund der vorliegenden Befunde und eigener Erfahrungen folgendermaßen auf:

$$\begin{matrix} \overset{*}{C}H_3 \\ \overset{*}{C}H_3 \end{matrix}\!\!>\!\overset{+}{C}H{-}CH_2{-}\overset{\triangle}{C}OOH$$

$$\swarrow \qquad\qquad \searrow$$

$$\begin{matrix} \overset{*}{C}H_3 \\ \overset{*}{C}H_3 \end{matrix}\!\!>\!\overset{+}{C}H{-} \qquad\qquad CH_3{-}\overset{\triangle}{C}OOH$$

$$\downarrow + \overset{\bullet}{C}O_2 \qquad\qquad\qquad \downarrow$$

$$\overset{*}{C}H_3{-}\overset{+}{C}H_2{-}\overset{*}{C}H_2{-}\overset{\bullet}{C}OOH \qquad CH_3{-}\overset{\triangle}{C}O{-}CH_2{-}\overset{\triangle}{C}OOH$$

H. APPEL, H. BÖHM, W. KEIL und G. SCHILLER führten mit relativ langkettigen verzweigten Fettsäuren ausgedehnte Fütterungsversuche durch, deren Ergebnis in der Tabelle 134 wiedergegeben ist.

Tabelle 134. *Stoffwechsel verzweigter Fettsäuren* (APPEL, BÖHM, KEIL und SCHILLER).

Die Säuren wurden in Form ihrer Triglyceride verfüttert.

Verfütterte Säure	Aus dem Harn isolierte Säure
2-Propylpentansäure	2-Propylpentansäure
3-Propylhexansäure	3-Propylhexansäure
3-Äthylheptansäure	3-Äthylheptansäure
4-Propylheptansäure	2-Propylheptansäure 4-Propylheptansäure
4-Äthyloctansäure	4-Äthylkorksäure
4-Methyldodecansäure	2-Methylsebacinsäure
5-Propyloctansäure	3-Propylhexansäure
5-Äthylnonansäure	3-Äthylheptansäure
6-Propylnonansäure	2-Propylpentansäure 4-Propylheptansäure
4-Äthyldecansäure	4-Äthylkorksäure
7-Propyldecansäure	3-Propylhexansäure

Die kurzkettigen, in den Stellungen 2, 3 oder 4 durch Methyl, Äthyl oder Propyl substituierten Säuren wurden vom Organismus nur schlecht angegriffen und erschienen zu einem großen Teil unverändert im Harn. Langkettige Säuren mit Alkylierung an den C-Atomen 4, 5, 6 oder 7 wurden entweder nach β-Oxydation als kürzere Säuren im Harn ausgeschieden oder, falls eine β-Oxydation infolge der Substitution unmöglich war, durch ω-Oxydation in Dicarbonsäuren übergeführt. Die verzweigten Fettsäuren wurden im Depotfett wesentlich schlechter gespeichert als die normalen Fettsäuren. Alkylierte Fettsäuren werden im Harn zum Teil auch an Glucuronsäure gebunden ausgeschieden (D. D. DZIEWIATKOWSKI und Mitarbeiter).

G. WEITZEL, A. FRETZDORF und J. WOJAHN haben den Einfluß der Stellung der Methylgruppe auf den Stoffwechsel bei den methylierten Stearinsäuren untersucht. Es zeigte sich, daß die Verbrennbarkeit der Säuren mit zunehmender Verschiebung der Methylgruppe zu der Mitte der Kohlenstoffatomkette immer schlechter wurde.

Bei den langkettigen Fettsäuren wird die Oxydierbarkeit durch eine Methylverzweigung am α-C-Atom nicht erheblich beeinträchtigt. Ersetzt man jedoch das Methyl gegen Äthyl, Propyl oder Butyl, so greift eine zunehmende Erschwerung des Abbaus Platz (G. WEITZEL). 10—30% der Dosis der in der Tabelle 135 aufgeführten Säuren wurden nicht resorbiert, und zwar gleichgültig, ob sie als freie Säuren, Glyceride oder Äthylester verfüttert wurden.

Tabelle 135. *Verhalten langkettiger, in α-Stellung verzweigter Fettsäuren im Organismus* (G. WEITZEL).
Versuchstiere waren Hunde.

Millimole Säure verfüttert	Aus dem Harn isolierte Substanz	Millimole	% der Dosis
226 α-Methylmyristinsäure	—	—	—
327 α-Methylstearinsäure	—	—	—
222 α-Äthylmyristinsäure	α-Äthyladipinsäure	1,7	0,8
252 α-Äthylstearinsäure	α-Äthyladipinsäure	2,9	1,2
233 α-n-Propylmyristinsäure	α-Propyladipinsäure	11,2	4,8
288 α-n-Propylstearinsäure	α-Propyladipinsäure	14,9	5,2
373 α-n-Butylmyristinsäure	α-Butyladipinsäure	10,9	2,9
145 α-n-Butylstearinsäure	α-Butyladipinsäure	9,4	6,5

Die enzymatische Aufspaltung der Methylester alkylierter Fettsäuren wird von der Alkylkette beeinflußt, wenn diese in α-Stellung oder β-Stellung steht. Methylgruppen oder Äthylgruppen sind noch nicht sehr wirksam. Bei der Einführung höherer Alkylreste wird jedoch die Reaktionsgeschwindigkeit mit steigender C-Atomzahl der Seitenkette immer mehr verringert (K. E. SCHULTE, H. KRAUSE und J. KIRSCHNER). Die Substitution am α-C-Atom oder β-C-Atom erhöht die Affinität des Substrats zum Enzym und verringert die Zerfallsgeschwindigkeit der Enzym-Substratverbindung.

Nach G. WEITZEL wird das Verhalten der alkylierten Fettsäuren im intermediären Stoffwechsel durch die folgenden Faktoren bestimmt: Zahl der C-Atome und sterische Anordnung der Seitenkette, C-Atomzahl der Hauptkette, Lage der Verzweigung zur Carboxylgruppe, Anzahl der Verzweigungen und ihre gegenseitige Lage, etwaiges Auftreten quarternärer C-Atome.

Bei den Fettsäuren mit einer sehr langen Hauptkette werden Alkylseitenketten wesentlich besser abgebaut als bei den Säuren mit einer mittleren C-Atomzahl, vermutlich weil die letzteren schon an und für sich schlechter oxydiert werden und Anlaß zur Bildung von Dicarbonsäuren geben. Die gute Verbrennbarkeit der in α-Stellung alkylierten langgliedrigen Fettsäuren kommt nach WEITZEL dadurch zustande, daß eine Spaltung der Kette im Sinne der β-Oxydation eintritt. Hierdurch entsteht stets eine normale Fettsäure und als zweites Bruchstück, je nach Länge der Seitenkette, Propionsäure, Buttersäure, Valeriansäure usw., also eine gleichfalls leicht und vollständig oxydierbare Säure.

$$CH_3—(CH_2)_n—CH_2—\underset{\displaystyle R}{\underset{|}{CH}}—COOH \rightarrow CH_3—(CH_2)_n—COOH + \underset{\displaystyle R}{\underset{|}{CH_2}}—COOH$$

Die Hemmung des Abbaus der α-alkylsubstituierten langgliedrigen Fettsäuren führt WEITZEL auf eine Erschwerung der Bindung Substrat-Enzym zurück (siehe aber oben!), die seiner Ansicht nach dadurch bedingt ist, daß die Querschnittsflächen der einzelnen Moleküle infolge der Verzweigung mit zunehmender C-Atomzahl der Seitenkette stark zunehmen. Die Ausmessung des Flächenbedarfs monomolekularer Filme der Fettsäuren auf einer Wasserfläche ergab folgende Werte in Å^2: n-Stearinsäure 24, α-Methylstearinsäure 39, α-Äthylstearinsäure 53, α-Propylstearinsäure 64, α-Butylstearinsäure 69.

Über das Verhalten substituierter Dicarbonsäuren im Stoffwechsel liegen gleichfalls Untersuchungen vor. Von den substituierten Malonsäuren werden die niederen Glieder (n-Amyl-, iso-Amyl-, n-Hexyl- und n-Heptylmalonsäure) unverändert im Harn ausgeschieden, während die höheren Glieder (n-Undecyl-, n-Dodecyl-, n-Tetradecyl- und n-Cetylmalonsäure) quantitativ vom Organismus oxydiert werden (K. Bernhard [3]). n-Octylmalonsäure erleidet eine ω-Oxydation. Dieselben Gesetzmäßigkeiten ergaben sich auch bei den substituierten

Tabelle 136. *Belastungsversuche mit alkylierten Adipinsäuren beim Hund* (G. Weitzel).

Verfütterte Substanz	Gesamt-dosis g	Dosis in g/kg/Tag	Im Harn ausgeschieden (Rohsubstanz)		Toleranz[1] g/kg/Tag
			g	% der Dosis	
Adipinsäure	20	0,71	14,9	74,5	0,27
β-Methyladipinsäure . . .	20	0,71	15,8	79,0	0,16
β-Äthyladipinsäure	18,5	0,66	15,1	81,6	0,13
β-n-Propyladipinsäure. . .	20	0,71	18,0	90,0	0,11
β-n-Butyladipinsäure . . .	20	0,71	16,4	82,0	0,15
β-n-Hexyladipinsäure . . .	8,8	0,63	4,1	46,6	0,40
β-n-Decyladipinsäure . . .	6	0,42	0,5	8,3	

Bernsteinsäuren (R. Emmrich, P. Neumann und I. Emmrich-Glaser; K. Bernhard und H. Lincke; K. Thomas, G. Weitzel und P. Neumann). Die niederen Glieder wurden kaum angegriffen, die mittleren Glieder (n-Octyl-, n-Nonyl- und n-Decylbernsteinsäure) wurden durch ω-Oxydation in die entsprechenden Tricarbonsäuren übergeführt und die Bernsteinsäuren, deren Substituenten mehr als 11 C-Atome umfaßten, wurden quantitativ verbrannt. Auch bei den substituierten Adipinsäuren wird der Abbau um so vollständiger, je länger die Seitenkette ist (G. Weitzel).

Die bessere Verbrennbarkeit der Dicarbonsäuren, die mit einer langen Seitenkette substituiert sind, beweist, daß der Organismus den Abbau immer von der längeren C-Atomkette aus, in diesem Falle also von der Seitenkette aus, in Angriff nimmt. Weiterhin ist zu berücksichtigen, daß die Isodicarbonsäuren um so besser lipoidlöslich werden, je länger die Seitenkette ist (Weitzel). Man kann daher vermuten, daß ihr besserer Abbau im Organismus auch damit zusammenhängt, daß sie leichter in die Zellen eindringen als die nicht alkylierten Glieder.

Die beiden möglichen Dimethylbernsteinsäuren, ferner Dimethylmalonsäure und Dibutylmalonsäure werden vom Organismus praktisch überhaupt nicht angegriffen.

Nach der Verfütterung der alkylierten Bernsteinsäuren werden im Harn relativ große Mengen Bernsteinsäure (bis zu 2,5 g im Tag) ausgeschieden, obwohl Bernsteinsäure vom Organismus äußerst leicht umgesetzt werden kann. Thomas nimmt an, daß die ausgeschiedene Bernsteinsäure nicht aus der verfütterten Alkylbernsteinsäure stammt, sondern daß sie sich infolge einer kompetitiven Hemmung der Bernsteinsäuredehydrase durch die alkylierte Bernsteinsäure anhäuft.

[1] Toleranz = Menge der je Tag und Kilogramm Körpergewicht verbrannten Substanz.

6. Dehydrierung der Fettsäuren in 9,10-Stellung.

Untersuchungen mit deuterierter Stearinsäure hatten ergeben, daß sie vom Organismus zu Ölsäure dehydriert wird. Das dabei beteiligte Enzymsystem Fettsäuredehydrase wurde von K. LANG und Mitarbeitern entdeckt und näher charakterisiert. K. LANG konnte eindeutig beweisen, daß Stearinsäure durch die Fettsäuredehydrase zu Ölsäure dehydriert wird. P. FANTL und G. J. LINCOLN ließen die Fettsäuredehydrase auf Palmitinsäure einwirken und isolierten als Reaktionsprodukt Δ^9-Hexadecensäure (Palmitölsäure). Die Fettsäuredehydrase wurde von K. BURTON weitgehend gereinigt. Das von E. ANNAU beschriebene, Lecithin dehydrierende Enzym ist vermutlich mit der Fettsäuredehydrase identisch. Daß der umgekehrte Vorgang, die Hydrierung von Ölsäure zu Stearinsäure, im Organismus vorkommt, ist schon lange bekannt.

Die Dehydrierung der Fettsäuren in 9,10-Stellung ist keine mit dem Abbau verknüpfte Reaktion. Ihre physiologische Bedeutung besteht darin, daß der Organismus durch die Fettsäuredehydrase in der Lage ist, die physikalischen und physikalisch-chemischen Eigenschaften der Körperfette, vor allem des in den Zellen befindlichen Lipidgemisches, regulatorisch zu beeinflussen. Der reibungslose Ablauf der Lebensprozesse einer Zelle hängt weitgehend von dem Zustand der Zellipide ab, die unter normalen Verhältnissen eine außerordentlich konstante Zusammensetzung aufweisen, die durch äußere Faktoren nur sehr schwer zu beeinflussen ist. Vielleicht spielt die Fettsäuredehydrase auch eine Rolle bei der Diffusion von Fettsäuren durch Membranen, z. B. der Fettresorption. F. L. BREUSCH [*4*] hat festgestellt, daß gesättigte Fettsäuren mit mehr als 16 C-Atomen auch in Gegenwart von Gallensäuren nicht durch Membranen diffundieren können, wohl aber ungesättigte Säuren. Da die Darmwand Fettsäuren dehydrieren kann, läßt sich zur Diskussion stellen, ob nicht die Dehydrierung ein für die Resorption der Fettsäuren wesentlicher Faktor ist.

Nahezu alle in der Natur vorkommenden höheren ungesättigten Fettsäuren enthalten ihre erste Doppelbindung in 9,10-Stellung (Tabelle 137). Die 9,10-Dehydrierung ist offensichtlich ein Prozeß von allgemeiner biologischer Bedeutung. Das Vorkommen von Δ^{13}-Dokosensäure (Erucasäure) und von Δ^{15}-Tetrakosensäure (Nervonsäure) ist leicht verständlich. Beide entstehen aus der Ölsäure durch Verlängerung der C-Atomkette um 2×2, bzw. 3×2 C-Atome, eine wohlbekannte biochemische Reaktion. Ausnahmen von der Regel, daß die erste Doppelbindung zwischen den C-Atomen 9 und 10 angetroffen zu werden pflegt, machen die $\Delta^{5,8,11,14}$-Eikosantetraensäure (Arachidonsäure) und $\Delta^{5,8,11,14,17}$-Eikosanpentaensäure (Clupanodonsäure).

Tabelle 137. *Die wichtigsten im Organismus nachgewiesenen ungesättigten Fettsäuren.*

Δ^9-Decensäure	Δ^9-Octadecensäure (Ölsäure)
Δ^9-Dodecensäure	Δ^9-Enneadecensäure
Δ^9-Tridecensäure	$\Delta^{9,12}$-Octadecandiensäure (Linolsäure)
Δ^9-Tetradecensäure	$\Delta^{9,11}$-Octadecandiensäure
Δ^9-Pentadecensäure	$\Delta^{9,12,15}$-Octadecantriensäure (Linolensäure)
Δ^9-Hexadecensäure (Palmitölsäure)	$\Delta^{9,11,13}$-Octadecantriensäure (Eläostearinsäure)
Δ^9-Heptadecensäure	$\Delta^{9,11,13,15}$-Octadecantetraensäure (Parinarsäure)

Die 9,10-Stellung ist offensichtlich eine für die Dehydrierung der Fettsäuren bevorzugte Position. Über den Versuch einer Deutung dieses Befundes siehe F. L. BREUSCH [*2*].

7. Die Biosynthese von Fettsäuren.

Der Organismus verwandelt alle über den calorischen Bedarf hinaus zugeführten Nährstoffe in Fett. Die Neubildung von Fettsäuren ließ sich in vivo mit Hilfe der Isotopentechnik einwandfrei beweisen. K. BERNHARD und R. SCHOENHEIMER reicherten das Körperwasser von Mäusen mit D_2O an und stellten fest, daß die aus dem Fettgewebe und den Organen dieser Tiere isolierten Fettsäuren Deuterium enthielten, also durch einen sich in dem Milieu des schweren Wassers abspielenden Prozeß entstanden sein mußten. Aus der Geschwindigkeit des Anwachsens der Deuteriumkonzentration in den Fettsäuren ließ sich auch die Geschwindigkeit der Bildung von Fettsäuren in den Organen berechnen. Die Fettsäuresynthese erfolgt in der Leber mit einer hohen Geschwindigkeit, die Halbwertszeit beträgt rund einen Tag. Das Leberfett enthält eine Fraktion mit einer außerordentlich großen Erneuerungsgeschwindigkeit (G. HEVESY, R. RUYSSEN und M. L. BEECKMANS), über deren Natur noch nichts bekannt ist. Das Leberfett von Mäusen, denen C^{14}-Acetat injiziert worden war, zeigt schon nach 30 min einen beträchtlichen Abfall der spezifischen Aktivität. Auch Untersuchungen über den Abbau von Fettsäuren ergeben, daß zuerst eine stoffwechselmäßig sehr aktive Fettsäure umgesetzt wird. Nach Verfütterung von C^{14}-Fettsäuren hat das zunächst ausgeatmete $C^{14}O_2$ eine außerordentlich hohe spezifische Aktivität (M. E. VOLK, R. H. MILLINGTON und S. WEINHOUSE). Aber auch die Fettsäuren in dem Depotfett werden ständig erneuert. Die Halbwertszeit dieses Prozesses beträgt rund eine Woche. A. PIHL, K. BLOCH und S. ANKER fanden in Versuchen mit C^{14}-Acetat eine Halbwertszeit der gesättigten Fettsäuren des Depotfetts von 16—17 Tagen und eine solche der ungesättigten Fettsäuren von 19—20 Tagen.

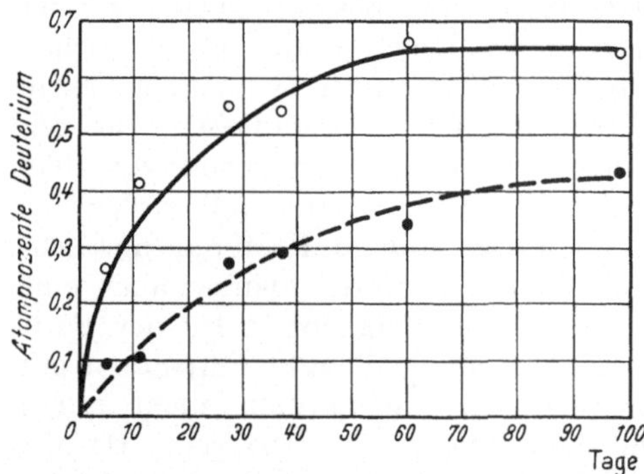

Abb. 20. Die Bildung von Fettsäuren (D. RITTENBERG und R. SCHOENHEIMER). Das Körperwasser von Mäusen war mit D_2O angereichert worden. o — — o Gesättigte Fettsäuren; ● —— ● ungesättigte Fettsäuren.

Die gesättigten Fettsäuren werden rascher gebildet als die ungesättigten (D. RITTENBERG und R. SCHOENHEIMER, Abb. 20). Die in derartigen Versuchen aus dem Organismus isolierten essentiellen Fettsäuren enthalten praktisch kein

Tabelle 138. *Versuche über die Biosynthese von Fettsäuren* (K. BERNHARD und R. SCHOENHEIMER).

Versuche an Mäusen, deren Körperwasser einen Gehalt von 2,96% D_2O hatte.

Fettsäure aus dem Körper isoliert	Atom-% D
Gesamte gesättigte Fettsäuren	0,55 ± 0,02
Gesamte ungesättigte Fettsäuren	0,26 ± 0,02
Stearinsäure	0,59 ± 0,02
Palmitinsäure	0,54 ± 0,02
Linolsäure	0,02 ± 0,02

Deuterium, ein Zeichen dafür, daß der Organismus nicht die Fähigkeit besitzt, sie zu bilden (Tabelle 138). Auch im hungernden Organismus werden ständig Fettsäuren aufgebaut (K. BERNHARD und H. STEINHAUSER). Eine besonders intensive Fettsäurebildung findet in der lactierenden Milchdrüse statt. Bei der Durchströmung von Kuheutern mit CH_3-$C^{14}OOH$ wurden etwa 40% des C^{14} im sezernierten Milchfett aufgefunden. $t/2$ der Fettsäuren im Ziegeneuter beträgt nur 4 Std.

Schon die erwähnten Versuche mit Deuterium hatten auf Grund des Deuteriumgehalts der erhaltenen Fettsäuren vermuten lassen, daß die Biosynthese der Fettsäuren aus kleinen Bausteinen erfolgt. D. Rittenberg und K. Bloch verfütterten an Mäuse markiertes Acetat und stellten fest, daß die Fettsäuren aus Acetat gebildet werden. Auf Grund der Verteilung von Deuterium und isotopem C in den neu entstandenen Fettsäuren ließ sich beweisen, daß jedes einzelne C-Atom und H-Atom einer Fettsäure aus Acetat entstammt. Die Biosynthese der Fettsäuren ist demnach eine Umkehrung der β-Oxydation, bei der die Fettsäuren in C_2-Bruchstücke zerschlagen werden. Dieser Befund macht es verständlich, daß in der Natur nur Fettsäuren mit einer geraden Anzahl von C-Atomen angetroffen werden. In Versuchen mit markiertem Acetat ließ sich weiterhin beweisen, daß der Organismus auch in der Lage ist, die C-Atomketten von Fettsäuren zu verlängern, z. B. aus Palmitinsäure Stearinsäure zu machen (I. Zabin). Fettsäuren mit einer mittleren C-Atomzahl (Laurinsäure und Myristinsäure) werden mit großer Geschwindigkeit in Palmitinsäure und Stearinsäure übergeführt (P. Stevens und I. L. Chaikoff). Die Verlängerung der Fettsäurekette erfolgt durch Anhängung weiterer C_2-Bruchstücke an die schon bestehende C-Atomkette. Dies geht eindeutig aus Versuchen von G. Popják über die Fettsäuresynthese in der Milchdrüse hervor. Nach Verabreichung von CH_3-$C^{14}OOH$ an eine Ziege wurde die folgende Verteilung der spezifischen Aktivität der einzelnen C-Atome in der aus der Milch isolierten Caprylsäure festgestellt:

C-Atom:	8	7	6	5	4	3	2	1
Spezifische Aktivität:	0	30	0	30	0	60	0	93

H. S. Anker, der an Ratten Myristinsäure mit C^{14} als Carboxyl-C verfütterte, isolierte aus dem Körper die C_{18}-Fettsäuren und fand in ihnen den C^{14} ausschließlich in der Carboxylgruppe.

Beim Arbeiten mit überlebenden Leberschnitten ließ sich eine Fettsäuresynthese nicht nur aus Acetat, sondern auch aus Butyrat, Capronat und Octanat nachweisen. Bei der Inkubation von Lebergewebe mit Octanat, das C^{14} in der Carboxylgruppe trug, wurden höhere Fettsäuren erhalten, welche den radioaktiven C als Carboxyl-C, sowie als β-C-Atom, δ-C-Atom und immer so weiter enthielten. Dieser Befund beweist, daß die Bildung der Fettsäuren nicht direkt aus dem eingesetzten Substrat (Octansäure) erfolgt war, sondern daß dieses zuerst in C_2-Bruchstücke aufgespalten worden war, und daß die Fettsäuren dann durch eine Kondensation der C_2-Spaltstücke entstanden waren (R. O. Brady und S. Gurin).

Auch Brenztraubensäure kann als Ausgangsmaterial zur Fettsäuresynthese Verwendung finden, jedoch erst nach oxydativer Decarboxylierung. Der Übergang von Kohlenhydrat in Fett vollzieht sich immer über Brenztraubensäure. Bei den mit der Biosynthese von Fettsäuren im tierischen Organismus verknüpften Prozessen findet keine nennenswerte Fixierung von CO_2 statt.

Niedere Lebewesen bauen die Fettsäuren gleichfalls aus Acetat bzw. „aktivierter" Essigsäure auf. K. Bernhard und H. Albrecht züchteten den Schimmelpilz Phycomyces blakeesleanus auf einem schweres Wasser enthaltenden Nährboden und fanden in allen aus dem Mycel isolierten Fettsäuren Deuterium, auch in den stärker ungesättigten Fettsäuren Linolsäure und Linolensäure. Dieser Schimmelpilz kann also im Gegensatz zum Tier auch die essentiellen Fettsäuren aufbauen. Aus dem Deuteriumgehalt der erhaltenen Fettsäuren ließ sich berechnen, daß das Ausgangsmaterial für die Biosynthese eine C_2-Verbindung war. Versuche an weiteren Mikroorganismen (Hefe, Bakterien) mit markiertem Acetat ergaben eindeutig, daß Essigsäure (bzw. „aktiviertes" Acetat) immer das Substrat für die Biosynthese der höheren Fettsäuren ist (A. KLEINZELLER). E. R. STADTMAN und H. A. BARKER wählten Clostridium kluyveri zum Studium des Mechanismus der Biosynthese von Fettsäuren. Clostridium kluyveri kann die zu seinem Wachstum benötigte Energie aus der Überführung von Substanzen mit zwei C-Atomen (Äthanol oder Essigsäure) in Buttersäure oder Capronsäure gewinnen. Die Buttersäuresynthese aus Äthanol ist ein Redoxprozeß, der sich folgendermaßen formulieren läßt:

$$\text{Äthanol} \xrightarrow{-4\,H} \text{„aktives Acetat"} \xrightarrow{+\text{Acetat}} C_4\text{-Verbindung} \xrightarrow{+4\,H} \text{Butyrat.}$$

Das aktive Acetat wurde hier als Acetylphosphat identifiziert. Die Natur der C_4-Verbindung ließ sich noch nicht aufklären. Acetessigsäure und β-Oxybuttersäure scheiden als Zwischenprodukte aus. Im tierischen Organismus kann die Fettsäuresynthese nicht über Acetylphosphat verlaufen. Zwischenprodukt ist hier vermutlich acetyliertes Co-Enzym A (s. S. 262).

Nach der Einverleibung von C^{14}-Acetat findet man in der Leber in dem Neutralfett eine höhere Radioaktivität als in den Phosphatiden. In allen anderen Organen ist das umgekehrte der Fall (A. PIHL und K. BLOCH). Man kann daraus entnehmen, daß in der Leber, dem Hauptorgan der Fettsäuresynthese, die freien Fettsäuren und nicht Fettsäuren im Verbande der Phosphatide gebildet werden. Phosphatide sind also keine Zwischenprodukte bei der Fettsäuresynthese in der Leber. Offensichtlich vollzieht sich in der Leber die Veresterung einer Fettsäure mit Glycerin rascher als ihr Einbau in ein Phosphatid. In den anderen inneren Organen und im Organfett ist die Umsatzgeschwindigkeit der Phosphatide größer als die der Neutralfette. Aus den bisher vorliegenden Unterlagen läßt sich aber nicht entscheiden, worauf dies zurückzuführen ist, ob auf eine Synthese der Phosphatide in situ oder auf eine Aufnahme aus dem Blut.

Das wichtigste Ausgangsmaterial für die Biosynthese der Fettsäuren ist im Organismus ohne Zweifel Kohlenhydrat. Der Übergang von Kohlenhydrat in Fettsäuren ist in vivo und in vitro unter Verwendung markierter Glucose sichergestellt worden. Bei der Inkubation von Leberschnitten mit C^{14} enthaltender Glucose wurden etwa 10—17% der Glucosemenge, die zu CO_2 oxydiert wurde, in Fettsäuren übergeführt (S. S. CHERNIK, E. J. MASORO und I. L. CHAIKOFF). Gesunde Ratten wandeln 30—50% der täglich aufgenommenen Kohlenhydrate in Fettsäuren um (D. E. STETTEN jr. und G. E. BOXER). Insulin steigert die Fettsäurebildung aus Zucker. Daher ist die Überführung von Kohlenhydrat in Fett beim Diabetiker vermindert. R. O. BRADY und S. GURIN [*2*] zeigten, daß Leberschnitte alloxandiabetischer oder pankreasloser Ratten eine stark herabgesetzte Fähigkeit aufweisen, aus C^{14}-Acetat langkettige Fettsäuren aufzubauen. Dagegen war die Biosynthese von Cholesterin aus Acetat beim Ausfall des Pankreas nicht beeinträchtigt. Zugabe von Insulin in vitro oder einer Substanz des Citronensäurecyclus verbesserte die Fettsäuresynthese in den Leberschnitten der diabetischen Tiere nicht. Vermutlich ist die Unwirksamkeit des Insulins in diesem Falle dadurch bedingt, daß es nicht in die Leberzellen eindringen konnte. Auch aus Versuchen von S. S. CHERNIK und I. L. CHAIKOFF geht hervor, daß Leberschnitte alloxandiabetischer Ratten weder Glucose und Fructose, noch Acetat in demselben Umfang in Fettsäuren verwandeln können wie Leberschnitte gesunder Tiere. Beim diabetischen Organismus besteht also neben der verminderten Fähigkeit, Glucose durch die Hexokinasereaktion zu phosphorylieren, noch ein zweiter Stoffwechselblock bei der Überführung von Acetat (bzw. „aktiviertem" Acetat) in höhere Fettsäuren. BRADY und GURIN fassen die vorliegenden Befunde über den Fettstoffwechsel in der Leber in dem folgenden Schema zusammen:

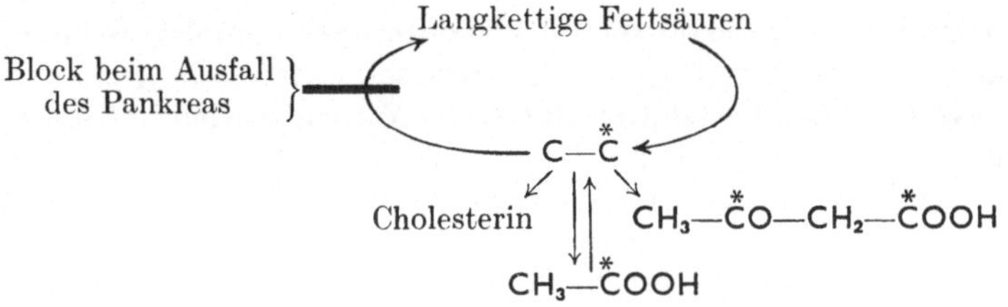

Bei der Umwandlung von Kohlenhydrat in Fett wird Aneurin benötigt, da der Prozeß über Brenztraubensäure läuft. Daher ist im Aneurinmangel die Fettbildung aus Kohlenhydrat vermindert (E. W. MCHENRY und G. GAVIN).

Grundsätzlich sind alle Körperzellen zur Fettsäuresynthese befähigt. Die größten Umsätze werden von der Leber und der Darmschleimhaut getätigt. Das im Kot ausgeschiedene Fett pflegt normalerweise nicht aus unresorbiertem Nahrungsfett, sondern aus von den Darmschleimhautzellen gebildetem und von ihnen sezerniertem Fett zu bestehen. Eine auffallend hohe Fettsäuresynthese wurde von G. POPJÁK und M. L. BEECKMANS in der Lunge festgestellt.

8. Der Abbau der Fettsäuren durch Mitochondrien.

L. F. LELOIR und J. M. MUNOZ gelang es als ersten, Fettsäuren durch ein zellfreies Enzymsystem zu oxydieren. Ihr Enzymsystem war aber sehr unbeständig und wurde rasch inaktiviert. Es war nur in Gegenwart von ATP, Cytochrom c, Magnesium und Phosphat wirksam. Die Befunde von LELOIR und MUNOZ wurden von A. L. LEHNINGER wesentlich erweitert. LEHNINGER zeigte, daß gewaschene Suspensionen von Leberhomogenaten nach Zusatz von ATP, Cytochrom c, Magnesium und Phosphat sowie einer sehr kleinen, katalytisch wirkenden Menge einer Substanz des Citronensäurecyclus (z. B. Äpfelsäure oder Oxalessigsäure) Fettsäuren zu CO_2 und H_2O oxydieren. Die Gegenwart von Äpfelsäure oder Oxalessigsäure ist notwendig, um die Endoxydation über den Citronensäurecyclus in Gang zu bringen. Auch das „Cyclophorasesystem" von D. E. GREEN, das ebenfalls aus gewaschenen Organsuspensionen, ATP, Cytochrom c, Magnesium, Phosphat und einer kleinen Menge eines Glieds des Citronensäurecyclus besteht, oxydiert Fettsäuren zu CO_2 und H_2O (A. L. GRAFFLIN und D. E. GREEN, W. E. KNOX, B. N. NOYCE und V. H. AUERBACH). Alle diese Systeme sind identisch und bestehen aus Lebermitochondrien (E. P. KENNEDY und A. L. LEHNINGER [*1*]). In den Mitochondrien sind also alle zum Abbau der Fettsäuren durch β-Oxydation und zur Endoxydation über den Citronensäurecyclus benötigten Enzyme lokalisiert. Hierbei wird energiereiches Phosphat gewonnen und anorganisches Phosphat verestert (R. J. CROSS, J. V. TAGGART, G. A. COVO und D. E. GREEN). Je Mol veratmeten Sauerstoff werden 2—3 Mole Phosphat gebunden.

Durch die Mitochondrien werden alle gesättigten Fettsäuren mit einer geraden und mit einer ungeraden C-Atomzahl, alle ungesättigten Fettsäuren, sowie β-Oxysäuren und β-Ketosäuren oxydiert. Bei den ungesättigten Fettsäuren werden sowohl die cis-Formen als auch die trans-Formen (z. B. Ölsäure und Elaidinsäure) angegriffen. Auch die stärker ungesättigten Fettsäuren Linolsäure und Linolensäure werden mit derselben Geschwindigkeit wie die anderen Fettsäuren oxydiert. Die letzteren Befunde stehen in Widerspruch mit zahlreichen Befunden über das Verhalten der cis-Formen und trans-Formen sowie der Linolsäure und Linolensäure im intakten Organismus. Vielleicht beruhen die Unterschiede zwischen den Befunden in vitro und im Organismus darauf, daß die in vivo schwer angreifbaren Substanzen wie Elaidinsäure, Linolsäure und Linolensäure nur schwierig aus dem Blut zu den Mitochondrien gelangen.

Auf die Oxydation der Fettsäuren durch die Mitochondrien hat die Länge der Kohlenstoffatomkette einen entscheidenden Einfluß. Mit zunehmender Anzahl der C-Atome tritt die Bildung von Acetessigsäure immer mehr in den Hintergrund und die Oxydation zu CO_2 und H_2O in den Vordergrund (E. P. KENNEDY und A. L. LEHNINGER [2]). Das unterschiedliche Verhalten der kurzgliedrigen und

Tabelle 139. *Einfluß der C-Atomzahl auf die Oxydation von Fettsäuren durch Lebermitochondrien* (A. L. LEHNINGER [2]).
Alle Werte sind in Mikromolen angegeben.

Fettsäure	O_2-Aufnahme	Acetessigsäure gebildet	CO_2 gebildet	$\frac{CO_2}{O_2}$
Hexansäure . . .	9,1	3,1	0,5	0,06
Octansäure	7,4	3,1	0,9	0,12
Decansäure . . .	4,5	2,3	1,1	0,24
Myristinsäure . . .	4,3	0,76	3,0	0,70
Palmitinsäure . . .	5,7	1,16	3,4	0,59
Stearinsäure . . .	4,3	0,15	—	—
Ölsäure	6,6	0,17	4,5	0,63

langgliedrigen Fettsäuren ist darauf zurückzuführen, daß aus den beiden terminalen C-Atomen der Fettsäuren ein anderes, und zwar die Methylgruppe enthaltendes, C_2-Bruchstück entsteht, als aus den anderen C-Atomen, die Methylengruppen enthaltende C_2-Bruchstücke ergeben (s. auch S. 279). Das aus den terminalen C-Atomen entstehende Bruchstück läßt sich aber wesentlich schwieriger mit Oxalessigsäure zu Citronensäure kondensieren. Je kürzer eine C-Atomkette ist, einen umso höheren Prozentsatz macht das terminale Bruchstück aus, um so geringer wird daher auch der via Citronensäurecyclus zu CO_2 und H_2O oxydierte Anteil.

Mitochondrien aus transplantierten Mäusehepatomen und aus durch Buttergelb erzeugten Hepatomen weisen eine gegenüber normalem Lebergewebe stark herabgesetzte Fähigkeit zur Fettsäureoxydation auf (C. G. BAKER und A. MEISTER).

Die bei der Oxydation von Fettsäuren durch Lebermitochondrien erhobenen Befunde stehen in Einklang mit Versuchsergebnissen an intakten Leberzellen (Leberschnitte). Auch intakte Leberzellen oxydieren langgliedrige Fettsäuren bevorzugt zu CO_2 und H_2O und überführen kurzgliedrige stärker in Acetessigsäure (S. WEINHOUSE, R. H. MILLINGTON und M. E. VOLK). Schnitte anderer Organe (Muskel, Gehirn, Niere) oxydieren Fettsäuren zu CO_2 und H_2O, bilden aus ihnen aber keine Acetessigsäure.

9. Die Stellung der Acetessigsäure im Fettsäurestoffwechsel.

Nach der klassischen Formulierung der β-Oxydation der Fettsäuren entsteht die Acetessigsäure dadurch, daß die C-Atomkette so oft um jeweils zwei C-Atome verkürzt wird, bis die Stufe der Buttersäure erreicht ist. Die Acetessigsäure wird dann durch eine Oxydation der Buttersäure gebildet. Schon G. EMBDEN und A. LOEB haben jedoch festgestellt, daß der Organismus Essigsäure in Acetessigsäure überführen kann. Die in der neueren Zeit mit der Isotopentechnik erhaltenen Befunde haben eindeutig ergeben, daß die Acetessigsäure im Organismus durch eine Kondensation der beim Fettsäureabbau auftretenden C_2-Bruchstücke entsteht. Bei der Inkubation von Fettsäuren (z. B. von Octanat), die mit isotopem C in der Carboxylgruppe markiert sind, wird stets eine Acetessigsäure erhalten, welche den isotopen C sowohl in der Carboxylgruppe als auch in der Ketogruppe trägt (S. WEINHOUSE, G. MEDES und N. F. FLOYD). Die Bildung einer derart markierten Acetessigsäure ist nur durch eine Rekondensation von zwei C_2-Bruchstücken möglich. Als weiteren Beweis für die Entstehung von Acetessigsäure durch Kondensation von zwei C_2-Bruchstücken kann man werten, daß Hexansäure sowie die verschiedenen isomeren Hexensäuren je 1,5 Mole Acetessigsäure liefern (R. F. WITTER, E. H. NEWCOMB und E. STOTZ). Nach der klassischen Theorie der β-Oxydation wäre nur ein Mol Acetessigsäure zu erwarten gewesen.

J. M. BUCHANAN, W. SAKAMI und S. GURIN ließen in der Carboxylgruppe markierte Octansäure durch ein gereinigtes Enzymsystem abbauen. Sie stellten fest, daß die erhaltene Acetessigsäure sowohl in der Carboxylgruppe als auch in der Ketogruppe markierten Kohlenstoff enthielt, daß aber die Verteilung des isotopen C nicht gleichmäßig war. Der Quotient $\overset{*}{C}O : \overset{*}{C}OOH$ betrug etwa 0,6. D. I. CRANDALL und S. GURIN studierten den Abbau von Octanat, das C^{13} oder C^{14} entweder als Carboxyl-C oder als C 3 oder als C 7 enthielt. Die Quotienten $\overset{*}{C}O : \overset{*}{C}OOH$ in der als Reaktionsprodukt entstandenen Acetessigsäure erwiesen sich als verschieden:

$$CH_3—CH_2—CH_2—CH_2—CH_2—CH_2—CH_2—\overset{*}{C}OOH \rightarrow \begin{array}{l} CH_3—\overset{*}{C}O—CH_2—\overset{*}{C}OOH \\ \overset{*}{C}O : \overset{*}{C}OOH = 0,6—0,7 \end{array}$$

$$CH_3—CH_2—CH_2—CH_2—CH_2—\overset{*}{C}H_2—CH_2—COOH \rightarrow \begin{array}{l} CH_3—\overset{*}{C}O—CH_2—\overset{*}{C}OOH \\ \overset{*}{C}O : \overset{*}{C}OOH = 0,6—0,7 \end{array}$$

$$CH_3—\overset{*}{C}H_2—CH_2—CH_2—CH_2—CH_2—CH_2—COOH \rightarrow \begin{array}{l} CH_3—\overset{*}{C}O—CH_2—\overset{*}{C}OOH \\ \overset{*}{C}O : \overset{*}{C}OOH = 3,3 \end{array}$$

Die beiden letzten C-Atome der Fettsäure ergeben demnach ein anderes C_2-Bruchstück als die ersten sechs C-Atome. Das terminale Bruchstück unterscheidet sich von den anderen dadurch, daß es CH_3— enthält, während die anderen die Gruppierung —CH_2— aufweisen. Beiden Bruchstücken kommt offensichtlich eine etwas verschiedene Reaktionsfähigkeit zu. Das terminale, eine Methylgruppe tragende Bruchstück wirkt nach Ansicht der erwähnten Autoren leichter acetylierend und wird selbst nicht so leicht acetyliert. Es könne sich daher auch leichter mit Oxalessigsäure zu Citronensäure kondensieren als die anderen Bruchstücke (Siehe aber S. 278).

Die Untersuchungen von R. P. GEYER, M. CUNNINGHAM und J. PENDERGAST, welche den Einfluß der C-Atomzahl von Fettsäuren auf den Einbau des Carboxyl-$\overset{*}{C}$ in Acetessigsäure studierten, ergaben, daß das Verhältnis von $\overset{*}{C}O : \overset{*}{C}OOH$ von der Pentansäure mit 0,3 bis zur Laurinsäure mit 0,96 zunimmt. Für Octansäure erhielten sie 0,74, ein Wert, welcher mit dem von CRANDALL und GURIN gemessenen übereinstimmt. I. L. CHAIKOFF, D. S. GOLDMAN, G. W. BROWN jr., W. G. DAUBEN und M. GEE befaßten sich mit der Acetessigsäurebildung aus Palmitinsäure, die an verschiedenen Stellen mit C^{14} markiert war (entweder als C 1 oder als C 5 bzw. C 11) durch Leberschnitte. Die wichtigsten Befunde sind aus der Tabelle 140 zu ersehen. Aus der in der Carboxylgruppe markierten Palmitinsäure wurde eine Acetessigsäure mit dem Quotienten $\overset{*}{C}O : \overset{*}{C}OOH$ gleich rund 1 erhalten. Dagegen lieferten die in den Stellungen 5 und 11 markierten Palmitinsäuren Acetessigsäure mit einem Quotienten $\overset{*}{C}O : \overset{*}{C}OOH$ von etwa 1,25—1,30. In die anderen C-Atome der Acetessigsäure wurde praktisch kein isotoper C eingebaut. Die Tabelle 140 zeigt deutlich, daß sich das die Carboxylgruppe enthaltende Bruchstück der Palmitinsäure im Stoffwechsel von den anderen unterscheidet. Die aus dem die Carboxylgruppe tragenden Bruchstück entstandene Acetessigsäure entspricht in ihrer Isotopenverteilung einem Molekül, das durch eine willkürliche Rekondensation der C_2-Bruchstücke erhalten wurde. Die asymmetrische Verteilung des C^{14} in der aus den in anderen Positionen markierten Palmitinsäure gebildeten Acetessigsäure schließt eine zufällige und willkürliche Rekondensation der Bruchstücke aus.

Chaikoff und Mitarbeiter nehmen daher an, daß die Acetessigsäure in der Leber auf zwei verschiedenen Wegen entsteht: durch eine zufällige Rekondensation von Bruchstücken aus dem Pool der C_2-Bruchstücke und durch eine Kondensation eines gerade eben entstehenden Bruchstücks durch Spaltung der Fettsäure zwischen ihrem α-C-Atom und β-C-Atom mit einem C_2-Bruchstück aus dem C_2-Bruchstückpool. Da der Quotient $\overset{*}{C}O : \overset{*}{C}OOH$ im allgemeinen nicht sehr weit von 1 abweicht, dürfte die Rekondensation zufälliger Bruchstücke aus dem C_2-Pool Hauptweg der Acetessigsäurebildung sein. Die Auffassung von Chaikoff und Mitarbeitern wird durch das nebenstehende Schema (S. 281) wiedergegeben.

Tabelle 140. *Einbau von* C^{14} *aus Palmitinsäure in Acetessigsäure* (Chaikoff, Goldman, Brown jr., Dauben und Gee).

Position des C^{14} in der Palmitinsäure	Verhältnis der spezifischen Aktivitäten der einzelnen C-Atome (Carboxyl-C = 100) der Acetessigsäure
	$CH_3 : CO : CH_2 : COOH$
C 1	0,4 : 103 : 0,4 : 100
	0,3 : 103 : 0,3 : 100
	1 : 107 : 1 : 100
C 5	2 : 123 : 2 : 100
	2 : 133 : 2 : 100
	2 : 115 : 2 : 100
C 11	3 : 129 : 3 : 100
	2 : 120 : 3 : 100
	4 : 138 : 4 : 100
	4 : 128 : 4 : 100

I. Zabin und K. Bloch studierten die Acetessigsäurebildung aus doppelt markierter Buttersäure $CH_3—C^{14}H_2—CH_2—C^{13}OOH$. Diese Versuchsanordnung erlaubte eine Berechnung, zu welchen Anteilen die beiden Hälften des Buttersäuremoleküls sich an der Synthese der Acetessigsäure beteiligen. Die Summe der relativen C^{14}-Konzentrationen betrug 84,4, die des C^{13} aber nur 65,4. Daraus geht hervor, daß ein Teil der Acetessigsäure aus endogen entstandenem Material gebildet worden war. Die größere Isotopenverdünnung des C^{13} erweist, daß die endogene Vorstufe bevorzugt zur Beisteuerung der Carboxylgruppe Verwendung fand.

E. P. Kennedy und H. A. Barker haben eine direkte Oxydation von Buttersäure zu Acetessigsäure bei Clostridium kluyveri nachgewiesen, bei der die Acetessigsäure also nicht durch eine Rekondensation zweier C_2-Bruchstücke entsteht. Ihre Versuchsergebnisse machen einen Reaktionsmechanismus wahrscheinlich, bei dem die Buttersäure primär an Co-Enzym A gebunden wird, worauf in dieser Bindung eine Dehydrierung zu einem Vinylacetat-Co-Enzymkomplex erfolgt, der dann weiter zur Acetessigsäure-Co-Enzym A-Verbindung oxydiert wird.

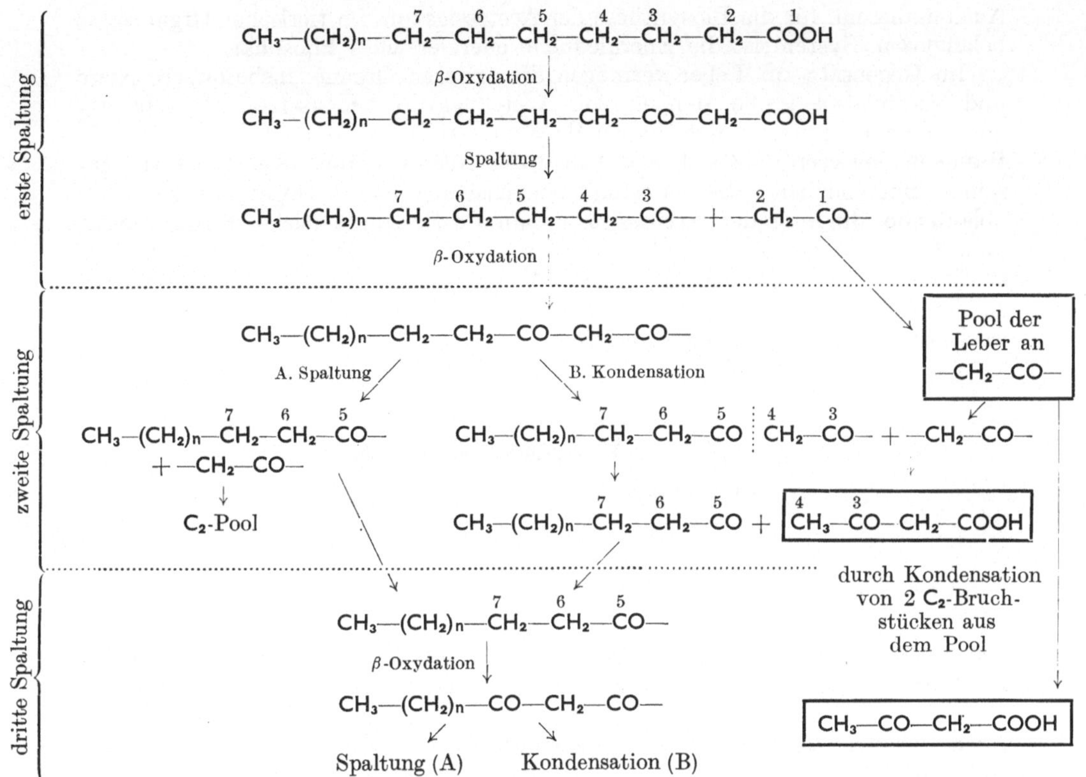

Die Kondensation zweier C_2-Bruchstücke ist eine stark endergonische Reaktion ($\Delta F = +16000$ cal). Ihrer Natur nach ist sie eine Acetylierung und verläuft daher unter Beteiligung des Co-Enzyms A (M. SOODAK und F. LIPMANN). Nach F. LYNEN, E. REICHERT und L. RUEFF entsteht die Acetessigsäure aus dem acetylierten Co-Enzym A („aktiviertes Acetat“, s. auch S. 109):

$$2\,Co\bar{A}{-}S{-}CO{-}CH_3 \rightleftarrows Co\bar{A}{-}S{-}CO{-}CH_2{-}CO{-}CH_3 + Co\bar{A}{-}SH,$$

$$Co\bar{A}{-}S{-}CO{-}CH_2{-}CO{-}CH_3 \xrightleftharpoons{ATP} CH_3{-}CO{-}CH_2{-}COOH + Co\bar{A}{-}SH.$$

Die biochemische Bildung der Acetessigsäure ist demnach ein Analogon zu der CLAISEN-Kondensation. Essigsäure und auch Acetessigsäure können nicht direkt in Acetyl-Co-Enzym A übergehen, sondern nur in Gegenwart von ATP, welche die Energie zur Bildung des acetylierten Co-Enzyms A zur Verfügung stellt. Die Bindung $Co\bar{A}{-}S{-}CO{-}CH_3$ ist energiereich. Letzten Endes stammt also die zur Synthese von Acetessigsäure benötigte Energie aus der Spaltung von energiereichem Phosphat.

E. R. STADTMAN, M. DOUDOROFF und F. LIPMANN haben gezeigt, daß man die Acetessigsäurebildung in Leberextrakten auch durch die Spaltung des gleichfalls energiereichen Acetylphosphats bewirken kann, wenn man dem Reaktionssystem die in Bakterien enthaltene Phosphotransacetylase zusetzt. Hierbei spielen sich die folgenden Reaktionen ab (die zweite Gleichung ist vereinfacht):

$$2\,\text{Acetylphosphat} + 2\,Co\bar{A}{-}SH \xrightleftharpoons{\text{Transacetylase}} 2\,Co\bar{A}{-}S{-}CO{-}CH_3 + 2\,\text{Phosphat},$$

$$2\,Co\bar{A}{-}S{-}CO{-}CH_3 \xrightleftharpoons{\text{Leberencym}} CH_3{-}CO{-}CH_2{-}COOH + 2\,Co\bar{A}{-}SH.$$

Auch in diesem, für die Biosynthese der Acetessigsäure im tierischen Organismus belanglosen, System ist die Energiequelle energiereiches Phosphat.

Im Gegensatz zur Leber vermögen die anderen Organe, insbesondere Niere und Muskulatur, große Mengen von Acetessigsäure umzusetzen. Gleichzeitig und unabhängig voneinander haben H. WIELAND und C. ROSENTHAL sowie F. L. BREUSCH bewiesen, daß sich der Abbau der Acetessigsäure über den Citronensäurecyclus vollzieht. Hierbei erfolgt zunächst eine nur in Gegenwart von ATP ablaufende Bindung der Acetessigsäure an Co-Enzym A (siehe oben), woraus zwei Acetyl-Co-Enzym A erhalten werden, welche sich dann mit Oxalessigsäure zu Citronensäure kondensieren (S. 110). Acetessigsäure ist demnach im Gegensatz zu der älteren Auffassung kein obligates Zwischenprodukt des Fettsäurestoffwechsels. Sie liegt vielmehr in einem Nebenschluß:

$$\begin{array}{c} \text{Fettsäure} \\ \downarrow\uparrow \\ C_2\text{-Bruchstück} \rightleftarrows \text{Acetessigsäure} \\ + \text{Oxalessigsäure} \downarrow\uparrow \\ \text{Citronensäure} \\ \downarrow \\ CO_2 + H_2O \end{array}$$

Um das acetylierte Co-Enzym A treten im Fettstoffwechsel zwei Reaktionen in Konkurrenz: die Kondensation mit Oxalessigsäure, die zu Citronensäure und damit zur Endoxydation zu CO_2 und H_2O führt, und die Kondensation mit einem zweiten C_2-Bruchstück zu Acetessigsäure. Wenn bei Störungen des Kohlenhydratstoffwechsels (z. B. im Hunger oder beim Diabetes mellitus) nicht genügend Oxalessigsäure zur Verfügung steht, wird der Fettstoffwechsel in Richtung der Bildung von Acetessigsäure abgedrängt. S. E. FROHMAN, J. M. ORTEN und A. H. SMITH haben gezeigt, daß beim Diabetes mellitus der Gehalt der Organe nicht nur an Oxalessigsäure, sondern auch an den anderen Gliedern des Citronensäurecyclus bedeutend herabgesetzt ist. Die Muskulatur von Ratten, die reichlich mit Kohlenhydrat gefüttert worden waren, oxydiert in vitro mehr Fettsäuren als die von fettreich ernährten Tieren. Acetessigsäure steht im Organismus durch die β-Oxybuttersäuredehydrase mit β-Oxybuttersäure im Gleichgewicht. Bei allen Zuständen, die zu einer vermehrten Entstehung von Acetessigsäure Anlaß geben, findet man daher eine gleichzeitige Anhäufung von β-Oxybuttersäure. Die β-Oxybuttersäuredehydrase wirkt auf die gesamten homologen β-Säuren ein (K. LANG [*2*]).

Auch die alte Beobachtung, daß nur reichlich Acetonkörper aus Fettsäuren mit einer geraden Anzahl von C-Atomen entstehen, aber nicht aus den ungeradzahligen Fettsäuren, wird leicht verständlich. Denn während aus den geradzahligen Fettsäuren nur C_2-Bruchstücke entstehen, bleibt bei den ungeradzahligen neben den C_2-Bruchstücken Propionsäure übrig, welche, wie schon erwähnt (S. 264), Oxalessigsäure liefert, so daß die C_2-Bruchstücke genügend Oxalessigsäure zur Bildung von Citrat vorfinden. Aus demselben Grunde können im Organismus nur solche Substanzen „antiketogen“ wirken, welche in Oxalessigsäure übergehen, wie z. B. Glucose, Milchsäure, Brenztraubensäure, Asparaginsäure, Alanin.

Die ketogene Wirkung von NH_4Cl, die man leicht in vitro bei Versuchen mit Leberschnitten feststellen kann, beruht auf einer Schwächung des Citronensäurecyclus. Durch die Anwesenheit höherer Konzentrationen des Ammoniumsalzes wird die Umsetzung der α-Ketoglutarsäure vorwiegend in Richtung der Aminierung zu Glutaminsäure abgedrängt. Infolgedessen wird weniger Oxalessigsäure gebildet (R. O. RECKNAGEL und V. R. POTTER).

Acetessigsäure zerfällt spontan in Aceton und CO_2. In kleinerem Umfang wurde die Bildung von Acetessigsäure durch Carboxylierung von Aceton beobachtet. Die Reaktion ist stark endergonisch. Alle Bemühungen, den Umfang der

$$CH_3{-}CO{-}CH_2{-}COOH \rightleftarrows CH_3{-}CO{-}CH_3 + CO_2 \qquad \Delta F = -16000\ \text{cal.}$$

Carboxylierung durch Kopplung an stark energieliefernde Prozesse zu vergrößern, haben bisher zu keinem Erfolg geführt (G. W. E. PLAUT und H. A. LARDY). $C^{14}O_2$ wird von Lebergewebe, aber auch von anderen Organen in Acetessigsäure als Carboxyl-C eingebaut, wenn die Acetessigsäure während des Versuches durch den Abbau von Fettsäuren entsteht. Dagegen nimmt den Versuchsansätzen zugegebene oder durch die Wirkung der β-Oxybuttersäuredehydrase aus β-Oxybuttersäure erhaltene Acetessigsäure keinen C^{14} auf. Die Isopropylgruppe der Isovaleriansäure wird durch Fixierung von $C^{14}O_2$ in Acetessigsäure übergeführt (M. J. COON).

Aceton wird durch die Atemluft und durch den Harn ausgeschieden. Ein nicht unbeträchtlicher Teil des Acetons, ferner auch andere Methylketone können im Stoffwechsel abgebaut werden (F. WINKLHOFER). In Versuchen mit Aceton, dessen beide Methylgruppen durch C^{14} markiert waren, wiesen T. D. PRICE und D. RITTENBERG nach, daß innerhalb von 24 Std rund 50% des radioaktiven C in Form von CO_2 exhaliert wurden. Weiterhin fanden sie den C^{14} noch in folgenden Verbindungen (mit fallender spezifischer Aktivität): Harnstoff, Cholesterin, Glutaminsäure, Häm, Leberglykogen, Asparaginsäure, Arginin, Fettsäuren des Depotfetts. Nach der Verfütterung von $CH_3{-}C^{14}O{-}CH_3$ an Ratten findet man C^{14} in allen Positionen des Leberglykogens, jedoch in einer höheren Aktivität in den C-Atomen 2,5 sowie 3,4 als in 1,6. Der Befund läßt vermuten, daß Aceton über eine C_3-Verbindung (Brenztraubensäure?) unmittelbar in Zucker übergeht (W. SAKAMI und J. M. LAFAYE).

Acetessigsäure entsteht in vivo nicht nur aus Fettsäuren. Schon G. EMBDEN und M. OPPENHEIMER sahen bei Leberdurchströmungsversuchen, daß Brenztraubensäure in Acetessigsäure übergehen kann. H. A. KREBS und W. JOHNSON [1] kamen beim Arbeiten mit Leberschnitten zu demselben Ergebnis. Die Bildung von Acetessigsäure aus Brenztraubensäure via „aktiviertem Acetat" ist nach dem oben Gesagten leicht verständlich. In das Acetessigsäuremolekül gehen das α-C-Atom und das β-C-Atom der Brenztraubensäure ein. Läßt man Lebergewebe auf Brenztraubensäure einwirken, die isotopen C in den Positionen 2 und 3 hat, so entsteht eine Acetessigsäure, die isotopen C auf alle C-Atome gleichmäßig verteilt enthält (D. I. CRANDALL und S. GURIN), und daneben noch unmarkiertes CO_2.

$$\overset{*}{C}H_3{-}\overset{*}{C}O{-}COOH + \overset{*}{C}H_3{-}\overset{*}{C}O{-}COOH \rightarrow \overset{*}{C}H_3{-}\overset{*}{C}O{-}\overset{*}{C}H_2{-}\overset{*}{C}OOH + 2\,CO_2.$$

Eine weitere Quelle für Acetessigsäure sind die beiden aromatischen Aminosäuren Phenylalanin und Tyrosin (S. 228).

Das Vermögen, Acetessigsäure zu bilden und zu zerstören, ist bei den einzelnen Organen verschieden. Eine hohe Anreicherung von Acetessigsäure findet man nur in Versuchen mit Lebergewebe. Dies beruht vermutlich darauf, daß die Leber leicht Acetessigsäure bildet und die Substanz nur schwer abbaut. Nach einer Berechnung von F. L. BREUSCH [2] könnte die Leber eines Menschen im Tage bis zu 300 g Acetessigsäure bilden. Die anderen Organe sind in einem großen Umfang zur Oxydation von Acetessigsäure befähigt. Die Muskulatur kann je Kilogramm Körpergewicht und Stunde 1300 Millimole Ketonkörper umsetzen. Da Acetessigsäure noch rund 75% des Brennwerts von Fett repräsentiert, wurde schon vielfach diskutiert, ob sie nicht als wichtige Betriebssubstanz für den Muskel anzusehen sei und ob sich nicht der Fettstoffwechsel im wesentlichen so vollzieht, daß in der Leber zuerst aus den Fettsäuren Acetessigsäure gebildet wird, die dann den anderen Organen zugeführt und dort verbrannt wird.

Das Blut enthält normalerweise aber nur wenig Acetessigsäure sowie β-Oxybuttersäure und die arteriovenöse Differenz beider Substanzen ist gering. Man muß daraus schließen, daß die Acetessigsäurebildung durch die Leber in der Norm gering ist, und daß der Fettstoffwechsel im wesentlichen über eine Endoxydation der C_2-Bruchstücke via Citronensäurecyclus verläuft. Im übrigen haben auch Versuche mit markierten Fettsäuren gezeigt, daß intakte und eviscerierte Tiere Fettsäuren etwa in gleichem Umfang zu CO_2 verbrennen.

Tabelle 141. *Bildung und Umsetzung von Acetessigsäure in überlebenden Leberschnitten* (S. Weinhouse und R. H. Millington).

	μ Mole Acetessigsäure/g Trockengewicht/2 Std	
	Hungernde Tiere	Gefütterte Tiere
Gebildet	61—92	31—44
Verwertet	51—77	57—90
Oxydiert	11—16	18—30
O_2-Verbrauch μ Mole	457—930	596—848

Beim Menschen nimmt bei längerem Hungern der Gehalt des Blutes an Ketonkörpern beträchtlich zu. Schon am dritten bis vierten Hungertage werden im arteriellen Blut Werte von 60—90 mg-% erreicht. Je höher der Ketonkörperspiegel des Blutes wird, um so größer wird auch die arteriovenöse Differenz. Sie kann 7 mg-% und mehr erreichen (A. Gammeltoft). Nimmt man an, sie betrage 7 mg-% und es fließen 3 Liter Blut je Minute durch Muskulatur und Nieren, so entspräche dies einem Umsatz von 200 mg Acetessigsäure in der Minute. Auf Grund der von Gammeltoft gleichzeitig gemessenen Sauerstoffaufnahme der Versuchspersonen ergibt sich, daß im Hunger 50—85% des verbrauchten Sauerstoffs zur Oxydation von Acetessigsäure Verwendung finden. Demnach verläuft der Fettstoffwechsel im Hunger beim Menschen anomal, und zwar in großem Umfang über eine intermediäre Bildung von Acetessigsäure in der Leber und Verbrennung der Ketonkörper in der Peripherie. Die Verschiebung des Fettumsatzes in der Richtung auf die Kondensation des C_2-Bruchstücks zu Acetessigsäure an Stelle der Kondensation mit Oxalessigsäure zu Citronensäure dürfte auf der Erschöpfung des Kohlenhydratbestandes der Leber und der dadurch bedingten Verarmung an Oxalessigsäure beruhen. Bei Tieren (Ratten, Katzen, Kaninchen) liegen die Verhältnisse anders. Bei ihnen nimmt im Verlauf des Hungers der Ketonkörpergehalt des Blutes nicht so stark zu wie beim Menschen. Der Fettstoffwechsel verläuft demnach bei ihnen auch im Hunger in erster Linie über die Endoxydation des C_2-Bruchstücks via Citronensäurecyclus.

In gewissem Umfang ist die Aufschlüsselung des Fettsäurestoffwechsels in die Kondensation des C_2-Bruchstücks zu Citronensäure oder zu Acetessigsäure innersekretorisch gesteuert. Durch Verabreichung von Hypophysenvorderlappenextrakten läßt sich der Gehalt des Blutes an Ketonkörpern beträchtlich steigern. Näheres über den hierbei wirksamen Faktor ist noch nicht bekannt. Es steht lediglich fest, daß keines der sechs bisher aus dem Hypophysenvorderlappen kristallisiert dargestellten Hormone für diesen Effekt verantwortlich zu machen ist (R. W. Payne).

Versuche an angiostomierten Hunden haben gleichfalls gezeigt, daß die Leber normalerweise wenig Acetonkörper liefert. S. Weinhouse und R. H.

MILLINGTON haben den Umfang der Acetessigsäurebildung und Acetessigsäurezerstörung aus der Isotopenverdünnung von markierter Acetessigsäure (CH_3—$C^{13}O$—CH_2—$C^{13}OOH$) und der Bildung von $C^{13}O_2$ bei der Inkubation mit überlebenden Leberschnitten gemessen. Ihre Versuchsergebnisse (Tabelle 141) zeigen, daß Leberschnitte gefütterter Ratten nur wenig Acetessigsäure bilden und diese dann praktisch vollständig oxydieren. Die Lebern von Tieren, die 24 Std gehungert haben, bilden deutlich mehr Acetessigsäure. In beiden Versuchsreihen (gefütterte und hungernde Ratten) macht die Oxydation der entstandenen Acetessigsäure nur einen kleinen Bruchteil (bis zu 25%) des veratmeten Sauerstoffs aus. In Nierenschnitten fanden die Autoren eine nur geringe Bildung von Acetessigsäure und eine zehnmal so starke Oxydation der Substanz wie in Leberschnitten.

10. Die mehrfach ungesättigten Fettsäuren.

G. O. BURR und M. M. BURR haben festgestellt, daß junge Ratten bei einem peinlichst von allen Fettspuren befreiten, jedoch mit den fettlöslichen Vitaminen ergänzten Futter charakteristische Mangelsymptome entwickeln, die nach sechs bis sieben Monaten fettfreier Ernährung zum Tode der Versuchstiere führen. Die Arbeitskreise von G. O. BURR und von H. M. EVANS zeigten dann, daß sich die Ausfallserscheinungen verhüten bzw. heilen lassen, wenn man den Tieren kleine Zulagen an bestimmten, mehrfach ungesättigten Fettsäuren gibt. Man pflegt diese lebensnotwendigen, höher ungesättigten Säuren als „essentielle" Fettsäuren zu bezeichnen. Die wichtigsten sind Linolsäure ($\Delta^{9,12}$-Octadecandiensäure) und Arachidonsäure ($\Delta^{5,8,11,14}$-Eikosantetraensäure). Die prophylaktische, für ein optimales Wachstum benötigte Linolsäuredosis beträgt für weibliche Ratten 10—20 mg im Tag, für männliche Tiere ungefähr das Fünffache. An Linolensäure wurden über 200 mg gebraucht.

Es ist noch weitgehend unbekannt, welche Funktion die essentiellen Fettsäuren im Organismus haben. Man vermutet, daß sie eine Bedeutung für die Regulation des Fettstoffwechsels haben. Sie steuern die Resorption der Fette aus dem Darm und die Speicherung der Fettsäuren im Depotfett. Neuere Untersuchungen über die Beeinflussung von Fermentaktivitäten in den Zellen durch Mangel an den essentiellen Fettsäuren lassen vermuten, daß sie als Bausteine der Lipoide der Mitochondrien von Wichtigkeit sein könnten (H. O. KUNKEL und J. N. WILLIAMS jr.).

Auch andere junge, wachsende Tiere haben sich als empfindlich gegen einen Mangel an den essentiellen Fettsäuren erwiesen (z. B. Kücken, Hunde, Schweine, Mäuse). Dagegen war es bis in die neueste Zeit unmöglich, Mangelsymptome an erwachsenen Tieren zu erzeugen. V. H. BARKI, N. NATH, E. B. HART und C. A. ELVEHJEM haben dann schließlich unter ganz bestimmten Voraussetzungen Mangelzustände bei erwachsenen Ratten hervorrufen können. Durch Verfütterung eines an den essentiellen Fettsäuren freien Futters erhält man bei erwachsenen Ratten keine krankhaften Erscheinungen. Wenn man aber die Tiere zunächst rein calorisch mit einem qualitativ richtig zusammengesetzten Futter unterernährt, so daß sie schwere Körpergewichtsverluste aufweisen, und ihnen dann in genügender Menge eine Mangeldiät bezüglich der essentiellen Fettsäuren gibt, sind sie nicht in der Lage, die Gewichtsverluste wieder aufzuholen, und entwickeln die typischen Hautsymptome. Zulagen von Linolsäure bewirken eine sofortige Gewichtszunahme und verhüten die Hautsymptome. Enthält man den Tieren jedoch bei dieser Versuchsanordnung die essentiellen Fettsäuren längere Zeit hindurch vor, so sieht man bei einem hohen Prozentsatz der Tiere auch ohne alle Zulagen Spontanheilungen. Ob auch der Mensch auf die Zufuhr der essentiellen Fettsäuren angewiesen ist, ist unbekannt, jedoch zu vermuten.

Die erwähnten Befunde weisen darauf hin, daß der junge, wachsende Organismus und der alte, erwachsene dann, wenn er neue Körpersubstanz aufbauen muß, der Zufuhr der essentiellen Fettsäuren bedürfen. Es erscheint aber fraglich, ob die essentiellen Fettsäuren für den normalen Zellstoffwechsel unentbehrlich sind. Jedenfalls kann der Bedarf, falls ein solcher für den Erwachsenen bestehen sollte, nur klein sein. Bezüglich des Zusammenhanges zwischen chemischer Konstitution und Wirksamkeit von mehrfach ungesättigten Fettsäuren sei auf die Arbeit von P. KARRER und H. KOENIG verwiesen. Voraussetzung für eine biologische Wirkung ist offensichtlich, daß zwischen den Doppelbindungen aktivierte Methylengruppen stehen. Als wirksam haben sich jeweils nur die cis-Formen erwiesen.

K. BERNHARD und R. SCHOENHEIMER reicherten das Körperwasser von Tieren mit D_2O an und fanden, daß nach kurzer Zeit alle Körperfettsäuren mit Ausnahme der essentiellen Deuterium enthielten. Damit war der Beweis geliefert, daß der Organismus die essentiellen Fettsäuren nicht aufzubauen vermag. K. LANG stellte fest, daß einfach ungesättigte Fettsäuren, z. B. Ölsäure, nicht weiter zu mehrfach ungesättigten Fettsäuren dehydriert werden.

Über den Stoffwechsel der essentiellen Fettsäuren ist man nur mangelhaft unterrichtet. Ursache sind die großen methodischen Schwierigkeiten, welche diesen Untersuchungen entgegenstehen. In der neueren Zeit wurden einige Einblicke in den Stoffwechsel der stärker ungesättigten Fettsäuren mit Hilfe folgenden Verfahrens gewonnen: bei der Behandlung mit Alkali verschieben sich die Doppelbindungen in den essentiellen Fettsäuren, so daß sie konjugiert und dadurch spektrophotometrisch durch ihre UV-Absorption meßbar werden.

I. G. RIECKEHOFF, R. T. HOLMAN und G. O. BURR stellten fest, daß die Organe von Ratten selbst nach einer 10 Monate langen fettfreien Ernährung noch beträchtliche Mengen an Polyensäuren enthalten. Jedoch nimmt der Gehalt an ihnen im Verlauf der Zeit gegenüber dem anfänglichen Bestand deutlich ab. Verfütterung von Stearinsäure oder Ölsäure hat auf die Menge an Polyensäuren in den Organen keinen Einfluß. Dagegen bewirkte eine Zulage von Linolsäure eine beträchtliche Vermehrung der Arachidonsäure in den Geweben und Gaben von Linolensäure führten zu einer Steigerung des Gehalts der Gewebe an Hexaensäuren. Die neu entstehenden Polyensäuren erscheinen zuerst in den Phosphatiden. Von den verabreichten Polyensäuredosen wird nur ein kleiner Bruchteil in den Organen abgelagert (C. WIDMER und R. T. HOLMAN; R. T. HOLMAN und T. S. TAYLOR).

Ein gutes Studienobjekt für den Stoffwechsel der höher ungesättigten Fettsäuren sind Vögel, deren Körperfett reich an Polyensäuren ist und die in ihren Eiern, und zwar in erster Linie im Dotter, laufend große Mengen solcher Säuren abgeben. Nach den Untersuchungen von R. REISER legen Hühner bei einer fettfreien Diät noch etwa 14 Wochen lang Eier mit einem normalen Gehalt an Polyensäuren. Dann nehmen die Polyensäuren langsam ab und an ihre Stelle tritt Ölsäure. Die Schlupffähigkeit der Eier wird jedoch durch diese Veränderung der chemischen Zusammensetzung nicht beeinträchtigt und auch die Zahl der produzierten Eier bleibt unverändert. Diese Befunde lassen vermuten, daß die Hühner die kleinen Mengen an Polyensäuren, welche sie tatsächlich benötigen, selber bilden können. Die von REISER erhobenen Befunde sind in der Tabelle 142 zusammengestellt. Der Ersatz größerer Mengen der Polyensäuren durch Ölsäure läßt vermuten, daß hier das physikalisch-chemische Verhalten des Fetts für die Funktion wichtiger ist als die Zusammensetzung. Die Verabreichung von Linolsäure führte zur Ablagerung von Diensäuren, Tetraensäuren und Pentaensäuren.

Tabelle 142. *Der Gehalt des Eidotters an Polyensäuren bei Verfütterung einer fettfreien Diät an Hühner* (R. REISER).

Versuchsdauer Wochen	Gesättigte Säuren	Ölsäure	Diensäuren	Triensäuren	Tetraensäuren	Pentaensäuren	Hexaensäuren
	Zusammensetzung der Neutralfette des Eigelbs in %						
0	31	53	14,4	0,18	1,43	2,51	1,12
5	28	69	2,6	0,19	0,72	0,72	0,42
14	31	67	1,3	0,22	0,43	0,43	0,00
18	27	70	1,9	0,31	0,00	0,00	0,00
52	30	68	1,2	0,42	0,00	0,00	0,00
	Zusammensetzung der Phosphatidfettsäuren des Eigelbs in %						
0	—	—	20,1	0,00	9,1	9,20	3,79
5	—	—	4,7	1,1	4,4	6,09	2,55
17	—	—	4,1	3,7	2,7	3,38	0,00
52	—	—	2,7	2,3	2,2	3,50	0,00

Gaben von Linolensäure bewirkten Speicherungen von Säuren mit 2, 3, 4, 5 und 6 Doppelbindungen. Diese Befunde differieren etwas von den bei Ratten erhaltenen, wo Linolsäure Tetraensäuren und Hexaensäuren, Linolensäure Tetraensäuren, Pentaensäuren und Hexaensäuren liefert.

Polyensäuren mit einer mittleren C-Atomzahl und konjugierten Doppelbindungen werden vom Organismus oxydiert (R. KUHN, F. KÖHLER und H. KÖHLER). Man kann ihren Abbau durch Amidierung der Carboxylgruppe verhindern. In diesem Falle werden sie durch ω-Oxydation in Dicarbonsäuren verwandelt, die im Harn ausgeschieden werden (Tabelle 143). Dieser Befund reiht sich in die bezüglich der ω-Oxydation von Fettsäuren erhaltenen Gesetzmäßigkeiten ein.

Tabelle 143. *ω-Oxydation der Amide von Polyensäuren* (R. KUHN, F. KÖHLER und H. KÖHLER).

Verfütterte Substanz	Aus dem Harn isolierte Substanz
$CH_3—CH{=}CH—CH{=}CH—CONH_2$ Sorbinsäureamid	$HOOC—CH{=}CH—CH{=}CH—CONH_2$ Muconamidsäure
$CH_3—CH{=}CH—CH{=}CH—CH{=}CH—CONH_2$ Octatriensäureamid	$HOOC—CH{=}CH—CH{=}CH—CH{=}CH—CONH_2$ Hexatrien-1,6-dicarbonamidsäure
$CH_3—CH{=}CH—CH{=}CH—CH{=}CH—CH{=}CH—CONH_2$ Decatetraensäureamid	$HOOC—CH{=}CH—CH{=}CH—CH{=}CH—CH{=}CH—CONH_2$ Octatetraen-1,8-dicarbonamidsäure

Im Gegensatz zur Pflanze verfügt der tierische Organismus über kein Enzym zum Abbau der Polyensäuren („Lipoxydase"). Jedoch dürften nichtenzymatische Katalysen der Fettsäureoxydation vorkommen. In vitro sind zahlreiche Substanzen als Katalysatoren bei der Autoxydation von Polyensäuren wirksam, z. B. Eisensalze, Eisen-Porphyrinverbindungen, Sulfhydrylverbindungen (Cystein, Glutathion, Thioglykolsäure), Ascorbinsäure, Aminosäuren, Amine und Carotinoide. Die Frage der Autoxydation der vielfach ungesättigten Fettsäuren hat im Zusammenhang mit dem Problem des Fettverderbs eine große praktische Bedeutung. Neben diesen Katalysatoren der Fettsäureoxydation findet man im biologischen Material auch Hemmstoffe derselben, die man als „Antioxydantien" zu bezeichnen pflegt. Zu ihnen gehören unter anderem die Tokopherole, Adrenalin und Thyroxin.

In den Pflanzen spielt die enzymatische Oxydation der Polyensäuren durch die Lipoxydase eine große Rolle. Das Enzym wurde kristallisiert erhalten. Bei der Einwirkung der Lipoxydase entsteht als Hauptprodukt ein Fettsäurehydroperoxyd. Daneben entsteht noch etwas Brückenperoxyd. Diese Reaktionen sind die ersten Stufen einer langen Reaktionskette, welche schließlich zur völligen Oxydation der Fettsäurekette führen kann. Näheres bezüglich der enzymatischen

$$-CH{=}CH{-}CH_2{-}CH{=}CH-$$

$$\swarrow \qquad \searrow$$

$$-CH{=}CH{-}\underset{\substack{|\\ O-OH}}{CH}{-}CH{=}CH- \qquad -CH_2{-}\underset{\substack{|\\ O}}{CH}{-}\underset{\substack{|\\ O}}{CH}-$$

Fettsäurehydroperoxyd — Brückenperoxyd

und nichtenzymatischen Fettsäureoxydation findet man in den zusammenfassenden Darstellungen von S. Bergström und R. T. Holman und von W. Franke [2].

11. Die Transacetylierung.

Im Organismus werden mancherlei Stoffe acetyliert, z. B. Aminosäuren, p-Aminobenzoesäure, Sulfonamide und Cholin, um nur die bekanntesten Substanzen herauszugreifen. Dabei wird entweder eine OH-Gruppe oder eine NH_2-Gruppe acetyliert. K. Bernhard [5] hat in Versuchen, in denen er deuterierte Essigsäure verfütterte, bewiesen, daß der größte Teil der Acetylgruppen im intermediären Stoffwechsel entsteht. In seinen Versuchen stammten nur etwa 10% des Acetyls aus der verfütterten Essigsäure.

Einen näheren Einblick in die Acetylierungsvorgänge erbrachten Versuche in vitro mit Organhomogenaten. Leberhomogenate acetylieren zugesetztes Sulfanilamid mit großer Geschwindigkeit. Zusatz von Acetat verbessert die Ausbeute an acetyliertem Sulfanilamid beträchtlich. Aber auch Pyruvat und Acetoacetat sind in dieser Beziehung, wenn auch in einem etwas geringeren Umfang, wirksam. Unter anaeroben Bedingungen findet keine Acetylierung statt, es sei denn, man setzt ATP zu. Die Acetylierung verlangt daher die Zufuhr von Energie.

F. Lipmann und N. O. Kaplan haben das bei der Acetylierung beteiligte Enzymsystem näher untersucht. Sie fanden, daß eine Acetylierung nur dann verläuft, wenn neben den Enzymen noch ein wasserlösliches Co-Enzym, ATP, Cystein und ein Acetyldonator, etwa Essigsäure, vorhanden sind. Das wasserlösliche Co-Enzym wurde von Lipmann und Kaplan Co-Enzym A genannt. Es erwies sich als pantothensäurehaltig. F. Lipmann, N. O. Kaplan, G. D. Novelli und L. C. Novelli haben es aus Schweineleber isoliert.

Der Mechanismus der Transacetylierung wurde von F. Lynen, E. Reichert und L. Rueff aufgeklärt (siehe auch S. 109). Bei allen Acetylierungen entsteht ein am Schwefel acetyliertes Co-Enzym A als Zwischenprodukt, das dann die Acetylgruppe an einen geeigneten Acetylacceptor abgibt, z. B. Sulfanilamid,

$$\text{Acetylierter Donator} + Co\bar{A}{-}SH \rightleftarrows \text{Donator} + Co\bar{A}{-}S{-}CO{-}CH_3,$$

$$Co\bar{A}{-}S{-}CO{-}CH_3 + \text{Acceptor} \rightleftarrows Co\bar{A}{-}SH + \text{acetylierter Acceptor.}$$

Cholin, Oxalessigsäure. Die Acetyl-S-Bindung ist energiereich. Zu ihrer Bildung muß daher Energie aufgewendet werden. ΔF beträgt etwa + 12000 cal. Über die dabei in Frage kommenden energieliefernden Reaktionen siehe S. 109.

Für die Funktion des Co-Enzyms A ist die Unversehrtheit seiner SH-Gruppe Voraussetzung. Alle Eingriffe, welche die SH-Gruppe zerstören, vernichten daher auch die Wirksamkeit des Co-Enzyms A, so z. B. Oxydationsmittel, welche das Co-Enzym in sein Disulfid verwandeln, oder Jodacetat, welches durch Reaktionen mit SH-Gruppen diese blockiert. Man muß daher bei allen Versuchen

$$2\,\overline{CoA}{-}SH \underset{+2H}{\overset{-2H}{\rightleftarrows}} \overline{CoA}{-}S{-}S{-}\overline{CoA}$$
aktiv inaktiv

$$R{-}SH + JCH_2{-}COOH \rightarrow R{-}S{-}CH_2{-}COOH + HJ$$

über Transacetylierungen in vitro Cystein, Glutathion oder ein anderes Reduktionsmittel zusetzen.

Die Transacetylierung ist das Ergebnis von drei Prozessen. Der erste besteht in der Acetylierung des Co-Enzym A durch Acetyltransferasen, die Acetyl von einem geeigneten Donator auf das Co-Enzym A übertragen. Die wichtigsten Donatoren sind Brenztraubensäure und Acetessigsäure, ferner bei niederen Lebewesen Acetylphosphat. In dem zweiten Prozeß transportiert das acetylierte Co-Enzym A die Acetylgruppe zu dem Acceptorsystem. Der dritte Prozeß umfaßt dann die Acetylierung des Acceptors durch Acetokinasen.

Daß sich die Natur beim Aufbau der „aktivierten Essigsäure“ nicht einer energiereichen Acylphosphatbindung, sondern der energiereichen Acylmercaptanbindung bedient, hat nach LYNEN und Mitarbeitern vermutlich den Grund, daß die Acylmercaptanbindung unter physiologischen p_H- und Temperaturbedingungen absolut beständig ist, während Acylphosphate unbeständig sind und einer Hydrolyse anheimfallen.

Die große Bedeutung der Transacetylierungen für den lebenden Organismus ergibt sich allein schon daraus, daß auch die Citronensäurebildung aus Brenztraubensäure oder Essigsäure bzw. Acetessigsäure eine Transacetylierung darstellt, und daß damit die Transacetylierung ein unentbehrliches Glied der Endoxydation der Nährstoffe ist. Auch die Rekondensation der bei der β-Oxydation der Fettsäuren entstehenden C_2-Verbindungen ist eine Transacetylierung. Letztere Reaktion ist stark endergonisch (ΔF + 16000 cal). Vielleicht treten auch die bei der einfachen β-Oxydation der Fettsäuren auftretenden Zwischenglieder mit 16, 14, 12, 10, 8 und 6 C-Atomen nicht frei, sondern nur an Co-Enzym A in Form der Acylmercaptanbindung gebunden auf.

Als Bestandteile von Co-Enzym A wurden Adenin, Ribose, Phosphorsäure, Pantothensäure und Mercaptoäthanolamin nachgewiesen. Die Zusammensetzung des Co-Enzyms weist demnach Parallelen zu der der anderen bekannten Co-Enzyme (Co-Dehydrasen, Flavinnucleotide) auf. Die Konstitution ist noch unbekannt. Die bisherigen Erfahrungen sprechen für folgende Bindungsverhältnisse:

Pantothensäure-β-Alanin-Mercaptoäthanolamin,
|
Phosphorsäure-Phosphorsäure-Ribose-Adenin,
|
Phosphorsäure.

In der Taubenleber wurde ein Enzym aufgefunden, welches die Bindung zwischen Mercaptoäthanolamin und β-Alanin sprengt (T. E. KING und F. M. STRONG). Durch Einwirkung von Darmphosphatasen erhält man den Rest Pantothensäure—β-Alanin—Mercaptoäthanolamin, der mit dem Wachstumsfaktor für Lactobacillus bulgaricus (L.B.F.) identisch ist. Hunden intravenös injiziertes Co-Enzym A wird rasch zerstört (W. M. GOVIER und A. J. GIBBONS).

Im Pantothensäuremangel ist die Fähigkeit der Leber, Substanzen zu acetylieren (Test Acetylierung von p-Aminobenzoesäure), herabgesetzt. Bei jungen, wachsenden Ratten erfolgt die Reduktion der Acetylierung schon sehr bald nach Beginn der pantothensäurearmen Ernährung. Bei erwachsenen Ratten dauert es zwei Monate.

Ein der Transacetylierung analoger Prozeß ist die Transsuccinylierung. D. R. SANADI und J. W. LITTLEFIELD haben gezeigt, daß die Decarboxylierung der α-Ketoglutarsäure zu Bernsteinsäure durch Zusatz von Sulfanilamid, Co-Enzym A und einem Taubenleberextrakt so geleitet werden kann, daß Succinylsulfanilamid entsteht. Als Intermediärprodukt ist ein succinyliertes Co-Enzym A anzunehmen. Näheres siehe S. 114. Ein weiterer analoger Prozeß ist die S. 265 erwähnte Propionylierung.

12. Die Endoxydation im Fettstoffwechsel und der Abbau der Essigsäure.

Die Endoxydation im Fettsäurestoffwechsel vollzieht sich über den Citronensäurecyclus, indem das aus Acetyl-Co-Enzym A bestehende C_2-Bruchstück, das bei der β-Oxydation der Fettsäuren entsteht, mit Oxalessigsäure zu Citronensäure kondensiert wird. Näheres über den Mechanismus dieser Reaktion findet man S. 106. Die Acetessigsäure liegt, wie ausführlich begründet, in einem Nebenschluß.

Auch Essigsäure wird über den Citronensäurecyclus abgebaut. T. Thunberg hatte schon 1920 die Vermutung ausgesprochen, daß Essigsäure zu Bernsteinsäure dehydriert wird. Den experimentellen Beweis hierfür erbrachten H. Wieland und R. Sonderhoff. Da aber in Ansätzen mit trideuterierter Essigsäure eine nur 50% der eingesetzten Deuteriummenge enthaltende Bernsteinsäure entstand, konnte die Bernsteinsäure unmöglich so, wie es Thunberg angenommen hatte, durch eine direkte Dehydrierung von zwei Molen Essigsäure entstanden sein (R. Sonderhoff und H. Thomas). Eine Aufklärung des beim Abbau der Essigsäure waltenden Reaktionsmechanismus erbrachten dann die Arbeiten von F. Lynen. Entscheidend war die Beobachtung, daß die Essigsäure nur in Anwesenheit von Oxalessigsäure abgebaut wird, und daß bei einer an oxydierbaren Substraten verarmten Hefe zugesetztes Acetat nicht sofort, sondern erst nach einer Induktionszeit umgesetzt wird. Die Induktionszeit ließ sich durch Zusatz kleiner Mengen einer dehydrierbaren Substanz (Alkohol, Acetaldehyd, Glucose) stark verkürzen. Dies wies darauf hin, daß die Essigsäure zuerst durch einen mit einem Oxydationsprozeß gekoppelten Vorgang in eine „aktivierte Essigsäure" verwandelt werden muß. Die aktivierte Essigsäure wurde dann von Lynen, Reichert und Rueff wie schon erwähnt, als acetyliertes Co-Enzym A identifiziert. Aus Essigsäure, Acetessigsäure, höheren β-Ketosäuren und den anderen Fettsäuren entsteht immer dieselbe aktivierte Essigsäure.

Daß sich der Abbau der Essigsäure über den Citronensäurecyclus vollzieht, wurde in Versuchen mit markiertem Acetat immer wieder bestätigt. In derartigen Untersuchungen mit isotopen C enthaltendem Acetat wurden die entsprechend markierten Glieder des Citronensäurecyclus (α-Ketoglutarsäure, Bernsteinsäure, Fumarsäure, Äpfelsäure, Oxalessigsäure, bzw. mit diesen Säuren in einem Stoffwechselgleichgewicht stehenden Substanzen) isoliert.

Die Überführbarkeit der Essigsäure in das äußerst reaktionsfähige, da energiereiche Acetyl-CoA bedingt es, daß der Organismus Essigsäure zur Synthese zahlreicher mehr oder minder komplizierter Verbindungen verwenden kann wie Fettsäuren, Sterine, Purine, Porphyrine, Kohlenhydrate, Aminosäuren. Näheres über die angedeuteten Reaktionen findet man bei der Besprechung der einzelnen Substanzen.

13. Ameisensäure.

Es ist schon lange bekannt, daß der Mensch kleine Mengen Ameisensäure (etwa 30 mg im Tag) ausscheidet. Die Herkunft der Substanz blieb lange rätselhaft. In der neueren Zeit hat es sich herausgestellt, daß Ameisensäure im intermediären Stoffwechsel eine größere Rolle spielt. In Versuchen mit Leberschnitten oder Leberhomogenaten wurde mit Hilfe von markierten Substanzen festgestellt, daß labile Methylgruppen zu Formiat oxydiert werden, z. B. die Methylgruppen von Methionin und Cholin (P. SIEKEVITZ und D. M. GREENBERG) sowie von Sarkosin (C. G. MACKENZIE) und Betain. So wurde nach der Verfütterung von Sarkosin oder Betain, die $C^{14}H_3$ enthielten, eine Ausscheidung von radioaktiver Ameisensäure festgestellt. Auch das β-C-Atom des Serins und das α-C-Atom des Glykokolls liefern Ameisensäure. Die Ameisensäurebildung aus Methionin wird durch Äthionin gehemmt. Beim Übergang der Methylgruppe des Sarkosins in Ameisensäure ließ sich Formaldehyd durch Abfangen mit Dimedon als Zwischenprodukt nachweisen.

Ameisensäure wird vom Organismus zu verschiedenen Reaktionen verwendet. Beispiele sind die Bildung von Serin aus Glykokoll oder die Beteiligung der Ameisensäure bei der Purinsynthese, bei der sie die C-Atome 2 und 8 des Purinrings beisteuert (S. 342).

Methionin: $CH_2{-}S{-}\overset{*}{C}H_3$ / CH_2 / $H{-}C{-}NH_2$ / $COOH$ → $H{-}\overset{*}{C}OOH$

Serin: $\overset{*}{C}H_2OH$ / $H{-}C{-}NH_2$ / $COOH$ → $H{-}\overset{*}{C}OOH$

Glykokoll: $\overset{*}{C}H_2{-}NH_2$ / $COOH$ → $H{-}\overset{*}{C}OOH$

Cholin: CH_2OH / $CH_2{-}N(\overset{*}{C}H_3)_3OH$ → $H{-}\overset{*}{C}OOH$

Betain: $COOH$ / $CH_2{-}N(\overset{*}{C}H_3)_3OH$ → $H{-}\overset{*}{C}OOH$

Sarkosin: $CH_2{-}NH(\overset{*}{C}H_3)$ / $COOH$ → $H{-}\overset{*}{C}OOH$

Der tierische Organismus vermag kleinere Mengen Ameisensäure zu CO_2 und H_2O zu oxydieren. M. B. MATTHEWS und B. VENNESLAND wiesen in Leber und Niere ein lösliches Enzym nach, daß diese Oxydation katalysiert, in anderen Organen aber nur in einer sehr geringen Aktivität enthalten ist. Es wird durch ATP aktiviert. Durch diese Eigenschaften unterscheidet es sich scharf von der pflanzlichen Formico-Dehydrase, die durch ATP nicht beeinflußbar ist. Das pflanzliche Ameisensäure dehydrierende Enzymsystem, das in den Samen in hoher Aktivität vorhanden ist, besteht aus zwei Enzymen, von denen das eine Ameisensäure zu CO_2 dehydriert und den Wasserstoff zur Hydrierung von Co-Cymase verwendet, während das zweite Enzym die hydrierte Co-Dehydrase wieder oxydiert, indem es den Wasserstoff auf Methylenblau oder einen anderen Wasserstoffacceptor überträgt. Vielleicht ist dieses zweite Enzym ein gelbes Ferment.

$$H{-}COOH + Co \rightarrow CO_2 + CoH_2,$$
$$CoH_2 + \text{Methylenblau} \rightleftarrows Co + \text{Leukomethylenblau}.$$

14. Phosphatide.

Der Organismus kann Lecithin aus seinen Bestandteilen Glycerin, Fettsäuren, Phosphorsäure und Cholin aufbauen. Der begrenzende Faktor für diese Synthese ist unter Umständen Cholin (S. 142). Das zur Bildung von Cephalin benötigte Aminoäthanol kann im intermediären Stoffwechsel in dem erforderlichen Ausmaß bereitgestellt werden.

Die meisten Untersuchungen über Aufbau und Abbau der Phosphatide sind mit Hilfe des radioaktiven P^{32} durchgeführt worden. Ausführliche Zusammenfassungen über die damit erzielten Resultate verdanken wir G. HEVESY sowie I. L. CHAIKOFF und D. B. ZILVERSMIT. Die Phosphatide befinden sich in einem dynamischen Gleichgewicht mit dem Stoffwechsel-Pool ihrer Vorstufen. Die Geschwindigkeit des Einbaus von P^{32} in die Phosphatide nach der Injektion von anorganischem P^{32} enthaltendem Phosphat in ein intaktes Tier erfolgt in den einzelnen Organen mit unterschiedlicher Geschwindigkeit, und zwar in Leber, Darmschleimhaut und Niere rasch, in Muskel, Gehirn und roten Blutkörperchen langsam (Tabelle 144).

Tabelle 144. *Spezifische Aktivität des Lipoid-P verschiedener Organe beim Hund nach der Injektion von markiertem Phosphat* (CHAIKOFF und ZILVERSMIT).

Stunden nach der intraperitonealen Injektion	Prozente des injizierten P^{32} je Gramm Phosphatid-P				
	Plasma	Leber	Niere	Dünndarm	Muskel
6	3,8	8,0	4,8	3,8	0,15
18	8,3	8,5	5,3	5,0	0,38
36	10,5	10,3	7,3	9,5	0,30
96	7,0	6,5	6,8	5,3	2,5

Ursache für die geringe Phosphatidbildungsgeschwindigkeit in Gehirn, Muskel und Erythrocyten ist das langsame Eindringen von anorganischem Phosphat in diese Zellen. Dagegen wird anorganisches Phosphat rasch von den Zellen der Leber, Niere und des Darmes aufgenommen. Lecithin und Cephalin werden mit etwa derselben Geschwindigkeit gebildet. In den einzelnen Organen ergeben sich allerdings kleinere Unterschiede. Leber und Darmwand bauen rascher Lecithin als Cephalin auf (E. CHARGAFF [2]), im Gehirn ist das Umgekehrte der Fall. Im Restkörper (Carcass) ist die Bildungsgeschwindigkeit beider Lipoide gleich. Sphingomyeline werden wesentlich langsamer aufgebaut als Lecithine und Cephaline. Die Phosphatidsynthese ist vom Funktionszustand der Nebennieren unabhängig. Auch nebennierenlose Tiere sind zur Phosphatidbildung befähigt.

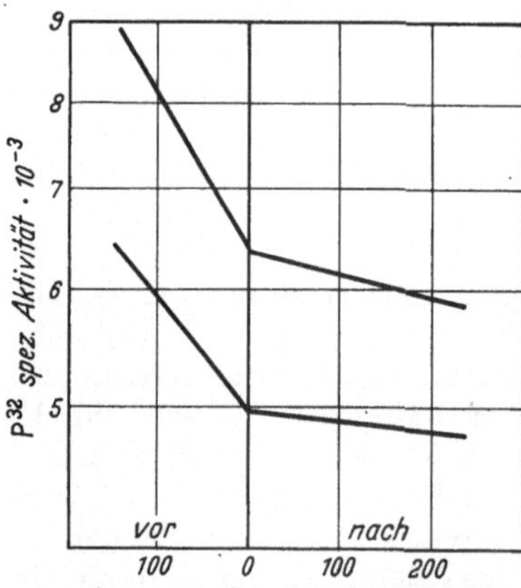

Abb. 21. Verschwinden injizierter markierter Phosphatide aus dem Plasma von Hunden vor und nach der Leberexstirpation (I. L. CHAIKOFF und D. B. ZILVERSMIT).

Bei den Säugetieren entstehen die Plasmaphosphatide im wesentlichen in der Leber. Nach der Entfernung der Leber können sie praktisch keine Plasmaphosphatide mehr bilden. Die Leber ist auch das Organ, in dem die Plasmaphosphatide wieder abgebaut werden. Nach der intravenösen Injektion von markierten Phosphatiden findet man sie innerhalb kurzer Zeit in der Leber angereichert. Bei leberlosen Tieren bleibt die Aktivität injizierter Phosphatide im Plasma praktisch unverändert (Abb. 21). Diese Funktion der Leber bezüglich Abgabe der Phosphatide an das Blut und Aufnahme der Phosphatide aus dem Blut spiegelt sich in der Turnover-Time der Plasmaphosphatide vor und nach der Leberexstirpation wider (Tabelle 145). Die durchschnittliche

Tabelle 145. *Turnover-Time der Plasmaphosphatide beim Hund, mit* P^{32} *bestimmt* (CHAIKOFF und ZILVERSMIT).

	Turnover-Time in Minuten			
Vor Leberexstirpation	380	410	420	580
Nach Leberexstirpation	2250	4750	3400	9500

Lebensdauer der Plasmaphosphatide beträgt beim Hund 380—580 min, beim leberlosen Tier das 10—30fache.

Untersuchungen über die Plasmalipoidbildung mit Hilfe von markierten Fettsäuren bestätigten die mit P^{32} erhaltenen Befunde. Hunde, die C^{14}-Palmitinsäure in Form von Tripalmitin erhalten hatten, bauten große Mengen der markierten Fettsäuren in ihre Plasmaphosphatide ein. Leberlose Tiere waren dazu nicht in der Lage (D. S. GOLDMAN, I. L. CHAIKOFF, W. O. REINHARDT, C. ENTENMAN und W. G. DAUBEN). Ein hoher Prozentsatz des C^{14} wurde in den Phosphatiden der Organe (Muskel, Niere, Dünndarm) der leberlosen Tiere gefunden. Die Organe bilden also Phosphatide unabhängig von der Leber und auch dann, wenn ihnen die erforderlichen Fettsäuren nicht in Form der Plasmaphosphatide angeboten werden. Die Phosphatide kann man daher nicht generell als die Transportform der Fettsäuren bezeichnen. Sie transportieren nur die Fettsäuren aus der Leber ab. Daher kommt es zu der gewaltigen Anhäufung von Fett in der Leber, wenn die Lecithinbildung durch Mangel an Cholin und anderen Methyldonatoren unmöglich gemacht wird. Verfütterung von Cholin vergrößert die Phosphatidbildung erheblich, vor allem in der Leber (Abb. 22). Stimuliert wird verständlicherweise aber nur die Synthese von Lecithin und nicht die von Cephalin. Untersuchungen am gesunden Menschen machen es wahrscheinlich, daß die Aufnahme lipotroper Substanzen normalerweise groß genug ist, um eine optimale Phosphatidsynthese zu ermöglichen. Dagegen wird die Aufnahme von Methionin oder Cholin bei Patienten mit einer Lebercirrhose leicht zum begrenzenden Faktor für die Bildung von Phosphatid (W. E. CORNATZER und D. CAYER). Auch Fettsäuren mit einer mittleren C-Atomzahl (Laurinsäure, Myristinsäure) werden in Phosphatide eingebaut (B. P. STEVENS und I. L. CHAIKOFF). Die Geschwindigkeit der Phosphatidsynthese ist im Eiweißmangel herabgesetzt (C. ARTOM und M. A. SWANSON).

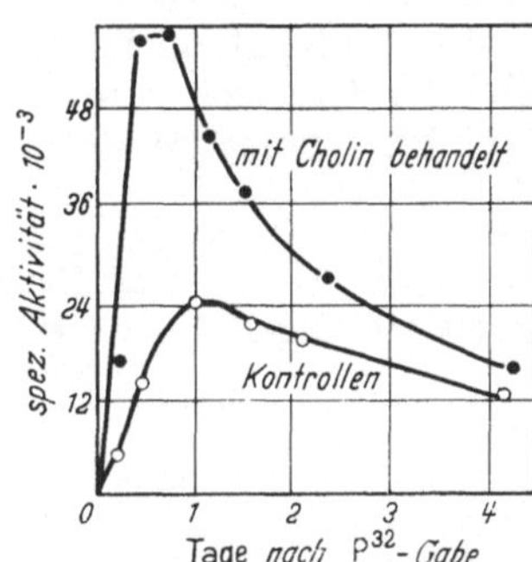

Abb. 22. Einfluß von Cholingaben auf die Aktivität der Plasmaphosphatide von Hunden nach der Injektion von radioaktivem Phosphat (H. D. FRIEDLÄNDER, I. L. CHAIKOFF und C. ENTENMAN).

Die Turnover-Rate der Plasmaphosphatide beträgt beim Hund von 6—8 kg 130—200 mg je Stunde (I. L. CHAIKOFF und D. B. ZILVERSMIT). Zu ähnlichen Zahlen kamen E. O. WEINMANN, I. L. CHAIKOFF, C. ENTENMAN und W. G. DAUBEN in Versuchen, in denen sie die Lebensdauer der Plasmaphosphatide vergleichend mit P^{32} und mit C^{14}-Fettsäuren bei Hunden bestimmten. In beiden Anordnungen wurde dasselbe Ergebnis erhalten. Man kann daraus weiterhin entnehmen, daß das intakte Phosphatidmolekül aus dem Blut entfernt wird, und daß Phosphatide im Blut nicht gespalten werden, bzw. im Blut keine Austauschreaktionen stattfinden.

Hühner bilden im Gegensatz zu den Säugetieren die Plasmaphosphatide nicht ausschließlich in der Leber. Die extrahepatische Phosphatidsynthese geht daraus hervor, daß die Leberexstirpation den Einstrom von Phosphatiden in das Blut nicht völlig unterdrückt.

Ein besonderes Interesse beansprucht die Phosphatidsynthese in der Darmwand im Zusammenhang mit dem Problem der Fettresorption. F. VERZÀR vertritt die Auffassung, daß die Resorption der Fettsäuren aus dem Darm mit einer Phosphorylierung derselben in den Darmepithelzellen verknüpft ist. Versuche mit P^{32} ergaben auch in der Tat, daß die Phosphatidbildung in der Darmwand nach der Einführung von Fett in die Darmwand beschleunigt ist. Dabei erfolgt jedoch keine Vermehrung des Phosphatidgehaltes, was darauf hinweist, daß die entstandenen Phosphatide an Ort und Stelle rasch wieder aufgespalten werden. Diese Befunde stützen die Annahme von VERZÀR. Eine Hemmung der Phosphatidbildung durch Phlorrhizin, die von VERZÀR als Kernstück seiner Hypothese des Mechanismus der Fettsäureresorption betrachtet wird, ließ sich in den Versuchen mit P^{32} nicht nachweisen.

Die Bildung von Phosphatiden läßt sich auch in vitro in Versuchen mit überlebenden Organschnitten verfolgen. Bei der Synthese eines Phosphatids müssen zwei Phosphorsäureesterbindungen geknüpft werden, die eine zwischen Cholin

Tabelle 146. *Die Phosphatidbildung durch Organschnitte*
(A. TAUROG, I. L. CHAIKOFF und I. PERLMAN).
Je 300 mg Organschnitte wurden mit P^{32}-Phosphat inkubiert. Die angegebenen Werte beziehen sich auf das Feuchtgewicht.

Organ	Versuchsdauer Std	% des P^{32} in dem Suspensionsmedium in die Lipoide je g Gewebe eingebaut	
		aerob	anaerob
Leber	2	3,8	0,2
Leber	4	6,5	0,5
Niere	2	3,3	0,2
Niere	4	4,7	0,06

bzw. Äthanolamin und der Phosphorsäure, die andere zwischen Glycerin und der Phosphorsäure. Die Bildung der beiden Esterbindungen verlangt eine Energiezufuhr von zusammen rund 5000 cal. Die Phosphatidbildung kann also nur ablaufen, wenn gleichzeitig exergonische Prozesse stattfinden. Unter anaeroben Bedingungen wird daher die Phosphatidsynthese nahezu völlig gehemmt (Tabelle 146). Gifte, welche die Gewebsatmung blockieren, unterdrücken deshalb auch die Phosphatidbildung. In Versuchen über die Phosphatidsynthese mit P^{32} und C^{14}-Fettsäuren durch isolierte Mitochondrien stellte E. P. KENNEDY fest, daß der Umfang der Phosphatidbildung durch Zugabe von Glycerin zu den Versuchsansätzen wesentlich vergrößert wurde.

Der Mechanismus der Phosphatidsynthese ist noch völlig ungeklärt. Es ist insbesondere unbekannt, ob das Phosphatidmolekül auf einmal gebildet wird, oder ob erst Zwischenprodukte, wie z. B. Glycerophosphat oder Cholinphosphat entstehen. Die erstere Möglichkeit erscheint als die wahrscheinlichere. Versuche, in denen mit P^{32} markiertes Glycerophosphat oder Äthanolaminphosphorsäureester verwendet wurden, ergaben, daß der P^{32} dieser Verbindungen in Phosphatide eingebaut wird. Die Versuche sagen aber nichts darüber aus, ob die ungespaltene Substanz oder die Spaltstücke derselben zu der Synthese Verwendung gefunden haben. Cholinphosphorsäure wird vom Organismus rasch gespalten und anscheinend nicht unverändert in die Phosphatide eingebaut.

O. LOEW hatte 1891 die Vermutung ausgesprochen, daß die Phosphatide Zwischenprodukte im Stoffwechsel der Fettsäuren seien. Diese Auffassung ist in der Zwischenzeit von vielen Autoren vertreten worden. Wirkliche Beweise für sie sind aber nie erbracht worden. G. C. ELLIOT und G. HEVESY haben auf

Grund ihrer Versuche über den Umsatz der Phosphatide mit P^{32} berechnet, daß die in der Zeiteinheit umgesetzten Phosphatide maximal 18% des Calorienbedarfs liefern könnten. Andere Autoren sind zu noch kleineren Zahlen gelangt. Schon allein diese Befunde weisen darauf hin, daß Phosphatide keine obligaten Stufen im Stoffwechsel und Transport der Fettsäuren sind. Andere Gründe, die gegen die Annahme sprechen, daß die Phosphatide die generelle Transportform der Fettsäuren sind, wurden weiter oben angeführt.

E. Annau, A. Eperjessy und Ö. Felszeghy haben gefunden, daß Fettsäuren im Verbande der Phosphatide dehydriert werden. Vermutlich handelt es sich hierbei um eine 9,10-Dehydrierung durch die Fettsäuredehydrase von K. Lang, ein Prozeß, der jedoch nichts mit dem Abbau der Fettsäuren bzw. des Lecithins zu tun hat.

Lecithin kann an vier Stellen hydrolytisch aufgespalten werden:

```
            1
CH₂—O—|—COR¹
|           2
CH—O—|—COR²     4
|       3   ╱OH |
CH₂—O—|—P ╲ O———|—CH₂—CH₂N(CH₃)₃OH
            ╲O  |
```

Lecithinase A spaltet an der Stelle 1, Lecithinase B an der Stelle 2, Glycerophosphatase an der Stelle 3 und Cholinphosphatase an der Stelle 4. Im Darm ist die Aktivität der Phospholipoide spaltenden Fermente gering. Ein Teil der Phosphatide wird ungespalten resorbiert (C. Artom und M. A. Swanson). Dagegen enthalten viele Organe, insbesondere die Leber, hoch aktive Fermente zur Spaltung von Phosphatiden. Analysiert man lebensfrische Organe auf ihren Gehalt an freien Fettsäuren, so findet man ihn minimal. Läßt man die Organe nur wenige Minuten liegen, so steigt der Gehalt an freien Fettsäuren parallel mit freiem Cholin und Phosphat rasch an.

Aus dem Lecithin wird zuerst ein Fettsäuremolekül abgespalten, wodurch Lysolecithin entsteht, das dann im Organismus sofort das zweite Fettsäuremolekül verliert. Lecithinase A, welche den ersten Fettsäurerest (vermutlich die ungesättigte Fettsäure) abspaltet, wurde aus Schlangengift isoliert. Durch die Wirkung der beiden Lecithinasen entsteht Glycerophosphorylcholin, das rasch weiter gespalten wird. Eine im Pankreas enthaltene Phospholipase (Lecithinase), welche aus Phosphatiden Glycerophosphorylglycerin bildet, wurde von B. Shapiro näher charakterisiert. Ob es eine spezifische Glycerophosphoryl-Phosphatase gibt, ist unbekannt.

Die isolierte Abspaltung von Cholin, die zu den Phosphatidsäuren führt, ist bisher nur im Pflanzenreich beobachtet worden. Eine Spaltung in Cholinphosphorsäure und ein Diglycerid wurde in Clostridium welchii nachgewiesen. Auch aus Sphingomyelin wird von dem Enzym Cholinphosphorsäure abgespalten.

Im Gehirn wurde eine Cephalinase nachgewiesen (L. W. Tyrell), welche den Phosphat enthaltenden Rest abspaltet. Das Enzym wirkt nicht auf Lecithin ein.

15. Sterine und Steroide.

a) Cholesterin.

Cholesterin ist kein unentbehrlicher Nahrungsbestandteil, da es vom Organismus synthetisiert werden kann. Bilanzversuche ergaben stets eine negative Cholesterinbilanz. Junge, wachsende Hunde bilden etwa 40mal mehr Cholesterin, als sie mit der Nahrung zugeführt bekommen. Legende Hennen oder Enten legen in ihren Eiern wesentlich mehr Cholesterin ab, als sie mit der Nahrung aufnehmen.

Aus der Nahrung werden nur wenige für den Stoffwechsel bedeutungsvolle Sterine wie Cholesterin, Dehydrocholesterin, Cholestenon resorbiert. Die pflanzlichen Sterine sind unresorbierbar, ebenso Allocholesterin und die beiden Hydrierungsprodukte des Cholesterins Dihydrocholesterin und Koprosterin. Die Spezifität der Resorption bei diesen in ihren chemischen und physikalischen Eigenschaften so ähnlichen Substanzen ist bemerkenswert. Phytosterine durchdringen auch die Placenta nicht. Nach der Injektion von Phytosterinen in trächtige Tiere findet man die Feten und neugeborenen Jungen frei von Phytosterinen. Die injizierten Phytosterine werden unverändert durch den Darm ausgeschieden. Von verfüttertem Allocholesterin wird ein Teil in Cholesterin umgelagert, das resorbiert wird. Das unveränderte Allocholesterin wird im Kot ausgeschieden. Bei den Resorptionsverhältnissen der Sterine lassen sich jedoch artspezifische Unterschiede beobachten. So resorbieren Ratten kleine Mengen von Phytosterinen, insbesondere von Sitosterin.

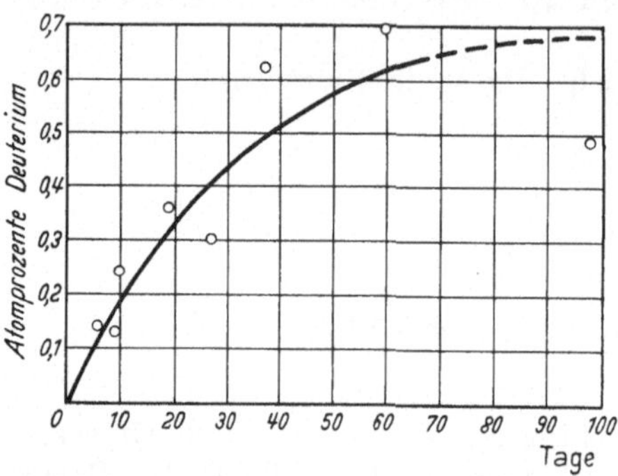

Abb. 23. Die Biosynthese von Cholesterin (D. RITTENBERG und R. SCHOENHEIMER). Das Körperwasser von Mäusen war mit D_2O angereichert worden.

D. RITTENBERG und R. SCHOENHEIMER [2] reicherten das Körperwasser von Mäusen mit D_2O an und fanden, daß das Cholesterin der Tiere deuteriumhaltig wurde (Abb. 23). Damit war der Beweis erbracht, daß Cholesterin durch Biosynthese im Organismus entsteht. Spätere

Cholesterin

Allocholesterin

Versuche ergaben, daß das Deuterium sowohl in das Ringsystem als auch in die Seitenkette des Cholesterins eingebaut wird. Die Bildung des Cholesterins im

Organismus erfolgt aus kleinen Bausteinen, insbesondere aus Essigsäure. H. N. LITTLE und K. BLOCH, sowie J. WUERSCH, R. L. HUANG und K. BLOCH, welche Leberschnitte mit Essigsäure inkubierten, die in verschiedener Weise mit isotopem C markiert war, konnten die Herkunft eines Teiles der C-Atome des Cholesterins aufklären. Über den Einbau anderer Substrate in das Cholesterin orientiert die Tabelle 147.

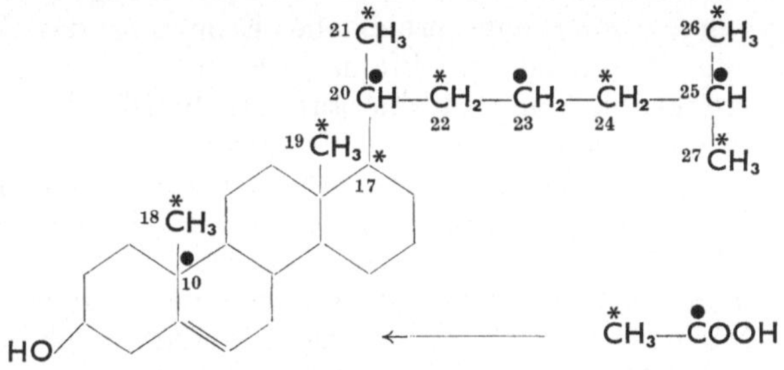

Als Vorstufen für Cholesterin kommen nicht in Betracht: Vinylessigsäure, Crotonsäure, Acetoin und Orsellinsäure (R. O. BRADY, J. RABINOWITZ, J. v. BAALEN und S. GURIN). Zur Cholesterinbildung werden also alle Substanzen herangezogen, die in vivo leicht Acetat liefern können. Die Bedeutung der Essigsäure als Ausgangsmaterial für die Biosynthese von Sterinen erhellt am besten die Beobachtung, daß ein mutierter Stamm von Neurospora, der kein Acetat bilden konnte, dem Nährboden zugesetztes C^{13}-Acetat als einzige Quelle für die Bildung von Ergosterin verwandte, wobei beide C-Atome etwa in gleichem Ausmaße zur Sterinsynthese herangezogen wurden (R. C. OTTKE, E. L. TATUM, I. ZABIN und K. BLOCH).

Tabelle 147. *Verwertung von markierten Substanzen zur Biosynthese von Cholesterin* (K. BLOCH [2]).

Verfütterte Substanz und Stellung des C^{14}	Relative Konzentration des C^{14} im Lebercholesterin
2-Essigsäure	100
1-Essigsäure	80
1,3-Aceton	66
2-Brenztraubensäure . . .	16
1-Brenztraubensäure . . .	135
3-Buttersäure	180
1-Isovaleriansäure	60
4,5-Isovaleriansäure	550

Die früher vielfach geäußerte Vermutung, daß Cholesterin aus Squalen gebildet werden kann, wurde in Versuchen mit C^{14}-Squalen bestätigt. Etwa 10% des im Squalen enthaltenen C^{14} wurden nach Verfütterung der Substanz an Ratten im Cholesterin der Tiere aufgefunden (R. C. LANGDON). Squalen seinerseits wird aus Essigsäure gebildet, wobei beide C-Atome der Essigsäure beteiligt sind.

Die Biosynthese des Cholesterins kann in allen Organen mit Ausnahme des Gehirns durchgeführt werden. Die Leber ist jedoch das wichtigste Organ für diesen Prozeß. Die endogene Cholesterinbildung läßt sich durch exogene Faktoren, z. B. Art der Ernährung, praktisch nicht beeinflussen.

Die Halbwertszeit des Serumcholesterins beträgt beim Menschen acht Tage (I. M. LONDON und D. RITTENBERG). Die tägliche Neubildung von Serumcholesterin wurde von den Autoren zu 546 mg bestimmt. Das Lebercholesterin hat eine halbe Lebenszeit von sechs Tagen. Dagegen erfolgt die Erneuerung des Cholesterins in den anderen Organen langsamer. Daten findet man in der Tabelle 1 (S. 4).

Die Cholesterinaufnahme mit der Nahrung kann innerhalb weiter Grenzen schwanken. Bei streng vegetarischen Diätformen ist sie gering und beträgt weniger als 0,1 g im Tag. Beim Verzehr cholesterinreicher Nahrungsmittel (Eier, Leber, Gehirn) kann sie auf über 1 g je Tag ansteigen. Der Cholesterinstoffwechsel hat im Zusammenhang mit der wichtigsten Alterskrankheit, der Arteriosklerose, ein großes Interesse gewonnen. Bei Kaninchen ließ sich durch Verfütterung oder Injektion von viel Cholesterin (0,5 g Cholesterin je Kaninchen und Tag) ein der menschlichen Arteriosklerose ähnliches Bild mit Ablagerungen von Cholesterin in der Aorta und in den großen Gefäßen erzeugen. Parallel mit den Cholesterinablagerungen ging eine erhebliche Erhöhung des Blutcholesterinspiegels. Nun ist das Kaninchen ein Pflanzenfresser und nimmt normalerweise mit der Nahrung praktisch kaum Sterine auf. Auch bei Allesfressern (Hunde, Katzen) kann man durch lang anhaltende Verfütterung von großen Cholesterindosen den Cholesteringehalt des Blutes steigern. Aber es ist schwierig, bei diesen Tieren dadurch eine Arteriosklerose zu erzeugen. Ein hoher Cholesteringehalt des Blutes kann daher unmöglich die alleinige Ursache einer Arteriosklerose sein. Auch beim Menschen führt eine Hypercholesterinämie als solche nicht zu einer Arteriosklerose. Nach neueren Untersuchungen kommt es bei der Entstehung der Arteriosklerose bei Mensch und Tier weniger auf den Gehalt des Blutes an Cholesterin an, sondern auf die Anwesenheit von Lipoproteiden bestimmter Eigenschaften (J. W. Gofman, F. Lindgren, H. Elliot, W. Mantz, J. Hewitt, B. Strisower und V. Herring). Die makromolekularen Lipoide nehmen im Blut ab, wenn Diäten verfüttert werden, die arm an Cholesterin sind und überhaupt nicht viel Fett enthalten. Es ist wahrscheinlich, daß Substanzen, welche die Kolloidstabilität der Lipoproteide erhöhen, der Ablagerung von Cholesterin in der Aorta entgegenwirken. Hierzu gehören vermutlich die Steroidhormone und Phosphatide. Das Sonderbare an dem ganzen Problem der Entstehung der Arteriosklerose ist der Umstand, daß offensichtlich nur das exogen eingeführte Cholesterin bedeutungsvoll ist, das aber im allgemeinen mengenmäßig gegenüber dem durch Biosynthese im intermediären Stoffwechsel entstandenen völlig zurücktritt. In diesem Zusammenhange sei noch erwähnt, daß eine Cholesterinbildung auch in der Arterienwand nachgewiesen worden ist (Versuche mit C^{14}-Acetat).

Innerhalb eines weiten Spielraumes ist die Höhe des Blutcholesterinspiegels unabhängig von der alimentären Zufuhr. In ausgedehnten Versuchen an nahezu 500 Personen aller Altersstufen, die drei Jahre hindurch beobachtet wurden, haben A. Keys, O. Mickelsen, E. O. Miller, E. R. Heyes und R. L. Todd festgestellt, daß Cholesterinaufnahmen zwischen 250 und 800 mg im Tag, also im physiologischen Bereich gelegen, keinen signifikanten Einfluß auf die Cholesterinkonzentration im Blute haben. Erst wenn die Cholesterinzufuhr unter einen Schwellenwert von etwa 200 mg je Tag absinkt, der bei vegetarischen Diätformen regelmäßig unterschritten wird, fällt der Cholesteringehalt des Blutes stark ab. Daher fanden auch G. Schettler und J. Schmidt-Thomé eine Abnahme des Blutcholesterins bei der deutschen Bevölkerung in der Zeitspanne zwischen 1939 und 1948.

Nach einer Unterbindung der Gallengänge nimmt der Cholesteringehalt des Blutes stark zu. Dieser Anstieg bleibt nach der Leberexstirpation aus. Man kann daraus schließen, daß die Leber nach der Ligatur der Gallengänge das sonst durch die Galle ausgeschiedene Cholesterin an das Blut abgibt.

Im Alter wird das Cholesterin außer in die Gefäßwand auch in andere schlecht durchblutete Gewebe, die einen trägen Stoffwechsel haben, abgelagert, wie z. B. Hornhaut, Linsen, Trommelfell. Unter physiologischen Verhältnissen bei einer nicht übermäßig hohen Cholesterinzufuhr bleibt der Cholesterinbestand des Organismus praktisch konstant. Synthese und Zufuhr einerseits, Ausscheidung und Zerstörung andererseits sind also gegeneinander ausbalanciert. Im Durchschnitt werden vom Menschen im Tag 0,2—0,8 g Cholesterin bzw. Koprosterin im Kot und 0,1—0,3 g Cholesterin durch die Haut ausgeschieden.

Die Resorption des Cholesterins erfolgt auf dem Lymphwege. In den Darm eingebrachtes markiertes Cholesterin wird praktisch quantitativ in der Ductus thoracicus-Lymphe wiedergefunden.

Cholesterin findet sich im Organismus in freier und veresterter Form vor. In den Nebennieren, welche bis zu 4% Cholesterin enthalten und das cholesterinreichste Organ des Organismus sind, sind etwa 90% des Cholesterins verestert, in der Leber 50% und im Gehirn 10%. In den Geweben sind Cholesterinester spaltende Enzyme aufgefunden worden. Ein besonderes Interesse verdient die von G. SCHRAMM nachgewiesene Cholesterinesterase des Pankreas, bei der die veresternde Wirkung im Vordergrund steht, so daß es zur Diskussion steht, ob nicht die Bildung von Cholesterinestern im Darm bei der Fettresorption von Bedeutung ist.

Ein großer Teil der Cholesterinausscheidung vollzieht sich über den Weg Galle-Darm. Daher enthält die Galle reichlich Cholesterin, und zwar mehr, als der Löslichkeit der Substanz entspricht. Deshalb kristallisiert Cholesterin leicht aus der Galle aus, insbesondere wenn krankhafte Prozesse, wie Entzündungen, Kristallisationszentren geschaffen haben. Weitaus die Mehrzahl aller Gallensteine besteht im Wesentlichen aus Cholesterin.

Im Darm wird Cholesterin durch die Darmbakterien zu Koprosterin hydriert. Im Kot findet man daher neben wenig Cholesterin viel Koprosterin. Vermutlich ist Cholestenon Zwischenprodukt. Von den Geweben wird Cholesterin gleichfalls hydriert, wobei aber das isomere Dihydrocholesterin entsteht. Das Cholesterin wird daher im Organismus stets von kleinen Mengen Dihydrocholesterin begleitet. Auch bei der Hydrierung zu Dihydrocholesterin dürfte Cholestenon Zwischenprodukt sein. Nach der Verabreichung von deuteriertem Cholestenon erhält man deuteriertes Koprosterin und Dihydrocholesterin. Daneben findet man aber nur wenig Deuterium enthaltendes Cholesterin. Die Dehydrierung des Cholesterins zu Cholestenon ist offensichtlich in vivo nur beschränkt reversibel (H. S. ANKER und K. BLOCH).

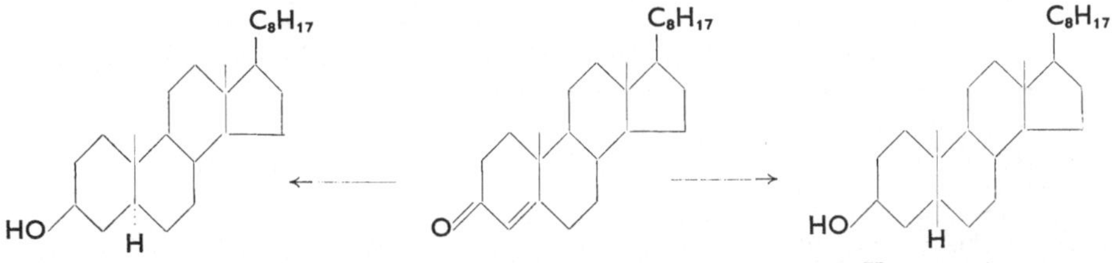

Dihydrocholesterin (3β-Oxy-allocholestan) — Cholestenon — Koprosterin (3β-Oxycholestan)

Ratten, welche, wie schon erwähnt, kleine Mengen Sitosterin resorbieren können, scheiden es in Form von Koprositostanol aus. Diese Hydrierung ist ein der Koprosterinbildung völlig analoger Prozeß (O. ROSENHEIM und T. A. WEBSTER).

Im Organismus, insbesondere in der Haut, findet man nicht unbeträchtliche Mengen 7-Dehydrocholesterin, dem Provitamin des Vitamins D_3. Es ist daher anzunehmen, daß eine Dehydrierung des Cholesterins zu 7-Dehydrocholesterin erfolgen kann. Nach M. GLOVER, J. GLOVER und R. A. MORTON erfolgt die Dehydrierung durch ein in der Dünndarmschleimhaut enthaltenes Enzym.

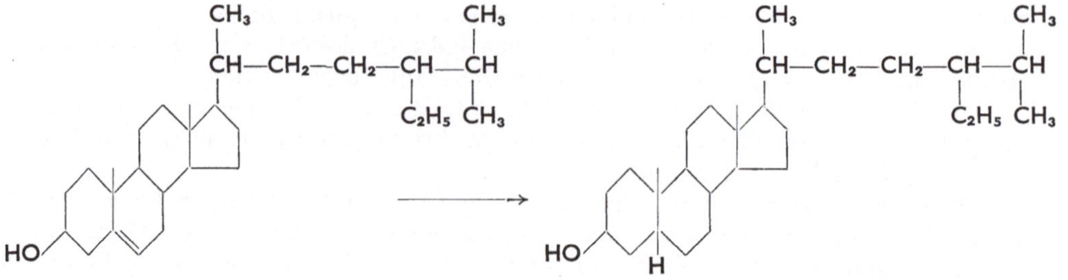

Sitosterin → Koprositostanol

Nach Verfütterung großer Cholesterindosen läßt sich ein Abbau des Cholesterins zu noch unbekannten Abbauprodukten nachweisen. Nach W. MENSCHIK und I. H. PAGE können Katzen und Kaninchen in der Woche 1—2 g Cholesterin zerstören. Die Autoren wiesen im Kot eine optisch aktive, mit Digitonin nicht fällbare Substanz nach, welche die Farbreaktionen auf Sterine in modifizierter Form gab. R. P. COOK, N. POLGAR und R. O. THOMPSON isolierten aus dem Unverseifbaren des Rattenkots eine optisch aktive Säure der vermutlichen Formel $C_{27}H_{46}O_2$, die sie als ein Stoffwechselprodukt des Cholesterins auffassen. I. L. CHAIKOFF, M. D. SIPERSTEIN, W. G. DAUBEN, H. L. BRADLOW, J. F. EASTHAM, G. M. TOMKINS, J. R. MEIER, R. W. CHEN, S. HOTTA und P. A. SRERE injizierten Ratten Cholesterin, das C^{14} entweder im Ring (als C-Atom 4) oder in der Seitenkette (als C-Atom 26) enthielt. Nur der Seitenketten-C wurde zu CO_2 oxydiert. Nach der Verfütterung von C^{14}-Cholesterin an Ratten findet man radioaktives C im Harn sowie in den Fettsäuren und im Unverseifbaren des Kotes und der Organe. Ein kleiner Teil wird ausgeatmet. Bei einem trächtigen Tier wurden 20% der Aktivität in den Feten gefunden (D. KRITCHEVSKY, M. R. KIRK und M. W. BIGGS).

Außer den erwähnten Cholesterinderivaten sind in den Organen noch eine Anzahl anderer Sterine mit 27 C-Atomen nachgewiesen worden, die ebenfalls Stoffwechselprodukte des Cholesterins sein dürften (Tabelle 148). Der Gehalt der Organe an ihnen ist aber nur sehr gering.

Tabelle 148. C_{27}-*Umwandlungsprodukte von Cholesterin* (nach W. L. RUIGH).

Verbindung	Serum	Leber	Testis (Schwein)	Aorta (Mensch)	Milz (Schwein)
Δ^4-Cholesten-3(β),6-diol					+
Δ^5-Cholesten-3(β),7(α)-diol	+	+			+
Δ^5-Cholesten-3(β),7(β)-diol	+	+		+	
Δ^5-Cholesten-3,5-diol (F 156°)					+
Cholestan-3(β),5,6-trans-triol		+	+	+	
Δ^4-Cholesten-3-on			+		+ ?
$\Delta^{4,6}$-Cholestadien-3-on				+	+
$\Delta^{3,5}$-Cholestadien-7-on			+	+	+
Cholestan-3(β)-ol-6-on					+
Δ^5-Cholesten-3(β)-ol-7-on	+		+		
Cholestan-3(β)-ol	+			+	

Über die physiologische Bedeutung des Cholesterins ist man nur mangelhaft orientiert. Cholesterin ist für den Organismus nicht zuletzt deswegen wichtig, weil es Muttersubstanz der Gallensäuren und der Steroidhormone ist (K. BLOCH, B. N. BERG und D. RITTENBERG, ferner K. BLOCH [*2*]). Die Einverleibung von deuteriertem Cholesterin führt zur Bildung von Deuterium enthaltender Cholsäure und zur Ausscheidung von Deuterium enthaltendem Pregnandiol, wobei der Deuteriumgehalt der Reaktionsprodukte etwa dem des verfütterten Cholesterins entspricht, so daß kein Zweifel daran bestehen kann, daß Cholesterin in diese Substanzen übergehen kann. Die Nebennierenrinde ist reich an Cholesterin. Durch Gabe von adrenocorticotropem Hormon (ACTH) nimmt ihr Cholesteringehalt ab; gleichzeitig läßt sich eine Bildung von Nebennierenrindenhormonen nachweisen (C. N. H. Long). In allen Organen, welche Steroidhormone produzieren, wurde ein Enzym nachgewiesen, welches Δ^5-3-Oxysterine zu α,β-ungesättigten Ketonen dehydriert (L. T. Samuels, M. L. Helmreich, M. B. Lasater und H. Reich). Allerdings enthalten diese Organe so viel Cholesterin, daß die Deckung des Bedarfs an spezifischen Steroiden nur einen geringen Bruchteil des Cholesterinbestandes in Anspruch nimmt. Zudem wurde nachgewiesen, daß in den innersekretorischen Drüsen auch eine direkte Biosynthese von Steroidhormonen aus Acetat erfolgt, so daß Cholesterin kein unabdingbarer Vorläufer von Steroidhormonen ist. Hodenschnitte bilden Testosteron aus Acetat, wie von Brady in Versuchen mit CH_3—$C^{14}OOH$ nachgewiesen wurde. Bei der Durchströmung von Nebennieren mit markiertem Acetat entsteht markiertes 17-Oxycorticosteron (A. Zaffaroni, O. Hechter und G. Pincus).

Man muß annehmen, daß dem Cholesterin als solchem schon eine physiologische Bedeutung zukommt. Viele Autoren schreiben dem Cholesterin eine Rolle bei der Regulation der Durchlässigkeit tierischer Membranen zu, und zwar im Sinne einer Verdichtung. Als Antagonist des Cholesterins gilt das Lecithin, welches auf Grund seiner Quellbarkeit in Wasser eine Auflockerung der Zellmembranen und damit eine Erhöhung der Durchlässigkeit bewirkt. Diese Auffassung läßt sich durch Modellversuche an Erythrocyten und anderen isolierten Zellen stützen.

b) Gallensäuren.

Die Gallensäuren werden in der Leber gebildet. Die alte Annahme, daß sie aus dem Cholesterin entstehen, wurde mit Hilfe der Isotopentechnik bestätigt. Nach Gaben von deuteriertem Cholesterin wurde aus der Galle Cholsäure mit demselben Isotopengehalt isoliert (K. Bloch, B. N. Berg und D. Rittenberg). Hunde bilden im Mittel etwa 0,015 g Gallensäuren je Kilogramm Körpergewicht. Ein großer Teil der dem Darm zugeführten Gallensäuren wird wieder rückresorbiert und erneut durch die Galle in den Darm ausgeschieden. Leitet man die Galle durch eine Fistel nach außen ab, so steigt die Gallensäureproduktion stark an, beim Hund auf etwa das siebenfache. Je Kilogramm Körpergewicht werden dann durchschnittlich 0,105 g Gallensäuren gebildet (M. Jencke). Die Gallensäureproduktion läßt sich durch Verfütterung von Cholesterin nicht vergrößern.

Über den Weg, auf welchem Cholesterin in Gallensäuren verwandelt wird, ist nichts Näheres bekannt. Koprostanon konnte als Zwischenprodukt ausgeschlossen werden. Den Nachweis, daß der Organismus Cholsäure in Desoxycholsäure überführt, erbrachte C. H. Kim. Nach der intraperitonealen Injektion von 18,8 g Cholsäure an Meerschweinchen, deren Galle normalerweise frei von Desoxycholsäure zu sein pflegt, konnte er aus dem Harn und der Galle der Tiere 0,2 g Desoxycholsäure isolieren.

Die meisten im Bereich der Gallensäuren beobachteten biochemischen Umsetzungen betreffen Hydrierungen von Ketogruppen. T. Mori injizierte Kaninchen 12-Keto-3-cholensäure und wies nach, daß diese von den Tieren zu Desoxycholsäure hydriert wurde. Die mitunter als Choleretícum verabfolgte Dehydrocholsäure (3,7,12-Triketocholansäure) wird zu 3β-Oxy-7,12-diketocholansäure reduziert (K. Yamazaki und K. Kyogoku). Dehydrodesoxycholsäure wird

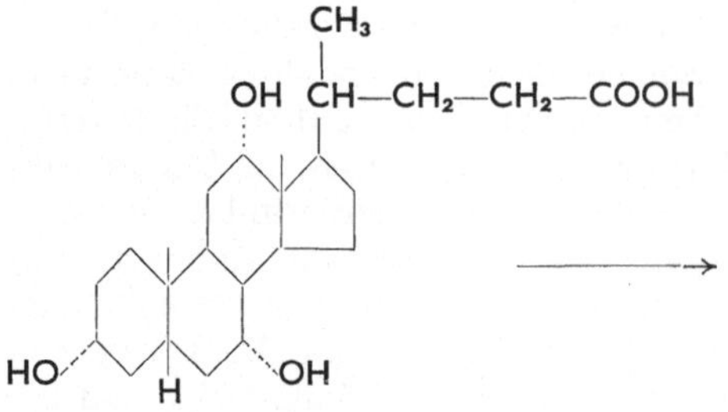

Cholsäure
(Trioxycholansäure-3α, 7α, 12α)

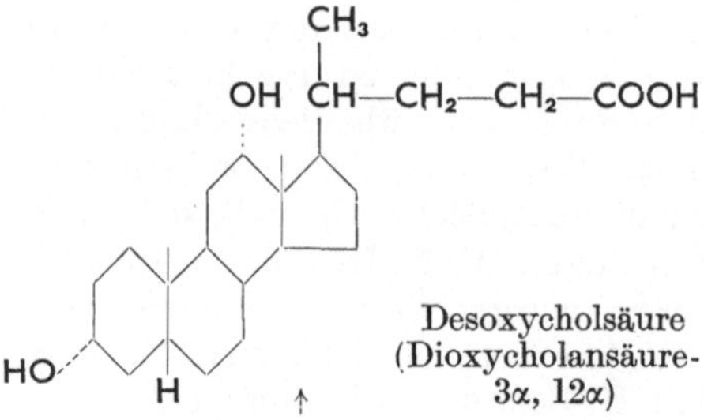

Desoxycholsäure
(Dioxycholansäure-3α, 12α)

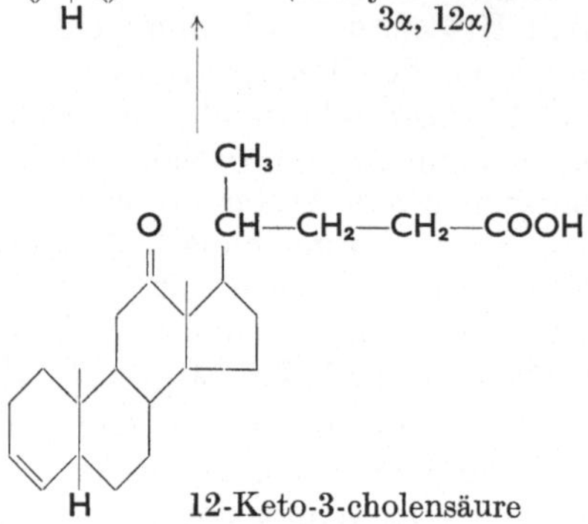

12-Keto-3-cholensäure

von Kröten zu den beiden epimeren 3-Oxy-12-ketocholansäuren hydriert (K. KYOGOKU). Kleine Mengen Ketogruppen enthaltender Gallensäuren kommen physiologischerweise in der Galle vor, so z. B. in der Rindergalle 7,12-Dioxy-3-ketocholansäure und 3,12-Dioxy-7-ketocholansäure.

Weiterhin wurden in dem Bereich der Gallensäuren noch Wanderungen von Doppelbindungen nachgewiesen. Nach der Injektion von 22 g Apocholsäure an Kröten isolierte T. S. SIHN 0,33 g Dioxycholensäure aus der Galle und 0,065 g aus dem Harn.

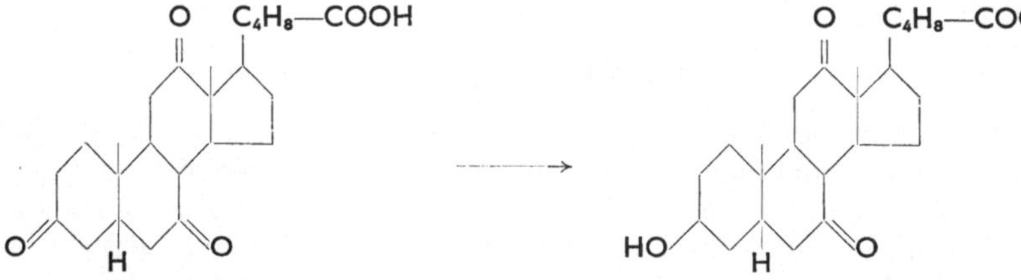

Dehydrocholsäure → 3β-Oxy-7,12-diketocholansäure

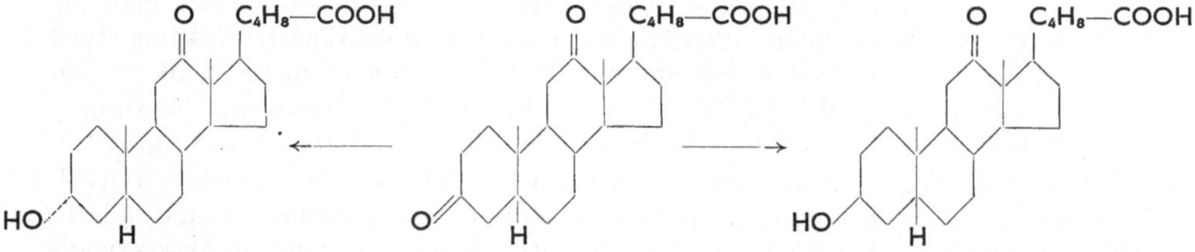

3α-Oxy-12-ketocholansäure ← Dehydrodesoxycholsäure → 3β-Oxy-12-ketocholansäure

Apocholsäure → Dioxycholensäure

c) Corticosteroide.

Aus der Nebennierenrinde ist eine größere Zahl von Steroiden isoliert worden, von denen sechs Aktivitäten im Sinne von Nebennierenrindenhormonen zeigen. Da bei der Durchströmung der Nebennieren unter dem Einfluß von ACTH Cholesterin verschwindet und Nebennierenrindenhormone an die Durchströmungsflüssigkeit abgegeben werden, ist es wahrscheinlich, daß Cholesterin in Rindenhormone umgewandelt wird. Daneben erfolgt jedoch auch eine Synthese von

Tabelle 149. *Aus dem Harn isolierte* C_{21}*-Steroide, die vermutlich aus der Nebennierenrinde stammen* (R. V. HEARD).

Pregnandion-3,20

Allopregnandion-3,20

Pregnan-3α-ol-20-on

Allopregnan-3α-ol-20-on

Allopregnan-3β-ol-20-on

Pregnandiol-3α, 20α

Allopregnandiol-3α, 20α

Allopregnandiol-3β, 20α

Allopregnandiol-3β, 20β

Pregnanol-3α

Allopregnantriol-3α, 16, 20

Tabelle 150. *Neutrale 17-Ketosteroide, die aus dem Harn isoliert wurden* (H. L. MASON und W. W. ENGSTROM).

Substanz	Biologische Aktivität	Mutmaßliche Quelle
1. Androsteron Androstan-3(α)-ol-17-on	$^1/_{10}$ androgene Aktivität von Testosteron	Testis und Nebennierenrinde
2. Ätiocholanolon Ätiocholan-3(α)-ol-17-on	Inaktiv	Testis und Nebennierenrinde
3. Dehydroisoandrosteron Δ^5-Androsten-3(β)-ol-17-on	$^1/_3$ androgene Aktivität von Androsteron	Nebennierenrinde
4. Isoandrosteron Androstan-3(β)-ol-17-on	Schwach androgen	Testis und Nebennierenrinde
5. Androstandion Androstan-3,17-dion		Testis und Nebennierenrinde
6. Ätiocholandion Ätiocholan-3,17-dion		
7. Androstendion Δ^4-Androsten-3,17-dion		Testis und Nebennierenrinde
8. 11-Oxyandrosteron Androstan-3(α)-11(β)-diol-17-on	$^1/_4$ androgene Aktivität von Androsteron	Nebennierenrinde
9. 11-Oxyätiocholanolon Ätiocholan-3(α)-11(β)-diol-17-on		Nebennierenrinde
10. 11-Ketoandrosteron Androstan-3(α)-ol-11,17-dion		Nebennierenrinde
11. 11-Ketoätiocholanolon Ätiocholan-3(α)-ol-11,17-dion		Nebennierenrinde
12. Δ^2-(oder ^{3})-Androsten-17-on		Dehydrierungsprodukt von Androsteron
13. $\Delta^{3,5}$-Androstadien-17-on	Schwach androgen	Dehydrierungsprodukt von Dehydroisoandrosteron
14. $\Delta^{9,11}$-Androstadien-3(α)-ol-17-on		
15. Δ^{11}-Androsten-3(α)-ol-17-on	$^1/_4$ androgene Aktivität von Androsteron	
16 $\Delta^{9,11}$-Ätiocholen-3(α)-ol-17-on		
17. i-Androsten-6-ol-17-on		

Corticosteroiden, die nicht über Cholesterin führt. Nach dem Zusatz von markiertem Acetat zu der Durchströmungsflüssigkeit wird markiertes 17-Oxycorticosteron gebildet (A. ZAFFARONI, O. HECHTER und G. PINCUS).

Im Harn findet man zahlreiche Steroide, die aus der Nebennierenrinde stammen bzw. Stoffwechselprodukte von Corticosteroiden sind. Neben biologisch aktiven Substanzen wie Corticosteron, 11-Desoxycorticosteron, 17-Oxycorticosteron und 11-Dehydro-17-oxycorticosteron werden auch inaktive Substanzen ausgeschieden. Nach R. V. HEARD, H. SOBEL und E. H. VENNING scheiden gesunde Männer täglich 45—77 γ cortinwirksames Material aus (Test: Glykogenbildung in der Leber). Eine Übersicht über die wichtigsten biologisch inaktiven C_{21}-Steroide, die aus dem Harn isoliert wurden und vermutlich der Nebennierenrinde entstammen, vermittelt die Tabelle 149. Auch ein großer Teil der im Harn ausgeschiedenen Ketosteroide ist auf Nebennierenrindensteroide zurückzuführen. Eine Zusammenstellung der wichtigsten im Harn nachgewiesenen Ketosteroide findet man in der Tabelle 150. Über den Mechanismus der Umwandlung der Corticosteroide in die 17-Ketosteroide ist nichts Näheres bekannt.

Nebennierenrindenhomogenate oxydieren Steroide am C-Atom 11 zu 11-Oxyverbindungen, so z. B. 11-Desoxycorticosteron zu Corticosteron, 11-Desoxy-17-oxycorticosteron zu 17-Oxycorticosteron und Androsteron zu 11-Oxyandrosteron (O. HECHTER, R. P. JACOBSEN, R. JEANLOZ, H. LEVY, C. W. MARSHALL, G. PINCUS und V. SCHENKER). Oxydationen in der Position 11 lassen sich auch bei der Durchströmung von Nebennieren beobachten. Voraussetzung für die Reaktion ist eine bestimmte chemische Konstitution. Über Ergebnisse, die bei der Durchströmung von Nebennieren erhalten wurden, orientiert die Tabelle 151.

Tabelle 151. *Bei der Durchströmung von Nebennieren mit C_{21}-Steroiden erhaltene Substanzen* (O. HECHTER, A. ZAFFARONI, R. P. JACOBSEN, H. LEVY, R. JEANLOZ, V. SCHENKER und G. PINCUS).

Eingesetzte Substanz	Aus der Perfusionsflüssigkeit isoliert
Progesteron	11-Oxyprogesteron 17-Oxyprogesteron Corticosteron 17-Oxycorticosteron
17-Oxyprogesteron	17-Oxyprogesteron
Pregnenolon	Progesteron Corticosteron 17-Oxycorticosteron

F. W. KAHNT und A. WETTSTEIN beobachteten, daß auch Homogenate von Leber und Nieren, nicht aber von Herz und Gehirn, Oxydationen in 11-Stellung bewirken können. Die Reaktion verläuft optimal bei p_H 7—8 und Anwesenheit eines Gliedes des Citronensäurecyclus.

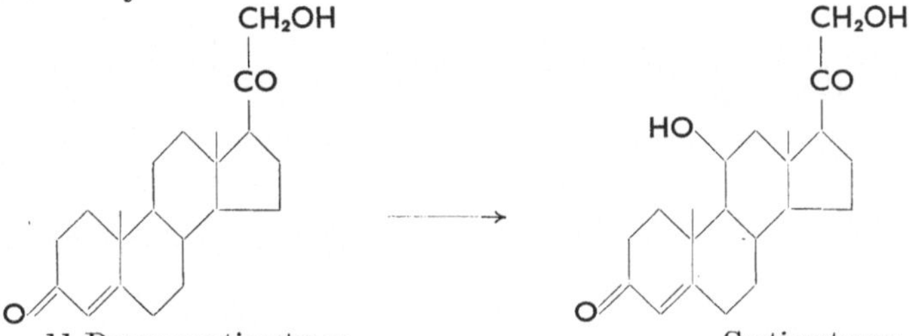

CH_2OH — CO — (Steroidgerüst) → HO — CH_2OH — CO — (Steroidgerüst)

11-Desoxycorticosteron → Corticosteron

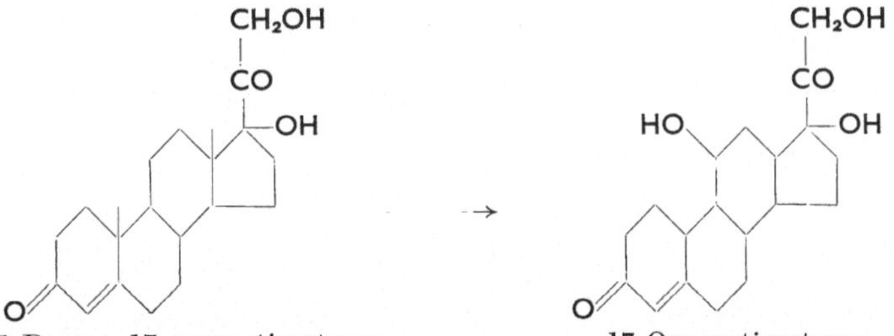

CH_2OH — CO — OH — (Steroidgerüst) → HO — CH_2OH — CO — OH — (Steroidgerüst)

11-Desoxy-17-oxycorticosteron → 17-Oxycorticosteron

Versuche über den Stoffwechsel von 11-Dehydrocorticosteron mit C^{14} als C-Atom 21 ergaben, daß die Hauptmenge des radioaktiven C im Kot ausgeschieden wurde. Eine Exhalation von $C^{14}O_2$ wurde nicht beobachtet (R. S. HSIA, W. H. ELLIOTT, E. A. DOISY und S. A. THAYER).

Tabelle 152. *Die wichtigsten aus dem Harn isolierten, sich vermutlich vom Progesteron ableitenden* C_{21}-*Steroide.*

Pregnandion-3,20

Progesteron

Allopregnandion-3,20

Pregnanol-3α-on-20

Allopregnanol-3α-on-20

Allopregnanol-3β-on-20

Pregnandiol-3α,20α

Pregnandiol-3β,20α

Allopregnandiol-3α,20α

Allopregnandiol-3β-20α

Allopregnandiol-3α,20β

Allopregnandiol-3β,20β

d) Progesteron.

Das wichtigste Stoffwechselprodukt des Progesterons ist das Pregnandiol-3 (α), 20 (α). Menschen und Tiere überführen etwa 5—15 % vom einverleibten Progesteron in Pregnandiol. Pregnandiol wird an D-Glucuronsäure gebunden ausgeschieden; die Bindung verläuft über die OH-Gruppe am C-Atom 3 des Pregnandiols. Neben dem Pregnandiol entstehen noch andere Reduktionsprodukte des Progesterons. In der Tabelle 152 sind die wichtigsten derselben zusammengestellt. Die Hydrierung des Progesterons kann in verschiedenen Organen erfolgen. Die Leber ist an diesen Reaktionen stark beteiligt. Die geringe Ausbeute an Pregnandiol und anderen identifizierten Stoffwechselprodukten läßt vermuten, daß der Abbau noch weiter geht. Näheres darüber ist jedoch noch nicht bekannt. Pregnandiol wird aber nicht nur aus Progesteron, sondern auch aus Steroiden der Nebennierenrinde gebildet.

Versuche mit C^{14}-Progesteron (als C-Atom 21) ergaben, daß nach der Injektion von 0,5—2,0 mg an Ratten der größte Teil des C^{14} im Kot ausgeschieden wurde. Im Harn erschienen etwa 20% des C^{14} und in der ausgeatmeten Kohlensäure praktisch überhaupt nichts. Ein großer Teil des radioaktiven Materials gelangt durch die Galle in den Darm. Nach Unterbindung der Gallengänge steigt die Ausscheidung im Harn auf etwa 90% an.

e) Androgene.

Einblicke in den Stoffwechsel der androgenen Substanzen hat man im wesentlichen auf 3 Wegen erhalten: durch die Isolierung von Steroiden aus dem Harn nach der Einverleibung von Androgenen, durch die Verfolgung des Umsatzes von Androgenen in Versuchen in vitro durch überlebende Gewebe und neuerdings durch Verwendung markierter Substanzen. Man nimmt heute allgemein an, daß das eigentliche in den Keimdrüsen gebildete Hormon Testosteron ist, und daß alle anderen aufgefundenen Stoffe mit androgener Wirkung Umwandlungsprodukte des Testosterons sind. Nach der Verabreichung großer Dosen Testosteron wird nur eine etwa 50% der angewandten Testosterondosis entsprechende Menge von Umwandlungsprodukten erfaßt. Weitaus der größte Teil der isolierten Stoffwechselprodukte pflegt aus Androsteron und seinen Isomeren zu bestehen, die demnach als Hauptprodukte des Testosteronstoffwechsels aufzufassen sind. Über die wichtigsten Stoffwechselprodukte des Testosterons und ihre vermutlichen gegenseitigen Beziehungen orientiert die Tabelle 153. Ein großer Teil der im Harn ausgeschiedenen Steroide ist an Schwefelsäure oder Glucuronsäure gebunden, vermutlich zur Verbesserung der Löslichkeit.

Durch die Verwendung von deuteriertem Testosteron ließen sich nicht nur die Umwandlungsprodukte desselben fassen, sondern auch durch die Isotopenverdünnung ein Einblick in den Umfang der physiologischen Biosynthese gewinnen. Ein Beispiel eines derartigen Versuches ist in der Tabelle 154 wiedergegeben.

Injektion von C^{14} enthaltendem Testosteron ergab den überraschenden Befund, daß das Hormon nur eine sehr kurze Zeit im Organismus verbleibt und rasch wieder ausgeschieden bzw. zerstört wird. In den Organen, insbesondere in den Sexualorganen, ließ sich keine Speicherung nachweisen. Lediglich die Organe, welche an der Ausscheidung beteiligt sind (Magen-Darmkanal, Gallenblase, Nieren), enthielten radioaktiven C (Tabelle 155). Gallenfisteltiere schieden C^{14} nur im Harn und nicht im Kot aus.

Weitaus das wichtigste Organ im Stoffwechsel der androgenen Substanzen ist die Leber. Aber auch andere Organe, wie z. B. Niere, Samenblasen, Prostata

Tabelle 153. *Die wichtigsten aus dem Harn isolierten Stoffwechselprodukte des Testosterons und ihre gegenseitigen Beziehungen* (L. T. SAMUELS).

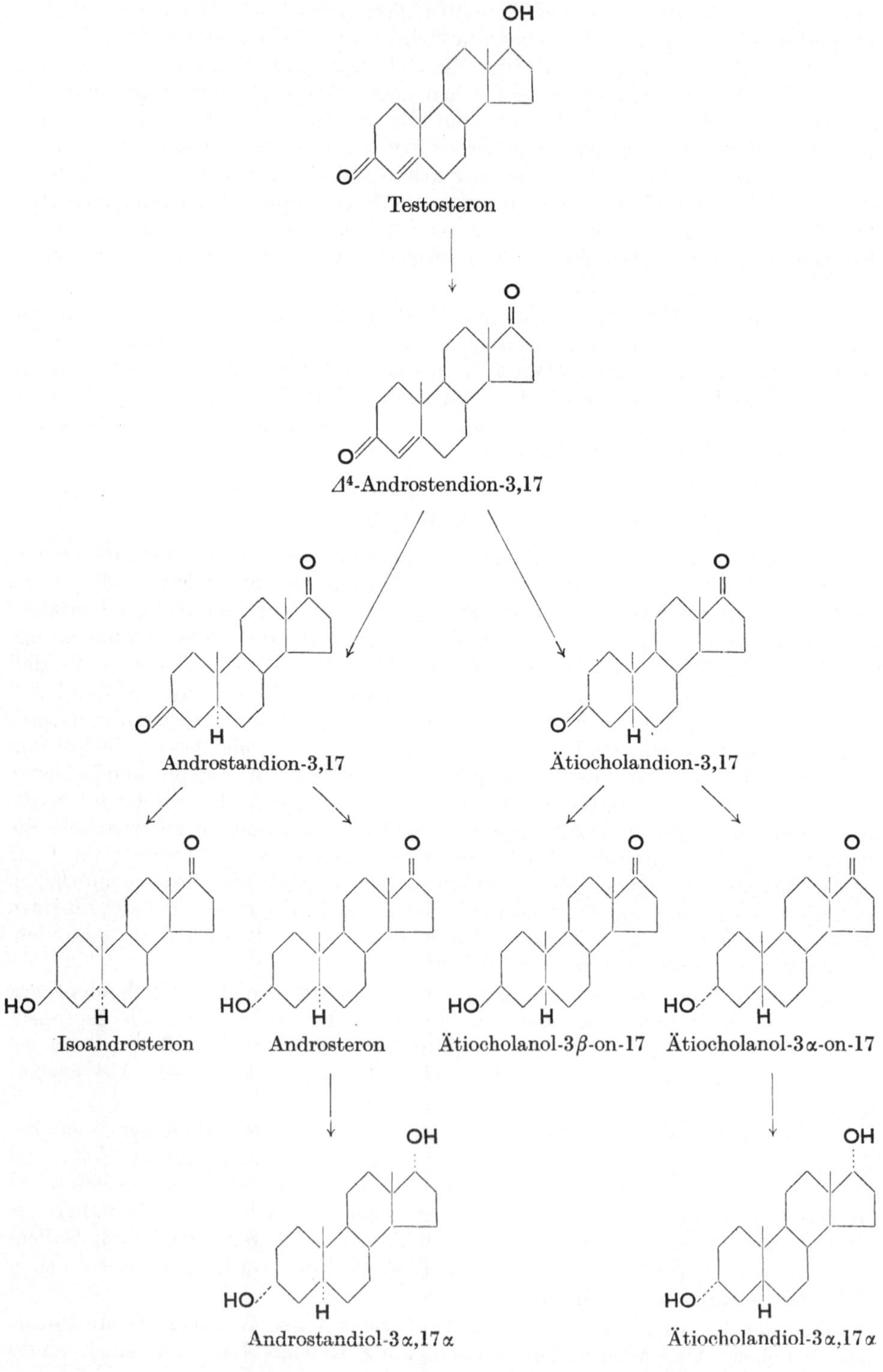

Tabelle 154. *Ausscheidung von Stoffwechselprodukten und Bildung von Androgenen beim Menschen nach Injektion von deuteriertem Testosteron* (T. F. GALLAGHER, D. K. FUKUSHIMA, M. C. BARRY und K. DOBRINER).

Einem Manne wurden 100 mg deuteriertes Testosteron intramuskulär injiziert.

Substanz	Ausscheidung in mg im Tag im Harn
Ätiocholanolon	25,7
„Endogen entstanden“	9,0
Androsteron	10,3
„Endogen entstanden“	2,9
Insgesamt Steroide isoliert	47,9

Tabelle 155. *Verteilung der Radioaktivität 26 Std nach der Injektion von markiertem Testosteron bei der Ratte* (T. F. GALLAGHER, D. K. FUKUSHIMA, M. C. BARRY und K. DOBRINER).

Die Dosis betrug 242 γ Testosteron.

	% des C^{14}		% des C^{14}
Vereinigte Exkrete	55	Herz	0
Magen-Darmtrakt	38,7	Gehirn	0
Leber	0,8	Milz	0
Niere	0,1	Samenblasen	0
Ausgeatmete CO_2	0	Testes	0
Nebennieren	0		

und Uterus vermögen Androgene umzusetzen. Unter anderem hat man in Versuchen in vitro mit überlebenden Leberschnitten eine Umwandlung von Testosteron in Androstendion (L. C. CLARK jr. und C. D. KOCHAKIAN) oder die Verwandlung von Dehydroisoandrosteron in Δ^5-Androstendiol-3β,17α und Δ^5-Androstentriol-3β,16β,17α beobachtet (J. J. SCHNEIDER und H. L. MASON).

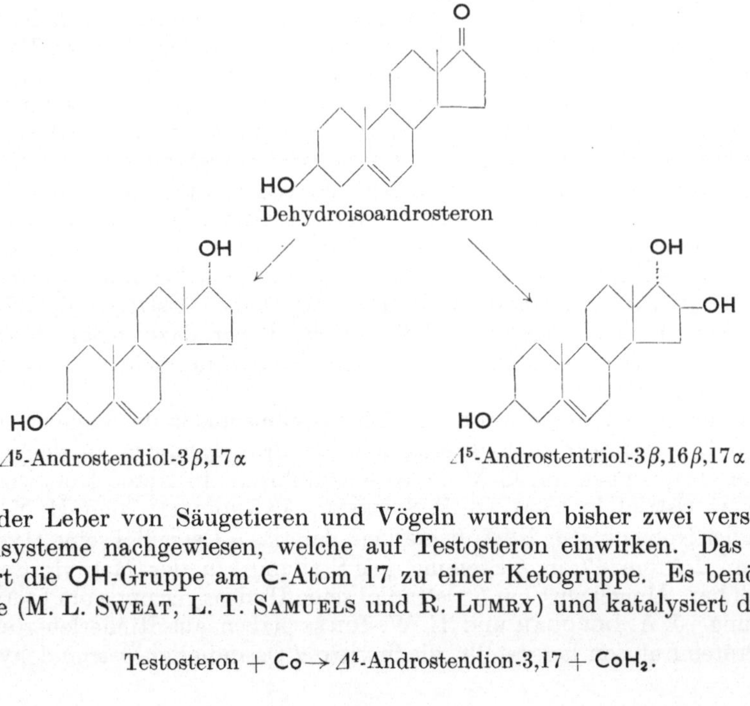

Dehydroisoandrosteron

Δ^5-Androstendiol-3β,17α

Δ^5-Androstentriol-3β,16β,17α

In der Leber von Säugetieren und Vögeln wurden bisher zwei verschiedene Enzymsysteme nachgewiesen, welche auf Testosteron einwirken. Das eine dehydriert die OH-Gruppe am C-Atom 17 zu einer Ketogruppe. Es benötigt Co-Cymase (M. L. SWEAT, L. T. SAMUELS und R. LUMRY) und katalysiert die Reaktion:

$$\text{Testosteron} + \text{Co} \rightarrow \Delta^4\text{-Androstendion-3,17} + \text{CoH}_2.$$

Das andere Enzym wirkt auf das konjugierte System von Doppelbindungen im Ring A, das zerstört wird (Test: Verschwinden der für dieses System typischen Bande bei 240 mμ). Dieses Enzymsystem arbeitet ohne Co-Cymase. Die Reaktion wird durch Zugabe von Citrat beschleunigt. Das Enzymsystem ist ohne Einfluß auf das C-Atom 17 und greift daher auch 17-Methyltestosteron an (B. H. LEVEDAHL und L. T. SAMUELS). Schon früher hatten L. MAMOLI und A. ERCOLI Mikroorganismen aufgefunden (z. B. Mikrococcus dehydrogenans), welche die sekundäre Alkoholgruppe am C-Atom 3 der Steroide zur Ketogruppe dehydrieren.

A B
O

Testesschnitte von Mensch, Pferd und Kaninchen bauen aus C^{14}-Acetat markiertes Testosteron auf (R. O. BRADY). Die Biosynthese des Testosterons wird in dieser Versuchsanordnung durch Choriongonadotropin stark stimuliert.

f) Östrogene.

In den Follikeln der Ovarien sind Östron und α-Östradiol aufgefunden worden. Während der Gravidität produziert auch die Placenta Follikelhormone, und zwar neben den genannten noch Östriol. Nach der Einverleibung von Follikelhormonen wird nur ein kleiner Prozentsatz der angewandten Dosis im Harn in Form von aktivem Material ausgeschieden. Man hat daher untersucht, ob Östrogene noch auf einem anderen Wege ausgeschieden werden. Die Verabreichung von Östrogenen bewirkt eine beträchtliche Ausscheidung derselben durch die Galle. Im Kot wird aber nur wenig biologisch aktives Material aufgefunden. E. DINGEMANSE und LAQUEUR injizierten Ratten 2,5 mg Östron und fanden nur rund 3% der Hormonaktivität im Kot wieder. L. LEVIN isolierte aus den Faeces trächtiger Kühe 0,9—1,4 mg α-Östradiol je Kilogramm Trockensubstanz, was 73—95% der Hormonwirksamkeit des Materials entsprach.

Frauen scheiden im wesentlichen Östron, α-Östradiol und Östriol aus, Stuten daneben noch die stärker ungesättigten Steroide Equilin, Equilenin und Hippulin. Bei Kaninchen ist das Hauptausscheidungsprodukt β-Östradiol. Nach der Zufuhr größerer Mengen α-Östradiol scheiden Kaninchen 40% der Dosis in Form von β-Östradiol aus. Die Vermutung, daß diese Besonderheit mit der Darmflora der Kaninchen zusammenhänge, hat sich nicht bewahrheitet. Die Darmbakterien sind an der Umwandlung von α-Östradiol in β-Östradiol nicht beteiligt. Kleine Mengen β-Östradiol wurden auch im Stutenharn aufgefunden. Die Östrogene werden im Harn normalerweise praktisch quantitativ in gebundener Form ausgeschieden und zwar Östron mit Schwefelsäure verestert, die anderen hauptsächlich an Glucuronsäure gebunden. Die Bindung an Schwefelsäure und Glucuronsäure erfolgt in der Leber. Man kann sie in vitro in Versuchen mit Leberschnitten erhalten. D. J. HANAHAN und N. V. EVERETT haben Östron mit S^{35}-Sulfat verestert. Ihre Versuche ergaben, daß nur die Leber dazu befähigt ist, den Ester zu spalten. Der gesamte im Harn ausgeschiedene radioaktive S lag in Form von anorganischem Sulfat vor.

Die erwähnten Befunde erweisen, daß der Organismus in der Lage ist, bei den Östrogenen Ketogruppen zu hydrieren bzw. Hydroxylgruppen zu dehydrieren, sowie neue Oxygruppen am C-Atom 16 einzuführen. 16-Ketoöstron wird vom Menschen zu Östriol hydriert (B. F. STIMMEL, A. GROLLMAN und M. N. HUFFMAN). Zu der Nomenklatur ist zu bemerken, daß das α-Östradiol seine Hydroxylgruppe am C-Atom 17 in β-Stellung (cis-Stellung) zu der Methylgruppe am C-Atom 13 hat. Umgekehrt hat β-Östradiol seine Hydroxylgruppe am C-Atom 17 in α-Stellung. J. A. LEDOGAR und H. W. JONES haben aus Rinderleber eine gereinigte Proteinfraktion hergestellt, die in vitro α-Östradiol zu Östron dehydriert.

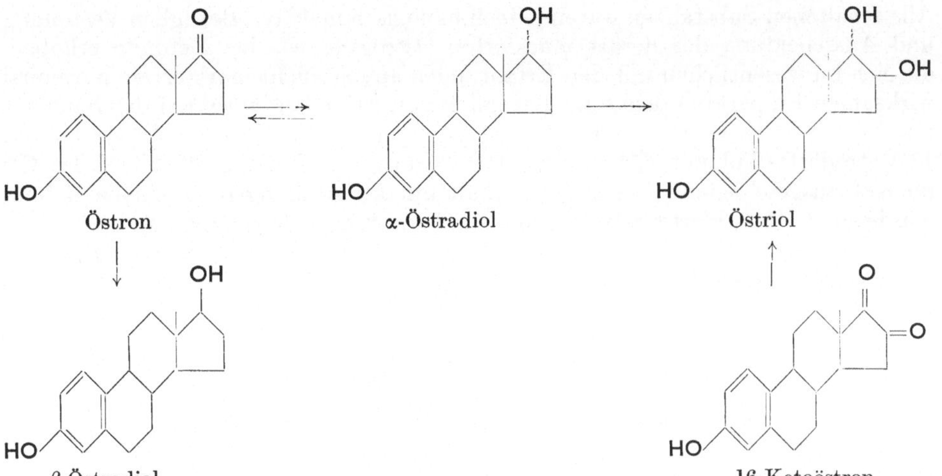

Der größte Teil applizierter Östrogene wird vom Organismus zu hormonal inaktivem Material umgewandelt. Das in dieser Beziehung wirksamste Organ ist die Leber. Beim Abbau von Östradiol zu inaktivem Material durch die Leber wird Co-Cymase benötigt (R. L. COPPEDGE, A. SEGALOFF und H. P. SARRET). Man kann diesen Abbau in vitro in Ansätzen mit Leberschnitten nachweisen. Vermutlich setzt der Angriff am C-Atom 17 ein. Aber auch andere Organe setzen Östrogene um, wenn auch mit einer wesentlich geringeren Geschwindigkeit als die Leber. T. N. WERTHESSEN, C. F. BARKER und N. S. FIELD inkubierten Blut mit Östron und fanden, daß die Ketogruppe am C-Atom 17 verschwand. Über die Natur der bei der Inaktivierung der Östrogene entstehenden Substanzen ist noch nichts Näheres bekannt. Jedoch sind schon aus dem Harn Steroide nichtphenolischer Art isoliert worden, welche sich von den Östrogenen ableiten dürften, z. B. Östrandiol und $\Delta^{5,7,9}$-Östratrienol-3-on-17.

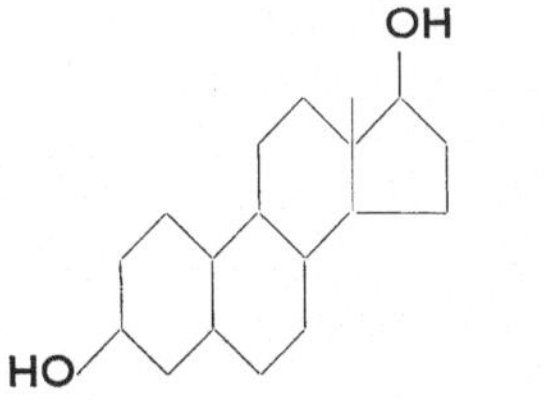
Östrandiol

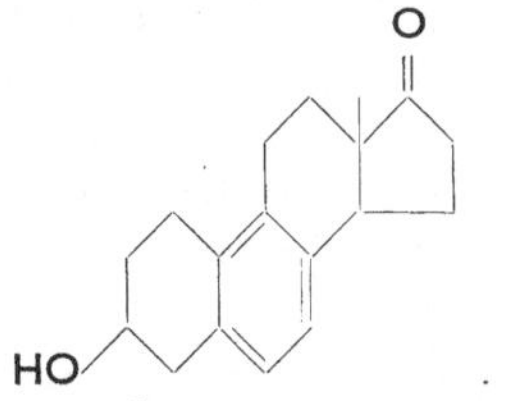
$\Delta^{5,7,9}$-Östratrienol-3-on-17

Man hat versucht, durch Anlagerung von J^{131} oder von radioaktivem Jodwasserstoff an die Doppelbindungen in dem Ring A markierte Derivate von Östrogenen, z. B. Monojod-α-östradiol und Dijod-α-östradiol, zu erhalten. Ausgehend vom Equilin ließ sich radioaktives Halogen in den Ring B einführen.

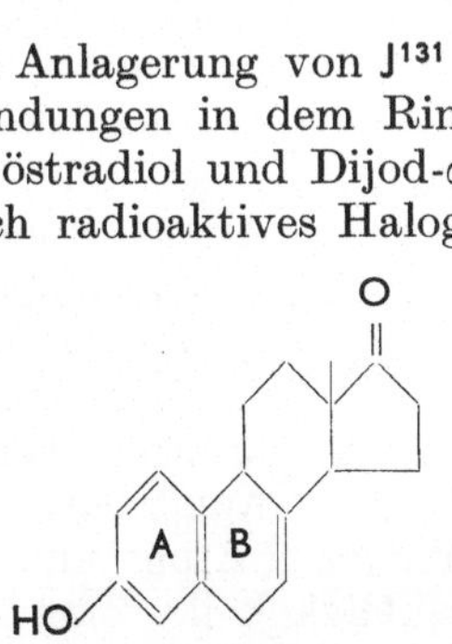
Equilin

Alle erhaltenen Substanzen waren jedoch biologisch inaktiv. Bezüglich Verteilung und Ausscheidung der derart markierten Östrogene wurden Befunde erhoben, die sich im wesentlichen mit den Erfahrungen an den nicht markierten, hormonal wirksamen Präparaten deckten. Bezüglich von Einzelheiten sei auf das Sammelreferat von R. H. HEARD und J. C. SAFFRAN verwiesen. Nach der Injektion von 17-Methylöstradiol mit C^{14} in der Methylgruppe wird der größte Teil des C^{14} im Kot ausgeschieden. Der Harn enthält nur kleine Mengen. Derselbe Befund wurde an C^{14}-markierten Androgenen und an Progesteron erhoben.

G. H. TROMBLY und E. F. SCHOENEWALDT verfolgten den Stoffwechsel von C^{14}-Diäthylstilböstrol nach subcutaner Injektion der in Öl gelösten Substanz in

Diäthylstilböstrol
(trans-α,α'-Diäthyl-4,4-stilbendiol)

Mäuse. Eine Speicherung der Substanz in Uterus oder Hypophyse ließ sich nicht nachweisen. Die Hauptdeponierung erfolgte in der Leber. Die Substanz wurde aber rasch quantitativ wieder ausgeschieden, und zwar 70—85% der Dosis via Galle durch den Darm und 15—30% durch den Harn. Das ausgeatmete Kohlendioxyd enthielt nur Spuren C^{14}.

IX. Pyrrolfarbstoffe.

1. Biosynthese von Pyrrolfarbstoffen.

Der Porphyrinring entsteht im Organismus aus kleinen Bausteinen. D. SHEMIN und D. RITTENBERG [*1*] wiesen in Versuchen mit N^{15}-Glykokoll nach, daß die N-Atome der Pyrrolringe aus Glykokoll stammen. Alle anderen Aminosäuren außer Serin, das in vivo aber leicht in Glykokoll übergeht (S. 201), schieden als Ausgangsmaterial für die Porphyrinsynthese aus (Tabelle 156). Der Glykokoll-N wird gleichmäßig auf alle vier Pyrrolringe verteilt. Von den beiden C-Atomen des Glykokolls erscheint lediglich das der Methylengruppe im Porphyrinring. Der Carboxyl-C des Glykokolls wird zur Biosynthese des Häms nicht verwertet. Dagegen findet man ihn im Globin (K. I. ALTMANN und Mitarbeiter; M. GRINSTEIN, D. KAMEN und C. V. MOORE).

Tabelle 156. *Verwendung von Aminosäuren zur Porphyrinsynthese* (D. SHEMIN und D. RITTENBERG [*1*]).

Verfütterte Substanz	N^{15} im Hämin in % der verabreichten Dosis
Glykokoll	0,93
D,L-Glutaminsäure .	0,17
D,L-Prolin	0,18
D,L-Leucin	0,07
Ammoniumcitrat . .	0,09

Der aus dem Glykokoll aufgenommene C dient zur Bildung der vier Methenbrücken, welche die Pyrrolringe verbinden. Außerdem stammt noch das C-Atom der Pyrrolringe, welches zwischen dem N-Atom und den Propionsäureresten bzw. Vinylgruppen gelegen ist, aus Glykokoll. Zum Aufbau des Porphyrinringes werden also insgesamt acht Mole Glykokoll herangezogen (J. WITTENBERG und D. SHEMIN).

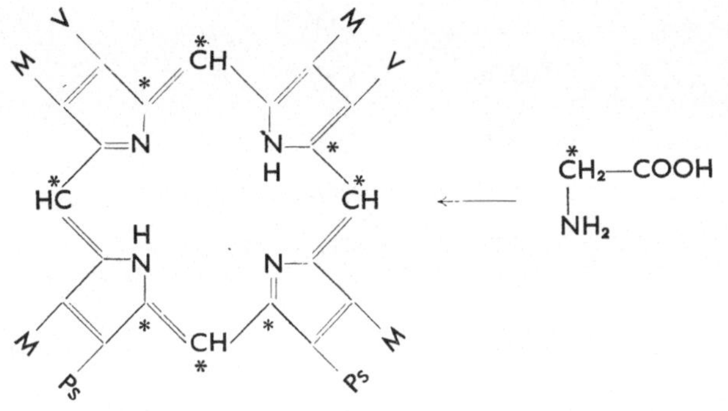

Auch Essigsäure kann als Ausgangsmaterial für die Biosynthese des Porphyrinrings dienen. Den ersten Hinweis hatten Versuche mit deuterierter Essigsäure ergeben. Später haben D. SHEMIN und J. WITTENBERG gezeigt, daß die restlichen 26 C-Atome der 34 C-Atome des Protoporphyrins, die nicht aus Glykokoll stammen, sich letzten Endes aus Essigsäure ableiten. Sie inkubierten Hühnerblutkörperchen mit markierter Essigsäure und unterwarfen das erhaltene Häm einem

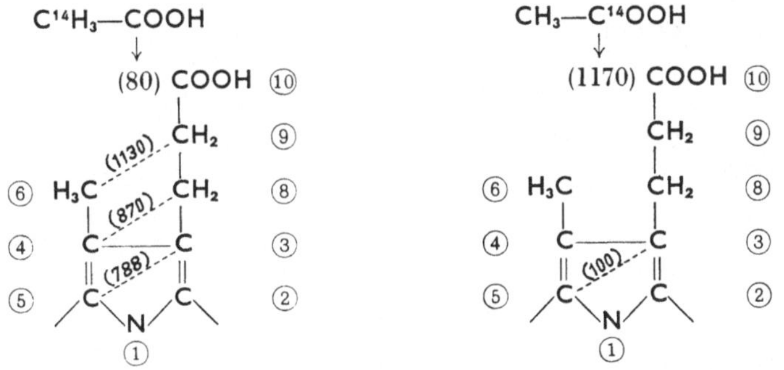

Abb. 24.

Abbau, welcher die Zuordnung der Radioaktivität zu den einzelnen C-Atomen erlaubte. Das wesentlichste ihrer Ergebnisse ist aus der Abb. 24 zu ersehen. Die gesamte Aktivität aller Pyrrolringe war dieselbe. Bei der Biosynthese des Protoporphyrins muß demnach ein Pyrrol gebildet werden, das der gemeinsame Vorläufer der Ringe A, B, C und D, also sowohl der Ringe mit den Vinylgruppen als auch der mit den Propionsäureresten ist. Wie die Abb. 24 zeigt, sind die Aktivitäten der C-Atome 3 und 5 in jedem Pyrrolring gleich, ebenso die der C-Atome 4 und 8 und ebenso die der C-Atome 6 und 9. Man kann daraus entnehmen, daß die Seite des Pyrrolrings, welche die Methylgruppe als Seitengruppe trägt, aus derselben Verbindung hervorgeht wie die Seite des Pyrrolrings mit dem Propionsäurerest (bzw. der Vinylgruppe) als Seitenkette. Die Verteilung der Aktivitäten auf die einzelnen C-Atome macht es wahrscheinlich, daß die Verwertung der Essigsäure zur Biosynthese der Pyrrolringe über die intermediäre Bildung einer Substanz mit vier C-Atomen verläuft, und daß diese C_4-Verbindung via Citronensäurecyclus entsteht. Diese Verbindung ist aber mit keinem Gliede des Citronensäurecyclus (Oxalessigsäure, Äpfelsäure, Fumarsäure, Bernsteinsäure), auch nicht mit Acetessigsäure identisch. SHEMIN und WITTENBERG nehmen an, sie sei ein Derivat der Bernsteinsäure, etwa ein Succinyl-Co-Enzymkomplex, der sowohl von der Bernsteinsäure als auch von der α-Ketoglutarsäure aus entstehen kann. Die Bildung der für alle Pyrrolringe des Porphyrinskelets gemeinsamen Vorstufe aus diesem Succinylderivat und Glykokoll ließe sich folgendermaßen denken:

```
                COOH
                 |
HOOC            CH2
 |               |
H2C             CH2
 |               |
H2C ··········· COX
 |               :
XOC             CH2—COOH
    \         /
       H2N
```

Es entstünde also α-Carboxy-β-carboxymethyl-β'-carboxyäthylpyrrol, von dem sich vier Mole zu einem Porphyrin kondensieren würden.

Schon früher hatten N. S. Radin, D. Rittenberg und D. Shemin mitgeteilt, daß beide C-Atome der Essigsäure zur Porphyrinsynthese verwendet werden, wobei der Carboxyl-C in erster Linie in der Carboxylgruppe des Propionsäurerestes wiedergefunden wird.

R. Lemberg und J. W. Legge hatten früher die Vermutung ausgesprochen, daß die Biosynthese der Porphyrine so verlaufe, daß sich zunächst zwei Mole α-Ketoglutarsäure mit einem Mol Glykokoll kondensieren:

```
                        COOH
                         |
HOOC—CH2—CH2             CO—CH2—CH2—COOH          HOOC—CH2—C————C—CH2—CH2—COOH
          |                                                 ||    ||
   HOOC—CO                  CH2—COOH   — 3 H2O       HOOC—C      C—COOH
                          /          ————————→            \    /
                      H2N              — CO2                N
                                                            H
                                                            | — 2 CO2
                                                            ↓
                                                  HOOC—CH2—C————C—CH2—CH2—COOH
                                                           ||    ||
                                                          HC      CH
                                                            \    /
                                                              N
                                                              H
```

3-Carboxymethyl-4-carboxyäthylpyrrol

Auch A. Neuberger und H. M. Muir hatten die Entstehung von 3-Carboxymethyl-4-carboxyäthylpyrrol als primärem Kondensationsprodukt angenommen. Nach ihrer Auffassung reagiert es dann weiter mit einer aus Glykokoll stammenden C_2-Verbindung, wobei durch Decarboxylierung am α-C-Atom der Pyrrolringe eine Oxymethylgruppe eingeführt wird. Dadurch müßten zwei isomere Verbindungen (A und B) entstehen. Die Hypothese von Neuberger und Muir würde verständlich machen, warum in der Natur immer nur die Porphyrine der Reihen I und III, aber nie solche der Reihen II und IV vorkommen.

```
HOOC—CH2—C————C—CH2—CH2—COOH
         ||    ||
        HC      C—CH2OH
          \    /
            N
            H
```

Verbindung A

```
   HOOC—CH2—C————C—CH2—CH2—COOH
            ||    ||
   HOH2C—C        CH
          \    /
            N
            H
```

Verbindung B

In einer neueren Arbeit diskutieren H. M. MUIR und A. NEUBERGER Oxyasparaginsäure als Zwischenprodukt. Oxyasparaginsäure könnte sich aus zwei Molen Glykokoll unter Verlust der einen Aminogruppe unter intermediärer Bildung von Glyoxylsäure bilden: Die Oxyasparaginsäure solle sich dann mit zwei Molen α-Ketoglutarsäure zu einem Pyrrolderivat kondensieren.

$$\underset{\text{Glykokoll}}{\mathrm{NH_2{-}CH_2{-}COOH}} + \underset{\text{Glyoxylsäure}}{\mathrm{CHO{-}COOH}} \longrightarrow \underset{\text{Oxyasparaginsäure}}{\mathrm{HOOC{-}CH(NH_2){-}CH(OH){-}COOH}}$$

Die von LEMBERG und LEGGE sowie NEUBERGER und MUIR aufgestellten Arbeitshypothesen dürften aber durch die Befunde von SHEMIN und WITTENBERG als überholt anzusehen sein.

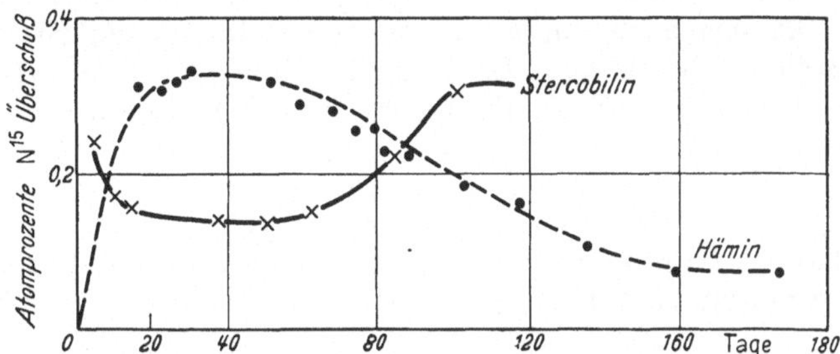

Abb. 25. N^{15}-Konzentration im Hämin und Stercobilin nach der intravenösen Injektion von N^{15}-Glykokoll beim Menschen (LONDON, WEST, SHEMIN und RITTENBERG).

Ausgeschiedenes Stercobilin (Stercobilinogen) stammt nicht nur aus dem Abbau der gealterten roten Blutkörperchen, sondern hat noch zwei andere Quellen: Hämoglobinstoffwechsel der sehr jungen unreifen Blutzellen und Abbau anderer Häminproteide (Myoglobin, Fermenthämine). I. M. LONDON, R. WEST, D. SHEMIN und D. RITTENBERG gaben Erwachsenen N^{15}-Glykokoll und verfolgten den Einbau desselben in das Hämoglobin und die Ausscheidung von N^{15}-Stercobilin. Es zeigte sich, daß das ausgeschiedene Stercobilin schon in den ersten Tagen, also zu einer Zeit, in der noch keine N^{15}-Hämoglobin tragenden Erythrocyten zu Grunde gegangen sein konnten, einen hohen N^{15}-Gehalt aufwies (Abb. 25). Die N^{15}-Konzentration des Stercobilins nahm dann ab, um wieder anzusteigen in einer Zeit, in welcher der physiologische Abbau der mit N^{15}-Glykokoll bei Versuchsbeginn markierten roten Blutkörperchen zu erwarten war. Dieser Befund erweist, daß bei den unreifen Blutzellen Aufbau und Abbau von Hämoglobin nebeneinander hergehen müssen. Je reifer die Blutzellen werden, um so mehr nimmt der Hämoglobinabbau ab und die Hämoglobinsynthese zu, so daß es zu einer Anhäufung des Blutfarbstoffs in den Zellen kommt. In den reifen Blutzellen erlischt der Hämoglobinstoffwechsel vollkommen. Das Hämoglobin ist dem Stoffwechsel entzogen und bleibt bis zur Zerstörung der Blutkörperchen unverändert.

Man hat früher angenommen, daß die Hämoglobinsynthese in den Vorstufen der Säugetiererythrocyten vor dem Verlust des Zellkerns beendet sei. Dies trifft aber nicht zu. Nicht kernhaltige, junge Erythrocyten, die unter pathologischen Umständen (z. B. nach wiederholten Aderlässen oder bei der Sichelzellenanämie) in größerer Menge im strömenden Blut vorkommen, bilden noch

Hämoglobin (I. M. LONDON, D. SHEMIN und D. RITTENBERG). Bei der Inkubation eines solche unreifen Zellen enthaltenden Blutes mit N^{15}-Glykokoll in vitro entsteht in diesen Zellen N^{15}-Häm. Solche Zellen sind auch noch zu einer Globinsynthese befähigt, sie bauen markiertes Histidin in das Globin ein (D. SHEMIN, I. M. LONDON und D. RITTENBERG). Normalerweise werden jedoch nur solche Erythrocyten an das Blut abgegeben, deren Hämoglobinsynthese beendet ist. Bei der Inkubation des Blutes eines normalen Menschen erfolgt keine Neubildung von Blutfarbstoff mehr. Eine erhebliche Hämoglobinsynthese läßt sich in den Vogelerythrocyten beobachten. Hühnererythrocyten bilden in 24 Std bei der Bebrütung mit N^{15}-Glykokoll 0,4% ihres Hämoglobinbestandes neu. In derselben Größenordnung liegt auch ihre Globinsynthese (Test: Einbau von N^{15}-Histidin). Vermutlich ist die Hämoglobinsynthese der Vogelerythrocyten nicht durch die Anwesenheit eines Zellkerns bedingt, sondern darauf zurückzuführen, daß Vogelblut physiologischerweise eine große Zahl (bis zu 20%) junger Zellen enthält. Die Synthese von Blutfarbstoff durch die Erythrocyten verläuft nur unter aeroben Bedingungen. Die Neubildung von Blutfarbstoff durch unreife Erythrocyten läßt sich auch durch Einbau von radioaktivem Eisen verfolgen. Normale Blutzellen nehmen kein Eisen in ihr Hämoglobin auf (R. J. WALSH, E. D. THOMAS, S. K. CHOW, R. G. FLUHARTY und C. A. FINCH).

Erythrocyten enthalten 10—30 γ-% Protoporphyrin. Daneben findet man in ihnen aber noch Koproporphyrin. Die unreifen Zellen des Knochenmarks enthalten viel Koproporphyrin und wenig Protoporphyrin. Beim Reifen der Zellen nimmt ihr Gehalt an Koproporphyrin ab und der an Protoporphyrin zu. Dieser Befund läßt vermuten, daß Koproporphyrin eine Beziehung zur Hämoglobinsynthese hat.

M. GRINSTEIN, M. D. KAMEN, H. M. WICKOFF und C. V. MOORE haben Hunden N^{15}-Glykokoll injiziert und festgestellt, daß nicht nur das Hämoglobin, sondern auch das im Harn ausgeschiedene Koproporphyrin I einen hohen Gehalt an N^{15} hatte. Nach der Transfusion von N^{15}-Hämoglobin an andere Hunde, deren Abbau von Erythrocyten durch Vergiftung mit Phenylhydrazin gesteigert war, enthielt das ausgeschiedene Koproporphyrin praktisch keinen isotopen N. Ebenso ließ sich zeigen, daß das bei der Bleivergiftung vermehrt im Harn ausgeschiedene Koproporphyrin III nicht aus abgebauten Blutfarbstoff stammt. Die beiden Koproporphyrine I und III entstehen also durch eine direkte Biosynthese und nicht durch den Abbau von Hämoglobin. Auch Untersuchungen an Patienten mit einer Porphyrie haben ergeben, daß die ausgeschiedenen Uroporphyrine und Koproporphyrine der Reihen I und III immer durch eine Synthese entstehen (Test: Einbau von markiertem Glykokoll). M. GRINSTEIN, R. A. ALDRICH, V. HAWKINSON, P. LOWRY und C. J. WATSON haben bei einem Falle von kongenitaler Porphyrie beobachtet, daß der Einbau von N^{15} aus Glykokoll in das Koproporphyrin rascher erfolgte als in das Uroporphyrin, und daß der N^{15} aber auch rascher aus dem Koproporphyrin wieder verschwand als aus dem Uroporphyrin. Dies spricht dafür, daß Koproporphyrin der Vorgänger des Uroporphyrins ist oder daß beide unabhängig voneinander synthetisiert werden. C. H. GRAY, I. M. H. MUIR und A. NEUBERGER, die gleichfalls die Porphyrinsynthese bei einem Fall von kongenitaler Porphyrie mit Hilfe von N^{15}-Glykokoll untersuchten, kommen ebenfalls zu der Auffassung, daß Uroporphyrin I und Koproporphyrin I durch Synthese entstehen. Das Wesen der Stoffwechselstörung bei der Porphyrie dürfte darin bestehen, daß die Relation der Bildung der Porphyrine der beiden Reihen I und III auf eine noch undurchsichtige Art und Weise verändert ist. Die Synthese der beiden Porphyrinreihen erfolgt parallel zueinander.

Die bezüglich der Biosynthese des Hämoglobins (Protoporphyrin) und der Porphyrine erhaltenen Befunde machen es wahrscheinlich, daß als die ersten

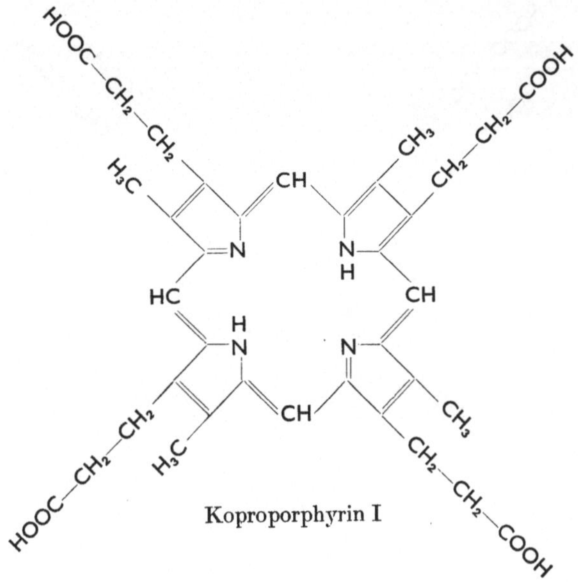

Koproporphyrin I

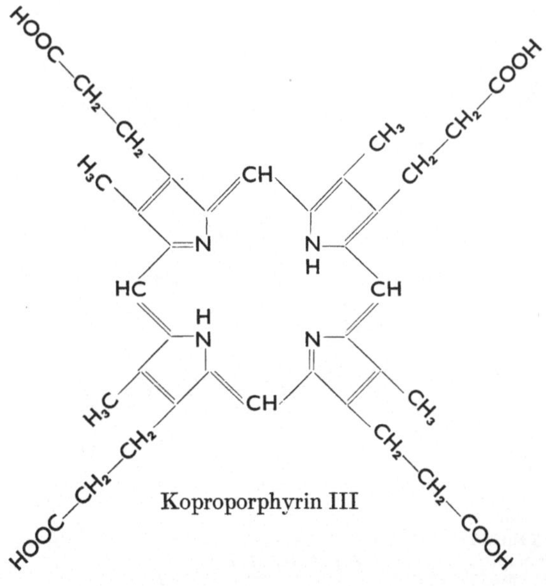

Koproporphyrin III

Produkte des Prozesses die Uroporphyrine entstehen. Uroporphyrin III liefert dann durch Decarboxylierung Koproporphyrin III. Bezüglich der näheren Begründung sei auf C. J. Watson verwiesen. Mit einer der Gründe, die für die Reihenfolge Uroporphyrin → Koproporphyrin sprechen, ist der Umstand, daß im Organismus Decarboxylierungen leichter vonstatten gehen als Carboxylierungen. Koproporphyrin geht dann durch Decarboxylierung der Propion-

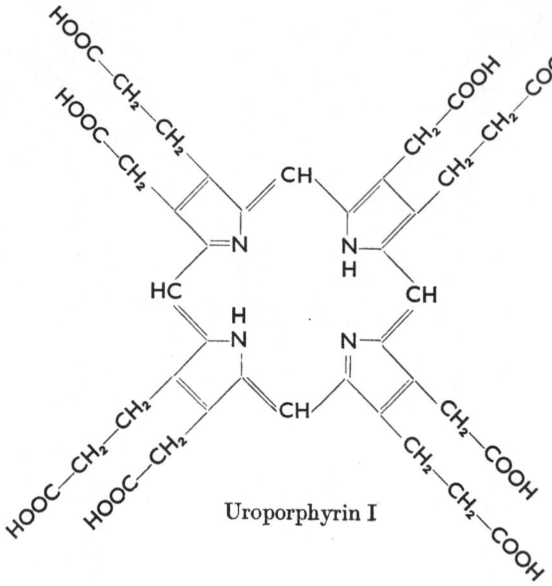

Uroporphyrin I

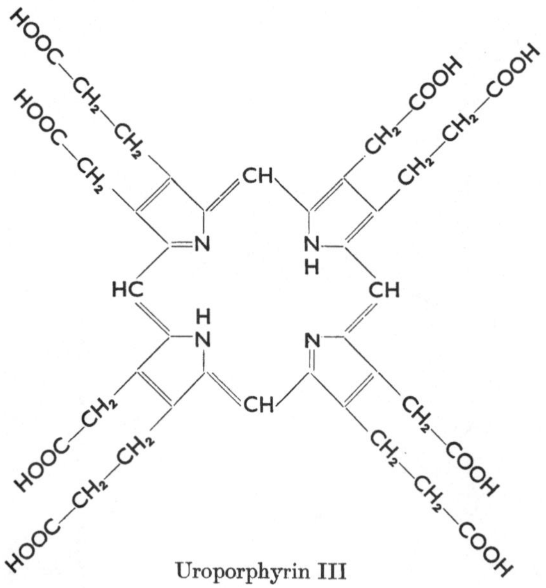

Uroporphyrin III

säurereste in den Pyrrolringen A und B und nachfolgende Dehydrierung zu Vinylresten in das Protoporphyrin IX über, das als prosthetische Gruppe des Blutfarbstoffs nach Einführung von Eisen mit Globin zu Hämoglobin gekuppelt wird. Der Umstand, daß Uroporphyrin III noch nie mit Sicherheit in Harn oder

Kot gesunder Personen nachgewiesen wurde, kann damit zusammenhängen, daß die Geschwindigkeit der Decarboxylierung zu Koproporphyrin außerordentlich groß ist. Das Enzym, das Koproporphyrin III zu Protoporphyrin IX verwandelt, hat offensichtlich eine hohe Substratspezifität. Ein Übergang von Koproporphyrin I in Ätioporphyrin I oder in Protoporphyrin I wurde in der Natur noch nie beobachtet. Die Bildung der Porphyrine I und ihre Ausscheidung erfolgen mit einer großen Geschwindigkeit. I. M. London, R. West, D. Shemin und D. Rittenberg haben die Halbwertszeit für Koproporphyrin I zu 3—4 Tagen und die von Uroporphyrin I zu 6—7 Tagen berechnet.

Vorstufen ↗ Uroporphyrin III → Koproporphyrin III → Protoporphyrin IX
Vorstufen ↘ Uroporphyrin I → Koproporphyrin I

Normalerweise werden im Harn von erwachsenen Menschen 16—90 γ Koproporphyrin I und 2—32 γ Koproporphyrin III pro Tag ausgeschieden.

Mikroorganismen (Hefe, Corynebacterium diphtheriae) synthetisieren gleichfalls Koproporphyrin I und III. Durch Veränderungen des Kulturmediums kann man die Mengenverhältnisse Koproporphyrin I : Koproporphyrin III beeinflussen. W. Stich und H. Eisgruber sehen in dem Lactoflavin einen wesentlichen Faktor der Steuerung dieser Relation. In Versuchen an Hefe stellten sie fest, daß Lactoflavin die Synthese der Porphyrinreihe III fördert und die der Porphyrinreihe I hemmt.

Die Biosynthese des Cytochroms c entspricht der des Hämoglobins. Auch das Cytochrom c wird aus Glykokoll und Essigsäure aufgebaut. Von dem Glykokoll findet genau wie bei der Häminsynthese nur das α-C-Atom Verwendung (D. L. Drabkin [*1*]). Der Umfang der Neubildung hängt vom Bedarf ab. Im Herzmuskel hat die Neubildung normalerweise keinen großen Umfang. Sie ist dagegen in einer regenerierenden Leber bedeutend. Das Cytochrom c wird in den einzelnen Organen gebildet und nicht aus einer zentralen Bildungsstätte zu ihnen hin transportiert. Die Bildung von Chromoproteiden ist offensichtlich eine allgemeine Stoffwechselleistung aerob lebender Zellen. Dies zeigt auch die Blutbildung im embryonalen Leben. Die Turnover-Geschwindigkeit von Cytochrom c ist zwar geringer als die des Hämoglobins. Relativ ist aber die Turnover-Rate größer. Vom Cytochrom c werden täglich 12 % des Bestands erneuert, vom Hämoglobin nur 0,8—1 %.

Interessanterweise verwendet B. prodigiosus Glykokoll zur Biosynthese des Prodigiosins. Auch hier erscheinen in dem Pyrrolfarbstoff nur das N-Atom und das α-C-Atom (R. Hubbard und C. Rimington). Vom Acetat werden beide C-Atome verwertet. Die Bildung des Prodigiosins entspricht also in allen Punkten der des Blutfarbstoffs. Der Biosynthese aller Pyrrolfarbstoffe liegt offensichtlich derselbe Mechanismus zu Grunde.

2. Der Eisenstoffwechsel.

Ein erwachsener Mensch hat einen Eisenbestand von 4—5 g. Die Verteilung auf die einzelnen eisenhaltigen Verbindungen geht aus der Tabelle 157 hervor. Das Eisen wird vom Organismus in Form des Ferritins gespeichert. Ferritin ist ein Eisenproteid von einem Molekulargewicht von 460000 und einem Eisengehalt von 17—23 %. Das Eisen ist in ihm dreiwertig. Ferritin findet sich auch in der Darmwand und reguliert die Resorption des Nahrungseisens. Diese von S. Granick entwickelte Vorstellung läßt sich durch folgendes Schema wiedergeben:

Nahrungs-Fe^{++} → Darmschleimhaut-Fe^{++} → Plasma-Siderophilin-Fe^{+++}
↓↑
Darmschleimhaut-Ferritin-Fe^{+++}

Tabelle 157. *Der Eisenbestand des Menschen* (D. L. DRABKIN [2]).

Verbindung	Bestand g	Eisen g	Eisen in % des Gesamteisenbestandes
Hämoglobin . .	900	3,1	73
Myoglobin . . .	40	0,14	3,3
Cytochrom . . .	0,8	0,0034	0,08
Katalase	5,0	0,0045	0,11
Siderophilin. . .	7,5	0,003	0,07
Ferritin	3,0	0,69	16,4
Nicht erfaßt . .		0,3	7,1

Das Ferritin wirkt in der Darmschleimhaut wie ein Ventil. Wenn das Ferritin nicht mit Eisen gesättigt ist, nimmt es Eisen auf, wodurch der Gehalt der Darmschleimhaut an Eisen abnimmt und Eisen aus dem Darmlumen in die Mucosazellen aufgenommen wird. Ist das Apoferritin mit Eisen gesättigt, so kommt die Eisenaufnahme zum Stillstand, weil dann die Konzentration an dem Zelleisen so hoch ist, daß kein Konzentrationsgefälle mehr vorhanden ist.

Das Eisen wird im Blut durch das β_1-Globulin Siderophilin (eisenbindendes Globulin oder Transferrin) transportiert. Das Blut enthält 0,25% an diesem Globulin, d. h. insgesamt rund 7,5 g, die 9 mg Eisen entsprechend einem Fe-Gehalt des Blutes von 315 γ-% binden könnten. Der normale Fe-Spiegel des Blutes beträgt aber nur etwa 100 γ-%. Das Siderophilin ist demnach nur zu $^1/_3$ mit Eisen gesättigt, woraus sich ergibt, daß sich 3 mg Eisen im Blut auf dem Transport befinden. Das Siderophilin-Fe befindet sich mit dem als Ferritin-Fe gespeicherten Eisen in einem Gleichgewicht.

Das gespeicherte Ferritin-Fe stammt aus zwei Quellen: der Nahrung und den zerstörten Erythrocyten. Aus der durchschnittlichen Lebensdauer der roten Blutkörperchen von 100—120 Tagen ergibt sich, daß der Mensch im Tag 8 g Hämoglobin abbaut und aufbaut, was einem Eisenumsatz von täglich 27 mg entspricht. Die direkte Messung der Turnover-Rate des Plasmaeisens mit Hilfe von Fe^{59} ergab den damit gut übereinstimmenden Wert von 0,35 mg je Kilogramm Körpergewicht und Tag beim Menschen (R. L. HUFF, T. G. HENNESSY, R. E. AUSTIN, J. F. GARCIA, R. M. ROBERTS und J. H. LAWRENCE). Bei der Polycythaemia vera und bei der perniziösen Anämie ist die Turnover-Rate wesentlich erhöht. Die Halbwertszeit des Plasmaeisens beträgt bei Ratten 95—138 min (N. I. BERLIN, R. L. HUFF und T. G. HENNESSY).

Das bei Zerstörung der Erythrocyten und Abbau des Hämoglobins frei werdende Eisen wird in erster Linie zur Bildung von neuem Blutfarbstoff verwendet. Die Fähigkeit des Organismus, Eisen auszuscheiden, ist sehr gering. Bezüglich weiterer Einzelheiten des Eisenstoffwechsels sei auf die zusammenfassenden Darstellungen von D. L. DRABKIN [*1*] und von P. F. HAHN verwiesen.

3. Der Abbau des Hämoglobins.

Die gealterten roten Blutkörperchen werden zerstört, wobei das Hämoglobin einem Abbau zu den Gallenfarbstoffen anheimfällt. Grundsätzlich sind alle Körperzellen zu diesem Abbau befähigt. Normalerweise findet die Überführung des Blutfarbstoffs in die Gallenfarbstoffe im wesentlichen im reticuloendothelialen System statt. Die ersten Stufen des Abbaus sind noch nicht endgültig geklärt. Ihrem Verständnis steht zudem die uneinheitlich gehandhabte Nomenklatur erschwerend im Wege (Tabelle 158).

Tabelle 158. *Nomenklatur der ersten Produkte des Blutfarbstoffabbaus.*

	H. FISCHER	M. KIESE	BARKAN	LEMBERG
Fe^{++}	Häm	Ferro-Häm		Ferro-Häm
Fe^{+++}	Hämin	Ferri-Häm		Ferri-Häm
Fe^{++}	Verdo-Häm	Ferro-Verd	Pseudo-Häm	
Fe^{+++}	Verdo-Hämin	Ferri-Verd	Pseudo-Hämin	
Fe^{++}	Hämoglobin	Hämoglobin	Hämoglobin	Hämoglobin
Fe^{+++}	Methämoglobin	Hämiglobin		
Fe^{++}	Verdohämoglobin	Verdoglobin	Pseudohämoglobin	Choleglobin
Fe^{+++}	Verdomethämoglobin	Verdiglobin	Pseudomethämoglobin	

Der erste Angriff auf das Hämoglobinmolekül erfolgt durch eine Oxydation an der α-Methenbrücke. H. FISCHER und F. LINDNER hatten beobachtet, daß Hefe oder Leberbrei in Pyridin gelöstes Hämin in grüne Farbstoffe überführen. O. WARBURG und E. NEGELEIN erhielten „grüne Hämine“ durch Einleiten von Sauerstoff in eine Hydrazin enthaltende Lösung von Hämin in Pyridin. R. LEMBERG zeigte dann, daß sich die grünen Hämine von WARBURG und NEGELEIN leicht in den Gallenfarbstoff Biliverdin überführen lassen.

Da der asymmetrische Bau des Hämoglobins schwer übersichtliche Verhältnisse schafft, haben H. FISCHER und H. LIBOWITZKY, ferner H. LIBOWITZKY und H. FISCHER als Modellversuch den Abbau des symmetrisch gebauten Pyridinhämochromogens vom Koproporphyrin I-tetramethylester untersucht. Den Abbau nahmen sie durch Einwirkung von H_2O_2 und Ascorbinsäure vor, da die Arbeiten von WARBURG und LEMBERG wahrscheinlich gemacht hatten, daß sich der Abbau des Blutfarbstoffs durch einen Oxydoreduktionsprozeß vollzieht. Bei der Behandlung mit Ascorbinsäure und H_2O_2 färbte sich die Lösung grün. Aus ihr wurde das Hämin des α-Oxykoproporphyrin I-tetramethylesters isoliert. Durch weitere Behandlung der Oxyverbindung mit Sauerstoff in Pyridinlösung wurde die entsprechende Ketoverbindung (Koproporphyrin I-tetramethylester-verdochlorhämin) erhalten, die sich durch Behandlung mit Säure in den dem Biliverdin analog gebauten, tiefblau gefärbten Gallenfarbstoff Koproglaukobilin I-tetramethylester überführen ließ.

Dieser Modellversuch zeigt den Weg, auf welchem sich auch die Oxydation des Hämoglobins vollzieht. Man braucht nur an Stelle des Hämochromogens des Koproporphyrinesters Häm und an die Stelle des Pyridins Globin zu setzen. Unter denselben Bedingungen lassen sich auch noch andere Hämochromogene zu den entsprechenden Gallenfarbstoffen oxydieren. Bezüglich weiterer Einzelheiten sei außer auf die Originalarbeiten noch auf die zusammenfassenden Darstellungen von E. STIER, sowie R. DUESBERG und auf die Monographie von R. LEMBERG und J. W. LEGGE verwiesen.

R. LEMBERG und seine Mitarbeiter haben sich dieser Formulierung des Hämoglobinabbaus nicht angeschlossen. Sie halten den Modellversuch von FISCHER und LIBOWITZKY nicht für voll mit den tatsächlichen Verhältnissen beim Hämoglobin übereinstimmend, weil die grünen Hämine immer Eisen komplex gebunden enthalten. R. LEMBERG sieht in der Umwandlung von Protohämochromogen in Biliverdin ein besseres und den tatsächlichen Verhältnissen besser gerecht werdendes Modell. Protohämochromogen läßt sich durch H_2O_2 und Ascorbinsäure in das grüne Verdohämochromogen überführen, das von ihm als ein cyclisches Anhydrid des Biliverdins aufgefaßt wird. Verdohämochromogen hat ein C-Atom weniger als Protohämochromogen, da die α-Methengruppe verlorengegangen ist.

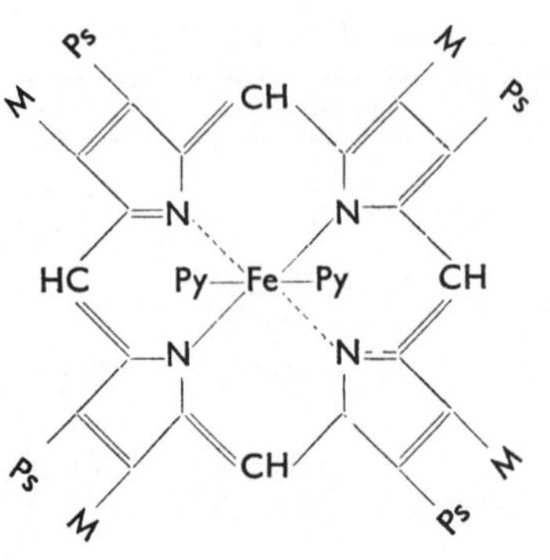

Hämochromogen des Koproporphyrins I 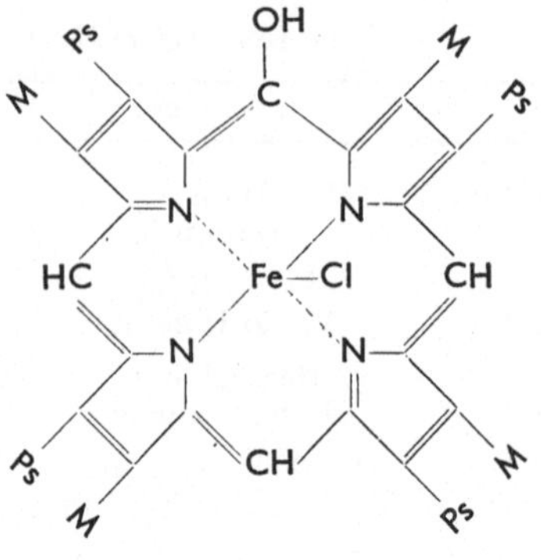 → Chlorhämin des α-Oxykoproporphyrins I

↓

Verdohämochromogen („Grünes Hämin")

←

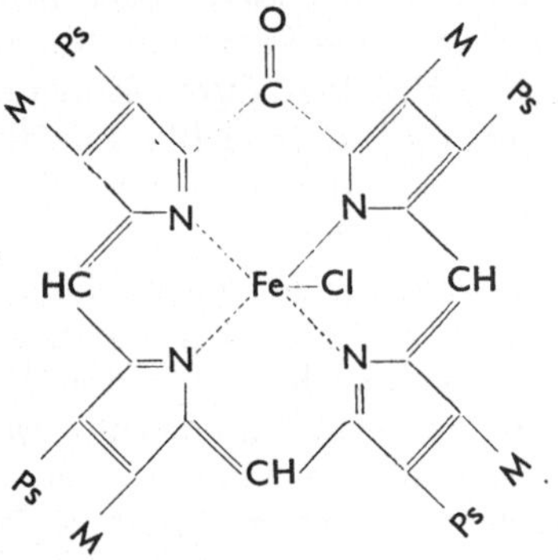

Verdochlorhämin des Koproporphyrins I

↓

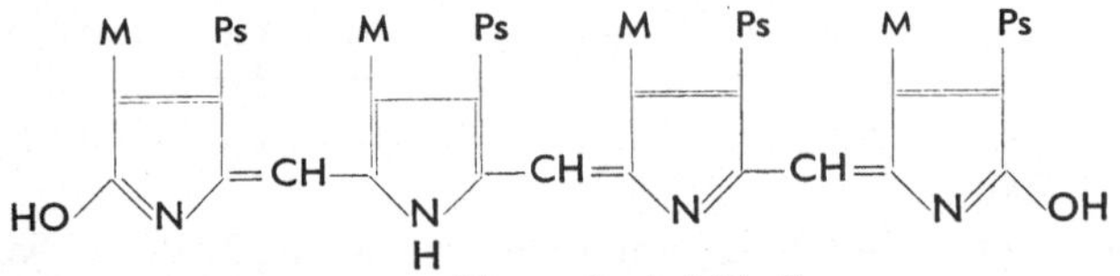

Koproglaukobilin I

In dieser Formelreihe bedeutet: M = Methyl Ps = Propionsäurerest Py = Pyridin

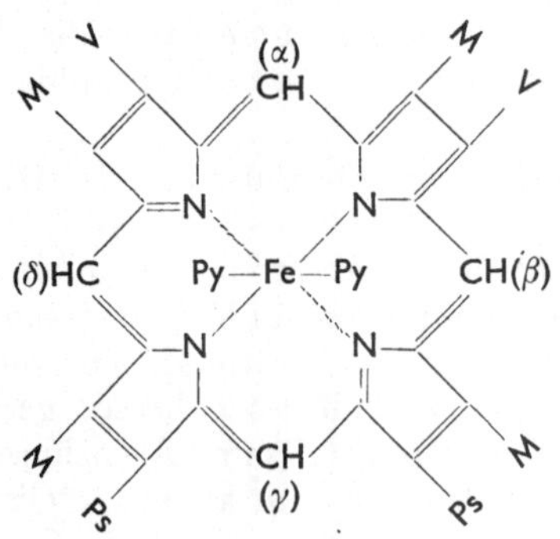

Protohämochromogen 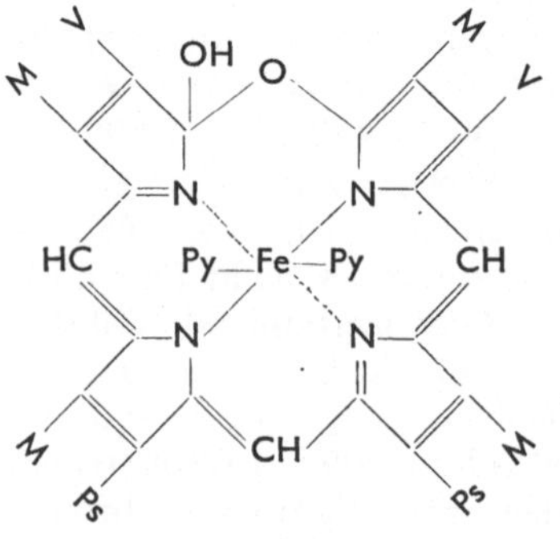 → Verdohämochromogen

Biliverdin IX α

↓ + 2 H

Bilirubin IX α

↓ + 2 H

Dihydrobilirubin IX α

↓ + 2 H

Mesobilirubin IX α

↓ + 2 H

Dihydromesobilirubin IX α

↓ + 2 H

Mesobilirubinogen IX α (Urobilinogen)

M = CH_3 V = CH = CH_2 Ps = CH_2—CH_2—COOH Ä = CH_2—CH_3

Bei der Behandlung von Hämoglobin mit H_2O_2 und Ascorbinsäure entsteht Choleglobin (Verdoglobin, Pseudohämoglobin). Die prosthetischen Gruppen von Verdohämochromogen und Verdoglobin sind aber verschieden. Verdohämochromogen enthält nur 33 C-Atome und läßt sich nicht mehr in Porphyrinderivate rückverwandeln, während Verdoglobin noch alle 34 C-Atome enthält und in ein Porphyrinderivat übergeführt werden kann. Das Verdohämochromogen geht leicht durch einen hydrolytischen Prozeß in Biliverdin über. Die Konstitution des Verdoglobins ist noch unbekannt. Der Abbau des Häms zu Biliverdin vollzieht sich nach E. C. Foulkers, R. Lemberg und P. Pourdon in der folgenden Weise:

$$\text{Häm} \begin{cases} \xrightarrow{1} \text{Pseudohäm} \xrightarrow{2} \\ \xrightarrow{3} \text{Oxyhäm} \xrightarrow{4} \end{cases} \text{oxydiertes Pseudohäm} \xrightarrow{5} \text{Verdohäm} \xrightarrow{6} \text{Biliverdinhäm} \xrightarrow{7} \text{Biliverdin.}$$

Die Reaktionen 1—5 sind oxydativ, dagegen 6 und 7 hydrolytisch.

Die Annahme von R. Duesberg, daß nur intaktes Hämoglobin, aber kein Hämatin abgebaut werde, hat sich nicht bewahrheitet. I. M. London injizierte einem Hunde 800 mg mit N^{15} markiertes Hämatin intravenös. Innerhalb von 9 Tagen schied das Tier 18% der N^{15}-Dosis in Form von Stercobilinogen im Kot aus.

Der erste Gallenfarbstoff, der entsteht, ist Biliverdin, das in der Leber zu Bilirubin hydriert wird. Nach T. Baumgärtel verfügen nur Menschen und Carnivoren über das dazu benötigte Enzym, nicht aber Herbivoren. Die Leber gibt dann das entstandene Bilirubin an die Galle ab. Das Bilirubin wird nun weiter hydriert.

Bei der katalytischen Hydrierung des Bilirubins in vitro werden folgende Stufen durchlaufen: Dihydrobilirubin, Mesobilirubin, Dihydromesobilirubin, Mesobilirubinogen (Urobilinogen). In vivo wurde als erstes Reduktionsprodukt Mesobilirubin nachgewiesen, das im Dünndarminhalt aufgefunden wurde.

Nach T. Baumgärtel erfolgt die Hydrierung des Bilirubins zu Mesobilirubinogen cellulär, vor allem in den extrahepatischen Gallengängen und in der Gallenblase. Vermutlich haben die meisten Körperzellen die Fähigkeit, Bilirubin zu Urobilinogen zu hydrieren. Der größere Teil des Bilirubins wird jedoch durch die Darmbakterien zu dem um vier Wasserstoffatome reicheren Stercobilinogen hydriert. Baumgärtel nimmt an, daß der hierzu benötigte Wasserstoff aus dem

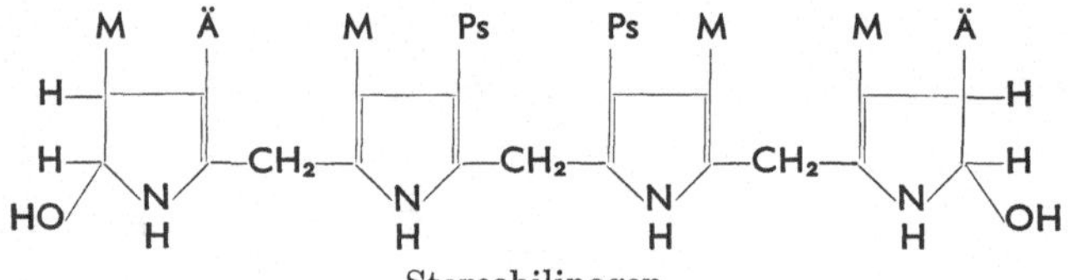

Stercobilinogen

↓ − 2 H

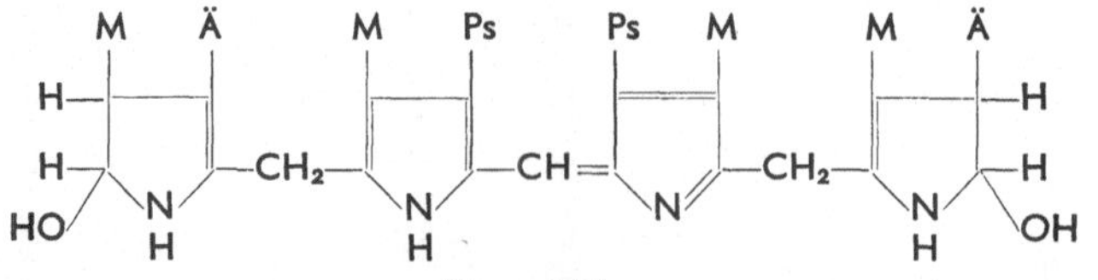

Stercobilin

System Cystein-Cystin stammt. Stercobilinogen ist im Gegensatz zum Urobilinogen optisch aktiv. Es ist eine farblose Substanz. Es wird leicht, so z. B.

schon durch Einwirkung des Luftsauerstoffs, zu Stercobilin dehydriert. In analoger Weise geht Urobilinogen beim Stehen an der Luft in Urobilin über. Die

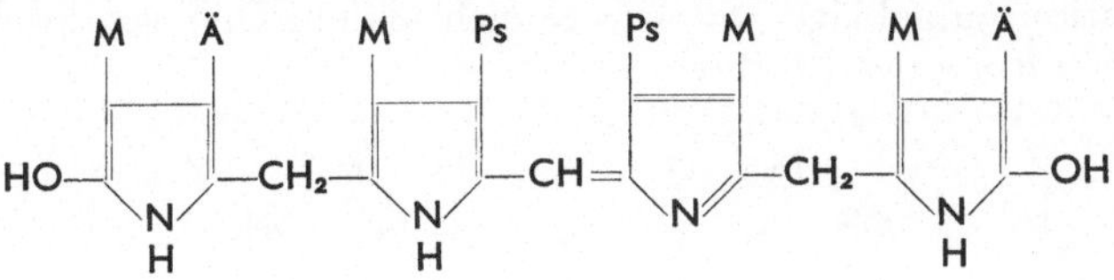

Urobilin

Hydrierung des Bilirubins durch die Darmbakterien ist an die mittelständige Methangruppe gebunden. Gallenfarbstoffe wie Biliverdin oder Glaukobilin, die an dieser Stelle eine Methengruppe haben, werden von den Bakterien nicht hydriert.

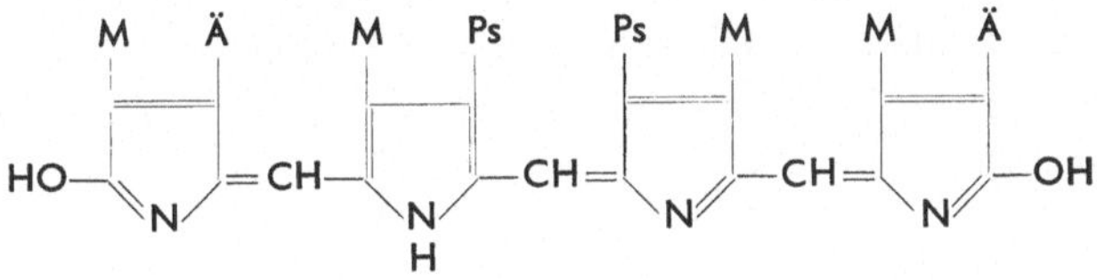

Glaukobilin

Neben den erwähnten Gallenfarbstoffen wurden im Darm noch Mesobiliviolin und Mesobilirhodin aufgefunden. Sie sind mit Mesobilirubin isomer und bilden sich leicht aus Urobilin.

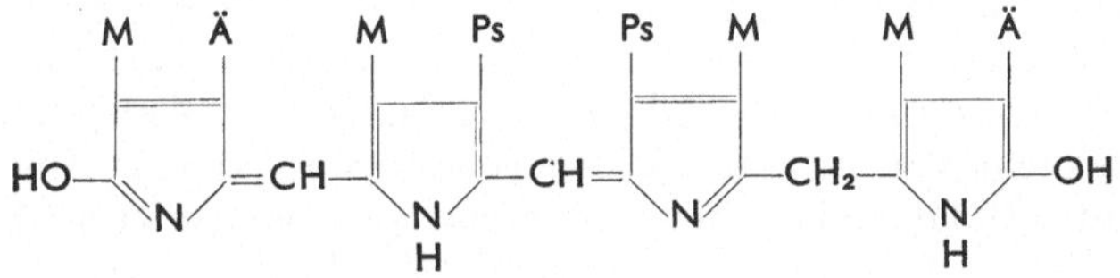

Mesobiliviolin

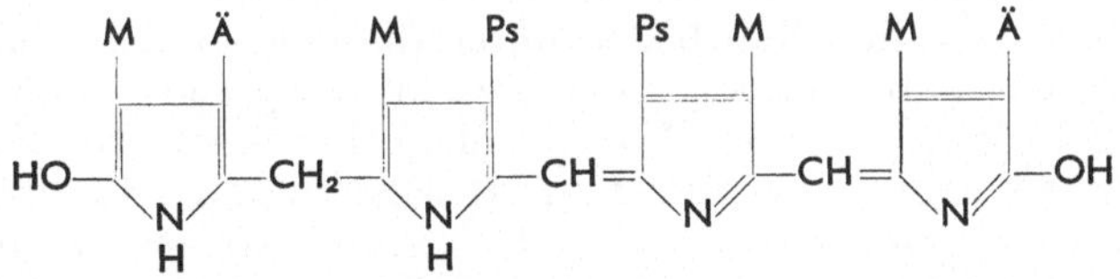

Mesobilirhodin

Außer den alle vier Pyrrolkerne enthaltenden Gallenfarbstoffen entstehen durch den Abbau des Hämoglobins noch tiefere Abbaustufen, die nur zwei Pyrrolringe enthalten. Zu ihnen führen zwei verschiedene Abbauwege: der von Bingold entdeckte oxydative und der von Siedel und Mitarbeitern aufgefundene oxydo-reduktive Abbau.

K. Bingold machte die Beobachtung, daß unter pathologischen Verhältnissen im Harn eine Substanz ausgeschieden wird, welche eine typische Farbreaktion, die „Pentdyopentreaktion“ gibt. H. Fischer zeigte dann, daß die Pentdyopentreaktion von Dioxypyrromethenen gegeben wird. Diese werden durch starke Reduktionsmittel — bei der Pentdyopentreaktion verwendet man Dithionit — zu Dioxypyrromethanen reduziert, welche eine starke Absorption bei 525 mμ aufweisen und der Reaktion den Namen Pentdyopentreaktion eingetragen haben. Die von K. BINGOLD als Träger der Pentdyopentreaktion Propentdyopent genannte Substanz wurde von H. FISCHER und H. DOBENECK in ihrer Konstitution aufgeklärt. Sie erwies sich als ein Gemisch zweier Isomerer, die durch die Spaltung des Blutfarbstoffs an den α- und γ-Methenbrücken infolge

M V M Ps + Ps M M V
HO— N H —CH(OH)— N =O   O= N —CH(OH)— N H —OH

Propentdyopent

der Asymmetrie des Moleküls entstehen. Die Propentdyopente sind farblose Verbindungen. Der bei der Pentdyopentreaktion entstehende rote Farbstoff wird als das Natriumsalz eines Dioxypyrromethan aufgefaßt.

HO— N H —CH_2— N H —OH

Dioxypyrromethan

Propentdyopent entsteht in der Niere aus Hämoglobin oder Bilirubin durch die Einwirkung des in den Nierenzellen sich bildenden Hydroperoxyds, das deswegen dort zur Wirkung gelangen kann, weil der Blutfarbstoff bei seinem Durchtritt durch die Niere des Schutzes der ihn im Blut immer begleitenden Katalase beraubt wird (K. BINGOLD). Die Niere kann die Katalase aber nur von hämolysiertem Blut, nicht von intakten Blutkörperchen abhängen. Die Bildung von Propentdyopent erfolgt daher nur unter pathologischen Verhältnissen. Eine Bildung von Propentdyopent aus Blutfarbstoff läßt sich auch durch die Einwirkung von Bakterien (Pneumokokken) erzielen, wenn man diese auf einem so stark erhitzten Blutagar züchtet, daß die Katalase zerstört wurde. Die Pneumokokken entfärben dann den Nährboden unter Bildung von Propentdyopent.

Durch einen oxydo-reduktiven Abbau von Hämoglobin, Hämin, Bilirubin, Stercobilin oder Urobilin entsteht Mesobilileukan (Promesobilifuscin) (W. SIEDEL und H. MÖLLER; W. SIEDEL, W. STICH und H. EISENREICH). In vitro läßt es sich durch die Einwirkung von Sauerstoff und Natriumamalgam auf die erwähnten Substrate darstellen. Es kommt regelmäßig im Kot und in jedem normalen Harn vor. Es wird im Darm aus Bilirubin bzw. Stercobilinogen gebildet. Man kann es durch die Einwirkung von Leberbrei auf Bilirubin erhalten. Mesobilileukan ist farblos. Infolge der Asymmetrie des Blutfarbstoffs bzw. der vierkernigen Gallenfarbstoffe entstehen immer zwei isomere Mesobilileukane. Die Mesobilileukane sind sehr labil und gehen schon unter milden Bedingungen, z. B. bei einem unter 7 gelegenen p_H, in die braunen Mesobilifuscine über (W. SIEDEL und H. MÖLLER). Die Mesobilifuscine bedingen die normale Farbe des Kotes. Beim Ikterus werden sie auch im Harn ausgeschieden und sind zumeist für die braune Farbe des Harns beim Ikterus verantwortlich zu machen. Die Mesobilifuscine sind amorph und stellen Gemische verschieden hohen Polymerisationsgrades des zu Grunde liegenden einfachen Pyrromethen dar. Je nach dem Polymerisationsgrad sind die Löslichkeitseigenschaften verschieden. Bei einem außergewöhnlich

Mesobilileukan (Die Formel ist nicht in allen Teilen bewiesen).

Mesobilifuscin I Mesobilifuscin II

Bilifuscine

großen Abbau von Myoglobin, z. B. bei Muskeldystrophien oder der Involution des Uterus nach der Geburt, wird Myobilin, ein brauner, amorpher, fluorescierender Farbstoff im Kot ausgeschieden. Myobilin erwies sich als Chromoproteid, dessen prosthetische Gruppe Mesobilifuscin ist (G. Meldolesi, W. Siedel und H. Möller). Neben den erwähnten zweikernigen Pyrrolderivaten findet man regelmäßig noch Bilifuscin, das sich vom Mesobilifuscin dadurch unterscheidet, daß es Vinylgruppen an Stelle der Äthylgruppen besitzt.

Die gegenseitigen Beziehungen der wichtigsten Abbauprodukte des Blutfarbstoffs gehen aus dem folgenden Schema hervor:

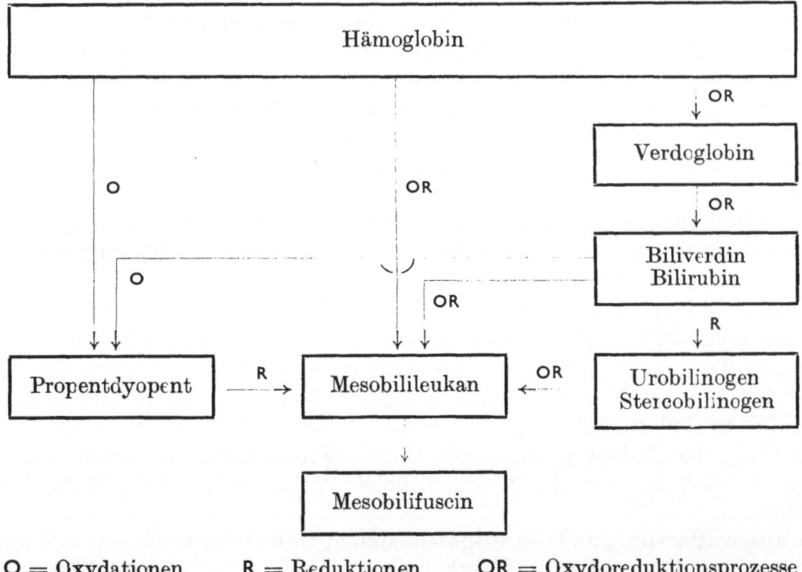

O = Oxydationen R = Reduktionen OR = Oxydoreduktionsprozesse

Zusammenfassend ergibt sich also das folgende Bild für den Abbau des roten Blutfarbstoffs: Die überalterten Erythrocyten werden in den Zellen des reticuloendothelialen Systems zerstört, wobei das Hämoglobin über Verdoglobin in Biliverdin verwandelt wird. Verdoglobin findet sich regelmäßig in geringer Konzentration im Blut. Nach Vergiftung mit Phenylhydrazin, Phenacetin, Sulfonamiden oder anderen „Blutgiften“ ist es im Blut vermehrt. Nach der Injektion von Hämoglobin wurden in Milzextrakten bis zu 12%, in Leberextrakten bis zu 20% der gesamten Hämoglobinmenge in Form von Verdoglobin aufgefunden. Wie schon erwähnt, können alle Körperzellen Hämoglobin zu Gallenfarbstoff abbauen. H. FISCHER und H. REINDEL haben schon vor längerer Zeit bewiesen, daß die Hämatoidinkristalle, die man nach Blutergüssen in den Geweben beobachtet, mit Bilirubin identisch sind.

Das Biliverdin wird in der Leber zu Bilirubin reduziert, das dann durch die Galle dem Darm zugeführt wird. Die von der Leber abgegebene Galle ist frei von Urobilinogen. In der Gallenblase und in den nachgeordneten Gallengängen findet eine cellulär bedingte Hydrierung eines kleinen Teils des Bilirubins zu Urobilinogen statt. Das in den Darm gelangte Urobilinogen wird resorbiert und gelangt via Pfortader zur Leber zurück, wo es vermutlich zu Mesobilileukan abgebaut wird.

Der größte Teil des Bilirubins gelangt unverändert in den Darm und wird dort durch die Darmbakterien zu Stercobilinogen hydriert. Auf die Frage des „direkten“ und „indirekten“ Bilirubins soll hier nicht eingegangen werden, da sie zu wenig geklärt ist. Die Umwandlung des Bilirubins in Stercobilinogen vollzieht sich im wesentlichen im Dickdarm. Daher wird Stercobilinogen nicht durch das Pfortadersystem rückresorbiert. Dagegen wird ein kleiner Teil (etwa 10%) über den Plexus haemorrhoidalis resorbiert und gelangt so in den großen Kreislauf, was eine regelmäßige Ausscheidung von Stercobilinogen im Harn zur Folge hat. Bei Zuständen erhöhten Erythrocytenzerfalls wird vermehrt Bilirubin und damit auch vermehrt Stercobilinogen gebildet. Daher erfolgt auch eine vergrößerte Ausscheidung im Harn auf Grund einer ergiebigeren Resorption aus dem Darm. Im Darm wird ein großer Teil des Stercobilinogens (W. SIEDEL schätzt ihn auf bis zu 50%) zu Mesobilileukan aufgespalten. Eine kleinere Menge Mesobilileukan wird ebenfalls über den Plexus haemorrhoidalis resorbiert, so daß der Harn normalerweise immer etwas Mesobilileukan enthält. Das Mesobilileukan geht im Darm zu einem großen Teil in Mesobilifuscin über. Im Kot werden daher im wesentlichen Stercobilinogen, Mesobilileukan und Mesobilifuscin ausgeschieden. Durch eine sekundäre Dehydrierung des Stercobilinogens durch den Luftsauerstoff entsteht Stercobilin. Dieselben Farbstoffe findet man in kleinen Mengen im Harn.

Bei Schädigungen des Leberparenchyms oder Behinderungen des Gallenabflusses erscheint im Harn Urobilinogen, das sekundär an der Luft zu Urobilin dehydriert wird. Außerdem wird Bilirubin an das Blut abgegeben, so daß der normale Bilirubinspiegel des Blutes, der etwa 0,5 mg-% beträgt, wesentlich erhöht wird. Die Folge ist eine Ausscheidung von Bilirubin im Harn. Die Niere oxydiert dann einen Teil des Bilirubins zu Propentdyopent. Vielleicht wird ein Teil des Propentdyopent zu Mesobilileukan reduziert, das dann zu einer Bildung von Mesobilifuscin Anlaß gibt.

Die Wege der Abbauprodukte des Blutfarbstoffs unter normalen und pathologischen Verhältnissen sind in übersichtlicher Weise aus der Abb. 26 (W. SIEDEL) zu ersehen.

Die alte Auffassung, daß die ausgeschiedenen Gallenfarbstoffe nur aus dem bei der Zerstörung der gealterten Erythrocyten abgebauten Hämoglobin stammen, hat sich nicht als ganz zutreffend erwiesen. Beim gesunden Menschen liefern die zu Grunde gehenden Erythrocyten etwa 70% des ausgeschiedenen Stercobilins

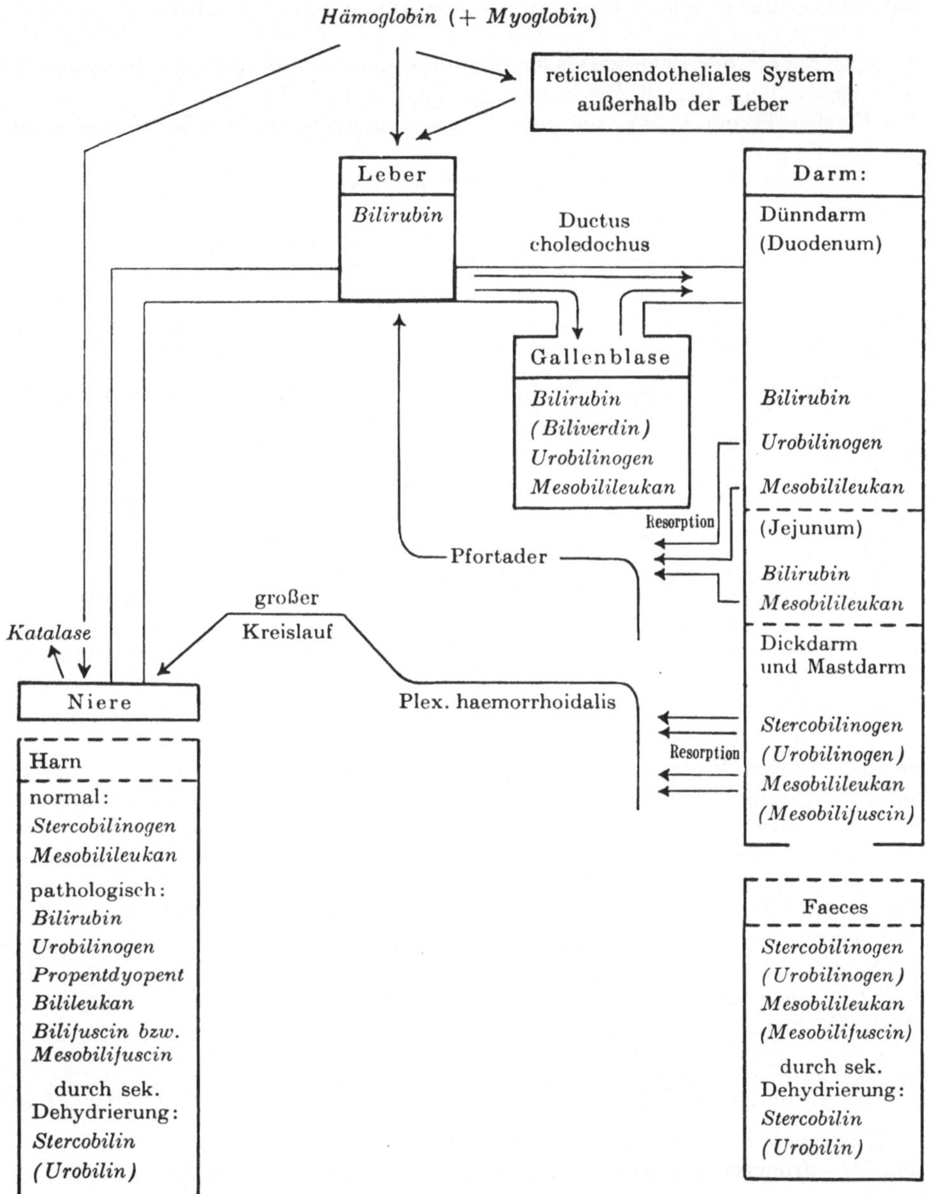

Abb. 26. Schema des Stoffwechsels der Hämoglobinabbauprodukte (W. SIEDEL).

(Stercobilinogen). 15—20% entstammen aus dem Hämoglobinstoffwechsel der jungen, unreifen Blutzellen (Näheres hierüber siehe S. 315) und 10—15% steuern andere Häminproteide bei ihrem Abbau bei.

H. THEORELL, M. BEZNAK, R. BONNICHSEN, K. G. PAUL und A. AKESON haben mit Hilfe des radioaktiven Fe^{59} Untersuchungen über die Stoffwechselintensität der verschiedenen Häminproteide angestellt. Ihre Befunde sind aus der Abb. 27 zu ersehen. Die Leberkatalase hat mit einer Halbwertszeit von 4—5 Tagen (beim Meerschweinchen) weitaus die größte Umsatzgeschwindigkeit und kann daher durchaus zu der Fraktion des nicht aus dem Abbau von Blutfarbstoff stammenden Stercobilins beitragen. Die Umsatzgeschwindigkeit von Hämoglobin ist wesentlich geringer als die der Leberkatalase. Noch geringer ist die des Cytochroms c. Am trägsten verläuft der Stoffwechsel des Myoglobins. Wie zu erwarten war, hat das Ferritin-Fe der Leber eine hohe Umsatzgeschwindigkeit (Halbwertszeit zwei bis drei Tage).

Die älteren Versuche, die Lebensdauer der roten Blutkörperchen zu ermitteln, beruhten auf der Messung der ausgeschiedenen Gallenfarbstoffe. Die täglich ausgeschiedene Menge an Bilirubinoiden wurde beim Menschen zu 150—200 mg bestimmt, woraus sich eine durchschnittliche Lebensdauer der Erythrocyten von 180 Tagen ergab. Die Entdeckung, daß der Blutfarbstoff auch noch zu tieferen Produkten, als es die vierkernigen Bilirubinoide sind, abgebaut wird, und die Feststellung, daß nicht alle ausgeschiedenen Bilirubinoide auf den Abbau der gealterten roten Blutkörperchen zu beziehen sind, haben dieser Berechnung die Grundlagen entzogen. Mit Hilfe der Isotopentechnik ließ sich jedoch die Lebensdauer der Erythrocyten in einfacher Weise messen. Durch Verfolgung des Ausbaus von radioaktivem Eisen, C^{14} oder N^{15} aus dem Hämoglobin ergab sich übereinstimmend eine mittlere Lebensdauer der menschlichen Erythrocyten zu 100—120 Tagen. Die kernhaltigen Blutkörperchen der Hühner haben eine Lebenszeit von nur 28 Tagen. Eine Lebensdauer der Erythrocyten von 100 bis 120 Tagen bedeutet einen täglichen Aufbau und Abbau von rund 8 g Hämoglobin entsprechend 0,4 g Häm. Vergleichsweise sei erwähnt, daß sich in Versuchen über den Einbau von P^{32} in die Desoxyribonucleotide der Leukocyten die durchschnittliche Lebensdauer der Leukocyten des Menschen zu 12,8 Tagen und zu 8,8 Tagen nach ihrem Erscheinen im Blut ergeben hat (D. L. KLINE und E. E. CLIFFTON).

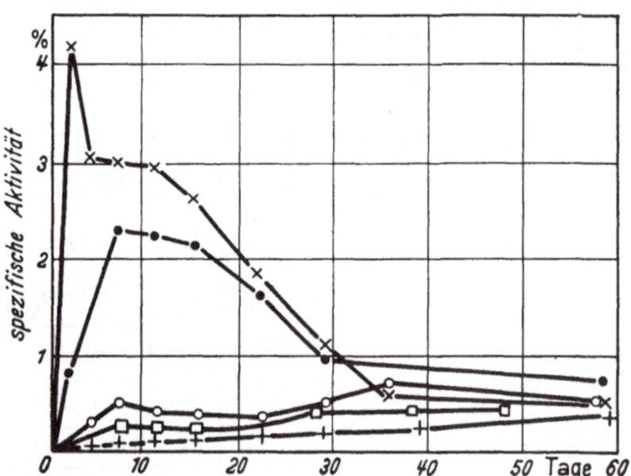

Abb. 27. Einbau von Fe^{59} in Häminproteide beim Meerschweinchen (H. THEORELL und Mitarbeiter). × Ferritin (Leber); ● Katalase (Leber); o Katalase (Blut); □ Hämoglobin; + Cytochrom c.

4. Die Bedeutung der Erythrocyten für den Hämoglobinstoffwechsel.

Hämoglobin kommt normalerweise im Blut nie frei, sondern immer nur in den Erythrocyten enthalten vor. Dies ist aus verschiedenen Gründen für den Organismus zweckmäßig. Der Sauerstoffbedarf der Säugetiergewebe ist so hoch, daß zu seiner Deckung das Blut 16 % Hämoglobin enthalten muß. Dies ist mehr, als der Löslichkeit des Hämoglobins entspricht. Es ließe sich also die zum Leben erforderliche Hämoglobinmenge gar nicht in der Blutflüssigkeit auflösen. In der Blutbahn frei gelöstes Hämoglobin verschwindet rasch daraus, und zwar aus zwei Gründen; einmal scheidet die Niere gelöstes Hämoglobin aus, was in Fällen einer größeren Hämoglobinämie zu beträchtlichen sekundären Symptomen von seiten der Niere Anlaß gibt, die hier nicht im einzelnen erörtert werden sollen, die aber letzten Endes bis zu einer Anurie führen können; zum anderen Mal fällt das im Plasma gelöste Hämoglobin sehr rasch einem Abbau anheim.

Aus vielen Beobachtungen muß man schließen, daß die durchschnittliche Lebensdauer eines menschlichen Erythrocyten etwa 100 Tage beträgt. Da der gesunde Mensch seinen Hämoglobinbestand (bzw. Erythrocytenbestand) aufrechterhält, muß zwischen Aufbau und Abbau ein Gleichgewichtszustand bestehen. Man darf annehmen, daß der Abbau des Hämoglobins nur dann erfolgt, wenn ein Blutkörperchen zugrunde geht, und daß die Lebensdauer eines Erythrocyten durch interne Prozesse begrenzt wird. Bezüglich derselben sind wir heute ausschließlich auf Vermutungen angewiesen.

Erythrocyten besitzen einen Stoffwechsel, der an und für sich nicht sehr intensiv erscheint. Nehmen wir aber an, das Hämoglobin in dem Erythrocyten sei für ihn ein Fremdkörper, da es sich nicht an dem Zellstoffwechsel beteiligt, und beziehen wir die Umsätze auf das eigentliche aktive Protoplasma des Blutkörperchens, so hat es sogar einen äußerst intensiven Stoffwechsel.

Der Stoffwechsel der Erythrocyten weist gegenüber dem anderer Zellen Besonderheiten auf. Erythrocyten glykolysieren, die kernlosen Blutkörperchen des Menschen und der Säugetiere haben sogar eine beträchtliche aerobe Glykolyse. Die normalerweise nur geringe Sauerstoffaufnahme läßt sich durch Zusatz von Methylenblau oder Hämiglobin (Methämoglobin) erheblich steigern, wobei Hexosemonophosphat zu Phosphohexonsäure und diese über Pentosephosphat weiter oxydiert wird.

Erythrocyten enthalten keine Mitochondrien und verfügen daher nicht über Cytochromoxydase. Von den Häminproteiden findet man in ihnen außer dem Hämoglobin nur noch Katalase. Die Atmung der Erythrocyten ist zwar auch durch HCN und CO hemmbar. Vermutlich wirkt in ihnen aber an Stelle von Cytochromoxydase Hämoglobin, das zu einem kleinen Anteil zu Hämiglobin oxydiert wird und dann wieder zu Hämoglobin reduziert werden muß. Das Fehlen der Cytochromoxydase bewahrt das Hämoglobin vor einer raschen und ausgiebigen Oxydation zu Hämiglobin.

In den Erythrocyten entstehen laufend kleine Mengen Hämiglobin. Im allgemeinen enthält menschliches Blut 0,7 % seines Gesamthämoglobinbestandes an Hämiglobin. Die Geschwindigkeit der Hämiglobinbildung ist aber nur gering. In einem Erythrocytenhämolysat dauert die Umwandlung des gesamten Hämoglobins in Hämiglobin bei 37° etwa fünf Tage.

Zur Beseitigung des Hämiglobins stehen den Erythrocyten Reduktionsmechanismen zur Verfügung. Wie schon erwähnt, haben Erythrocyten praktisch keinen oxydativen Stoffwechsel, sondern beziehen ihre Energie aus der Glykolyse, die bei ihnen unabhängig vom O_2-Druck abläuft. Der $Q_M^{N_2}$ der Erythrocyten beträgt 0,25. Ein Teil der bei der Dehydrierung von Triosephosphat anfallenden hydrierten Co-Dehydrase I wird zur Reduktion des Fe^{+++} des Hämiglobins zu dem Fe^{++} des Hämoglobins verwendet. Ein Mol Glucose kann vier Mole Hämiglobin reduzieren. Eine Überschlagsrechnung ergibt, daß rund $^1/_{10}$ der entstehenden hydrierten Co-Cymase zu diesem Zweck eingesetzt wird. Der Rest dient zur Hydrierung der Brenztraubensäure zu Milchsäure. Jodacetat, welches die Dehydrierung von Triosephosphat hemmt, unterbindet auch die Hydrierung von Hämiglobin zu Hämoglobin in den Erythrocyten. Da die hydrierte Co-Cymase nicht direkt mit dem Hämiglobin reagieren kann, ist noch ein gelbes Ferment Hämiglobinreduktase (M. Kiese) dazwischengeschaltet.

$$\text{Triosephosphat} + \text{DPN} \rightarrow \text{Phosphoglycerinsäure} + \text{DPN-H}_2,$$
$$\text{DPN-H}_2 + \text{Flavin} \rightarrow \text{DPN} + \text{Flavin-H}_2,$$
$$\text{Flavin-H}_2 + 2\,\text{Fe}^{+++}_{\text{Hb}} \rightarrow \text{Flavin} + 2\,\text{Fe}^{++}_{\text{Hb}}.$$

Neben der enzymatischen Reduktion des Hämiglobins ist noch an nicht enzymatische Prozesse zu denken, z. B. an die Reduktion durch Ascorbinsäure oder SH-Glutathion. Beide Substanzen finden sich in nicht unbeträchtlichen Mengen in den Erythrocyten. Ascorbinsäure wirkt jedoch nur bei hohen Methämoglobinkonzentrationen. Die Hydrierung der dabei entstehenden Dehydroascorbinsäure erfolgt vermutlich außerhalb der Erythrocyten (S. GRANICK). Nach N. U. MELDRUM und H. L. TARR könnte, falls SH-Glutathion zur Hämiglobinreduktion benützt wird, das anfallende S-S-Glutathion durch hydrierte Co-Dehydrase II wieder in SH-Glutathion zurückverwandelt werden.

Der geringe aerobe Stoffwechsel der Erythrocyten geht also mit einem, wenn auch nur in kleinem Umfang erfolgenden Wechsel Hämoglobin $\rightleftarrows$ Hämiglobin einher. LEMBERG und LEGGE stellen zur Diskussion, ob nicht das physiologische Altern der Erythrocyten dadurch bedingt sei, daß die reduzierenden Systeme durch diese ständige Oxydoreduktion allmählich erschöpft würden, was dann die Hämolyse und den Untergang des roten Blutkörperchens einleite. In der Tat läßt sich auch experimentell zeigen, daß z. B. eine Oxydation des SH-Glutathions zu —S—S-Glutathion in den Erythrocyten eine innerhalb weniger Stunden erfolgende Hämolyse auslöst (D. KEILIN und E. F. HARTREE [2]).

Interessanterweise enthalten die Blutkörperchen eine Substanz, welche dem oxydativen Abbau des Hämoglobins entgegenwirkt. Bei der Einwirkung von Ascorbinsäure und H_2O_2 auf hämolysierte Erythrocyten entsteht wesentlich langsamer Choleglobin (Verdoglobin A) als aus reinen Hämoglobinlösungen (R. LEMBERG, J. W. LEGGE und W. H. LOCKWOOD).

Erythrocyten enthalten sehr aktive, die Pyridinnucleotide (Co-Enzyme) aufspaltende Fermente. Die Spaltung der Co-Enzyme erfolgt jedoch in den intakten Erythrocyten nur langsam, rasch dagegen in den hämolysierten Körperchen. Die Regeneration der Pyridinnucleotide, welche ja energiereiches Phosphat enthalten, erfolgt durch Transphosphorylierung mit der durch die Glykolyse gewonnenen ATP.

X. Nucleotide, Nucleoside, Purine, Pyrimidine, Pteridine.

1. Nucleotide.

Die Organe erwachsener Tiere enthalten zumeist mehr Ribonucleotide als Desoxyribonucleotide (Tabelle 159). Der Quotient RN : DRN ist in fetalen Geweben kleiner als in erwachsenen. J. GESCHWIND und C. H. LI fanden ihn in der fetalen Rattenleber zu 0,9, in der Leber neugeborener Ratten zu 1,9 und in der Leber 40 Tage alter Ratten zu 2,8.

Tabelle 159. *Verhältnis der Ribonucleotide (RN) zu den Desoxyribonucleotiden (DRN) in Organen von Schafen* (J. N. DAVIDSON und C. WAYMOUTH).

Organ	RN/DRN	Organ	RN/DRN
Herz	3,6	Haut . . .	1,9
Leber	3,5	Niere . . .	1,8
Testis	2,6	Lunge . .	0,9
Gehirn . . .	2,1	Milz . . .	0,5

Die Desoxyribonucleotide sind nur im Zellkern lokalisiert. Die Träger des Erbguts der Zellen, die Gene, sind als DRN-Makromoleküle aufzufassen. Rund 25% der Trockensubstanz der Leberzellkerne bestehen aus DRN. Zellkerne enthalten je nach Herkunft der Zelle 5—14 $\times 10^{-6}\gamma$ DRN. Dagegen finden sich die Ribonucleotide sowohl im Zellkern als auch im Protoplasma der Zellen. Rund 5% des gesamten RN-Bestandes einer Zelle entfallen auf den Zellkern. Der RN-Gehalt der Zellen läßt sich durch exogene Faktoren, z. B. die

Art der Ernährung, beeinflussen, nicht dagegen ihr Gehalt an DRN. Tumorzellen haben etwa denselben DRN-Gehalt wie die gewöhnlichen Organzellen (J. N. DAVIDSON und I. LESLIE).

Ribonucleotide und Desoxyribonucleotide verschiedener Provenienz weisen Unterschiede in ihrer Zusammensetzung auf (E. CHARGAFF [1]). Die bisher vorliegenden Untersuchungen lassen vermuten, daß die Ribonucleotide einen organspezifischen Aufbau haben, der aber bei den verschiedenen Tierspecies gleich, oder zum mindesten ähnlich ist. Im Gegensatz dazu sind die Desoxyribonucleotide der einzelnen Tierspecies verschieden, aber in allen Organen ein und derselben Species gleich zusammengesetzt. Die Unterschiede werden um so größer, je weiter auseinanderliegend die Arten sind (Tabelle 160).

Bei der enzymatischen Aufspaltung sowohl der RN als auch der DRN bleibt ein Rest (Kern des Moleküls) zurück, der nicht mehr weiter enzymatisch aufspaltbar ist und auch eine andere chemische Zusammensetzung (z. B. ein anderes Verhältnis Adenin : Guanin oder Purin : Pyrimidin) hat, als der andere Teil des Nucleotidmoleküls (KUNITZ, ferner S. ZAMENHOF und E. CHARGAFF).

Tabelle 160. *Zusammensetzung von Desoxyribonucleotiden bei verschiedenen Species* (E. CHARGAFF [1]).

Species	Adenin / Guanin	Thymin / Cytosin
Mensch	1,56	1,75
Rind	1,29	1,43
Hefe	1,72	1,90
Vogel-Tuberkelbacillen . . .	0,4	0,4

Die ersten Untersuchungen über die Biosynthese der Polynucleotide im Organismus wurden mit Hilfe von P^{32} angestellt. Sie ergaben, daß beide Typen von Nucleotiden aufgebaut werden, und daß sich die Bildung der RN wesentlich rascher vollzieht als die der DRN. Auf die mit P^{32} erhaltenen Befunde soll aber hier nicht eingegangen werden, da es sich später zeigte, daß solchen Versuchen große experimentelle Schwierigkeiten im Wege stehen, die durch die Adsorption von aktivem anorganischem Phosphat an die Nucleotide bedingt sind. Manche der älteren Versuchsergebnisse sind daher revisionsbedürftig.

Eine Wiederholung derartiger Versuche mit N^{15}-Glykokoll oder N^{15}-Adenin bzw. C^{14}-Adenin zeigte gleichfalls, daß der Stoffwechsel der RN lebhafter ist als der der DRN. Gemessen am Einbau von N^{15}-Adenin erwies sich die Umsatzgeschwindigkeit der DRN stark abhängig vom Alter des Gewebes und damit von der Mitosenhäufigkeit. In der regenerierenden Leber (nach partieller Hepatektomie) wird Adenin sehr viel rascher in die DRN der Leber eingebaut als von der ruhenden Leber (Tabelle 161).

Das Verhältnis der Einbaugeschwindigkeiten von Adenin in RN : DRN lag in diesem Versuch für die ruhende Leber bei 73 : 1, also in der Größenordnung

Tabelle 161. *Einbau von N^{15}-Adenin in DRN und RN der Rattenleber* (S. S. FURST, P. M. ROLL und G. B. BROWN).
Alle Werte in % des verfütterten Adenin-N^{15}.

Versuchsanordnung	Desoxyribonucleotide			Ribonucleotide		
	Gesamtpurine	Adenin	Guanin	Gesamtpurine	Adenin	Guanin
Ruhende Leber	0,17	0,29	—	—	21,2	8,7
Regenerierende Leber						
5 Tage nach der Hepatektomie	8,7	16,3	0,15	11,8	22,7	8,1
26 Tage nach der Hepatektomie	6,5	—	—	1,8	2,7	1,7

der Mitosenrate. Dies ließ annehmen, daß eine Synthese von DRN überhaupt nur während der Zellteilung vorkommt und daß dann die DRN im Interesse des Schutzes des Erbguts nicht in einem dynamischen Gleichgewicht mit ihren Bausteinen steht. Aus den von FURST, ROLL und BROWN gefundenen Daten ergab sich weiterhin, daß die Ribonucleotide in der Leber eine halbe Lebensdauer von acht Tagen haben.

Andere Autoren hatten jedoch unter Verwendung von N^{15}-Glykokoll stark abweichende Versuchsergebnisse erhalten. Das Verhältnis der Einbaugeschwindigkeiten von N^{15}-Glykokoll in RN und DRN wurde von ihnen für die ruhende Leber zu 4 : 1 bestimmt. Diese Versuche lassen vermuten, daß die DRN in einem dynamischen Gleichgewicht befindlich ist und in einer gar nicht allzu geringen Geschwindigkeit ständig erneuert wird. Da die Versuchsbedingungen der einzelnen Forschergruppen stark voneinander abweichend waren und einen genauen Vergleich der Ergebnisse nicht zuließen, haben S. S. FURST und G. B. BROWN die Nucleotidsynthese unter gleichzeitiger Anwendung von N^{15}-Glykokoll und C^{14}-Adenin studiert. Das Ergebnis dieser Versuche ist in der Abb. 28 zusammengefaßt. In Bestätigung ihrer alten Befunde mit N^{15}-Adenin ergab sich auch in den Versuchen mit C^{14}-Adenin ein nur sehr langsamer Einbau des Adenins in die DRN. Das Verhältnis RN : DRN lag bei 60 : 1 für die ruhende Leber. Dagegen ergab sich unter Verwendung des Glykokolls eine Relation der Umsatzgeschwindigkeiten RN : DRN von 3 : 1 für die ruhende Leber. Die Erneuerung der beiden Nucleotide war in der regenerierenden Leber viel rascher als in der ruhenden. Aber auch hier ließen sich Unterschiede zwischen dem Einbau von Adenin und Glykokoll beobachten. Unter Verwendung von Glykokoll ergab sich ein 6—9fach so schneller Einbau in die DRN der regenerierenden Leber wie in die der ruhenden; unter Verwendung von Adenin betrug die Steigerung das 25—32fache. Auch Versuche von R. ABRAMS unter Verwendung von C^{13}- bzw. C^{14}-Glykokoll und Adenin mit C^{13} als 2-C-Atom ergaben einen rascheren Einbau des Glykokolls in die DRN der Leber als den von Adenin. Der Purinantagonist 8-Azaguanin hatte keinen Einfluß auf die Nucleotidsynthese. Wurden Glykokoll und Adenin bzw. Guanin angeboten, so wurde die Nucleotidsynthese aus Glykokoll zu Gunsten der aus vorgebildeten Purinen gehemmt.

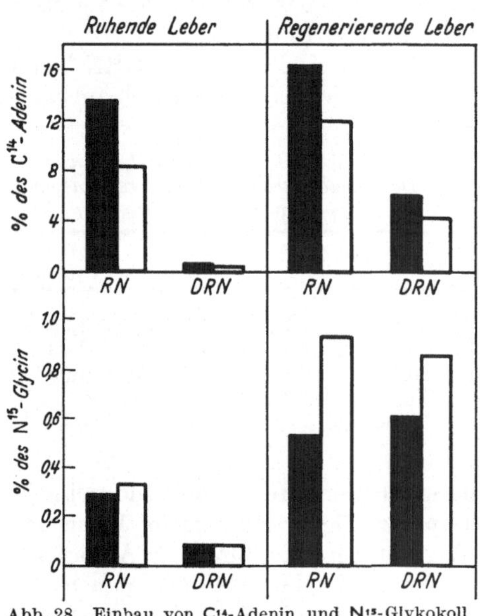

Abb. 28. Einbau von C^{14}-Adenin und N^{15}-Glykokoll in die Nucleotide der Leber (S. S. FURST und G. B. BROWN). ■ Adenin der Nucleotide; □ Guanin der Nucleotide.

Eine befriedigende Erklärung für die Diskrepanzen zwischen den Ergebnissen unter Verwendung von Glykokoll und Adenin läßt sich noch nicht geben. Mit beiden Versuchsanordnungen werden offensichtlich zwei ganz verschiedene Dinge erfaßt: in dem Falle des Glykokolls der Einbau von N^{15} oder C^{14} aus Glykokoll im Rahmen einer Neusynthese von Purinmaterial und im Falle des Adenins die Verwendung eines vorgebildeten Purins zur Nucleotidbildung. S. S. FURST und G. B. BROWN erörtern unter anderem, ob nicht die beiden verschiedenen Mechanismen der Nucleotidsynthese (Neubildung und Einbau von vorgebildetem Purinmaterial) darauf zu beziehen sind, daß es zwei verschiedene Typen von DRN gibt, von denen die eine ständig aus kleinen Bausteinen aufgebaut wird, dagegen die andere nur im Verlauf der Mitose aus vorgebildetem Purinmaterial. Weiterhin bringen sie dies in Beziehung zu dem oben erwähnten Befund, daß DRN enzymatisch nicht vollständig aufgespalten werden kann, so daß ein enzymresistenter „Kern" übrigbleibt. Denn der experimentelle Befund, welcher dieser Auffassung eines enzymatisch nicht aufspaltbaren Kerns zu Grunde liegt, ließe sich auch in dem Sinne interpretieren, daß zwei verschiedene Desoxyribonucleotide nebeneinander vorliegen, von denen das eine leicht, das andere nur sehr schwer enzymatisch spaltbar ist. Eine andere Erklärungsmöglichkeit wäre die Annahme, daß die Zellkernmembran leicht durchlässig für Glykokoll, schwerer durchlässig für Adenin ist, so daß in Wirklichkeit nicht die Unterschiede in der Geschwindigkeit der Biosynthese von Nucleotid, sondern Unterschiede der Kernmembranpermeabilität gemessen werden. Endlich kann man noch daran denken, daß auch Adenin nicht direkt in Nucleotide eingebaut wird, sondern erst zu einer (noch unbekannten) Vorstufe umgeformt werden muß, und daß auch Glykokoll zum Bau derselben Vorstufe dient:

$$\begin{array}{l} \text{Glykokoll} \searrow \\ \qquad\qquad\quad \text{Vorstufe X} \rightarrow \text{Nucleotid.} \\ \text{Adenin} \nearrow \end{array}$$

Diese Annahme würde die von ABRAMS gefundene Hemmung der Verwendung von Glykokoll zur Purinsynthese durch gleichzeitiges Anbieten von Adenin erklären.

Unter der Verwendung von C^{14}-Adenin bzw. Guanin stellten R. ABRAMS und J. M. GOLDINGER in Knochenmarkschnitten, in denen bekanntlich eine umfangreiche Nucleotid- und Eiweißsynthese stattfindet, die tägliche Turnover-Rate der RN zu 8—10% des Bestandes und die der DRN zu 1,5—3,0% fest. Sie war unabhängig von der zur Verfügung gestellten Purinkonzentration. In Parallelversuchen mit P^{32} ergaben sich ähnliche Werte für die Turnover-Rate. Dies läßt vermuten, daß der Einbau von Purinen und Phosphorsäure nicht unabhängig voneinander verläuft, sondern daß das ganze Nucleotidmolekül auf einmal aus seinen Bausteinen zusammengefügt wird.

E. VOLKIN und C. E. CARTER machen darauf aufmerksam, daß die Umsatzgeschwindigkeit der RN und DRN nicht allein von der Wachstumsintensität der Gewebe und der Mitosehäufigkeit abhängig ist, sondern daß große artspezifische Unterschiede bestehen.

Die Ribonucleotidsynthese erfolgt in den Zellkernen rascher als in den anderen Zellelementen (Tabelle 162).

Tabelle 162. *Die Ribonucleotidsynthese in den einzelnen Zellelementen* (J. N. DAVIDSON, W. M. MCINDOE und R. M. S. SMELLIE).

Ratten wurden einige Zeit nach der Injektion von $P^{32}O_4$ getötet, die RN aus den isolierten Zellelementen der Leber gewonnen und zu den Mononucleotiden hydrolysiert.

Nucleotid	Stöße je Minute und 100 γ P				
	Ganzes Gewebe	Zellkerne	Mitochondrien	Mikrosomen	Zellplasma
Cytidylsäure . . .	300	2900	200	65	345
Adenylsäure . . .	285	3300	216	128	360
Guanylsäure . . .	121	1925	188	30	135
Uridylsäure . . .	482	2600	325	120	314

Von den Purinbasen wird im tierischen Organismus Adenin in größerem Umfang in Nucleotide eingebaut, nicht aber Guanin (A. A. PLENTL und R. SCHOENHEIMER; A. BENDICH, H. GETTLER und G. B. BROWN; G. B. BROWN, P. M. ROLL, A. A. PLENTL und L. F. CAVALIERI). Neuere Untersuchungen von R. ABRAMS ergaben jedoch auch eine Verwertung von Guanin durch die Ratte zur Nucleotidsynthese. ABRAMS macht für seinen Befund die größere spezifische Aktivität seines Guaninpräparates verantwortlich; den früheren Autoren war der Einbau des Guanins nur deswegen entgangen, weil die Aktivität des von ihnen verwendeten Guanins nicht ausreichte, um kleinere Umsätze zu erfassen.

Nach Verfütterung von N^{15}-Guanin an Ratten wird praktisch aller N^{15} als Harnsäure und Allantoin ausgeschieden, während die Polynucleotide frei von ihm befunden werden. Verfüttertes Adenin wird nicht nur als solches in Polynucleotide eingebaut, sondern erscheint in ihnen auch in Form von Guanin.

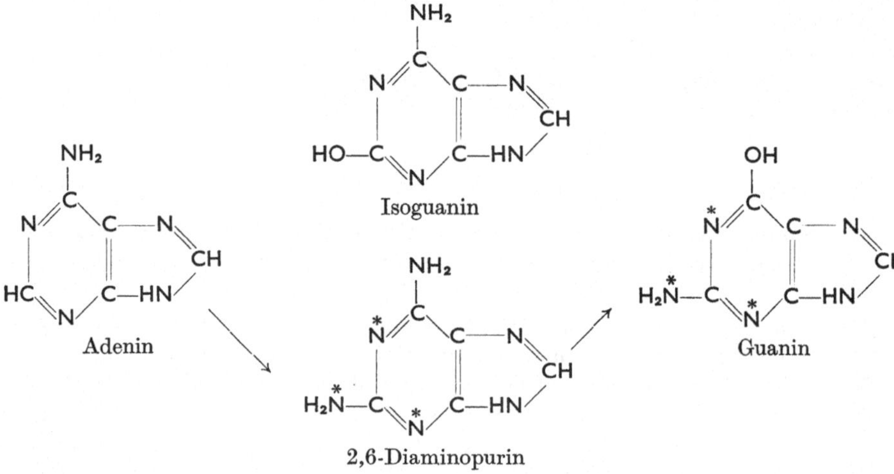

Isoguanin

Adenin

Guanin

2,6-Diaminopurin

Beim Übergang des Adenins in Guanin bleibt der Purinring erhalten. Nach der Einverleibung von Adenin mit N^{15} in den Positionen 1 und 3 oder C^{14} in der Stellung 8 enthält das aus den Nucleotiden isolierte Guanin die Isotopen in den gleichen Stellungen. Da weder freies Xanthin noch freies Hypoxanthin in Nucleotide eingebaut werden (GETLER, ROLL, TINKER und BROWN), kommt eine Desaminierung des freien Adenins als Schritt bei der Umwandlung in das Nucleotid-Guanin nicht in Frage. Auch der Weg über Isoguanin scheidet aus, da dieses gleichfalls nicht in Nucleotide eingebaut wird. Dagegen erwies sich 2,6-Diaminopurin als mögliches Zwischenprodukt. Mit N^{15} oder C^{14} markiertes 2,6-Diaminopurin wurde zur Bildung von Nucleotid-Guanin verwendet, und zwar in einem dem Adenin entsprechenden Ausmaß. Dies gilt sowohl für die Synthese von RN als auch für die von DRN. Der nicht zur Nucleotidsynthese verwendete Rest des 2,6-Diaminopurins wurde in Harnsäure und Allantoin verwandelt. 2,6-Diaminopurin wirkt aber in vielen Versuchsanordnungen als Stoffwechselantagonist. Es hemmt das Wachstum von Lactobacillus casei, die Bildung von Erythrocyten im Knochenmark, das Wachstum von Sarkomgewebe in vitro, um einige Beispiele herauszugreifen. Es ist daher fraglich, ob die Substanz unter diesen Umständen als normales Intermediärprodukt des Purinstoffwechsels auftreten kann. 2,6-Diaminopurin wurde auch noch nie im Tierkörper nachgewiesen.

Die bisher erwähnten Befunde, wonach Guanin nicht, oder in einem nur unbeträchtlichen Umfang in Polynucleotide eingebaut wird, beziehen sich auf die

Rattenleber, dem von den meisten Autoren bevorzugten Studienobjekt. Untersuchungen an Darmschleimhaut (R. ABRAMS) und Knochenmark (R. ABRAMS und J. M. GOLDINGER) haben gezeigt, daß C^{14}-Guanin in größerem Umfang in den Polynucleotiden erscheint. Versuche an Mäuseleber haben ergeben, daß diese deutliche Mengen Guanin und dafür weniger Adenin als die Rattenleber zur Nucleotidsynthese verwendet (G. B. BROWN). In dem Mechanismus der Bildung von Nucleotiden lassen sich also quantitative Unterschiede von Organ zu Organ, ja in ein und demselben Organ von Species zu Species beobachten. Hefe baut Adenin und Guanin in gleichem Umfange in die Nucleotide ein. Tetrahymena geleii kann alle Purinnucleotide ausschließlich aus Guanin aufbauen, verwertet jedoch auch Adenin, wenn das Nährmedium suboptimale Mengen Guanin enthält, ist aber nicht in der Lage, Adenin in Guanin überzuführen, während die umgekehrte Reaktion mit Leichtigkeit bewerkstelligt wird (M. FLAVIN und S. GRAFF).

Freie Pyrimidine werden bei der Nucleotidsynthese vom Tier nicht als Bausteine verwendet. Dagegen werden die Pyrimidinnucleoside in die Polynucleotide eingebaut. E. HAMMARSTEN, P. REICHARD und E. SALUSTE injizierten Ratten N^{15} enthaltendes Cytidin und Uridin. Aus den Ribonucleotiden und Desoxyribonucleotiden der Tiere ließen sich daraufhin erhebliche Mengen von N^{15} enthaltenden Pyrimidinen isolieren. Aus Cytidin wurde wesentlich mehr N^{15} in die Nucleotide übernommen als aus Uridin. Ähnliche Ergebnisse wurden auch mit einem mutierten Stamm von Neurospora erhalten, der nicht mit Cytosin, wohl aber mit Cytidin Wachstum zeigte. Der Einbau der Desoxyriboside von Cytosin und Thymin in die DRN von Ratten wurde von P. REICHARD und B. ESTBORN bewiesen.

P. M. ROLL, G. B. BROWN, F. J. DI CARLO und A. S. SCHULTZ verfütterten an Ratten N^{15} enthaltende Hefenucleinsäure, die sie durch Züchtung von Hefe auf einem $N^{15}H_3$ enthaltenden Nährboden erhalten hatten und die N^{15} sowohl in der Purinfraktion als auch in der Pyrimidinfraktion aufwies. Sowohl die Pyrimidine als auch die Purine wurden von den Ratten als Bausteine für die Nucleotide benützt. Weiterhin stellten die Autoren ein Hydrolysat der markierten Hefenucleinsäure her, das nur noch Mononucleotide enthielt. Auch die Mononucleotide wurden von den Ratten zur Polynucleotidbildung verwertet. Jedoch bestanden erhebliche quantitative Unterschiede gegenüber der ersteren Versuchsanordnung. Bei einer Dosis von rund 0,4 Millimolen Hefenucleinsäure-Adenin je Kilogramm Tier wurde 1% der Dosis zum Nucleotidaufbau verwendet, nach der Injektion derselben Dosis Adenin-mononucleotid waren es aber 3,8%. In den früheren Versuchen waren bei der Verfütterung von freiem Adenin an Ratten 8—20% der Substanz zur Nucleotidsynthese benützt worden. Vielleicht ist der Unterschied dadurch bedingt, daß der tierische Organismus Adeninnucleotide mit großer Geschwindigkeit desaminiert, während freies Adenin nicht desaminiert wird. Die geschilderten Versuche von ROLL und Mitarbeitern zeigen aber eindeutig, daß Nahrungsnucleotide zum Aufbau der körpereigenen Nucleotide verwertet werden.

Jede weitere Umsetzung eines Polynucleotids im Organismus hat seine vorhergehende Depolymerisierung zu einem Oligonucleotid bzw. Mononucleotid zur Voraussetzung. Die Depolymerisierung wird vom Organismus durch Nucleasen bewirkt. Die beiden im Organismus enthaltenen Nucleasen, die RN spaltende Ribonuclease (RN-ase) und die DRN spaltende Desoxyribonuclease (DRN-ase), wurden von M. KUNITZ isoliert und kristallisiert. Beide werden durch Mg^{++} aktiviert und durch Citronensäure gehemmt. Wie schon erwähnt, werden aber beide Nucleotide von den Nucleasen nicht vollständig gespalten, in jedem

Falle bleibt ein enzymatisch nicht weiter aufspaltbarer „Kern“ des Polynucleotidmoleküls übrig. Da die Nucleasen den ersten Eingriff in die Struktur eines Polynucleotidmoleküls bewirken, nehmen sie eine einzigartige Stellung im Nucleotidstoffwechsel ein, die mit der der Hexokinase im Zuckerstoffwechsel vergleichbar ist. Durch eine Einflußnahme auf die erste Reaktion einer längeren Reaktionskette kann der Umfang aller nachfolgenden Umsetzungen gesteuert werden. Daher greift auch die hormonale Regulation des Kohlenhydratstoffwechsels (Insulin, Hypophysenhormone, Nebennierenhormone) an der Hexokinasereaktion als der ersten Reaktion im Zuckerstoffwechsel an (S. 72). In ähnlicher Weise wird auch der Umsatz der Nucleotide, insbesondere der der Desoxyribonucleotide über die Nucleasen gesteuert.

S. Zamenhof und E. Chargaff [2] haben in der Hefe einen spezifischen Hemmstoff für die DRN-ase nachgewiesen. Das Enzym liegt in der Hefe in stark gehemmtem Zustande vor. Der Hemmstoff ist ein Protein, das beim Stehen der Hefeextrakte allmählich durch die darin enthaltenen Proteasen zerstört wird. Die Aktivität der DRN-ase nimmt daher in diesen Extrakten beim Stehen laufend zu. Der Hemmstoff ist spezifisch für die DRN-ase der Hefe und hemmt DRN-asen anderer Herkunft nicht. Auch in tierischen Geweben wurde ein spezifischer Hemmstoff der DRN-ase aufgefunden (E. C. Cooper, M. L. Trautmann und M. Laskowski), der aber nur in wenigen Geweben, z. B. in hoher Konzentration in den Testes, vorkommt. Einen ähnlichen Hemmstoff hatten dieselben Autoren schon früher im Kropfdrüsenepithel von Tauben nachgewiesen. Der Hemmstoff ist ein Protein, das sich in einer stöchiometrischen und umkehrbaren Reaktion mit dem Enzym zu einem unwirksamen Komplex vereinigt. Der Hemmstoff ist wie der der Hefe durch Proteasen zerstörbar.

In den Zellen kommt die DRN-ase ausschließlich im Zellkern vor (K. Lang, G. Siebert, I. Baldus und A. Corbet), und zwar in einer praktisch inaktiven Form, weil die Mg^{++}-Konzentration der Zellkerne nicht zu einer stärkeren Aktivität des Enzyms ausreicht. Normalerweise wird die Aktivität der DRN-ase durch die Mg^{++}-Ionen reguliert. In den Zellen, in denen die Konstanz des Erbguts von besonderer Wichtigkeit ist, wurde noch ein zweiter Regulationsmechanismus entwickelt: ein spezifischer Hemmstoff. Dies ist z. B. im Hoden der Fall.

Die Aktivität der DRN-ase ist in normalen Geweben und malignen Tumoren gleichgroß. Nach A. Cantero, R. Daoust und G. de Lamiranda soll in der Leber bei Buttergelbfütterung in der Periode vor der Tumorentwicklung vorübergehend eine starke Erhöhung der DRN-ase-Aktivität zu beobachten sein, die zur Zeit der Tumorentstehung aber wieder zur Norm abgeklungen ist.

Nach der Depolymerisierung der Polynucleotide zu den Mononucleotiden oder Oligonucleotiden erfolgt eine Dephosphorylierung. Die meisten Autoren vertreten den Standpunkt, sie werde durch unspezifische Phosphatasen bewirkt. H. v. Euler und A. Fonio nehmen jedoch an, daß RN und DRN von verschiedenen Phosphatasen dephosphoryliert werden, und daß diese Phosphatasen auch von den üblichen alkalischen Phosphatasen, die man z. B. durch die Spaltung von β-Glycerophosphat zu bestimmen pflegt, verschieden sind. Näher charakterisiert wurde eine 5-Nucleotidase.

Für Adenosin-5-phosphorsäure (Muskeladenylsäure) und Adenosin-3-phosphorsäure (Hefeadenylsäure) existieren im Organismus spezifische Desaminasen. Muskulatur ist reich an der 5-Adenylsäuredesaminase. Vermutlich gibt es auch eine eigene Guanylsäuredesaminase. Es ist schon lange bekannt, daß Muskeladenylsäure im Muskel während einer starken Arbeitsbelastung zu Inosinsäure desaminiert wird, worauf in der aeroben Erholungsphase eine Reaminierung der Inosinsäure zu Adenylsäure erfolgt. H. M. Kalckar und D. Rittenberg beobachteten, daß zugesetztes $N^{15}H_3$ zu dieser Reaminierung verwendet wird. Da die aus dem Muskelansatz gleichzeitig isolierte Glutaminsäure ungewöhnlich arm an N^{15} war, nehmen die Autoren an, daß primär Glutaminsäure gebildet wird und die Reaminierung der Inosinsäure durch eine Transaminierung mit Glutaminsäure erfolgt.

Vermutlich erfolgt der Hauptumfang der Desaminierungen im Purinstoffwechsel auf der Stufe der Nucleoside, zum mindesten außerhalb des Muskels. Adenosindesaminase wurde von T. BRADY sowie von H. M. KALCKAR aus Darmschleimhaut in gereinigter Form dargestellt. Das Enzym wirkt nur auf Adenosin und Adenindesoxyribosid ein. Es findet sich neben der Darmschleimhaut praktisch in allen tierischen Geweben. Die hohe Konzentration des Enzyms in der Darmschleimhaut gewährt dem Organismus einen Schutz gegen die starken pharmakologischen Wirkungen der im Darm in Freiheit gesetzten Adenosinnucleotide und von Adenosin.

Über die desaminierenden Fermente für die anderen Nucleotide und Nucleoside ist wenig bekannt. Die Cytidindesaminase zeichnet sich durch eine hohe Spezifität aus und greift das Cytosindesoxyribonucleosid nicht an. T. P. WANG, H. Z. SABLE und J. O. LAMPEN fanden in Hefe und E. coli eine stark aktive Desaminase auf, welche Cytidin und Cytidindesoxyribosid zu Uridin bzw. Uracildesoxyribosid desaminiert. Andere Nucleoside werden von dem Enzym nicht attackiert.

Zellkerne verfügen über RN und DRN dephosphorylierende und desaminierende Enzyme, die durch Colchicin in einer Konzentration von 10^{-3} m gehemmt werden (K. LANG, G. SIEBERT und H. OSWALD). Colchicin hemmt nach den Untersuchungen von K. LANG, G. SIEBERT und Mitarbeitern alle Phosphatasen, insbesondere auch die ATP-ase.

Über die Entstehung von Ribose und Desoxyribose im Organismus findet man auf S. 126 nähere Angaben. Die von verschiedenen Autoren ausgesprochene Vermutung, daß keine freie Desoxyribose entstehe und der Tierkörper Ribonucleotide in Desoxyribonucleotide überführe, entbehrt jeglicher experimentellen Unterlage. Außer der nachgewiesenen Bildung von Desoxyribose sprechen noch andere Befunde gegen eine Umwandlung von Ribonucleotid in Desoxyribonucleotid. S. COHEN stellte fest, daß Bakteriophagen bei der Bildung von DRN P^{32} aus dem Medium aufnehmen und nicht aus den Ribonucleotiden der Wirtszelle. Dies spricht für eine unabhängige DRN-Synthese ohne Verwertung von RN.

2. Nucleoside.

In tierischen Geweben wurde eine Nucleosidase aufgefunden, welche Guanosin, Guanosindesoxyribosid, Inosin und Hypoxanthindesoxyribosid in Purin und Zucker spaltet. Andere Nucleoside werden durch das Enzym nicht attackiert (H. M. KALCKAR, sowie M. L. SCHAEDEL, M. J. WALDVOGEL und F. SCHLENK; siehe auch den zusammenfassenden Aufsatz von F. SCHLENK). Der Abbau der Purine im Tierkörper kann sich demnach nur über diese Nucleoside vollziehen:

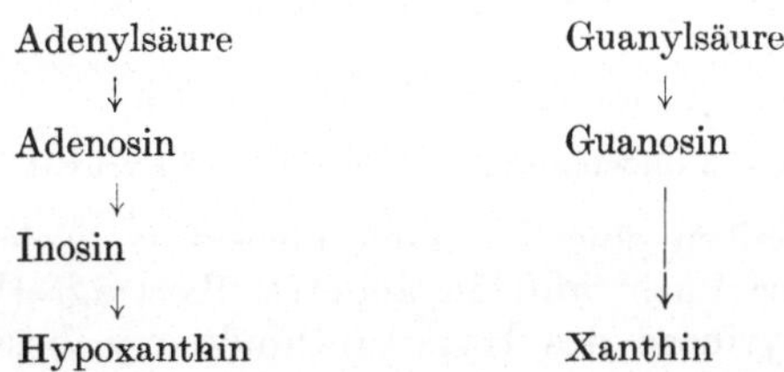

Die Pyrimidinnucleoside werden durch eine eigene von W. DEUTSCH und R. LASER, ferner W. KLEIN beschriebene Pyrimidinnucleosidase gespalten.

Die Spaltung verläuft unter der Bindung von Phosphat. Der alte Name Nucleosidase für das Enzym ist daher überholt und ist durch die Bezeichnung Nucleosidphosphorylase zu ersetzen. Nucleosidphosphorylase wirkt nur auf Hypoxanthin und Guanin ein und ist spezifisch für die Furanoidstruktur der Riboside. Pyranoseribose-1-phosphat verhält sich völlig inaktiv.

Nach H. M. KALCKAR entsteht bei der Nucleosidspaltung Ribose-1-phosphat. Die Lage des Gleichgewichts hängt von der Phosphatkonzentration ab. Das

$$\text{Inosin} + H_3PO_4 \rightleftarrows \text{Hypoxanthin} + \text{Ribose-1-phosphat.}$$

labile Ribose-1-phosphat lagert sich unter Mitwirkung einer Ribosephosphomutase in das stabilere Ribose-5-phosphat um (S. 127). In analoger Weise reagieren Desoxyribonucleoside mit einem anderen Enzym (M. FRIEDBERG und H. M. KALCKAR). Das Gleichgewicht liegt wie bei den Ribonucleosiden zugunsten der Synthese. Desoxyribose-1-phosphat ist äußerst labil und wird gleichfalls durch eine Mutase zu dem stabileren Desoxyribose-5-phosphat umgelagert.

$$\text{Guanindesoxyribosid} + H_3PO_4 \rightleftarrows \text{Guanin} + \text{Desoxyribose-1-phosphat,}$$
$$\text{Hypoxanthindesoxyribosid} + H_3PO_4 \rightleftarrows \text{Hypoxanthin} + \text{Desoxyribose-1-phosphat.}$$

Von M. FRIEDKIN wurde in der Rattenleber eine Xanthinphosphorylase aufgefunden, welche die folgenden Reaktionen vermittelt:

$$\text{Xanthindesoxyribosid} + H_3PO_4 \rightleftarrows \text{Xanthin} + \text{Desoxyribose-1-phosphat,}$$
$$\text{Xanthosin} + H_3PO_4 \rightleftarrows \text{Xanthin} + \text{Ribose-1-phosphat.}$$

Entsprechend verläuft auch die Spaltung der Pyrimidinnucleoside durch ein von L. M. PAEGE und F. SCHLENK in E. coli nachgewiesenes Enzym:

$$\text{Cytidin} + H_3PO_4 \rightleftarrows \text{Cytosin} + \text{Ribose-1-phosphat,}$$
$$\text{Uridin} + H_3PO_4 \rightleftarrows \text{Uracil} + \text{Ribose-1-phosphat.}$$

Die Geschwindigkeit der Bildung von Thymin aus Thymidin wird durch den Zusatz von Hypoxanthin gesteigert (L. A. MANSON und J. O. LAMPEN). Der Effekt ist verständlich, denn das bei der Phosphorolyse von Thymidin entstehende Desoxyribose-1-phosphat ergibt zusammen mit Hypoxanthin Hypoxanthindesoxyribosid, wodurch das Spaltprodukt laufend beseitigt wird.

Adenosin wird durch ein von R. CAPUTTO Adenosinkinase genanntes Enzym, das in Hefemacerationssäften sowie in Leber- und Nierenextrakten enthalten ist, zu Adenosin-5-phosphorsäure phosphoryliert.

$$\text{Adenosin} + \text{ATP} \rightleftarrows \text{Adenosin-5-phosphorsäure} + \text{ADP.}$$

Die Adenosinkinase (Adenosinphosphokinase) wurde von A. KORNBERG und W. E. PRICE jr. gereinigt. Das Enzym ist anscheinend spezifisch für Adenosin und 2-Aminoadenosin. Die Phosphorylierung der Nucleoside läßt sich mit einer Dephosphorylierung von Phosphopyruvat durch die Pyruvatphosphokinase unter Zugabe von Myokinase koppeln. Unter diesen Bedingungen laufen die folgenden Reaktionen ab:

$$3\ \text{Phosphopyruvat} + 3\ \text{ADP} \xrightarrow{\text{Pyruvatphosphokinase}} 3\ \text{Pyruvat} + 3\ \text{ATP,}$$
$$\text{ATP} + \text{Adenylsäure} \xrightarrow{\text{Myokinase}} 2\ \text{ADP,}$$
$$\text{Adenosin} + 3\ \text{Phosphopyruvat} \rightarrow \text{ATP} + 3\ \text{Pyruvat.}$$

Mikroorganismen enthalten eine Trans-N-glucosidase, welche Desoxyribose von einem Pyrimidin oder Purin auf ein anderes überträgt (W. S. MACNUTT). So wird z. B. die Desoxyribose des Hypoxanthindesoxyribosids auf Thymin,

Uracil und 5-Methylcytosin, nicht aber auf Methylthiouracil übertragen. Ebenso ließ sich eine Übertragung der Desoxyribose von Thymidin auf Adenin, Guanin, Hypoxanthin, Xanthin und 4-Aminoimidazol-5-carbonsäureamid nachweisen. Eine Übertragung der Desoxyribose auf Harnsäure, 2,6-Diaminopurin und 2,5,6-Triaminopyrimidin fand nicht statt. Freie Desoxyribose und Ribose-1-phosphat sind in dem Transglucosidierungssystem wirkungslos. Daß z. B. in dem System

$$\text{Hypoxanthindesoxyribosid} + \text{Adenin} \rightleftarrows \text{Hypoxanthin} + \text{Adenindesoxyribosid}.$$

in der Tat eine Transglucosidierung stattfindet und nicht etwa eine Transaminierung zwischen Hypoxanthin und Adenin, wurde von H. M. KALCKAR, W. S. MACNUTT und E. HOFF-JÖRGENSEN unter Verwendung von C^{14}-Adenin bewiesen. Das bei der Reaktion entstehende Adenindesoxyribosid hatte denselben Isotopengehalt wie das Ausgangsadenin.

3. Purine.

Es ist schon lange bekannt, daß der Organismus in der Lage ist, Purinmaterial aufzubauen. Auch bei einer durch längere Zeit hindurch fortgesetzten purinfreien Ernährung scheidet der Mensch täglich 0,1—0,3 g Harnsäure aus. Man pflegte daher früher zwischen einem endogenen und einem exogenen Harnsäurestoffwechsel zu unterscheiden. Man faßte die endogene Harnsäurequote als aus den Nucleotiden der im Körper zu Grunde gehenden Zellen entstammend auf. Als exogene Quote wurde die alimentär zugeführte Purinquote bezeichnet. Zahlreiche gründliche Untersuchungen ergaben jedoch übereinstimmend, daß sich die im Harn ausgeschiedene Harnsäuremenge nicht aus der Addition der exogenen und endogenen Quote berechnen läßt. Derartige Bilanzversuche wiesen darauf hin, daß der Organismus in der Lage ist, Purinmaterial zu synthetisieren. Besonders auffallend sind die Verhältnisse bei Kindern, welche trotz ständiger Ausscheidung von Harnsäure erhebliche Mengen Zellkernmaterial aufbauen.

Den ersten Beweis für eine Purinsynthese im Organismus erbrachte MIESCHER durch seine klassischen Untersuchungen am Rheinlachs. Dieser nimmt während seiner Wanderung aus dem Meer stromaufwärts keine Nahrung zu sich, bildet aber während dieser Zeit große Mengen an Spermatozoen, deren Köpfe aus Nucleotiden bestehen. Die Purinbildung erfolgt auf Kosten der Muskulatur, von der große Teile verschwinden, weil sie zu Nucleotiden umgebaut wird. KOSSEL zeigte, daß im bebrüteten Hühnerei eine Purinsynthese stattfindet. Zum Studium der Purinsynthese sind Vögel als Versuchstiere besonders geeignet, weil bei ihnen die Harnsäure nicht nur Endprodukt des Purinstoffwechsels, sondern auch des Eiweißstoffwechsels ist. Sie bilden große Mengen Harnsäure, um das im intermediären Stoffwechsel anfallende Ammoniak zu beseitigen. Sitz der Purinbildung ist bei ihnen im wesentlichen die Leber. Die Biosynthese von Purinen läßt sich daher leicht an überlebenden Vogelleberschnitten verfolgen.

Die früher geäußerte Vermutung, der Purinring werde aus Harnstoff, Tartronsäure oder einer sonstigen drei C-Atome umfassenden Verbindung oder auch aus Histidin und Arginin gebildet, hat sich als unrichtig erwiesen. Versuche mit markierten Substanzen haben eindeutig ergeben, daß die erwähnten Stoffe als Muttersubstanzen der Harnsäure ausscheiden. I. C. SONNE, J. M. BUCHANAN und A. M. DELLUVA haben die Herkunft der C-Atome des Purinrings aufgeklärt, indem sie eine Reihe mit isotopem C markierter Substanzen Tauben einverleibten und die ausgeschiedene Harnsäure einem Abbau unterwarfen, der eine Lokalisation der in ihr enthaltenen isotopen C-Atome erlaubte. Die erhaltenen Resultate gehen aus der Tabelle 163 hervor.

Tabelle 163. *Vorstufen der Harnsäure bei Tauben*
(I. C. SONNE, J. M. BUCHANAN und A. M. DELLUVA).

Substanz und Rate ihrer Einverleibung Mole/Stunde	Atom % Überschuß an C^{13}					
	Ausgeatmetes CO_2	C-Atom der ausgeschiedenen Harnsäure				
		6	5	4	2	8
$C^{13}O_2$ 0,75	0,28	0,25	0,0	0,07	0,02	0,02
$HC^{13}OOH$ 0,75	0,01	0,01			2,41	2,41
$H_2N—CH_2—C^{13}OOH$ 0,50	0,12	0,11	0,14	1,13	0,00	0,00
D,L—$CH_3—CH(OH)—C^{13}OOH$ 0,50	0,25	0,26	0,00	0,31	0,01	0,01
D,L—$C^{13}H_3—C^{13}H(OH)—COOH$ 0,50	0,11	0,09	0,14	0,04	0,10	0,10

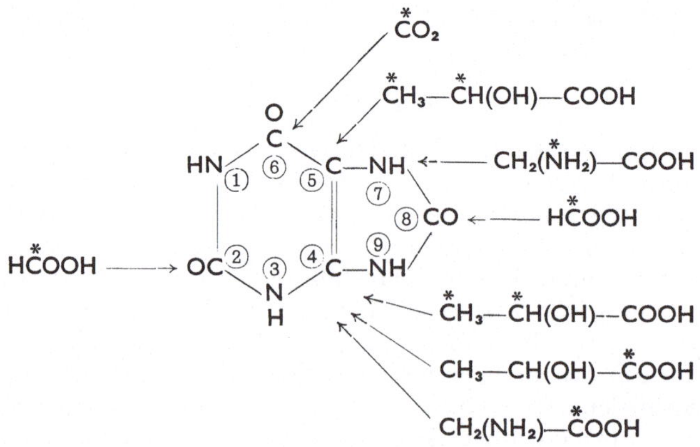

Die Harnsäuresynthese vollzieht sich beim Säugetier in einer analogen Weise. M. R. HEINRICH und D. W. WILSON haben festgestellt, daß bei Ratten das C-Atom 6 aus CO_2 stammt, die C-Atome 4 und 5 aus den α-C-Atomen oder dem Carboxyl-C von Glykokoll gebildet werden und daß Formiat die C-Atome 2 und 8 beisteuert.

Zwischenprodukte der Purinsynthese haben sich bisher beim Tier noch nicht isolieren lassen. Pyrimidine liefern im tierischen Organismus keine Purine. M. R. STETTEN und C. L. FOX sowie R. M. RAVEL, E. S. EAKIN und W. SHIVE isolierten aus Bakterien, die mit Sulfonamiden behandelt worden waren, 4-Aminoimidazolcarbonsäureamid-5, das sie als eine Vorstufe der Purine auffaßten. Es unterscheidet sich von den Purinen nur durch das Fehlen eines C-Atoms. Nach R. BEN-ISHAI, B. VOLKANI und E. D. BERGMANN wird das fehlende C-Atom 2 des Purinrings bei Escherichia coli durch Methionin geliefert. Cholin, Betain und Serin waren in dieser Beziehung wirkungslos. Der Einbau des C-Atoms 2 verlangt die Anwesenheit von p-Aminobenzoesäure.

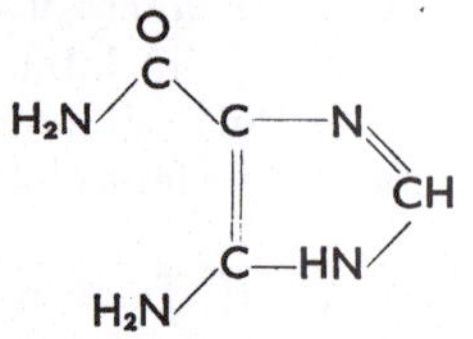

4-Aminoimidazolcarbonsäureamid-5

Untersuchungen von G. R. GREENBERG ergaben, daß sich der Ringschluß bei der Purinsynthese in der Taubenleber erst nach Bindung an Ribose vollzieht. In Versuchen, in denen Taubenleberhomogenate mit CO_2, NH_3 und C^{14}-Formiat inkubiert worden waren, wurde Inosin-5-phosphorsäure als erste Purinverbindung isoliert, die dann sekundär in Hypoxanthin übergeführt wurde. Bei dieser Versuchsanordnung pflegt Hypoxanthin zu entstehen, weil Taubenleber keine Xanthinoxydase enthält. GREENBERG diskutiert den folgenden Reaktionsmechanismus:

$$CO_2 + 3\,NH_3 + \text{Glykokoll} + \text{Formiat} + \text{Ribose-1-phosphat} \xrightarrow{-H_3PO_4} \text{Ribosid-Zwischenprodukt},$$

$$\text{Ribosidzwischenprodukt} + \text{Formiat} + H_3PO_4 \rightarrow \text{Inosin-5-phosphat},$$

$$\text{Inosin-5-phosphat} \xrightarrow{-H_3PO_4} \text{Inosin},$$

$$\text{Inosin} + H_3PO_4 \rightarrow \text{Hypoxanthin} + \text{Ribose-1-phosphat}.$$

Bei der Inkubation von C^{14}-4-Aminoimidazolcarbonsäureamid mit Taubenleberhomogenat wird die Substanz in C^{14}-Hypoxanthin übergeführt (J. M. BUCHANAN). Der Umfang dieser Reaktion entspricht durchaus dem der Totalsynthese von Hypoxanthin aus Glykokoll, Formiat und CO_2. Ebenso ließ sich zeigen, daß nach der Verabreichung von C^{14}-Aminoimidazolcarbonsäureamid an Ratten die aus den Nucleotiden isolierten Purinbasen Adenin und Guanin C^{14} enthalten. Die Injektion von markiertem 4-Aminoimidazolcarbonsäureamid führt bei Tauben zur Ausscheidung von markierter Harnsäure. Über den Mechanismus der Umwandlung der Verbindung in Hypoxanthin bzw. andere Purine lassen sich jedoch keine näheren Aussagen machen, denn bei der Inkubation von Glykokoll mit C^{14} als Carboxyl-C mit Taubenleberhomogenat wurde kein markiertes Aminoimidazolcarbonsäureamid erhalten (J. M. BUCHANAN). Weitere Versuche von BUCHANAN ergaben Hinweise, daß bei der Purinringbildung aus Aminoimidazolcarbonsäureamid vor dem Ringschluß ein Ribotid der Substanz entsteht. Demnach wäre die Purinsynthese (Hypoxanthinsynthese) folgendermaßen zu formulieren:

Glykokoll + CO_2 + 3 NH_3 + Formiat + Ribosephosphat
↓
4-Aminoimidazolcarbonsäureamid-5-ribotid $\xrightarrow{+\,HCOOH}$ Inosinsäure
↑ + Ribosephosphat ↓
4-Aminoimidazolcarbonsäureamid-5 ... Inosin
↓
Hypoxanthin

Der Einbau von Formiat in Purine wird durch Verabreichung von Purinantagonisten (z. B. Azaguanin) gehemmt.

Bei der Biosynthese von Purinen sind einige B-Vitamine beteiligt. Versuche mit Hilfe der Hemmungsanalyse lassen vermuten, daß bei E. coli p-Aminobenzoesäure zur Überführung von Aminoimidazolcarbonsäureamid in Hypoxanthin benötigt wird, desgleichen auch zur Bildung von Thymin aus einer unbekannten Vorstufe. Auch die Bildung von Methionin aus Homocystein und die Bildung von Serin aus Glykokoll sind an die Anwesenheit von p-Aminobenzoesäure gebunden. Nach W. SHIVE ergeben sich die folgenden Beziehungen:

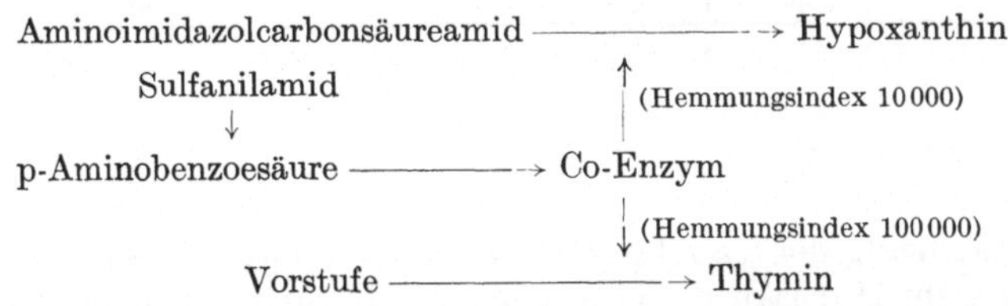

Eine wichtige Rolle spielt die Folininsäure (Citrovorum factor), die aus Pteroylglutaminsäure (Folinsäure) entsteht und für die folgenden Reaktionen unerläßlich ist:

$$\text{4-Aminoimidazolcarbonsäureamid-5} \xrightarrow{+\,\text{Formiat}} \text{Hypoxanthin},$$

$$\text{Uracil} \xrightarrow{+\,\text{Formiat}} \text{Thymin}.$$

Damit dürfte zusammenhängen, daß sich Folinsäure durch große Dosen Thymin bei der Behandlung der Perniciosa ersetzen läßt. Versuche an Mikroorganismen haben weiterhin ergeben, daß das Vitamin B_{12} zu der Bildung von Thymindesoxyribosid aus Thymin benötigt wird.

Die Purinsynthese ist im Folinsäuremangel herabgesetzt. G. R. Drysdale, G. W. E. Plaut und H. A. Lardy haben gezeigt, daß Mangel an Folinsäure den Einbau von Formiat in Adenin und Guanin sowohl als C-Atom 2 als auch als C-Atom 8 hemmt.

Ein großer Teil der Harnsäure entsteht durch Abbau der Nucleotide. Auf Grund der nachgewiesenen Fermente sind hierbei folgende Reaktionen möglich:

```
Adenylsäure  → Adenosin  → Adenin
     ↓            ↓           ↓
Inosinsäure  → Inosin    → Hypoxanthin
                              ↓
Xanthylsäure → Xanthosin → Xanthin → Harnsäure
     ↑            ↑           ↑
Guanylsäure  → Guanosin  → Guanin
```

In der Leber verläuft der Hauptweg der Bildung von Hypoxanthin vermutlich über Adenosin → Inosin (D. A. Richert und W. W. Westerfeld), in der Muskulatur über Inosinsäure. Die Desaminierung von freiem Adenin und Guanin kommt im Tierkörper nicht, oder in einem nur unbedeutenden Umfang vor. Die dabei beteiligten Enzyme Adenase und Guanase wurden noch nie mit Sicherheit im tierischen Organismus nachgewiesen. Beide Enzyme sind reichlich in manchen Mikroorganismen enthalten.

Die Oxydation von Hypoxanthin zu Xanthin und von Xanthin zu Harnsäure erfolgt durch die Xanthinoxydase, einem gelben Ferment. Der Gehalt der Organe an Xanthinoxydase läßt sich alimentär beeinflussen. Bei einer proteinarmen Ernährung sinkt die Aktivität des Enzyms in den Geweben erheblich ab. Verfütterung einer eiweißreichen Diät führt zu einer Vermehrung der Xanthinoxydase (K. Lang). Trotzdem scheiden Tiere, denen man bei einer eiweißarmen Diät Xanthin injiziert, mehr Harnsäure und Allantoin aus, als eiweißreich ernährte (J. N. Williams jr., P. Feigelson und C. A. Elvehjem, Tabelle 164).

Tabelle 164. *Ausscheidung von Allantoin und Purinen nach der Injektion von Xanthin bei Ratten* (Williams jr., Feigelson und Elvehjem).

Diätform	Xanthin injiziert mg	Im Harn ausgeschieden: Allantoin mg	Harnsäure mg	Xanthin + Guanin mg	Summe der Produkte mg
6% Casein	164	69,5	5,95	5,60	81,1
18% Casein + 0,25% D,L-Methionin	164	35,4	13,4	19,5	68,3

Bei der Betrachtung der Tabelle 164 fällt zweierlei auf: 1. daß die eiweißreich ernährten Tiere mehr Harnsäure und weniger Allantoin ausschieden als die eiweißarm gefütterten, obwohl ihre Organe wesentlich mehr Uricase enthalten als die der letzteren, 2. daß bei beiden Tiergruppen noch nicht einmal die Hälfte des injizierten Xanthins in die als Endprodukte des Purinstoffwechsels bekannten Substanzen übergeführt wurde. — Diese Versuche lassen vermuten, daß Xanthin noch Wege im Stoffwechsel einschlägt, die wir heute nicht kennen. Vielleicht besteht dieser Weg in einer Reaminierung und Einbau in Nucleotide. Weiterhin sind diese Versuche ein Beispiel dafür, daß die Bestimmung von Fermentaktivitäten in vitro nicht immer ohne weiteres einen Schluß auf den Umfang von Reaktionen in vivo zuläßt, da noch andere Faktoren für den Ablauf von Umsetzungen im Organismus bestimmend sein können.

H. GETLER, P. M. ROLL, J. F. TINKER und G. B. BROWN verfütterten an Ratten Hypoxanthin und Xanthin mit N^{15} in den Positionen 1 und 3 und stellten keinen Einbau des N^{15} in Nucleotide fest. Beide Substanzen wurden praktisch quantitativ zu Allantoin oxydiert und als solches im Harn ausgeschieden. Dieser Befund deckt sich nicht mit den Ergebnissen von WILLIAMS jr., FEIGELSON und ELVEHJEM.

Die Säugetiere, außer den Primaten, oxydieren den größten Teil der Harnsäure zu Allantoin. Die Bildung von Allantoin aus Harnsäure ist ein komplizierter Vorgang, bei dem vermutlich mehrere Zwischenstufen durchlaufen werden. Eine endgültige Klärung des Reaktionsablaufes steht noch aus. Die Arbeiten von W. REINDEL und W. SCHULER bzw. W. SCHULER und W. REINDEL

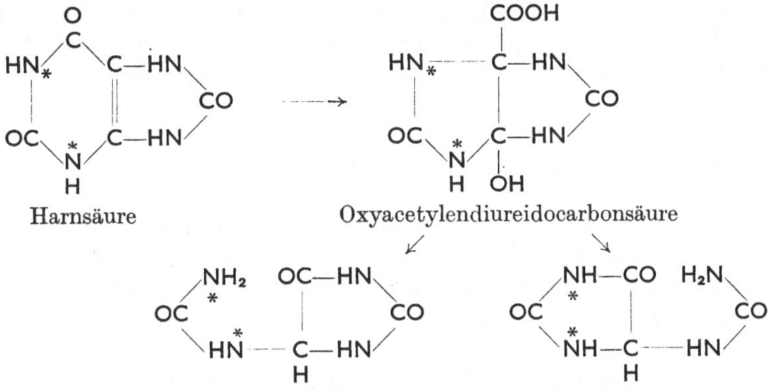

O
C
HN* C—HN
CO
OC C—HN
N*
H

Harnsäure

→

COOH
HN* —— C—HN
CO
OC C—HN
N*
H OH

Oxyacetylendiureidocarbonsäure

↙ ↘

NH₂ OC—HN
OC * CO
HN* —— C—HN
H

Allantoin

NH—CO H₂N
OC * CO
NH*—C —— HN
H

Allantoin

sowie J. N. DAVIDSON, ferner W. KLEMPERER und G. B. BROWN, außerdem P. M. ROLL und L. F. CAVALIERI machen es wahrscheinlich, daß Oxyacetylendiureidocarbonsäure als Intermediärprodukt auftritt. Hierfür sprechen vor allem Versuche mit Harnsäure, die in den Stellungen 1 und 3 mit N^{15} markiert war. Wenn Oxyacetylendiureidocarbonsäure, die einen symmetrischen Aufbau hat, entsteht, so ist anzunehmen, daß zwei verschiedene Allantoine gebildet werden, von denen das eine den N^{15} im Imidazolring trägt, das andere nicht. In der Tat zeigte die Verteilung des N^{15} in dem isolierten Allantoin die erwartete Gesetzmäßigkeit. KLEMPERER vermutet, daß Allantoin nicht das einzige Oxydationsprodukt der Harnsäure bei der Einwirkung der Uricase ist und denkt an die Bildung von Uroxansäure. Dalmatiner-Hunde scheiden wesentlich mehr Harnsäure aus als andere Hunde. Dieser lange Zeit rätselhafte Befund erklärt sich aus der (genetisch bedingten) fehlenden Rückresorption der Harnsäure aus den Nierentubuli.

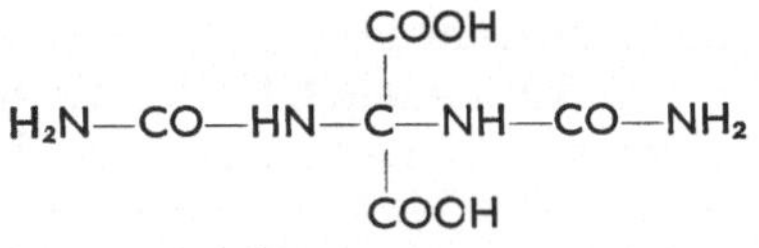

COOH
$H_2N—CO—HN—C—NH—CO—NH_2$
COOH

Uroxansäure

Manche Tiere, wie z. B. Fische und Frösche, bauen Allantoin zu Harnstoff ab, wobei die Fermente Allantoinase und Allantoikase beteiligt sind. Allantoinase spaltet Allantoin zu Allantoinsäure auf, die dann durch Allantoikase in Harnstoff und Glyoxylsäure übergeführt wird (A. BRUNEL).

$$\begin{array}{ccc} H_2N & CO{-}NH & \\ | & | & | \\ OC & | & CO \\ | & | & | \\ HN{-} & CH{-}NH & \end{array} \rightarrow \begin{array}{ccc} H_2N & COOH & NH_2 \\ | & | & | \\ OC & | & CO \\ | & | & | \\ HN{-} & CH{-} & NH \end{array} \rightarrow \begin{array}{ccccc} H_2N & & COOH & & NH_2 \\ | & & | & & | \\ OC & + & | & + & CO \\ | & & | & & | \\ H_2N & & CHO & & NH_2 \end{array}$$

Allantoin — Allantoinsäure — 2 Mole Harnstoff + Glyoxylsäure

Im Gegensatz zu den anderen Säugetieren bauen Primaten Harnsäure nicht weiter ab. Daß der Mensch Harnsäure nicht umzusetzen vermag, hat man schon lange vermutet. Die gelegentlich zu beobachtende geringfügige Ausscheidung von Allantoin ließ sich auf alimentär aufgenommenes Allantoin zurückführen. Ein wesentliches Argument für die Auffassung, daß die Harnsäure vom Menschen nicht abgebaut werden kann, war der Befund, daß menschliche Gewebe keine Uricase enthalten. Bilanzversuche ergaben wechselnde Resultate. Nach Einverleibung der Harnsäure per os ließ sich im Harn regelmäßig nur ein Bruchteil der verabfolgten Dosis nachweisen. Dagegen wurde nach der parenteralen Injektion der Substanz stets eine praktisch quantitative Ausscheidung im Harn festgestellt. S. J. THANNHAUSER und G. DORFMANN klärten die Diskrepanz der angeführten Befunde auf, indem sie bewiesen, daß die Darmbakterien Purine zerstören. Auf Grund des Ausfalls von Bilanzversuchen darf man daher nicht auf eine Uricolyse beim Menschen schließen. Trotz der eindeutigen Befunde von THANNHAUSER wurde bis in die neuere Zeit immer wieder von vereinzelten Autoren eine Harnsäurezerstörung durch den Menschen angenommen (z. B. von F. CHROMETZKA).

Die neueren Arbeiten über den Harnsäurestoffwechsel des Menschen unter Verwendung von markierter Harnsäure führten zu einer vollständigen Bestätigung der Auffassung von THANNHAUSER, daß die Harnsäure für den Menschen praktisch unangreifbar ist, daß aber nach der Verfütterung der Substanz immer ein mehr oder minder hoher Prozentsatz derselben einer Zerstörung durch die Darmbakterien anheimfällt. W. GEREN, A. BENDICH, O. BODANSKY und G. B. BROWN injizierten Menschen N^{15}-Harnsäure und fanden, daß sie praktisch quantitativ (95% innerhalb von 5 Tagen) im Harn ausgeschieden wurde. Aus der Isotopenverdünnung der ausgeschiedenen Harnsäure ließ sich der Harnsäure-Pool der Versuchsperson zu 944 mg berechnen. Da der Harnsäuregehalt des Blutes 4,6 mg-% betrug, mußte die im Organismus vorhandene Harnsäure in einem Volumen von rund 20 Liter gelöst sein, was etwa dem extracellulären Flüssigkeitsraum entspricht. Man kann daraus entnehmen, daß Harnsäure von gesunden Personen nicht in den Zellen gespeichert wird. Nach Verfütterung von N^{15}-Harnsäure wurden große Mengen N^{15} enthaltender Harnstoff und $N^{15}H_3$ ausgeschieden, ein Zeichen für die weitgehende Zerstörung der Harnsäure durch die Mikroorganismen im Darm.

Das Krankheitsbild der Gicht, bei dem Harnsäurekristalle in Knorpel und Sehnenscheiden abgelagert werden, hat von jeher die Stoffwechselforscher interessiert. Die Verwendung von markierter Harnsäure erlaubte neue wesentliche Feststellungen. Einige von D. W. STETTEN jr. erhaltene Daten sind in der Tabelle 165 wiedergegeben. Die von ihm gefundenen Zahlen für den Harnsäure-Pool (die Harnsäuremenge, die sich sofort mit der injizierten Harnsäure mischt) bewegen sich in derselben Größenordnung für gesunde Menschen wie die von GEREN und Mitarbeitern. 50—75% des Harnsäure-Pools werden täglich durch neugebildete Harnsäure ersetzt (700—850 mg). Die ausgeschiedene Harnsäure bleibt aber etwas hinter der entstandenen zurück. Jedoch wurden in diesen Versuchen die anderen etwaigen Wege der Harnsäureausscheidung (z. B. Kot und Schweiß) nicht untersucht. Eine, wenn auch nur sehr geringe Menge des

Tabelle 165. *Befunde an gesunden und gichtkranken Personen nach Injektion von* N^{15}*-Harnsäure* (D. W. STETTEN jr.).

	Harnsäure injiziert mg	Harnsäure-Pool mg	Harnsäure-umsatz mg/Tag	Harnsäure-ausscheidung mg/Tag	Harnsäure mg-% im Körperwasser	Harnsäure mg-% im Serum
Gesund	59,9	1341	715	602	2,6	6,0
Gesund	56,3	1173	693	563	2,7	6,2
Gesund	75,0	1145	867	616	2,2	4,4
Akuter Gichtanfall . . .	111,0	4742	2485	468	9,2	6,9
Schwere chronische Gicht	75,0	18450	8530	416	35,1	9,6

N^{15} wurde regelmäßig in Harnstoff und Ammoniak gefunden. Durch Division des Harnsäure-Pools durch das gesamte Körperwasser ergibt sich die Harnsäurekonzentration in der Körperflüssigkeit, die beim gesunden Menschen etwa die Hälfte der Konzentration im Serum erreicht. Beim Gichtkranken sind Harnsäure-Pool und Harnsäurekonzentration in der Körperflüssigkeit stark erhöht. Bei dem in der Tabelle 165 zuletzt aufgeführten Patienten mit einer chronischen Gicht ist die rechnerisch ermittelte Harnsäurekonzentration in der Körperflüssigkeit höher, als der Löslichkeit der Harnsäure entspricht. Dies läßt vermuten, daß hier ein Teil der Harnsäure in fester Phase vorliegt. Die erhobenen Befunde erlauben aber noch keine Entscheidung zwischen den möglichen Entstehungsarten der Gicht: Vergrößerung der Harnsäurebildung, Verminderung eines eventuellen Abbaus oder Störung der Ausscheidung durch die Niere.

Im Harn gesunder Menschen lassen sich zumeist neben der Harnsäure noch 7-Methylharnsäure, 1-Methylharnsäure und 1,7-Dimethylharnsäure nachweisen. Diese Substanzen entstehen aus den aufgenommenen Methylxanthinen (Coffein, Theobromin und Theophyllin), die im Stoffwechsel eine partielle Demethylierung erleiden.

Nach der Verfütterung größerer Mengen Adenin findet man in den Nieren Kristalle von 2,8-Dioxyadenin. Eine Ablagerung von 2,8-Dioxyadenin läßt sich auch nach der Verfütterung von Isoguanin oder 8-Oxyadenin beobachten, nicht aber nach der Einverleibung von 2,8-Dioxyadenin selber. Isoguanin wird nicht in Nucleotide eingebaut. Nach der Injektion von N^{15}-Isoguanin wird der größte Teil des N^{15} als Ammoniak, Harnstoff und Allantoin ausgeschieden (A. BENDICH, G. B. BROWN, F. S. PHILLIPS und J. B. THIERSCH).

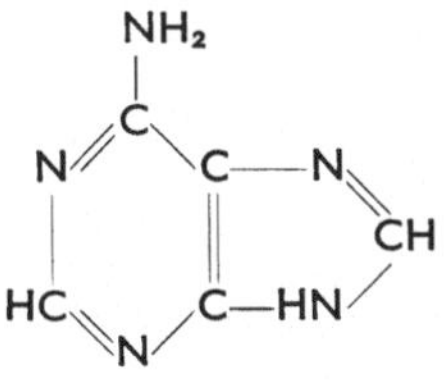

```
     NH2                    NH2                    NH2
     |                      |                      |
     C                      C                      C
  N//  \C——N             N//  \C—HN             N//  \C——N
  |     ||   \\CH        |     ||    \CO        |     ||   \\CH
  HC\\  C—HN/            OC\   C—HN/            OC\   C—HN/
      N/                     N/                     N/
                             H                      H
    Adenin             2,8-Dioxyadenin          Isoguanin
```

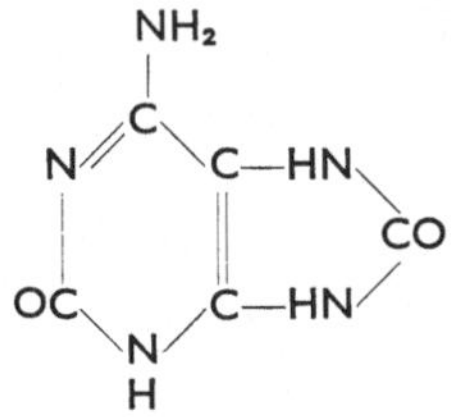

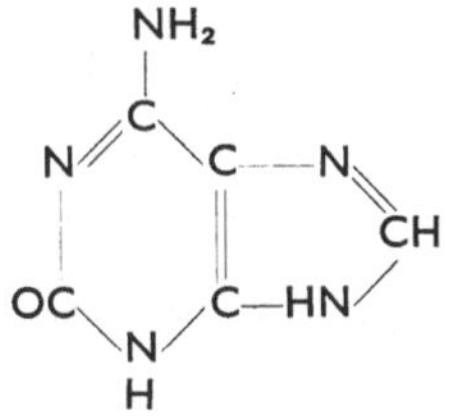

Adenin ist im Stoffwechsel zahlreicher Umsetzungen fähig:

Adenin →
- Einbau in Nucleotide
- Einbau in ATP
- Übergang in Hypoxanthin, Xanthin, Harnsäure, Allantoin
- Oxydation zu 2,8-Dioxyadenin

Über den Purinstoffwechsel bei Tetrahymena orientiert die Tabelle 166.

Tabelle 166. *Purinstoffwechsel bei Tetrahymena*
(G. W. KIDDER, V. C. DEWEY, R. E. PARKS jr. und M. R. HEINRICH).

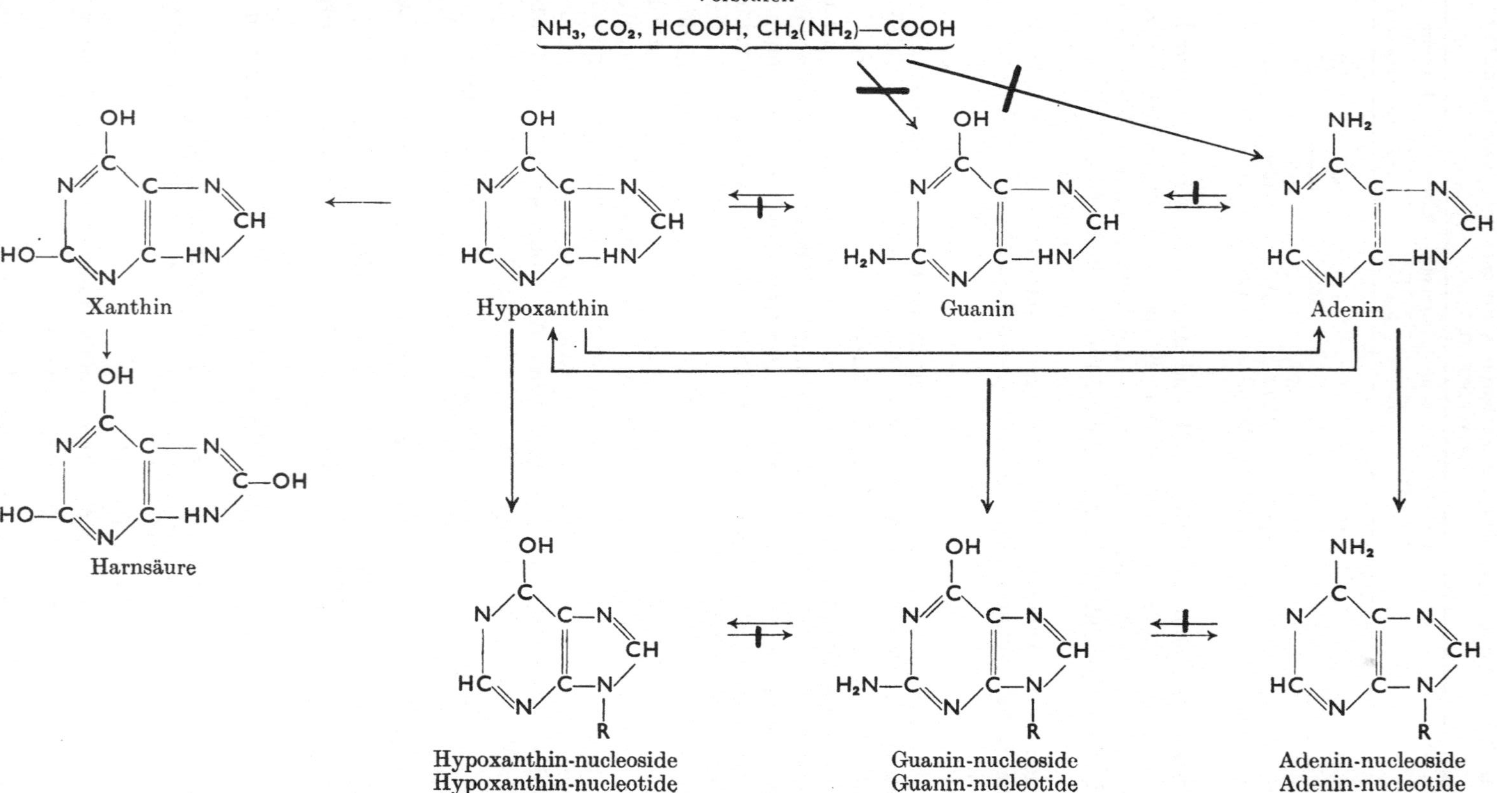

Die Einverleibung höherer Dosen Adenin wirkt toxisch. S. B. BASKE schildert, daß sich bei Hunden nach größeren Adeningaben Symptome einer multiplen Avitaminose entwickeln. Vielleicht spielen hier Antagonismen eine Rolle, wie man sie nach der Überdosierung einzelner Aminosäuren zu sehen bekommt. Nach der Verabreichung mäßiger Dosen wird etwa die Hälfte der Substanz in Nucleotide eingebaut, ein kleiner Teil erscheint in der ATP und der Rest des Adenin-N wird im Harn als Allantoin und Harnsäure wiedergefunden (Versuche mit Adenin-N^{15}). Das nach der Verfütterung großer Dosen Adenin in den Nieren abgelagerte 2,8-Dioxyadenin entsteht aus dem Adenin durch die Einwirkung der Xanthinoxydase (H. KLENOW). Bei dieser interessanten Reaktion wird je Mol Adenin ein Mol Sauerstoff aufgenommen, ohne daß eine Abspaltung von Ammoniak erfolgt.

4. Pyrimidine.

Der tierische Organismus vermag Pyrimidine zu synthetisieren. Versuche von S. BERGSTRÖM, H. ARVIDSON, E. HAMMARSTEN, N. A. ELIASSON, P. REICHARD und H. v. UBISCH haben erwiesen, daß Orotsäure die Vorstufe der Pyrimidine ist. Es war schon früher bekannt, daß Orotsäure von manchen Mikroorganismen als Wuchsstoff benötigt wird. Nach der Injektion von Orotsäure, die mit N^{15} oder C^{14} markiert ist, wurden aus den Nucleotiden Uridin und Cytidin mit N^{15} bzw. C^{14} isoliert. Da freie Pyrimidinbasen nicht in Nucleotide eingebaut werden, diskutieren H. ARVIDSON und Mitarbeiter folgende Möglichkeit der Verwertung von Orotsäure zur Nucleosidsynthese:

$$\text{Orotsäure} + \text{Ribose} \rightarrow \text{Orotsäure-3-ribosid} \xrightarrow{-CO_2} \text{Uridin},$$

$$\text{Uridin} \underset{-NH_3}{\overset{+NH_3}{\rightleftarrows}} \text{Cytidin}$$

Nach der Einverleibung von C^{14}-Orotsäure hat die Uridylsäure zunächst eine höhere Aktivität als die Cytidylsäure (L. L. WEED, ferner R. B. HURLBERT und V. R. POTTER). Später erfolgt ein Ausgleich. Nach der Verabreichung von C-6-C^{14}-Orotsäure an Tumorratten wurden im Verlauf von 91 Std 35% des C^{14} als $C^{14}O_2$ ausgeatmet. Im Tumor (FLEXNER-JOBLING) fanden sich 0,2%, in der Darmschleimhaut 8%. Innerhalb der ersten 2 Std wurden 30% des C^{14} im Harn ausgeschieden. Die Relation der Aktivitäten RN : DRN lag bei über 60. Bei Verwendung von Orotsäure wurde also dasselbe Ergebnis erhalten wie mit Adenin (s. S. 334).

Orotsäure Uracil Cytosin 2,4-Diaminopyrimidin

2,4-Diaminopyrimidin ist im tierischen Organismus völlig inert und scheidet daher als Vorstufe der Pyrimidinbasen aus. A. BENDICH, W. D. GEREN und G. B. BROWN fanden, daß mit N^{15} markiertes 2,4-Diaminopyrimidin weder in Nucleotide eingebaut noch zu Harnstoff, Ammoniak oder Allantoin abgebaut wurde. Glykokoll-N erscheint im Pyrimidinring (P. REICHARD), allerdings in einer so geringen Ausbeute, daß es fraglich ist, ob er direkt zur Pyrimidinsynthese verwendet wird. Vielleicht muß Glykokoll erst desaminiert werden.

Sonst ist nur noch bekannt, daß bei der Biosynthese der Pyrimidine das C-Atom 2 aus CO_2 stammt. Die C-Atome von Essigsäure, Ameisensäure und Glykokoll werden nicht in den Pyrimidinring eingebaut (M. R. HEINRICH und D. W. WILSON). Die Methylierung von Cytosin zu Thymin bzw. von Cytidin zu Thymidin erfolgt vermutlich unter Verwendung von Formiat. Auch das β-C-Atom des Serins kann zu dieser Methylierung verwendet werden (D. ELWYN und D. B. SPRINSON).

Die Pyrimidinbasen werden zu Harnstoff abgebaut. Nach L. R. CERECEDO vollzieht sich der Abbau des Uracils vermutlich über Isodialursäure und Oxalursäure, der von Thymin über 4,5-Dioxyhydrothymin (Thyminglykol), Cytosin wird zu Uracil desaminiert. Bodenbakterien enthalten eine Uraciloxydase, die Uracil in Gegenwart von Methylenblau und Sauerstoff zu Barbitursäure oxydiert (T. P. WANG und J. O. LAMPEN). Auch Thymin wird oxydiert, nicht aber Cytosin, das von den Bakterien auch nicht desaminiert wird.

Uracil → Isobarbitursäure → Isodialursäure → Oxalursäure → Harnstoff + Oxalsäure

Thymin → Thyminglykol → $H_2N{-}CO{-}NH_2$ + unbekannte C-Verbindung

Cytosin → Uracil

β-Aminoisobuttersäure, die in kleinen Mengen vom Menschen regelmäßig im Harn ausgeschieden wird, ist vermutlich ein Stoffwechselprodukt von Thymin. Nach der Verfütterung von DRN an Ratten steigt die Ausscheidung der Substanz stark an. Einverleibung von RN hat keinen Effekt.

Alloxan hat im Zusammenhang mit dem Alloxandiabetes erhöhtes Interesse gefunden. Verfüttertes Alloxan wird nur zum kleinsten Teil unverändert ausgeschieden, und zwar durch die Galle als Schwefelsäureester. Der größte Teil wird durch einen Redoxprozeß in Alloxanthin übergeführt. Die Hauptmenge des Alloxanthins wird zu Harnstoff abgebaut, was schon WÖHLER 1848 festgestellt hatte. Kleinere Mengen verfüttertes Alloxanthin werden im Harn und in der Galle gefunden. Alloxan ist offensichtlich kein physiologisches Stoffwechselprodukt (P. KARRER, F. KOLLER und H. STÜRZINGER). Intravenös injiziertes

Alloxan verschwindet sehr rasch aus der Blutbahn. Durch Umsatz von Alloxanthin mit Ammoniak erhält man Murexid, das Ammoniumsalz der Purpursäure, welches bei der Oxydation der Harnsäure mit Salpetersäure entsteht, einer bekannten analytischen Reaktion der Harnsäure („Murexidprobe"). Anhaltspunkte für eine Murexidbildung unter physiologischen Verhältnissen haben

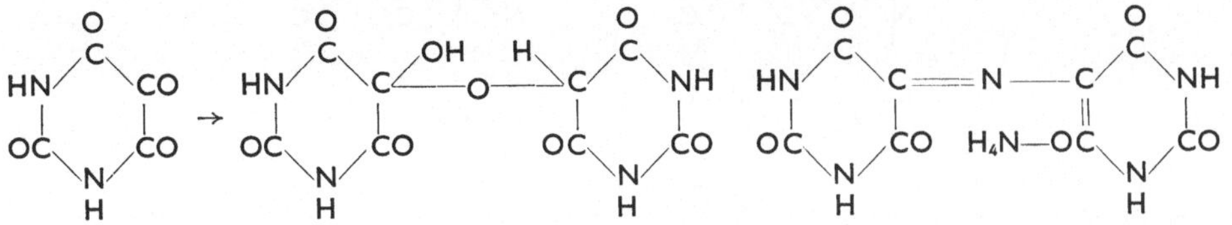

Alloxan → Alloxanthin — Murexid

sich nicht ergeben. Alloxan geht bei neutraler Reaktion rasch in Alloxansäure über. Dieselbe Reaktion läßt sich auch im Plasma beobachten. Zu Plasma zugesetztes Alloxan liefert innerhalb einer Stunde 90% der Theorie Alloxansäure. Die Reaktion ist im Plasma nichtenzymatischer Art.

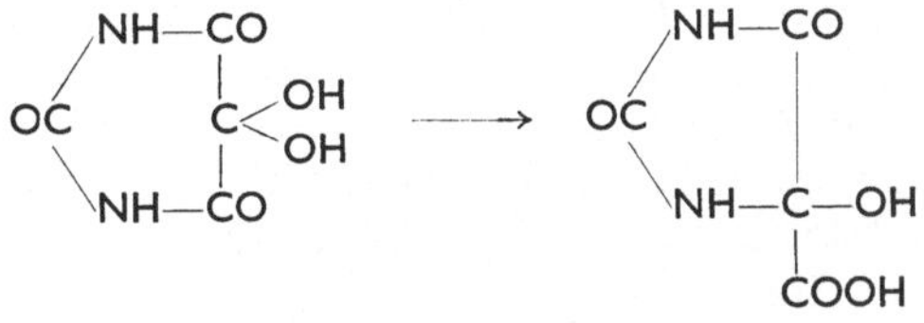

Alloxan → Alloxansäure

Tabelle 167. *Der Pyrimidinstoffwechsel bei Tetrahymena* (G. W. Kidder, V. C. Dewey, R. E. Parks jr. und M. R. Heinrich).

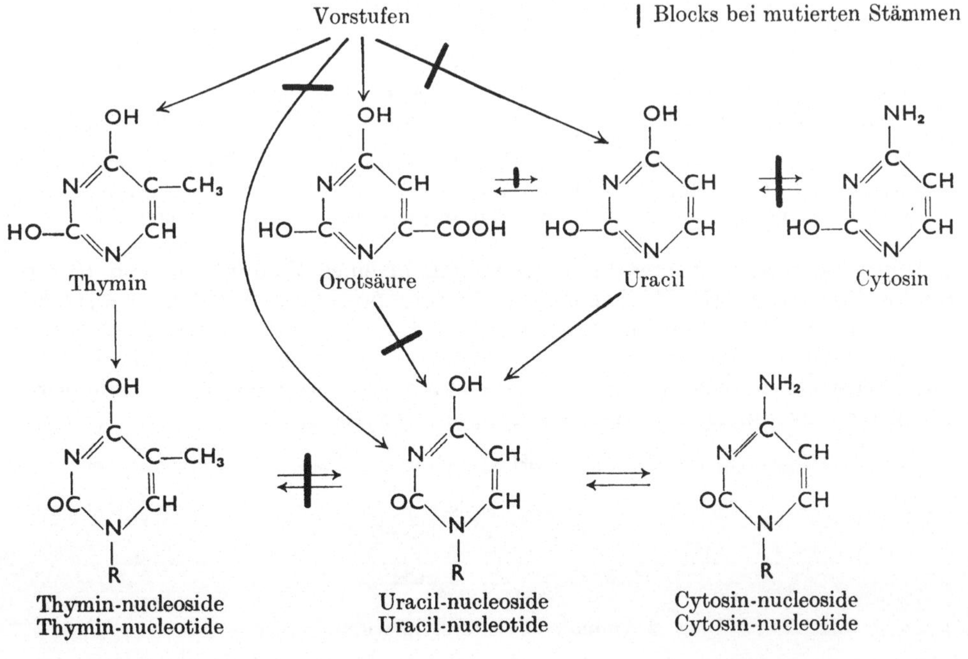

Vorstufen | Blocks bei mutierten Stämmen

Thymin — Orotsäure — Uracil — Cytosin

Thymin-nucleoside
Thymin-nucleotide

Uracil-nucleoside
Uracil-nucleotide

Cytosin-nucleoside
Cytosin-nucleotide

5. Pteridine.

Bei dem Studium des Pteridinstoffwechsels ist zu beachten, daß die Bezifferung des Pteridinrings nicht von allen Autoren einheitlich gehandhabt wird. Folgende zwei Bezifferungen werden in der Literatur nebeneinander gebraucht:

```
     C     N                  C     N
  N/ 6 \C/ 7 \C            N/ 4 \C/ 5 \C
  |1    5|   8|            |3     |    6|
  |2    4|   9|            |2     |    7|
  C\ 3 /C\ 10 /C           C\ 1 /C\ 8 /C
     N     N                  N     N
```

W. KOSCHARA isolierte als erster aus dem Harn Xanthopterin und stellte die Identität von Uropterin mit Xanthopterin fest. Der Mensch scheidet im Tag etwa 1 mg Xanthopterin aus. In den Organen finden sich 0,1—0,5 mg-% Xanthopterin. Die Substanz wird nicht exogen zugeführt, sondern entsteht im intermediären Stoffwechsel aus einer noch unbekannten Vorstufe. Xanthopterin ist kein Stoffwechselprodukt der Pteroylglutaminsäure. Da die Xanthopterinausscheidung bei allen Zuständen vermehrt ist, die mit einem erhöhten Eiweißzerfall einhergehen (Infektionskrankheiten, chirurgische Erkrankungen), nimmt man an, daß die Substanz in irgendeiner Weise mit dem Eiweißstoffwechsel verknüpft ist. H. M. RAUEN und C. v. HALLER fanden eine Vergrößerung der Xanthopterinausscheidung nach Eiweißzulagen zur üblichen Ernährung. Im Gegensatz zum Menschen ließ sich dieser Effekt bei Hunden nicht bewirken. Xanthopterin erwies sich in Knochenmarkskulturen als ein die Zellvermehrung stimulierender Faktor. Gaben von Xanthopterin per os verursachen keine vermehrte Ausscheidung der Substanz im Harn.

Tierische Gewebe enthalten ein Enzym, das Xanthopterin zu Leukopterin oxydiert. Es erwies sich als identisch mit der Xanthinoxydase (E. G. KREBS und E. R. NORRIS). Beide Substrate (Xanthin und Xanthopterin) hemmen sich gegenseitig kompetitiv. Eine Ausscheidung von Leukopterin wurde beim Tier noch nie beobachtet.

```
        OH                      OH                      OH
        |                       |                       |
        C    N                  C    N                  C    N
     N//  \C/ \\C—OH         N//  \C/ \\CH           N//  \C/ \\C—OH
     |     ||    |           |     ||    |           |     ||    |
H2N—C\\  /C\  //CH      H2N—C\\  /C\  //C—OH    H2N—C\\  /C\  //C—OH
        N     N                 N     N                 N     N
```

Xanthopterin (2-Amino-6,8-dioxypteridin) — Isoxanthopterin (2-Amino-6,9-dioxypteridin) — Leukopterin (2-Amino-6,8,9-trioxypteridin)

2-Amino-6-oxy-8-formylpteridin hemmt noch in einer Verdünnung von 10^{-9} m die Xanthinoxydase (H. M. KALCKAR, N. O. KJELDGAARD und H. KLENOW; O. H. LOWRY, O. A. BESSEY und E. J. CRAWFORD). Dabei wird der Aldehyd selber zur entsprechenden Carbonsäure oxydiert. 2-Amino-6-oxy-8-formylpteridin entsteht aus Pteroylglutaminsäure durch UV-Bestrahlung. 2-Amino-6-oxypteridin wird durch die Xanthinoxydase zu Isoxanthopterin oxydiert.

```
        OH
        |
        C    N
     N//  \C/ \\C—CHO
     |     ||    |
H2N—C\\  /C\  //CH
        N     N
```

2-Amino-6-oxy-8-formylpteridin

Die Entdeckung der Pteroylglutaminsäure (Folinsäure) steigerte das Interesse an den Pteridinen. Die Ausscheidung der Pteroylglutaminsäure ist im allgemeinen nur gering. Menschen scheiden normalerweise etwa 2—5 γ je Tag im Harn aus. Nach der Verabreichung von 1—15 mg der Substanz werden mit großen individuellen Streuungen 15—75 % der Dosis unverändert im Harn ausgeschieden. In der Natur werden neben der Pteroylglutaminsäure noch Conjugate derselben (Pteroyltriglutaminsäure, Pteroylheptaglutaminsäure) aufgefunden. Der tierische Organismus vermag die Conjugate durch ein Enzym Conjugase aufzuspalten.

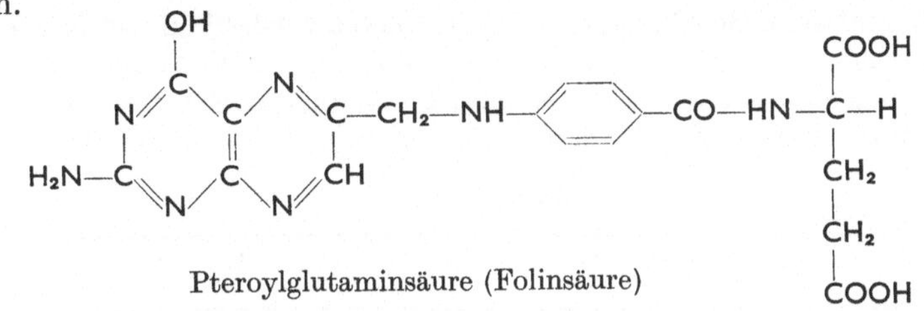

Pteroylglutaminsäure (Folinsäure)

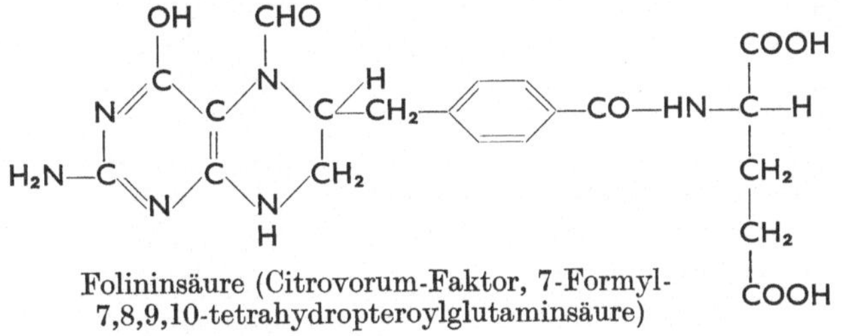

Folininsäure (Citrovorum-Faktor, 7-Formyl-7,8,9,10-tetrahydropteroylglutaminsäure)

Durch Abspaltung der Glutaminsäure aus der Pteroylglutaminsäure entsteht die Pteroinsäure, die jedoch für den tierischen Organismus keine Vitaminwirkung besitzt, von manchen Mikroorganismen aber als Wuchsstoff verwertet wird.

Über den Abbau der Pteroylglutaminsäure im Organismus ist wenig Sicheres bekannt. Xanthopterin, 2-Amino-6-oxy-8-formylpteridin und 2-Amino-6-oxypteridin-8-carbonsäure scheiden als Stoffwechselprodukte aus. Ein Abbau der Pteroylglutaminsäure durch einen enzymatischen Prozeß ist sicher gestellt. Eine von H. M. Rauen und H. Waldmann beim enzymatischen Abbau der Pteroylglutaminsäure erhaltene Substanz wurde als N^{12}-Formylfolinsäure identifiziert (H. M. Rauen, W. Stamm und K. H. Kimbel).

Der tierische Organismus überführt Pteroylglutaminsäure in Folininsäure (Citrovorum-Faktor). Letztere Substanz ist anscheinend der eigentliche aktive Wirkstoff. Die Umwandlung von Pteroylglutaminsäure in den Citrovorum-Faktor ließ sich auch in Versuchen in vitro mit Rattenleberschnitten bewirken (C. A. Nicol und A. D. Welch). Folininsäure ist nicht nur antianämisch wirksam, sondern verhindert im Tierversuch in viel höherem Maße die toxischen Wirkungen von Pteroylglutaminsäureantagonisten (z. B. Aminopterin) als Folinsäure (A. Pohland, E. H. Flynn, R. G. Jones und W. Shive). Über Folinsäureantagonisten siehe S. 17.

Pteroylglutaminsäure bzw. Folininsäure werden bei allen Reaktionen benötigt, die den Stoffwechsel der Ameisensäure, d. h. den Einbau des Formiatrestes in irgendeine Substanz betreffen. Die wichtigste Reaktion in diesem Bereich ist ohne Zweifel die Biosynthese der Purine. Näheres über die Beteiligung der Folininsäure bei diesem Prozeß findet man auf S. 343. Die Aufklärung der Konstitution der Folininsäure hat ein Licht auf die vorher gänzlich rätselhaften

Zusammenhänge geworfen. Die in der Folininsäure enthaltene Formylgruppe läßt vermuten, daß das System Folinsäure-Folininsäure im Sinne von Transformylierungen wirkt.

XI. Grundsätzliches über den Stoffwechsel aromatischer Substanzen.

1. Aromatisierung hydrierter Ringsysteme.

Eine systematische Bearbeitung dieses Gebietes verdanken wir K. BERNHARD, der bewiesen hat, daß zahlreiche hydroaromatische Verbindungen im tierischen Organismus in guter Ausbeute zu aromatischen dehydriert werden. Die wichtigsten Befunde sind in der Tabelle 168 zusammengefaßt. Es werden jedoch

Tabelle 168.

Verfütterte oder injizierte Substanz	Aus dem Harn isolierte Substanz
C_6H_{11}—COOH Hexahydrobenzoesäure	C_6H_5—COOH Benzoesäure
C_6H_{11}—CO—NH(CH_3) Hexahydro-N-methylbenzamid	C_6H_5—COOH Benzoesäure
C_6H_{11}—CO—N(CH_3)$_2$ Hexahydro-N-dimethylbenzamid	C_6H_5—COOH Benzoesäure
C_6H_{11}—CO—NH—CH_2—COOH Hexahydrohippursäure	C_6H_5—COOH Benzoesäure
H_3C—C_6H_{10}—COOH Hexahydro-m-toluylsäure	H_3C—C_6H_4—COOH m-Toluylsäure
C_6H_{11}—CH_2—CH_2—COOH Cyclohexylpropionsäure	C_6H_5—COOH Benzoesäure

keineswegs alle Derivate des Cyclohexans hydriert. Beispielsweise werden Hexahydrobenzoylsarkosin, Hexahydrobenzoylalanin und die drei isomeren Hexahydrophthalsäuren unverändert im Harn ausgeschieden.

Die Dehydrierung einer Hexahydrobenzoesäure, die durch eine Hydrierung von Benzoesäure mit Deuterium erhalten worden war, und die daher gleich viele H und D-Atome enthielt, führte zu einer Ausscheidung einer Benzoesäure mit demselben Verhältnis H : D (K. BERNHARD und H. CAFLISCH-WEILL). Das dehydrierende Ferment macht demnach keinen Unterschied zwischen den beiden Wasserstoffisotopen. Außerdem wurde durch den Versuch endgültig bewiesen, daß die ausgeschiedene Benzoesäure tatsächlich aus der Hexahydrobenzoesäure stammte.

Die Aromatisierung des Rings läßt sich auch in vitro durch überlebendes Gewebe bewirken. Der Mechanismus ist noch unbekannt. Für die Reaktion läßt sich keines der bekannten Enzymsysteme verantwortlich machen. F. DICKENS diskutierte als Arbeitshypothese die primäre Aufnahme einer OH-Gruppe, die dann sekundär zusammen mit einem Wasserstoffatom des benachbarten C-Atoms als Wasser abgespalten wird, wobei eine Doppelbindung entsteht. Eine experimentelle Überprüfung ergab jedoch, daß diese Annahme unzutreffend ist. C. T. BEER, F. DICKENS und J. PEARSON stellten alle theoretisch möglichen sieben Oxycyclohexancarbonsäuren her und fanden, daß der Organismus keine einzige derselben anzugreifen vermag. Sie können daher unmöglich Zwischenprodukte einer Dehydrierung sein. Dagegen wurden von Leberschnitten mit derselben Geschwindigkeit Δ^1- und Δ^3-Cyclohexensäure wie Cyclohexancarbonsäure zu Benzoesäure dehydriert. Auch die Δ^2-Säure wurde umgesetzt, allerdings mit einer wesentlich geringeren Geschwindigkeit.

COOH COOH COOH

Cyclohexancarbonsäure Δ^1-Cyclohexensäure Δ^3-Cyclohexensäure

Die Aromatisierung dieser einfachen hydroaromatischen Ringsysteme verdient ein großes Interesse im Hinblick auf die Verhältnisse bei den Steroiden, bei denen gleichfalls Dehydrierungen in Ringsystemen beobachtet werden oder Hydrierungen von Ringen vorkommen. Ähnliche Probleme sind auch schon bei den cancerogenen Kohlenwasserstoffen diskutiert worden.

2. Biooxydation aromatischer Substanzen.

Der Stoffwechsel aromatischer Substanzen hat von jeher Interesse erweckt, weil viele Medikamente, Gewerbegifte und andere schädliche Substanzen aromatischer Natur sind. In dem vorliegenden Buche kann der Stoffwechsel dieser körperfremden Substanzen nur in seinen Grundzügen Darstellung finden.

Die biologische Oxydation eines aromatischen Ringes kann sich in dreierlei Weise vollziehen:

1. durch Einführung einer OH-Gruppe,
2. durch Bildung eines Diols durch Perhydroxylierung,
3. durch Sprengung des Rings und Abbau zu tieferen Produkten.

Bei der Einführung einer OH-Gruppe durch Ersatz eines H-Atoms gegen OH erhält man bezüglich der Orientierung der Stellung der neuen OH-Gruppe Gesetzmäßigkeiten, die aus der Tabelle 169 zu ersehen sind.

Tabelle 169. *Orientierung von OH-Gruppen im Benzolring* (J. N. SMITH).

Substituent am Benzolring der verfütterten Substanz	Tierart	Stellung der neuen OH-Gruppe
$-NH_2$	Kaninchen	o und p
	Hund	p
$-NH-OC-CH_3$	Kaninchen	p
	Hund	o und p
$-NH-OC-NH_2$	Kaninchen	p
	Kaninchen	o und p
$-N(CH_3)_2$	Hund	o
	Kaninchen	p
$-N(C_2H_5)_2$	Hund	p
$-C_6H_5$	Kaninchen	p
$-C_6H_4OH$	Kaninchen	p
$-CH_2-C_6H_5$	Kaninchen	p
$-CH{=}CH-C_6H_5$	Kaninchen	p
$-OH$	Kaninchen	o und p
$-O-C_2H_5$	Kaninchen	p
$-O-C_6H_5$	Kaninchen	p
$-O-C_6H_4OH$	Kaninchen	p
$-Cl$	Kaninchen	p
$-CN$	Kaninchen	m und p
	Hund	o und p
$-NO_2$	Kaninchen	m und p
$-COOH$	Kaninchen	keine OH-Gruppe eingeführt
$-CHO$	Kaninchen	keine OH-Gruppe eingeführt
$-CO-NH_2$	Kaninchen	keine OH-Gruppe eingeführt
$-CO-CH_3$	Kaninchen	keine OH-Gruppe eingeführt
$-SO_3H$	Kaninchen	keine OH-Gruppe eingeführt
$-SO_2-NH_2$	Kaninchen	keine OH-Gruppe eingeführt
$-SO_2-CH_3$	Kaninchen	keine OH-Gruppe eingeführt

Bei zweifach substituierten Benzolderivaten tritt die neue OH-Gruppe in die in der Tabelle 170 angeführten Positionen.

Tabelle 170. *Orientierung einer neu eintretenden OH-Gruppe bei zweifach substituierten Benzolderivaten* (J. N. SMITH).

Name der Verbindung	Gruppe A	Gruppe B	Stellung der neuen OH-Gruppe zu A
Sulfanilamid	$—NH_2$	$—SO_2—NH_2$	o und p
Brenzcatechin	—OH	—OH	p
Resorcin	—OH	—OH	keine OH-Gruppe
Hydrochinon	—OH	—OH	keine OH-Gruppe
o-Oxybenzoesäure	—OH	—COOH	p
m-Oxybenzoesäure	—OH	—COOH	p
p-Oxybenzoesäure	—OH	—COOH	o
o-Aminobenzoesäureamid	$—NH_2$	$—CO—NH_2$	o und p
m-Aminobenzoesäureamid	$—NH_2$	$—CO—NH_2$	p
p-Aminobenzoesäureamid	$—NH_2$	$—CO—NH_2$	o
o-Oxybenzoesäureamid	—OH	$—CO—NH_2$	p
m-Oxybenzoesäureamid	—OH	$—CO—NH_2$	p
p-Oxybenzoesäureamid	—OH	$—CO—NH_2$	o
o-Kresol	—OH	$—CH_3$	p
p-Oxybenzolsulfonamid	—OH	$—SO_2—NH_2$	o
o-Tolylharnstoff	$—NH—CO—NH_2$	$—CH_3$	p
m-Tolylharnstoff	$—NH—CO—NH_2$	$—CH_3$	o
p-Tolylharnstoff	$—NH—CO—NH_2$	$—CH_3$	keine OH-Gruppe
o-Acetotoluidid	$—NH—CO—CH_3$	$—CH_3$	o und p
m-Acetololuidid	$—NH—CO—CH_3$	$—CH_3$	p
p-Acetotoluidid	$—NH—CO—CH_3$	$—CH_3$	keine OH-Gruppe
Phenetidin	$—NH_2$	$—O—C_2H_5$	o
o-Chloranilin	$—NH_2$	—Cl	o

Die entstandenen Phenole werden zumeist an Glucuronsäure gebunden (über die Glucuronidbildung siehe S. 121) oder mit Schwefelsäure verestert im Harn ausgeschieden.

Der Organismus oxydiert auch polycyclische Kohlenwasserstoffe unter Einführung einer OH-Gruppe. Die wichtigsten Beispiele derartiger Reaktionen sind in der Tabelle 171 zusammengestellt. Das Verhalten polycyclischer Substanzen im Organismus hat im Zusammenhang mit den cancerogenen Kohlenwasserstoffen ein erhebliches Interesse.

Als Beispiele von Perhydroxylierungen seien die Überführung von Naphthalin, Anthracen und Phenanthren in die betreffenden dihydrierten Diole angeführt, die nach Verfütterung oder Injektion der erwähnten Substanzen bei Ratten und Kaninchen beobachtet wurden (Tabelle 172).

Die hydrierten Diole werden durch Kochen mit Säuren unter Wasserabspaltung in Phenole übergeführt. Da sie vom Tier als Glucuronide oder Schwefelsäureester ausgeschieden werden, die man mittels Säure zu spalten pflegt, ist die Isolierung der Diole schwierig und ihre Existenz erst seit neuerer Zeit bekannt. Die Perhydroxylierung besteht in einer primären Anlagerung von Hydroperoxyd:

$$\begin{array}{c} | \\ CH \\ \| \\ CH \\ | \end{array} \xrightarrow{+ H_2O_2} \begin{array}{c} | \\ CH(OH) \\ | \\ CH(OH) \\ | \end{array} \xrightarrow{- H_2O} \begin{array}{c} | \\ CH \\ \| \\ COH \\ | \end{array}$$

Tabelle 171. *Biochemische Hydroxylierungen polycyclischer Kohlenwasserstoffe.*

Verabreichte Substanz	Stoffwechselprodukt
Diphenyl	4-Oxydiphenyl
$C_6H_5-CH_2-C_6H_5$ Diphenylmethan	$C_6H_5-CH_2-C_6H_4-OH$ 4-Oxydiphenylmethan
$C_6H_5-CH{=}CH-C_6H_5$ Stilben	$HO-C_6H_4-CH{=}CH-C_6H_4-OH$ 4,4′-Dioxystilben
Naphthalin	α-Naphthol
Fluoren	2-Oxyfluoren
Chrysen	3-Oxychrysen
Dibenzanthracen	4,8-Dioxybenzanthracen
Benzpyren	8-Oxybenzpyren; 10-Oxybenzpyren

Tabelle 172. *Perhydroxylierung von Kohlenwasserstoffen* (L. Young).

Verabfolgte Substanz	Stoffwechselprodukt
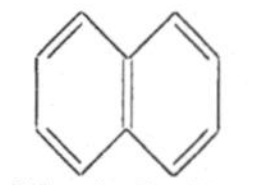 Naphthalin	 1,2-Dihydro-naphthalin-trans-1,2-diol → α-Naphthol
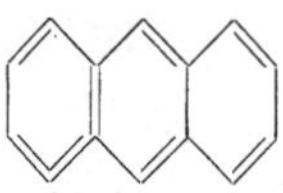 Anthracen	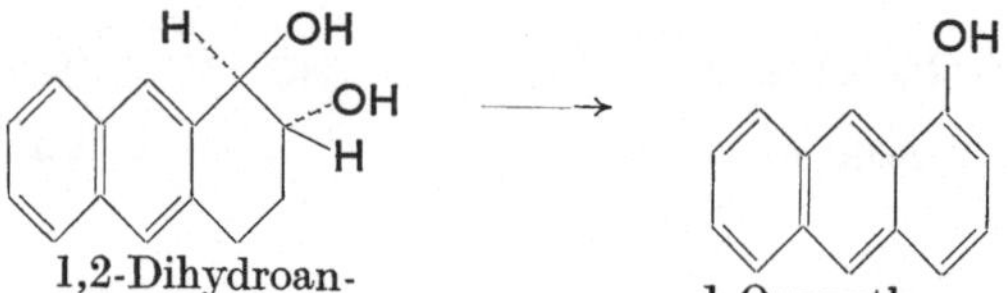 1,2-Dihydroan-thracen-trans-1,2-diol → 1-Oxyanthracen
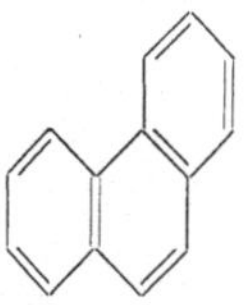 Phenanthren	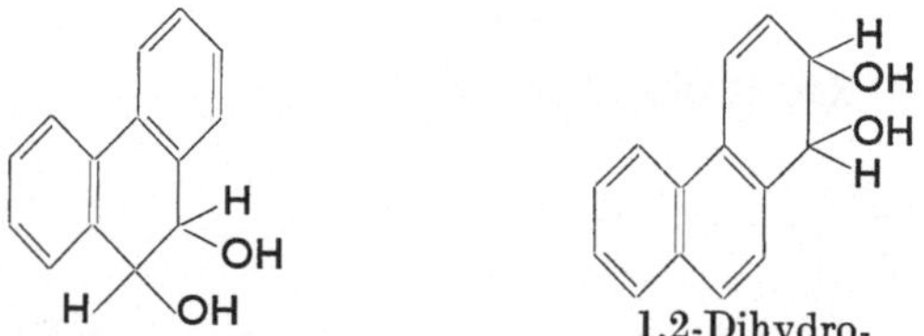 9,10-Dihydrophen-anthren-9,10-diol; 1,2-Dihydro-phenanthren-1,2-diol

Man hat schon diskutiert, ob nicht generell die Einführung einer OH-Gruppe in eine aromatische Substanz über eine Perhydroxylierung verläuft, wobei dann sekundär aus dem hydrierten Diol Wasser abgespalten wird. Da aber die Annahme einer Diolbildung nicht immer die Position der neu in das Stoffwechselprodukt eintretenden OH-Gruppe erklären kann, dürfte sie nicht in allen Fällen zutreffen. Eine ausführliche Diskussion dieser Frage findet man bei J. N. Smith.

Auch carcinogene Kohlenwasserstoffe werden in vivo in Dihydrodiole übergeführt. Es gelang, aus der Haut von Mäusen, die mit 3,4-Benzpyren behandelt worden waren und bei denen sich Tumoren entwickelt hatten, das 8,9-Dihydrodiol des Benzpyrens zu isolieren. Das Diol ist im Gegensatz zu dem Kohlenwasserstoff

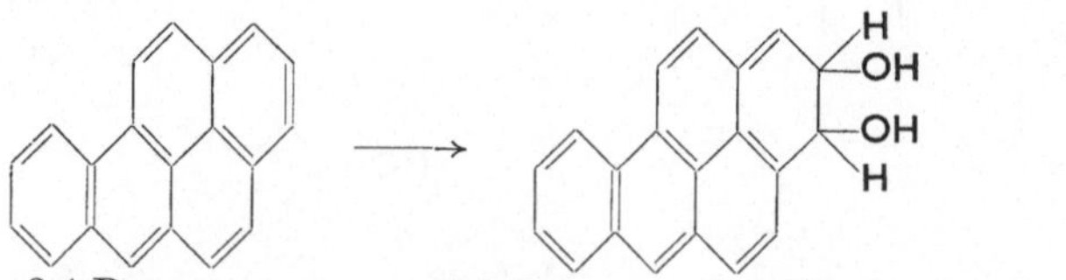

3,4-Benzpyren → 3,4-Benzpyren-8,9-dihydro-8,9-diol

wasserlöslich. Man hat schon daran gedacht, daß die Diolbildung mit der Krebsbildung ursächlich verknüpft ist, etwa in dem Sinne, daß eine Fixierung des cancerogenen Kohlenwasserstoffs an das Gewebe erst nach Umwandlung in das Diol erfolgen kann. Näheres hierüber siehe bei E. Boyland.

Beispiele für Ringsprengungen bei aromatischen Substanzen sind die Oxydation von Benzol zu Muconsäure und der Abbau des Phenylalanins bzw. Tyrosins zu Acetessigsäure und Fumarsäure. Bei der Umwandlung von Benzol in trans-trans-Muconsäure entsteht vermutlich zunächst ein Diol, das dann entweder Phenol oder Muconsäure liefern kann, wobei die erstere Reaktion bevorzugt wird. Ein anderes Beispiel für eine Ringsprengung ist die Oxydation des

Benzol → Diol ↗ Phenol ↘ Muconsäure = HOOC—CH=CH—CH=CH—COOH

Acenaphthen → Naphthalinsäure → Naphthalinsäureanhydrid

Acenaphthen im Tierkörper zu Naphthalinsäure, die in Form ihres Anhydrids im Harn ausgeschieden wird.

Über die quantitativen Verhältnisse der Stoffwechselprodukte des Benzols orientiert die Tabelle 173.

Tabelle 173. *Stoffwechselprodukte des Benzols beim Kaninchen* (R. T. WILLIAMS). Dosis 0,5 g je Kilogramm Körpergewicht. Die Zahlen in Klammern bedeuten Prozente der einverleibten Dosis.

Benzol ↗ Unverändert ausgeschieden (40%)
Benzol → Zu Muconsäure oxydiert (1%)
Benzol ↘ In Phenylmercaptursäure übergeführt (1%)
↓
Phenol ↗ Als Glucuronid ausgeschieden (11%)
Phenol ↘ Als Schwefelsäureester ausgeschieden[1]
↓
Brenzcatechin → Als Schwefelsäureester ausgeschieden[1]
↓
Oxyhydrochinon → Als Schwefelsäureester ausgeschieden[1]

[1] Summe aller Schwefelsäureester 9%.

Weiterhin ist noch die Mercaptursäurebildung (S. 212) aus aromatischen Substanzen zu erwähnen, die man z. B. bei Benzol, Naphthalin und Anthracen, in besonders hohem Umfang aber bei den Halogenbenzolen beobachtet.

CH_2—S—C_6H_5, H—C—NH—OC—CH_3, COOH
Phenylmercaptursäure

CH_2—S—$C_{10}H_7$, H—C—NH—OC—CH_3, COOH
Naphthylmercaptursäure

CH_2—S—$C_{14}H_9$, H—C—NH—OC—CH_3, COOH
Anthracenmercaptursäure

Methylgruppen werden in vivo zumeist zu Carboxylgruppen oxydiert. Einverleibtes Toluol ergibt mitunter praktisch quantitativ Benzoesäure. Die Xylole werden zu den entsprechenden Toluylsäuren oxydiert, die Ausbeuten betragen 60—90%. Daneben entstehen in kleinerem Umfang (bis zu 20%) Xylenole. Längere aliphatische Seitenketten werden nach den Grundsätzen der β-Oxydation abgebaut (S. 260).

Der Tierkörper reduziert Nitrogruppen zum Teil zu Aminogruppen. Nach der Verfütterung von Nitrobenzol an Kaninchen wurden die folgenden Reaktionsprodukte isoliert: 3-Nitrophenol, 4-Nitrophenol, Nitrobrenzcatechin, 2-Aminophenol und 4-Aminophenol. Nitrile werden zu Carbonsäuren oxydiert. o-Tolunitril liefert Phthalsäure, p-Tolunitril Terephthalsäure.

Die Ausscheidung der aromatischen Carbonsäuren erfolgt häufig nicht in Form der freien Säuren, sondern als besser wasserlösliche und ungiftigere Derivate. Benzoesäure wird zum Teil an Glucuronsäure gebunden, zum Teil mit Glykokoll zu Hippursäure umgesetzt. p-Aminobenzoesäure wird vom Menschen acetyliert (wenig), an Glucuronsäure gebunden (viel) und mit Glykokoll zu p-Aminohippursäure vereinigt (viel). An freier p-Aminobenzoesäure werden nur Spuren ausgeschieden.

Mikroorganismen spalten aromatische Substanzen leichter und auf anderen Wegen auf als Säugetiere. Eine Übersicht über die wichtigsten Prinzipien beim Stoffwechsel von aromatischen Substanzen bei Mikroorganismen vermittelt die Tabelle 174.

XII. Lokalisation der Stoffwechselprozesse in den Zellen.

In den letzten Jahren sind Methoden entwickelt worden, die es erlauben, einen näheren Einblick in die Funktion der einzelnen morphologischen Zellbestandteile im Stoffwechsel zu gewinnen. Im wesentlichen wurden zu derartigen Versuchen zwei Verfahren benützt: 1. Untersuchungen an einzelnen Zellen, die durch irgendwelche Manipulationen, z. B. durch Zentrifugieren und nachfolgendes Zerschneiden, in einzelne Teile zerlegt werden, in denen der Stoffwechsel gemessen wird. Diese Versuchsanordnung hat zwar den Vorteil, ein biologisch einheitliches und genau definiertes Material zu verwenden, erfordert aber die Messung kleinster Umsätze, so daß nur wenige chemische Reaktionen erfaßbar sind. 2. Zerlegung einer größeren Organmenge in die Zellbestandteile und deren getrennte Untersuchung. Der Vorteil dieses Vorgehens besteht in der Möglichkeit, mit großen Mengen Material zu arbeiten, so daß auch langsam ablaufende Reaktionen verfolgbar sind. Dem steht der Nachteil gegenüber, daß das Material biologisch nicht einheitlich ist, z. B. aus Zellen verschiedenen Alters und in den meisten Organen auch verschiedener Art besteht. Die Gewinnung der einzelnen Zellbestandteile umfaßt zwei Arbeitsgänge: die Zertrümmerung der Zellen und die Abtrennung der einzelnen Bestandteile. Die Zertrümmerung der Zellen ist schwierig so zu leiten, daß dabei die morphologischen Elemente nicht lädiert werden. Zur Trennung der Fraktionen hat sich die fraktionierte Zentrifugierung als die Methode der Wahl erwiesen. Man pflegt auf diese Weise vier Fraktionen zu erhalten: die Zellkerne, die Mitochondrien, die Mikrosomen und das strukturlose Cytoplasma. Die Mehrzahl der im folgenden geschilderten Untersuchungen wurden an Leber und Niere angestellt.

Der Zellstoffwechsel kommt durch das Zusammenwirken der einzelnen Strukturelemente zustande. Daher kann man auch in Versuchen in vitro mit den isolierten Zellbestandteilen Korrelationen derselben feststellen. So nimmt die

Tabelle 174. *Stoffwechsel aromatischer Substanzen bei Mikroorganismen* (W. C. Evans, B. S. W. Smith, R. P. Lindstead und J. A. Elridge).

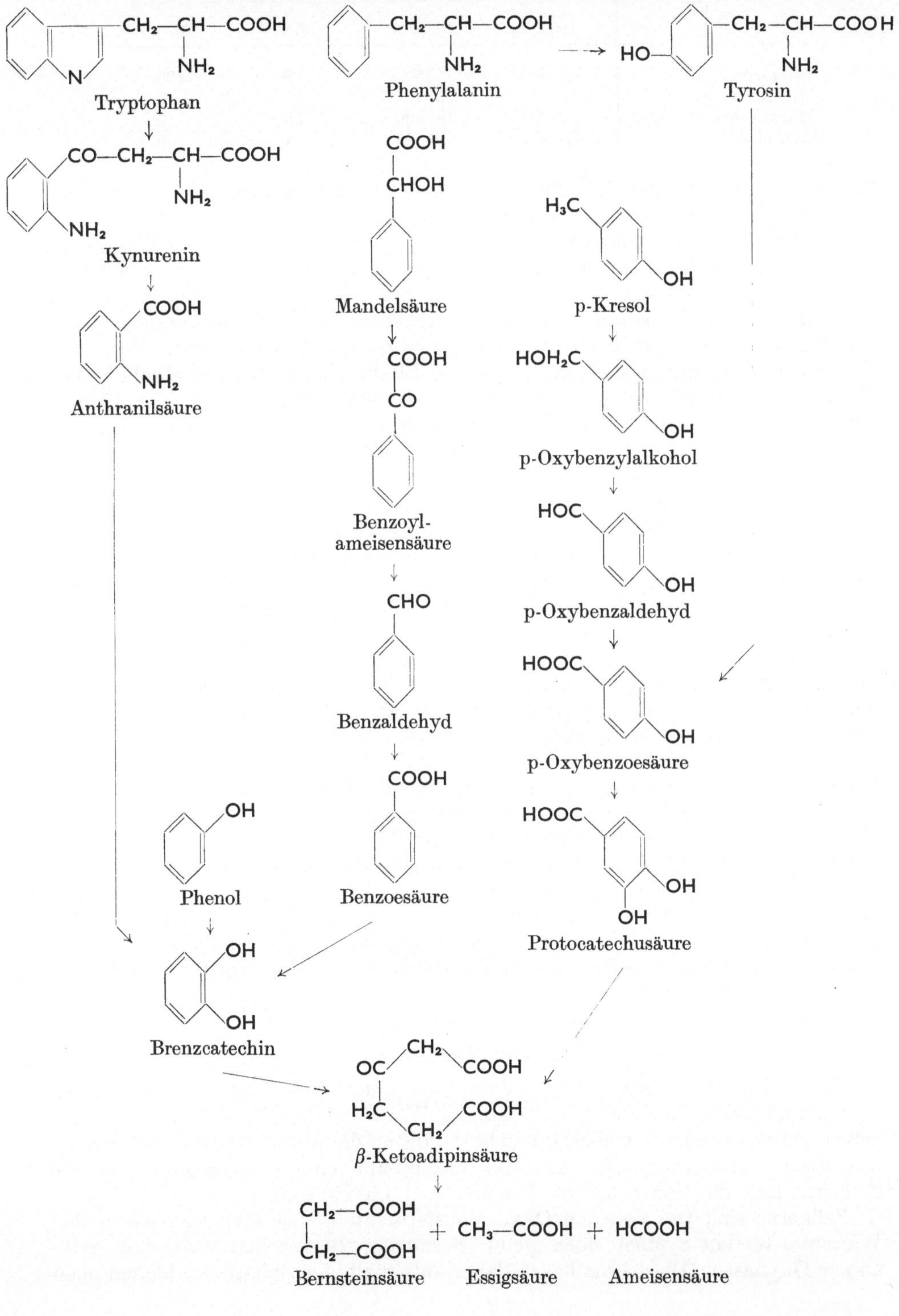

Tryptophan → Kynurenin → Anthranilsäure → Brenzcatechin

Phenylalanin → Tyrosin → p-Oxybenzoesäure

Mandelsäure → Benzoylameisensäure → Benzaldehyd → Benzoesäure → Brenzcatechin

p-Kresol → p-Oxybenzylalkohol → p-Oxybenzaldehyd → p-Oxybenzoesäure → Protocatechusäure → β-Ketoadipinsäure

Phenol → Brenzcatechin → β-Ketoadipinsäure

β-Ketoadipinsäure → Bernsteinsäure + Essigsäure + Ameisensäure

$$CH_2{-}COOH \text{ (über } CH_2{-}COOH\text{)} + CH_3{-}COOH + HCOOH$$

Tryptophan: Indolyl–CH_2–$CH(NH_2)$–COOH

Kynurenin: o-Aminophenyl–CO–CH_2–$CH(NH_2)$–COOH

Anthranilsäure: o-Aminobenzoesäure ($COOH$, NH_2)

Phenylalanin: C_6H_5–CH_2–$CH(NH_2)$–COOH

Tyrosin: HO–C_6H_4–CH_2–$CH(NH_2)$–COOH

Mandelsäure: C_6H_5–CHOH–COOH

Benzoylameisensäure: C_6H_5–CO–COOH

Benzaldehyd: C_6H_5–CHO

Benzoesäure: C_6H_5–COOH

p-Kresol: H_3C–C_6H_4–OH

p-Oxybenzylalkohol: HOH_2C–C_6H_4–OH

p-Oxybenzaldehyd: HOC–C_6H_4–OH

p-Oxybenzoesäure: HOOC–C_6H_4–OH

Protocatechusäure: HOOC–C_6H_3(OH)(OH)

Phenol: C_6H_5–OH

Brenzcatechin: $C_6H_4(OH)_2$

β-Ketoadipinsäure: OC(CH_2–COOH)–H_2C–CH_2–COOH

Bernsteinsäure: CH_2–COOH / CH_2–COOH

Essigsäure: CH_3–COOH

Ameisensäure: HCOOH

Tabelle 175. *Die Verteilung des Stoffbestandes von Leberzellen und Nierenzellen auf die morphologischen Strukturen.*

	% des Stoffbestandes der gesamten Zelle			
	Masse	Stickstoff	RN	DRN
Zellkerne	6—8	15	9	100
Mitochondrien . .	15—25	30—35	35	0
Mikrosomen . . .	15—20	18—20	35	0
Cytoplasma. . . .	47—64	30—44	21	0

Sauerstoffaufnahme von Mitochondrien, denen man Oxalessigsäure oder Brenztraubensäure als Substrat zur Verfügung stellt, auf etwa das Doppelte zu, wenn man ihnen kleine Mengen Cytoplasma oder Zellkerne zufügt. Das Phänomen hat die folgende Ursache: Die Mitochondrien bilden so viel ATP, daß sie an anorganischem Phosphat verarmen. Durch den Zusatz von Zellkernen, die eine hohe Aktivität ATP spaltender Fermente aufweisen, wird ATP verbraucht, so daß die Phosphorylierung in den Mitochondrien wieder in Gang kommt. Man kann dieses Verhalten mit dem HARDEN-YOUNG-Effekt (S. 81) bei der alkoholischen Gärung in Parallele setzen. In zellfreien Hefeextrakten kommt die Gärung infolge einer Anhäufung von Hexosediphosphat zum Erliegen, da wegen des Mangels an ATP spaltenden Fermenten ADP als Phosphatacceptor fehlt. Zusatz von ATP-ase stellt sofort wieder normale Verhältnisse her, das angehäufte Hexosediphosphat verschwindet und die Gärung kommt in Gang.

Mitochondrien allein oxydieren keine Glucose, da die Glykolyse und damit die Überführung von Glucose in Brenztraubensäure im Cytoplasma lokalisiert ist. Mischt man daher die Mitochondrien mit etwas Cytoplasma, so erfolgt eine Oxydation der Glucose (E. H. KAPLAN, J. L. STILL und H. R. MAHLER).

In der Tabelle 179 findet man Angaben über die Verteilung von Enzymen auf die morphologischen Strukturen der Zelle. Die Zahlen wurden im wesentlichen an Leberzellen und Nierenzellen von Ratten gewonnen. Die angeführten Zahlenangaben können naturgemäß nur als Richtzahlen gewertet werden. Sie werden erfahrungsgemäß stark von dem Alter, dem Funktionszustand der Zelle, der Tierart und anderen Faktoren beeinflußt. Hinzu kommen noch Unsicherheiten infolge der oft ungenügenden Reinheit der Fraktionen. Bei den meisten Untersuchern pflegen die Zellkerne in einem mehr oder minder großen Umfange mit ganzen Zellen, roten Blutkörperchen und dgl. verunreinigt zu sein. Die angeführten Umstände erklären die zum Teil erheblichen Diskrepanzen zwischen den Befunden verschiedener Autoren. Nach den bisherigen Erfahrungen ist die Verteilung der Enzyme auf die einzelnen morphologischen Elemente der Zelle bei allen Körperzellen gleich. Ähnliche Daten, wie sie in der Tabelle 179 für Leberzellen und Nierenzellen zusammengestellt sind, wurden auch bei der Untersuchung von Gehirnzellen der weißen und der grauen Substanz gefunden.

1. Der Zellkern.

Die wichtigste Funktion des Zellkerns, als Träger des Erbguts einer Zelle zu dienen und dieses in einer gesetzmäßigen Weise bei der Zellteilung weiterzugeben, wurde schon vor vielen Jahrzehnten durch die morphologische Forschung festgestellt. Histochemische Arbeiten wiesen auf eine weitere Funktion des Zellkerns hin: die Synthese von Eiweiß (T. O. CASPERSSON).

Zellkerne sind frei von den Oxydationsfermenten. Sie enthalten weder das WARBURG-KEILIN-System noch gelbe Fermente, Bernsteinsäureoxydase oder andere Oxydasen. Die Kerne liegen daher außerhalb der Sphäre der biologischen

Oxydation und Energiegewinnung, was sicherlich im Interesse der Konstanthaltung des Erbgutes gelegen ist. Dagegen sind die Zellkerne reichlich mit allen den Fermenten ausgestattet, welche zur Synthese und Aufspaltung ihrer Bausteine (Eiweiß, Ribonucleotide, Desoxyribonucleotide, Lipoide) erforderlich sind. Man findet im Zellkern Proteasen, Peptidasen, Nucleasen, Nucleodesaminasen, Esterasen, Lipasen, Phosphatasen. Einen Überblick auf die Verteilung der Enzyme auf die morphologischen Zellbestandteile vermittelt die Tabelle 179.

Die in den Zellen enthaltene Desoxyribonuclease ist praktisch quantitativ im Zellkern lokalisiert. Sie liegt aber in ihnen in einer nahezu völlig inaktiven Form vor und bedarf zur Entfaltung ihrer Wirkung der Zufügung von Mg^{++}. Die Aktivität des Enzyms im Zellkern dürfte über die Mg^{++}-Konzentration im Zellkern gesteuert werden. In manchen Zellen (z. B. Testis) findet sich ein spezifischer Inhibitor für die DRN-ase. Da die Gene aus Desoxyribonucleotiden bestehen, ist eine Steuerung der Aktivität der DRN-ase im Zellkern eines der wichtigsten Probleme. Alle anderen mit dem Nucleotidstoffwechsel verknüpften Reaktionen (Desaminierungen, Dephosphorylierungen) setzen die vorhergehende Depolymerisierung des Polynucleotids voraus. Die Desoxyribonucleotide werden wesentlich langsamer umgesetzt als die Ribonucleotide. Näheres hierüber findet man S. 334.

Daß die Zellkerne zu einer intensiven Eiweißsynthese befähigt sind, ist durch den Einbau markierter Aminosäuren erwiesen. Experimentelle Unterlagen findet man in der Tabelle 88 (S. 177). Zellkerne sind reich an Kathepsin und Peptidasen. Interessanterweise spalten Zellkerne nur schlecht D-Peptide. Nahezu die gesamte Aktivität der Spaltung von D-Peptiden ist im Zellplasma lokalisiert (G. Siebert, K. Lang und L. Müller). Nierenzellkerne hydrolysieren auch Glutathion (K. Lang, G. Siebert und L. Müller). Bei der Eiweißsynthese im Zellkern sind Transpeptidierungen beteiligt.

Die Synthese von Eiweiß und von Nucleotiden benötigt der Zufuhr von Energie. Da im Zellkern keine energieliefernden Prozesse ablaufen, ist er auf die Versorgung mit energiereichem Phosphat durch die Mitochondrien, eventuell auch durch das Cytoplasma angewiesen.

Der Energiebedarf des Zellkerns für seine Leistungen bei der Mitose läßt sich leicht überschlägig berechnen. Nimmt man an, daß sich die Substanzmenge des Kerns im Verlauf der Mitose verdoppelt, 1 g Leber 80 mg Zellkerne enthält und die Dauer der Mitose 2 Std beträgt, so müssen innerhalb von 2 Std 80 mg Kernsubstanz neu aufgebaut werden. Da der Zellkern zu keinen großen synthetischen Leistungen befähigt ist, muß ihm das zur Bildung der ihn zusammensetzenden Makromoleküle dienende Material in Form der Bausteine (Aminosäuren, Purinbasen, Pyrimidinbasen, Phosphorsäure, Zucker, vielleicht auch Nucleoside oder Mononucleotide) zur Verfügung gestellt werden. Die Leistung des Zellkerns beschränkt sich also lediglich auf die Verknüpfung dieser kleinen Bausteine zu den Makromolekülen Eiweiß und Nucleotide. Nimmt man weiterhin an, daß zur Knüpfung einer Peptidbindung 3000 cal erforderlich sind, daß zur Verknüpfung der Bausteine der Nucleotide ein Energiebeitrag derselben Größenordnung benötigt wird, und daß das durchschnittliche Molekulargewicht der Aminosäure bzw. des anderen Liganden 100 ist, so ergibt sich ein Energiebedarf von rund 1,2 cal für den Aufbau von 80 mg Kernmaterial. Diese Energiemenge ist innerhalb von 2 Std aufzubringen. Rechnet man mit einem Q_{O_2} der Leber von 6, so verbraucht 1 g Leber in 2 Std 12 cm³ Sauerstoff, was einem Energiegewinn von rund 58 cal entspricht. Die in 1 g Leber enthaltenen Kerne würden also, wenn sie sich alle gleichzeitig teilten, nur etwa 2% der anfallenden Energie zur Mitose verbrauchen. Die angestellte Berechnung ergibt einen Maximalwert, da alle Berechnungsgrundlagen bewußt für den ungünstigsten Fall eingesetzt wurden. Direkte Messungen des Sauerstoffverbrauchs sich teilender Zellen haben in der Tat auch ergeben, daß die Mitose keine nennenswerte Steigerung der Sauerstoffaufnahme bedingt. Das bei der Mitose z. B. für die Reduplikation der Gene benötigte Ausgangsmaterial wird in der Zeit zwischen den Mitosen bereitgestellt. Während der Mitose erfolgt lediglich die Verknüpfung niedermolekularer Bausteine zu Makromolekülen.

Morphologische Untersuchungen machen es wahrscheinlich, daß das von Drüsenzellen, z. B. vom Pankreas, sezernierte Eiweiß im Zellkern gebildet und vom Nucleolus aus an das Cytoplasma abgegeben wird. In der Tat ließ sich auch eine umfangreiche Trypsinbildung in den Zellkernen des Pankreas nachweisen (K. Lang und G. Siebert). Mit die stärkste Eiweißsynthese im Organismus des erwachsenen Menschen findet im Pankreas statt. Nimmt man an, ein Mensch produziere im Tag einen Liter Pankreassaft mit einem Eiweißgehalt von 4,5% (was etwa einer maximalen Sekretion entspricht), so werden im Tag 45 g Eiweiß vom Pankreas abgegeben. Die Zellkerne des Pankreas müßten zur Bildung dieser Eiweißmenge 675 cal aufbringen.

100 mg Zellkerne können je Stunde 0,38—0,86 cal aus der Spaltung von energiereichem Phosphat gewinnen (K. Lang und G. Siebert). Diese Energiemenge reicht aus, um die den Zellkernen zugeschriebenen Stoffwechselleistungen zu ermöglichen.

Zellkerne haben eine geringfügige anaerobe Glykolyse ($Q_M^{N_2}$ 0,03—0,04), wenn man ihnen Hexosediphosphat als Substrat zur Verfügung stellt (K. Lang und G. Siebert). Zur Phosphorylierung von Glucose oder Fructose oder zur Überführung von Hexose-6-phosphat in Hexose-1,6-diphosphat sind sie nicht befähigt. Bei einem Sauerstoffdruck von etwa 20 mm Hg, wie er etwa im Zellkern einer Zelle des Warmblüterorganismus zu erwarten ist, ist die Glykolyse völlig gehemmt. Sie scheidet daher als Energiequelle für den Zellkern aus.

Die Enzyme des Eiweißstoffwechsels und des Nucleotidstoffwechsels sind im Zellkern strukturgebunden. Man kann dies durch eine Hemmung der Enzyme durch Anfärbung des Zellkerns mit basischen Farbstoffen nachweisen. Der Zellkern ist daher ein geordnetes Multienzymsystem. Die bei der Glykolyse beteiligten Fermente sind dagegen im Zellkern — genau wie im Cytoplasma — nicht strukturgebunden und frei beweglich.

Die Konzentration der Schwermetalle ist in den Zellkernen nur ein kleiner Bruchteil der in den anderen Zellstrukturen. Nach der Injektion von radioaktivem Mangan und Kobalt nimmt der Zellkern nur äußerst wenig der Elemente auf (K. Lang, G. Siebert, S. Lucius und H. Lang, G. Siebert, K. Lang und H. Lang). Dasselbe wurde für Zink und Kupfer von I. Rosenfeld und C. A. Tobias bewiesen.

2. Mitochondrien.

Die Mitochondrien („große Granula“) sind Partikelchen von einem Durchmesser von 0,5—2,0 μ, also mikroskopisch sichtbar. Sie haben je nach Art der Zelle eine verschiedene Gestalt, bald kugelförmig, bald fadenförmig. Aus der Größe der Mitochondrien läßt sich berechnen, daß ein Mitochondrion etwa eine Million Eiweißmoleküle enthält, was in Anbetracht der vielseitigen und intensiven Stoffwechselleistungen des Partikelchens sehr wenig ist. Man darf daraus schließen, daß es vielleicht verschiedenartige Mitochondrien mit differenten Stoffwechselmöglichkeiten gibt. Für Tumorzellen wurde nachgewiesen, daß ihre Mitochondrien sich bezüglich chemischer Zusammensetzung und Enzymausstattung von denen normaler Zellen unterscheiden (W. C. Schneider).

In den Mitochondrien sind in erster Linie die Enzyme der biologischen Oxydation lokalisiert, insbesondere die Häminproteide des WARBURG-KEILIN-Systems (Cytochrome und Cytochromoxydase), die gelben Fermente und das ganze Enzymsystem des Citronensäurecyclus. Schon 1913 war es O. WARBURG aufgefallen, daß die Zellatmung an die granulären Zellbestandteile gebunden ist. In den Mitochondrien finden demnach im wesentlichen die energieliefernden Prozesse der Zelle und die Atmungskettenphosphorylierung statt. Die Hauptaufgabe der Mitochondrien besteht darin, energiereiches Phosphat zu gewinnen. Zahl der Mitochondrien und Aktivität ihres Cyclophorasesystems gehen im Muskel seiner Beanspruchung parallel (M. H. PAUL und E. SPERLING). Der Umfang der Oxydationen in den Mitochondrien ist durch die Spaltung oder Übertragung von energiereichem Phosphat begrenzt (H. A. LARDY und H. WELLMAN). Daher wird die Sauerstoffaufnahme gewaltig vermehrt, wenn man Phosphatacceptoren wie Adenylsäure, ADP oder Kreatin zusetzt oder ein $\sim$ Ph verbrauchendes System hinzufügt wie etwa Glucose + Hexokinase.

In den Mitochondrien sind die Enzyme nicht willkürlich gelagert, sondern befinden sich in einem geordneten System, also strukturgebunden. Diese jenseits der optischen Sichtbarkeit gelegene Struktur dürfte durch Ribonucleotide bedingt sein. Auch die Mitochondrien sind ein geordnetes Multienzymsystem. Die einzelnen Enzyme sind räumlich so angeordnet, daß sich die Umsetzungen in der richtigen Reihenfolge abspielen. Die Wege, welche von den Substraten und Co-Enzymen zurückgelegt werden müssen, sind dadurch minimal, so daß lange Reaktionsketten (etwa der Citronensäurecyclus) rasch durchlaufen werden können. Wie im Zellkern kann man auch in den Mitochondrien die Leistungen der strukturgebundenen (an Ribonucleotide gebundenen) Fermente durch Anfärben mit basischen Farbstoffen blockieren. So hat F. LEUTHARDT auf diese Weise die Citrullinsynthese in den Mitochondrien gehemmt.

Die einzelnen Enzyme sind in den Mitochondrien verschieden fest gebunden. Man kann die Fermente durch alle Maßnahmen, welche die Struktur der Mitochondrien zerstören (mechanische oder osmotische Mißhandlung, Einwirkung oberflächenaktiver Stoffe, Einfrieren und Wiederauftauen) aus dem Enzymverband entfernen. Die aus den Mitochondrien herausgelösten Fermente haben dann zum Teil ganz andere Eigenschaften, als sie sie im Verband der intakten Mitochondrien aufgewiesen hatten. In der Tabelle 176 ist das Verhalten der

Tabelle 176. *Verhalten der Äpfelsäuredehydrase im Verband der Mitochondrien und nach Abtrennung daraus* (F. M. HUENNEKENS).

	In den Mitochondrien	Frei
Co-Zymasebedarf	—	+
Hemmung durch Dinitrophenol . .	+	—
Hemmung durch Oxalessigsäure .	—	+
p_H-Optimum	7—8	9,5

Äpfelsäuredehydrase als Beispiel wiedergegeben. In den Mitochondrien sind die Co-Fermente gleichfalls gebunden. Daher benötigen die in den Mitochondrien enthaltenen Enzyme keinen Zusatz an Co-Fermenten bzw. werden durch den Zusatz von Co-Fermenten nicht aktiviert. Nach dem Herauslösen des Enzyms aus dem Verband der Mitochondrien entsteht dann ein Bedarf an Co-Ferment. Die Äpfelsäuredehydrase wird durch ihr Reaktionsprodukt Oxalessigsäure gehemmt, wenn sie frei vorliegt. In den Mitochondrien ist dies nicht der Fall, weil die Oxalessigsäure sofort weiter umgesetzt wird. Man kann schon durch geringfügige Eingriffe einzelne Enzyme von den Mitochondrien abtrennen, z. B. Milchsäuredehydrase und Glycerophosphatdehydrase. Andere Enzyme sind außerordentlich fest gebunden wie z. B. Bernsteinsäuredehydrase und Cytochromoxydase.

Isolierte Mitochondrien sind sehr labil und büßen bald ihre Wirksamkeit ein. Dies hängt teilweise damit zusammen, daß Co-Enzyme aufgespalten oder anderweitig zerstört werden. Man kann daher gealterte Mitochondrien im Gegensatz zu frisch dargestellten durch die Zugabe von Co-Enzymen aktivieren. Bei der Zertrümmerung der Mitochondrien mit Ultraschall wird ein lösliches Protein in Freiheit gesetzt. Die Fermente werden durch die Behandlung mehr oder minder stark inaktiviert. Relativ resistent ist die Cytochromoxydase, die zusammen mit der DPN-Cytochromreduktase und Cytochrom c in Partikelchen konzentriert wird, die sich bei 150000 g sedimentieren lassen (G. H. HOGEBOOM und W. C. SCHNEIDER). Man kann daraus schließen, daß diese Enzyme in den Mitochondrien nahe zusammen gelegen sind. Durch Schädigung der Mitochondrien durch Dialyse, Auswaschen u. dgl. lassen sich Einzelreaktionen studieren und Zwischenprodukte von längeren Reaktionsketten abfangen. Beispiele sind Anhäufung von Essigsäure bei der Inkubation geschädigter Mitochondrien mit Pyruvat (M. FULD und M. H. PAUL), weil das primär entstandene Acetyl-Co-Enzym A nicht mehr mit Oxalessigsäure kondensiert wird, oder die Isolierung von Oxydationsprodukten von Prolin (K. LANG; s. S. 245).

D. E. GREEN, W. F. LOOMIS und V. H. AUERBACH haben ein Enzymsystem beschrieben, das sie „Cyclophorasesystem“ nannten, da es unter anderem alle Enzyme des Citronensäurecyclus enthält. D. E. GREEN zeigte mit seinen Mitarbeitern in einer Reihe von Mitteilungen (siehe auch die Zusammenfassung durch D. E. GREEN [*3*]), daß man durch das Cyclophorasesystem Fettsäuren, Brenztraubensäure, Aminosäuren und noch andere Substrate vollständig zu CO_2 und H_2O in vitro oxydieren kann. Das Cyclophorasesystem besteht im wesentlichen aus den Zellmitochondrien, ergänzt durch Zusatz von Phosphat, Mg^{++}, ATP, Cytochrom c und einer kleinen, katalytisch wirkenden Menge eines der Glieder des Citronensäurecyclus (Äpfelsäure, Fumarsäure, α-Ketoglutarsäure). Das Cyclophorasesystem ist ein Gel, was vermutlich durch Verklumpung der Mitochondrien durch Nucleotidmaterial aus den Zellkernen bedingt ist. Einzelheiten über den Abbau von Fettsäuren durch das Cyclophorasesystem findet man S. 277. Mitochondrien der Gehirnzellen oxydieren nur Glutaminsäure und die Glieder des Citronensäurecyclus. Eine Oxydation von Alanin, Asparaginsäure und Octanat ließ sich nicht nachweisen (T. M. BRADY und J. A. BAIN).

In den Mitochondrien finden auch endergonische Prozesse statt. Die wichtigsten sind in der Tabelle 177 zusammengestellt.

Tabelle 177. *Synthetische, endergonische Prozesse in den Mitochondrien.*

Synthese von Hippursäure bzw. p-Aminohippursäure[1,2,3]
Bildung von Citrullin aus Ornithin[4,5]
Synthese von Ornithursäure[6]
Bildung von Glutamin aus Glutaminsäure[7]
Veresterung von Phenol mit Schwefelsäure[8]
Veresterung von Aneurin zu Co-Carboxylase[3]
Synthese von Phosphatiden[9]

[1] COHEN, P. P., u. R. W. MCGILVERY: J. biol. Chem. **171**, 121 (1947).
[2] KIELLEY, R. K., u. W. C. SCHNEIDER: J. biol. Chem. **185**, 869 (1950).
[3] NIELSEN, H., u. F. LEUTHARDT: Helv. physiol. Acta **7** C, 53 (1949).
[4] COHEN, P. P., u. M. HAYANO: J. biol. Chem. **170**, 687 (1947).
[5] LEUTHARDT, F., A. F. MÜLLER u. H. NIELSEN: Helv. chim. Acta **33**, 268 (1950).
[6] MCGILVERY, R. W., u. P. P. COHEN: J. biol. Chem. **183**, 179 (1950).
[7] FREY, I., u. F. LEUTHARDT: Helv. chim. Acta **32**, 1137 (1949).
[8] DEMEIO, R. H., u. L. TKACZ: Arch. Biochem. **27**, 242 (1950).
[9] KENNEDY, E. P.: Fed. Proc. **11**, 239 (1952).

Weitere in Mitochondrien nachgewiesene Reaktionen betreffen gegenseitige Überführung von Aminosäuren (Prolin → Glutaminsäure; Serin ⇄ Glykokoll; Glutaminsäure → Asparaginsäure), Transaminierungen (Phenylalanin + α-Ketoglutarsäure ⇄ Phenylbrenztraubensäure + Glutaminsäure bzw. Tyrosin + Ketoglutarsäure ⇄ p-Oxyphenylbrenztraubensäure + Glutaminsäure), Bildung von Arginin aus Ornithin und Guanidinoessigsäure, Oxydation von Tryptophan zu Formylkynurenin.

Bei der Fraktionierung von Hypophysenzellen wurde praktisch die gesamte gonadotrope Aktivität in den Mitochondrien gefunden (Tabelle 178). In der Schilddrüse enthalten die Mitochondrien nahezu nichts an Thyroxin und Dijodtyrosin.

Tabelle 178. *Verteilung wichtiger Zellbestandteile auf die morphologischen Strukturen.* Alle Werte in % der in der gesamten Zelle vorhandenen Menge.

Substanz	Zellkern	Mitochondrien	Mikrosomen	Cytoplasma
Lactoflavin	5—9[1]	28—45[1]	16[1]	45—64[1]
Pantothensäure	24[2]	42[2]	4[2]	30[2]
Pyridoxin	3—6[1]	28—45[1]	1—2[1]	45—64[1]
Folininsäure	8[3]			
Vitamin B_{12}	9[3,6]	56[3]	5[3]	31[3]
Co-Enzym A	24[2]	53[2]	3[2]	20[2]
Thyroxin (Schilddrüsenzelle)	wenig[4]	sehr wenig[4]	sehr wenig[4]	rund 100[4]
Gonadotropes Hormon (Hypophyse)		100[5]		

3. Mikrosomen.

Mikrosomen oder kleine Partikelchen werden submikroskopische Gebilde genannt, die sich im Zuge der üblichen Aufarbeitung durch 50000—100000 g sedimentieren lassen. Verschiedene Autoren bezweifeln, daß die Mikrosomen in den Zellen vorgebildete Strukturen sind, sondern nehmen an, es handle sich um Bruchstücke zerstörter Mitochondrien. Die Mikrosomen weisen zwar ganz andere Enzymaktivitäten auf als die Mitochondrien. Demgegenüber läßt sich aber geltend machen, daß die Mitochondrien bei einer Schädigung die Fähigkeit verlieren, größere Reaktionsketten zu bewirken. Dagegen können von Mitochondrientrümmern noch einzelne Reaktionen katalysiert werden. Bezüglich der Diskussion, ob die Mikrosomen als Kunstprodukte aufzufassen sind oder Gebilde sui generis darstellen, sei auf G. H. Hogeboom und W. C. Schneider verwiesen. Für eine Verschiedenheit von den Mitochondrien spricht die abweichende chemische Zusammensetzung der Mikrosomen. Besonders auffallend ist ihr hoher Lipoidgehalt. Über die Funktion der Mikrosomen ist nichts bekannt. Manche Hydrolasen sind in den Mikrosomen in einer bemerkenswert hohen Konzentration erhalten.

4. Cytoplasma.

Das von allen Partikelchen befreite Cytoplasma repräsentiert rund 40% des gesamten Zelleiweiß und enthält außerdem einen nicht unbeträchtlichen Anteil des Ribonucleotidbestandes. In dem Cytoplasma sind viele Enzyme enthalten.

[1] Price, J. M., E. C. Miller u. J. A. Miller: Proc. Soc. exp. Biol. Med. **71**, 575 (1949).
[2] Higgins, H., J. A. Miller, J. M. Price u. F. M. Strong: Proc. Soc. exp. Biol. Med. **75**, 462 (1950).
[3] Swendseid, M. E., F. H. Bethell u. W. A. Ackermann: J. biol. Chem. **190**, 791 (1951).
[4] Rerabek, J.: Biochim. Biophys. Acta **7**, 482 (1951); **8**, 389 (1952).
[5] Catchpole, H. R.: Fed. Proc. **7**, 19 (1948).
[6] Siebert, G., K. Lang u. H. Lang: Biochem. Z. **321**, 543 (1951).

Das Cytoplasma ist aber ein ungeordnetes Multienzymsystem, in dem die Enzyme frei beweglich, und in dem die Co-Enzyme abdissoziierbar sind. Im Cytoplasma finden sich die klassischen „Lyoenzyme". Insbesondere ist die Glykolyse nahezu vollständig im Cytoplasma lokalisiert. Im Cytoplasma kann daher auch energiereiches Phosphat gebildet werden, und zwar im wesentlichen durch die bei der Glykolyse auftretende Substratphosphorylierung. Die beim Abbau, Aufbau und Umbau der Co-Enzyme beteiligten Enzyme werden im Cytoplasma in hoher Aktivität angetroffen. Der Abbau der Homogentinsäure zu Acetessigsäure und Fumarsäure findet nur im Cytoplasma statt (R. G. RAVDIN und D. I. CRANDALL). Das in der Leber nachweisbare Hämolysin ist ausschließlich im Cytoplasma

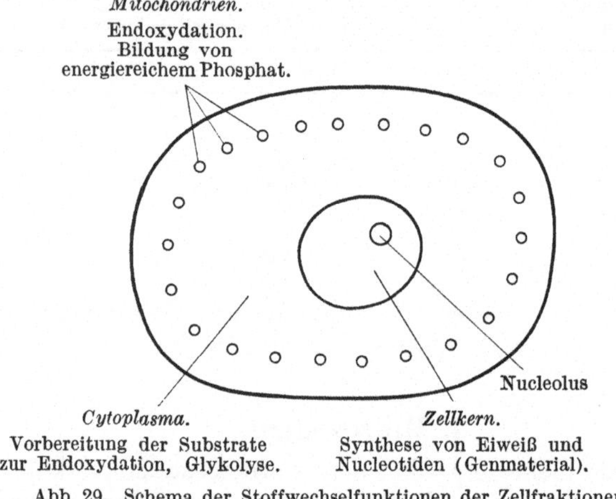

Abb. 29. Schema der Stoffwechselfunktionen der Zellfraktionen.

beim erwachsenen Organismus enthalten (D. B. TYLER). Das Thyroxin und Dijodtyrosin der Schilddrüsenzellen liegen praktisch quantitativ im Cytoplasma. Das Eiweiß des Cytoplasmas läßt sich elektrophoretisch in verschiedene Fraktionen aufteilen.

Das Cytoplasma hat die physiologische Aufgabe, die Substrate so vorzubereiten, daß ihr Endabbau durch die Mitochondrien erfolgen kann. Fette werden von ihnen verseift, Proteine zu den Aminosäuren aufgespalten, Glucose in Brenztraubensäure übergeführt. Ein Beispiel für die isolierten Stoffwechselfunktionen des Cytoplasmas bilden die Säugetiererythrocyten, die weder Zellkerne noch Mitochondrien enthalten (vgl. S. 330).

Tabelle 179. *Verteilung von Fermenten zwischen den Zellbestandteilen.*

Ferment	Zellkern	Mitochondrien	Mikrosomen	Zellplasma
Cytochromoxydase . . .	fehlend[1,2,20] 5,4%[34]	größter Teil[1,2] mindestens 70%[26,34]		
Cytochrom c	wenig[13,17]; 5%[27]	50%[27]; viel[31]	vorhanden[31] 6%[27]	35—45%[27,31]
Cytochrom c-Reduktase .	fehlend[3]	32%[3]; 49%[22]	58%[3]; 36%[22]	
Katalase	fehlend[21,46] wenig[17,14]; 4,5%[46]	45%[41]; 18%[46]	7%[41]	49%[41]; 66%[46]
Bernsteinsäureoxydase . .	fehlend[17,19,20] 8%[27]; 7%[34]	100%[1,2,5,31,38] 56%[27]		

Tabelle 179. (Fortsetzung.)

Ferment	Zellkern	Mitochondrien	Mikrosomen	Zellplasma
Cholinoxydase	fehlend[9,17,61] 9%[56]	68—85%[56]		13%[56]
Glutathionreduktase				rund 100%[68]
Betainaldehydoxydase	rund 20%[69]	47—71%[69]	12%[69]	19—31%[69]
D-Aminosäureoxydase	fehlend[19] vorhanden[9,17]	viel[44]		
Xanthinoxydase	fehlend[19]			
L-Aminosäureoxydase	fehlend[19]			
Prolinoxydase	fehlend[19]			
Milchsäuredehydrase	vorhanden[17,62] 28,7%[42] fehlend[20]	53%[42]		18%[42]
Äpfelsäuredehydrase	wenig[62]			
Isocitronensäuredehydrase	wenig[22]; fehlend[62]	12%[22]	wenig[22]	80%[22]
Alkoholdehydrase	15%[42]	23%[42]		62%[42]
Glucosedehydrase	fehlend[42]	fehlend[42]		83%[42]
Glycerophosphatdehydrase	17%[42] etwa 3%[62]	60%[42]		23%[42]
Oxalessigsäureoxydase	10%[23]	45%[23]	fehlend[23]	5%[23]
Cyclophorasesystem	fehlend[4,5]	100%[4,5,15,16]		
Enolase	vorhanden[17]			
Aldolase	vorhanden[3,25,35]	1%[35]		96%[35]
Phosphorylase	vorhanden[17]			
Co-Enzym A	24%[37]	53%[37]	3%[37]	20%[37]
Kohlensäureanhydratase	wenig[52]			
Aminoxydase		66—75%[60]	33%[65]	
Transaminasen	vorhanden[70]	viel[28,40]		
Rhodanese	vorhanden[30] 15%[41]; 7%[54]	62%[41]; 67%[54]	2%[41]	5%[41]
Kathepsin	vorhanden[18] 31%[59]	46%[59]	16%[59]	8%[59]
Peptidasen	vorhanden[30]			
D-Peptidase	sehr wenig[63]			
Glutaminase		vorhanden[33] rund 100%[57]		vorhanden[33]
Desoxyribonuclease	100%[18]			
Arginase	Nur in Leberkernen vorhanden[9,12,14,17,51]; 34%[41]	15%[41]	27%[41]	8%[41]
Esterasen	vorhanden[14,17,30] 17%[24]; 6,5%[41]	17%[24,41]	47%[24]; 58%[41]	14%[24]; 20%[41]
Lipasen	wenig[8]; 4%[49]	17%[49]	19%[49]	42%[49]
Alkalische Phosphatase	vorhanden[17,30,52] 10—18%[47] 40%[41]	13%[41] 17—20%[47]	vorhanden[29] 0—10%[47] 26%[41]	21%[41] 55—80%[45,47]

Tabelle 179. (Fortsetzung.)

Ferment	Zellkern	Mitochondrien	Mikrosomen	Zellplasma
Saure Phosphatase . . .	vorhanden[17, 30, 52] 5—10% [43, 47]	35—40% [43, 47]	5—10[47] 22% [43]	28% [43] 35—50% [45, 47]
Glucose-6-phosphat-Phosphatase	2% [38]; 5—25% [50]	5—18% [38, 50]	47—85% [50]	1—11% [50]
Adenylsäurephosphatase .	40—45% [47]	40—45% [47]	5—10% [47]	10—15% [47]
ATP-ase	vorhanden[62] 10—20% [36, 47] 27% [34]; 31% [48]	viel[1] 48% [34]; 50% [48] 70—75% [47]	2—4% [47] 5% [48]	0—1% [47] 15% [48]
Cholinesterase	vorhanden[52]			
Uricase	fehlend[61]; 7% [53] 3—6% [66]	73% [53] 55—65% [66]	8% [53] 32% [66]	2% [53, 66]
Hyaluronidase	vorhanden[55]			
Leucinamidspaltung . . .	4% [59]	16% [59]	11% [59]	74% [59]
Glutathionase	vorhanden[64]			
Conjugase	fehlend[30]			
Adenosindesaminase . . .				90% [66]
Nucleosidphosphorylase .				91—93% [66]
Lactonase (Spaltung von Triessigsäurelacton) . .	rund 20% [67]	7% [67]	70% [67]	9—11% [67]

[1] SCHNEIDER, W. C.: J. biol. Chem. **165**, 585 (1946).
[2] HOGEBOOM, G. H., A. CLAUDE u. R. D. HOTCHKISS: J. biol. Chem. **165**, 615 (1946).
[3] HOGEBOOM, G. H.: J. biol. Chem. **179**, 847 (1949).
[4] SCHNEIDER, W. C.: J. biol. Chem. **176**, 259 (1948).
[5] KENNEDY, E. P., u. A. L. LEHNINGER: J. biol. Chem. **172**, 847 (1948).
[6] HOGEBOOM, G. H., W. C. SCHNEIDER u. G. E. PALLADE: J. biol. Chem. **172**, 619 (1948).
[7] PRICE, J. M., E. C. MILLER u. J. A. MILLER: J. biol. Chem. **173**, 345 (1948).
[8] BEHRENS, M.: Z. physiol. Chem. **258**, 27 (1939).
[9] LAN, T. H.: J. biol. Chem. **151**, 172 (1945).
[10] SCHNEIDER, W. C., u. V. R. POTTER: J. biol. Chem. **177**, 893 (1949).
[11] DOUNCE, A. L., u. G. T. BEYER: J. biol. Chem. **174**, 859 (1948).
[12] DOUNCE, A. L.: J. biol. Chem. **147**, 685 (1943).
[13] DOUNCE, A. L.: J. biol. Chem. **151**, 221 (1943).
[14] DOUNCE, A. L., G. H. TISHKOFF, S. E. BARNETT u. R. M. FREER: J. gen. Physiol. **33**, 629 (1950).
[15] HARMAN, J. W.: Exp. Cell. Res. **1**, 382, 394 (1950).
[16] STILL, J. L., u. E. H. KAPLAN: Exp. Cell. Res. **1**, 403 (1950).
[17] DOUNCE, A. L.: Ann. New York Acad. Sci. **50**, 982 (1950).
[18] LANG, K., G. SIEBERT, I. BALDUS u. A. CORBET: Experientia **6**, 59 (1950).
[19] LANG, K., u. G. SIEBERT: Biochem. Z. **320**, 402 (1950).
[20] GRAFFI, A., u. K. JUNKMANN: Klin. Wschr. **1946**, 78.
[21] BUNDING, J. M.: J. cell. comp. Physiol. **17**, 133 (1941).
[22] HOGEBOOM, G. H., u. W. C. SCHNEIDER: J. biol. Chem. **186**, 417 (1950).
[23] SCHNEIDER, W. C., u. V. R. POTTER: J. biol. Chem. **177**, 893 (1949).
[24] OMACHI, A., C. P. BARNUM u. D. GLICK: Proc. Soc. exp. Biol. Med. **67**, 133 (1948).
[25] DOUNCE, A. L., u. G. T. BEYER: J. biol. Chem. **173**, 159 (1948).
[26] RECKNAGEL, R. O.: J. cell. comp. Physiol. **35**, 111 (1950).
[27] SCHNEIDER, W. C., u. G. H. HOGEBOOM: J. biol. Chem. **183**, 123 (1950).
[28] MÜLLER, A. F., u. F. LEUTHARDT: Helv. chim. Acta **33**, 268 (1950).
[29] KABAT, E. A.: Science **93**, 43 (1941).
[30] LANG, K., u. G. SIEBERT: Unveröffentlicht.
[31] SCHNEIDER, W. C., A. CLAUDE u. G. H. HOGEBOOM: J. biol. Chem. **172**, 451 (1948).
[32] LERNER, A. B., T. B. FITZPATRICK, E. CALCINS u. W. H. SUMMERSON: J. biol. Chem. **178**, 185 (1949).
[33] ERRERA, M.: J. biol. Chem. **178**, 483, 495 (1949).

[34] SCHNEIDER, W. C.: Cold Spring Harbor Symposia on Quantitative Biology **12**, 169 (1947).
[35] KENNEDY, E. P., u. A. L. LEHNINGER: J. biol. Chem. **179**, 957 (1949).
[36] FRANK, S., R. LIPSCHITZ u. L. G. BARTH: Arch. Biochem. **28**, 207 (1950).
[37] HIGGINS, H., J. A. MILLER, J. M. PRICE u. F. M. STRONG: Proc. Soc. exp. Biol. Med. **75**, 462 (1950).
[38] KUN, E.: J. biol. Chem. **187**, 289 (1950).
[39] SWANSON, M. A.: J. biol. Chem. **184**, 647 (1950).
[40] NAKADA, H. I., u. S. WEINHOUSE: J. biol. Chem. **187**, 663 (1950).
[41] LUDEWIG, S., u. A. CHANUTIN: Arch. Biochem. **29**, 441 (1950).
[42] DIANZANI, M. U.: Arch. Fisiol. **50**, 175, 181, 187 (1951).
[43] PALLADE, G. E.: Arch. Biochem. **30**, 144 (1951).
[44] CHESIN, R. V.: Dokl. Akad. Nauk. S. S. S. R. **73**, 359 (1950).
[45] NOVIKOFF, A. B., E. PODBER u. J. RYAN: Fed. Proc. **9**, 210 (1950).
[46] EULER, H. v., u. L. HELLER: Z. Krebsforsch. **56**, 393 (1949).
[47] NOVIKOFF, A. B., E. PODBER u. J. RYAN: Fed. Proc. **9**, 210 (1950).
[48] SCHNEIDER, W. C., G. H. HOGEBOOM u. H. E. ROSS: J. Nat. Cancer Institute **10**, 977 (1950).
[49] HELLER, L., u. N. BARGONI: Ark. Kemi **1**, 447 (1950).
[50] HERS, H. G., J. BERTHET, L. BERTHET u. C. DE DUVE: Bull. Soc. Chim. biol. **33**, 21 (1951).
[51] LANG, K., G. SIEBERT, S. LUCIUS u. H. LANG: Biochem. Z. **321**, 538 (1951).
[52] RICHTER, D., u. R. P. HULLIN: Biochem. J. **48**, 406 (1951).
[53] SCHEIN, A. H., E. PODBER u. A. B. NOVIKOFF: J. biol. Chem. **190**, 331 (1951).
[54] SORBÖ, B. H.: Acta chem. scand. **5**, 724 (1951).
[55] LANG, K., u. H. KIESEIER: Unveröffentlicht.
[56] KENSLER, C. J., u. H. LANGEMANN: J. biol. Chem. **192**, 551 (1951).
[57] SCHEPPERT, J. A., u. G. KALNITSKY: J. biol. Chem. **192**, 1 (1951).
[58] BEINERT, H.: J. biol. Chem. **190**, 287 (1951).
[59] MAVER, M. E., u. A. E. GRECO: J. Nat. Cancer Institute **12**, 37 (1951).
[60] KOTZIAS, G. C., u. V. P. DOLE: Proc. Soc. exp. Biol. Med. **78**, 157 (1951).
[61] LANG, K., u. G. SIEBERT: Biochem. Z. **322**, 360 (1952).
[62] LANG, K., u. G. SIEBERT: Biochem. Z. **322**, 196 (1951).
[63] SIEBERT, G., K. LANG u. L. MÜLLER: Naturwiss. **38**, 529 (1951).
[64] LANG, K., G. SIEBERT u. L. MÜLLER: Naturwiss. **38**, 528 (1951).
[65] HAWKINS, J.: Biochem. J. **50**, 577 (1952).
[66] SCHNEIDER, W. C., u. G. H. HOGEBOOM: J. biol. Chem. **195**, 161 (1952).
[67] MEISTER, A.: Science **115**, 521 (1952).
[68] RALL, T. W., u. A. L. LEHNINGER: J. biol. Chem. **194**, 119 (1952).
[69] WILLIAMS, J. N. jr.: J. biol. Chem. **195**, 37 (1952).
[70] SIEBERT, G., u. K. LANG: Unveröffentlicht.

Literatur.

ABDOU, I. A., u. H. TARVER: J. biol. Chem. **190**, 769, 781 (1951).
ABOOD, L. G., u. R. W. GERARD: Proc. Soc. exp. Biol. Med. **77**, 483 (1951).
ABOTT jr., L. DE F., u. H. B. LEWIS: J. biol. Chem. **131**, 479 (1940).
ABRAHAM, S., I. L. CHAIKOFF u. W. Z. HASSID: J. biol. Chem. **195**, 567 (1952).
ABRAMS, R.: Arch. Biochem. **33**, 436 (1951).
—, u. J. M. GOLDINGER: Arch. Biochem. **30**, 261 (1951).
ABRAMSON, H. A., M. G. EGGLETON u. P. EGGLETON: J. biol. Chem. **75**, 763 (1927).
ACKERMANN, D.: Z. physiol. Chem. **54**, 1 (1907).
ADELBERG, E. A.: J. Bacteriol. **61**, 365 (1951).
ADLER, E., S. ELLIOTT u. L. ELLIOTT: Enzymologia 8, 80 (1940).
AGNER, K.: Nature **159**, 271 (1947).
AHLSTRÖM, L., H. v. EULER u. G. HEVESY: Ark. Kemi, Mineral., Geol. (A) **19**, Nr 9 (1944).
ALBRIGHT, F., A. F. FORBES, F. C. BARTTER, E. C. REIFENSTEIN jr., D. BRYANT, L. D. COX u. E. F. DEMPSEY: Symposia on Nutrition **2**, 155 (1950).
ALLES, G. A., C. L. BLOHM u. P. R. SAUNDERS: J. biol. Chem. **144**, 757 (1942).
ALLISON, J. B.: Symposia on Nutrition **2**, 123 (1950).
ALTMAN, K. I., L. C. MILLER u. J. E. RICHMOND: Arch. Biochem. **29**, 447 (1950).
—, u. Mitarb.: J. biol. Chem. **176**, 319 (1948); **177**, 489 (1949).
ALTSCHUL, A. M., R. ABRAMS u. T. R. HOGNESS: J. biol. Chem. **130**, 427 (1939); **136**, 777 (1940); **142**, 303 (1942).

Ames, S. R., u. C. A. Elvehjem: J. biol. Chem. **159**, 549 (1945); **167**, 129 (1947).
— — Arch. Biochem. **10**, 443 (1946).
Ammon, R. u. W. Dirscherl: Fermente, Hormone, Vitamine, 2. Aufl., S. 260. Leipzig 1948.
Anker, H. S.: J. biol. Chem. **176**, 1337 (1948); **194**, 177 (1952).
—, u. K. Bloch: J. biol. Chem. **178**, 971 (1949).
Annau, E.: Enzymologia **9**, 150 (1940).
—, A. Eperjessy u. Ö. Felszeghy: Z. physiol. Chem. **277**, 58 (1943).
Anschel, N.: Klin. Wschr. **1930**, 1400.
Appel, H., H. Böhm, W. Keil u. G. Schiller: Z. physiol. Chem. **282**, 220 (1947).
Aquist, S. E. G.: Acta chem. scand. **5**, 1046 (1951).
Arman, C. G. van, u. K. K. Jones: J. invest. Dermat. **12**, 11 (1949).
Armstrong, M. D., u. F. Binkley: J. biol. Chem. **174**, 889 (1948); **180**, 1059 (1949).
—, u. J. D. Lewis: J. biol. Chem. **189**, 461 (1951).
Arnstein, H. R. V.: Biochem. J. **48**, 27 (1951); **49**, 439 (1951).
—, u. A. Neuberger: Biochem. J. **50**, 154 (1951).
Artom, C., G. Sarzana u. E. Legré: Arch. internat. Physiol. **45**, 32 (1937); **47**, 245 (1938).
—, u. M. A. Swanson: J. biol. Chem. **175**, 871 (1948); **193**, 473 (1951).
Arvidson, H., N. A. Eliasson, E. Hammarsten, P. Reichard, H. v. Ubisch u. S. Bergström: J. biol. Chem. **179**, 169 (1949).
Askonas, B. A.: Nature **167**, 933 (1951).
Atchley, W. A.: J. biol. Chem. **176**, 123 (1948).
Audus, J. L., u. J. H. Quastel: Nature **160**, 222 (1947).
Avidson, A. W. D., u. J. D. Hawkins: Quart. Rev. **5**, 171 (1951).
Awapara, J., u. B. Seale: J. biol. Chem. **194**, 497 (1952).

Baker, C. G., u. A. Meister: J. nat. Cancer Institute **10**, 1191 (1950).
Baker, N., I. L. Chaikoff u. A. Schusdek: J. biol. Chem. **194**, 435 (1952).
Ball, E. G.: Symposia on quantitative Biology **7**, 100 (1939).
Balmain, J. H., S. J. Folley u. R. F. Glascock: Nature **169**, 447 (1952).
Banga, I., u. E. Szent-Györgyi: Z. physiol. Chem. **255**, 57 (1938).
Baranowski, T.: J. biol. Chem. **180**, 535 (1949).
Barker, A. S., E. Shorr u. M. Malan: J. biol. Chem. **129**, 33 (1939).
Barker, H. A., B. E. Volcani u. B. P. Cardon: J. biol. Chem. **173**, 804 (1948).
Barki, V. H., N. Nath, E. B. Hart u. C. A. Elvehjem: Proc. Soc. exp. Biol. Med. **66**, 474 (1947).
Barnes, R., H. Elmer, S. Miller u. G. O. Burr: J. biol. Chem. **140**, 233 (1941).
Barnet, H. N., u. A. N. Wick: J. biol. Chem. **185**, 657 (1950).
Barrett, J. F. B.: Lancet **1942**, 574.
— Biochem. J. **37**, 254 (1943).
Barron, E. S. G.: Advances Enzymology **3**, 149 (1943).
Barry, J. M.: J. biol. Chem. **195**, 795 (1952).
Bartlett, G. R.: Am. J. Physiol. **163**, 614, 619 (1950).
—, u. N. N. Barnet: Quart. J. Alcohol. **10**, 381 (1949).
—, u. E. S. G. Barron: J. biol. Chem. **170**, 67 (1947).
Bartlett, P. D., u. M. Glynn: J. biol. Chem. **187**, 253, 261 (1950).
Barton, A. D.: Proc. Soc. exp. Biol. Med. **77**, 481 (1951).
Baske, S. B.: J. biol. Chem. **165**, 743 (1946).
Baumann, A., P. R. Wood, H. C. Black, E. G. Anderson, M. J. Oesterling, M. Womack u. W. C. Rose: J. biol. Chem. **166**, 585 (1946).
Beard, H. H.: Endocrinol. **30**, 208 (1942).
— Enzymologia **13**, 352 (1949).
Beatty, C. H., u. E. S. West: J. biol. Chem. **190**, 603 (1951).
Beer, C. T., F. Dickens u. J. Pearson: Biochem. J. **48**, 222 (1951).
Beinert, H.: Science **111**, 469 (1950).
Bendich, A., G. B. Brown, F. S. Philips u. J. B. Thiersch: J. biol. Chem. **183**, 267 (1950).
— S. S. Furst u. G. B. Brown: J. biol. Chem. **176**, 1471 (1948); **185**, 423 (1950).
—, H. Gettler u. G. B. Brown: J. biol. Chem. **177**, 565 (1949).
—, W. D. Geren u. G. B. Brown: J. biol. Chem. **185**, 435 (1950).
Benditt, E. P., R. W. Wissler, L. R. Woolridge, D. A. Rowley u. C. H. Steffee: Proc. Soc. exp. Biol. Med. **70**, 240 (1949).
Ben-Ishai, R., B. Volcani u. E. D. Bergmann: Experientia **7**, 63 (1951).
Bennet, E., u. C. Niemann: J. Am. chem. Soc. **72**, 1798 (1950).
Bentley, H. R., E. E. McDermott u. J. K. Whitehead: Nature **165**, 735 (1950).
Berggren, S. M.: Skand. Arch. Physiol. **78**, 249 (1938).

BERGMANN, M., u. Mitarb.: J. biol. Chem. **119**, 707 (1937); **124**, 1, 7, 321 (1938); **129**, 587 (1939).
—, u. H. SCHLEICH: Z. physiol. Chem. **205**, 65 (1932).
BERGSTRÖM, S.: Skand. Arch. Physiol. **73**, 63 (1936).
BERGSTRÖM, S., H. ARVIDSON, E. HAMMARSTEN, N. A. ELIASSON, P. REICHARD u. H. VON UBISCH: J biol. Chem. **177**, 495 (1949).
— u. R. T. HOLMAN: Advances in Enzymology 8, 425 (1948).
BERLIN, N. I., R. L. HUFF u. T. G. HENNESSY: J. biol. Chem. **188**, 445 (1951).
BERNHARD, K.: (1) Helvet. chim. Acta **24**, 1412 (1941).
— (2) Z. physiol. Chem. **246**, 133 (1937).
— (3) Z. physiol. Chem. **269**, 135 (1940).
— (4) Z. physiol. Chem. **267**, 91 (1940).
— (5) Z. physiol. Chem. **271**, 208 (1941).
— (6) Z. physiol. Chem. **267**, 99 (1940).
—, u. H. ALBRECHT: Helvet. chim. Acta **31**, 2214 (1948).
—, u. H. CAFLISCH-WEILL: Helvet. chim Acta **28**, 1697 (1945).
—, u. H. LINCKE: Helvet. chim. Acta **29**, 1357 (1946).
—, u. R. SCHOENHEIMER: J. biol. Chem. **133**, 707, 713 (1940).
—, u. H. STEINHAUSER: Helvet. chim. Acta **27**, 207 (1944).
—, u. E. VISCHER: Helvet. chim. Acta **29**, 929 (1946).
BERNHEIM, F.: J. biol. Chem. **186**, 225 (1950).
—, u. M. L. C. BERNHEIM: (1) J. biol. Chem. **127**, 695 (1939).
— — (2) J. biol. Chem. **96**, 325 (1932); **106**, 79 (1934).
BERTALANFFI, L. v., u. W. J. PISOZYNAKI: Science **113**, 599 (1951).
BESSEY, O. A., O. H. LOWRY u. R. H. LOVE: J. biol. Chem. **180**, 755 (1949).
BEST, C. H.: J. Physiol. **67**, 256 (1929).
— C. C. LUCAS, J. H. RIDOUT u. J. M. PATTERSON: J. biol. Chem. **186**, 317 (1950).
BHAGVAT, K., H. BLASCHKO u. D. RICHTER: Biochem. J. **33**, 1338 (1939).
BIDINOST, L. E.: J. biol. Chem. **190**, 423 (1951).
BINGOLD, K.: Ergebn. inn. Med. **60**, 1 (1941).
— Schweiz. med. Wschr. **1951**, Nr. 20/21.
BINKLEY, F.: (1) J. biol. Chem. **143**, 559 (1942); **155**, 39 (1944); **182**, 273 (1950); **186**, 287 (1950); **192**, 209 (1951).
— (2) Nature **167**, 888 (1951).
—, u. C. K. OLSON: J. biol. Chem. **185**, 881 (1950).
—, u. J. WATSON: J. biol. Chem. **180**, 971 (1949).
BISSINGER, E., u. E. J. LESSER: Biochem. J. **168**, 398 (1926).
BLAKLEY, R. L.: Biochem. J. **49**, 253 (1951).
BLASCHKO, H.: (1) Biochem. J. **36**, 571 (1942).
— (2) Advances in Enzymology **5**, 67 (1945).
— J. H. BURNE u. H. LANGEMANN: Brit. J. Pharmacol. **5**, 431 (1950).
—, u. J. HAWKINS: Brit. J. Pharmacol. **5**, 625 (1950).
— P. HOLTON u. G. H. S. STANLEY: J. Physiol. **108**, 427 (1949).
BLOCH, K.: (1) J. biol. Chem. **165**, 469 (1946); **179**, 1245 (1949).
— (2) J. biol. Chem. **157**, 661 (1945).
— Recent Progress in Hormone Research **6**, 111 (1951).
— B. N. BERY u. D. RITTENBERG: J. biol. Chem. **149**, 511 (1943).
—, u. W. KRAMER: J. biol. Chem. **173**, 811 (1948).
—, u. D. RITTENBERG: (1) J. biol. Chem. **155**, 243 (1944).
— — (2) J. biol. Chem. **169**, 467 (1947).
—, u. R. SCHOENHEIMER: J. biol. Chem. **138**, 155, 167 (1941).
BLOCK, R. J., J. A. STEKOL u. J. K. LOSSLI: Arch. Biochem. **33**, 353 (1951).
BLOOM, B., I. L. CHAIKOFF u. W. O. REINHARDT: Am. J. Physiol. **166**, 451 (1951).
— — — C. ENTENMAN u. W. G. DAUBEN: J. biol. Chem. **184**, 1 (1950); **189**, 261 (1951).
BÖHM, F.: Z. physiol. Chem. **255**, 205 (1938); **261**, 35 (1939); **265**, 210 (1940).
BOKMAN, A. H., u. B. S. SCHWEIGERT: Arch. Biochem. **33**, 270 (1951).
BONNICHSEN, R. B., u. A. M. WASSÉN: Arch. Biochem. 18, 361 (1948).
BORGSTRÖM, B.: Acta chem. scand. **5**, 643 (1951).
BORSOOK, H.: Physiol. Rev. **30**, 206 (1950).
— C. L. DEASY, A. J. HAAGEN-SMIT, G. KEIGHLEY u. P. H. LOWY: J. biol. Chem. **173**, 423 (1948); **176**, 1383, 1395 (1948); **179**, 705 (1949); **186**, 297, 309 (1950); **184**, 529 (1950); **187**, 839 (1950).
—, u. J. W. DUBNOFF: (1) J. biol. Chem. **132**, 307 (1940); **169**, 461 (1947).
— (2) J. biol. Chem. **132**, 559 (1940); **134**, 635 (1940).
— (3) J. biol. Chem. **168**, 493 (1947).
BOOTH, H., u. B. C. SAUNDERS: Nature **165**, 567 (1950).

Boulanger, P., u. R. Osteux: C. R. Acad. Sci. **234**, 1409 (1952).
Boyland, E.: Biochem. Soc. Symposia Cambridge **1950**, No 5, 40.
Brady, R. O.: J. biol. Chem. **193**, 145 (1951).
—, u. S. Gurin: (1) J. biol. Chem. **186**, 461 (1950).
— — (2) J. biol. Chem. **187**, 589 (1950).
— F. D. W. Luckens u. S. Gurin: Science **113**, 413 (1951).
— — — J. biol. Chem. **193**, 459 (1951).
— J. Rabinowitz, J. v. Baalen u. S. Gurin: J. biol. Chem. **193**, 137 (1951).
Brady, T. M., u. J. A. Bain: Biochem. J. **36**, 478 (1942).
— — J. biol. Chem **195**, 685 (1952).
Brand, E., W. J. Block u. G. F. Cahill: J. biol. Chem. **119**, 684, 689 (1937).
— G. F. Cahill u. M. H. Harris: J. biol. Chem. **109**, 69 (1935); **110**, 399 (1935).
— B. Kasell u. L. J. Saidel: J. clin. Invest. **23**, 437 (1944).
Braunstein, A. E.: Advances in Protein Chemistry **3**, 1 (1947).
—, u. M. G. Kritzmann: Enzymologia **2**, 129, 138 (1937); **5**, 44 (1938); **7**, 25 (1939).
Bray, H. G., S. P. James, W. V. Thorpe u. M. R. Wasdell: Biochem. J. **47**, 483 (1950).
Brenner, M., H. R. Müller u. E. Lichtenberg: Helvet. chim. Acta **35**, 217 (1952).
— —, u. R. W. Pfister: Helvet. chim. Acta **33**, 568 (1950).
Breusch, F. L.: (1) Science **97**, 490 (1943).
— Enzymologia **11**, 169 (1944).
— (2) Advances in Enzymology **8**, 343 (1948).
— (3) Enzymologia **11**, 87 (1944).
— (4) Biochem. Z. **293**, 280 (1937).
— (5) Enzymologia **10**, 165 (1942); **11**, 87 (1943).
— (6) Biochem. J. **33**, 1757 (1939).
—, u. R. Tulus: (1) Enzymologia **11**, 352 (1943).
— — (2) Arch. Biochem. **9**, 305 (1946).
—, u. E. Ulusoy: Arch. Biochem. **14**, 183 (1947).
Broh-Kahn, R. H., u. I. A. Mirsky: Arch. Biochem. **16**, 87 (1948).
Brown, D. H.: Biochim. Biophys. Acta **7**, 487 (1951).
Brown, G. B.: Fed. Proc. **9**, 517 (1950).
— J. cellul. comp. Physiol. **38**, Suppl. 1 (1951).
— P. M. Roll u. L. F. Cavalieri: J. biol. Chem. **171**, 835 (1947).
— — A. A. Plentl u. L. F. Cavalieri: J. biol. Chem. **172**, 469 (1948).
Brown, W. R., A. E. Hausen, G. O. Burr u. J. McQuarrie: J. Nutrit. **16**, 511 (1938).
Brues, A. M., M. M. Tracy u. W. E. Cohn: J. biol. Chem. **155**, 619 (1944).
Brunel, A.: Bull. Soc. Chim. biol. **19**, 805, 1027, 1683 (1937).
Buchanan, D. L.: J. gen. Physiol. **34**, 737 (1951).
Buchanan, J. M.: J. cellul. comp. Physiol. **38**, Suppl. 1 (1951).
— A. B. Hastings u. F. B. Nesbett: J. biol. Chem. **150**, 413 (1943).
— W. Sakami u. S. Gurin: J. biol. Chem. **169**, 411 (1947).
— — — u. D. W. Wilson: J. biol. Chem. **157**, 747 (1945); **159**, 695 (1945).
Bücher, T.: Biochim. Biophys. Acta **1**, 292 (1947).
— Angew. Chem. **62**, 256 (1950).
Buffer, P., R. A. Peters u. R. W. Wakelin: Biochem. J. **48**, 467 (1951).
Burck, D.: Proc. roy. Soc. B. **104**, 153 (1929).
Burr, G. O., u. M. M. Burr: J. biol. Chem. **82**, 345 (1929); **86**, 587 (1930); **97**, 1 (1932).
Burton, K.: Nature **161**, 606 (1948).
Butenandt, A., u. Mitarb.: Z. physiol. Chem. **279**, 27 (1943); **281**, 120, 122 (1944).

Cammarata, P. S., u. P. P. Cohen: J. biol. Chem. **187**, 439 (1950).
Cantero, A., R. Daoust u. G. A. Lamiranda: Science **112**, 221 (1950).
Cantoni, G. L.: J. biol. Chem. **189**, 203, 745 (1951).
Canzanelli, A., R. Guild u. D. Rapport: Endocrinol. **38**, 245 (1946).
Caputto, R.: J. biol. Chem. **189**, 801 (1951).
— u. Mitarb.: Enzymologia **12**, 350 (1948).
— — Arch. Biochem. **18**, 137 (1948).
— — Nature **165**, 191 (1950).
— — J. biol. Chem. **179**, 497 (1949); **184**, 333 (1950).
Cardini, C. E., A. C. Paladini, R. Caputto, L. F. Leloir u. R. E. Trucco: Arch. Biochem. **22**, 87 (1948).
Carrolie, W. R., G. W. Stacy u. V. du Vigneaud: J. biol. Chem. **180**, 375 (1949).
Caspersson, T. O.: Cell growth and cell function. New York 1950.
Cerecedo, L. R.: J. biol. Chem. **75**, 661 (1927); **87**, 453 (1930); **88**, 695 (1930); **93**, 269, 275, 283 (1931); **100**, 653 (1933).

CHAIKOFF, I. L., B. BLOOM, B. P. STEVENS, W. O. REINHARDT u. W. G. DAUBEN: J. biol. Chem. **190**, 438 (1951).
— D. S. GOLDMAN, G. W. BROWN jr., W. G. DAUBEN u. M. GEE: J. biol. Chem. **190**, 229 (1951).
— M. D. SIPERSTEIN, W. G. DAUBEN, H. L. BRADLOW, J. F. EASTHAM, G. M. TOMKINS, J. R. MEIER, R. W. CHEN, S. HOTTA u. P. A. SRERE: J. biol. Chem. **194**, 413 (1952).
—, u. D. B. ZILVERSMIT: Advances in biological medical Physics **1**, 322 (1948).
CHARGAFF, E.: (1) Experientia **6**, 201 (1950).
— (2) J. biol. Chem. **128**, 587 (1939).
—, u. B. MAGASANIK: J. biol. Chem. **165**, 379 (1946).
CHERNICK, S. S., u. I. L. CHAIKOFF: J. biol. Chem. **188**, 389 (1951).
— —, u. S. ABRAHAM: J. biol. Chem. **193**, 793 (1951).
— — E. J. MASORO u. E. ISAEFF: J. biol. Chem. **186**, 527, 535 (1950).
— E. J. MASORO u. I. L. CHAIKOFF: Proc. Soc. exp. Biol. Med. **73**, 348 (1950).
CHOW, B. C.: Symposia on Nutrition **2**, 108 (1950).
CHRISTENSEN, H. N., u. J. A. STREICHER: J. biol. Chem. **175**, 95, 101 (1948).
CHRISTENSEN, W. R., C. H. PLIMPTON u. E. G. BALL: J. biol. Chem. **180**, 791 (1949).
CHROMETZKA, F.: Ergebn. inn. Med. **44**, 538 (1932).
CLARK, I., u. D. RITTENBERG: J. biol. Chem. **189**, 521 (1951).
CLARK jr., L. C., u. C. D. KOCHAKIAN: J. biol. Chem. **170**, 23 (1947).
CLÉMENT, G.: Arch. Sci. physiol. **5**, 169 (1951).
CLUTTON, M., R. SCHOENHEIMER u. D. RITTENBERG: J. biol. Chem. **132**, 227 (1940).
COHEN, P. P.: J. biol. Chem. **136**, 565 (1940).
—, u. S. GRISOLIA: J. biol. Chem. **176**, 929 (1948); **174**, 389 (1948); **182**, 747 (1950).
—, u. M. HAYANO: J. biol. Chem. **170**, 687 (1947).
—, u. G. L. KEKHUIS: Cancer Res. **1**, 620 (1941).
—, u. R. M. MCGILVERY: J. biol. Chem. **166**, 261 (1946); **169**, 119 (1947); **171**, 121 (1947).
COHEN, S. S.: J. biol. Chem. **193**, 851 (1951).
—, u. D. B. MCNAIR SCOTT: Nature **166**, 781 (1950).
COHN, C., B. KATZ u. M. KOLINSKY: Am. J. Physiol. **165**, 423 (1951).
COHN, M.: J. biol. Chem. **180**, 711 (1949).
COLOWICK, S. P., N. O. KAPLAN, E. F. NEUFELD u. M. M. CIOTTI: J. biol. Chem. **195**, 95 (1952).
CONN, E. C., u. B. VENNESLAND: J. biol. Chem. **192**, 17 (1951).
CONNSTEIN, W., u. K. LÜDECKE: Ber. dtsch. chem. Ges. **52**, 1385 (1919).
COOK, R. P., N. POLGAR u. R. O. THOMPSON: Biochem. J. **47**, 600 (1950).
COON, M. J.: J. biol. Chem. **187**, 71 (1950).
—, u. N. S. ABRAHAMSON: J. biol. Chem. **195**, 805 (1952).
—, u. S. GURIN: J. biol. Chem. **180**, 1159 (1949).
COOPER, E. J., M. L. TRAUTMANN u. M. LASKOWSKI: Proc. Soc. exp. Biol. Med. **73**, 219 (1950).
— — — J. biol. Chem. **177**, 991 (1949).
COPENHAVER, J. H., E. G. SHIPLEY u. R. K. MEYER: Arch. Biochem. **34**, 360 (1952).
COPPEDGE, R. L., A. SEGALOFF u. H. P. SARRETT: J. biol. Chem. **173**, 431 (1948); **182**, 181 (1950).
CORI, C. F., u. G. T. CORI: (1) J. biol. Chem. **121**, 465 (1937); **123**, 375 (1938); **124**, 543 (1938); **129**, 629 (1939).
— — (2) J. biol. Chem. **70**, 557, 577 (1926).
— — (3) Biochem. Z. **206**, 39 (1929).
—, u. W. M. SHINE: Science **82**, 134 (1935).
— — J. biol. Chem. **114**, XXI (1936).
CORI, G. T., S. OCHOA, M. W. SLEIN u. C. F. CORI: Biochim. Biophys. Acta **7**, 304 (1951).
—, u. M. W. SLEIN: Fed. Proc. **6**, 246 (1947).
— — u. C. F. CORI: J. biol. Chem. **173**, 605 (1948).
CORNATZER, W. E., u. D. CAYER: J. clin. Invest. **29**, 534, 542 (1950).
CRANDALL, D. I., u. S. GURIN: J. biol. Chem. **181**, 829, 845 (1949).
CROSS, R. J., J. V. TAGGART, G. A. COVO u. D. E. GREEN: J. biol. Chem. **177**, 655 (1949).

DALGLIESH, C. E., W. E. KNOX u. A. NEUBERGER: Nature **168**, 20 (1951).
DARBY, W. J., u. H. B. LEWIS: J. biol. Chem. **146**, 225 (1942).
DATTA, S. P., u. H. HARRIS: Nature **168**, 296 (1951).
DAVIDSON, J. N.: Biochem. J. **36**, 252 (1942).
—, u. I. LESLIE: Cancer Res. **10**, 587 (1950).
— W. M. MCINDOE u. R. M. S. SMELLIE: Biochem. J. **49**, XXXVI (1951).
—, u. C. WAYMOUTH: Biochem. J. **38**, 39 (1944).
DAWSON, M. C.: Biochem. J. **47**, 386, 391 (1950).

DENT, C. E.: Biochem. J. **41**, 240 (1947).
—, u. G. A. ROSE: Quart. J. Med. **20**, 205 (1951).
DENTON, A. E., J. N. WILLIAMS jr., u. C. A. ELVEHJEM: J. biol. Chem. **186**, 377 (1950).
DESNUELLE, P., M. NAUDET u. J. ROUZIER: Biochim. Biophys. Acta **5**, 561 (1950).
DEUEL jr., H. J.: J. biol. Chem. **120**, 621 (1937).
DEUTSCH, W., u. R. LASER: Z. physiol. Chem. **186**, 1 (1929).
DICKENS, F.: Biochem. J. **32**, 1615, 1626, 1645 (1938); **35**, 1011 (1941).
— Nature **166**, 33 (1950).
—, u. G. E. GLOCK: Biochem. J. **50**, 81 (1951).
DINGEMANSE, E., u. E. LAQUEUR: Am. J. Obstetr. Gynecol. **33**, 1600 (1937).
DINNING, J. S., C. K. KEITH u. P. L. DAY: (1) Arch. Biochem. **24**, 463 (1950).
— — — (2) J. biol. Chem. **189**, 515 (1951).
DIRSCHERL, W., u. H. HÖFFERMANN: Biochem. Z. **322**, 237 (1951).
—, u. F. ZILLIKEN: Biochem. Z. **320**, 66 (1950).
DITTMER, K.: Ann. New York Acad. Sci. **52**, 1274 (1950).
DIXON, M.: Biochem. J. **29**, 973 (1935); **30**, 1479 (1936).
— Biol. Rev. Cambridge philos. Soc. **12**, 431 (1937).
DOBENECK, H. v.: Z. physiol. Chem. **269**, 268 (1941); **270**, 223 (1941); **275**, 1 (1942).
DOBERMAN, H. D., u. J. S. FRUTON: J. biol. Chem. **182**, 127 (1950).
DOBRINER, K., u. C. P. RHOADS: Physiol. Rev. **20**, 416 (1940).
DOERSCHUK, A. P.: J. biol. Chem. **193**, 39 (1951); **195**, 855 (1952).
DRABKIN, D. L.: (1) Proc. Soc. exp. Biol. Med. **76**, 527 (1951).
— J. biol. Chem. **182**, 317 (1950).
— (2) Physiol. Rev. **31**, 345 (1951).
DRYSDALE, G. R., G. W. E. PLAUT u. H. A. LARDY: J. biol. Chem. **193**, 533 (1951).
DUBNOFF, J. W.: (1) Arch. Biochem. **24**, 251 (1949).
— (2) Arch. Biochem. **27**, 466 (1950).
—, u. H. BORSOOK: J. biol. Chem. **176**, 789 (1948).
DUESBERG, R.: Arch. exp. Pathol. **174**, 305 (1934).
— Verh. dtsch. Ges. inn. Med. **54**, 371 (1948).
DULIÈRE, W. L., u. H. S. RAPER: Biochem. J. **24**, 239 (1930).
DZIEWIATKOWSKI, D. D., u. Mitarb.: J. biol. Chem. **158**, 77 (1945); **161**, 723 (1945); **178**, 169, 931 (1949).
— — Proc. Soc. exp. Biol. Med. **70**, 448 (1949).

ECKARDT, R. D., u. C. S. DAVIDSON: Symposia on Nutrition **2**, 275 (1950).
EDLBACHER, S.: Ergebn. Enzymforsch. **9**, 131 (1943).
EISENBERG, F., u. S. GURIN: J. biol. Chem. **195**, 317 (1952).
ELLINGER, A.: Z. physiol. Chem. **43**, 325 (1904).
ELLINGER, P., u. M. M. ABDEL KADER: Biochem. J. **44**, 77 (1949).
ELLIOTT, D. E., u. A. NEUBERGER: Biochem. J. **46**, 207 (1950).
ELLIOTT, G. DE C., u. G. HEVESY: Acta physiol. scand. **19**, 370 (1950).
ELLIOTT, W. B., u. G. KALNITSKY: J. biol. Chem. **186**, 487 (1950).
ELWYN, D., u. D. B. SPRINSON: J. Am. chem. Soc. **72**, 3317 (1950).
— — J. biol. Chem. **184**, 475 (1950).
EMBDEN, G., u. K. BALDES: Biochem. Z. **55**, 301 (1913).
—, u. A. LOEB: Z. physiol. Chem. 88, 246 (1913).
—, u. M. OPPENHEIMER: Biochem. Z. **55**, 335 (1913).
— u. Mitarb.: Hofmeisters Beitr. 8, 129 (1906); **11**, 318, 323 (1908).
— — Z. physiol. Chem. **93**, 94 (1914).
EMMRICH, R., u. I. EMMRICH-GLASER: Z. physiol. Chem. **266**, 183 (1940).
— P. NEUMANN u. I. EMMRICH-GLASER: Z. physiol. Chem. **267**, 228 (1941).
ENKLEWITZ, M., u. M. LASKER: J. biol. Chem. **110**, 443 (1935).
ERCOLI, A.: Z. physiol. Chem. **270**, 266 (1941).
EULER, H. v., E. ADLER, G. GÜNTHER u. N. B. DAS: Z. physiol. Chem. **254**, 62 (1938).
—, u. A. FONO: Ark. Kemi Mineral., Geol. (A) **25**, Nr 29 (1948).
—, u. F. SCHLENK: Fortschritte der Chemie organischer Naturstoffe **1**, 99 (1938).
— — H. HEIWINKEL u. B. HÖGBERG: Z. physiol. Chem. **256**, 208 (1938).
EULER, U. S. v., u. S. HELLMER: Acta physiol. scand. **22**, 161 (1951).
EVANS jr., E. A., B. VENNESLAND u. L. SLOTIN: J. biol. Chem. **147**, 771 (1943).
EVANS, W. C., B. S. W. SMITH, R. P. LINDSTEAD u. J. A. ELRIDGE: Nature **168**, 772 (1951).

FANTL, P., u. G. J. LINCOLN: Austral. J. exp. Biol. med. Sci. **27**, 403 (1949).
FAVARGER, P.: Bull. Soc. Chim. biol. **31**, 384 (1949).
— Arch. internat. Pharmacodyn. **68**, 409 (1942).
— R. A. COLLET u. E. CHERBULIEZ: Helvet. chim. Acta **34**, 1641 (1951).

FEATHERSTONE, R. M., u. C. P. BERG: J. biol. Chem. **171**, 247 (1947).
FELDOTT, G., u. H. A. LARDY: J. biol. Chem. **192**, 447 (1951).
FELIX, K., u. R. TESKE: Z. physiol. Chem. **267**, 173 (1941).
—, u. H. SCHÄFER: Z. physiol. Chem. **286**, 38 (1950).
—, u. H. SCHNEIDER: Z. physiol. Chem. **255**, 132 (1938).
—, u. K. ZORN: Z. physiol. Chem. **266**, 239 (1940); **268**, 257 (1941).
— — H. DIRR-KALTENBACH: Z. physiol. Chem. **247**, 141 (1937).
FELLER, D. D., I. L. CHAIKOFF, E. H. STRISOWER u. G. L. SEARLE: J. biol. Chem. **188**, 865 (1951).
—, E. H. STRISOWER u. I. L. CHAIKOFF: J. biol. Chem. **187**, 571 (1950).
FELS, I. G., u. A. TISELIUS: Arkiv för Kemi **3**, 369 (1951).
FELTS, J. M., I. L. CHAIKOFF u. M. J. OSBORN: J. biol. Chem. **193**, 557 (1951).
FERGER, M. F., u. V. DU VIGNEAUD: J. biol. Chem. **185**, 53 (1950).
FISCHER, F. G.: Ergebn. Enzymforsch. **8**, 185 (1939).
—, u. H. J. BIELIG: Z. physiol. Chem. **266**, 73 (1940).
—, u. H. EYSENBACH: Ann. Chem. **530**, 99 (1937).
FISCHER, H.: Z. physiol. Chem. **242**, 133 (1936).
—, u. H. DOBENECK: Z. physiol. Chem. **263**, 125 (1940).
—, u. H. LIBOWITZKY: Z. physiol. Chem. **251**, 198 (1938).
—, u. F. LINDNER: Z. physiol. Chem. **153**, 54 (1925).
—, u. F. REINDEL: Z. physiol. Chem. **127**, 299 (1923).
FISCHER, H. O., u. H. BAER: Ber. dtsch. chem. Ges. **65**, 337, 1040 (1932).
FLASCHENTRÄGER, B.: Z. physiol. Chem. **240**, 19 (1936); **256**, 71 (1938).
—, u. K. BERNHARD: (1) Z. physiol. Chem. **225**, 157 (1934); **238**, 221 (1936).
— — (2) Helvet. chim. Acta **18**, 962 (1935).
— B. CAGIANUT u. F. MEIER: Helvet. chim. Acta **28**, 1489 (1945).
—, u. T. HOSODA: Z. physiol. Chem. **282**, 215 (1947).
FLAVIN, M., u. S. GRAFF: J. biol. Chem. **191**, 54 (1951); **192**, 485 (1951).
FLECKENSTEIN, A.: Pflügers Arch. **250**, 643 (1948).
FLOCK, E. V., D. J. INGLE u. J. L. BOLLMAN: J. biol. Chem. **129**, 99 (1939).
— F. C. MANN u. J. L. BOLLMAN: J. biol. Chem. **192**, 293 (1951).
FLOYD, N. F., G. MEDES u. S. WEINHOUSE: J. biol. Chem. **171**, 633 (1947).
FÖLLING, A.: Z. physiol. Chem. **227**, 169 (1934).
—, u. K. CLOSS: Z. physiol. Chem. **254**, 115 (1938).
— — u. G. TAMMES: Z. physiol. Chem. **256**, 1 (1938).
FOLIN, O.: Am. J. Physiol. **13**, 117 (1903).
FOLKER, L. L., I. L. CHAIKOFF, C. ENTENMAN u. H. TARVER: J. biol. Chem. **188**, 31, 37 (1951).
FOLLEY, S. J.: Biol. Rev. Cambridge philos. Soc. **24**, 316 (1949).
FONES, W. S., H. A. SOBER u. J. WHITE: Arch. Biochem. **34**, 158 (1951).
— T. P. WAALKES u. J. WHITE: Arch. Biochem. **32**, 89 (1951).
FOULKERS, E. C., R. LEMBERG u. P. POURDON: Proc. Roy. Soc. London (B) **138**, 386 (1951).
FRANKE, W.: (1) Naturwiss. **30**, 342 (1942).
— (2) Ergebn. Enzymforsch. **12**, 89 (1951).
— In Nord-Weidenhagens Handbuch der Enzymologie, Bd. II, S. 673.
— (3) Ergebn. Enzymforsch. **10**, 191 (1949).
— (4) Angew. Chem. **56**, 55 (1943).
—, u. Mitarb.: Z. physiol. Chem. **249**, 231 (1937); **278**, 24 (1943).
FRAZER, A. C.: Physiol. Rev. **20**, 561 (1940); **26**, 103 (1946).
FREY, J., u. F. LEUTHARDT: Helvet. chim. Acta **32**, 72 (1949).
FRIEDBERG, F., u. D. M. GREENBERG: J. biol. Chem. **168**, 405, 411 (1947).
— H. TARVER u. D. M. GREENBERG: J. biol. Chem. **173**, 355 (1948).
FRIEDEN, E., L. T. HSU u. K. DITTMER: J. biol. Chem. **192**, 425 (1951).
FRIEDKIN, M.: J. Am. chem. Soc. **74**, 112 (1952).
—, u. A. L. LEHNINGER: J. biol. Chem. **177**, 775 (1949).
FRIEDLANDER, H. D., I. L. CHAIKOFF u. C. ENTENMAN: J. biol. Chem. **158**, 231 (1945).
FRIEDMANN, E.: Biochem. Z. **55**, 450 (1913).
FROHMAN, S. E., u. H. G. DAY: J. biol. Chem. **180**, 93 (1949).
—, J. M. ORTEN u. A. H. SMITH: J. biol. Chem. **193**, 803 (1951).
FROMAGEOT: C.: Adv. Enzymol. **7**, 369 (1947).
—, u. A. ROYER: Enzymologia **11**, 361 (1945).
FRUTON, J. S., R. B. JOHNSTON u. M. FRIED: J. biol. Chem. **190**, 39 (1951).
FULD, M., u. M. H. PAUL: Proc. Soc. exp. Biol. Med. **79**, 355 (1952).
FURST, S. S., u. G. B. BROWN: J. biol. Chem. **191**, 239 (1951).
— P. M. ROLL u. G. B. BROWN: J. biol. Chem. **183**, 251 (1950).

GADDUM, J. H.: Brit. Med. J. **1951**, 987.
GALLAGHER, T. F., D. K. FUKUSHIMA, M. C. BARRY u. K. DOBRINER: Recent Progress in Hormone Research **6**, 131 (1951).
GAMMELTOFT, A.: Acta physiol. scand. **19**, 270, 280 (1949).
GERALD, O. F.: Biochem. J. **47**, IX (1950).
GEREN, W., A. BENDICH, O. BODANSKY u. G. B. BROWN: J. biol. Chem. **183**, 21 (1950).
GERSHOF, S. N., u. C. A. ELVEHJEM: J. biol. Chem. **192**, 569 (1951).
GESCHWIND, J., u. C. H. LI: J. biol. Chem. **180**, 467 (1949).
GETLER, H., P. M. ROLL, J. F. TINKER u. G. B. BROWN: J. biol. Chem. **178**, 259 (1949).
GEYER, R. P., J. H. CHAW u. R. O. GREEP: Endocrinol. **47**, 108 (1950).
— M. CUNNINGHAM u. J. PENDERGAST: J. biol. Chem. **185**, 461 (1950).
— W. R. WADDELL, J. PENDERGAST u. C. S. YEE: J. biol. Chem. **190**, 437 (1951).
GILBERT, G. A., u. A. D. PATRICK: Nature **165**, 573 (1950).
GILLIS, M. B., u. L. C. NORRIS: Proc. Soc. exp. Biol. Med. **77**, 13 (1951).
GLOVER, M., J. GLOVER u. R. A. MORTON: Biochem. J. **51**, 1 (1952).
GOFMAN, J. W., F. LINDGREN, H. ELLIOT, W. MANTZ, J. HEWITT, B. STRISOWER u. V. HERRING: Science **111**, 166 (1950).
GOLDMAN, D. S., I. L. CHAIKOFF, W. O. REINHARDT, C. ENTENMAN u. W. G. DAUBEN: J. biol. Chem. **184**, 727 (1950).
GORANSON, E. S., u. S. D. ERULKAR: Arch. Biochem. **24**, 40 (1949).
GORDON, A. H., D. E. GREEN u. SUBRAHANYAN: Biochem. J. **34**, 764 (1940).
GORNALL, A. G., u. A. HUNTER: J. biol. Chem. **147**, 593 (1943).
GOVIER, W. M., u. A. J. GIBBONS: Arch. Biochem. **32**, 349 (1951).
GRAFE, E., H. REINWEIN u. V. SINGER: Biochem. Z. **165**, 102 (1925).
GRAFFLIN, A. L., u. D. E. GREEN: J. biol. Chem. **176**, 95 (1948).
GRAHAM, C. E., u. Mitarb.: J. biol. Chem. **185**, 97 (1950).
GRAHAM, D.: J. Pharmac. Pharmacol. **3**, 160 (1951).
GRANICK, S.: Blood **4**, 404 (1949).
— Physiol. Rev. **31**, 489 (1951).
GRAY, C. H., I. M. H. MUIR u. A. NEUBERGER: Biochem. J. **47**, 542 (1950).
GRAY, I., P. ADAMS u. H. HAUPTMANN: Experientia **6**, 430 (1950).
GREEN, A. A., u. C. F. CORI: J. biol. Chem. **142**, 447 (1942); **151**, 21 (1943).
GREEN, D. E.: (1) Biochem. J. **30**, 2095 (1936).
— (2) J. biol. Chem. **172**, 389 (1948).
— (3) Biol. Rev. **26**, 410 (1951).
— W. F. LOOMIS u. V. H. AUERBACH: J. biol. Chem. **172**, 389 (1948).
— D. H. MOORE, V. NOCITO u. S. RATNER: J. biol. Chem. **156**, 383 (1944).
— V. NOCITO u. S. RATNER: J. biol. Chem. **148**, 461 (1943); **155**, 421 (1944); **156**, 383 (1944).
—, u. D. RICHTER: Biochem. J. **31**, 596 (1937).
— W. W. WESTERFELD, B. VENNESLAND u. W. E. KNOX: J. biol. Chem. **140**, 683 (1941).
GREENBERG, D. M., F. FRIEDBERG, M. P. SCHULMAN u. T. WINNICK: Symposia on quantitative Biology **13**, 113 (1948).
— —. u. T. S. WINNICK: J. biol. Chem. **173**, 437 (1948).
—, u. S. C. HARRIS: Proc. Soc. exp. Biol. Med. **75**, 683 (1950).
—, u. T. WINNICK: J. biol. Chem. **173**, 199 (1948).
GREENBERG, G. R.: J. biol. Chem. **190**, 611 (1951).
GREENSTEIN, J. P.: Adv. Enzymol. 8, 117 (1948).
—, u. F. M. LEUTHARDT: J. nat. Cancer Institute **5**, 209 (1944).
GREENWALD, I.: J. biol. Chem. 88, 1 (1930); **89**, 501 (1930).
GRIFFIN, A. C., S. BLOOM, L. CUNNINGHAM, J. D. TERESI u. J. M. LUCK: Cancer **3**, 316 (1950).
GRINSTEIN, M., R. A. ALDRICH, V. HAWKINSON, P. LOWRY u. C. J. WATSON: Blood **6**, 699 (1951).
— M. D. KAMEN u. C. V. MOORE: J. biol. Chem. **174**, 767 (1948); **179**, 359 (1949).
— M. D. KAMEN, H. M. WIKOFF u. C. V. MOORE: J. biol. Chem. **182**, 715, 723 (1950).
GRISOLIA, S., u. P. P. COHEN: J. biol. Chem. **191**, 181, 189, 203 (1951).
—, u. B. VENNESLAND: J. biol. Chem. **170**, 461 (1947).
GUGGENHEIM, M., u. W. LÖFFLER: Biochem. Z. **72**, 395 (1915).
GULEWITSCH, W.: Z. physiol. Chem. **217**, 63 (1933).
GUNSALUS, I. C.: Fed. Proc. **9**, 556 (1950).
GURIN, S., u. A. M. DELLUVA: J. biol. Chem. **170**, 545 (1947).

HAHN, A.: Z. Biol. **91**, 53, 444, 491 (1931); **97**, 195 (1936); **99**, 614 (1939).
HAHN, P. F.: Adv. Biol. Med. Physics **1**, 288 (1948).
HALLMANN, N.: Acta physiol. scand. **2**, Suppl. 4 (1940).

HAMMARSTEN, E., u. G. HEVESY: Acta physiol. scand. **11**, 335 (1946).
—, u. P. REICHARD: Acta chem. scand. **4**, 711 (1950).
— — u. E. SALUSTE: J. biol. Chem. **183**, 105 (1950).
HANAHAN, D. J., u. N. B. EVERETT: J. biol. Chem. **185**, 919 (1950).
HANDLER, P.: Proc. Soc. exp. Biol. Med. **70**, 70 (1949).
—, u. M. L. C. BERNHEIM: J. biol. Chem. **150**, 335 (1943).
— — u. J. R. KLEIN: J. biol. Chem. **138**, 211 (1941).
— H. KAMIN u. J. S. HARRIS: J. biol. Chem. **179**, 283 (1949).
HANES, C. S., F. J. R. HIRD u. F. A. JSHERWOOD: Nature **166**, 288 (1950).
HANKES, L. V., L. M. HENDERSON u. C. A. ELVEHJEM: J. biol. Chem. **180**, 1027 (1949).
— R. L. LYMAN u. C. A. ELVEHJEM: J. biol. Chem. **187**, 547 (1950).
HANSON, H. P., u. E. L. SMITH: J. biol. Chem. **179**, 789 (1949).
HARDEN, A., u. W. YOUNG: Proc. chem. Soc. London **21**, 189 (1905).
HARLEY-MASON, J.: Experientia **4**, 307 (1948).
HARPUR, R. P., u. J. H. QUASTEL: Nature **164**, 693 (1949).
— W. J. JOHNSON u. J. H. QUASTEL: Arch. Biochem. **31**, 337 (1951).
HARRISON, D. C.: Biochem. J. **25**, 1016 (1931); **26**, 1295 (1932); **27**, 382 (1933).
HASKINS, F. A., u. H. K. MITCHELL: Proc. nat. Acad. Sci. USA **35**, 500 (1949).
HASSID, W. Z., u. M. DOUDOROFF: Fortschritte der Chemie organischer Naturstoffe **5**, 101 (1948).
— — u. H. A. BARKER: In J. B. SUMNER u. K. MYRBÄCK, The Enzymes, Bd. I/2, S. 1014. New York 1951.
HEARD, R. D. H.: In G. PINCUS u. K. V. THIMANN, The Hormones, Bd. I. New York 1948.
—, u. J. C. SAFFRAN: Recent Progress in Hormone Research **4**, 43 (1949).
— H. SOBEL u. E. H. VENNING: J. biol. Chem. **165**, 699 (1946).
HECHTER, O., R. P. JACOBSEN, R. JEANLOZ, H. LEWY, C. W. MARSHALL, G. PINCUS u. V. SCHENKER: J. Am. chem. Soc. **71**, 3261 (1949).
— R. P. JACOBSEN, R. JEANLOZ, H. LEVY, C. W. MARSHALL, G. PINCUS u. V. SCHENKER: Arch. Biochem. **25**, 457 (1950).
— A. ZAFFARONI, R. P. JACOBSEN, H. LEVY, R. JEANLOZ, V. SCHENKER u. G. PINCUS: Recent Progress in Hormone Research **6**, 215 (1951).
HEGSTED, D. M., N. ZAMCHECK, C. F. WANG u. M. B. BLACK: Symposia on Nutrition **2**, 238 (1950).
HEIDELBERGER, C., E. P. ABRAHAM u. S. LEPKOVSKI: J. biol. Chem. **176**, 1461 (1948); **179**, 151 (1949).
— M. E. GULLBERG, A. F. MORGAN u. S. LEPKOVSKI: J. biol. Chem. **179**, 143 (1949).
— H. P. TREFFERS, R. SCHOENHEIMER, S. RATNER u. D. RITTENBERG: J. biol. Chem. **144**, 555 (1942).
HEINRICH, M. R., u. D. W. WILSON: J. biol. Chem. **186**, 447 (1950).
HENDERSON, L. M.: J. biol. Chem. **181**, 667, 677, 687 (1949).
— H. N. HILL, R. E. KOSKI u. I. M. WEINSTOCK: Proc. Soc. exp. Biol. Med. **78**, 441 (1951).
— I. M. WEINSTOCK u. G. B. RAMASARMA: J. biol. Chem. **189**, 19 (1951).
HERBST, R. M.: Adv. Enzymol. **4**, 75 (1944).
HESS, W. C., u. M. X. SULLIVAN: J. biol. Chem. **140**, LX (1941).
HEVESY, G.: Adv. Enzymol. **7**, 111 (1947).
—, u. J. OTTESEN: Nature **156**, 534 (1945).
— — Acta physiol. scand. **5**, 237 (1943).
— R. RUYSSEN u. M. L. BEECKMANS: Experientia **7**, 144 (1951).
HIRS, C. H. W., u. D. RITTENBERG: J. biol. Chem. **186**, 429 (1950).
HOBERMAN, H. D., A. H. SIMS u. J. H. PETERS: J. biol. Chem. **172**, 45 (1948).
—, u. D. STONE: J. biol. Chem. **194**, 383 (1952).
HOBSON, P. N., W. J. WHELAN u. S. PEAT: J. chem. Soc. **1951**, 596.
HOGEBOOM, G. H., u. W. C. SCHNEIDER: Nature **166**, 302 (1950).
— — J. biol. Chem. **194**, 513 (1952).
HOKIN, L. E.: Biochem. J. **48**, 320 (1951).
HOLMAN, R. T., u. T. S. TAYLOR: Arch. Biochem. **29**, 295 (1950).
HOLTZ, P.: (1) Ergebn. Physiol. **44**, 230 (1941).
— (2) Pharmazie **5**, 49 (1950).
— K. CREDNER u. G. KRONEBERG: Arch. exp. Pathol. **204**, 228 (1947).
—, u. G. KRONEBERG: Biochem. Z. **320**, 335 (1950).
HOLZER, H.: Ann. Chem. **564**, 234 (1950).
HOMER, W. H., u. C. G. MACKENZIE: J. biol. Chem. **187**, 15 (1950).
HOPPE-SEYLER, G. F.: Z. physiol. Chem. **7**, 403 (1884); 8, 79 (1884).

HORECKER, B. L.: J. biol. Chem. **183**, 593 (1950).
—, u. L. A. HEPPEL: J. biol. Chem. **178**, 683 (1949).
—, u. P. L. SMYRNIOTIS: Arch. Biochem. **29**, 232 (1950).
— — J. biol. Chem. **193**, 383 (1951).
HSIA, R. S., W. H. ELLIOTT, E. A. DOISY u. S. A. THAYER: Fed. Proc. **11**, 232 (1952).
HUBBARD, R., u. C. RIMINGTON: Biochem. J. **46**, 220 (1950).
HUENNEKENS, F. M., H. R. MAHLER u. J. NORDMANN: Arch. Biochem. **30**, 66, 76 (1951).
HUFF, R. L., T. G. HENNESSY, R. E. AUSTIN, J. F. GARCIA, B. M. ROBERTS u. J. H. LAWRENCE: J. clin. Invest. **29**, 1041 (1950).
HUNTER, A., u. H. E. WOODWARD: Biochem. J. **35**, 1298 (1941).
HUNTER jr., F. E.: J. biol. Chem. **177**, 361 (1949); **181**, 67 (1949).
HURLBERT, R. B., u. V. R. POTTER: J. biol. Chem. **195**, 257 (1952).

D'IORIO, A., u. L. P. BOUTHILLIER: Rev. Canad. Biol. **9**, 388 (1951).

JENCKE, M.: Arch. exp. Pathol. **163**, 175 (1931).
JERVIS, G. A.: J. biol. Chem. **134**, 105 (1940); **169**, 651 (1947).
JOHNSON, M. J.: Science **94**, 200 (1941).
JOHNSON, T. B., u. L. B. TEWKESBURY: Proc. nat. Acad. Sci. USA **28**, 73 (1942).
JOHNSTON, R. B., u. K. BLOCH: J. biol. Chem. **188**, 221 (1951).
— M. J. MYCEK u. J. S. FRUTON: J. biol. Chem. **185**, 629 (1950); **187**, 205 (1950).
JONES, M. E., W. R. HEARN, M. FRIED u. J. S. FRUTON: J. biol. Chem. **195**, 645 (1952).
JOST, M.: Z. physiol. Chem. **269**, 1, 8 (1941).
JOWETT, M., u. J. H. QUASTEL: Biochem. J. **29**, 2143, 2159 (1936).
JUNI, E.: J. biol. Chem. **195**, 715, 727 (1952).

KABELITZ, G.: Klin. Wschr. **1943**, 439.
KAHUT, F. W., u. A. WETTSTEIN: Helvet. chim. Acta **34**, 1790 (1951).
KALCKAR, H. M.: J. biol. Chem. **158**, 723 (1945); **167**, 445, 477 (1947).
— Biochim. Biophys. Acta **4**, 232 (1950).
— J. DEHLINGER u. A. MEHLER: J. biol. Chem. **154**, 275 (1944).
— N. O. KJELDGAARD u. H. KLENOW: Biochim. Biophys. Acta **5**, 575, 586 (1950).
— W. S. MACNUTT u. E. HOFF-JÖRGENSEN: Biochem. J. **50**, 397 (1951).
—, u. D. RITTENBERG: J. biol. Chem. **170**, 455 (1947).
KALTENBACH, J. P., u. G. KALNITSKY: J. biol. Chem. **192**, 629, 641 (1951).
KAMIN, H., u. P. HANDLER: Am. J. Physiol. **164**, 654 (1951).
— — J. biol. Chem. **188**, 193 (1951); **193**, 873 (1951).
KAPELLER-ADLER, R.: Klin. Wschr. **1934**, 21.
KAPLAN, E. H., J. V. STILL u. H. R. MAHLER: Arch. Biochem. **34**, 16 (1951).
KAPLAN, N. O.: In J. B. SUMNER u. K. MYRBÄCK, The Enzymes, Bd. II/1, S. 55. New York 1951.
— S. P. COLOWICK u. E. F. NEUFELD: J. biol. Chem. **195**, 107 (1952).
—, u. D. M. GREENBERG: J. biol. Chem. **150**, 479 (1943).
KARRER, P., u. H. BRANDENBERGER: Helvet. chim. Acta **34**, 82 (1951).
—, u. H. KOENIG: Helvet. chim. Acta **26**, 619 (1943).
— F. KOLLER u. H. STÜRZINGER: Helvet. chim. Acta **28**, 1529 (1945).
KEARNEY, E. B., u. S. ENGLARD: J. biol. Chem. **193**, 821 (1951).
KEILIN, D., u. E. F. HARTREE: (1) Proc. Roy. Soc. London (B) **127**, 167 (1939).
— — Biochem. J. **42**, 221 (1948).
— — (2) J. biol. Chem. **157**, 210 (1945).
—, u. T. MANN: Proc. Roy. Soc. London (B) **125**, 187 (1938).
— — Nature **143**, 23 (1939).
KELLER, E. B., J. R. RACHELE u. V. DU VIGNEAUD: J. biol. Chem. **177**, 733 (1949).
— J. L. WOOD u. V. DU VIGNEAUD: Proc. Soc. exp. Biol. Med. **67**, 182 (1948).
KELSEY, E., F. E. KELSEY u. F. K. OLDHAM: J. Pharmacol. exp. Therapeut. **79**, 77 (1943).
KENDAL, L. P.: Biochem. J. **44**, 442 (1949).
KENNEDY, E. P.: Fed. Proc. **11**, 239 (1952).
—, u. H. A. BARKER: J. biol. Chem. **191**, 419 (1951).
—, u. A. L. LEHNINGER: (1) J. biol. Chem. **179**, 957 (1949).
— — (2) J. biol. Chem. **185**, 275 (1950).
KERR, S. E., K. SERAIDARIAN u. G. B. BROWN: J. biol. Chem. **188**, 207 (1951).
KEYS, A., O. MICKELSEN, E. O. MILLER, E. R. HEYES u. R. L. TODD: Science **112**, 79 (1950).
— O. MICKELSEN, E. O. MILLER, E. R. HEYES u. R. L. TODD: J. clin. Invest. **29**, 1347 (1950).
KIDDER, G. W., V. C. DEWEY, R. E. PARKS jr. u. M. R. HEINRICH: Proc. nat. Acad. Sci. USA **36**, 411 (1950).

KIELLEY, W. W., u. O. MEYERHOF: J. biol. Chem. **183**, 391 (1950).
KIESE, M.: Biochem. Z. **316**, 264 (1943).
— Arch. exp. Pathol. **304**, 267, 288 (1947).
KIJOCKAWA: Z. physiol. Chem. **214**, 38 (1932).
KIM, C. H.: Z. physiol. Chem. **261**, 97 (1939).
KING, T. E., u. F. M. STRONG: J. biol. Chem. **189**, 325 (1951).
KIRCHMAIR, H.: Klin. Wschr. **1949**, 588.
KISCH, B.: Klin. Wschr. **1930**, 1062.
KLEIN, W.: Z. physiol. Chem. **231**, 125 (1935).
KLEINZELLER, A.: Adv. Enzymol. **8**, 299 (1948).
KLEMPERER, F. W.: J. biol. Chem. **160**, 111 (1945).
KLENOW, H.: Biochem. J. **50**, 494 (1951).
KLINE, D. L., u. E. E. CLIFFTON: Science **115**, 9 (1952).
KNOBLOCH, H.: Ergebn. Enzymforsch. **11**, 67 (1950).
KNOOP, F.: (1) Hofmeisters Beitr. **6**, 150 (1905).
— (2) Z. physiol. Chem. **67**, 488 (1910); **71**, 257 (1911); **146**, 267 (1925).
—, u. C. MARTIUS: (1) Z. physiol. Chem. **242**, I (1936).
— (2) Z. physiol. Chem. **258**, 238 (1939).
KNOX, W. E., u. W. I. GROSSMANN: J. biol. Chem. **166**, 391 (1946).
—, u. H. A. MAHLER: J. biol. Chem. **187**, 419, 431 (1950).
—, B. N. NOYCE u. V. H. AUERBACH: J. biol. Chem. **176**, 117 (1948).
KÖGL, F.: Experientia **5**, 173 (1949).
—, u. H. ERXLEBEN: Z. physiol. Chem. **258**, 57 (1939).
KORNBERG, A.: J. biol. Chem. **182**, 805 (1950).
—, u. W. E. PRICE jr.: J. biol. Chem. **182**, 763 (1950); **189**, 123 (1951); **193**, 481 (1951).
—, u. O. LINDBERG: J. biol. Chem. **176**, 665 (1948).
KOSCHARA, W.: Z. physiol. Chem. **240**, 159 (1936); **258**, 39 (1939); **259**, 97 (1939); **277**, 127 (1943).
KOSHLAND jr., D. E., u. F. H. WESTHEIMER: J. Am. chem. Soc. **71**, 1139 (1949); **72**, 3383 (1950).
KOSSEL, A., u. DAKIN: Z. physiol. Chem. **41**, 321 (1904).
KOSTERLITZ, H. W.: Biochem. J. **31**, 2217 (1937).
— J. Physiol. **106**, 194 (1947).
KOTAKE, Y., u. KONISHI: Z. physiol. Chem. **122**, 230 (1922).
— u. Mitarb.: Z. physiol. Chem. **195**, 139 (1930); **214**, 1 (1933); **243**, 237 (1936); **248**, 1 (1937); **270**, 41 (1941).
KRAHL, M. E., u. C. F. CORI: J. biol. Chem. **170**, 607 (1947).
KRANE, R. K., u. E. G. BALL: J. biol. Chem. **188**, 819 (1951).
KREBS, E. G., u. E. R. NORRIS: Arch. Biochem. **24**, 49 (1949).
KREBS, H. A.: (1) Adv. Enzymol. **3**, 191 (1943).
— Biochim. Biophys. Acta **4**, 249 (1950).
— (2) Biochem. J. **29**, 1951 (1935).
—, u. L. V. EGGLESTON: Biochem. J. **44**, VII (1949).
— — u. C. TERNER: Biochem. J. **48**, 530 (1951).
—, u. K. HENSELEIT: Z. physiol. Chem. **210**, 33 (1932).
— M. JOHNSON, L. V. EGGLESTON u. R. HEMS: Biochem. J. **49**, XXXV (1951).
—, u. W. A. JOHNSON: Enzymologia **4**, 148 (1937).
— — Biochem. J. **31**, 772 (1937).
KRITCHEVSKY, D., u. I. GRAY: Experientia **7**, 183 (1951).
— M. R. KIRK u. M. W. BIGGS: Metabolism **1**, 254 (1952).
KRUEGER, R.: Helvet. chim. Acta **33**, 233, 429, 2157 (1950).
KRUHOEFFER, P.: Biochem. J. **48**, 604 (1951).
KUBOWITZ, F.: Biochem. Z. **292**, 221 (1937); **299**, 32 (1938).
—, u. P. OTT: Biochem. Z. **314**, 94 (1943).
KUETHER, C. A.: Am. J. Physiol. **167**, 355 (1951).
KUHN, R.: Z. physiol. Chem. **242**, 171 (1936).
— F. KÖHLER u. L. KÖHLER: (1) Z. physiol. Chem. **247**, 197 (1937).
— — (2) Z. physiol. Chem. **242**, 171 (1936).
—, u. K. LIVADA: Z. physiol. Chem. **220**, 235 (1933).
KUHN, W.: Z. angew. Chem. **49**, 215 (1936).
KUN, E.: J. biol. Chem. **187**, 289 (1950).
KUNITZ, M.: J. gen. Physiol. **24**, 15 (1940).
— Science **108**, 19 (1948).
—, u. M. MCDONALD: J. gen. Physiol. **29**, 393 (1946).

KUNKEL, H. O., u. J. N. WILLIAMS jr.: J. biol. Chem. **189**, 755 (1951).
KUTSCHER, W., u. W. SARREITHER: Z. physiol. Chem. **265**, 152 (1940).
KYOGOKU, K.: Z. physiol. Chem. **246**, 99 (1937).

LAKI, E., u. K. LAKI: Enzymologia **9**, 139 (1940).
LAMB, A. R.: J. Nutrit. **41**, 545 (1950).
LANG, K.: (1) Biochem. Z. **259**, 243 (1933).
— Z. Vitamin-, Hormon- u. Fermentforsch. **2**, 288 (1948/49).
— (2) Z. physiol. Chem. **277**, 114 (1942).
— (3) Klin. Wschr. **1943**, 529.
— (4) Klin. Wschr. **1947**, 868.
—, u. F. ADICKES: Z. physiol. Chem. **263**, 227 (1940); **269**, 237 (1941).
— u. Mitarb.: Z. physiol. Chem. **261**, 240, 249 (1939); **262**, 120 (1939); **263**, 227 (1940).
—, u. O. RANKE: Stoffwechsel und Ernährung. Berlin-Göttingen-Heidelberg 1950.
—, u. G. SCHMIDT: Biochem. Z. **322**, 1 (1951).
—, u. G. SIEBERT: Biochem. Z. **322**, 196 (1951).
— — I. BALDUS u. A. CORBET: Experientia **6**, 59 (1950).
— — S. LUCIUS u. H. LANG: Biochem. Z. **321**, 538 (1951).
— — u. L. MÜLLER: Naturwiss. **38**, 528 (1951).
— — u. H. OSWALD: Experientia **5**, 449 (1949).
—, u. U. WESTPHAL: Z. physiol. Chem. **276**, 179 (1942).
LANYAR, F.: Z. physiol. Chem. **275**, 225 (1942); **278**, 155 (1943).
LARDY, H. A., u. H. WELLMAN: J. biol. Chem. **195**, 215 (1952).
—, u. J. A. ZIEGLER: J. biol. Chem. **159**, 343 (1945).
LASER, H.: Biochem. J. **31**, 1677 (1937).
LEBLOND, C. P.: Advances in biological medical Physics **1**, 353 (1948).
LEDOGAR, J. A., u. H. W. JONES jr.: Science **112**, 536 (1950).
LEHNINGER, A. L.: (1) J. biol. Chem. **161**, 437 (1945); **164**, 291 (1946); **173**, 753 (1948).
— (2) Record. chem. Progr. **11**, 75 (1950).
— (3) J. biol. Chem. **190**, 339, 345 (1951).
—, u. S. W. SMITH: J. biol. Chem. **181**, 415 (1949).
LEIFER, E., L. J. ROTH, D. S. HOGNESS u. M. H. CORSON: J. biol. Chem. **190**, 595 (1951).
LEIPERT, P.: Acta neurovegetat. **1**, 51 (1950).
LELOIR, L. F.: Arch. Biochem. **33**, 186 (1951).
—, u. J. M. MUNOZ: Biochem. J. **33**, 734 (1939).
— — J. biol. Chem. **147**, 355 (1943); **153**, 53 (1944).
LEMBERG, R., u. J. W. LEGGE: Hämatin compounds and bile pigments. New York 1949.
— — u. W. H. LOCKWOOD: Biochem. J. **35**, 339 (1941).
LERNER, A. B.: J. biol. Chem. **181**, 281 (1949).
—, u. T. B. FITZPATRICK: Physiol. Rev. **30**, 91 (1950).
LEUTHARDT, F., u. E. BUJARD: Helvet. med. Acta **14**, 274 (1947).
— u. Mitarb.: Helvet. chim. Acta **25**, 630 (1942); **30**, 958 (1947).
—, u. A. F. MÜLLER: Experientia **4**, 478 (1948).
— — u. H. NIELSEN: Helvet. chim. Acta **32**, 744 (1949).
—, u. E. TESTA: Helvet. chim. Acta **33**, 1919 (1950); **34**, 931 (1951).
LEVEDAHL, B. H., u. L. T. SAMUELS: J. biol. Chem. **186**, 857 (1950).
LEVIN, L.: J. biol. Chem. **157**, 407 (1945).
LEVINE, M., u. H. TARVER: J. biol. Chem. **192**, 835 (1951).
LEVY, L., u. M. J. COON: J. biol. Chem. **192**, 807 (1951).
LEVY, M.: Arch. Sci. physiol. **4**, 337 (1950).
LIBOWITZKY, H.: Z. physiol. Chem. **265**, 194 (1940).
—, u. H. FISCHER: Z. physiol. Chem. **255**, 209 (1938).
LIFSON, N., u. J. A. STOLEN: Proc. Soc. exp. Biol. Med. **74**, 451 (1950).
LINDBERG, O.: Biochim. Biophys. Acta **7**, 349 (1951).
LINDENBAUM, A., M. R. WHITE u. J. SCHUBERT: J. biol. Chem. **190**, 585 (1951).
LINDERSTRÖM-LANG, K.: Exp. Cell. Res. Suppl. **1**, 1 (1949).
LINTZEL, W.: Biochem. Z. **273**, 243 (1934).
LIPMANN, F.: (1) Adv. Enzymol. **1**, 99 (1941).
— (2) Nature **143**, 436 (1939).
—, u. N. O. KAPLAN: Adv. Enzymol. **6**, 231 (1946).
— — J. biol. Chem. **162**, 743 (1946); **167**, 869 (1947).
— — G. D. NOVELLI u. L. C. TUTTLE: J. biol. Chem. **186**, 235 (1950).
—, u. G. E. PERLMAN: Arch. Biochem. **1**, 41 (1942).
LIPSCHITZ, W. L., u. E. BUEDING: J. biol. Chem. **129**, 330 (1939).
LITTLE, H. N., u. K. BLOCH: J. biol. Chem. **183**, 33 (1950).

LÖFFLER, H.: Z. physiol. Chem. **232**, 259 (1935).
LOHMANN, K.: (1) Biochem. Z. **262**, 137 (1933).
— (2) Biochem. Z. **254**, 332 (1932).
—, u. O. MEYERHOF: Biochem. Z. **273**, 60 (1934).
LONDON, I. M.: J. biol. Chem. **184**, 373 (1950).
— Symposia on Nutrition **2**, 72 (1950).
—, u. D. RITTENBERG: J. biol. Chem. **184**, 687 (1950).
— D. SHEMIN u. D. RITTENBERG: J. biol. Chem. **183**, 749 (1950).
— R. WEST, D. SHEMIN u. D. RITTENBERG: J. biol. Chem. **184**, 351, 359, 365, 373 (1950).
LONG, C.: Biochem. J. **49**, XXXIV (1951); **50**, 407 (1951).
— Fed. Proc. **6**, 461 (1947).
LONGDON, R. C.: Fed. Proc. **11**, 245 (1952).
LOOMIS, W. F., u. F. LIPMANN: J. biol. Chem. **173**, 807 (1948).
LORBEER, V., M. COOK u. J. MEYER: J. biol. Chem. **181**, 475 (1949).
— N. LIFSON, H. G. WOOD, W. SAKAMI u. W. W. SHREEVE: J. biol. Chem. **183**, 517 (1950).
— M. F. UTTER, H. RUDNEY u. M. COOK: J. biol. Chem. **185**, 689 (1950).
LOTSPEICH, W. L.: J. biol. Chem. **179**, 175 (1949).
LOWRY, O. H., O. A. BESSEY u. E. J. CRAWFORD: J. biol. Chem. **180**, 399 (1949).
LUND, A.: Acta pharmacol. toxicol. **5**, 75, 121 (1949); **7**, 297 (1951).
LUNDSGAARD, E., N. A. NIELSEN u. S. L. ORSKOV: Skand. Arch. Physiol. **73**, 296 (1936).
LUSK, G.: Ergebn. Physiol. **12**, 315 (1912).
LUTWAK-MANN, C.: Biochem. J. **35**, 610 (1941).
LYNEN, F.: (1) Ann. Chem. **552**, 270 (1942); **554**, 40 (1943).
— (2) Ann. Chem. **546**, 120 (1941).
— (3) Zit. nach T. WIELAND, Angew. Chem. **63**, 7 (1951).
— E. REICHERT u. L. RUEFF: Ann. Chem. **574**, 1 (1951).

MACKENZIE, C. G.: J. biol. Chem. **186**, 351 (1950).
— J. P. CHANDLER, E. B. KELLER, J. R. RACHELE, N. CROSS u. V. DU VIGNEAUD: J. biol. Chem. **180**, 99 (1949).
—, u. V. DU VIGNEAUD: J. biol. Chem. **185**, 185 (1950).
MACNUTT, W. S.: Biochem. J. **50**, 384 (1951).
MADDEN, C. S., C. A. FINCH, W. G. SWALBACH u. G. H. WHIPPLE: J. exp. Med. **71**, 283 (1940).
—, u. G. H. WHIPPLE: Physiol. Rev. **20**, 144 (1940).
MAITLAND, P.: Quart. Rev. **4**, 45 (1950).
MALETTE, M. F., u. C. R. DAWSON: Arch. Biochem. **23**, 29 (1949).
MAMOLI, L.: Ber. dtsch. chem. Ges. **72**, 1863 (1939).
MANN, J. D., u. R. D. KOLER: Gastroenterol. **17**, 400 (1951).
MANN, T.: Adv. Enzymol. **9**, 329 (1949).
—, u. C. LUTWAK-MANN: Biochem. J. **48**, XVI (1951).
MANN, W., C. LEBLOND u. S. L. WARREN: J. biol. Chem. **142**, 905 (1942).
MANSON, L. A., u. J. O. LAMPEN: Fed. Proc. **8**, 224 (1949).
— — J. biol. Chem. **191**, 95 (1951).
MARKEES, S., u. F. W. MEYER: Experientia **4**, 31 (1948).
MARMUR, J., u. F. SCHLENK: Arch. Biochem. **31**, 154 (1951).
MARTIUS, C.: (1) Z. physiol. Chem. **247**, 104 (1937); **257**, 28 (1938).
— (2) Ergebn. Enzymforsch. **8**, 247 (1939).
— (3) Z. physiol. Chem. **279**, 96 (1943).
— Ann. Chem. **561**, 227 (1949).
—, u. H. LEONHARDT: Z. physiol. Chem. **278**, 208 (1943).
—, u. F. LYNEN: Adv. Enzymol. **10**, 167 (1950).
—, u. G. SCHORRE: Ann. Chem. **570**, 140, 143 (1950).
MASON, H. L., u. W. W. ENGSTROM: Physiol. Rev. **30**, 321 (1950).
MASSEY, V.: Nature **167**, 769 (1951).
MATTHEWS, M. B., u. B. VENNESLAND: J. biol. Chem. **186**, 667 (1950).
MAW, G. A.: Biochem. J. **43**, 142 (1948).
MAY-KNOX, M. LE, u. W. E. KNOX: Biochem. J. **48**, XXII (1951); **49**, 686 (1951).
MAZZA, F. P.: Ergebn. Enzymforsch. **9**, 207 (1943).
MCCANCE, R. A.: Nature **161**, 56 (1948).
MCHENRY, E. W., u. G. GAVIN: J. biol. Chem. **125**, 653 (1938); **128**, 45 (1939).
MCILWAIN, H.: Biochem. J. **44**, 470 (1949); **45**, 337 (1949).
— Nature **163**, 641 (1949).
MCKEE, F. W., C. L. YUILE, B. G. LAMSON u. G. H. WHIPPLE: J. exp. Med. **95**, 161 (1952).

McLennan, H., u. K. A. C. Elliott: Arch. Biochem. **36**, 89 (1952).
McLeod, P. R., S. Grisolia u. H. A. Lardy: J. biol. Chem. **180**, 1003 (1949).
Medes, G.: Biochem. J. **26**, 917 (1932); **33**, 1589 (1939).
—, u. N. Floyd: Biochem. J. **36**, 259, 836 (1942).
Mehler, A. H., A. Kornberg, S. Grisolia u. S. Ochoa: J. biol. Chem. **174**, 961 (1948).
Meister, A.: J. biol. Chem. **178**, 577 (1949); **184**, 117 (1950).
—, u. S. V. Tice: J. biol. Chem. **187**, 173 (1950).
Meldolesi, G., W. Siedel u. H. Möller: Z. physiol. Chem. **259**, 137 (1939).
Meldrum, N. U., u. H. C. A. Tarr: Biochem. J. **29**, 108 (1935).
Menne, F.: Z. physiol. Chem. **273**, 269 (1942); **279**, 105 (1943).
— Biochem. Z. **321**, 261 (1950).
Menschik, W., u. I. H. Page: J. biol. Chem. **97**, 359 (1932).
— Biochem. Z. **268**, 93 (1933).
— Z. physiol. Chem. **218**, 95 (1935).
Meyerhof, O.: (1) In J. B. Sumner u. K. Myrbäck, The Enzymes, Bd. II/1, S. 162. New York 1951.
— Bull. Soc. Chim. biol. **20**, 1033 (1938).
— (2) Experientia **4**, 169 (1948).
— (3) Die chemischen Vorgänge im Muskel. Berlin 1930.
—, u. K. Beck: J. biol. Chem. **156**, 109 (1944).
—, u. H. Green: J. biol. Chem. **178**, 655 (1949); **183**, 377 (1950).
—, u. W. Kiessling: Biochem. Z. **279**, 40 (1935).
—, u. K. Lohmann: Biochem. Z. **271**, 89 (1934); **273**, 73, 413 (1934); **277**, 77 (1935).
—, u. P. Oesper: J. biol. Chem. **179**, 1371 (1949).
—, u. L. O. Randall: Arch. Biochem. **17**, 171 (1948).
Miller, L. L.: J. biol. Chem. **172**, 113 (1948).
—, u. W. F. Bale: Fed. Proc. **8**, 230, 510 (1949).
— — C. L. Yuile, R. E. Masters, G. H. Tishkoff u. G. H. Whipple: Z. exp. Med. **90**, 297 (1949).
— C. G. Bly, M. L. Watson u. W. F. Bale: J. exp. Med. **94**, 431 (1951).
Minkowski, O.: Arch. exp. Pathol. **31**, 85 (1893).
Mirsky, A., u. R. H. Broh-Kahn: Arch. Biochem. **20**, 1, 10 (1949); **28**, 415 (1950).
Mitchell jr., J. H., H. E. Skipper u. L. L. Bennett jr.: Cancer Res. **10**, 647 (1950).
Mori, P.: Z. physiol. Chem. **258**, 143 (1939).
Mosbach, E. H., u. C. C. King: J. biol. Chem. **185**, 491 (1950).
Moss, A., u. R. Schoenheimer: J. biol. Chem. **135**, 415 (1940).
Moulder, J. W., B. Vennesland u. E. A. Evans jr.: J. biol. Chem. **160**, 305 (1945).
Müller, A. F., u. F. Leuthardt: Helvet. chim. Acta **33**, 262, 268 (1950).
Müller, H.: Z. physiol. Chem. **266**, 205 (1940).
Müller, P. B.: Z. physiol. Chem. **266**, 149 (1940).
Muir, H. M., u. A. Neuberger: Biochem. J. **47**, 97 (1950).
Muntz, J. A.: J. biol. Chem. **182**, 489 (1950).
—, u. J. Hurwitz: Arch. Biochem. **32**, 124, 137 (1951).

Najjar, V. A.: J. biol. Chem. **175**, 281 (1948).
Nakada, H. I., u. S. Weinhouse: J. biol. Chem. **187**, 663 (1950).
Nasset, E. S., u. R. H. Tully: J. Nutrit. **44**, 477 (1951).
Neber, M.: Z. physiol. Chem. **240**, 70 (1936).
Needham, D. M., L. Siminovitsch u. S. M. Rapkine: Biochem. J. **49**, 113 (1951).
Negelein, E., u. H. Brömel: Biochem. Z. **301**, 135 (1939); **303**, 132 (1939).
—, u. H. J. Wulff: Biochem. Z. **289**, 436 (1937); **290**, 445 (1937); **293**, 351 (1938).
Nelson, J. M., u. C. R. Dawson: Adv. Enzymol. **4**, 99 (1944).
Neubauer, O.: Handbuch der normalen u. pathologischen Physiologie, Bd. 5, S. 671. Berlin 1928.
Neuberg, C.: Ber. dtsch. chem. Ges. **33**, 2243 (1900).
— Biochem. Z. **56**, 506 (1913).
— In Oppenheimers Handbuch der Biochemie, 2. Aufl., Bd. II, S. 442. Jena 1925.
Neuberger, A.: Biochem. J. **43**, 599 (1948).
—, u. H. M. Muir: Nature **165**, 948 (1950).
— J. C. Perrone u. H. G. B. Slack: Biochem. J. **49**, 199 (1951).
Newman, H. W.: Science **109**, 594 (1949).
Nicol, C. A., u. A. D. Welch: Proc. Soc. exp. Biol. Med. **74**, 52, 403 (1950).
Nielsen, H., u. F. Leuthardt: Helvet. physiol. Acta **7**, C 53 (1949).
Norberg, B.: Acta physiol. scand. **20**, 180 (1950).
Novelli, G. D., u. F. Lipmann: J. biol. Chem. **171**, 833 (1947); **182**, 213 (1950).

Ochoa, S.: (1) J. biol. Chem. **159**, 243 (1945); **174**, 115, 123, 133 (1948).
— (2) J. biol. Chem. **149**, 577 (1943); **155**, 87 (1944).
— (3) Physiol. Rev. **31**, 56 (1951).
— A. H. Mehler u. A. Kornberg: J. biol. Chem. **174**, 979 (1948).
— J. R. Stern u. M. C. Schneider: J. biol. Chem. **193**, 691 (1951).
Örström, A.: Arch. Biochem. **33**, 484 (1951).
Oesper, P.: Arch. Biochem. **27**, 255 (1950).
Ogston, A. G.: Nature **162**, 963 (1948).
Ohlmeyer, P.: J. biol. Chem. **190**, 21 (1951).
Opitz, E.: Naturwiss. **35**, 80 (1948).
—, u. H. Sambert: Pflügers Arch. **251**, 355 (1949).
Orskov, S. L.: Acta physiol. scand. **20**, 258 (1950).
Osborn, M. J., I. L. Chaikoff u. J. M. Felts: J. biol. Chem. **193**, 549 (1951).
Ostern, P. u. Mitarb.: Z. physiol. Chem. **243**, 9 (1936).
Ottaway, J. H.: Nature **167**, 1064 (1951).
Ottke, R. C., E. L. Tatum, I. Zabin u. K. Bloch: J. biol. Chem. **189**, 429 (1951).

Pace, J., u. E. E. McDermott: Nature **169**, 415 (1952).
Packham, M. A., u. G. C. Butler: J. biol. Chem. **194**, 349 (1952).
Paege, M. L., u. F. Schlenk: Arch. Biochem. **28**, 348 (1950).
Pan, C. W., u. F. L. Warren: Biochem. J. **48**, XV (1951).
Pardee, A. B., u. V. R. Potter: J. biol. Chem. **178**, 241 (1949).
Park, C. R., u. M. E. Krahl: J. biol. Chem. **181**, 247 (1949).
Parnas, J. K., P. Ostern u. T. Mann: Biochem. Z. **272**, 64 (1934).
Paul, M. H., u. E. Sperling: Proc. Soc. exp. Biol. Med. **79**, 352 (1952).
Payne, R. W.: Endocrinol. **45**, 305 (1949).
Persky, H., u. E. S. G. Barron: Biochim. Biophys. Acta **5**, 66 (1950).
Peters jr., T., u. C. B. Anfinsen: J. biol. Chem. **182**, 171 (1950).
Peterson, E. A., u. D. M. Greenberg: J. biol. Chem. **194**, 359 (1952).
Pflüger, E., u. Junkersdorf: Pflügers Arch. **131**, 201 (1910).
Pihl, A., u. K. Bloch: J. biol. Chem. **183**, 431 (1950).
— — u. H. S. Anker: J. biol. Chem. **183**, 441 (1950).
Pirie, W.: Biochem. J. **28**, 305 (1934).
Pirwitz, J., u. G. Scherer: Arch. exp. Pathol. **210**, 209 (1950).
Plaut, G. W. E., u. H. A. Lardy: J. biol. Chem. **186**, 705 (1950); **192**, 435 (1951).
Plentl, A. A., u. R. Schoenheimer: J. biol. Chem. **153**, 203 (1944).
Pletscher, A., A. Bernstein u. H. Staub: Helvet. physiol. Acta **10**, 74 (1952).
Pohland, A., E. H. Flynn, R. G. Jones u. W. Shive: J. Am. chem. Soc. **73**, 3247 (1951).
Polonovski, M., u. G. Schapira: Experientia **5**, 209 (1949).
Popják, G.: Nutrition Abstracts a. Reviews **21**, 535 (1952).
—, u. M. L. Beeckmans: Biochem. J. **47**, 233 (1950).
Potter, V. R., u. C. Heidelberger: Nature **164**, 180 (1949).
— u. Mitarb.: J. biol. Chem. **175**, 619 (1948); **176**, 1075, 1085 (1948).
Price, W. H., C. F. Cori u. S. P. Colowick: J. biol. Chem. **160**, 633 (1945).
Price, T. D., u. D. Rittenberg: J. biol. Chem. **185**, 449 (1950).
Pullman, M. E., S. P. Colowick u. N. O. Kaplan: J. biol. Chem. **194**, 593 (1952).

Quastel, J. H., u. R. Witty: Nature **167**, 556 (1951).

Rachele, J. R., L. J. Reed, A. R. Kidway, M. F. Ferger u. V. du Vigneaud: J. biol. Chem. **185**, 817 (1950).
Racker, E.: J. biol. Chem. **177**, 883 (1948); **190**, 685 (1951).
— Nature **167**, 408 (1951).
Radin, N. S., D. Rittenberg u. D. Shemin: J. biol. Chem. **184**, 755 (1950).
Rall, T. W., u. A. L. Lehninger: J. biol. Chem. **194**, 119 (1952).
Raper, H. S.: Ergebn. Enzymforsch. **1**, 270 (1932).
Rapoport, S., u. J. Luebering: J. biol. Chem. **183**, 507 (1950); **189**, 683 (1951).
Ratner, S.: J. biol. Chem. **152**, 559 (1944).
—, u. A. Pappas: J. biol. Chem. **179**, 1183, 1199 (1949).
— R. Schoenheimer u. D. Rittenberg: J. biol. Chem. **134**, 653 (1940).
Rauen, H. M., u. C. v. Haller: Z. physiol. Chem. **286**, 79 (1950).
— W. Stamm u. K. H. Kimbel: Z. physiol. Chem. **289**, 80 (1952).
—, u. H. Waldmann: Experientia **6**, 387 (1950).
Ravdin, R. G., u. D. I. Crandall: J. biol. Chem. **189**, 137 (1951).
Ravel, J. M., R. E. Eakin u. W. Shive: J. biol. Chem. **172**, 67 (1948).
Raymond, M. J., u. C. R. Treadwell: Proc. Soc. exp. Biol. Med. **70**, 43 (1949).

RECHENBERGER, J.: Z. physiol. Chem. **265**, 275 (1940).
RECKNAGEL, R. O., u. V. R. POTTER: J. biol. Chem. **191**, 263 (1951).
REED, L. J., D. CAVALIERI, F. PLUM, J. R. RACHELE u. V. DU VIGNEAUD: J. biol. Chem. **180**, 783 (1949).
REICHARD, P.: J. biol. Chem. **179**, 773 (1949).
— Acta chem. scand. **3**, 422 (1949).
—, u. B. ESTBORN: J. biol. Chem. **188**, 839 (1951).
REID, J. C., u. M. O. LANDEFELD: Arch. Biochem. **34**, 219 (1951).
REINDEL, W., u. W. SCHULER: Z. physiol. Chem. **247**, 172 (1937); **248**, 197 (1937).
REISER, R.: J. Nutrit. **44**, 159 (1951).
— M. J. BRYSON, M. J. CARR u. K. A. KUIKEN: J. biol. Chem. **194**, 131 (1952).
RICHERT, D. A., R. VANDERLINDE u. W. W. WESTERFELD: J. biol. Chem. **186**, 251 (1950).
RICHTER, D.: (1) Biochem. J. **31**, 2022 (1937).
— (2) Biochem. J. **32**, 1763 (1938).
RICE, E. W., u. J. H. ROE: J. biol. Chem. **188**, 463 (1951).
RIECKEHOFF, I. G., R. T. HOLMAN u. G. O. BURR: Arch. Biochem. **20**, 331 (1949).
RITTENBERG, D., u. K. BLOCH: J. biol. Chem. **160**, 417 (1945).
—, u. R. SCHOENHEIMER: J. biol. Chem. **121**, 235, 247 (1937).
— —, u. A. KESTON: J. biol. Chem. **128**, 603 (1939).
ROBERTS, E., u. S. FRANKEL: J. biol. Chem. **187**, 55 (1950); **188**, 789 (1951).
ROBERTS, S., u. A. WHITE: J. biol. Chem. **180**, 505 (1949).
ROBINSON, J., N. LEVITAS, F. ROSEN u. W. A. PERLZWEIG: J. biol. Chem. **170**, 653 (1947).
ROBISON, R.: Biochem. J. **16**, 809 (1922).
ROBSCHEIT-ROBBINS, F. S., L. L. MILLER u. G. H. WHIPPLE: J. exp. Med. **82**, 311 (1945).
—, u. G. H. WHIPPLE: J. exp. Med. **85**, 243 (1947); **89**, 339, 359 (1949).
ROLL, P. M., G. B. BROWN, F. J. DI CARLO u. A. S. SCHULTZ: J. biol. Chem. **180**, 333 (1949).
ROLOFF, M., S. RATNER u. R. SCHOENHEIMER: J. biol. Chem. **136**, 561 (1940).
ROSE, W. C.: Physiol. Rev. **18**, 109 (1938).
— Fed. Proc. **8**, 546 (1949).
—, u. L. C. SMITH: J. biol. Chem. **187**, 687 (1951).
ROSENFELD, G.: Ergebn. Physiol. **18**, 118 (1920).
ROSENFELD, I., u. C. A. TOBIAS: J. biol. Chem. **191**, 339 (1951).
ROSENHEIM, O., u. T. A. WEBSTER: Biochem. J. **35**, 928 (1941).
ROST, H. F., E. STOTZ u. T. M. CARPENTER: Am. J. Med. Sci. **211**, 189 (1946).
ROTHENBERG, M. A., u. D. NACHMANSOHN: J. biol. Chem. **168**, 223 (1947).
ROTHSTEIN, M.: Fed. Proc. **11**, 278 (1952).
ROUSH, A., u. E. R. NORRIS: Arch. Biochem. **29**, 124 (1950).
ROWEN, J. W., u. A. KORNBERG: J. biol. Chem. **193**, 497 (1951).
ROWSELL, E. V.: Nature **168**, 104 (1951).
RUDNEY, H.: Arch. Biochem. **29**, 232 (1950).
RUDOLPH, G. G. u. E. S. G. BARRON: Biochim. Biophys. Acta **5**, 59 (1950).
RUIGH, W. L.: Ann. Rev. Biochemistry **14**, 225 (1945).

SABLE, H. Z.: Proc. Soc. exp. Biol. Med. **75**, 215 (1950).
SACKS, G. G., u. G. G. CUBERTH: Am. J. Physiol. **165**, 251 (1951).
SACKS, J.: Am. J. Physiol. **143**, 157 (1945).
— Arch. Biochem. **30**, 423 (1951).
SAKAMI, W.: J. biol. Chem. **176**, 995 (1948).
—, u. J. M. LAFAYE: J. biol. Chem. **193**, 199 (1951).
SALLES, J. B. V., I. HARARY, R. F. BANFI u. S. OCHOA: Nature **165**, 675 (1950).
—, u. S. OCHOA: J. biol. Chem. **187**, 849 (1950).
SAMUELS, L. T.: Recent Progress in Hormone Research **4**, 65 (1949).
— M. L. HELMREICH, M. B. LASATER u. H. REICH: Science **113**, 490 (1951).
SANADI, D. R.: Arch. Biochem. **35**, 268 (1952).
—, u. D. M. GREENBERG: Proc. Soc. exp. Biol. Med. **69**, 112 (1948).
— — Arch. Biochem. **25**, 323 (1950).
—, u. J. W. LITTLEFIELD: J. biol. Chem. **193**, 683 (1951).
— M. P. SCHULMAN u. D. M. GREENBERG: Proc. Soc. exp. Biol. Med. **72**, 242 (1949).
SARETT, H. P.: J. biol. Chem. **193**, 627 (1951).
SCHAEDEL, M. L., M. J. WALDVOGEL u. F. SCHLENK: J. biol. Chem. **171**, 135 (1947).
SCHALES, O.: Adv. Enzymol. **7**, 513 (1947).
— In J. B. SUMNER u. K. MYRBÄCK, The Enzymes, Bd. II/1, S. 216. New York 1951.
SCHAYER, R. W.: J. biol. Chem. **187**, 777 (1950); **189**, 301 (1951); **192**, 875 (1951).
—, u. L. M. HENDERSON: J. biol. Chem. **195**, 657 (1952).

SCHEPARTZ, B.: J. biol. Chem. **193**, 293 (1951).
—, u. S. GURIN: J. biol. Chem. **180**, 663 (1949).
SCHETTLER, G., u. J. SCHMIDT-THOMÉ: Klin. Wschr. **1948**, 463.
SCHLENK, F.: Adv. Enzymol. **5**, 207 (1945); **9**, 455 (1949).
SCHLÜSSEL, H., W. MAURER, A. HOCK u. O. HUMMEL: Biochem. Z. **222**, 242 (1951).
SCHMID, R., S. SCHWARTZ u. C. J. WATSON: Proc. Soc. exp. Biol. Med. **75**, 705 (1950).
SCHMIDT-NIELSEN, E.: Acta physiol. scand. **12**, Suppl. 37 (1946).
SCHNEIDER, J. J., u. H. L. MASON: J. biol. Chem. **172**, 771 (1948).
SCHNEIDER, W. C.: Cancer Res. **6**, 685 (1945).
SCHOENHEIMER, R.: The dynamic state of body constituents. Cambridge (Mass.) 1941.
— S. RATNER, D. RITTENBERG u. M. HEIDELBERGER: J. biol. Chem. **144**, 541 (1942).
—, u. D. RITTENBERG: J. biol. Chem. **120**, 155 (1937).
SCHRAMM, G.: Z. physiol. Chem. **263**, 73 (1940).
—, u. A. WOLFF: Z. physiol. Chem. **263**, 61 (1940).
SCHÜTZ, F.: Exp. Cell. Res. Suppl. **1**, 284 (1949).
SCHULER, W., u. W. REINDEL: Z. physiol. Chem. **208**, 237, 248 (1932); **215**, 258 (1933); **234**, 63 (1935).
SCHULTE, K. E., H. KRAUSE u. J. KIRSCHNER: Z. physiol. Chem. **287**, 239 (1951).
SCHWARTZ, R., u. N. O. KJELDGAARD: Biochem. J. **48**, 433 (1951).
SCHWEIGERT, B. S., u. M. MARQUETTE: J. biol. Chem. **181**, 199 (1949).
SEALOCK, R. R., u. H. E. SILBERSTEIN: J. biol. Chem. **135**, 251 (1940).
SEEGMILLER, J. E., u. B. L. HORECKER: J. biol. Chem. **194**, 261 (1952).
SEJE, J. F., u. V. A. ENGELGARD: Biochimija **14**, 487 (1949).
SELIGSON, D., u. H. SELIGSON: J. biol. Chem. **190**, 647 (1951).
SHAFFER, C. B., u. F. H. CRITCHFIELD: J. biol. Chem. **174**, 489 (1948).
SHAPIRO, B.: Nature **169**, 29 (1952).
SHAW, J. C.: J. biol. Chem. **142**, 53 (1942).
SHEMIN, D.: J. biol. Chem. **162**, 297 (1946).
— Symposia on quantitative Biology **14**, 161 (1950).
— I. M. LONDON u. D. RITTENBERG: J. biol. Chem. **183**, 757 (1950).
—, u. D. RITTENBERG: (1) J. biol. Chem. **159**, 567 (1945); **166**, 621, 637 (1946).
— (2) J. biol. Chem. **153**, 401 (1944).
— (3) J. biol. Chem. **151**, 507 (1943).
—, u. J. WITTENBERG: J. biol. Chem. **185**, 103 (1950); **192**, 315 (1951).
SHERLOCK, S.: Am. J. Physiol. **157**, 52 (1942).
SHIVE, W.: J. cellul. comp. Physiol. **38**, Suppl. 1 (1951).
— Vitamins a. Hormones **9**, 75 (1951).
SHOU, M., N. GROSSOWICZ, A. LAJTHA u. H. WAELSCH: Nature **167**, 818 (1951).
SHREEVE, W. W.: J. biol. Chem. **195**, 1 (1952).
SIEBERT, G., K. LANG u. H. LANG: Biochem. Z. **321**, 543 (1951).
— — u. L. MÜLLER: Naturwiss. **38**, 529 (1951).
SIEDEL, W.: In FLASCHENTRÄGER-LEHNARTZ, Lehrbuch der physiologischen Chemie, Bd. I. Berlin-Göttingen-Heidelberg 1951.
—, u. H. MÖLLER: Z. physiol. Chem. **259**, 113 (1939).
— W. STICH u. H. EISENREICH: Naturwiss. **35**, 316 (1948).
SIEGEL, I., u. V. LORBEER: J. biol. Chem. **189**, 571 (1951).
SIEKEVITZ, P.: J. biol. Chem. **195**, 549 (1952).
—, u. D. M. GREENBERG: J. biol. Chem. **180**, 845 (1949); **186**, 275 (1950).
SIHN, T. S.: Z. physiol. Chem. **261**, 93 (1939).
SILIPRANDI, D., u. N. SILIPRANDI: Nature **169**, 329 (1952).
SIMMONDS, S., E. B. KELLER, J. P. CHANDLER u. V. DU VIGNEAUD: J. biol. Chem. **183**, 191 (1950).
SIMOLA, P. E.: Acta med. scand. **90**, Suppl. 308 (1938).
— Skand. Arch. Physiol. **80**, 375 (1938).
— Z. physiol. Chem. **261**, 209 (1939).
SIMPSON, M. V., E. FARBER u. H. TARVER: J. biol. Chem. **182**, 81, 91 (1950).
SINGER, T. P., u. E. B. KEARNEY: J. biol. Chem. **183**, 409 (1950).
SKIPPER, H. E., J. H. MITCHELL jr. u. L. L. BENNETT jr.: Cancer Res. **10**, 510 (1950).
— J. MITCHELL jr., L. BENNETT jr., M. A. NEWTON, L. SIMPSON u. M. EIDUSON: Cancer Res. **11**, 145 (1951).
SLATER, E. C.: Biochem. J. **44**, 305 (1949); **46**, 484, 499 (1950).
SLEIN, M. W.: J. biol. Chem. **186**, 753 (1950).
SMITH, J. N.: Biochem. Soc. Symposia **1950**, No 5, 15.
SMYTHE, C. V.: Adv. Enzymol. **5**, 237 (1945).
—, u. D. HALLIDAY: J. biol. Chem. **144**, 237 (1942).

SOLOMON, G., u. H. TARVER: J. biol. Chem. **195**, 447 (1952).
SOLOMON, J. D., C. A. JOHNSON, A. L. SHEFFNER u. O. BERGEIM: J. biol. Chem. **189**, 629 (1951).
SOMOGYI, M.: J. biol. Chem. **186**, 513 (1950).
SONDERHOFF, R., u. H. THOMAS: Ann. Chem. **530**, 195 (1937).
SONNE, J. C., J. M. BUCHANAN u. A. M. DELLUVA: J. biol. Chem. **166**, 395 (1946); **173**, 69, 81 (1948).
SOODAK, M., u. F. LIPMANN: J. biol. Chem. **175**, 999 (1948).
SPIEGELMAN, S., M. D. KAMEN u. M. SUSSMAN: Arch. Biochem. **18**, 409 (1948).
SPRINSON, D. B., u. D. RITTENBERG: Fed. Proc. **7**, 191 (1948).
— — J. biol. Chem. **180**, 715 (1949); **184**, 405 (1950).
STADIE, W. C.: Yale J. Biol. Med. **16**, 539 (1944).
—, u. B. MARSH: J. clin. Invest. **26**, 899 (1947).
STADTMAN, E. R.: Fed. Proc. **9**, 233 (1950).
—, u. H. A. BARKER: J. biol. Chem. **180**, 1085, 1095, 1117, 1169 (1949); **181**, 221 (1949).
— M. DOUDOROFF u. F. LIPMANN: J. biol. Chem. **191**, 377 (1951).
STÄRCKLE, M.: Biochem. Z. **151**, 371 (1924).
STAUB, A., u. C. S. VESTLING: J. biol. Chem. **191**, 395 (1951).
STEENSHOLT, G.: Acta physiol. scand. **17**, 276 (1949); **18**, 26 (1949).
STEKOL, J. A., u. K. W. WEISS: J. biol. Chem. **175**, 405 (1948); **179**, 67 (1949); **185**, 577 (1950).
— — u. S. WEISS: J. biol. Chem. **185**, 271 (1950).
— S. WEISS u. K. W. WEISS: Arch. Biochem. **36**, 5 (1952).
STERLING, K.: J. clin. Invest. **30**, 1228 (1951).
STERN, J. R., u. S. OCHOA: J. biol. Chem. **179**, 499 (1949).
— — u. F. LYNEN: Fed. Proc. **11**, 293 (1952).
— B. SHAPIRO u. S. OCHOA: Nature **166**, 403 (1950).
— — E. R. STADTMAN u. S. OCHOA: J. biol. Chem. **193**, 703 (1951).
STERN, K. G., u. J. L. MELNICK: J. biol. Chem. **139**, 301 (1941).
STETTEN jr., D. W.: (1) Ann. Rev. Biochem. **16**, 125 (1947).
— Am. J. Med. **7**, 511 (1949); **9**, 799 (1950).
— (2) J. biol. Chem. **144**, 501 (1942).
—, u. G. E. BOXER: J. biol. Chem. **155**, 231 (1944).
—, u. R. SCHOENHEIMER: J. biol. Chem. **133**, 347 (1940).
— I. D. WELT, D. J. INGLE u. E. H. MORLEY: J. biol. Chem. **192**, 817 (1951).
STETTEN, M. R.: (1) J. biol. Chem. **181**, 31 (1949).
— (2) J. biol. Chem. **189**, 499 (1951).
—, u. C. L. FOX jr.: J. biol. Chem. **161**, 333 (1945).
—, u. R. SCHOENHEIMER: J. biol. Chem. **153**, 113 (1944).
—, u. D. W. STETTEN jr.: J. biol. Chem. **164**, 85 (1946); **187**, 241 (1950); **193**, 157 (1951).
STEVENS, B. P., u. I. L. CHAIKOFF: J. biol. Chem. **193**, 473 (1951).
STICH, W., u. H. EISGRUBER: Z. physiol. Chem. **287**, 19 (1951).
STIER, E.: Z. ges. inn. Med. **2**, 257 (1947).
STILL, J. L., M. V. BUELL u. D. E. GREEN: Arch. Biochem. **26**, 413 (1950).
STIMMEL, B. F., A. GROLLMAN u. M. N. HUFFMAN: J. biol. Chem. **176**, 461 (1948); **184**, 677 (1950).
STONE, R. E., u. T. D. SPIES: Am. J. Med. Sci. **215**, 411 (1948).
STOTZ, E.: J. biol. Chem. **131**, 555 (1939).
STRASSMANN, M., u. S. WEINHOUSE: J. Am. chem. Soc. **74**, 1726 (1952).
STRISOWER, E. H., I. L. CHAIKOFF u. E. O. WEINMAN: J. biol. Chem. **192**, 453 (1951).
SUMNER, J. B., u. A. L. DOUNCE: J. biol. Chem. **121**, 417 (1937).
SUTHERLAND, E. W., M. COHN, T. POSTERNAK u. C. F. CORI: J. biol. Chem. **180**, 1285 (1949).
— S. P. COLOWICK u. C. F. CORI: J. biol. Chem. **140**, 309 (1941).
—, u. C. F. CORI: J. biol. Chem. **188**, 531 (1951).
— T. POSTERNAK u. C. F. CORI: J. biol. Chem. **181**, 153 (1949).
SWEAT, M. L., L. T. SAMUELS u. R. LUMRY: J. biol. Chem. **185**, 75 (1950).
SZENT-GYÖRGYI, A.: Studies on biological oxidation and some of its catalysts. Budapest u. Leipzig 1937.

TAGGART, J. V., u. R. B. KRAKAUER: J. biol. Chem. **177**, 641 (1949).
TARVER, H., u. C. L. A. SCHMIDT: J. biol. Chem. **167**, 387 (1947).
TATUM, E. L.: Fed. Proc. **8**, 511 (1949).
TAUBER, H.: J. Am. chem. Soc. **73**, 1288 (1951).
TAUROG, A., I. L. CHAIKOFF u. I. PERLMAN: J. biol. Chem. **145**, 281 (1942).
TAYLOR, J. F., A. A. GREEN, u. G. T. CORI: J. biol. Chem. **173**, 591 (1948).
— S. F. VELICK, G. T. CORI, C. F. CORI u. M. W. SLEIN: J. biol. Chem. **173**, 619 (1948).

TERNER, C., L. V. EGGLESTON u. H. A. KREBS: Biochem. J. **47**, 139 (1950).
TERROINE, F., u. J. ROCHE: C. r. Acad. Sci. **180**, 225 (1925).
TERRY, R., W. E. SANDROCK, R. E. NYE jr. u. G. H. WHIPPLE: J. exp. Med. **87**, 547 (1948).
TESAR, C., u. D. RITTENBERG: J. biol. Chem. **170**, 35 (1947).
THALER, H., u. Mitarb.: Biochem. Z. **302**, 369 (1939); **308**, 88 (1941); **320**, 87 (1949).
THANNHAUSER, S. J.: Stoffwechsel und Stoffwechselkrankheiten. München 1929.
—, u. G. DORFMANN: Z. physiol. Chem. **102**, 148 (1918).
THEORELL, H.: Ergebn. Enzymforsch. **6**, 111 (1937); **9**, 231 (1943).
— Adv. Enzymol. **7**, 265 (1947).
— Experientia **4**, 100 (1948).
—, M. BEZNAK, R. BONNICHSEN, K. G. PAUL u. A. AKESON: Acta chem. scand. **5**, 445 (1951).
—, u. R. BONNICHSEN: Acta chem. scand. **5**, 1105, 1127 (1951).
THIERFELDER, H., u. E. KLENK: Z. physiol. Chem. **141**, 13 (1924).
THOMAS, K., u. B. FLASCHENTRÄGER: Z. physiol. Chem. **159**, 261, 270, 279, 286 (1926).
— G. WEITZEL u. P. NEUMANN: Z. physiol. Chem. **282**, 192 (1947).
THOMPSON, H. T., P. E. SCHURR, L. M. HENDERSON u. C. A. ELVEHJEM: J. biol. Chem. **182**, 47 (1950).
THUNBERG, T.: (1) Skand. Arch. Physiol. **24**, 23 (1910); **35**, 163 (1917); **40**, 1 (1920).
— (2) Fermentforsch. **17**, 8 (1942).
TOMIZAWA, J. J.: Jap. med. J. **4**, 21 (1951).
TOPOREK, M.: Fed. Proc. **11**, 299 (1952).
TOPPER, Y. J., u. A. B. HASTINGS: J. biol. Chem. **179**, 1255 (1949).
—, u. D. W. STETTEN jr.: J. biol. Chem. **193**, 149 (1951).
TOTTER, J. R., B. KELLEY, P. L. DAY u. R. R. EDWARDS: J. biol. Chem. **186**, 145 (1950).
TRAVERS, J. J., u. L. R. CERECEDO: Proc. Soc. exp. Biol. Med. **76**, 497 (1951).
TROMBLY, G. H., u. E. F. SCHOENEWALDT: Cancer **4**, 296 (1951).
TSOU, C. L.: Biochem. J. **49**, 512 (1951).
TUNG, T. T., u. P. P. COHEN: Arch. Biochem. **36**, 114 (1952).
TURNER, W. J.: J. Lab. Clin. Med. **26**, 323 (1940).
TYLER, D. B.: Am. J. Physiol. **164**, 467 (1951).
TYRELL, L. W.: Nature **166**, 310 (1950).

UDENFRIEND, S., u. J. R. COOPER: J. biol. Chem. **194**, 503 (1952).
UMBREIT, W. W., D. J. O'KANE u. I. C. GUNSALUS: J. biol. Chem. **176**, 629 (1948).
UTTER, M. F.: J. biol. Chem. **185**, 499 (1950).

VERKADE, P. E., u. Mitarb.: Z. physiol. Chem. **215**, 225 (1933); **225**, 230 (1934); **227**, 213 (1934); **230**, 207 (1934); **234**, 21 (1935); **247**, 111 (1937); **250**, 47 (1937).
VERZÀR, F., u. L. LASZT: Biochem. Z. **270**, 24, 35 (1934); **276**, 1 (1935).
VESTLING, C. S., A. M. MYLROIE, U. IRISH u. N. H. GRANT: J. biol. Chem. **185**, 789 (1950).
VIGNEAUD, V. DU, G. B. BROWN u. J. P. CHANDLER: J. biol. Chem. **143**, 59 (1942).
— J. P. CHANDLER, A. W. MOYER u. D. M. KEPPEL: J. biol. Chem. **131**, 57 (1939).
— G. W. KILMER, J. R. RACHELE u. M. COHN: J. biol. Chem. **155**, 645 (1944).
— C. RESSLER u. J. R. RACHELE: Science **112**, 267 (1950).
— — — J. Nutrit. **45**, 361 (1951).
— R. SCHOENHEIMER u. D. RITTENBERG: J. biol. Chem. **131**, 273 (1939).
—, u. W. G. VERLY: J. Am. chem. Soc. **72**, 1049 (1950).
VIRTANEN, A. I., H. KERKKONEN, M. HAKALA u. T. LAAKSONEN: Naturwiss. **37**, 139 (1950).
VOLK, M. E., R. H. MILLINGTON u. S. WEINHOUSE: J. biol. Chem. **195**, 493 (1952).
VOLKIN, E., u. C. E. CARTER: J. Am. chem. Soc. **73**, 1519 (1951).

WAELSCH, H.: (1) Lancet **1949**, 1.
— (2) J. biol. Chem. **140**, 313 (1941).
—, u. H. K. MILLER: J. biol. Chem. **145**, 1 (1942).
WAINIO, W. W., S. COOPERSTEIN, S. KOLLEN u. B. EICHEL: J. biol. Chem. **173**, 145 (1948).
WALAAS, E., u. O. WALAAS: J. biol. Chem. **195**, 367 (1952).
WALAAS, O., u. E. WALAAS: J. biol. Chem. **187**, 769 (1950).
WALDVOGEL, M. J., u. F. SCHLENK: Arch. Biochem. **14**, 484 (1947); **22**, 185 (1949).
WALKER, A. C., u. C. L. A. SCHMIDT: Arch. Biochem. **5**, 445 (1944).
WALSH, R. J., E. D. THOMAS, S. K. CHOW, R. G. FLUHARTY u. C. A. FINCH: Science **110**, 396 (1949).
WANG, T. P., u. J. O. LAMPEN: J. biol. Chem. **194**, 785 (1952).
— H. Z. SABLE u. J. O. LAMPEN: J. biol. Chem. **184**, 17 (1950).
WARBURG, O.: (1) Wasserstoff übertragende Fermente. Berlin 1948.
— (2) Ergebn. Enzymforsch. **7**, 210 (1938).

WARBURG, O: (3) Naturwiss. **22**, 411 (1934).
— (4) Über den Stoffwechsel der Tumoren. Berlin 1926.
— (5) Katalytische Wirkungen der lebenden Substanz. Berlin 1928.
— Schwermetalle als Wirkgruppen von Fermenten. Berlin 1946.
— (6) Biochem. Z. **184**, 484 (1927).
—, u. W. CHRISTIAN: (1) Biochem. Z. **314**, 149 (1944).
— — (2) Biochem. Z. **303**, 40 (1939).
— — (3) Biochem. Z. **310**, 384 (1941).
— u. Mitarb.: Biochem. Z. **282**, 206 (1935); **284**, 289 (1936); **287**, 440 (1936); **292**, 287 (1937).
—, u. E. NEGELEIN: Ber. dtsch. chem. Ges. **63**, 1816 (1930).
WARREN, C. O., u. C. E. CARTER: J. biol. Chem. **150**, 267 (1950).
WATSON, C. J.: Physiol. Rev. **27**, 478 (1947).
— Lancet **1951**, 539.
WEED, L. L.: Cancer Res. **11**, 470 (1951).
— M. EMMONDS u. D. W. WILSON: Proc. Soc. exp. Biol. Med. **75**, 192 (1950).
WEIL-MALHERBE, H.: (1) Physiol. Rev. **30**, 549 (1950).
— (2) Biochem. J. **45**, LXI (1948); **48**, XXIII (1951).
—, u. A. D. BONE: J. ment. Sci. **97**, 635 (1951).
—, u. H. A. KREBS: Biochem. J. **29**, 2077 (1935).
WEINHOUSE, S., G. MEDES u. N. F. FLOYD: (1) J. biol. Chem. **166**, 691 (1946).
— (2) J. biol. Chem. **155**, 143 (1944).
— — —, u. L. NODA: J. biol. Chem. **161**, 745 (1945).
—, u. R. H. MILLINGTON: J. biol. Chem. **175**, 997 (1948); **193**, 1 (1951).
— — u. M. E. VOLK: J. biol. Chem. **185**, 191 (1950).
WEINMAN, E. O., I. L. CHAIKOFF, W. G. DAUBEN, M. GEE u. C. ENTENMAN: J. biol. Chem. **184**, 735 (1950).
— — C. ENTENMAN u. W. G. DAUBEN: J. biol. Chem. **187**, 643 (1950).
WEITZEL, G.: Z. physiol. Chem. **285**, 58 (1950); **287**, 254 (1951).
— A. FRETZDORF u. J. WOJAHN: Naturwiss. **37**, 68 (1950).
WERLE, E.: Biochem. Z. **288**, 292 (1936); **304**, 201 (1940); **306**, 264 (1940); **309**, 61 (1941); **311**, 270 (1942).
— Z. Vitamin-, Hormon- u. Fermentforsch. **1**, 504 (1947/48).
WERTHESSEN, T. N., C. F. BARKER u. N. S. FIELD: J. biol. Chem. **184**, 145 (1950).
WHIPPLE, G. H., F. S. ROBSCHEIT-ROBBINS u. L. L. MILLER: Ann. New. York Acad. Sci. **47**, 317 (1946).
— L. L. MILLER u. F. S. ROBSCHEIT-ROBBINS: J. exp. Med. **85**, 277 (1947).
WICK, A. N., M. C. ALMEN u. L. JOSEPH: J. Am. Pharmac. Assoc. **40**, 542 (1951).
—, u. D. R. DRURY: Am. J. Physiol. **167**, 359 (1951).
WIDMARK, E. M. P.: Biochem. Z. **259**, 285 (1933).
WIDMER, C., u. R. T. HOLMAN: Arch. Biochem. **25**, 1 (1950).
WIEBELHAUS, V. D., J. J. BETHEIL u. H. A. LARDY: Arch. Biochem. **13**, 379 (1947).
WIELAND, H.: Ergebn. Physiol. **20**, 477 (1922).
— Über den Verlauf der Oxydationsvorgänge. Stuttgart 1933.
—, u. C. ROSENTHAL: Ann. Chem. **554**, 221 (1943).
—, u. R. SONDERHOFF: Ann. Chem. **449**, 213 (1932).
WILLIAMS jr., J. N.: Proc. Soc. exp. Biol. Med. **78**, 202, 206 (1951).
— P. FEIGELSON u. C. A. ELVEHJEM: J. biol. Chem. **185**, 887 (1950).
WILLIAMS, R. T.: Ann. Rev. Biochem. **20**, 441 (1951).
WINDSOR, E.: J. biol. Chem. **192**, 595, 607 (1951).
WINGO, W. J., u. J. AWAPARA: J. biol. Chem. **187**, 267 (1950).
WINKLHOFER, F.: Z. physiol. Chem. **263**, 235 (1940).
WINNICK, T., F. FRIEDBERG u. D. M. GREENBERG: J. biol. Chem. **173**, 169, 189 (1948).
WINZLER, R. J.: J. cellul. comp. Physiol. **17**, 263 (1941).
WISS, O.: Helvet. chim. Acta **31**, 1189 (1948); **32**, 521 (1949).
—, u. F. HATZ: Helvet. chim. Acta **32**, 532 (1949).
— G. VIOLLIER u. M. MÜLLER: Helvet. chim. Acta **33**, 771 (1950).
WITTENBERG, J., u. D. SHEMIN: J. biol. Chem. **175**, 103 (1950).
WITTER, R. F., E. H. NEWCOMB u. E. STOTZ: J. biol. Chem. **185**, 537 (1950).
—, u. E. STOTZ: J. biol. Chem. **176**, 485, 493, 501 (1948).
WOMACK, M., u. W. C. ROSE: J. biol. Chem. **166**, 429 (1946); **171**, 37 (1947).
WOOD, H. G.: Symposia on quantitative Biology **13**, 201 (1948).
—, u. C. H. WERKMAN: Biochem. J. **32**, 1262 (1938).
— — A. HEMINGWAY u. A. O. NIER: J. biol. Chem. **139**, 483 (1941); **142**, 31 (1942).
— J. L., u. V. DU VIGNEAUD: J. biol. Chem. **165**, 95 (1946).

WOOD, W. A., u. I. C. GUNSALUS: (1) J. biol. Chem. **181**, 171 (1949).
— (2) J. biol. Chem. **190**, 403 (1951).
WOODS, D. D., u. P. FILDES: Nature **146**, 838 (1940).
WOOLLEY, D. W.: J. biol. Chem. **183**, 495 (1950); **191**, 43 (1951).
—, u. A. G. C. WHITE: J. biol. Chem. **149**, 285 (1943).
WRETLIND, K. A. J.: Acta physiol. scand. **15**, 304 (1948); **20**, 1 (1950).
WU, H., u. D. RITTENBERG: J. biol. Chem. **179**, 847 (1949).
—, u. S. E. SNYDERMAN: J. gen. Physiol. **34**, 339 (1950).
WUERSCH, J., R. L. HUANG u. K. BLOCH: J. biol. Chem. **195**, 439 (1952).

YAMAZAKI, K., u. K. KYOGOKU: Z. physiol. Chem. **233**, 29 (1935); **235**, 43 (1935).
YOUNG, L.: Biochem. Soc. Symposia **1950**, No 5, 27.
YUILE, C. L., B. G. LAMSON, L. L. MILLER u. G. H. WHIPPLE: J. exp. Med. **93**, 539 (1951).

ZABIN, I.: J. biol. Chem. **189**, 355 (1951).
— u. K. BLOCH: J. biol. Chem. **185**, 117 (1950); **192**, 261, 267 (1951).
ZAFFARONI, A., O. HECHTER u. G. PINCUS: J. Am. chem. Soc. **73**, 1390 (1951).
ZAMECNIK, P. C.: Cancer Res. **10**, 659 (1950).
—, u. I. D. FRANTZ jr.: Symposia on quantitative Biology **14**, 199 (1949).
ZAMENHOF, S., u. E. CHARGAFF: (1) J. biol. Chem. **187**, 1 (1950).
— (2) J. biol. Chem. **180**, 727 (1949).
ZELLER, E. A.: Adv. Enzymol. **2**, 93 (1942).
— In J. B. SUMNER u. K. MYRBÄCK, The Enzymes, Bd. II/1, S. 536. New York 1951.
ZETTERSTRÖM, R., L. ERNSTER u. O. LINDBERG: Arch. Biochem. **25**, 225 (1950).

Namenverzeichnis.

Zahlen in Kursivdruck beziehen sich auf das Literaturverzeichnis.

Sachverzeichnis.

Fetter Punkt über der Zeile = Formel der Substanz.